科学出版社"十四五"普通高等教育本科规划教材

普通高等教育农业农村部"十三五"规划教材

江苏省高等学校重点教材（编号：2021-1-016）

动物解剖学

（第二版）

主　编　雷治海（南京农业大学）

副主编　陈耀星（中国农业大学）

　　　　崔　燕（甘肃农业大学）

　　　　陈树林（西北农林科技大学）

　　　　苏　娟（南京农业大学）

参　编　（按姓氏笔画排序）

　　　　王　勇（安徽农业大学）

　　　　李　珣（广西大学）

　　　　杨桂红（福建农林大学）

　　　　肖传斌（河南农业大学）

　　　　吴建云（西南大学）

　　　　何文波（华中农业大学）

　　　　张金龙（扬州大学）

　　　　金光明（安徽科技学院）

　　　　曹　静（中国农业大学）

审稿人　周浩良（南京农业大学）

科学出版社

北　京

内 容 简 介

动物解剖学是介绍动物机体各器官的位置、形态、结构及功能的一门形态学课程。本书共 5 篇 15 章，按系统以牛为主介绍机体各器官的位置、形态和结构，同时比较牛、猪、马和犬的差异，最后介绍了家禽各系统的形态和结构特点，体现了形态与功能的关系。本书插图 320 幅，以图释文，帮助读者学习。本书在专业名词后附有英文名称，以供双语教学和撰写英文文章时参考。

本书可作为各高校动物医学、动物药学和动物科学专业学生的教材，也可供相关学科的教师和学生参考。

图书在版编目（CIP）数据

动物解剖学 / 雷治海主编. —2 版. —北京：科学出版社，2021.10
科学出版社"十四五"普通高等教育本科规划教材 普通高等教育农业
农村部"十三五"规划教材 江苏省高等学校重点教材（编号：2021-1-016）
ISBN 978-7-03-070113-8

Ⅰ. ①动… Ⅱ. ①雷… Ⅲ. ①动物解剖学—高等学校—教材
Ⅳ. ① Q954.5

中国版本图书馆 CIP 数据核字（2021）第 209776 号

责任编辑：刘　丹　丛　楠　韩书云 / 责任校对：严　娜
责任印制：赵　博 / 封面设计：迷底书装

科学出版社 出版
北京东黄城根北街16号
邮政编码：100717
http://www.sciencep.com

天津市新科印刷有限公司印刷
科学出版社发行　各地新华书店经销

*

2015年2月第 一 版　开本：787×1092　1/16
2021年10月第 二 版　印张：23
2025年1月第五次印刷　字数：550 000
定价：79.80元
（如有印装质量问题，我社负责调换）

第二版前言

为了提高本科生人才培养的质量，教育部2019年出台了实施一流本科课程的"双万计划"，计划用3年左右的时间，建成万门左右国家级和万门左右省级一流本科课程。要建设动物解剖学"金课"，首先要建设一流的教材。动物解剖学是动物医学、动物药学和动物科学专业的专业基础课，是介绍动物机体各器官的位置、形态、结构及功能的一门形态学课程。南京农业大学的动物解剖学课程是江苏省精品课程，《动物解剖学》也是为该课程建设而编写的，经过多年的使用得到了读者的肯定，但也存在不足之处。《动物解剖学》(第二版)作为科学出版社"十四五"普通高等教育本科规划教材、普通高等教育农业农村部"十三五"规划教材，在第一版的基础上修订而成，保持了基本框架和风格。本书共15章，按系统以牛为主介绍机体各器官的位置、形态和结构，同时比较牛、猪、马和犬的差异，最后介绍了家禽各系统的形态和结构特点；采用最新的《兽医解剖学名词》(第6版，2017)，规范、统一了专业名词，重要的专业名词后均附有英文名称，便于读者开展双语教学和撰写英文文章；充实完善了部分章节的内容，删除了应用较少的内容，增加了一些与临床有关的知识，为后续课程的学习和临床实践奠定了基础。本书形态学讲究图文并茂，从中、外文名著中精心挑选了300多幅图片，以图释文(部分图片附有彩图，扫各章二维码可见)，帮助读者学习。此外，在教学过程中，应重视课程思想政治教育，宣传国家有关动物疫病防控、环境保护、动物保护等的政策法规，弘扬科学精神，鼓励学生敢于创新，勇于实践，学好本领，报效祖国。

本书由12所院校的主讲教师编写而成，具体分工为：南京农业大学雷治海教授和苏娟副教授编写绪论、第一章骨学、第二章关节学和第十二章神经系统，安徽农业大学王勇副教授编写第三章肌学，河南农业大学肖传斌教授编写第四章被皮系统，广西大学李珣副教授编写第五章内脏总论，扬州大学张金龙教授编写第六章消化系统，甘肃农业大学崔燕教授编写第七章呼吸系统，福建农林大学杨桂红副教授编写第八章泌尿系统，安徽科技学院金光明教授编写第九章生殖系统，中国农业大学陈耀星教授和曹静教授编写第十章心血管系统，华中农业大学何文波副教授编写第十一章淋巴系统和第十三章内分泌系统，西南大学吴建云副教授编写第十四章感觉器官，西北农林科技大学陈树林教授编写第十五章家禽解剖学。最后由雷治海教授统稿。

本书内容适合安排80～90学时。由于各高校动物医学、动物药学和动物科学专业动物解剖学课程的学时不同，各校可根据教学计划酌情删减。本书也可供相关学科的教师和研究生参考。

本书在编写过程中经过南京农业大学周浩良教授的审阅，也引用了部分专著和教材的插图，编者教研室的张国敏副教授、黄宇飞、乔文娜等教师帮助收集资料、扫描和处理图片，在此一并表示感谢！

由于编者水平有限，不足之处在所难免，敬请读者批评指正。

编　者

2021年3月

第一版前言

动物解剖学是动物医学、动物科学和动物药学的专业基础课，是介绍动物机体各器官的位置、形态、结构及功能的一门形态学。本教材共分 15 章，以牛为主按系统介绍机体各器官的位置、形态和结构，同时比较牛、猪、马和犬的差异，改变了以往一些教材的编排方式（即在系统解剖学之后，按动物分系统介绍机体结构的差异，篇幅大而重复性高），便于课堂教学。本教材在专业名词后附有英文名称，便于开展双语教学和撰写英文文章。形态学讲究图文并茂，本教材从中、外文名著中精心挑选了 317 幅图片，以图释文，帮助读者学习理解。

本教材由 11 所院校的主讲教师编写，具体分工为：南京农业大学雷治海教授和苏娟副教授编写绪论、骨学、关节学、内脏总论和神经系统，中国农业大学陈耀星教授和曹静副教授编写心血管系统，华中农业大学何文波副教授编写内分泌系统和淋巴系统，西北农林科技大学陈树林教授编写家禽解剖学，甘肃农业大学崔燕教授编写呼吸系统，扬州大学熊喜龙教授编写消化系统，西南大学吴建云副教授编写感觉器官、安徽农业大学李福宝教授编写肌学，河南农业大学肖传斌教授编写被皮系统，安徽科技学院金光明教授编写生殖系统，佛山科技学院刘为民教授编写泌尿系统。南京农业大学周浩良教授审稿。

由于各高校动物医学、动物科学和动物药学专业动物解剖学的学时不同，本教材内容适合于 80~90 学时，各校可根据教学计划酌情删减。

本教材在编写过程中经过南京农业大学周浩良教授的审阅，也引用了部分专著和教材的插图，研究生杨桂红、李珣、郑路程、马志禹等还帮助收集资料和扫描图片，在此一并表示感谢！

由于编者水平有限，不足之处在所难免，敬请读者批评指正。

编　者
2014 年 5 月

目　　录

绪　　论

 **学习目标**

1. 掌握动物解剖学的概念。
2. 了解动物体的划分及主要部位的名称。
3. 了解动物解剖学常用的方位术语。

一、动物解剖学的定义及研究内容

动物解剖学 animal anatomy 为生物学的一个分支，是研究正常动物有机体各器官的形态结构、位置关系及其发生发展规律的科学。因研究方法和目的不同，其可分为解剖学、组织学和胚胎学。

（一）解剖学

解剖学 anatomy 又称巨视解剖学 macroanatomy，是借助刀、剪、锯等解剖器械，采用切割的方法，通过肉眼观察来研究动物各器官形态结构的科学。由于研究目的和描述方法的不同，解剖学又有许多分支。

1. 系统解剖学 systemic anatomy　　是按动物体的功能系统（如运动系统、被皮系统、消化系统、呼吸系统、泌尿系统、生殖系统、循环系统、神经系统、感觉器官等）阐述各器官的形态结构及位置关系的解剖学。

2. 局部解剖学 topographic anatomy　　是按动物体的某一部位（如头部、颈部、胸部、腹部、四肢等）由表及里描述动物体器官的分层配布、形态结构及位置关系的解剖学。其通常涉及数个系统，对于临床应用有实际意义。

3. X 射线解剖学 X-ray anatomy　　是用 X 射线技术研究动物体各器官的形态结构的解剖学，对于临床应用有实际意义。

4. 比较解剖学 comparative anatomy　　是用比较的方法阐述不同动物同类器官形态结构特点的解剖学。本书按功能系统描述动物体各器官的形态结构和位置关系，再以比较解剖学的方法介绍不同动物同一器官的形态结构特点。

5. 断面解剖学 sectional anatomy　　是研究动物体各局部或器官断面形态结构的解剖学。现代医学技术如超声波、计算机断层扫描 computed tomography（CT）、磁共振成像 magnetic resonance imaging（MRI）等，都需要临床医师掌握断面解剖学知识。

此外，还有神经解剖学 neuroanatomy、功能解剖学 functional anatomy、发育解剖学 developmental anatomy、运动解剖学 locomotive anatomy 等。

（二）组织学

组织学 histology 又称显微解剖学 microanatomy，是采用切片、染色等技术，借助于光学显微镜或电子显微镜研究动物体微细结构及其与功能关系的科学。

（三）胚胎学

胚胎学 embryology 是研究动物胚胎发生发展规律的科学，即研究从受精到个体形成整个胚胎发育过程的形态、功能变化规律及其与环境条件的关系。

二、学习动物解剖学的意义和方法

动物解剖学是动物医学、动物药学和动物科学专业一门重要的专业基础课，只有认识和掌握健康动物各器官系统的形态结构及相互关系，才能进一步研究其生理功能及各种病理变化，做好疾病的防治工作；才能够合理地饲养和科学地管理动物，重视动物福利，提高动物的生长速度和繁殖效率，促进畜牧业的发展，满足社会经济发展和人们对动物产品的需求。

动物解剖学是一门形态科学，动物体结构复杂，需要记忆的解剖名词很多，而且容易混淆，学习起来枯燥无味，难度很大。在学习时，一定要坚持局部与整体统一、形态与结构相互依从、进化发展、理论联系实际、实践第一等的观点，并将教材、标本、图谱和多媒体课件等有机地结合起来，同时将动物体结构与人体结构进行比较，以便全面正确地认识和掌握动物体的形态结构，学好动物解剖学，为学习后续课程奠定坚实的基础。

三、动物体的基本结构

（一）细胞

尽管动物体的结构十分复杂，各种动物不同个体之间也有很大的差异，但均由细胞和细胞间质构成。细胞 cell 是动物体形态结构的基本单位，细胞形态虽然各种各样，但都由细胞膜、细胞质和细胞核构成。细胞间质是细胞之间的生命物质，是由细胞产生的。细胞间质的性质和数量因组织的种类不同而异，但均由基质和纤维构成。

（二）组织

组织 tissue 由起源相同、形态相似、机能相同的细胞和细胞间质构成。根据形态结构和功能特点，常把组织分为上皮组织 epithelial tissue、结缔组织 connective tissue、肌组织 muscle tissue 和神经组织 nervous tissue 四大类。这 4 种组织是构成动物体各器官的基本成分，故又称为基本组织 elementary tissue。

（三）器官

器官 organ 由数种不同结构和功能的组织按照一定的规律互相组合而成。器官有一定的形态结构，占据机体内一定的位置，并执行特殊的功能，如心、肺、胃、肾等。

（四）系统

系统 system 由若干个形态结构不同，而功能相似的器官组成。在同一系统内，各个器官分工协作，密切配合，共同完成该系统的功能。动物体常分为运动、消化、呼吸、泌尿、生殖、心血管、淋巴、神经、内分泌、感觉和被皮等系统。

（五）个体

个体 individual 是由许多系统构成的统一的有机体。体内各器官系统之间有着密切的联系，在功能上互相影响、互相配合，共同完成正常的生理活动。如果某一部分发生变化，就会影响其他有关部分的功能活动。同时动物有机体与其所处的周围环境也是统一的。在生活条件的影响下，功能的变化会引起有关器官形态结构的变化。

四、动物体的分部及名称

动物体可划分为头部、躯干和四肢 3 部分（图 0-1，图 0-2）。

（一）头部

头部 head 分为颅部和面部（图 0-1）。

1. 颅部 skull　　位于颅腔周围，又分为枕部、顶部、额部、颞部和耳部。

1）枕部 occipital region：位于头颈交界处，两耳之间。

2）顶部 parietal region：牛、羊位于两角根之间，猪、马、犬位于颅腔顶壁。

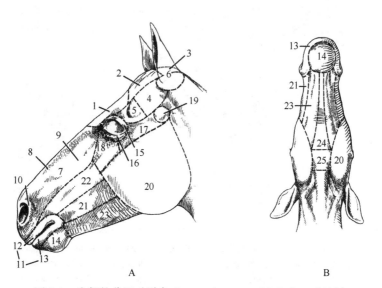

图 0-1　头部的分区（引自 Constantinescu and Schaller，2012）

A. 马头部左外侧面分区；B. 马头部腹侧面分区。颅部：1. 额部；2. 顶部；3. 枕部；4. 颞部；5. 眶上窝；6. 耳部。面部：7. 鼻背部；8. 鼻背侧部；9. 鼻侧部；10. 鼻孔部；11. 口部；12. 上唇部；13. 下唇部；14. 颏部；15. 上睑部；16. 下睑部；17. 颧部；18. 眶下部；19. 颞下颌关节部；20. 咬肌部；21. 颊部；22. 上颌部；23. 下颌部；24. 下颌间隙部；25. 舌骨下部

3）额部 frontal region：位于两眼眶之间，顶部前方。

4）颞部 temporal region：位于眼与耳之间。

5）耳部 region of external ear：包括耳根与耳廓。

2. 面部 face 位于鼻腔和口腔周围，又分为眶部、鼻部、眶下部、颊部、咬肌部、口部、颏部及下颌间隙部。

1）眶部 orbital region：包括眼和上、下眼睑。

2）鼻部 nasal region：包括鼻孔、鼻背和鼻侧壁。

3）眶下部 infraorbital region：位于鼻后部外侧，眼眶前下方。

4）颊部 region of cheek：位于口腔侧壁，为颊肌所在处。

5）咬肌部 masseteric region：位于颊部后方，为咬肌所在处。

6）口部 oral region：包括上、下唇。

7）颏部 region of chin：位于下唇腹侧。

8）下颌间隙部 intermandibular region：位于左、右下颌骨之间。

（二）躯干

躯干 trunk 分为颈部、背胸部、腰腹部、荐臀部和尾部（图 0-2）。

1. 颈部 cervical region 位于头部与背胸部、前肢之间，又分为颈背侧部、颈侧部、颈腹侧部。

1）颈背侧部 dorsal cervical region：位于颈部背侧。

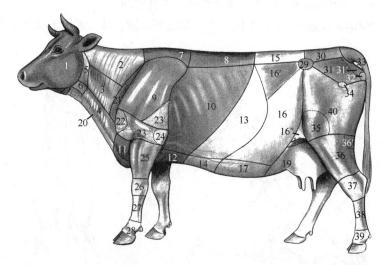

图 0-2 牛体分部（引自 Popesko，1985）

1. 头部；2～6，20～21. 颈部；2. 颈背侧部（项部）；3. 颈侧部；4，6，20. 颈腹侧部；5. 腮腺部；6. 喉部；7～12. 胸部；7，8，15. 背部；7，8. 胸椎部；7. 肩胛间部；9. 肩胛部；10. 肋部；11. 胸前部；12. 胸骨部；13～19. 腹部；13，14，16～16″，17～19. 腹部；13，14. 腹前部；13. 季肋部；14. 剑突部；15. 腰部；16～17. 腹中部；16，16′，16″. 腹外侧部；16′. 腰旁窝；16″. 膝襞部；17. 脐部；18～19. 腹后部；18. 腹股沟部；19. 耻骨部；20. 颈腹侧皮褶；21. 肩胛前部；22～28. 前肢；22. 肩关节部；23. 臂部；23′. 臂三头肌部；24. 肘部；25. 前臂部；26. 腕部；27. 掌部；28. 指部；29～33. 盆部；29. 髋结节部；30. 荐部；31. 臀部；31′. 尻部；32. 坐骨结节部；33. 尾部；34～40. 后肢；34. 髋关节部；35. 膝外侧部；36. 小腿部；36′. 腘部；37. 跗部；38. 跖部；39. 趾部；40. 股部

2）颈侧部 lateral cervical region：位于颈部两侧。

3）颈腹侧部 ventral cervical region：位于颈部腹侧，前部为喉部，后部为气管部。

2. 背胸部　　位于颈部与腰腹部之间，包括背部、肋部和胸腹侧部。

1）背部 dorsal region：又称胸椎部 region of thoracic vertebrae，从颈背侧部向后延伸至腰部，其前部位于肩胛骨或肩胛软骨背侧缘之间的部分为肩胛间部 interscapular region，在大家畜称鬐甲部。

2）肋部 costal region：又称胸侧部，位于胸腔两侧。

3）胸腹侧部 ventral thoracic region：位于胸腔腹侧，其前方称胸前部 presternal region，位于胸骨柄附近，后部为胸骨部 sternal region。

3. 腰腹部　　又分为腰部和腹部。

1）腰部 lumbar region：为背部向后的延续，以腰椎为基础。

2）腹部 abdominal region：为腰椎横突腹侧的软腹壁部分。

4. 荐臀部　　又分为荐部和臀部。

1）荐部 sacral region：为腰部向后的延续，以荐骨为基础。

2）臀部 gluteal region：位于荐部两侧。

5. 尾部 caudal region　　分为尾根、尾体和尾尖。

（三）四肢

四肢 limbs 分为前肢和后肢。

1. 前肢 pectoral limbs　　又分为肩胛部 scapular region、臂部 brachial region、前臂部 antebrachial region 和前脚部 manus（包括腕部 carpal region、掌部 metacarpal region 和指部 region of digits）。

2. 后肢 pelvic region　　又分为股部（大腿部）femoral region、小腿部 crural region 和后脚部 pes（包括跗部 tarsal region、跖部 metatarsal region 和趾部 region of digits）。

五、动物解剖学常用的方位术语

家畜是四肢着地的动物，正常站立时其躯体长轴（纵轴）与地面平行，而头、四肢的长轴与地面垂直；横轴是与长轴垂直的轴。为了描述动物体各部及器官的方向和位置，解剖学规定了一些方位术语。

（一）基本切面

分为矢状面、横切面和背平面（图 0-3）。

1. 矢状面 sagittal plane　　是将畜体分为左、右两半的切面，与畜体长轴平行且与地面垂直。在矢状面中，经背正中线将畜体分为左、右两半对称的矢状面，称正中切面 median plane 或正中矢状面。

2. 横切面 transverse plane　　是将畜体分为前、后两部分的所有切面，与畜体长轴垂直。与四肢和器官长轴相垂直的切面也称横切面。

3. 背平面 dorsal plane（水平面 horizontal plane）　　是将畜体分为上、下两半的所

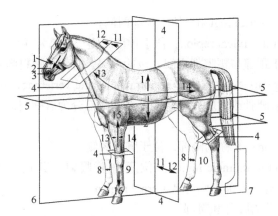

图 0-3 马体切面与方位术语（引自 König and Liebich，2007）

1，8. 背侧；2. 口侧；3. 腹侧；4. 横切面；5. 背平面；6. 正中切面；7. 矢状面；9. 掌侧；10. 跖侧；
11. 内侧；12. 外侧；13. 颅侧；14. 尾侧；15. 近端；16. 远端

有切面，与地面平行，与矢状面、横切面互相垂直。

（二）方位术语

1. 用于躯干的术语

（1）颅侧 cranial 与尾侧 caudal　　近头端为颅侧（也称前 anterior）；近尾端为尾侧（也称后 posterior）。

（2）背侧 dorsal 与腹侧 ventral　　背平面上方为背侧，下方为腹侧。

（3）内侧 medial 与外侧 lateral　　离正中切面近的一侧为内侧，远的一侧为外侧。

（4）内 internal 与外 external　　在体腔和管状内脏里面的为内，外面的为外。

（5）浅 superficial 与深 profundal　　离体表近为浅，远为深。

2. 用于四肢的术语

（1）前面 cranial 和后面 caudal　　四肢腕、跗以上的前方和后方。

（2）背侧面 dorsal 和掌侧面 palmar 或跖侧面 plantar　　四肢腕、跗以下的前方称背侧面；前、后足的后方分别称掌侧面和跖侧面。

（3）内侧面 medial 和外侧面 lateral　　前、后肢的内、外方。

（4）轴侧面 axial 和远轴侧面 abaxial　　用于肢体的功能轴通过第 3 指（趾）和第 4 指（趾）之间的动物，如牛、羊、犬等家畜的掌（跖）部和指（趾）部的方位术语，其中近功能轴的一侧为轴侧面，相对侧为远轴侧面。

（5）近侧 proximal 和远侧 distal　　离躯干近的一侧为近侧，远的一侧为远侧，如肱骨的上端为近侧端，下端为远侧端。

有时为了表示确切方位，常采用复合术语，如背外侧面、后内侧面等。

第一篇　运动系统和被皮系统

　　动物体的运动系统 locomotor system 由骨 bone、关节 joint 和骨骼肌 skeleton muscle 三大部分组成，占体重的 75%~80%。全身各骨借关节相连形成骨骼 skeleton，构成畜体的坚固支架，在支持体重、保护内部器官及维持体型等方面起重要的作用。骨骼肌两端附着于骨，在神经系统的支配下收缩和舒张，收缩时以关节为支点，牵引骨改变位置而产生各种运动。在运动中，骨是运动的杠杆，关节是运动的枢纽，骨骼肌则是运动的动力。因此，骨骼肌是运动系统的主动器官，而骨和关节则是运动系统的被动器官。

　　动物的骨骼肌是人们日常生活中动物蛋白的主要来源之一，故运动系统的发育状况直接关系到肉用动物的屠宰率和品质。动物的体型外貌基本上是由运动系统决定的，而且位于皮下的骨表面的突起和肌肉，也可在体表触摸到，在畜牧兽医实践中经常作为定位标志，以确定内部器官或针灸穴位的位置、手术的通路、注射的部位和体尺测量等。

　　被皮 common integument 包括皮肤及其衍生物。皮肤覆盖于动物体的外表面，将内部组织与外界环境隔开，为重要的保护和感觉器官。家畜四肢末端由皮肤衍生而成的蹄，在运动时直接与地面接触，也是重要的运动器官。

第一章 骨 学

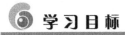 学习目标

1. 掌握骨的构造，了解骨的功能和分类。
2. 掌握椎骨的一般形态，了解各部椎骨的特点及不同动物之间的差异。
3. 了解颅骨和面骨的组成，掌握部分骨骼表面的主要特征，了解不同动物头骨的特点。
4. 掌握四肢骨的组成及各骨的主要特点，了解不同动物四肢骨的差异。
5. 掌握颅腔、鼻旁窦、胸廓、骨盆等概念。

第一节 概 论

骨 bone 是一种器官，具有一定的形态结构，主要由骨组织构成，坚硬而富有弹性，含有丰富的血管、淋巴管和神经，能不断地进行新陈代谢和生长发育，并具有改建、修复和再生的能力。骨中含有大量的钙盐和磷酸盐，是钙、磷的储存库。骨髓还具有造血功能。

一、骨 的 分 类

骨可根据其形态、位置和发生进行分类。骨根据形态，可分为4类：长骨 long bone、短骨 short bone、扁骨 flat bone 和不规则骨 irregular bone。

1. 长骨 呈长管状，分布于四肢，分骨体和两端。中部为骨体或骨干 diaphysis（shaft），内有空腔称骨髓腔，容纳骨髓。两端膨大为骨端 extremity 或骺 epiphysis，具有光滑的关节面，与相邻骨的关节面构成关节。在幼龄动物，骨体和骨端之间存在骺软骨 epiphysial cartilage，骺软骨细胞不断分裂增殖和骨化，使骨体不断加长，成年后骺软骨骨化，骨体与骺融为一体，其间遗留骺线 epiphysial line，骨便停止生长。

2. 短骨 约呈立方形，多成群分布于四肢的长骨之间，如前肢的腕骨和后肢的跗骨。

3. 扁骨 呈板状，主要构成颅腔、胸腔和盆腔的壁，起保护作用，如颅骨，或者为肌肉提供宽广的附着面，如肩胛骨。

4. 不规则骨 形态不规则，如某些头骨、椎骨和髋骨。有些不规则骨内含有腔洞，称含气骨 pneumatic bone，如上颌骨。

骨根据部位，可分为中轴骨、附肢骨（四肢骨）和内脏骨3类。中轴骨 axial skeleton 包括头骨和躯干骨（椎骨、肋和胸骨），构成动物体的中轴。四肢骨 appendicular skeleton 分为前肢（胸肢）骨和后肢（盆肢）骨（表1-1）。内脏骨 heterotopic skeleton 位于运动系统之外的一些器官中，如牛的心骨和犬的阴茎骨（阴蒂骨）。

表 1-1　各种动物全身骨的数目

类型	牛	羊	猪	马	犬
椎骨	49～51	46～49	51～56	51～57	50～53
肋	26	26	28～30	36	26
胸骨	7	6	6	7	8
头骨	31	31	32	31	31
前肢骨	50	48～50	76	40	80
后肢骨	50	48～50	76	40	76
合计	213～215	205～212	269～276	205～211	271～274

注：本表的骨数不包括听小骨、心骨和阴茎骨，但籽骨包括在内，髋骨按一块计算

骨根据发生，可分为膜化骨和软骨化骨。骨起源于胚胎时期的间充质，在胚胎期，一种由胚性结缔组织膜演变成骨组织，称膜化骨，如面骨等扁骨；另一种先形成软骨，在软骨的基础上形成骨组织，称软骨化骨，如四肢的长骨。

二、骨 的 结 构

骨由骨膜、骨质和骨髓构成，并有丰富的血管、淋巴管和神经分布（图 1-1）。

1. 骨膜 periosteum　　除关节面的部分外，新鲜骨的表面均覆有骨膜。骨膜由纤维结缔组织构成，含有丰富的血管和神经，对骨的营养、再生和感觉起重要作用。骨膜分骨外膜和骨内膜。骨外膜分布于骨的外表面，分两层，外层为纤维层，厚而致密，有许多纤维束穿入骨质，使其固定于骨表面。内层为成骨层，薄而疏松，含有成骨细胞和破骨细胞，分别具有生成新骨质和破坏已形成骨质的作用，在幼年动物功能十分活跃，直接参与骨的生成；在成年后转为静止状态。骨一旦发生损伤，如骨折，骨膜又重新恢复功能，参与骨的修复愈合；如果骨外膜受损，骨则不易愈合。骨内膜 endosteum 为分布于骨髓腔内面及骨小梁表面的菲薄结缔组织膜，也含成骨细胞和破骨细胞，同样有造骨和破骨的功能。

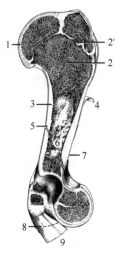

图 1-1　长骨（牛肱骨）的形态结构（引自 Dyce et al., 2010）

1. 关节软骨；2. 骨松质；2'. 骺软骨；3. 骨密质；4. 骨膜（部分翻转）；5. 滋养孔；6. 骨髓腔；7. 肌或韧带附着的粗糙面；8. 内侧上髁的远侧范围；9. 腕和指屈肌的起始腱

2. 骨质 bony substance　　为骨的主要成分，由骨组织构成，分骨密质和骨松质。骨密质 compact bone 分布于骨的表面，厚而致密，由紧密排列的骨板构成，抗压性强。骨松质 spongy bone 位于骨的内部，呈海绵状，由针状或片状的骨小梁 trabeculae 交织而成，骨小梁按骨所承受的压力和张力的方向排列。骨的这种组成方式，使骨以最经济的材料达到最大的坚固性和轻便性。扁骨内外表面均由骨密质组成，分别称内板和外板，内、外板之间的骨松质称板障 diploe。

3. 骨髓 bone marrow　　位于长骨的骨髓腔和骨松质的间隙内，由多种类型的细胞和网状结缔组织构成。胎儿和幼年动物的骨髓含有不同发育阶段的血细胞和造血干细胞，呈红色，称红骨髓 red bone marrow，有造血功能；成年后骨髓腔中的红骨髓逐渐被脂肪

代替，呈黄色，称黄骨髓 yellow bone marrow。大量失血后，黄骨髓可以逆转为红骨髓，恢复造血功能。在躯干骨、髂骨和一些长骨近端的骨松质内，终生都是红骨髓，临床上选其进行骨髓穿刺，检查骨髓象，协助诊断疾病。

4. 血管、淋巴管和神经　骨分布着丰富的血管、淋巴管和神经。分布于骨的较大的血管称滋养动脉，经滋养孔进入骨髓腔，分为升支和降支至骨端，分布于骨髓和骨质。分布于骨膜的小血管（骨膜动脉）经骨表面的小孔入骨分布于骨质。此外，长骨还有干骺动脉和骺动脉。上述各动脉均有静脉伴行。骨外膜分布着密集的淋巴管，但骨组织内不含淋巴管。神经伴血管进入骨内，主要是血管的运动神经和骨膜的感觉神经。

三、骨的表面形态及名称

骨表面附着骨骼肌，有血管、神经通过，骨与骨之间构成关节，因此骨的表面形成特殊形态，解剖学给予其一定的名称。

1. 骨表面的突起　骨表面突然高起的部分称突 process；顶端尖锐的突起称棘 spine；基部较广的突起称隆起 eminence；粗糙而较平的突起称粗隆 tuberosity；粗糙而较高的突起称结节 tuber 或小结节 tubercle；薄而锐的长隆起称嵴 crest；细而长的隆起称线 line。股骨上的一些隆起称转子 trochanter。

2. 骨表面的凹陷　大的凹陷称窝 fossa；小的凹陷称凹 fovea 或小凹 foveola；浅的凹陷称压迹 impression；长形的凹称沟 sulcus。

3. 骨内的空腔　骨内的腔洞称腔 cavity、窦 sinus 或房 antrum，小的称小房 cellules，长形的称管 canal 或道 meatus，腔或管的开口称口 aperture 或孔 foramen，不整齐的口称裂孔 hiatus。

4. 骨端的膨大　骨端较圆的膨大称头 head 或小头 capitulum；头下缩细的部分称颈 neck；呈滑车状的部分称滑车 trochlea；椭圆形的膨大称髁 condyle；髁上的突出部分称上髁 epicondyle。

5. 骨面、缘和切迹　平滑的骨面称面 surface。骨的边缘称缘 border，边缘的缺刻称切迹 notch。

四、骨的化学成分和物理特性

新鲜骨呈乳白色或粉红色，水占 50%，无机质占 28.15%，有机质占 21.85%；干燥的骨轻而白，无机质占 66.7%，有机质占 33.3%。骨是体内最坚硬的组织，能承受很大的压力和张力，并富有弹性。骨的这种物理特性不仅取决于骨的形态和内部结构，还与骨的化学成分有密切关系。

骨由有机质和无机质构成，有机质决定其弹性，无机质决定其硬度。有机质的主要成分是骨胶原纤维和黏多糖蛋白。如果用稀盐酸脱去骨中的无机质，骨则变柔软易弯曲。骨中的无机质主要是磷酸钙和碳酸钙等。如果将骨煅烧除去有机质，骨则变脆易碎。在成年动物的骨中，有机质约占 1/3，无机质约占 2/3，但两者的比例并不是一成不变的，而是随动物的年龄和营养状况而变化。幼年动物的骨中有机质含量高，而老年动物则相反，易发生骨折。妊娠和泌乳母畜，由于胎儿发育和泌乳的需要，在饲料调配不当时，易发生软骨病。为了预防软骨病，应注意饲料营养成分的合理搭配。

第二节　躯　干　骨

躯干骨包括脊柱（椎骨）、肋和胸骨（图1-2～图1-5）。

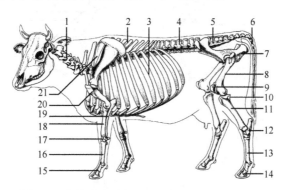

图1-2　牛骨骼（引自König and Liebich，2007）

1. 颈椎；2. 胸椎；3. 胸廓；4. 腰椎；5. 荐骨；6. 尾椎；7. 骨盆；8. 股骨；9. 膝盖骨；10. 腓骨；11. 胫骨；
12. 跗骨；13. 跖骨；14. 趾骨；15. 指骨；16. 掌骨；17. 腕骨；18. 桡骨；19. 尺骨；20. 肱骨；21. 肩胛骨

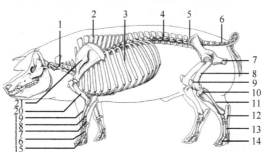

图1-3　猪骨骼（引自König and Liebich，2007）

1. 颈椎；2. 胸椎；3. 胸廓；4. 腰椎；5. 荐骨；6. 尾椎；7. 骨盆；8. 股骨；9. 膝盖骨；10. 胫骨；11. 腓骨；
12. 跗骨；13. 跖骨；14. 趾骨；15. 指骨；16. 掌骨；17. 腕骨；18. 尺骨；19. 桡骨；20. 肱骨；21. 肩胛骨

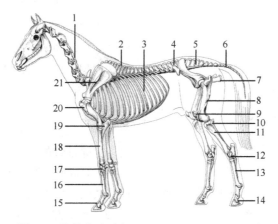

图1-4　马骨骼（引自König and Liebich，2007）

1. 颈椎；2. 胸椎；3. 胸廓；4. 腰椎；5. 荐骨；6. 尾椎；7. 骨盆；8. 股骨；9. 膝盖骨；10. 腓骨；11. 胫骨；
12. 跗骨；13. 跖骨；14. 趾骨；15. 指骨；16. 掌骨；17. 腕骨；18. 桡骨；19. 尺骨；20. 肱骨；21. 肩胛骨

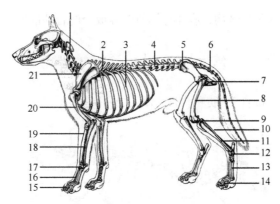

图 1-5 犬骨骼（引自 König and Liebich，2007）

1. 颈椎；2. 胸椎；3. 胸廓；4. 腰椎；5. 荐骨；6. 尾椎；7. 骨盆；8. 股骨；9. 膝盖骨；10. 腓骨；11. 胫骨；12. 跗骨；13. 跖骨；14. 趾骨；15. 指骨；16. 掌骨；17. 腕骨；18. 尺骨；19. 桡骨；20. 肱骨；21. 肩胛骨

一、脊　柱

脊柱 vertebral column 位于动物体背侧正中，由一系列的椎骨借助关节和韧带连接而成，参与构成胸腔、腹腔和盆腔，具有支持头部、传递推力、保护脊髓、悬吊内脏等作用。椎骨按部位分为颈椎（C）、胸椎（T）、腰椎（L）、荐椎（S）和尾椎（Ca）。牛的脊柱由 49～51 块椎骨组成，脊柱式为 $C_7T_{13}L_6S_5Ca_{18-20}$。水牛的尾椎为 16～20 块。猪的脊柱由 51～56 块椎骨构成，脊柱式为 $C_7T_{14-15}L_{6-7}S_4Ca_{20-23}$。马的脊柱由 51～57 块椎骨组成，脊柱式为 $C_7T_{18}L_6S_5Ca_{15-21}$。犬的脊柱一般由 50～53 块椎骨组成，脊柱式为 $C_7T_{13}L_7S_3Ca_{20-23}$。

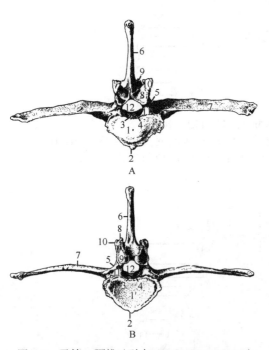

图 1-6 马第 3 腰椎（引自 Nickel et al.，1986）

A. 前面；B. 后面。1. 椎体，前端；1′. 椎体，后端；2. 腹侧嵴；3. 椎韧带附着嵴；4. 静脉孔；5. 椎弓；6. 棘突；7. 横突；8. 前关节突；9. 后关节突；10. 乳突；11. 椎前切迹；11′. 椎后切迹；12. 椎孔

（一）椎骨的一般形态

椎骨 vertebrae 为不规则骨。虽然各部椎骨的功能和形态有一定差异，但其形态结构基本相似，均由椎体、椎弓和突起三部分构成（图 1-6）。椎体 vertebral body 为椎骨的腹侧部，呈短柱状，前端 cranial extremity 突出称椎头，后端 caudal extremity 凹称椎窝。相邻椎骨的椎头和椎窝构成关节。椎弓 vertebral arch 位于椎体的背侧，呈弓形，与椎体共同围成椎孔 vertebral foramen。所有椎孔相连形成椎管 vertebral canal，容纳脊髓。椎弓基部的前、后缘各有一切迹，相邻椎骨的切迹围成椎间孔 intervertebral foramina，供

血管、神经出入。突起有 3 种。棘突 spinous process 一个，自椎弓背面正中伸向背侧。横突 transverse process 一对，由椎弓基部伸向两侧。棘突和横突供肌肉、韧带附着。关节突 articular process 两对，位于椎弓背面前、后缘两侧，分别称前关节突和后关节突，前关节突的关节面朝向前上方，后关节突的关节面朝向后下方，相邻椎骨的关节突构成关节。

（二）各部椎骨的主要特征

1. 颈椎 cervical vertebrae（图 1-7～图 1-9）　共 7 块，第 3～6 颈椎形态基本相似；第 1 颈椎和第 2 颈椎为适应头部灵活的运动，形态发生特殊变化；第 7 颈椎为颈椎向胸椎的过渡类型。第 3～5 颈椎椎体发达，椎头、椎窝明显，有腹侧嵴；棘突较小，关节突发达，横突分两支，背侧支伸向后方，腹侧支伸向前方，横突基部有横突孔 transverse foramen，供血管、神经通过。第 6 颈椎椎体较短，无腹侧嵴，横突的背侧支窄而短，伸向外侧，腹侧支呈四边形宽板状，伸向腹侧。马第 6 颈椎横突分前、后和背侧 3 支。猪第 3～6 颈椎椎体宽而短，缺腹侧嵴，相邻椎骨横突腹侧支相互重叠，两侧腹侧支在椎体腹侧形成宽而深的沟。第 7 颈椎椎体最短，棘突最高，横突不分支，无横突孔，椎窝两侧各有一后肋凹 caudal costal fovea，与第 1 肋的肋头成关节（图 1-7）。

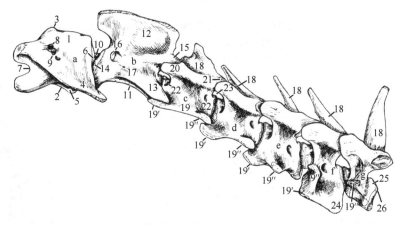

图 1-7　羊颈椎（引自 Nickel et al., 1986）

1. 背侧弓；2. 腹侧弓；3. 背侧结节；4. 寰椎翼；5. 寰椎窝；6. 关节凹；7. 背侧弓和腹侧弓之间的切迹；8. 椎外侧孔；9. 翼孔；10. 齿突；11. 椎体及其腹侧嵴；12、18. 棘突；13. 横突；14、20. 前关节突；15、21. 后关节突；16. 椎外侧孔；17. 横突孔；19. 第 3 颈椎横突；19′. 横突腹侧结节（腹侧支）；19″. 横突背侧结节（背侧支）；22. 第 3 颈椎横突孔；23. 第 3 颈椎和第 4 颈椎之间的椎间孔；24. 第 6 颈椎腹侧板；25. 椎体；26. 第 7 颈椎后肋凹；a. 寰椎；b. 枢椎；c～g. 第 3～7 颈椎

第 1 颈椎又称寰椎 atlas，呈环形，由背侧弓、腹侧弓和侧块组成（图 1-8）。背侧弓背面有背侧结节；腹侧弓腹面有腹侧结节，后端背侧有齿突凹 fovea for dens；侧块连接背、腹侧弓。寰椎前面有前关节凹 cranial articular fovea，与枕髁成关节，后面有后关节凹 caudal articular fovea，呈鞍形，与第 2 颈椎成关节。横突呈薄板状，称寰椎翼 wings，其外侧缘可在体表触摸到；寰椎翼的腹侧面凹，称寰椎窝 atlantic fossa，翼的前部有 2 个孔，内侧的通向椎管，称椎外侧孔 lateral vertebral foramen，外侧的通向寰椎窝，称翼孔 alar foramen。食肉动物无翼孔，但在翼的前缘有翼切迹，供椎动脉通过。马、犬和猪寰椎翼的后部有横突孔。

第 2 颈椎又称枢椎 axis，是颈椎中最长的一个，特征是前端有一齿突 dens，与寰椎的齿突凹成关节（图 1-9）。齿突原为寰椎椎体，发育过程中脱离寰椎而与枢椎椎体融合。

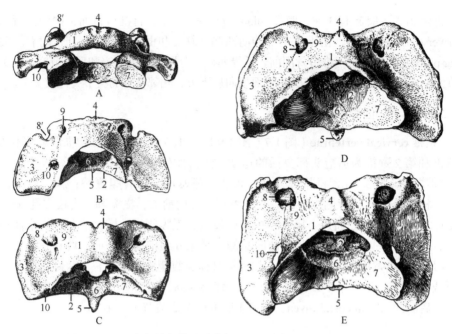

图 1-8　人及家畜的寰椎（后背侧面）（引自 Nickel et al.，1986）

A. 人；B. 犬；C. 猪；D. 牛；E. 马。1. 背侧弓；2. 腹侧弓；3. 寰椎翼；4. 背侧结节；5. 腹侧结节；6. 齿突凹；
7. 后关节凹；8. 翼孔；8′. 翼切迹（犬）和椎动脉沟（人）；9. 椎外侧孔；10. 横突孔（牛除外）

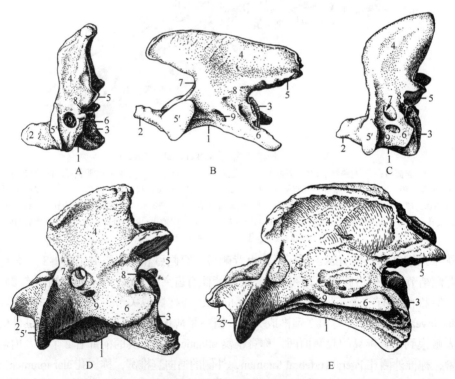

图 1-9　人及家畜的枢椎（外侧面）（引自 Nickel et al.，1986）

A. 人；B. 犬；C. 猪；D. 牛；E. 马。1. 椎体及其腹侧嵴；2. 齿突；3. 后端；4. 棘突；5. 后关节突；5′. 前关节
突；6. 横突；7. 椎外侧孔（肉食动物为椎前切迹）；8. 椎后切迹；9. 横突孔

棘突发达呈板状，椎弓根前部有大而圆的椎外侧孔，肉食动物为椎前切迹，横突不分支，横突孔小。

2. 胸椎 thoracic vertebrae（图 1-10）　牛、羊、犬 13 块，猪 14～15 块（最多可达 17 块），马 18 块。椎体短，呈三棱柱状，椎头、椎窝不明显，在椎头和椎窝的两侧各有一对前肋凹 cranial costal fovea 和后肋凹 caudal costal fovea，与肋头成关节，但最后的胸椎无后肋凹。椎后切迹深，牛常形成椎外侧孔。胸椎棘突特别发达，前方的向后倾斜，以第 2～6 胸椎棘突最高，形成鬐甲的基础，向后逐渐降低并变直，牛第 13 胸椎、猪第 12 胸椎、犬第 11 胸椎、马第 16 胸椎棘突变垂直。横突短小，腹侧面有横突肋凹 costal fovea of transverse process，与肋结节成关节。前关节突位于椎弓背侧面，后关节突位于棘突基部，朝向后下方。

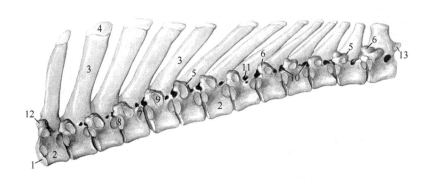

图 1-10　牛胸椎（引自 Popesko，1985）

1. 第 1 胸椎椎头；2. 椎体；3. 棘突；4. 棘突结节；5. 横突；6. 乳突；7. 后肋凹；8. 前肋凹；9. 横突肋凹；10. 椎间孔；11. 椎外侧孔；12. 第 1 胸椎前关节突；13. 第 13 胸椎后关节突

3. 腰椎 lumbal vertebrae（图 1-6，图 1-11）　牛、马 6 块，猪、羊 6～7 块，犬 7 块。椎体较发达，椎头、椎窝不明显。棘突低，与后位胸椎相似；前关节突呈沟槽状，后关节突呈轴状，相邻关节突连结牢固。横突长，呈板状向两侧伸出，有扩大腹腔顶壁的作用。犬腰椎横突伸向前腹侧。马第 6 腰椎横突前、后缘均有关节面，分别与第 5 腰椎横突后缘和荐骨翼前缘的关节面成关节。

4. 荐椎 sacral vertebrae（图 1-12）　牛、马 5 块，猪、羊 4 块，犬 3 块。成年后荐椎相互愈合形成荐骨 sacrum，略呈三角形，前端宽称荐骨底 base of sacrum，后端小称荐骨尖 apex。荐骨腹侧面称盆面 pelvic surface，有 4 对荐盆侧孔 pelvic sacral foramina。第 1 荐椎椎体前端腹侧缘略突，称荐骨岬 promontory。牛荐骨棘突融合成荐正中嵴 median sacral crest，除第 1 荐椎前关节突外，其余关节突愈合成荐中间嵴 intermediate sacral crest，两嵴之间有 4 对荐背侧孔 dorsal sacral foramina，与荐盆侧孔相通，供神经、血管通过。横突愈合成荐骨侧部 lateral part，又可分为前部的荐骨翼 wing of sacrum 和后部的荐外侧嵴 lateral sacral crest，荐骨翼宽大，后下方有三角形的耳状面 auricular surface，与髂骨翼成关节。猪荐骨棘突不发达，椎弓间隙宽。马荐骨棘突不愈合。犬荐骨呈四边形，棘突未愈合。

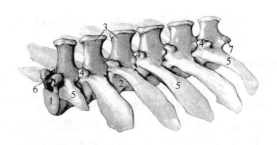

图 1-11 牛腰椎（引自 Popesko，1985）

1. 第1腰椎椎头；2. 第3腰椎椎体；3. 棘突；4. 具有乳突的前关节突；5. 横突；6. 第1腰椎前关节突关节面；
7. 第6腰椎后关节突

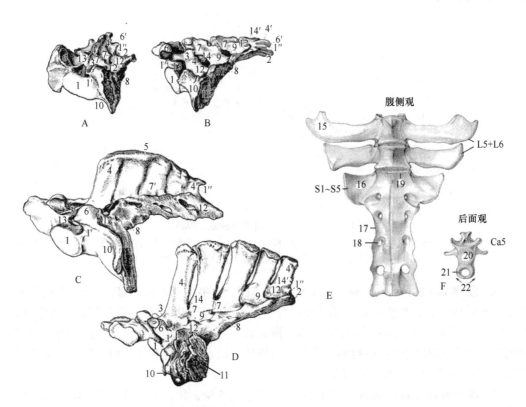

图 1-12 家畜荐骨和尾椎（左前背侧面和腹侧面）（引自 Nickel et al.，1979；Budras et al.，2003）

A. 犬；B. 猪；C. 牛；D. 马；E. 牛荐骨腹侧面；F. 牛尾椎。1. 前端；1'. 椎前切迹；1''. 椎后切迹；2. 后端；
3. 第1荐椎椎弓；4，4'. 第1荐椎和最后荐椎棘突；5. 荐正中嵴（牛）；6，6'. 前、后关节突；7. 退化的关节突；
7'. 荐中间嵴（牛）；8. 荐骨腹部；9. 荐外侧嵴；10. 荐骨翼；11. 荐骨翼关节面；12，12'. 左侧第1和最后荐背侧孔；
13. 右侧第1荐盆侧孔；14，14'. 第1和最后弓间隙；15. 腰椎横突；16. 荐骨翼；17. 荐外侧嵴；18. 荐盆侧孔；19. 荐
骨岬；20. 尾椎后端；21. 血管突；22. 血管弓；Ca5. 第5尾椎；L5+L6. 第5和第6腰椎；S1~S5. 第1~5荐椎

5. 尾椎 caudal vertebrae（图 1-12） 黄牛 18~20 块，羊 3~24 块，猪、犬 20~23
块，马 14~21 块。前几块尾椎尚有椎骨的一般构造，向后则逐渐退化、变细，后部仅保留
棒状的椎体。牛前几个尾椎椎体腹侧有成对的腹侧棘，中间形成一血管沟，供尾中动脉通
过，可在此诊脉。猪第 1 尾椎常与荐骨愈合。

（三）脊柱的整体观（图1-2～图1-5）

从侧面观察正常站立的成年动物，可见脊柱有4个生理性的弯曲。颈曲位于颈的前端，突向背侧，马的较明显，猪的不明显。颈胸曲位于颈胸交界处，突向腹侧，形成脊柱的最低点。胸腰曲突向背侧，由大部分胸椎和腰椎形成。荐曲不十分明显。脊柱的每一个弯曲都有其生理意义，如支持头的抬起、扩大体腔容积、维持身体前后平衡等。

二、肋

肋 rib 构成胸腔的侧壁，细长而弯曲，呈弓形骨，左右成对，牛、犬13对，猪14～15对，马18对（图1-2～图1-5，图1-13）。牛第1肋最短，第7～10肋长而宽。每一肋分为背侧的肋骨和腹侧的肋软骨。肋软骨直接与胸骨成关节的肋称真肋 true rib 或胸骨肋 sternal rib；借结缔组织与前一肋软骨相连形成肋弓 costal arch，而间接与胸骨相连的肋称假肋 false rib 或非胸骨肋 asternal rib。肋软骨下端不与邻肋相连的称浮肋 floating rib。牛的真肋有8对，假肋5对；猪的真肋有7对，假肋7对；犬的真肋有9对，假肋4对；马的真肋有8对，假肋10对。相邻两肋之间的间隙称肋间隙 intercostal space。

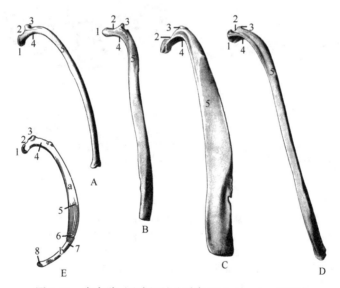

图 1-13　家畜肋（左侧面）（引自 Nickel et al.，1979）

A. 犬第10肋；B. 猪第11肋；C. 牛第11肋；D. 马第13肋；E. 犬第4肋。a. 肋骨；b. 肋软骨；1. 肋头；2. 肋颈；3. 肋结节；4. 肋骨角；5. 肋体；6. 肋骨肋软骨关节；7. 肋膝；8. 关节髁

1. 肋骨 costal bone　　属扁骨，分肋头、肋颈和肋体。椎骨端为肋头 head of rib，有前、后肋头关节面，分别与相邻两椎体的前、后肋凹成关节。肋头下方缩细为肋颈 costal neck，肋颈以下为肋体 body of rib，肋体近端的突起称肋结节 costal tubercle，肋结节有关节面与相应胸椎的横突肋凹成关节。肋骨后缘内侧有肋沟 costal groove。

2. 肋软骨 costal cartilage　　呈扁棒状，前8对肋软骨与胸骨相连，其余的肋软骨借结缔组织分别与前位肋软骨相连形成肋弓，借第8对肋软骨与胸骨相连，形成胸廓的后界。

三、胸　骨

胸骨 sternum 构成胸腔的底壁，斜向后下方（图 1-14）。牛胸骨由 7 块胸骨节 sternebra 组成，第 1 节为胸骨柄 manubrium of sternum，近乎垂直，其两侧与第 1 肋软骨成关节，无柄软骨（除反刍动物外，胸骨柄前端附有柄软骨）；第 2～6 节组成胸骨体 body of sternum，上下压扁，两侧有肋切迹与真肋的肋软骨成关节；第 7 节为剑突 xiphoid process，后端附有圆盘状的剑突软骨 xiphoid cartilage。猪胸骨有 6 块胸骨节，前端有柄软骨，胸骨体上下压扁，剑突软骨小。马胸骨有 7 块胸骨节，侧面观呈舟状，前部两侧压扁，后部背腹压扁；有发达的柄软骨，腹侧缘有显著的胸骨嵴。犬胸骨长，有 8 块胸骨节，前端附有柄状软骨，胸骨体两侧压扁，剑突软骨狭小。

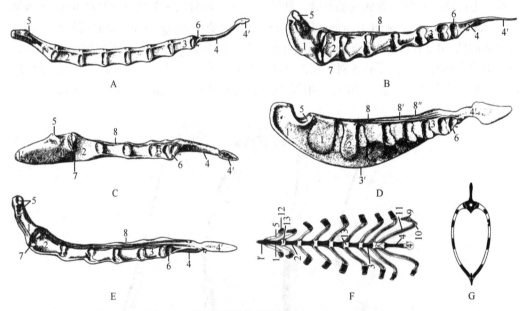

图 1-14　胸骨及胸廓（引自 Nickel et al., 1979）

A. 犬胸骨；B. 牛胸骨；C. 猪胸骨；D. 马胸骨；E. 绵羊胸骨；F. 附带肋骨远端和肋软骨的胸骨（3 岁犬）；G. 胸廓横切面示意图。1. 胸骨柄；1'. 柄软骨；2, 3. 胸骨体的第 1 和最后胸骨节；3'. 胸骨嵴（马）；4. 剑突；4'. 剑突软骨；5, 6. 对第 1 和最后（犬最后第 2 个）真肋的关节面；7. 胸骨柄和胸骨体间关节（猪和反刍动物）；8. 胸骨韧带；8'. 中支；8". 右侧支；9. 第 9 肋骨体；10. 第 9 肋肋膝；11. 肋软骨；12. 第 1 肋骨体；13. 胸骨软骨结合

胸廓 thorax 由背侧的胸椎、两侧的肋和腹侧的胸骨共同围成，呈前小后大的截顶的圆锥形。胸廓前口较小，呈纵向的椭圆形，由第 1 胸椎、第 1 对肋和胸骨柄构成。胸廓后口宽大，斜向前下方，由最后胸椎、最后一对肋骨、肋弓和剑突软骨围成。胸廓前部的肋较短且与胸骨相连，有很好的坚固性，以保护胸腔器官和支持前肢。胸廓后部的肋长而弯曲，活动范围较大，便于呼吸运动。

第三节　头　骨

头骨 skull 位于脊柱前方，分为颅骨和面骨，家畜的面骨较颅骨发达。头骨有 29 块

（听小骨、上鼻甲和猪的吻骨未计算在内），主要由扁骨和不规则骨组成，除下颌骨借颞下颌关节与颞骨连接外，绝大多数借缝或软骨直接连接，分别围成颅腔、口腔、鼻腔和眼眶，以容纳和保护脑、眼球等器官，并形成消化器官和呼吸器官的起始部。不成对的 7 块不规则骨位于颅正中区，成对的 22 块扁骨位于中线两侧。有些头骨的两层骨板之间形成空腔，直接或间接地与鼻腔相通，称为鼻旁窦，可增加头部的体积，但不增加其质量。头骨上有许多孔、裂、管、沟等，供血管、神经通过。

一、牛的头骨

（一）颅骨

颅骨 cranial bone 位于头的后上方，由成对的额骨、顶骨、颞骨和不成对的枕骨、顶间骨、蝶骨和筛骨组成，共计 10 块。

1. 枕骨 occipital bone（图 1-15，图 1-16） 构成颅腔后壁和底壁的后部。枕骨

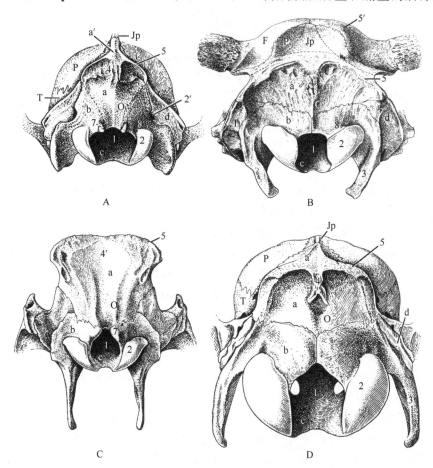

图 1-15 家畜头骨项面（引自 Nickel et al., 1979）

A. 犬；B. 牛；C. 猪；D. 马。a～c. 枕骨；a, a′. 枕鳞；b. 侧部；c. 基底部；d. 颞骨岩部；F. 额骨；Jp. 顶间骨；O. 枕骨；P. 顶骨；T. 颞骨；1. 枕骨大孔；2. 枕髁；2′. 乳突孔；3. 髁旁突；4. 枕外隆凸；4′. 枕鳞窝；5. 项嵴（项线，反刍动物）；5′. 角间隆凸；6. 颞骨，枕突；7. 项结节；8. 髁背侧窝

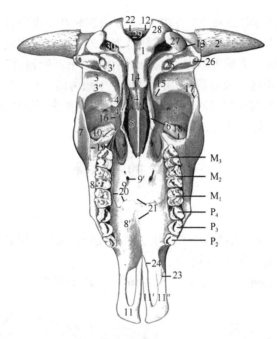

图 1-16　牛头骨腹侧面（引自 Popesko，1985）

M_1. 第一臼齿；M_2. 第二臼齿；M_3. 第 3 臼齿；P_2. 第二前臼齿；P_3. 第 3 前臼齿；P_4. 第 4 前臼齿；1. 枕骨；2. 额骨眶部；2′. 额骨角突；3. 颞骨鳞部；3′. 颞骨鼓部（鼓泡）；3″. 关节结节；4. 蝶骨（底蝶骨和前蝶骨）体；4′. 底蝶骨翼（颞翼）；4″. 前蝶骨翼（眶翼）；5. 犁骨；6. 翼骨；7. 颧骨；8. 上颌骨；8′. 上颌骨腭突；9. 腭骨；9′. 腭大孔；10. 泪骨；11. 切齿骨体；11′. 切齿骨腭突；11″. 切齿骨鼻突；12. 顶骨；13. 枕乳突缝；14. 蝶枕软骨结合；15. 蝶鳞缝；16. 蝶额缝；17. 颞颧缝；18. 泪上颌缝；19. 颧上颌缝；20. 腭横缝；21. 腭正中缝；22. 人字缝；23, 24. 上颌切齿缝；25. 茎突；26. 外耳门；27. 髁旁突；28. 枕髁；29. 枕骨大孔；30. 髁腹侧窝

分为枕鳞、侧部和基底部。枕鳞 occipital squama 位于颅腔后壁上部，表面粗糙，供肌肉和韧带附着，上部正中的隆起称枕外隆凸 external occipital protuberance；背侧缘为横行的项线，与顶骨和顶间骨为界。侧部 lateral part 一对，位于枕鳞腹侧，中央有枕骨大孔 foramen magnum，前通颅腔，后接椎管，脑和脊髓在此延续。枕骨大孔两侧为卵圆形的枕髁 occipital condyle，与寰椎成关节。枕髁外侧有向下伸出的髁旁突 paracondyloid process（颈静脉突）。基底部 basilar part of occipital bone 位于颅腔底壁的后部，与蝶骨交界处有肌结节 muscular tubercle。

2. 顶骨 parietal bone（图 1-15）　位于枕鳞背侧，构成颅腔后壁上部与侧壁，水牛顶骨构成颅腔顶壁后部和侧壁。猪、马、犬的顶骨构成颅腔顶壁的大部分。

3. 顶间骨 interparietal bone（图 1-15）　位于颅腔后壁上部正中，两顶骨之间，很小，出生前后与顶骨和枕鳞愈合。

4. 额骨 frontal bone（图 1-17）　位于颅腔顶壁，呈四边形，前部向外侧伸出颧突 zygomatic process（眶上突），构成眼眶的后背侧缘，颧突基部有眶上沟 supraorbital sulcus，沟内有眶上孔 supraorbital foramen。额骨的后外方有角突 cornual process，外侧缘称颞线 temporal line。

5. 颞骨 temporal bone（图 1-18，图 1-19）　位于枕骨前方、顶骨的前腹侧，构成颅腔侧壁的腹侧部，分为鳞部、岩部和鼓部。鳞部 squamous part 与额骨、顶骨和蝶骨

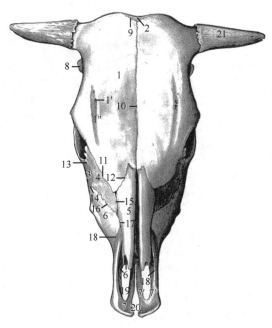

图 1-17　牛头骨背侧面（引自 Popesko，1985）

1. 额骨；1′. 眶上孔；1″. 眶上沟；2. 顶骨；3. 颧骨；4. 泪骨；5. 鼻骨；6. 上颌骨；7. 切齿骨体；7′. 切齿骨腭突；7″. 切齿骨鼻突；8. 颞骨；9. 冠状缝；10. 额间缝；11. 额泪缝；12. 额鼻缝；13. 泪鼻缝；14. 颧上颌缝；15. 鼻泪缝；16. 泪上颌缝；17. 鼻上颌缝；18. 上颌切齿缝；19. 腭裂；20. 切齿骨间裂；21. 角突

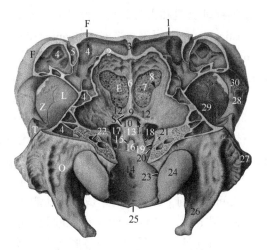

图 1-18　牛颅腔（背面已打开，后背侧观）（引自 Nickel et al.，1979）

E. 筛骨，筛板；F. 额骨；L. 泪骨；O. 枕骨；S. 蝶骨；T. 颞骨；Z. 颧骨；1，2. 额骨的外板和内板；3. 额窦隔；4. 额窦；5. 眶上管；6. 鸡冠；7. 筛骨窝；8. 筛孔；9. 眶蝶嵴；10. 视交叉沟；11. 视神经管入口；12. 颅前窝；13. 颅中窝；14. 颅后窝；15. 垂体窝；16. 鞍背；17. 眶圆孔；18. 眼神经和上颌神经沟；19. 卵圆孔；20. 岩枕裂；21. 内耳道；22. 髁管；23. 舌下神经管入口；24. 枕髁；25. 髁间切迹；26. 髁旁突；27. 鼓后突；28. 颞骨额突；29. 泪泡；30. 额骨颧突

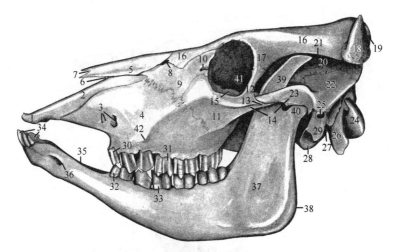

图 1-19　牛头骨外侧面（引自 Popesko，1985）

1. 切齿骨体；2. 切齿骨鼻突；3. 眶下孔；4. 上颌骨颜面；5. 鼻骨；6. 鼻切齿骨切迹；7. 鼻切迹；8. 鼻泪骨裂；9. 泪骨；10. 泪囊窝；11. 颧骨；12. 颧骨额突；13. 颧骨颞突；14. 颧弓；15. 泪泡；16. 额骨；17. 额骨颞突；18. 角突；19. 角间隆凸；20. 颞窝；21. 颞线；22. 颞骨鳞部；23. 颞骨颧突；24. 枕髁；25. 外耳道口；26. 髁旁突；27. 茎乳突孔；28. 鼓泡；29. 茎突鞘；30. 第二上前臼齿；31. 第一上臼齿；32. 第二下前臼齿；33. 第一下臼齿；34. 切齿；35. 齿槽间缘；36. 颏孔；37. 下颌支；38. 下颌角；39. 冠状突；40. 髁突；41. 眼眶；42. 面结节

相接，向外前方伸出颧突 zygomatic process，与颧骨的颞突相连形成颧弓 zygomatic arch。颧突腹侧有关节结节 articular tubercle（颞髁），与下颌骨的髁突成关节。岩部 petrosal part 位于颞骨鳞部和枕骨之间，是内耳和内耳道的骨质基础，后外侧有乳突 mastoid process 和茎突 styloid process，分别供锁乳突肌和舌骨附着。鼓部 tympanic part 位于腹侧，外侧有骨质的外耳道 external acoustic meatus，腹侧有鼓泡 tympanic bulla，内腔构成一部分鼓室。

6. 蝶骨 sphenoid bone（图 1-16，图 1-18）　构成颅腔底壁的前部。幼年牛分为底蝶骨 basisphenoid bone 和前蝶骨 presphenoid bone，成年后愈合。蝶骨形似展翅的蝴蝶，分为一体、两对翼和一对翼突。蝶骨体 body of sphenoid bone 位于颅腔底壁正中，呈短的棱柱状，颅腔面有卵圆形的垂体窝 hypophyseal fossa；前蝶骨翼 presphenoid wing（眶翼 orbital wing）从骨体前部伸向外上方，构成眼眶的内侧壁和颞窝的一部分，其基部后方有眶圆孔 foramen orbitorotundum，眶面中央有视神经管 optic canal 口；底蝶骨翼 basisphenoid wing（颞翼）从骨体后部伸向外上方，参与形成颅腔侧壁；翼突 pterygoid process 从骨体和底蝶骨翼之间伸向前下方，参与形成鼻后孔侧壁。

7. 筛骨 ethmoid bone（图 1-18，图 1-20）　构成颅腔的前壁，分筛板、垂直板和筛骨迷路 3 部分。筛板 cribriform plate 位于颅腔与鼻腔之间，颅腔面有两个卵圆形的筛窝，容纳嗅球；筛板上有许多小孔，供嗅神经通过。垂直板 perpendicular plate 位于正中矢状面上，构成鼻中隔的后部。筛骨迷路 ethmoidal labyrinth（侧块）位于垂直板两侧，后端较大，附着于筛板，前端尖，突入鼻腔，形成筛鼻甲 ethmoturbinate。筛鼻甲由许多卷曲的薄骨板构成，第 I 内鼻甲又称上鼻甲 dorsal nasal concha，沿额骨、鼻骨向前延伸。

（二）面骨

面骨 facial bone 位于颅骨的前下方，构成口腔和鼻腔的骨质基础。由成对的鼻骨、泪骨、颧骨、上颌骨、切齿骨、腭骨、翼骨和下鼻甲骨，以及不成对的犁骨、下颌骨和舌骨构成，共计 19 块（图 1-17～图 1-21）。猪有一块吻骨。

1. 鼻骨 nasal bone（图 1-17，图 1-19）　位于额骨的前方，构成鼻腔的顶壁，外凸内凹，鼻腔面有上鼻甲附着。

2. 泪骨 lacrimal bone（图 1-19）　位于额骨前端的外下方，构成眼眶的前内侧壁，眶面有漏斗状的泪囊窝 fossa of lacrimal sac 和泪管 lacrimal canal 的开口。泪骨在眶面腹侧形成泪泡 lacrimal bulla。

3. 颧骨 zygomatic bone（图 1-19）　位于泪骨下方，构成眼眶的前腹侧部。外侧面有一纵行且不明显的面嵴 facial crest，后端有向后突出的颞突 temporal process，与颞骨的颧突一起构成颧弓；有向背侧伸出的额突 frontal process，与额骨的颧突相接，构成眼眶的后缘。

4. 上颌骨 maxilla（图 1-18，图 1-20）　位于泪骨和颧骨的前方，为最大的面骨，几乎与所有的面骨连接，构成鼻腔侧壁和口腔的顶壁。上颌骨分为上颌体、腭突和齿槽突。上颌体 body of maxilla 外侧面有一不明显的面嵴，与颧骨的面嵴相延续，面嵴前端有粗糙的面结节 facial tuberosity，其前上方有眶下孔 infraorbital foramen，为眶下管的外口；后端为钝圆而突出的上颌结节 maxillary tuberosity；鼻腔面有上颌窦裂孔和供下鼻甲骨附着的鼻甲嵴。腭突 palatine process 是由骨体下部向内伸出的水平骨板，形成硬腭的一部分，将口腔与鼻腔隔开。齿槽突 alveolar process 为上颌骨向腹侧突出的纵嵴，齿槽突的游离缘称齿槽缘 alveolar border，上有 6 个颊齿齿槽；齿槽缘前部为齿槽间缘 interalveolar margin，向前接切齿骨。

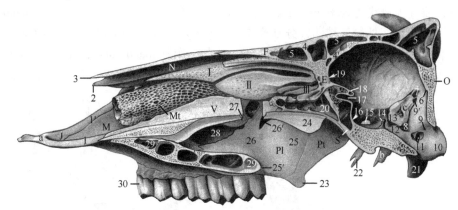

图 1-20　牛头骨旁正中切面（右内侧面）（引自 Nickel et al., 1979）

E. 筛骨；F. 额骨；J. 切齿骨；M. 上颌骨；Mt. 下鼻甲骨；N. 鼻骨；O. 枕骨；Pl. 腭骨；Pt. 翼骨；S. 蝶骨；V. 犁骨；a. 切齿骨腭突；b. 颞骨鼓部，鼓泡；c. 颞骨岩部；Ⅰ. 第 1 内鼻甲（上鼻甲）；Ⅱ. 第 2 内鼻甲；Ⅲ. 其他内鼻甲；1. 切齿骨腭突；1′. 切齿骨鼻突；2, 3. 鼻骨，前外侧和内侧面；4. 额骨外板；4′. 额骨内板；5. 额窦；6. 枕内隆凸；7. 颞道入口；8. 颈静脉孔；9, 9′. 髁管口；10. 枕髁；11. 舌下神经管入口；12. 岩枕裂；13. 内耳道；14. 蝶骨鞍背；15. 卵圆孔；16. 眼神经和上颌神经沟；17. 视交叉沟；18. 眶蝶嵴；19. 筛板的筛骨窝；20. 蝶窦；21. 髁旁突；22. 肌突；23. 翼骨钩；24. 犁骨嵴；25. 鼻后孔；25′. 鼻后棘；26. 鼻咽道；26′. 蝶腭孔；27. 中隔沟；28. 腭窦顶部的自然孔，在活体被黏膜封闭；29. 腭窦；30. 第 1 颊齿

5. 切齿骨 incisive bone（图 1-17，图 1-19，图 1-20）　也称颌前骨 premaxilla，位于上颌骨前方，分骨体、腭突和鼻突 3 部分。骨体 body 位于最前端，薄而扁平，无切齿

齿槽。腭突 palatine process 从骨体水平向后伸出，与上颌骨腭突相连，参与构成硬腭的骨质基础；腭突与上颌骨和鼻突之间形成腭裂 palatine fissure。鼻突 nasal process 向后上方伸出，其后端嵌入鼻骨与上颌骨之间，并与鼻骨之间形成鼻切齿骨切迹。

6. 腭骨 palatine bone（图 1-16，图 1-20）   位于鼻后孔两侧，分垂直板和水平板。垂直板 perpendicular lamina 构成鼻后孔的侧壁，水平板 horizontal lamina 形成硬腭的后部，与切齿骨腭突、上颌骨腭突共同形成硬腭的骨质基础。

7. 下鼻甲骨 ventral nasal conchal bone（图 1-20）   为卷曲的薄骨片，附着于上颌骨的鼻甲嵴，与上鼻甲一起将每侧鼻腔分为上、中、下 3 个鼻道。

8. 翼骨 pterygoid bone（图 1-20）   位于鼻后孔侧壁后部，腭骨垂直板后缘和蝶骨翼突内侧，为一薄而窄的骨片，其后背侧伸达颅底，前腹侧端有一钩状突，称翼骨钩pterygoid hamulus。

9. 犁骨 vomer（图 1-20）   位于鼻腔底壁正中线上，从蝶骨体腹侧面伸至鼻腔底前部，其背侧缘有中隔沟，容纳鼻中隔软骨和筛骨垂直板，腹侧后部有犁骨嵴。黄牛犁骨嵴不发达，不与鼻腔底壁后部接触，两鼻后孔不完全分开。水牛犁骨嵴发达，两鼻后孔完全分开。

10. 下颌骨 mandible（图 1-21）   位于上述面骨和颅骨的腹侧，不成对，分左、右两半，每半又分为下颌体和下颌支两部分。下颌体 body of mandible 为水平向的前部，较厚，前为切齿部 incisive part，后为臼齿部 molar part，分别有切齿和颊齿着生，两部之间为齿槽间缘。下颌体前外侧有颏孔 mental foramina。下颌支 ramus of mandible 为下颌体后方垂直向上的宽骨板，上端后方为髁突 condyloid process，与颞骨的关节结节构成颞下颌关节，前方为冠状突 coronoid process，供颞肌附着；两突之间为下颌切迹 mandibular notch。下颌支内、外侧面稍凹，分别称翼肌窝 pterygoid fossa 和咬肌窝 masseteric fossa，供翼内侧肌和咬肌附着。下颌支内侧面中部有下颌孔 mandibular foramen，借下颌管mandibular canal 与颏孔相通。在下颌骨下缘，下颌体与下颌支交界处有面血管切迹 notch

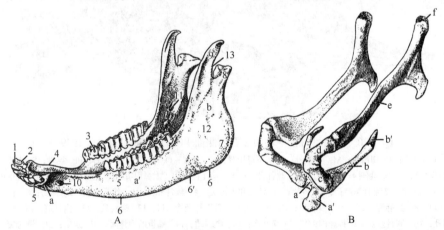

图 1-21　牛下颌骨和舌骨（引自 Nickel et al.，1979）

A. 牛下颌骨：a，a′. 下颌体；a. 切齿部；a′. 臼齿部；b. 下颌支；1. 隅齿；2. 犬齿；3. 颊齿；4. 齿槽间缘；5. 齿槽缘；6. 腹侧缘；6′. 面血管切迹；7. 下颌角；8. 髁突，下颌头；9. 冠状突；10. 颏孔；11. 下颌孔；12. 咬肌窝；13. 下颌切迹。B. 牛舌骨：a. 底舌骨（舌骨体）；a′. 舌突；b. 甲状舌骨；b′. b 的软骨部；c. 角舌骨；d. 上舌骨；e. 茎突舌骨；e′. 茎突舌骨角；f. 鼓舌骨

for facial vessel。两侧下颌骨之间的间隙称下颌间隙 mandibular space。

11. 舌骨 hyoid bone（图 1-21）　　位于左、右下颌支之间，由底舌骨 basihyoid 和舌骨支（甲状舌骨 thyrohyoid、角舌骨 ceratohyoid、上舌骨 epihyoid 和茎突舌骨 stylohyoid）组成，借茎突舌骨与两侧颞骨岩部的茎突相连，借甲状舌骨与喉的甲状软骨相连，构成舌、咽和喉的支架。

（三）牛头骨整体观

牛头骨呈锥形，形成颅腔、骨性鼻腔、骨性口腔和眼眶，可分为背侧面、侧面、项面和腹侧面。

1. 背侧面 dorsal surface（图 1-17）　　背侧面由额骨、鼻骨和切齿骨组成，由后向前可分为颅顶部、鼻部和切齿部。颅顶部完全由额骨形成，呈四边形，宽而平，在两眼眶之间最宽，其两侧有眶上孔和眶上沟。额骨的后缘最高，为角间隆凸 intercornual protuberance；在有角的牛，两侧有角突。水牛和羊的颅顶部呈穹隆状，由额骨和顶骨形成。鼻部由鼻骨形成，前后宽度近乎相等，前端形成前内侧突和前外侧突。切齿部由切齿骨形成，切齿骨上无齿槽。骨质鼻孔宽大。

2. 侧面 lateral surface（图 1-19）　　侧面呈三角形，由后向前分为颅侧部、眶部、上颌部和下颌部。颅侧部由额骨、顶骨和颞骨组成，颞窝窄而深，其上界为颞线，下界为颧弓，颞骨颧突腹侧的关节结节与下颌骨的髁突成关节。颧弓后腹侧可见外耳道和鼓泡。眶部有大而深的眼眶，由额骨、泪骨、颧骨和蝶骨围成，泪骨眶面有大而薄壁的泪泡。上颌部呈三角形，由上颌体和部分切齿骨组成，面嵴不明显，其前端有面结节，面结节前上方有眶下孔。下颌部由下颌骨组成，可见切齿和颊齿齿槽、颏孔、咬肌窝、冠状突和髁突等结构。

3. 项面 caudal or nuchal surface（图 1-15）　　项面宽广，由枕骨、顶骨和顶间骨构成，形成颅腔的后壁。项面粗糙，枕外隆凸较明显，下部可见枕骨大孔、枕髁、髁旁突。

4. 腹侧面 ventral surface（图 1-16）　　腹侧面也称底面（除去下颌骨），由后向前分为颅底部、鼻后孔部和腭部。颅底部宽，由枕骨基底部、蝶骨和部分颞骨组成。髁旁突粗大，稍弯向内侧。肌结节大。鼓泡大，左右压扁，其内侧可见颈静脉孔和岩枕裂。鼻后孔部窄而深，由腭骨、翼骨和犁骨构成，因犁骨后部不与鼻腔底壁接触，故左右鼻后孔 choanae 未完全分开。水牛犁骨嵴发达，两鼻后孔完全分开。腭部由腭骨水平板、上颌骨的腭突和切齿骨的腭突构成，宽而长，但在第一前臼齿前方变窄。上颌骨上有颊齿齿槽，切齿骨上无齿槽。

5. 颅腔 cranial cavity（图 1-18，图 1-20）　　由顶壁的额骨，侧壁的颞骨和顶骨，后壁的顶骨、顶间骨和枕骨，底壁的枕骨基底部和蝶骨及前壁的筛骨围成，容纳脑和脑膜。颅骨内面有与脑表面相适应的指状压迹。颅腔底壁分为 3 个颅窝。颅前窝 rostral cranial fossa 位置较高，容纳嗅球和大脑半球的前部；颅中窝 middle cranial fossa 相当于蝶骨体的后部，容纳大脑底面、下丘脑和中脑，有垂体窝容纳垂体；颅后窝 caudal cranial fossa 位于枕骨基底部的背侧，容纳脑桥和延髓。颅腔壁还有许多孔、管、裂，供血管、神经通过。

6. 骨性鼻腔 nasal cavity　　位于颅腔前方、口腔背侧，呈圆桶状，其背侧壁为鼻骨，侧壁为上颌骨、泪骨、切齿骨等，后壁为筛骨，底壁为切齿骨、上颌骨腭突和腭骨水平部组成的硬腭。鼻中隔 nasal septum 将鼻腔分为左、右两半，前方经鼻孔 nostril 与外界相通，后方经鼻后孔与咽相接。鼻中隔分骨性和软骨性鼻中隔，骨性鼻中隔由筛骨垂直板和犁骨组成。骨性鼻腔侧壁上附着有上、下鼻甲骨，将每侧鼻腔分为上、中、下 3 个鼻道。

7. 骨性口腔 oral cavity　　位于鼻腔腹侧，顶壁为切齿骨、上颌骨腭突和腭骨水平板，侧壁和底壁为下颌骨。

8. 头骨内主要的孔裂　　在枕髁与髁旁突之间的髁腹侧窝中有两个孔，前内侧的是舌下神经孔 canal of hypoglossal nerve，供舌下神经通过，后外侧的为髁孔 condyloid canal，有血管通过。在枕骨基底部和鼓泡之间，有一裂隙，后部较宽为颈静脉孔 jugular foramen，有舌咽、迷走和副神经及血管通过。在颞骨的乳突和茎突之间有茎乳突孔 stylomastoid foramen，面神经由此出颅腔。在翼腭窝的后部、翼嵴的前方，自上而下依次为筛孔 ethmoidal foramen（供筛神经和血管通过）、视神经管口（有视神经通过）和眶圆孔（供眼神经、动眼神经、滑车神经、展神经和上颌神经通过），在底蝶骨翼的后方有卵圆孔 oval foramen，供下颌神经通过。在上颌结节内侧的隐窝中有 3 个孔，上方为上颌孔 maxillary foramen，为眶下管的后口，有眶下神经和血管通过；中间为蝶腭孔 sphenopalatine foramen，有鼻后神经和蝶腭动、静脉通过；下方为腭后孔 palatine canal，有腭大神经和血管通过。

（四）鼻旁窦

鼻旁窦 paranasal sinus 也称副鼻窦，为一些头骨的内、外骨板之间含气腔洞的总称，因其直接或间接与鼻腔相通，故称鼻旁窦。鼻旁窦黏膜与鼻腔黏膜相延续，当鼻黏膜发炎时，常蔓延至鼻旁窦，引起鼻旁窦炎。鼻旁窦有额窦、上颌窦、泪窦、上鼻甲窦、下鼻甲窦、腭窦、蝶窦、筛小房（筛窦），兽医临床上重要的有额窦和上颌窦。鼻旁窦具有明显的年龄变化，幼畜的鼻旁窦小，成年之前逐渐发育扩大。

（1）额窦 frontal sinus　　很大，位于整个颅腔顶壁和部分后壁内，为额骨和顶骨内的腔洞，并延伸至角突（角窦）、枕骨和颞骨内（图 1-22）。左、右额窦被一正中隔分开，每侧额窦又被一斜横隔分为小的额前窦和大的额后窦，并与筛鼻道相通。水牛和羊的额窦较小，位于额骨内。

（2）上颌窦 maxillar sinus　　主要位于上颌骨、泪骨和颧骨内，前界达面结节，上界在眶下孔与眼眶背侧缘的连线上，后方伸入泪泡（图 1-22）。窦的底壁不规则，最后 3～4 颗颊齿的齿根突入其中。窦的内侧壁有眶下管通过，该管上方有上颌腭口通腭窦；后上方有鼻上颌口通中鼻道，在眼眶与面结节的中点、鼻泪管腹侧。

二、猪、马、犬头骨的特点

（一）猪头骨的特点

猪头骨（图 1-23）的外形因品种而异，长头型猪的头骨很长，短头型猪的头骨较短，一般呈楔形。

1. 背侧面　　颅顶部由顶骨和额骨形成，长头型猪的额部外形平直，短头型猪的向上倾斜；近眶缘处有 2 个眶上孔，孔前方有眶上沟。额窦发达，延伸至顶骨、枕骨和颞骨内。鼻部相对较短，在鼻骨和鼻中隔的前端有一吻骨 rostral bone，呈三面体形，基部

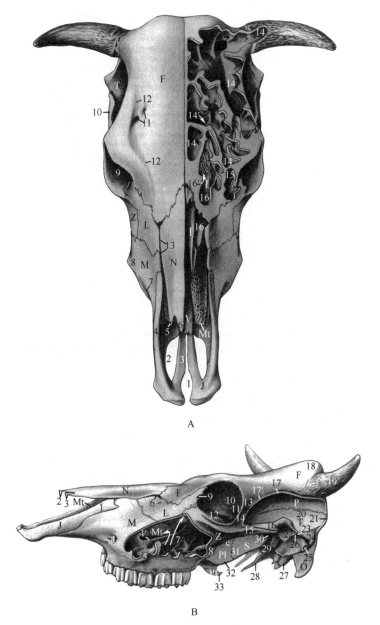

图 1-22　牛鼻旁窦（引自 Nickel et al., 1979）

A. 牛头骨背侧面（左侧鼻腔、泪窦、上鼻甲窦和额窦已打开）：F. 额骨；J. 切齿骨体；L. 泪骨；M. 上颌骨；
Mt. 下鼻甲骨；N. 鼻骨；T. 颞骨，颞窝；V. 犁骨；Z. 颧骨；I. 第 1 内鼻甲；1. 切齿骨间裂；2. 腭裂；
3. 切齿骨腭突；4. 切齿骨鼻突；5, 6. 鼻骨前外侧和前内侧突；7. 眶下孔；8. 面结节；9. 眼眶；10. 颞骨颧
突；11. 眶上孔；12. 眶上沟；13. 鼻上颌裂和鼻泪骨裂；14. 额窦；14′. 额窦至鼻腔的入口（额窦孔）；15. 泪
窦；16. 上鼻甲窦；16′. 上鼻甲窦至鼻腔的入口。B. 牛头骨左侧面（上颌窦已打开）：F. 额骨；J. 切齿骨体；L. 泪
骨；M. 上颌骨；Mt. 下鼻甲骨；N. 鼻骨；O. 枕骨髁旁突；P. 顶骨；Pl. 腭骨；Pt. 翼骨；S. 蝶骨；T. 颞
骨；Z. 颧骨；1. 切齿骨鼻突；2, 3. 鼻骨前内侧和前外侧突；4. 眶下孔；4′. 眶下管；5. 面结节；6. 鼻泪骨
裂；7. 上颌窦，左侧箭头示进入腭窦的上颌腭口，右侧箭头示至泪窦的入口；8. 上颌结节；9. 泪囊窝；10. 筛
孔；11. 视神经管；12. 泪泡；13. 额骨颧突；14, 15. 颧骨的额突和颞突；16. 颞骨的颧突；17, 17′. 颞线；
18. 角间隆凸；19. 角突；20. 颞突；21. 颞骨鳞部颞嵴；22. 关节后突；23. 耳切迹；24. 鼓后突；25. 外耳道；
26. 关节后孔；27. 鼓泡；28. 肌突；29. 肌结节；30. 卵圆孔；31. 底蝶骨的翼突；32. 腭骨蝶突；33. 翼骨钩

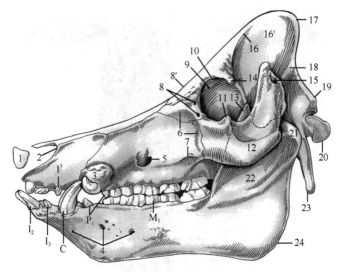

图 1-23　猪头骨（引自 Dyce et al., 2010）

I₂, I₃, I³. 切齿；C. 犬齿；P₁. 第一前臼齿；M₁. 第一臼齿；1. 吻骨；2. 鼻切齿骨切迹；3. 犬齿隆起；4. 颏孔；
5. 眶下孔；6. 犬齿窝；7. 面嵴；8. 泪孔；8′. 背侧面眶上孔的位置；9. 眶上管的眶端；10. 眶缘；11. 颧骨的额
突；12. 颧弓；13. 下颌骨的冠状突；14. 额骨的颧突；15. 外耳道；16. 颞线；16′. 颞窝；17. 项嵴；18. 颞嵴；
19. 项结节；20. 枕髁；21. 下颌骨髁突；22. 下颌支；23. 髁旁突；24. 下颌角

朝向前腹侧，尖朝向鼻中隔，形成鼻孔的内侧壁。切齿骨的齿槽缘每侧有 3 个切齿齿槽。

2. 侧面　颅侧部由顶骨和颞骨构成；颞窝呈纵向，完全位于颅侧面，长头型猪的较浅，短头型猪的较深；颧弓强大，两侧压扁，关节结节和关节后突不发达。额骨颧突短，不与颧骨额突相连，故眶外侧缘不完整；泪骨眶面无泪囊窝，在颜面有 2 个泪孔 lacrimal foramen。上颌骨纵凹，有犬齿窝和犬齿隆起，面嵴短，齿槽缘有 7 个颊齿齿槽，齿槽间缘有 1 个大的犬齿齿槽。下颌体有切齿、犬齿和颊齿齿槽，下颌支的冠状突较短，髁突低而呈三角形；颏孔数个，有外侧颏孔和内侧颏孔。

3. 项面　由枕骨构成，宽大，枕鳞发达，背侧缘为项嵴 nuchal crest，形成头部的最高点；髁旁突细长，垂向下方。

4. 底面　颅底部由枕骨基底部和蝶骨组成，枕骨基底部较平，髁旁突细长；鼓泡大；鼻后孔短而宽，被犁骨分为左、右两半。

（二）马头骨的特点

马头骨（图 1-24）呈长锥形，整体比牛的狭长。

1. 背侧面　略呈菱形。颅顶部由额骨、顶骨和顶间骨构成，后缘为发达的项嵴；顶骨构成颅顶壁的大部分，顶间骨位于顶骨后部之间，正中有纵走的外矢状嵴 external sagittal crest，颅腔面有幕突；额骨位于颅顶壁的前部，外侧缘为颞线，颧突基部有眶上孔。马额窦较小，仅位于两眼眶之间，因此颅腔顶壁大部为单层结构。鼻骨后宽前窄，前端形成鼻棘。切齿骨的齿槽缘有 3 个切齿齿槽，鼻突比牛的发达。

2. 侧面　呈三角形。颅侧部由颞骨和额骨构成；颞窝浅，位于背外侧，由顶骨、颞骨和额骨构成；颧弓较宽，两侧压扁。眼眶由额骨、泪骨和颧骨构成，泪骨眶面有泪囊窝；颧骨不与额骨颧突相连；上颌骨面嵴发达，与颧骨的面嵴相延续，向前延伸至与

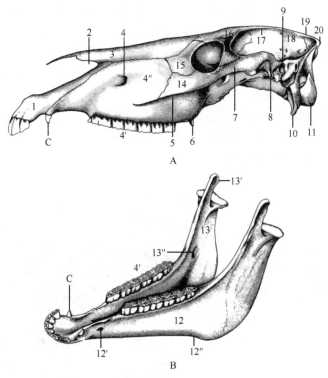

图 1-24　马头骨（引自 Dyce et al., 2010）

A. 马头骨；B. 马下颌骨。1. 切齿骨；2. 鼻切齿骨切迹；3. 鼻骨；4. 眶下孔；4'. 颊齿；4". 上颌骨；5. 面嵴；6. 翼骨钩；7. 颧弓；8. 关节后突；9. 外耳道；10. 髁旁突；11. 枕髁；12. 下颌体；12'. 颏孔；12". 面血管切迹；13. 下颌支；13'. 冠状突；13". 下颌孔；14. 颧骨；15. 泪骨；16. 额骨；17. 颞线；18. 顶骨；19. 外矢状嵴；20. 项嵴；C. 犬齿

第 3 上颊齿相对处；上颌骨齿槽缘有 6 个颊齿齿槽，公马齿槽间缘有 1 个犬齿齿槽；切齿骨齿槽缘有 3 个切齿齿槽。下颌体有切齿、犬齿（公马）和颊齿齿槽。

3. 项面　呈上窄下宽的梯形，由枕骨组成，枕鳞相对较小，背侧缘为发达的项嵴。

4. 底面　较长，枕骨基底部两侧有破裂孔 foramen lacerum。鼻后孔卵圆形，被犁骨分为左、右两个。腭部狭长且凹。

5. 马的鼻旁窦

（1）额窦　位于额骨及鼻骨和上鼻甲的后部内，主要部分在两眼眶之间，内侧以中隔与对侧额窦分开，腹外侧有大卵圆形的额上颌口通上颌窦。

（2）上颌窦　位于上颌骨、泪骨、颧骨和鼻甲骨内，很发达，上颌窦随年龄变化较大，幼龄马的较小。上颌窦的前界为面嵴前端至眶下孔的连线，上界为自眶下孔向后与面嵴的平行线，下界至颊齿齿槽。上颌窦内有纵走的眶下管；窦被一斜行骨板分为前、后两部，前窦小，以裂隙与中鼻道相通，后窦大，以鼻上颌口与中鼻道相通，以额上颌口与额窦相通。

（三）犬头骨的特点（图 1-25）

1. 背侧面　颅顶部由顶骨、顶间骨和额骨构成。顶骨略呈菱形，外矢状嵴显著。鼻骨前部较宽。额窦与马的相似。

2. 侧面 颅侧部由额骨、顶骨和颞骨构成，颞窝浅；泪骨小；颧骨的额突小，不与额骨的颧突直接连接（但借眶韧带相连），因此骨质眼眶的外侧缘不完整；切齿骨有 3 个切齿齿槽；上颌骨有 1 个犬齿齿槽和 6 个颊齿齿槽。下颌体有 3 个切齿齿槽、1 个犬齿齿槽和 7 个颊齿齿槽，有 3 个颏孔；下颌支较短，冠状突宽大，髁突小，下颌支腹侧有向后突出的角突 angular process。

3. 底面 颅底部由枕骨基底部和蝶骨构成。鼻后孔分为 2 个。硬腭较长。

4. 项面 由枕骨构成。顶间骨出生前与枕鳞愈合。

犬的鼻旁窦有额窦和上颌隐窝。

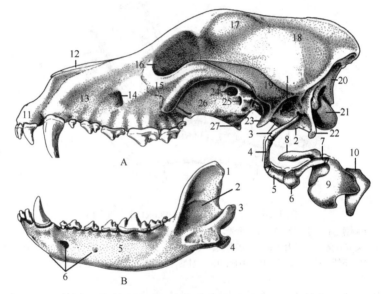

图 1-25 犬头骨和喉软骨（引自 Dyce et al.，2010）

A. 犬头骨（示舌骨和喉在颞骨上的附着）：1. 外耳道；2. 鼓泡；3. 茎突舌骨；4. 上舌骨；5. 角舌骨；6. 底舌骨；7. 甲状舌骨；8. 会厌软骨；9. 甲状软骨；10. 环状软骨；11. 切齿骨；12. 鼻骨；13. 上颌骨；14. 眶下孔；15. 颧骨；16. 泪骨；17. 额骨；18. 顶骨；19. 颞骨颧突；20. 枕骨；21. 枕髁；22. 髁旁突；23. 关节后突；24. 眶裂；25. 前翼孔；26. 腭骨；27. 翼骨。B. 犬下颌骨（外侧面）：1. 冠状突；2. 下颌支；3. 髁突；4. 角突；5. 下颌体；6. 颏孔

第四节 前 肢 骨

前肢骨（胸肢骨）分为前肢带（胸肢带）、臂部骨、前臂骨和前脚骨（图 1-26～图 1-30）。完整的前肢带 pectoral girdle 由肩胛骨、锁骨和乌喙骨组成。家畜前肢带仅保留肩胛骨，乌喙骨退化成为肩胛骨上的喙突，锁骨 clavicle 残留为锁腱划，位于臂头肌中。犬有不发达的锁骨。臂部骨 skeleton of arm 为肱骨，前臂骨 skeleton of forearm 由桡骨和尺骨组成，前脚骨 skeleton of manus 由腕骨、掌骨、指骨和籽骨组成。

一、前 肢 带

1. 牛肩胛骨 scapula（图 1-26） 为三角形扁骨，斜位于胸廓前部上方，从第 4 胸椎

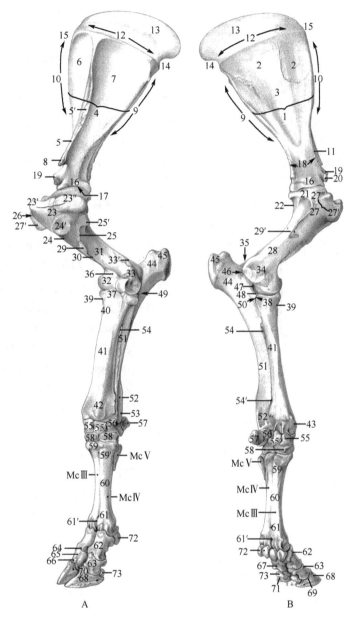

图 1-26　牛前肢骨（引自 Budras et al.，2003）

A. 外侧面；B. 内侧面。肩胛骨：1. 肋面；2. 锯肌面；3. 肩胛下窝；4. 外侧面；5. 肩胛冈；5′. 冈结节；6. 冈上窝；7. 冈下窝；8. 肩峰；9. 后缘；10. 前缘；11. 肩胛切迹；12. 背侧缘；13. 肩胛软骨；14. 后角；15. 前角；16. 腹侧角；17. 关节盂；18. 肩胛颈；19. 盂上结节；20. 喙突。肱骨：21. 肱骨头；22. 肱骨颈；23. 大结节；23′. 前部；23″. 后部；24. 大结节嵴；24′. 冈下肌面；25. 三头肌线；25′. 小圆肌粗隆；26. 结节间沟；27. 小结节；27′. 前部；27″. 后部；28. 肱骨体；29. 三角肌粗隆；29′. 大圆肌粗隆；30. 肱骨嵴；31. 臂肌沟；32. 肱骨髁；33. 外侧髁；33′. 外侧上髁嵴；34. 内侧髁；35. 鹰嘴窝；36. 桡窝。桡骨：37. 桡骨头；38. 关节面；39. 桡骨颈；40. 桡骨粗隆；41. 桡骨体；42. 桡骨滑车；43. 内侧茎突。尺骨：44. 鹰嘴；45. 鹰嘴结节；46. 肘突；47. 滑车切迹；48. 内侧冠突；49. 外侧冠状突；50. 桡骨切迹；51. 尺骨体；52. 尺骨头；53. 外侧茎突；54. 前臂近骨间隙；54′. 前臂远骨间隙。腕骨：55. 桡腕骨；55′. 中间腕骨；56. 尺腕骨；57. 副腕骨；58. 愈合的第 2 和第 3 腕骨，第 4 腕骨。第 3～5 掌骨：59. 掌骨底；59′. 第 3 掌骨粗隆；60. 掌骨体；61. 掌骨头；61′. 头间切迹。指骨：62. 近指节骨；63. 中指节骨；64. 底；65. 体；66. 头；67. 屈肌粗隆；68. 远指节骨；69. 关节面；70. 伸肌突；71. 屈肌结节；72. 近籽骨；73. 远籽骨。McⅢ～McⅤ. 第 3～5 掌骨

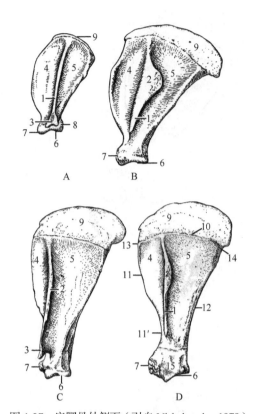

图 1-27　肩胛骨外侧面（引自 Nickel et al.，1979）
A. 犬；B. 猪；C. 牛；D. 马。1. 肩胛冈；2. 冈结节；3. 肩峰；4. 冈上窝；5. 冈下窝；6. 关节盂；7. 盂上结节；8. 盂下结节（食肉动物）；9. 肩胛软骨。仅在马标注的有：10. 背侧缘；11. 前缘；11′. 肩胛切迹；12. 后缘；13. 前角；14. 后角；15. 腹侧角

棘突斜向第 2 肋中部，分 2 面、3 缘和 3 角。外侧面有一纵行的肩胛冈 spine of scapula，肩胛冈中部有较粗厚的冈结节 tuber of scapular spine，其下端的尖突为肩峰 acromion。肩胛冈将外侧面分为前方较小的冈上窝 supraspinous fossa 和后方较大的冈下窝 infraspinous fossa，分别供冈上肌和冈下肌附着。肋面（内侧面）中部有大而浅的肩胛下窝 subscapular fossa，上部前、后各有一粗糙的锯肌面 serrated surface，供腹侧锯肌附着。前缘薄，后缘厚，背侧缘附有肩胛软骨 cartilage of scapula。前角与第 1~2 胸椎棘突相对，后角与第 6~7 肋的椎骨端相对，腹侧角与第 2 肋的中部相对。腹侧角有一圆形浅窝，称关节盂 glenoid cavity（肩臼），与肱骨头成关节。关节盂的前上方有一突起，称盂上结节 supraglenoid tubercle（肩胛结节），供臂二头肌起始；其内侧的小突起称喙突 coracoid process，供喙臂肌起始。

2. 猪、马、犬肩胛骨的特点（图 1-27）
猪的肩胛骨较宽，肩胛冈中部有一发达的肩胛冈结节，弯向冈下窝，无肩峰。马的肩胛骨窄而长，肩胛冈的中上部有肩胛冈结节，无肩峰；乌喙突大而明显。犬的肩胛骨无肩胛冈结节，肩峰呈钩状；冈上窝大；锁骨小，约 1cm，附着于臂头肌锁腱划。

二、臂　部　骨

1. 牛肱骨 humerus（图 1-26，图 1-28）　又称臂骨，属长骨，从前上方斜向后下方，分一骨体和两骨端。近端后部有球形关节面，称肱骨头 head of humerus，与肩胛骨的关节盂成关节。前部两侧各有一突起，外侧的较大，称大结节 greater tubercle，弯向内侧，其远侧有冈下肌面，供冈下肌附着；内侧的较小，称小结节 lesser tubercle。两结节之间有结节间沟 intertubercular groove，供臂二头肌起端腱通过。骨体 body 呈不规则的圆柱状，外侧面有从后上方经外侧面至前下方的螺旋状的臂肌沟 brachial groove，沟的前界为肱骨嵴，其近侧有三角肌粗隆 deltoid tuberosity，供三角肌附着。骨体内侧面中部有一卵圆形的粗糙面，称大圆肌粗隆 tuberosity for teres major，供大圆肌附着。远端为肱骨髁 humeral condyle，与前臂骨成关节，前面有较浅的桡窝 radial fossa，后面为较深的鹰嘴窝 olecranon fossa。

2. 猪、马、犬肱骨的特点（图 1-28）　猪肱骨的臂肌沟浅，肱骨嵴不明显，三角肌粗隆小，大圆肌粗隆不明显。马肱骨的结节间沟被中间嵴一分为二，三角肌粗隆

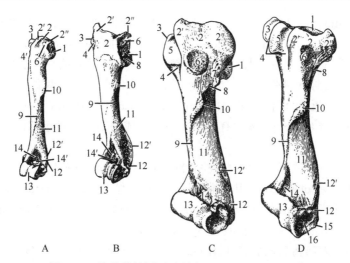

图 1-28　肱骨前外侧面（引自 Nickel et al.，1979）

A. 犬；B. 猪；C. 牛；D. 马。1. 肱骨头；2. 大结节（2′. 前部；2″. 后部）；3. 小结节；4. 结节间沟；5. 中间结节；6. 冈下肌面；7. 小圆肌粗隆；8. 三头肌线；9. 肱骨嵴；10. 三角肌粗隆；11. 臂肌沟；12. 外侧上髁；12′. 外侧上髁嵴；13. 肱骨髁；14. 桡窝；14′. 冠状窝。仅在马标注的结构：15. 外侧隆凸；16. 外侧凹陷（供韧带附着）

大，大圆肌粗隆明显。犬肱骨头大，骨体长而均匀；远端两上髁之间有一大的滑车上孔 supratrochlear foramen，前通桡窝，后通鹰嘴窝。

三、前 臂 骨

前臂骨由桡骨和尺骨组成，桡骨发达，尺骨退化，各种动物差异较大（图 1-29）。

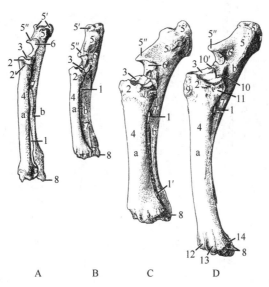

图 1-29　前臂骨前外侧面（引自 Nickel et al.，1979）

A. 犬；B. 猪；C. 牛；D. 马。a. 桡骨；b. 尺骨；1. 前臂骨间隙（牛：前臂近骨间隙，1′. 前臂远骨间隙）；2. 桡骨头；2′. 桡骨颈；3. 桡骨头凹；4. 桡骨体；5. 鹰嘴；5′. 鹰嘴结节；5″. 肘突；6. 滑车切迹；7. 尺骨体；8. 尺骨茎突（马：外侧茎突）。仅在马标注的结构：9. 桡骨粗隆；10. 外侧冠状突；10′. 内侧冠状突；11. 韧带附着的外侧隆凸；12. 中间腱沟；13. 外侧腱沟；14. 外侧茎突腱沟

1. 桡骨 radius 位于前内侧，粗大，分一骨体和两骨端。近端的关节面称桡骨头凹 articular fovea，与肱骨滑车成关节；近端背内侧的粗糙隆起称桡骨粗隆 radial tuberosity，供臂二头肌附着。骨体呈前后扁的圆柱状，微向前弓，后面粗糙，与尺骨相接，两骨之间借骨间韧带相连，成年常骨化，结合牢固，但两骨之间有上、下两个裂隙，分别称前臂近骨间隙 proximal interosseous space of forearm 和前臂远骨间隙 distal interosseous space of forearm。远端有关节面与腕骨成关节。桡骨远端向下突出，称茎突 styloid process。

2. 尺骨 ulna 位于后外侧，较桡骨细，骨体与桡骨紧密结合。近端特别发达，高出桡骨的部分称鹰嘴 olecranon，其顶端粗糙，称鹰嘴结节 olecranon tuber；鹰嘴前缘的中部有一钩状突，称肘突 anconeal process，肘突下方有滑车切迹 trochlear notch，与肱骨远端成关节。尺骨远端向下突出，称茎突 styloid process。

3. 猪、马、犬前臂骨的特点（图 1-29） 猪的桡骨短，尺骨发达，比桡骨粗长，近端大而长，约占全骨长的 1/3；前臂骨间隙一个，位于近侧 1/3 处。马的桡骨发达，远端有内、外侧茎突。尺骨显著退化，仅近端发达，骨干除前臂骨间隙处外，均与桡骨结合，远端消失。犬的桡骨和尺骨发育程度相近。

四、前 脚 骨

前脚骨由腕骨、掌骨和指骨组成（图 1-30，图 1-31）。

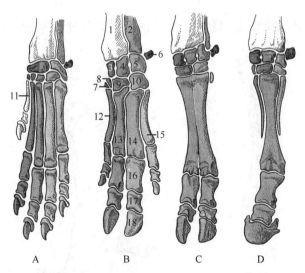

图 1-30 家畜前脚骨（引自 Nickel et al.，1979）

A. 犬；B. 猪；C. 牛；D. 马。1. 桡骨；2. 尺骨；3. 桡腕骨；4. 中间腕骨；5. 尺腕骨；6. 副腕骨；7. 第 1 腕骨；8. 第 2 腕骨；9. 第 3 腕骨；10. 第 4 腕骨；11. 第 1 掌骨；12. 第 2 掌骨；13. 第 3 掌骨；14. 第 4 掌骨；15. 第 5 掌骨；16. 近指节骨；17. 中指节骨；18. 远指节骨。相同颜色表示相同的骨骼

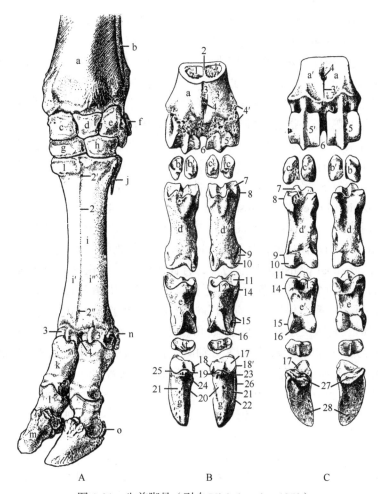

图 1-31　牛前脚骨（引自 Nickel et al.，1979）

A. 前脚骨：a. 桡骨；b. 尺骨；c. 桡腕骨；d. 中间腕骨；e. 尺腕骨；f. 副腕骨；g. 愈合的第 2、3 腕骨；h. 第 4 腕骨；i. 第 3、4 掌骨（大掌骨）；i′. 第 3 掌骨；i″. 第 4 掌骨；j. 第 5 掌骨；k. 第 3 指近指节骨；l. 中指节骨；m. 远指节骨；n. 第 4 指外侧近籽骨；o. 远籽骨；1. 第 3 掌骨粗隆；2. 背纵沟；2′. 掌近侧管；2″. 掌远侧管；3. 第 3 掌骨内侧关节髁；3′. 第 4 掌骨外侧关节髁；4. 滑车间切迹。B，C. 指骨的背侧面和掌侧面：a，a′. 大掌骨；a. 第 3 掌骨；a′. 第 4 掌骨；b，c. 远轴侧近籽骨；b′，c′. 轴侧近籽骨；d，d′. 近指节骨；e，e′. 中指节骨；f，f′. 远籽骨；g，g′. 远指节骨；1，1′. 第 3、4 掌骨的骨髓腔；2. 中隔；3，3′. 背侧和掌侧纵沟；4. 掌远侧管；4′. 供韧带附着的外侧隆凸和凹陷；5，5′. 掌骨内、外侧髁；6. 滑车间切迹。近指节骨：7. 关节凹；8. 近侧隆凸；9. 供韧带附着的远侧隆凸和凹陷；10. 髁。中指节骨：11. 关节凹；12. 伸肌突；13. 屈肌结节；14. 近侧隆凸；15. 供韧带附着的远侧隆凸和凹陷；16. 髁。远指节骨：17. 关节面；18，18′. 供韧带附着的轴侧和远轴侧隆凸；19. 伸肌突；20，21. 壁面；20. 轴侧面；21. 远轴侧面；22. 壁面沟；23. 远轴侧孔；24. 轴侧孔；25. 冠缘；26. 底缘；27. 屈肌结节；28. 底面

1. 腕骨 carpal bone　　为短骨，牛有 6 块，排成两列。近列 4 块，由内向外依次是桡腕骨 radial carpal bone、中间腕骨 intermediate carpal bone、尺腕骨 ulnar carpal bone 和副腕骨 accessory carpal bone。副腕骨位于尺腕骨的后方。远列 2 块，内侧为愈合的第 2 和第 3 腕骨，呈四边形；外侧为方形的第 4 腕骨 fourth carpal bone。牛缺第 1 腕骨。

猪腕骨有 8 块，近列 4 块，有桡腕骨、中间腕骨、尺腕骨和副腕骨；远列 4 块，由内向外顺次为第 1～4 腕骨。马腕骨有 7 块，近列 4 块，远列 3 块，为第 2～4 腕骨。犬腕骨

有 7 块，近列 3 块，为（中间）桡腕骨、尺腕骨和副腕骨；远列 4 块，为第 1～4 腕骨。

2. 掌骨 metacarpal bone　牛有 3 块掌骨，为第 3～5 掌骨，其中第 3、4 掌骨愈合成大掌骨，位于内侧，第 5 掌骨短小，为小掌骨，位于外侧。大掌骨为长骨，骨体短而宽，背侧面正中有纵沟，沟两端各有一孔。近端前内侧有第 3 掌骨粗隆 metacarpal tuberosity，供腕桡侧伸肌附着；外侧有小关节面与小掌骨成关节。远端分开，有两个轴状关节面，分别与第 3、4 指的近指节骨成关节。小掌骨呈锥状，附着于大掌骨近端外侧。

猪有 4 块掌骨，为第 2～5 掌骨，其中第 3、4 掌骨发达，称大掌骨，第 2、5 掌骨细而短，称小掌骨。马有 3 块掌骨，第 3 掌骨发达，称大掌骨，第 2、4 掌骨退化，为小掌骨，远端消失。犬有 5 块掌骨，第 3、4 掌骨最长，第 1 掌骨最短。

3. 指骨 digital bone 和籽骨 sesamoid bone　牛有 4 指，第 3、4 指发育完全，与地面接触，称主指，由近指节骨（系骨）、中指节骨（冠骨）和远指节骨（蹄骨）组成；第 2、5 指退化，不与地面接触，称悬指，内有两个不规则的指节骨（图 1-31）。

近指节骨 proximal phalange 呈三边形，背面圆隆，掌面粗糙，轴侧面较平坦，其近端关节面的后方有两个小的关节面，与近籽骨成关节。中指节骨 middle phalange 最短，呈三棱柱状，近端背侧有伸肌突，掌侧有屈肌粗隆。远指节骨 distal phalange 位于蹄匣内，近似半圆形三面体，分关节面、壁面和底面；近端有关节面与中指节骨成关节，掌侧有小关节面与远籽骨成关节；壁面又分轴侧面和远轴侧面，壁面近侧缘内侧有伸肌突，供指总伸肌附着；底面后方有屈肌小结节，供指深屈肌附着。

籽骨分近籽骨 proximal sesamoid bone 和远籽骨 distal sesamoid bone。每一主指有 2 块近籽骨和 1 块远籽骨。近籽骨呈楔形，位于掌指关节的掌侧；远籽骨呈横向的卵圆形，位于远指节间关节的掌侧。

猪有 4 指，为第 2～5 指，每一指均有 3 块指节骨，第 3、4 指各有 3 块籽骨，第 2、5 指均缺远籽骨。马仅有第 3 指，有 3 块指节骨和 3 块籽骨，中指节骨宽度大于高度，远指节骨近似半圆锥形，底面后部有屈肌面。犬有 5 指，除第 1 指缺中指节骨和 1 块近籽骨外，每指均有 3 块指节骨、2 块近籽骨、1 块背侧籽骨（近指节间关节）和 1 块软骨性籽骨（远指节间关节）。远指节骨呈弯曲的钩状，称爪骨 os unguiculare，近端略膨大，有半月形爪嵴 ungual crest；向远侧延续为弯曲的圆锥形爪突 ungual process。

第五节　后　肢　骨

后肢骨（盆肢骨）由后肢带、股部骨、小腿骨和后脚骨组成（图 1-32～图 1-39）。后肢带 pelvic girdle 为髋骨 hip bone，由髂骨、耻骨和坐骨 3 块扁骨愈合而成；股部骨 skeleton of thigh 由股骨和髌骨（膝盖骨）组成；小腿骨 skeleton of crus 由发达的胫骨和退化的腓骨组成；后脚骨 skeleton of pes 由跗骨、跖骨、趾骨和籽骨组成。

一、后　肢　带

1. 髂骨 ilium（图 1-32，图 1-33）　为三角形的扁骨，从前上方斜向后下方，分为髂骨翼和髂骨体。髂骨翼 wing of ilium 位于前上方，宽而扁，其背外侧面称臀肌面 gluteal surface，有臀肌附着；腹内侧面称荐盆面 sacropelvic surface，其外侧部为平滑的髂肌面，内侧部为粗糙的髂骨粗隆 iliac tuberosity 和耳状关节面 auricular surface，与荐骨翼成关节。髂骨翼的外侧角粗大，称髋结节 tuber coxae，内侧角称荐结节 tuber sacrale。髂骨体 body of ilium 位于后下方，呈三棱柱状，其背内侧缘形成坐骨大切迹 major ischiatic notch，切迹后方为坐骨棘 ischiatic spine；髂骨体的腹侧有腰小肌结节，供腰小肌附着，远端与耻骨和坐骨共同构成髋臼。

2. 耻骨 pubis（图 1-32，图 1-33） 构成骨盆底壁的前部，并与坐骨围成卵圆形的闭孔 obturator foramen，分耻骨体 body of pubis 和耻骨支 ramus of pubis，耻骨支又分为横向的前支和纵向的后支。耻骨体参与形成髋臼。耻骨支的前支自骨体向内伸出，构成闭孔的前缘，前支的前缘称耻骨梳 pecten of pubic bone，其外侧有粗糙的髂耻隆起 iliopubic eminence；后支形成闭孔的内侧缘，两侧后支的内侧缘在正中联合形成骨盆联合 symphysis pelvis 的前部（耻骨联合 symphysis pubis）。

3. 坐骨 ischium（图 1-32，图 1-33） 构成骨盆底壁的后部，呈不规则的四边形，分为坐骨体 body、支 ramus 和板 table。坐骨支位于闭孔内侧，并与耻骨后支愈合。坐骨板位于闭孔后方。坐骨前缘凹，与耻骨围成闭孔。两侧坐骨的内侧缘在正中联合形成骨盆联合的后部（坐骨联合 symphysis ischii）。坐骨体参与形成髋臼，其背侧缘参与形成坐

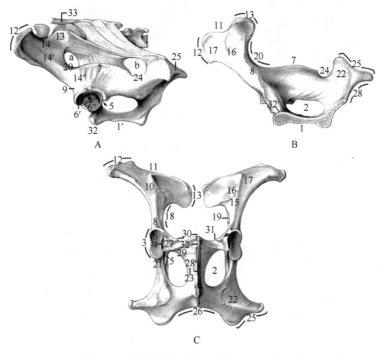

图 1-32 牛髋骨（引自 Budras et al.，2003）

A. 外侧面；B. 内侧面；C. 腹侧面。a. 坐骨大孔；b. 坐骨小孔。髋骨：1. 骨盆联合；1'. 联合嵴；2. 闭孔；3. 髋臼；4. 髋臼窝；5. 髋臼切迹；6. 月形面；6'. 大部；6″. 小部；7. 坐骨棘。髂骨：8. 髂骨体；9. 髂腹侧后棘；10. 髂骨翼；11. 髂骨嵴；12. 髋结节；13. 荐结节；14. 臀肌面；14'. 臀腹侧线；14″. 臀后线；15. 荐盆面；16. 关节面；17. 髂肌面；18. 弓状线；19. 腰小肌结节；20. 坐骨大切迹。坐骨：21. 坐骨体；22. 坐骨板；23. 坐骨支；24. 坐骨小切迹；25. 坐骨结节；26. 坐骨弓。耻骨：27. 耻骨体；28. 耻骨后支；29. 耻骨前支；30. 耻骨梳；31. 髂耻隆起；32. 耻骨腹侧结节；32'. 耻骨背侧结节；33. 棘上韧带

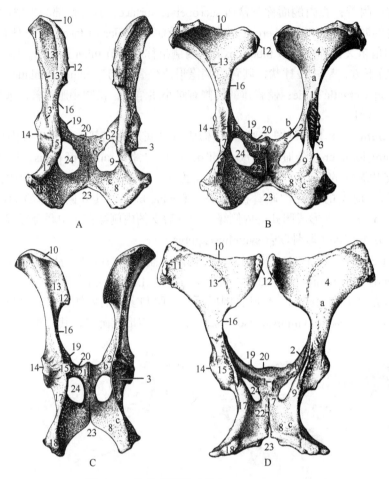

图 1-33　髋骨背侧面（引自 Nickel et al.，1979）

A. 犬；B. 牛；C. 猪；D. 马。a. 髂骨；b. 耻骨；c. 坐骨；1. 髂骨体；2. 耻骨体；3. 坐骨体；4. 髂骨翼；5. 耻骨前支；6. 耻骨后支；7. 坐骨支；8. 坐骨板；9. 坐骨体后部；10. 髂骨嵴；11. 髋结节；12. 荐结节；13. 臀肌线（犬：13. 前臀肌线，13'. 后臀肌线，13". 髋臼上臀肌线）；14. 髋臼；15. 坐骨棘；16. 坐骨大切迹；17. 坐骨小切迹；18. 坐骨结节；19. 髂耻隆起；20. 耻骨梳；21，22. 骨盆联合；21. 耻骨联合；22. 坐骨联合；23. 坐骨弓；24. 闭孔

骨棘；坐骨的后外侧角粗大，称坐骨结节 ischiatic tuberosity；坐骨结节与坐骨棘之间为坐骨小切迹 lesser ischiatic notch。两侧坐骨板的后缘形成坐骨弓 ischiatic arch。

4. 髋臼 acetabulum（图 1-32）　由髂骨、耻骨和坐骨体共同构成的关节窝，与股骨头成关节。髋臼分环形的关节部（月状面 lunate surface）和粗糙的非关节部（髋臼窝 acetabular fossa），后者供股骨头韧带附着。关节部被髋臼切迹隔断，供韧带通过。牛的月状面分为大部和小部，两部之间有一前腹侧切迹。

5. 骨盆 pelvis（图 1-34）　由背侧的荐骨和前 3 块尾椎、两侧的髂骨和荐结节阔韧带 wide sacrotuberal ligament、腹侧的耻骨和坐骨构成，为前宽后窄的圆锥形腔。骨盆前口大，由背侧的荐骨岬、两侧的髂骨体和腹侧的耻骨前缘围成；后口小，由背侧的第 3 尾椎、两侧的荐结节阔韧带后缘和腹侧的坐骨弓围成。骨盆形态因性别而异，一般来说，雌性动物的骨盆比雄性的大而宽敞，骨盆入口的倾斜度即正中直径（荐骨岬至骨盆联合前端的直线）较雄性的大，骨盆的垂直径（骨盆联合前端与荐骨的垂直线）较雄性的大，髋骨两侧对应点的距离（髋结节间距、坐骨棘间距和坐骨结节间距）比雄性的大，骨盆后口较大，骨盆底的耻骨部较凹，坐骨部宽而平，坐骨弓较宽。雄性动物的骨盆较窄小。牛骨性骨盆因坐骨棘高且向内倾斜，坐骨结节高，骨盆横径小，骨盆底凹陷且后部向上倾斜，骨盆轴呈"～"形而不利于胎儿产出。

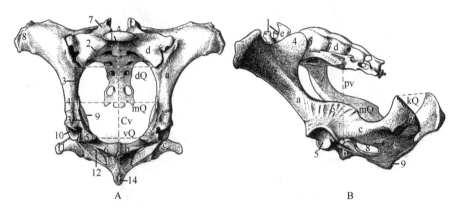

图 1-34　牛骨盆（引自 Nickel et al.，1979）

A. 前面观：a. 髂骨；b. 耻骨；c. 坐骨；d. 荐骨；dQ. 骨盆入口背侧横径；mQ. 中横径；vQ. 腹侧横径；Cv. 产科直径（真直径）；1～6. 终线；1. 荐骨岬；2. 荐骨翼表面的嵴；3. 弓状线；4. 腰小肌结节；5. 髂耻隆起；6. 耻骨梳；7. 右侧荐骨前关节突；8. 髋结节；9. 坐骨棘；10. 髋臼；11. 坐骨结节；12. 闭孔；13. 耻骨联合及耻骨腹侧结节；14. 联合嵴。B. 后外侧观：a. 髂骨；b. 耻骨；c. 坐骨；d. 荐骨；e. 最后腰椎；pv. 盆腔垂直径；mQ. 中横径；kQ. 后横径；1. 前关节突；2. 荐骨翼；3. 髋结节；4. 荐结节；5. 髋臼；6. 坐骨棘；7. 坐骨结节；8. 闭孔；9. 联合嵴

6. 猪、马、犬髋骨的特点（图 1-33）　猪的髋骨长而窄，两侧平行，髂骨翼臀肌面朝向外侧。马髋骨的髋结节粗厚，呈四边形，荐结节高，坐骨弓浅，骨盆前口呈圆形。犬髂骨与正中面平行，髂骨翼臀肌面朝向外侧，髂骨嵴隆凸，髋结节分为前、后腹侧髂棘，荐结节分为前、后背侧髂棘，坐骨后部扭转。

二、股　部　骨

1. 股骨 femur（图 1-35～图 1-37）　为粗大的长骨，由后上方斜向前下方，分一骨体和两骨端。近端内侧有球形的股骨头 femoral head，与髋臼成关节，头中部有股骨头凹 fovea capitis femoris，供股骨头韧带附着；股骨头下方缩细称股骨颈 neck of femur；近端外侧有粗大的大转子 greater trochanter。骨体 body 呈圆柱状，内侧缘上部有小转子 lesser trochanter，与大转子之间有转子间嵴 intertrochanteric crest，嵴的内侧有较深的转子窝 trochanteric fossa；骨体远侧部外侧缘有髁上窝 supracondylar fossa，供趾浅屈肌附着，髁上窝外侧缘有外侧髁上粗隆 lateral supracondylar tuberosity，供腓肠肌附着。远端粗大，前部有股骨滑车 femoral trochlea，与髌骨成关节，内侧嵴较高；后部为股骨内侧髁 medial condyle 和外侧髁 lateral condyle，两髁间有髁间窝 intercondyloid fossa，两髁近侧分别有内侧上髁 medial epicondyle 和外侧上髁 lateral epicondyle，后上方有腘面 popliteal surface；

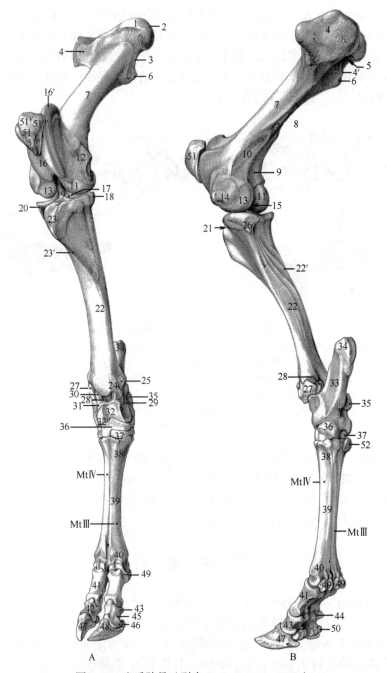

图 1-35　牛后肢骨（引自 Budras et al.，2003）

A. 前内侧面；B. 后外侧面。股骨：1. 股骨头；2. 股骨头凹；3. 股骨颈；4. 大转子；4'. 转子间嵴；5. 转子窝；
6. 小转子；7. 股骨体；8. 粗糙面；9. 腘面；10. 髁上窝；11. 内侧髁；12. 内侧上髁；13. 外侧髁；14. 外侧上
髁；15. 髁间窝；16. 股骨滑车；16'. 股骨滑车结节。胫骨：17. 近端关节面；18. 内侧髁；19. 髁间隆起；20. 外
侧髁；21. 伸肌沟；22. 胫骨体；22'. 腘肌线；23. 胫骨粗隆；23'. 前缘；24. 胫骨蜗；25. 内侧踝。腓骨：26. 腓骨
头；27. 外侧踝（踝骨）。跗骨：28. 距骨；29. 距骨体；30. 近端滑车；31. 距骨颈；32. 距骨头；32'. 远端滑车；
33. 跟骨；34. 跟结节；35. 载距突；36. 中央跗骨＋第 4 跗骨；37. 第 2＋第 3 跗骨（背侧面），第 1 跗骨（跖侧面）。
第 3 和第 4 跖骨：38. 底；39. 体；40. 头。趾骨：41. 近趾节骨；42. 中趾节骨；43. 底；44. 屈肌结节；45. 体；
46. 头；47. 远趾节骨；48. 伸肌突。籽骨：49. 近籽骨；50. 远籽骨；51. 膝盖骨；51'. 底；51''. 尖；51'''. 软骨突；
52. 跖籽骨（第 2 跖骨）

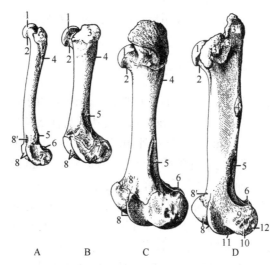

图 1-36 股骨（前外侧面）（引自 Nickel et al.，1979）

A. 犬；B. 猪；C. 牛；D. 马。1. 股骨头；2. 股骨颈；3. 大转子（马：3′. 前部，3″. 后部）；4. 第 3 转子或相应的区域；5. 髁上窝或粗隆；6. 内侧髁；7. 外侧髁；8. 股骨滑车；8′. 膝上窝（犬、牛、马）。仅在马标注的结构和凹陷：9，10. 韧带附着的粗隆；11. 伸肌窝；12. 腘肌窝

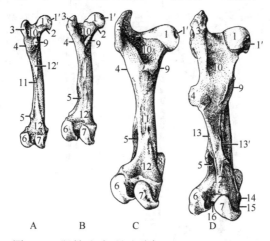

图 1-37 股骨（后面）（引自 Nickel et al.，1979）

A. 犬；B. 猪；C. 牛；D. 马。1. 股骨头；1′. 股骨头凹；2. 股骨颈（牛、马未标注）；3. 大转子；4. 第 3 转子或相应区域；5. 髁上窝（马）或外侧髁上粗隆；6. 外侧髁；7. 内侧髁；8. 股骨滑车，内侧髁（仅在牛和马看到）；9. 小转子；10. 转子窝；11. 粗糙面；12. 腘面；13. 外侧唇；13′. 内侧唇；14，15. 供韧带附着的粗隆和凹陷；16. 髁间窝

股骨外侧髁与股骨滑车之间有伸肌窝 extensor fossa，供第 3 腓骨肌和趾长伸肌起始，外侧髁上还有腘肌窝 fossa for popliteus，供腘肌起始。

2. 髌骨 patella（图 1-35） 又称膝盖骨，为体内最大的籽骨，呈楔形，髌骨底 base 向上，髌骨尖 apex of patella 向下。前面粗糙；后面为关节面，与股骨滑车成关节；有一低嵴，将关节面分为内、外侧两部，内侧缘有软骨突，附着有膝旁纤维软骨。

3. 猪、马、犬股骨的特点（图 1-36，图 1-37） 猪股骨体粗大，近端大转子的高度不超过股骨头，小转子不明显，缺第 3 转子。马股骨近端大转子被一切迹分为前、后两部分，骨体外侧缘上部有第 3 转子 third trochanter，转子间嵴由大转子连至第 3 转子。

犬股骨大转子也不超过股骨头，股骨颈明显，远端的内、外侧髁后上方各有一块籽骨。

三、小腿骨

小腿骨由前上方斜向后下方，包括胫骨和腓骨，各种动物的腓骨差异较大。

1. 胫骨 tibia（图 1-38） 位于小腿内侧，发达，为柱状长骨，分一骨体和两骨端。近端粗大，由胫骨内侧髁 medial condyle 和外侧髁 lateral condyle 组成，与股骨髁成关节，外侧髁的后下方有一短突起，为退化的腓骨近端，称腓骨头 head of fibula。两髁之间为髁间隆起 intercondyloid eminence，两髁后方有腘切迹 popliteal notch。近端前面有胫骨粗隆 tibial tuberosity，粗隆与外侧髁之间有伸肌沟 extensor groove。骨体 body 上半部呈三棱柱状，胫骨前缘 cranial boder（胫骨嵴）由胫骨粗隆向下延续而成，微弯向外侧，骨体下部前后压扁；骨体后面较平，有腘肌线和肌线。远端小，关节面具两沟和一中间嵴，称胫骨蜗 cochlea tibiae，与跗骨成关节；内侧有下垂的突起称内侧踝 medial malleolus，外侧有与踝骨成关节的关节面。

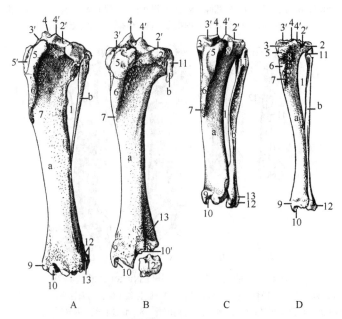

图 1-38　小腿骨（前外侧面）（引自 Nickel et al.，1979）

A. 马；B. 牛；C. 猪；D. 犬。a. 胫骨；b. 腓骨；1. 小腿骨间隙；2. 外侧髁；2'. 外侧髁近关节面；3. 内侧髁；3'. 内侧髁近关节面；4，4'. 髁间粗隆的内侧和外侧髁间结节；5. 胫骨粗隆；5'. 胫骨粗隆沟（马）；6. 前缘；7. 半腱肌止点粗糙面；8. 伸肌沟；9. 内侧踝；10. 胫骨蜗；10'. 对跗骨关节面（牛）；11. 腓骨头；12. 外侧踝；12'. 踝骨（牛）；13. 踝沟

2. 腓骨 fibula（图 1-38） 位于胫骨外侧，骨体完全退化，仅保留两端。近端为退化的腓骨头，与胫骨的外侧髁愈合。远端形成单独的踝骨 malleolar bone，呈四边形，也称外侧踝 lateral malleolus，与胫骨远端、跟骨和距骨成关节。

3. 猪、马、犬小腿骨的特点（图 1-38） 猪和犬的腓骨较发达，长度与胫骨相当，但较细，两骨之间为小腿骨间隙 interosseous space of crus。腓骨远端形成外侧踝。马的胫骨发达，远端有内侧踝；腓骨退化，近端粗大为腓骨头，骨体向下逐渐变尖细，远端与胫骨的远端愈合形成外侧踝。

四、后　脚　骨

1. 跗骨 tarsal bone（图 1-39）　　跗骨为短骨，有 5 块，排成 3 列。近列 2 块，内侧为距骨 talus，又称胫跗骨，高而窄，上、下关节面均为滑车，并向前面延伸；外侧为跟骨 calcaneus，又称腓跗骨，高而狭，近端粗大称跟结节 calcaneal tuber，内侧有载距突 sustentaculum tali。中间列 1 块，为愈合的中央跗骨和第 4 跗骨，合称中央第 4 跗骨。远列 2 块，内侧为第 1 跗骨，小；外侧是愈合的第 2、3 跗骨，呈不正的四边形。

2. 跖骨 metatarsal bone（图 1-39）　　跖骨与前肢掌骨的形态和数目相似，但跖骨细而长，且小跖骨为第 2 跖骨，位于大跖骨近端内后方。

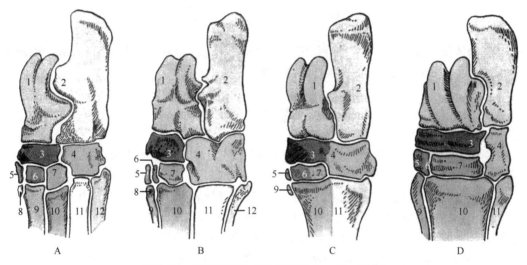

图 1-39　跗骨和跖骨（引自 Nickel et al.，1979）

A. 犬；B. 猪；C. 牛；D. 马。1. 距骨；2. 跟骨；3. 中央跗骨；4. 第 4 跗骨；5. 第 1 跗骨；6. 第 2 跗骨；7. 第 3 跗骨；8. 第 1 跖骨；9. 第 2 跖骨；10. 第 3 跖骨；11. 第 4 跖骨；12. 第 5 跖骨

3. 趾骨和籽骨　　与前肢的指骨和籽骨的形态与数目相似。

4. 猪、马、犬后脚骨的特点　　猪跗骨有 7 块，近列 2 块，为跟骨和距骨，中列 1 块，为中央跗骨，远列 4 块，为第 1～4 跗骨。马跗骨有 6 块，近列 2 块，中列 1 块，与猪的相同，远列 3 块，为愈合的第 1、2 跗骨，第 3 跗骨和第 4 跗骨。犬的跗骨与猪的相似。

猪、马、犬跖骨、趾骨和籽骨的形态及数目均与前肢掌骨、指骨和籽骨的相似，但犬后肢通常只有 4 个趾，纯种日本秋田犬和纪州犬常有第 1 趾。

第二章 关 节 学

扫码看彩图

🜛 学习目标

1. 掌握关节的结构，了解关节的分类。
2. 掌握脊柱连结，了解胸廓连结。
3. 掌握颞下颌关节的结构，了解不同动物的差异。
4. 掌握四肢各关节的组成及主要结构特点，了解不同动物的差异。

第一节 概 述

动物体骨与骨之间借纤维结缔组织、软骨或骨相连，称为骨连结 articulation。根据骨连结的方式，分为直接连结和间接连结两大类。

一、直 接 连 结

两骨之间借纤维结缔组织或软骨直接连结，连结较牢固，不活动或有少许活动性，分为纤维连结、软骨连结和骨性结合 3 类。

1. 纤维连结 fibrous joint　骨与骨之间借纤维结缔组织相连结，连接牢固，一般无活动性，如桡骨和尺骨之间的韧带联合 syndesmosis，颅骨之间的缝 suture。这种纤维连结大部分是暂时性的，随年龄的增长而发生骨化，成为骨性结合。

2. 软骨连结 cartilaginous joint　两骨之间借软骨相连结。软骨连结分软骨结合 synchondrosis 与软骨联合 symphysis，前者借透明软骨相连结，如长骨的骨干与骺之间的干骺软骨、枕骨与蝶骨的连结，随着年龄的增长可骨化形成骨性结合；后者借纤维软骨相连结，如骨盆联合、椎间盘等。

3. 骨性结合 synosteosis　骨与骨之间借骨组织连结，常由纤维连结和透明软骨连结骨化而成，如髂骨、耻骨和坐骨在髋臼处的骨性结合。

二、间 接 连 结

间接连结又称滑膜关节 synovial joint，简称关节 articulation，骨与骨之间不直接相连，通过周围的关节囊相连结，两骨之间有较大的腔隙，内含少量滑液，能进行灵活的运动，是骨连结的最高分化形式。

（一）关节的基本构造

关节由关节面、关节软骨、关节囊和关节腔组成（图 2-1A），并有丰富的血管和神经分布。

1. 关节面 articular surface 和关节软骨 articular cartilage　关节面是构成关节的

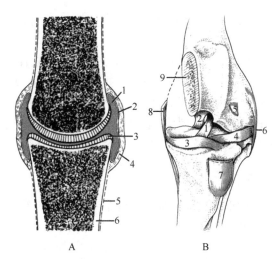

图 2-1 关节的结构（引自 Dyce et al., 2010）

A. 关节的基本结构：1. 关节腔；2. 滑膜；3. 关节软骨；4. 关节囊纤维层；5. 骨膜；6. 骨密质。B. 关节的辅助结构，犬左侧膝关节，前面观，示囊内韧带（1，2）、囊外韧带（6，8）和半月板（3，4）：1. 前交叉韧带；2. 后交叉韧带；3. 内侧半月板；4. 外侧半月板；5. 趾长伸肌起始腱；6. 外侧副韧带；7. 膝韧带；8. 内侧副韧带；9. 股骨内侧髁，部分已除去

两骨的接触面，骨质致密，表面平滑，相邻关节面的形状大多相互吻合，一般为一凸一凹。关节面上被覆有关节软骨，主要为透明软骨，厚薄不一，表面光滑，富有弹性，能够减少运动时的摩擦，缓冲震荡和冲击。关节软骨无血管、淋巴管和神经分布。

2. 关节囊 articular capsule 为纤维结缔组织囊，附着于关节的周围。关节囊分内外两层，内层为滑膜 synovial membrane 层，由疏松结缔组织构成，薄而光滑，可分泌滑液 synovial fluid，有营养关节软骨和润滑关节的作用。滑膜常形成滑膜绒毛 synovial villi 或滑膜襞 synovial fold，伸入关节腔内，以扩大分泌和吸收面积。外层为纤维层 fibrous layer，由致密结缔组织构成，厚而坚韧，起保护作用。纤维层的厚薄通常与关节的功能有关。活动性小、负重大的关节，其纤维层厚而紧张；反之，纤维层则薄而松弛。

3. 关节腔 articular cavity 为关节软骨和关节囊滑膜层围成的密闭腔隙，内含少量的滑液，腔内呈负压，这对维持关节的稳定性起重要作用。

4. 血管、神经和淋巴管 关节的动脉主要来自附近动脉的分支，在关节的周围形成动脉网，再分支到骨骺和关节囊。神经也来自附近神经的分支，在滑膜及其周围有丰富的神经纤维分布，并有特殊的感觉神经末梢，如环层小体和关节终球。关节囊有淋巴管分布，但关节软骨无淋巴管。

（二）关节的辅助结构

大多数关节除上述的基本结构外，有的关节还有韧带、关节盘和关节唇等辅助结构，以适应其功能活动（图 2-1B）。

1. 韧带 ligament 大多数关节均有韧带，由致密结缔组织构成，有加固关节、限制关节运动的作用。韧带分囊外韧带和囊内韧带。位于关节囊外的韧带称囊外韧带 extracapsular ligament，若位于关节两侧则称侧副韧带 collateral ligament，如股胫内、外侧副韧带。位于关节囊内，被滑膜包裹的韧带称囊内韧带 intracapsular ligament，如髋关节的股骨头韧带。

2. 关节盘 articular disc　为位于两关节面之间的纤维软骨板，其周缘附着于关节囊内面，将关节腔分为两部分，有吻合关节面、扩大运动范围、增加运动形式、缓冲震荡和冲击等作用，如股胫关节内的关节盘（半月板）。

3. 关节唇 articular labrum　为附着于关节窝周缘的纤维软骨环，有加深关节窝、增大关节面、防止边缘破裂及增加关节的稳固性等作用，如髋臼唇。

（三）关节的运动

关节的运动与关节面的形态、韧带的分布和运动轴的数目等有关。动物关节的运动形式基本上是沿 3 个互相垂直的运动轴的运动，可分为以下 5 种（图 2-2）。

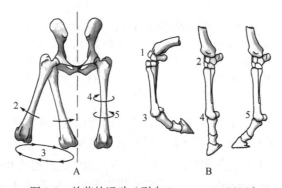

图 2-2　关节的运动（引自 Dyce et al., 2010）

A. 以犬股骨演示的肢体的运动，前面观：1. 内收；2. 外展；3. 环转；4. 旋内；5. 旋外。B. 以马前肢远侧部演示的屈、伸和过度伸展：1. 屈腕关节；2. 伸腕关节；3. 屈系关节；4. 伸系关节；5. 过度伸展的系关节

1. 滑动 translation　为一个关节面在另一个关节面上滑动，如颈椎关节突之间的运动。

2. 屈 flexion 和伸 extension　为关节沿横轴进行的运动，运动时使两骨接近、关节角变小的为屈，反之使关节角增大的为伸。

3. 内收 adduction 和外展 abduction　为关节沿纵轴进行的运动，运动时使骨接近正中切面的为内收，反之使骨远离正中切面的为外展。

4. 旋转 rotation　为骨环绕垂直轴进行的运动，如寰枢关节的运动。运动时向前内侧转动的称旋内 medial rotation（pronation），向后外侧转动的称旋外 lateral rotation（supination）。

5. 环转 circumduction　运动时骨的上端在原位转动，下端做圆周或椭圆运动，实际上是内收、外展和屈、伸相结合的一种运动。

（四）关节的类型

1. 根据构成关节的骨的数目　分为单关节和复关节。由两块骨构成的为单关节 simple joint，如肩关节。由两块以上的骨组成的为复关节 composite joint，如腕关节。

2. 根据关节运动轴的数目　分为单轴关节、双轴关节和多轴关节。

（1）单轴关节 uniaxial joint 是只能围绕一个运动轴进行运动的关节，动物四肢的关节多为单轴关节，只能围绕横轴进行屈、伸运动。单轴关节包括屈成关节和车轴关节。

（2）双轴关节 biaxial joint 是可以围绕两个运动轴进行运动的关节。例如，寰枕关节既可沿横轴进行屈、伸运动，也可绕纵轴转动。双轴关节包括椭圆关节和鞍状关节。

（3）多轴关节 multiaxial joint 是具有 3 个互相垂直的运动轴的关节，可做多种方向的运动，如球窝关节。

3. 根据关节面的形态 分为屈成关节 hinge joint、车轴关节 pivot joint、椭圆关节 ellipsoid joint、球窝关节 spheroid joint 和平面关节 plane joint 等（图 2-3）。

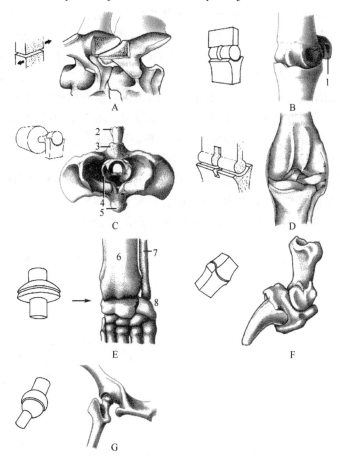

图 2-3 关节的类型（引自 Dyce et al.，2010）

A. 平面关节，马颈椎的关节突；B. 屈成关节，马的系关节；C. 车轴关节，牛的寰枢关节（前面观）；D. 髁状关节，马的股胫关节（膝关节）；E. 椭圆关节，犬的腕关节；F. 鞍状关节，犬的远指关节间；G. 球窝关节，犬的髋关节（后背侧观）。1. 近籽骨；2. 枢椎棘突；3. 寰椎背侧弓；4. 枢椎齿突；5. 寰椎腹侧弓；6. 桡骨；7. 尺骨；8. 近列腕骨

4. 根据完成一种运动所参与关节的数目 分为单动关节和联动关节。一个关节活动就能完成一种运动的称单动关节，如肘关节。两个以上的关节同时活动才能完成一种特定运动的称联动关节，如颞下颌关节。

（五）关节病理学

关节分离称为脱位 luxation or dislocation，尽管大多数关节脱位由损伤和退化变性引起，但也与遗传因素有关。

<h1 style="text-align:center">第二节　躯干连结</h1>

躯干连结包括脊柱连结和胸廓连结。

<h2 style="text-align:center">一、脊柱连结</h2>

脊柱连结 the joint of the vertebral column 分为椎体间连结、椎弓间连结和脊柱总韧带等。

1. 椎体间连结　相邻椎体之间借椎间盘和韧带连结。椎间盘 intervertebral disc 呈圆盘状，中央为柔软的髓核 pulpy nucleus，为胚胎期脊索的遗迹；周围为纤维环 fibrous ring（分纤维软骨部和结缔组织部）（图 2-4）。椎间盘具有弹性，有缓冲和增加运动幅度的作用。椎间盘的厚度与脊柱的灵活性有很大的关系，椎间盘越厚的部位，运动范围就越大；颈部和尾部的椎间盘最厚，故其运动范围最大。随着年龄的增加，椎间盘也呈现退行性变化。由某种原因引起纤维环破裂时，髓核就会脱出进入椎管或椎间孔，压迫相邻的脊髓或脊神经而引起牵涉痛，临床上称椎间盘脱出症。

2. 椎弓间连结　包括椎弓板间连结和关节突间连结。椎弓板间由黄韧带 ligamenta flava 相连。关节突间连结是由相邻椎弓的前、后关节突构成的活动关节，有关节囊，关节面之间可进行滑动运动。颈部的关节囊较大而松，活动性较大；腰部的关节囊较小而紧，活动性较小。

3. 脊柱总韧带　为纵贯脊柱、连接大部分椎骨的韧带，包括棘上韧带、背侧纵韧带、腹侧纵韧带、棘间韧带和横突间韧带等（图 2-4，图 2-5）。

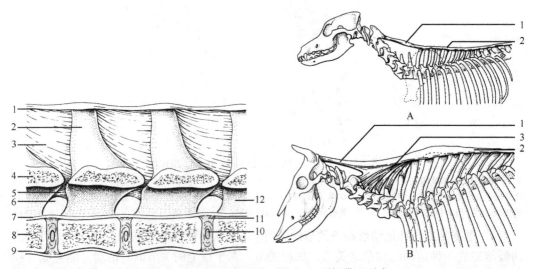

图 2-4　脊柱韧带（引自 König and Liebich，2007）
1. 棘上韧带；2. 棘突；3. 棘间韧带；4. 椎弓；5. 黄韧带；6. 椎间孔；7. 背侧纵韧带；8. 椎体；9. 腹侧纵韧带；10. 髓核；11. 纤维环；12. 椎管

图 2-5　项韧带（引自 König and Liebich，2007）
A. 犬；B. 牛。1. 项韧带索状部；2. 棘上韧带；3. 项韧带板状部

（1）棘上韧带 supraspinal ligament　　位于棘突的顶端，从枕骨的枕外隆凸伸至荐骨。棘上韧带在颈部特别发达，呈黄色，富有弹性，称项韧带 nuchal ligament。项韧带分为左、右两半，每半又分为索状部和板状部。索状部 funicular part 呈圆索状，起于枕外隆凸，沿颈的背侧向后延伸，自第2颈椎向后逐渐变宽，附着于第1胸椎棘突的外侧面，向后延续为棘上韧带。板状部 laminar part 呈板状，位于索状部和颈椎棘突之间，分前、后两部，前部为双层，起于第2~4颈椎棘突两侧，向后向上与索状部融合，后部为单层（马为双层），起于第5~7颈椎棘突，止于第1胸椎棘突。猪的项韧带不发达。犬棘上韧带从枢椎至第3尾椎，项韧带无板状部。棘上韧带和项韧带的作用是连接和固定椎骨，协助头颈部肌肉支持头颈。

（2）背侧纵韧带 dorsal longitudinal ligament　　位于椎管内，在椎体背侧，起于枢椎，止于荐骨（犬可达尾椎），在椎间盘处变宽，附着于椎间盘。

（3）腹侧纵韧带 ventral longitudinal ligament　　位于椎体腹侧，始于第8胸椎或第9胸椎，止于荐骨的盆面。犬可从枢椎伸至荐骨，但在胸中部以后发达。

（4）棘间韧带 interspinous ligament 和横突间韧带 intertransverse ligament　　分别位于相邻椎骨的棘突之间和腰椎横突之间。

4. 寰枕关节 atlanto-occipital joint　　由寰椎的前关节凹与枕髁构成，为屈成关节，关节囊较松，韧带有寰枕背侧膜、寰枕腹侧膜和外侧韧带 lateral ligament（图2-6）。

5. 寰枢关节 atlantoaxial joint　　由寰椎的后关节凹与枢椎齿突构成，为车轴关节，关节囊较松，韧带有寰枢背、腹侧韧带，齿突尖韧带 apical ligament of dens，翼状韧带等。

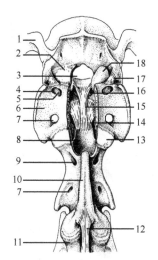

图2-6　马寰枕关节（引自 König and Liebich，2007）

1. 颞弓；2. 寰枕背侧膜及关节囊；3. 枕骨大孔；4. 翼孔；5. 椎外侧孔；6. 寰椎；7. 横突孔；8. 枢椎齿突；9. 椎外侧孔；10. 枢椎棘突；11. 第3颈椎；12. 项韧带板状部；13. 寰枢关节囊；14. 右侧翼状韧带；15. 纵韧带；16. 寰枕腹侧膜；17. 寰枕外侧韧带；18. 枕髁

二、胸 廓 连 结

胸廓连结 the joints of the thorax 包括肋椎关节（图2-7）和胸肋关节。

1. 肋椎关节 costovertebral joint　　包括肋头关节和肋横突关节。肋头关节 joint of costal head 由肋头关节面与相邻胸椎的前、后肋凹构成，肋横突关节 costotransverse joint 由肋结节关节面与相应胸椎的横突肋凹构成，两个关节周围均有关节囊和短韧带。肋椎关节向前外方运动时，胸廓横径增大，产生吸气运动；相反，向后内侧运动时，胸廓横径减小，产生呼气运动。胸廓前部的肋椎关节的活动性小，后部的肋椎关节的活动性大。

2. 胸肋关节 sternocostal joint　　由胸骨的肋切迹与胸骨肋的肋软骨构成，活动范围较小。此外，还有肋骨与肋软骨间的肋软骨关节、胸骨柄与胸骨体间的柄胸软骨结合（牛、猪、绵羊为柄胸滑膜关节），以及胸骨节片间的胸骨节间软骨结合等。胸骨节间有胸骨韧带（胸骨背侧）和胸骨膜（胸骨腹侧）相连，胸骨韧带 sternal ligament 前端狭窄，

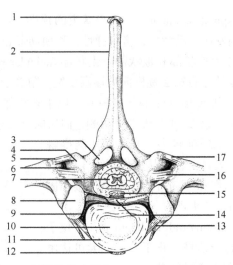

图 2-7　肋椎关节（引自 König and Liebich，2007）

1. 棘上韧带；2. 棘突；3. 前关节突；4. 横突；5. 肋结节；6. 肋横突关节；7. 脊髓；8. 肋头；9. 肋头关节；10. 髓核；11. 纤维环；12. 腹侧纵韧带；13. 肋头韧带；14. 肋头间韧带；15. 背侧纵韧带；16. 肋横突韧带；17. 结节韧带

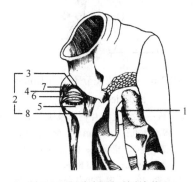

图 2-8　马右侧颞下颌关节和颞舌骨关节（后内侧面）（引自 Constantinescu and Schaller，2012）

1. 颞舌骨关节；2. 颞下颌关节；3. 关节囊；4. 背侧滑膜；5. 腹侧滑膜；6. 关节盘；7. 外侧韧带；8. 后韧带

附着于胸骨正中、第一对肋附着处的紧后方，后端变宽附着于剑突软骨。

第三节　头骨的连结

头骨的连结包括纤维连结、软骨连结和滑膜关节，大部分为不能活动的纤维连结和软骨连结，如泪骨与上颌骨之间的泪上颌缝 sutura lacrimomaxillaris，枕骨基底部与底蝶骨体之间的蝶枕软骨结合 synchondroses sphenooccipitalis，头部唯一可活动的滑膜关节是颞下颌关节 temporomandibular joint，由颞骨的关节结节与下颌骨的髁突构成，内有关节盘 articular disc，将滑膜层分成上大下小的两个关节腔；关节囊厚而强，有外侧韧带 lateral ligament（图 2-8），马还有后韧带。两侧的颞下颌关节为联动关节，同时活动可完成开口、闭口和侧向运动等动作。开口时下颌髁和关节盘向前移动至颞骨的关节结节，闭口时下颌髁位于关节结节后方的凹窝中，侧运动时一侧的关节盘向前滑动，另一侧的则向后滑动。

第四节　四肢骨的连结

一、前肢骨的连结

前肢带骨骼与躯干之间不形成关节，而是通过肩带肌与躯干连接。前肢关节 joint of

the thoracic limb 依次是肩关节、肘关节、桡尺（近、远）关节、腕关节、掌骨间关节和指关节。指关节包括掌指关节、近指节间关节和远指节间关节。

1. 肩关节 shoulder joint 由肩胛骨的关节盂和肱骨头构成（图 2-9），关节角顶向前，站立时关节角度为 100°（马为 120°～130°）。肩关节的关节窝小而浅，肱骨头大，关节囊宽松，无侧副韧带（但犬有内、外侧盂肱韧带），故肩关节的活动性大，为多轴关节，理论上可以完成各种运动，但由于受内、外侧肌肉的限制，主要进行屈、伸运动，也可做小范围的内收、外展运动。

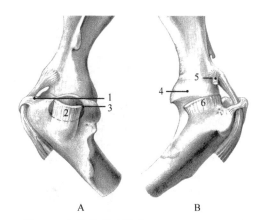

图 2-9 牛肩关节（引自 Budras et al., 2003）

A. 前外侧面；B. 内侧面。1. 横支持带；2. 冈下肌；3. 冈下肌腱下囊；4. 肩关节囊；5. 喙臂肌；6. 肩胛下肌

2. 肘关节 elbow joint 由肱骨滑车与桡骨头凹和尺骨的滑车切迹构成，分肱尺关节 humeroulnar joint 和肱桡关节 humeroradial joint（图 2-10）。关节角顶向后，站立时关节角度约为 150°。关节囊掌侧薄，背侧厚。两侧有侧副韧带，从肱骨远端内、外侧连到桡骨近端内、外侧，外侧副韧带 lateral collateral ligament 短而厚，内侧副韧带 medial collateral ligament 长而薄。肘关节为单轴关节，只能做屈、伸运动。

3. 桡尺近关节 proximal radioulnar joint 和桡尺远关节 distal radioulnar joint 牛、猪、犬均有桡尺近关节和桡尺远关节，马仅有桡尺近关节，除犬的桡尺远关节能做有限的旋前、旋后运动外，均无活动性。桡骨和尺骨借前臂骨间膜 interosseous membrane of forearm 连结，成年后骨化。两骨之间留有前臂骨间隙，牛有前臂近骨间隙和远骨间隙。

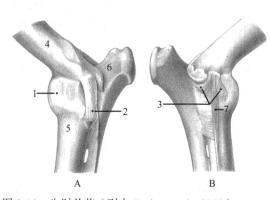

图 2-10 牛肘关节（引自 Budras et al., 2003）

A. 外侧面；B. 内侧面。1. 关节囊；2. 外侧副韧带；3. 内侧副韧带；4. 肱骨；5. 桡骨；6. 尺骨；7. 旋前圆肌

4. 腕关节 carpal joint 由前臂骨远端、两列腕骨和掌骨近端共同构成的复关节，关节角顶向前，关节角约为 180°，可进行屈、伸运动（图 2-11）。腕关节包括前臂腕关节 antebrachiocarpal joint（桡腕关节和尺腕关节）、腕骨间关节 intercarpal joint 和腕掌关节 carpometacarpal joint。关节囊的纤维层包在整个腕关节的外面，背侧面薄而松，掌侧面厚而紧；滑膜层分为桡腕囊、腕间囊和腕掌囊，桡腕囊最大，活动性也最大，腕间囊次之，腕掌囊最小，活动性也最小。腕关节的主要韧带有腕内、外侧副韧带，桡腕背侧韧带，桡腕掌侧韧带，尺腕掌侧韧带，腕掌背侧韧带，腕掌掌侧韧带及腕骨之间的短韧带；内、外侧副韧带从前臂骨远端的内、外侧伸至内、外侧的腕骨和掌骨近端的内、外侧，其下

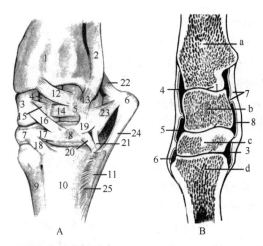

图 2-11　牛和马腕关节（引自 Popesko，1985；Nickel et al.，1979）

A. 牛腕关节：1. 桡骨；2. 尺骨；3. 桡腕骨；4. 中间腕骨；5. 尺腕骨；6. 副腕骨；7. 第2+3腕骨；8. 第4腕骨；9. 第3掌骨；10. 第4掌骨；11. 第5掌骨；12. 桡腕背侧韧带；13, 19, 20, 21. 腕短侧副韧带；14, 15, 17. 腕骨间背侧韧带；16. 腕中背侧韧带；18. 腕掌背侧韧带；22. 副腕骨尺骨韧带；23. 副腕骨尺腕骨韧带；24. 副腕骨掌骨韧带；25. 掌骨间韧带。B. 马腕关节矢状切面：a. 桡骨；b. 中间腕骨；c. 第3腕骨；d. 第3掌骨；1~3. 关节面；1. 前臂腕关节关节面；2. 腕间关节关节面；3. 腕掌关节；4. 近关节腔；5. 中关节腔；6. 远关节腔；7, 8. 关节囊；7. 纤维层；8. 滑膜层

部分为浅、深两层，浅层长，深层短。腕关节掌侧的韧带发达，可防止腕关节过度背屈。

5. 掌骨间关节 intermetacarpal joint　牛的大掌骨与小掌骨之间借骨间韧带相连；猪的4块掌骨之间互成关节，也借骨间韧带相连；马的第2、4掌骨与第3掌骨近端之间也构成关节，包在腕关节内；犬5块掌骨的近端均互成关节，并由掌骨间韧带 interosseous metacarpal ligament 相连。

6. 指关节 phalangeal joint　包括掌指关节、近指节间关节和远指节间关节（图 2-12）。

（1）掌指关节 metacarpophalangeal joint　也称系关节 fetlock joint 或球节，由掌骨远端、近指节骨近端以及近籽骨构成，关节角约为220°，正常呈背屈状态。关节囊背侧壁厚，掌侧壁较薄。掌指关节有内、外侧副韧带和籽骨韧带。籽骨韧带发达且复杂，连结近籽骨与近籽骨、掌骨、近指节骨和中指节骨，牛的籽骨韧带包括籽骨上韧带、掌侧韧带、籽骨侧副韧带、指间籽骨间韧带、指间指节骨籽骨韧带、籽骨下韧带等。

籽骨上韧带又称悬韧带 suspensory ligament 或骨间肌 interosseous muscle，位于大掌骨的掌侧，犊牛全为肌质，成年时以腱质为主。悬韧带起始于大掌骨的近端，在大掌骨下 1/3 分为 3 支，内侧支和外侧支各又分为 2 支，分别止于相应的近籽骨和背侧的指伸肌腱；中支较大，又分为 3 支，内侧支和外侧支分别止于相应的轴侧近籽骨，中支通过指间隙分为 2 支，分别加入第 3 和第 4 指背侧的指伸肌腱。此外，悬韧带在掌中部自两侧发出分支行向掌远端，连接指浅屈肌腱，参与形成屈肌腱筒供指深屈肌腱通过。

掌侧韧带 palmar ligament 又称籽骨间韧带，连接4个近籽骨。籽骨侧副韧带 collateral sesamoidean ligament 较短，连接远轴侧近籽骨与近指节骨。指间籽骨间韧带 interdigital intersesamoidean ligament 连接第 3 指和第 4 指的两轴侧籽骨。指间指节骨

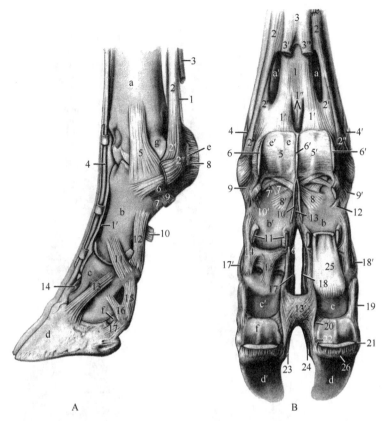

图 2-12 牛指关节（引自 Nickel et al., 1986）

A. 外侧面：a. 大掌骨；b. 近指节骨；c. 中指节骨；d. 远指节骨；e. 远轴侧近籽骨；f. 远籽骨；g. 第4掌骨关节髁；1～3. 悬韧带；1. 悬韧带中支；1'. 悬韧带中支外侧支的远侧部；2. 悬韧带外侧支；2', 2″. 2 的深支和浅支；3. 连系指浅屈肌腱的分支；4. 指总伸肌腱；5. 系关节远轴侧副韧带；6. 籽骨外侧副韧带；7. 籽骨外侧斜韧带；8. 系关节环韧带；9, 10. 系关节近、远环韧带断端；11. 近指间关节远轴侧副韧带；12. 近指间关节远轴侧掌侧韧带；13. 远指节间关节远轴侧副韧带；14. 远指节间关节背侧弹性韧带；15, 16. 籽骨远轴侧副韧带近、远支；17. 远籽骨远轴侧韧带。

B. 掌侧面：a, a'. 大掌骨；a. 第3掌骨；a'. 第4掌骨；b, b'. 近指节骨；c, c'. 中指节骨；d, d'. 远指节骨；e, e'. 近籽骨；f. 远籽骨；1～3. 悬韧带（骨间肌）；1, 1', 1″. 中支及其分支；2, 2', 2″. 内、外侧支及其分支；3, 3', 3″. 至指浅屈肌腱的纤维；4, 4'. 系关节远轴侧副韧带；5, 5'. 掌侧韧带；6, 6'. 系关节环韧带断端；7, 7'. 籽骨交叉韧带；8, 8'. 内、外指间指节骨籽骨韧带；9, 9'. 内、外侧籽骨远轴侧副韧带；10, 10'. 近指环韧带；11. 远指环韧带；12. 籽骨斜韧带；13, 13'. 指间近、远韧带；14, 15, 16. 近指节间关节远轴侧、掌侧和轴侧掌侧韧带；17, 17'. 外侧指近指间关节轴侧和远轴侧副韧带；18, 18'. 内侧指近指间指节关节轴侧和远轴侧副韧带；19, 20. 内侧指籽骨轴侧和远轴侧副韧带；21, 22. 内侧指远籽骨轴侧和远轴侧韧带；23, 24. 远指节间关节轴侧副韧带；25, 26. 内侧指指浅屈肌和指深屈肌腱断端

籽骨韧带连接轴侧籽骨与对侧近指节骨中部。籽骨下韧带位于近籽骨下缘与近指节骨之间，分浅、深两层，浅层细，深层粗，在浅层深面交叉，也称籽骨交叉韧带 cruciate sesamoidean ligament。此外，还有指间近韧带 proximal interdigital ligament，连于第3指和第4指近指节骨之间，短而坚强。马无指间指节骨籽骨韧带、指间籽骨间韧带和指间韧带。马的籽骨下韧带分3层，浅层为籽骨直韧带 straight sesamoidean ligament，中层为籽骨斜韧带 oblique sesamoidean ligament，深层为籽骨交叉韧带（图 2-13）。

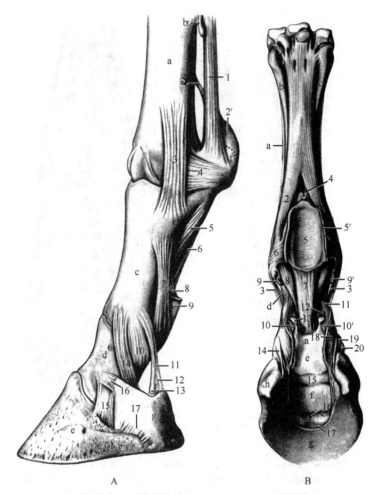

图 2-13　马指关节（引自 Nickel et al.，1986）

A. 外侧面：a. 第 3 掌骨；b. 第 4 掌骨；c. 系骨；d. 冠骨；e. 蹄骨；f. 外侧近籽骨；g. 外侧蹄软骨；1. 骨间中肌；2. 掌籽骨间韧带；2′. 掌侧韧带近侧部；3. 系关节外侧副韧带；4. 籽骨外侧副韧带；5. 籽骨外侧斜韧带；6. 籽骨直韧带；7. 近指间关节外远轴侧掌侧韧带；8. 近指间关节轴侧掌侧韧带；9. 指浅屈肌腱断端；10. 近指间关节外侧副韧带；11. 系骨蹄软骨蹄骨外侧韧带；12. 11 至蹄软骨的分支；13. 11 至蹄骨的分支；14. 籽骨外侧副韧带；15. 远指节间关节外侧副韧带；16. 冠骨蹄软骨外侧韧带；17. 蹄软骨蹄骨外侧副韧带。B. 掌侧面：a. 大掌骨；b. 第 4 掌骨；c. 第 2 掌骨；d. 第 1 指节骨；e. 第 2 指节骨；f. 远籽骨；g. 第 3 指节骨；h. 蹄软骨；1. 骨间肌；2. 至近籽骨的分支；3. 连系总屈肌腱的分支；4. 掌籽骨间韧带；5. 掌侧韧带；5′. 掌侧环韧带断面；6. 籽骨外侧副韧带；7. 籽骨直韧带；8. 籽骨外侧斜韧带；9，9′. 系关节软骨近侧支断端；10，10′. 系关节软骨远侧支断端；11. 近指间关节内侧轴侧掌侧韧带；12. 近指节间关节轴侧掌侧韧带；13. 指浅屈肌腱外侧终支；14. 蹄软骨系骨韧带，至蹄软骨分支；15. 远指节间关节囊；16. 远籽骨奇韧带；17. 指深屈肌腱断端；18. 蹄底连结（已切断）；19. 近指节间关节内侧副韧带；20. 籽骨内侧副韧带

（2）近指节间关节 proximal interphalangeal joint　也称冠关节 pastern joint，由近指节骨和中指节骨构成，有内、外侧副韧带和掌侧韧带。

（3）远指节间关节 distal interphalangeal joint　也称蹄关节 coffin joint，由中指节骨、远指节骨和远籽骨构成，关节囊背侧及两侧强厚，掌侧较薄，有侧副韧带、背侧韧带、指间远韧带 distal interdigital ligament 以及远籽骨的韧带，在马还有与蹄软骨有关的韧带。

二、后肢骨的连结

后肢在推动身体前进方面起重要作用，因此，髋骨与荐骨借荐髂关节牢固地连结在一起，以便把后肢肌肉收缩时所产生的推动力，沿脊柱传递给前肢。所以，后肢关节 the joint of the pelvic limb 包括后肢带与躯干间的荐髂关节和后肢游离部关节。后肢游离部关节包括髋关节、膝关节、胫腓关节、跗关节、跖骨间关节和趾关节（跖趾关节、近趾节间关节和远趾节间关节）。后肢游离部各关节与前肢各关节相对应，除趾关节外，各关节角方向相反，这种结构有利于家畜在站立时保持姿势的稳定。后肢各关节除髋关节外，均为单轴关节，有侧副韧带，主要进行屈、伸活动。趾关节的结构与前肢指关节的相似。

1. 荐髂关节 sacroiliac joint 由荐骨翼和髂骨翼的耳状面构成，关节囊紧，周围有强大的荐髂腹侧韧带 ventral sacroiliac ligament，将躯干与后肢连结在一起，故荐髂关节几乎不能活动（图 2-14）。

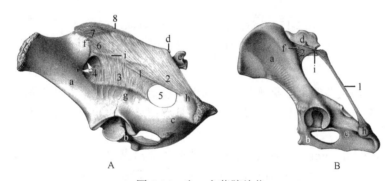

图 2-14 牛、犬荐髂关节

A. 牛荐髂关节（外侧面）：a. 髂骨；b. 耻骨；c. 坐骨；d. 荐骨，最后棘突；e. 第 1 尾椎；f. 荐结节；g. 坐骨棘；h. 坐骨结节；i. 荐骨侧部；1～3. 荐结节阔韧带；4. 坐骨大孔；5. 坐骨小孔；6, 7. 荐髂背侧韧带；8. 棘上韧带。

B. 犬荐髂关节（外侧面）：a. 髂骨；b. 耻骨；c. 坐骨；d. 荐骨；f. 荐结节，后背侧髂棘；h. 坐骨结节；i. 荐骨侧部；1. 荐结节韧带；2. 荐髂背侧韧带

后肢带除荐髂关节外，还有骨盆韧带连接髂骨与荐骨，包括荐结节阔韧带和荐髂背侧韧带。荐结节阔韧带 broad sacrotuberous ligament 为四边形的板状韧带，从荐外侧嵴和第 1～2 尾椎横突伸至坐骨棘和坐骨结节，形成盆腔的侧壁，其前缘与坐骨大切迹围成坐骨大孔 greater ischiatic foramen，腹侧缘与坐骨小切迹围成坐骨小孔，供血管、神经通过。在犬，此韧带从荐骨外侧缘后部和第 1 尾椎横突伸至坐骨结节，称荐结节韧带 sacrotuberous ligament。猫缺荐结节韧带。荐髂背侧韧带 dorsal sacroiliac ligament 分为两部分，一部分呈索状，从髂骨荐结节伸至荐正中嵴，另一部分厚，呈三角形，从髂骨内侧缘伸至荐骨外侧缘。

2. 髋关节 hip joint 由髋臼和股骨头构成，为球窝关节，关节角顶向后，关节角

大约 115°。髋臼的边缘附有髋臼唇 acetabular lip（缘软骨），可加深髋臼；髋臼切迹由髋臼横韧带封闭（图 2-15）。关节囊宽松，内侧薄，外侧厚。无侧副韧带，但有股骨头韧带 ligament of femoral head，又称圆韧带，短而强，经髋臼切迹连接股骨头凹与髋臼，可限制股骨外展活动。在马属动物，还有副韧带 accessory ligament，由腹直肌腱分出，也经过髋臼切迹，大部分与股骨头韧带合并，止于股骨头凹。髋关节虽为多轴关节，但主要进行屈、伸运动，也可做小范围的内收、外展和旋转运动。犬、猫的髋关节能做更大范围的活动。

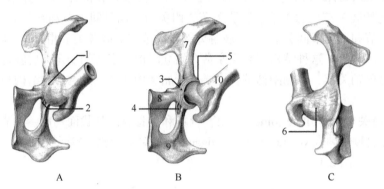

图 2-15　牛髋关节（引自 Budras et al.，2003）

A，B. 腹侧面；C. 背侧面。1，6. 关节囊；2，4. 股骨头韧带；3. 髋臼横韧带；5. 髋臼唇；

7. 髂骨；8. 耻骨；9. 坐骨；10. 股骨

在临床上，髋关节脱位常见于牛、马和犬，包括前方脱位、上外方脱位、内方脱位和后方脱位。在犬可见髋关节发育异常，特别是大型品种的幼犬的发病率高，如德国牧羊犬。

3. 膝关节 stifle joint　为股骨、膝盖骨和胫骨构成的复关节，包括股膝关节和股胫关节（图 2-16），关节角顶向前，关节角约为 150°。股膝关节的运动主要是膝盖骨在股骨滑车上滑动，在股四头肌的作用下向上滑动时，通过膝韧带牵引胫骨向前而伸膝关节，向下滑动时，胫骨向后而屈膝关节。股胫关节主要进行屈、伸运动，也可做小范围的旋转运动。

（1）股膝关节 femoropatellar joint　由股骨滑车与膝盖骨的关节面构成。关节囊薄而松，关节囊的上部有伸入股四头肌下方的滑膜盲囊。韧带有膝内侧支持带 medial patellar retinaculum、膝外侧支持带 lateral patellar retinaculum 和膝韧带 patellar ligament。牛、马的膝内侧支持带分为股膝内侧韧带 medial femoropatellar ligament 和膝内侧韧带 medial patellar ligament，膝外侧支持带分为股膝外侧韧带和膝外侧韧带，膝内侧韧带和膝外侧韧带分别由膝旁纤维软骨和膝盖骨外侧伸至胫骨粗隆的内、外侧。膝韧带由膝盖骨伸至胫骨粗隆的前面，牛和马的膝韧带也称膝中间韧带 intermediate patellar ligament。因此，在牛、马的膝关节前方可见 3 条韧带从膝盖骨伸至胫骨，且膝内侧韧带与膝中间韧带之间距离较大，膝外侧韧带距膝中间韧带较近。猪、犬膝内、外侧支持带每侧各一条，即股膝内侧韧带和股膝外侧韧带，分别由膝盖骨内侧缘的软骨和外侧缘伸至股骨内、外侧上髁的粗糙面，犬止于腓肠肌籽骨。

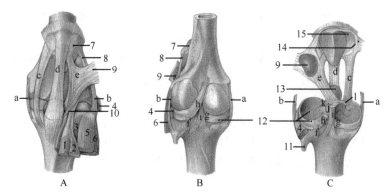

图 2-16 牛膝关节（引自 Budras et al., 2003）

A. 牛膝关节前面；B. 后面；C. 后近侧端。a. 内侧副韧带；b. 外侧副韧带；c. 膝内侧韧带；d. 膝中间韧带；e. 膝外侧韧带；f. 外侧半月板胫骨后韧带；g. 内侧半月板胫骨后韧带；h. 半月板股骨韧带；i. 后交叉韧带；j. 前交叉韧带；k. 外侧半月板胫骨前韧带；l. 内侧半月板胫骨前韧带；1. 第 3 腓骨肌；2. 趾长伸肌；3. 胫骨前肌；4. 腘肌；5. 腓骨长肌；6. 趾外侧伸肌；7. 膝盖骨；8. 股骨外侧韧带；9. 股二头肌远侧端腱下囊；10、13. 远侧膝下囊；11. 腓骨；12. 半月板；14. 股膝内、外侧韧带；15. 内侧膝旁纤维软骨

（2）股胫关节 femorotibial joint 由股骨远端的内、外侧髁和胫骨近端的内、外侧髁构成，两骨间夹有内、外侧半月板，使不相符合的关节面相吻合，并减少震动。关节囊前面薄，后面厚，纤维层附着于股胫关节的周围和半月板，滑膜层形成内侧和外侧股胫关节腔，在犬和反刍兽常互相交通，但马的常不相通，内侧股胫关节腔与股膝关节腔相通；每一侧的关节腔又被半月板分为上、下两部分。半月板 meniscus 中央薄而凹，周缘厚而凸，内侧半月板 medial meniscus 呈 C 形，外侧半月板 lateral meniscus 为不规则的卵圆形；半月板以短的韧带附着于胫骨的髁间隆起，外侧半月板还借半月板股骨韧带附着于股骨髁间窝的后部和胫骨的腘切迹。股胫关节的韧带有内、外侧副韧带和膝交叉韧带。膝交叉韧带包括前、后交叉韧带，前交叉韧带 cranial cruciate ligament 从胫骨的髁间隆起伸至股骨髁间窝外侧壁，后交叉韧带 caudal cruciate ligament 强大，从胫骨的腘切迹伸至髁间窝的前部。

在临床上，膝关节脱位见于牛、马和犬，犬有先天性和后天性两种。膝关节脱位包括髌骨上方脱位、内方脱位和外方脱位。

4. 胫腓近关节 proximal distal tibiofibular joint 和胫腓远关节 distal tibiofibular joint 由于各种家畜腓骨退化的程度不同，胫腓关节存在种间差异。胫腓关节分胫腓近关节和胫腓远关节。胫腓近关节在马、猪、犬为微动关节，其滑膜囊与股胫关节外侧滑膜囊交通。但在反刍兽，腓骨头与胫骨外侧髁愈合。胫腓远关节在犬和猪由胫骨和腓骨的远端构成，在反刍兽由胫骨远端与踝骨构成，但马的腓骨远端与胫骨远端愈合形成外侧踝。除牛之外，腓骨体与胫骨之间通过小腿骨间膜连结。

5. 跗关节 tarsal joint 又称飞节，由小腿骨远端、跗骨和跖骨近端共同构成，为单轴复关节，关节角顶向后，关节角大约 153°，主要进行屈、伸活动，包括小腿跗关节 tarsocrural joint、跗骨间关节 intertarsal joint 和跗跖关节 tarsometatarsal joint（图 2-17）。小腿跗关节的活动性最大，其余各关节的活动范围很小。关节囊前壁薄，侧壁较厚，与侧副韧带结合，后壁最厚。纤维层为各关节所共有，但滑膜层形成 4 个滑膜囊，即胫距囊、近跗间囊、远跗间囊和跗跖囊。胫距囊最大，在距骨的前方和两侧被肌腱分成数个滑膜盲囊，为跗关节的穿刺部位。跗关节的韧带有内侧和外侧副韧带、跗背侧韧带、跗跖侧韧带和跗骨间韧带。内、外侧副韧带位于跗关节的内侧和外侧，均分浅层的长韧带和深层的短韧带，长韧带分别连结内、外侧踝与跖骨近端内、外侧，有的还附着于跗骨；外侧短韧带分别连结踝骨与跟骨及跟骨与大跖骨，内侧短韧带分胫距部、胫跟部及连结胫骨和内侧跗骨的部分。跗背侧韧带包括连结中央跗骨与距骨、第2和第3跗骨的韧带及距中央远列跗骨跖骨韧带。跗跖侧韧带即跖侧长韧带，牛分内、外侧支，连结跟结节与位于外侧的跗骨和跖骨。跗骨间韧带连结同列或邻列相邻跗骨。

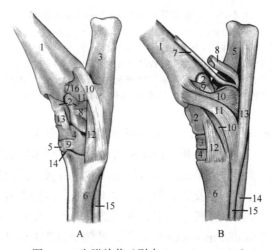

图 2-17　牛跗关节（引自 Popesko，1985）

A. 外侧面：1. 胫骨体；2. 距骨；3. 跟骨；4. 中央＋第4跗骨；5. 第2＋第3跗骨；6. 第3、4跖骨；7. 胫腓后韧带；8. 距跟外侧韧带；9. 第4远列跗骨间韧带；10. 外侧副韧带胫跖部；11. 外侧副韧带跟腓部；12. 外侧副韧带跟跖部；13. 距中央第4跗骨骨间韧带；14. 跗跖骨骨间韧带；15. 骨间肌；16. 外侧踝。B. 内侧面：1. 胫骨体；2. 距骨；3. 中央第4跗骨；4. 第2、3跗骨；5. 跟骨；6. 第3、4跖骨；7. 趾内侧屈肌腱；8. 胫骨后肌和趾外侧屈肌腱；9～11. 内侧副韧带；9. 胫距部；10. 胫跟部；11. 胫距部；12. 跗背侧斜韧带；13. 跖侧长韧带；14. 趾深屈肌腱；15. 骨间肌

6. 跖骨间关节 intermetatarsal joint 和趾关节 phalangeal joint　分别与前肢的掌骨间关节和指关节相似。

第三章 肌 学

扫码看彩图

学习目标

1. 掌握肌的结构，了解肌的辅助结构。

2. 了解躯干肌的组成及不同动物之间的差异，掌握脊柱背侧肌、胸壁肌和腹壁肌的层次和作用。

3. 了解前肢肌的组成及不同动物之间的差异，掌握前肢主要肌肉的位置和作用。

4. 了解后肢肌的组成及不同动物之间的差异，掌握后肢主要肌肉的位置和作用。

5. 掌握重要的肌沟（颈静脉沟、髂肋肌沟、桡沟、尺沟、正中沟、臀股二头肌沟、腓沟、小腿内外侧沟、腹股沟管、股管等）。

第一节 概 述

肌 muscle 是机体活动的动力器官，分为骨骼肌、心肌和平滑肌。运动系统所描述的肌由横纹肌组织构成，因其附着于骨骼上，所以又称骨骼肌 skeletal muscle。骨骼肌是高度分化的器官，在神经系统的支配下，受刺激后能进行有规律的收缩，实现各种运动，以适应内外环境的变化，维持正常的生命活动。

本章仅介绍骨骼肌。在哺乳动物，骨骼肌一般占体重的 1/3～1/2。例如，格雷伊猎犬（Greyhound）的肌肉占其体重的比例较高，达 57%，其他的犬约占体重的 44%。骨骼肌的数目也因动物而异。

一、肌器官的构造

一块肌就是一个器官，可分为肌腹和肌腱两部分（图 3-1）。

肌腹 muscle belly 是肌器官能够收缩的主要部分，由无数横纹肌纤维借结缔组织结合而成。肌纤维为肌器官的实质部分，在肌内部，肌纤维先集合成肌束，肌束再集合成一块肌肉。结缔组织为肌器官的间质部分，起支持、联系和营养的作用。它包在整个肌肉表面，称为肌外膜 epimysium。由肌外膜发出结缔组织，伸入肌束之间，并包于肌束之外，称为肌束膜 perimysium。由肌束膜发出结缔组织，伸入肌纤维之间，并包于每一个肌纤维的外面，称为肌内膜 endomysium。在结缔组织内有血管、淋巴管和神经分布，以供给肌营养和调节肌的活动。

肌腱 tendon 为肌腹一端或两端的直接延续，牢固地附着于骨上。当肌腹收缩时会牵引骨而产生运动。肌腱的构造

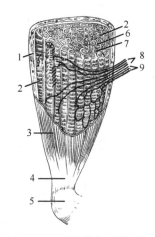

图 3-1 肌器官的构造模式图

1. 肌外膜；2. 肌纤维；3. 肌腹；
4. 肌腱；5. 骨；6. 肌束膜；7. 肌内膜；8. 神经；9. 血管

与肌腹相似，由腱纤维、腱纤维束、腱束膜和腱外膜等构成。腱纤维与肌纤维牢固连接，肌纤维也可直接转为腱纤维。腱纤维没有收缩能力，但有很强的坚韧性和抗张力，故不易疲劳；肌腱还有传导肌腹收缩力的作用，并通过省力或加速装置以提高肌腹的工作效力；有的腱可起韧带作用，以加固关节。

二、肌的形态和分布

肌因所在位置和功能不同而有不同形状，常见的有以下 4 种（图 3-2）。

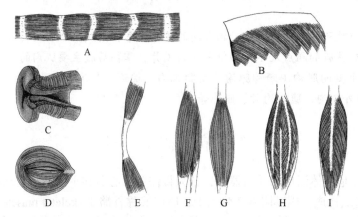

图 3-2 肌的形态结构（引自 König and Liebich，2007）

A. 具有腱划的阔肌；B. 具有腱膜的阔肌；C. 括约肌；D. 轮匝肌；E. 二腹肌；F. 二头肌；G. 单头肌；H. 复羽状肌；I. 羽状肌；F～I. 纺锤形肌

1. 阔肌 wide muscle 又称板状肌，薄而宽，有的分布于体腔壁上，如腹壁肌；有的连于前肢和躯干之间。其形状大小不一，如呈三角形（背阔肌）、扇形（腹侧锯肌）、带状（臂头肌）等。板状肌可直接转为腱膜，以增加其坚固性。

2. 多裂肌 multifidus muscle 又称短肌，多分布于脊柱两侧相邻椎骨之间，有明显的分节性。多个肌束或独立存在，如横突间肌；或互相结合成一整块肌，如背腰最长肌等。多裂肌收缩时只能产生小幅度的运动。

3. 纺锤形肌 spindle-shaped muscle 又称长肌，肌腹多呈纺锤形或圆柱状，两端常有腱，其起端为肌头，止端为肌尾，主要分布于四肢的游离部。有些肌的起端有两个以上的头，以后聚集成一个肌腹，如臂二头肌、臂三头肌、股四头肌等。有些肌腹被中间腱划分成两个肌腹，称二腹肌。纺锤形肌收缩时可产生大幅度的运动。

4. 环肌 circular muscle 主要由环形排列的肌纤维构成，位于天然孔周围，收缩时可缩小或关闭天然孔，如口轮匝肌、眼轮匝肌、肛门括约肌等。

此外，根据肌腹中腱质的含量以及肌纤维的排列方向，还可将肌分为以下 3 种。

1. 动力肌 肌腹内无腱质，肌纤维的方向与肌长轴平行。收缩时可产生迅速、大幅度的运动，但消耗能量多而容易疲劳。

2. 静力肌 肌纤维少或完全消失而被腱质所代替。运动时起着机械作用，持久耐劳。例如，牛、马四肢的骨间肌以及马的第 3 腓骨肌和趾浅屈肌等。

3. 动静力肌 肌腹中有一条或数条腱索，构造复杂。肌纤维以一定的角度与腱索相连。肌纤维排列于腱索一侧的为半羽状肌 unipennate muscle，如猪的腰小肌；对称排列于两侧的为羽状肌 bipennate muscle，如马的指总伸肌；若有数条腱索，肌纤维按一定规律排列于各腱索两侧的为复羽状肌 multipennate muscle，如犬的趾浅屈肌（图3-2）。动静力肌收缩时能产生很大的力量，而且不易疲劳。

肌的形状和大小，直接影响着运动的力量和速度。肌收缩时所产生力量的大小，与肌腹的直径成正比，而肌腹缩短距离的大小，与肌的长度成正比。

三、肌的起止点和作用

肌一般都直接或者以腱附着于两块或两块以上的骨上。收缩时相对固定不动的附着点称为起点 origin；较为活动的附着点称为止点 insertion。但随着运动情况的变化，起点和止点可以互变。环肌没有起止点。

根据肌收缩时所产生的效果，可将肌分为伸肌、屈肌、内收肌、外展肌、旋肌、筋膜张肌、开大肌和括约肌等。大多数肌跨越一个或两个关节。关节的每一个运动轴都配有作用相反的两组肌。例如，进行伸、屈活动的单轴关节只有伸肌组和屈肌组，前者位于关节角顶，后者位于关节角内。多轴关节还具有内收肌、外展肌和旋肌。家畜的任何一个动作都是由许多有关肌共同作用的结果。对于一个动作来说（如关节的伸、屈），参与活动的肌中，起主要作用的肌为主动肌 agonist muscle 或原动肌 agonist；起协助作用的肌为协同肌 synergist；而产生相反作用的肌则称为拮抗肌 antagonist。但同一块肌的作用并不是固定的，在不同条件下，可以在主动肌、协同肌或拮抗肌之间转换。还有一些肌起着固定附近关节的作用，以防止主动肌产生不必要的动作，这些肌称为固定肌 fixator。

四、肌 的 命 名

家畜全身的肌常根据其形状、位置、结构、功能、起止点、肌纤维方向以及肌的大小等特征来命名。例如，按形状命名的有三角肌、锯肌等；按位置命名的有肋间肌、胸肌、颞肌等；按结构命名的有二头肌、三头肌、二腹肌等；按功能命名的有伸肌、屈肌、内收肌、外展肌、咬肌等；按起止点命名的有臂头肌、胸头肌等；按肌纤维方向命名的有直肌、斜肌、横肌等。但大多数肌是结合数个特征而命名的，如指外侧伸肌、指浅屈肌、股四头肌、腹外斜肌等。了解了肌的命名原则有助于减轻机械性记忆的负担。

五、肌的辅助器官

肌的辅助器官包括筋膜、滑膜囊和腱鞘等。

1. 筋膜 fascia　　可分为浅筋膜和深筋膜两种。

（1）浅筋膜 superficial fascia　　由疏松结缔组织构成，位于皮下，又称皮下筋膜，被覆在全身肌的表面。在营养良好的动物的浅筋膜内有脂肪；在头部和躯干等处的浅筋膜内有皮肌。浅筋膜有连接皮肤和深部组织、保护、沉积脂肪以及参与维持体温等作用。

（2）深筋膜 deep fascia　　由致密结缔组织构成，覆盖于浅层肌的表面，而且伸入肌或肌群之间，形成肌间隔 intermuscular septa。深筋膜在某些部位（如前臂和小腿部）还形成包围肌群的筋膜鞘；或形成环状韧带以固定肌腱的位置；或提供肌的附着面；在病理情况下有限制炎症扩散和渗出液蔓延的作用。

2. 滑膜囊 synovial bursa 为封闭的结缔组织囊，常位于骨突起处的皮下（皮下囊）和肌腱的深面（腱下囊），有减少摩擦的作用。在关节附近的滑膜囊，有的与关节腔相通。滑膜囊由外层的纤维膜和内层的滑膜构成（图 3-3A），囊内含有少量的滑液，但在病理情况下，可因液体增多而发生肿胀。

3. 腱鞘 tendinous sheath 为包裹肌腱的滑膜囊，多位于四肢活动性较大的腕、跗、指（趾）关节周围。腱鞘呈双层长管状，分两层，外层为纤维层，内层为滑膜层（图 3-3B）。滑膜层又分脏层和壁层；脏层 visceral layer 又称腱层，紧贴于腱的表面；壁层紧贴于纤维层的内面，脏层与壁层移行处形成腱系膜 mesotendon，两层之间有少量滑液，可减少摩擦。当腱鞘发炎时常呈限界性的肿胀。

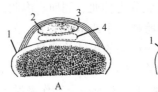

图 3-3 滑膜囊和腱鞘模式图

A. 滑膜囊；B. 腱鞘。1. 骨；2. 肌腱；3. 纤维膜；4. 滑膜；5. 腱系膜；6. 滑膜脏层；7. 滑膜壁层

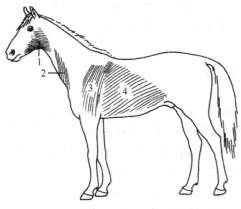

图 3-4 马的皮肌（引自 Constantinescu and Schaller，2012）

1. 面皮肌；2. 颈皮肌；3. 肩臂皮肌；4. 躯干皮肌

六、肌 的 划 分

家畜全身肌按部位可分为前肢肌、后肢肌、躯干肌和头部肌 4 部分。另外，在身体某些部位的浅筋膜中还含有皮肌。

第二节 皮 肌

皮肌 cutaneous muscle 为分布于浅筋膜内的薄层肌，紧贴于皮肤深面，个别地方附着于骨。皮肌并不完全覆盖畜体全身肌的表面，据其分布部位可分为面皮肌、颈皮肌、肩臂皮肌和躯干皮肌（图 3-4）。皮肌有颤动皮肤、驱赶蚊蝇、抖落水滴和灰尘等作用。家畜中犬的皮肌最为发达。

1. 面皮肌 cutaneous muscle of the face 为薄而完整的肌层，覆盖于下颌间隙、咬肌和腮腺的表面。向前分出一肌带伸至口角与口轮匝肌相连，称为唇皮肌 musculus cutaneus labiorum 或口角降肌，有向后牵引及下掣口角的作用。牛的额肌 frontal muscle 宽大，位于额部，纤维向前外方，与眼轮匝肌融合，有使额部皮肤起皱和提上眼睑的作用。

2. 颈皮肌 cervical cutaneous muscle　　牛无此皮肌。马的颈皮肌起于胸骨柄，沿颈腹侧部向前延伸，起始部较厚，向前逐渐变薄、消失在颈外侧面。犬的颈阔肌 platysma muscle 发达，起始于颈背正中线的腱缝和皮肤，向前纵行，伸过腮腺和咬肌部至颊和唇连合，呈放射状伸入口轮匝肌。

3. 肩臂皮肌 cutaneous omobrachial muscle　　位于肩臂部外侧面。牛的较窄，肌纤维方向垂直，上端附着于皮肤，下端连于前臂筋膜，后部斜向后上方移行为躯干皮肌。

4. 躯干皮肌 cutaneous muscle of the trunk　　又称胸腹皮肌。在胸腹壁的外侧面，位于躯干浅筋膜内，肌纤维纵行，前部在肘线处分成浅、深两部：浅部与肩臂皮肌相连；深部与胸升肌结合附着于肱骨小结节，后部进入膝褶。犬的躯干皮肌发达。

第三节　前肢筋膜和肌

一、前 肢 筋 膜

肩臂部外侧的浅筋膜内含有肩臂皮肌。深筋膜因所在部位不同，可分为肩臂筋膜、前臂筋膜、腕筋膜、掌筋膜和指筋膜。前肢深筋膜很发达，特别是前臂筋膜，除包裹着全部前臂部肌外，还分出肌间隔伸入各肌之间，附着于前臂骨。在腕部和指部，深筋膜增厚形成伸肌支持带、屈肌支持带和一些环状韧带，有固定肌腱位置的作用。

二、前 肢 肌

前肢肌可分为肩带肌、肩部肌、臂部肌、前臂部肌和前脚部肌。

（一）肩带肌

肩带肌为连接躯干和前肢的肌，多为板状肌，起于躯干骨，止于肩胛骨、肱骨和前臂骨，可分为背侧和腹侧肌群。背侧肌群包括斜方肌、菱形肌、臂头肌、肩胛横突肌和背阔肌；腹侧肌群包括胸肌和腹侧锯肌（图3-5～图3-7）。

1. 背侧肌群

（1）斜方肌 trapezius muscle　　呈倒三角形，位于颈和鬐甲外侧面的皮下。牛的较厚，犬和马的较薄，可分为颈、胸两部分。颈斜方肌起于项韧带索状部，肌纤维由前上方斜向后下方，止于肩胛冈；胸斜方肌起于第3～10胸椎棘突，肌纤维由后上方斜向前下方，止于肩胛冈。其作用是提肩或使肩胛骨向前、向后摆动。

（2）菱形肌 rhomboid muscle　　位于斜方肌的深面，较小，也分颈、胸两部分。颈菱形肌呈长菱形，起于项韧带索状部，肌纤维斜向后下方（牛）或纵行（马），止于肩胛软骨的内侧面；胸菱形肌呈四边形，起于第3～7胸椎棘突，肌纤维向下止于肩胛软骨内侧面。猪和犬的菱形肌分头、颈、胸3部分，头菱形肌起于枕骨。菱形肌的作用与斜方肌相似。

（3）臂头肌 brachiocephalic muscle　　呈带状，在颈外侧面构成颈静脉沟的上

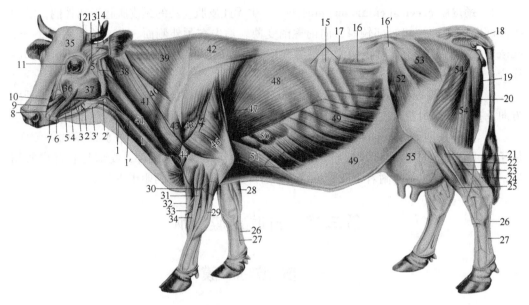

图 3-5 牛体浅层肌（引自彭克美，2016）

1. 胸头肌；1′. 颈外静脉；2. 下颌舌骨肌；2′. 舌面静脉；3. 颊肌；3′. 下颌淋巴结；4. 颧肌；4′. 下颌骨；5. 下唇降肌；5′. 腮腺；6. 口轮匝肌；7. 上唇降肌；8. 犬齿肌；9. 上唇提肌；10. 鼻唇提肌；11. 眼轮匝肌；12. 颞肌；13. 颧耳肌；14. 盾耳浅背侧肌和盾耳浅副肌；15. 后背侧锯肌；16. 腹内斜肌；16′. 髋结节；17. 胸腰筋膜；18. 尾肌；19. 股薄肌；20. 半腱肌；21. 腓骨长肌；22. 趾深屈肌；23. 趾外侧伸肌；24. 跟腱；25. 第 3 腓骨肌；26. 趾（指）浅屈肌腱；27. 悬韧带；28. 腕尺侧屈肌；29. 腕尺侧伸肌；30. 指外侧伸肌；31. 指总伸肌外侧肌腹；32. 腕桡侧伸肌；33. 腕斜伸肌；34. 指总伸肌内侧肌腹；35. 额肌；36. 颧骨肌；37. 咬肌；38. 腮耳肌；39. 颈斜方肌；40. 肩胛横突肌；41. 臂头肌；42. 胸斜方肌；43. 冈上肌；43′. 冈下肌；44. 臂肌；45. 大圆肌；46. 臂三头肌；47. 前臂筋膜张肌；48. 背阔肌；49. 腹外斜肌；50. 腹侧锯肌；51. 胸升肌；52. 阔筋膜张肌；53. 臀中肌；54. 臀股二头肌；55. 乳房

沿。臂头肌被锁腱划分为两部分，前部为锁头肌 cleidocephalic muscle，后部为锁臂肌 cleidobrachial muscle（三角肌锁骨部）。锁臂肌起始于锁腱划，止于肱骨嵴。牛的锁头肌前宽后窄，明显地分为上下两部分，上部为锁枕肌 cleidooccipital muscle，起于枕骨（项线）及项韧带；下部为锁乳突肌 cleidomastoid muscle，以圆腱起于颞骨乳突及头长肌，并以一薄腱起于下颌骨，在肩关节前腹侧止于锁键划。犬的锁头肌分为锁颈肌 cleidocervical muscle 和锁乳突肌。马的臂头肌起始于枕骨、颞骨和前 4 个颈椎的横突，止于肱骨三角肌粗隆。

当头颈固定时，臂头肌有伸肩关节的作用，当前肢站立时，则有偏转（一侧肌收缩）或降低头颈（两侧肌同时收缩）的作用。

（4）肩胛横突肌 omotransverse muscle　前部紧贴于臂头肌的深面，后部位于颈斜方肌和臂头肌之间。起于寰椎翼，有时还起于枢椎横突，主要止于肩峰部筋膜和肩胛冈。有牵引前肢向前和侧偏头颈的作用。马的肩胛横突肌与锁乳突肌联合（图 3-6），因此一些教科书上说马无此肌。

（5）背阔肌 broadest muscle of back　位于胸外侧壁上部，宽而薄，呈三角形。

牛的背阔肌宽，起于胸腰筋膜，第 9～11 或 10～12 肋骨、肋间外肌和腹外斜肌表面的筋膜。前部借大圆肌腱止于大圆肌粗隆；中部止于臂三头肌长头内侧面的腱膜；下部

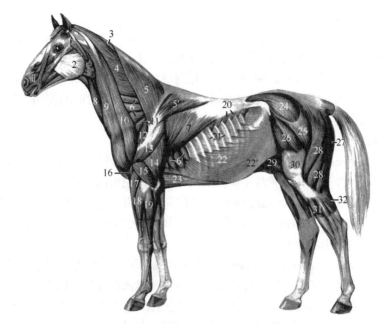

图 3-6 马体浅层肌（引自 Popesko，1985）

1. 犬齿肌；2. 咬肌；3. 颈菱形肌；4. 头夹肌和颈夹肌；5. 颈斜方肌；5′. 胸斜方肌；6. 颈腹侧锯肌；6′. 胸腹侧锯肌；7. 背阔肌；8. 胸下颌肌；9，10. 臂头肌；9. 锁乳突肌；10. 肩胛横突肌；11. 锁骨下肌；12. 冈上肌；13. 三角肌；14. 臂三头肌长头；15. 臂三头肌外侧头；16. 臂肌；17. 腕桡侧伸肌；18. 指总伸肌；19. 腕尺侧伸肌；20. 后背侧锯肌；21. 肋间外肌；22. 腹外斜肌；22′. 腹外斜肌腱膜；23. 胸升肌；24. 臀中肌；25. 臀浅肌；26. 阔筋膜张肌；27. 半腱肌；28. 股二头肌；29. 躯干皮肌与膝襞（肋襞）；30. 阔筋膜；31. 趾长伸肌；32. 腓肠肌外侧头

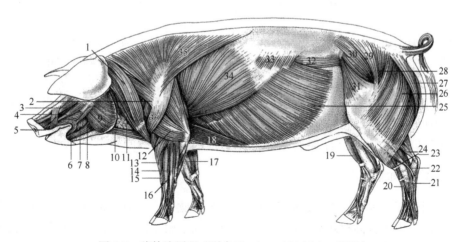

图 3-7 猪体浅层肌（引自 König and Liebich，2007）

1. 臂头肌；2. 肩胛横突肌；3. 上唇提肌；4. 上唇降肌；5. 鼻唇提肌；6. 下唇降肌；7. 颊肌；8. 颧肌；9. 咬肌；10. 胸骨舌骨肌；11. 胸头肌；12. 臂三头肌外侧头；13. 腕桡侧伸肌；14. 指外侧伸肌；15. 拇长展肌；16. 指总伸肌；17. 腕桡侧屈肌；18. 胸深肌；19，23. 第 3 腓骨肌；20. 趾长伸肌腱；21. 趾外侧伸肌腱；22. 腓骨长肌腱；24. 腓肠肌；25. 腹外斜肌；26. 股二头肌；27. 半腱肌；28，29. 臀浅肌；30. 臀中肌；31. 阔筋膜张肌；32. 腰髂肋肌；33. 后背侧锯肌；34. 背阔肌；35. 斜方肌；36. 三角肌

与胸升肌同止于肱骨小结节。

马的背阔肌仅起于胸腰筋膜，肌纤维向前下方集中，与大圆肌共止于大圆肌粗隆。

猪的背阔肌起于胸腰筋膜及后部肋骨的外侧面，止于肱骨的小结节。

犬的背阔肌起于腰背部及后两个肋骨，在肩后部与皮肌相混，止于大圆肌粗隆。

背阔肌为肩关节的屈肌，但当前肢站立时，有牵引躯干向前的作用。牛的背阔肌肋部有协助呼吸的作用。

2. 腹侧肌群

（1）胸肌 pectoral muscle　　位于胸部，可分浅、深两层，每层又分两部分，共有胸降肌、胸横肌、锁骨下肌和胸升肌 4 块。胸肌的主要作用为内收前肢及牵引躯干向前。

1）胸降肌 descending pectoral muscle：又称胸浅前肌，起于胸骨柄，止于肱骨嵴。马的此肌圆而厚，突出于胸前部。胸降肌与对侧同名肌之间形成胸正中沟；与臂头肌之间形成胸外侧沟，内有头静脉通过。

2）胸横肌 transverse pectoral muscle：又称胸浅后肌，宽而薄，起于胸骨腹侧面，止于前臂内侧筋膜。马起于胸骨嵴。此肌有内收前肢和紧张前臂筋膜的作用。

3）锁骨下肌 subclavian muscle：曾称胸深前肌，为小的带状肌。起于第 1 肋软骨，止于臂头肌的锁腱划。在马较为发达，呈三棱形，起于胸骨侧面和前 4 个肋软骨，经肩关节前内侧止于冈上肌表面。猪的锁骨下肌发达，起于胸骨和第 1 肋骨，止于冈上肌前面的筋膜和肩胛软骨前角。犬无锁骨下肌。

4）胸升肌 ascending pectoral muscle：又称胸深后肌，为胸肌中最大者。前部窄而厚，后部宽而薄。起于胸骨腹侧面和腹黄筋膜，止于肱骨大、小结节。

（2）腹侧锯肌 ventral serrate muscle　　宽而厚，呈扇形，下缘呈锯齿状，位于颈胸外侧面，可分颈、胸两部分：颈腹侧锯肌厚，全为肉质；胸腹侧锯肌较薄，表面有强韧的腱层。

颈腹侧锯肌在牛起于后 5～6 个颈椎横突和前 3 个肋骨，马起于后 5 个颈椎横突；胸腹侧锯肌在牛起于第 4～9 肋骨，马起于前 8～9 个肋骨的外侧面；两部均止于肩胛骨内侧的锯肌面和肩胛软骨内侧面。

腹侧锯肌是连接躯干和前肢强有力的肌，将躯干悬吊于两前肢之间。当运步时，一侧腹侧锯肌收缩，将重心移至对侧前肢，而使同侧前肢提举离地；当颈、胸两部交替收缩时，可使肩胛骨前后摆动；胸部收缩还可协助吸气。

（二）肩部肌

肩部肌位于肩胛骨的周围，起于肩胛骨，止于肱骨，有伸、屈和内收、外展前肢的作用，可分为内侧肌群和外侧肌群。外侧肌群有冈上肌、冈下肌、三角肌和小圆肌；内侧肌群有肩胛下肌、大圆肌和喙臂肌（图 3-8～图 3-10）。

1. 外侧肌群

（1）冈上肌 supraspinous muscle　　位于肩胛骨冈上窝中。牛的冈上肌全为肉质，马的表面有强韧的腱膜，起于冈上窝、肩胛冈和肩胛软骨，止部在盂上结节处分裂为两腱，越过肩关节的前方，分别止于肱骨近端大、小结节。冈上肌有伸肩关节和固定肩关节的作用。

（2）冈下肌 infraspinous muscle　　位于肩胛骨冈下窝中。起于冈下窝及肩胛软骨，以一短腱止于肱骨近端大结节，腱下有滑膜囊。作用为外展肩关节，并起肩关节外侧副韧带的作用，固定肩关节。

（3）三角肌 deltoid muscle　　呈三角形，在肩关节后方，位于冈下肌、小圆肌和臂三头肌的表面，分肩峰部和肩胛部。肩峰部 acromial part 位于前方，起于肩胛冈下端的肩峰；肩胛部 scapular part 位于后方，起于肩胛骨后缘和冈下肌表面腱膜；两部会合后止于肱骨三角肌粗隆。作用为屈肩关节和外展前肢。马无肩峰部。

（4）小圆肌 minor teres muscle　　较小，在肩关节后方，位于冈下肌、三角肌和臂三头肌之间，起于肩胛骨后缘的下 1/2 处，止于肱骨三角肌粗隆。此肌有屈肩关节的作用。

2. 内侧肌群

（1）肩胛下肌 subscapular muscle　　略呈三角形，位于肩胛骨内侧面。起于肩胛下窝和肩胛软骨，肌腹分前、中、后三部分，向前下方集中，止于肱骨近端小结节。作用为内收肱骨，并起内侧副韧带的作用，固定肩关节。

（2）大圆肌 major teres muscle　　呈扁平长梭形，位于肩胛下肌的后方。起于肩胛骨的后缘，止于肱骨大圆肌粗隆，有屈肩关节和内收肱骨的作用。

（3）喙臂肌 coracobrachial muscle　　为小的扁平肌，位于肩关节和肱骨内侧面，起于肩胛骨喙突，止于肱骨内侧面。此肌有内收肱骨和屈肩关节的作用。

（三）臂部肌

臂部肌位于肱骨周围，起于肩胛骨、肱骨，止于前臂骨，为主要作用于肘关节的肌肉，分伸肌群和屈肌群。伸肌群位于肱骨和肘关节的后方，可伸肘关节，包括臂三头肌、前臂筋膜张肌和肘肌；屈肌群位于肱骨和肘关节的前方，包括臂二头肌和臂肌，可屈肘关节（图 3-8～图 3-10）。

1. 伸肌群

（1）臂三头肌 triceps muscle of forearm　　很大，位于肩胛骨和肱骨后方的三角形区域内，可分为长头、外侧头和内侧头 3 部分。长头最大，呈长三角形，起于肩胛骨后缘；外侧头呈四边形，起于肱骨三角肌粗隆附近；内侧头最小，起于肱骨内侧面（牛）或肱骨大圆肌粗隆附近（马）。3 个头共同止于尺骨的鹰嘴。臂三头肌有伸肘关节的作用，其中长头也有屈肩关节的作用。犬的臂三头肌有长头、外侧头、内侧头和副头 4 个头，副头位于外侧头与内侧头之间，起于肱骨颈，止于尺骨鹰嘴。

（2）前臂筋膜张肌 tensor muscle of antebrachial fascia　　位于臂三头肌长头后缘的内侧。牛的狭长而薄，起于肩胛骨后角，止于尺骨鹰嘴；马的薄而宽，以腱膜起于肩胛骨后缘和背阔肌的止点腱；犬的薄而窄，起于背阔肌腱膜，均止于尺骨鹰嘴和前臂筋膜。作用为伸肘关节和屈肩关节，在马还可紧张前臂筋膜。

（3）肘肌 anconeus muscle　　较小，被臂三头肌所覆盖，且与臂三头肌外侧头紧密相连，不易分离。起于肱骨下 1/3 处的后缘，止于尺骨鹰嘴，有伸肘关节的作用。

2. 屈肌群

（1）臂二头肌 biceps muscle of forearm　　位于肱骨前面，呈圆柱状（牛）或纺锤形（马），起于肩胛骨盂上结节，通过肱骨的结节间沟（此处腱下有一滑膜囊），止于桡骨粗

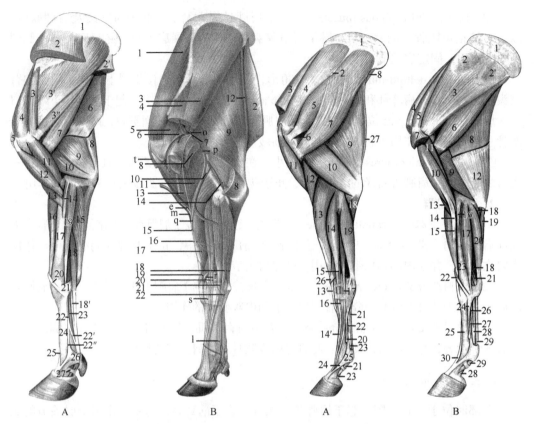

图 3-8 牛的左前肢肌（引自 Popesko，1985；Budras et al.，2003）

A. 内侧面：1. 肩胛软骨；2. 颈腹侧锯肌；2′. 胸腹侧锯肌；3，3′，3″. 肩胛下肌；4. 冈上肌；5. 肱骨大结节；6. 背阔肌；7. 大圆肌；8. 前臂筋膜张肌；9. 臂三头肌长头；10. 臂三头肌内侧头；11. 喙臂肌；12. 臂二头肌；13. 臂肌；14. 旋前圆肌；15. 腕尺侧屈肌；16. 腕桡侧伸肌；17. 桡骨；18. 指浅屈肌浅部；18′. 指浅屈肌深部；19. 腕桡侧屈肌；20. 拇长展肌（腕斜伸肌）；21. 腕掌侧浅韧带（屈肌支持带）；22. 骨间肌；22′. 骨间肌屈肌带；22″. 骨间肌侧副部；23. 指深屈肌；24. 第3、4掌骨；25. 指内侧伸肌；26. 掌浅横韧带；27. 指纤维鞘环部。B. 外侧面：1. 冈上肌；2. 背阔肌；3. 三角肌肩胛部；4. 三角肌肩峰部；5. 冈下肌；6. 小圆肌；7. 腋神经；8. 臂三头肌外侧头；9. 臂三头肌长头；10. 桡神经深支；11. 臂肌；12. 前臂筋膜张肌；13. 锁臂肌；14. 肘肌；15. 桡神经浅支；16.（桡神经）前臂外侧皮神经；17. 腕桡侧伸肌；18. 腕尺侧伸肌；19. 拇长展肌；20. 指总伸肌；21. 指外侧伸肌；22. 尺神经背侧支；e. 肘正中静脉；l. 骨间肌的远轴侧伸肌支；m. 头静脉；o. 旋肱后动脉和静脉；p. 桡侧副动脉；q. 前臂浅前动脉；r. 骨间前动脉、静脉的腕背侧支；s. 伸肌支持带；t. 胸深肌内侧和外侧止点腱（断端）

图 3-9 马的左前肢肌（引自 Popesko，1985）

A. 外侧面：1. 肩胛软骨；2. 冈结节；3. 锁骨下肌；4. 冈上肌；5. 冈下肌；6. 小圆肌；7. 三角肌；8. 大圆肌；9. 臂三头肌长头；10. 臂三头肌外侧头；11. 臂二头肌；12. 臂肌；13，13′. 腕桡侧伸肌；14～16. 指总伸肌；14，14′. 指伸肌（固有部）；15. 残存的第2指伸肌；16. 残存的第3、4指伸肌；17. 指外侧伸肌；18. 指深屈肌尺骨头；19. 腕尺侧伸肌；20. 第4掌骨；21. 指浅屈肌；22. 指深屈肌腱头；23. 指深屈肌（腱）；24. 骨间肌侧副部（伸肌支）；25. 掌横浅韧带；26. 拇长展肌；27. 前臂筋膜张肌。B. 内侧面：1. 肩胛软骨；2，2′. 锯肌面；3. 肩胛下肌；4. 锁骨下肌；5. 冈上肌；6. 大圆肌；7. 胸升肌；8. 臂三头肌长头；9. 臂三头肌内侧头；10. 臂二头肌；11. 喙臂肌；12. 前臂筋膜张肌；13. 臂肌；14. 纤维带；15. 腕桡侧伸肌；16. 肘内侧副韧带；17. 腕桡侧屈肌；18. 指浅屈肌；19. 腕尺侧屈肌尺骨头；20. 腕尺侧屈肌肱骨头；21. 指浅屈肌副韧带；22. 拇长展肌；23. 桡骨；24. 第2掌骨；25. 第3掌骨；26. 指深屈肌副韧带；27. 骨间肌；28. 指深屈肌腱；29. 指浅屈肌腱；30. 指总伸肌（腱）

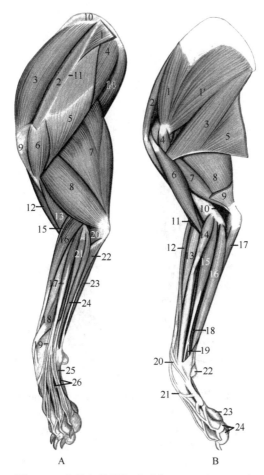

图 3-10　犬的左前肢肌（引自 Popesko，1985）

A. 外侧面：1. 胸斜方肌；2. 颈斜方肌；3. 冈上肌；4. 冈下肌；5. 三角肌肩胛部；6. 三角肌肩峰部；7. 臂三头肌长头；8. 臂三头肌外侧头；9. 肱骨大结节；10. 肩胛软骨；11. 肩胛冈；12. 臂二头肌；13. 臂肌；14. 大圆肌；15. 肱桡肌；16. 腕桡侧伸肌；17. 指总伸肌；18. 拇长展肌；19. 第 1、2 指伸肌；20. 肘肌；21. 指外侧伸肌；22. 腕尺侧屈肌尺骨头；23. 腕尺侧屈肌肱骨头；24. 腕尺侧屈肌；25. 第 5 指展肌；26. 骨间肌。B. 内侧面：1，1'. 肩胛下肌；2. 冈上肌；3. 大圆肌；4. 喙臂肌；5. 背阔肌；6. 臂二头肌；7. 臂三头肌内侧头；8. 臂三头肌长头；9. 前臂筋膜张肌；10. 肘肌；11. 臂肌；12. 肱桡肌；13. 腕桡侧伸肌；14. 旋前圆肌；15. 腕桡侧屈肌；16. 指浅屈肌；17. 腕尺侧屈肌尺骨头；18. 指深屈肌肱骨头；19. 指深屈肌桡骨头；20. 拇长展肌；21. 指总伸肌；22. 腕枕；23. 掌枕；24. 指枕

隆，并有腱带（纤维带）与腕桡侧伸肌相连。作用为屈肘关节和伸肩关节。

（2）臂肌 brachial muscle　　位于臂肌沟中。起于肱骨近端的后缘，沿臂肌沟伸延至肘关节背侧，再转向内侧止于桡骨近端内侧缘。此肌有屈肘关节的作用。

（四）前臂和前脚部肌

前臂和前脚部肌多数为纺锤形肌，肌腹大部位于前臂部。起于肱骨远端或前臂骨近端，一部分止于腕骨和掌骨，为腕关节的伸肌和屈肌，另一部分止于指骨，为指关节的伸肌和屈肌，伸肌多位于前臂骨的背外侧面，屈肌多位于前臂骨的掌侧面。按部位分为背外侧组和掌侧组。此外，前臂部还有桡尺关节肌，包括前臂旋后肌 supinator（臂桡肌、旋后肌）和旋前肌 pronator（旋前圆肌、旋前方肌），在肉食动物发达（图 3-10～图 3-13）。

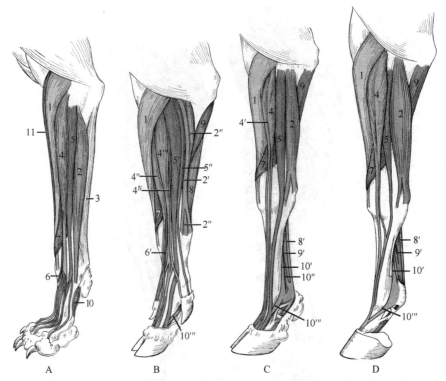

图 3-11　家畜前臂和前脚部背外侧面肌肉比较（引自 Nickel et al.，1979）

A. 犬；B. 猪；C. 牛；D. 马。1. 腕桡侧伸肌；2. 腕尺侧伸肌；2′, 2″. 腱和肌部（猪）；3. 腕尺侧屈肌（仅在犬外侧面可见）；4. 指总伸肌；4′. 指总伸肌内侧肌腹（牛）；4″, 4‴, 4^{IV}. 指总伸肌内侧、中间和外侧肌腹（猪）；5, 5′, 5″. 指外侧伸肌；6. 拇长伸肌和第二指伸肌（犬）；6′. 第 2 指肌（猪）；7. 拇长展肌；8. 指浅屈肌；8′. 指浅屈肌腱；9. 指深屈肌尺骨头；9′. 指深屈肌腱；10. 骨间肌（犬）；10′. 骨间肌（牛和马）；10″. 骨间肌至指浅屈肌腱的支持带（牛）；10‴. 骨间肌至伸肌腱的支持带（犬）；11. 肱桡肌（犬）

1.　背外侧组（图 3-12）　　肌腹位于前臂骨的背外侧，为腕关节和指关节的伸肌，共有 5 个肌，由前向后依次为腕桡侧伸肌、指总伸肌、指外侧伸肌、腕尺侧伸肌和位于指总伸肌深面的拇长展肌。肌腱在腕部均包有腱鞘。

（1）腕桡侧伸肌 radial extensor muscle of carpus　　肌腹呈纺锤形，位于桡骨背侧面，起于肱骨外侧上髁，止于掌骨粗隆。有伸腕关节和屈肘关节的作用。犬的腕桡侧伸肌腱在前臂远端 1/3 处分为两支，分别止于第 2、3 掌骨近端背侧面的小粗隆。

（2）指总伸肌 common digital extensor muscle　　位于腕桡侧伸肌后外侧，有两个肌腹。外侧肌腹较小，起于肱骨外侧上髁（浅头）和尺骨（深头），在前臂中部会合成总腱，下行至掌指关节处分为两支，分别沿第 3 指和第 4 指背侧面下行，止于远指节骨伸肌突，在指关节背侧面，两腱分别包有腱鞘，有伸指关节、腕关节和屈肘关节的作用。内侧肌腹较强，又称指内侧伸肌 medial digital extensor muscle 或第 3 指伸肌，起于肱骨外侧上髁，其腱沿腕、掌背侧面下行，止于第 3 指中指节骨近端和远指节骨内侧缘，有伸指关节和外展第 3 指的作用。

马的指总伸肌无内侧肌腹，位于桡骨外侧面，在腕桡侧伸肌之后。起于肱骨远端背侧，止于远指节骨的伸肌突和近、中指节骨的近端背侧面。其腱与掌指关节之间有滑膜囊。

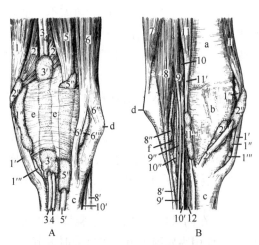

图 3-12 牛左侧腕部的腱鞘和滑膜囊

（引自 Nickel et al., 1979）

A. 背外侧面；B. 掌内侧面。1, 1′. 腕桡侧伸肌及其腱；1″. 腕桡侧伸肌腱下囊；1‴. 腕桡侧伸肌腱下囊；2, 2′. 腕斜伸肌及其腱；2″. 腕斜伸肌腱鞘；2‴. 腕斜伸肌腱下囊；3, 4. 指总伸肌内、外侧腱；3′. 指总伸肌腱鞘；5, 5′. 指外侧伸肌及其腱；5″. 指外侧伸肌腱鞘；6. 腕尺侧伸肌；6′. 腕尺侧伸肌至掌骨的止点腱；6″. 腕尺侧伸肌至副腕骨的止点腱；6‴. 腕尺侧伸肌掌骨支腱下囊；7. 腕尺侧屈肌；8. 指浅屈肌浅肌腹；8′. 指浅屈肌腱；8″. 指浅屈肌浅肌腹腱下囊；9. 指浅屈肌深肌腹；9′. 指浅屈肌深肌腹腱；9″. 指浅屈肌深肌腹腱下囊；10, 10′. 指深屈肌及其腱；10″. 指深屈肌腱下囊；11, 11′. 腕桡侧屈肌；11″. 腕桡侧屈肌腱鞘；12. 骨间肌。a. 桡骨；b. 腕骨；c. 掌骨；d. 副腕骨；e. 伸肌支持带；f. 屈肌支持带断面

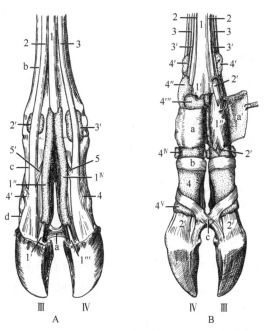

图 3-13 牛指部腱鞘和滑膜囊

A. 背侧面：1, 1′, 1‴. 指总伸肌腱；1″, 1^{IV}. 指总伸肌腱鞘；2. 指内侧伸肌腱；2′. 指内侧伸肌腱下囊；3. 指外侧伸肌腱；3′. 指外侧伸肌腱下囊；4, 4′. 骨间肌远轴侧伸肌支；5, 5′. 骨间肌轴侧伸肌支；a. 指间远韧带；b. 大掌骨；c. 近指节骨；d. 中指节骨；Ⅲ. 第3指；Ⅳ. 第4指。B. 掌侧面：1, 1′, 1″. 指浅屈肌腱；2, 2′. 指深屈肌腱；3. 骨间肌；3′. 骨间肌至指浅屈肌腱的分支；4. 指浅屈肌和指深屈肌总腱鞘；4′~4^V. 滑膜囊憩室；a. 系关节环韧带；a′. 翻向一侧的系关节环韧带及腱鞘壁；b. 近指节骨环韧带；c. 指间远韧带

　　猪的指总伸肌起于肱骨外侧上髁和肘关节外侧副韧带，分为3个肌腹。内侧肌腹的腱止于第3指和第2指远指节骨；中间肌腹的腱止于第3指和第4指远指节骨；也有细支止于第2指；外侧肌腹的腱止于第3~5指远指节骨。

　　犬的指总伸肌有4个肌腹，4个腱分别止于第2~5指远指节骨。

　　（3）指外侧伸肌 lateral digital extensor muscle　又称第4指伸肌，位于指总伸肌之后。牛的发达，马的较小，起于肘关节外侧副韧带和前臂骨近端的外侧面；牛的止于第4指中指节骨近端和远指节骨的外侧缘，马的止于第3指近指节骨近端背侧面，猪的止于第4指和第5指。有伸腕关节和指关节的作用，牛还可外展第4指。犬的指外侧伸肌有内、外两个肌腹，内侧肌腹又称第3、4指伸肌，长腱与指总伸肌腱合并，止于第3指。外侧肌腹又称第5指伸肌，肌腱与指总伸肌腱合并，止于第5指。

　　（4）腕尺侧伸肌 ulnar extensor muscle of carpus　又称尺外侧肌或腕外侧屈肌，在前臂部外侧，位于指外侧伸肌之后，起于肱骨远端外侧上髁，止于副腕骨和第4掌骨近端。止于掌骨的肌腱包有腱鞘。作用为屈腕关节，也可伸肘关节。但在肉食动物，腕尺侧伸肌止于第5掌骨，因其止点接近腕关节轴，当腕关节已在屈位时可屈腕关节，当腕

关节已在伸位时可伸腕关节。它还可外展前臂。

（5）拇长展肌 long abductor muscle of the first digit　　又称腕斜伸肌，薄而小，呈三角形，位于桡骨下半部背侧面。起于桡骨下半部外侧缘，在指总伸肌的深面向下向内侧越过腕桡侧伸肌腱。牛的止于第 3 掌骨近端，马的止于第 2 掌骨近端。此肌有伸和旋外腕关节的作用。

2. 掌侧组　　肌腹位于前臂骨的掌内侧，为腕关节和指关节的屈肌，共有 4 个肌，即腕桡侧屈肌、腕尺侧屈肌、指浅屈肌和指深屈肌。

（1）腕桡侧屈肌 radial flexor muscle of carpus　　在前臂内侧部，位于桡骨之后，起于肱骨内侧上髁，肌腹扁，在前臂下部延续为一细腱，在腕部包有腱鞘，向下穿经腕横韧带，牛的止于第 3 掌骨近端，马的止于第 2 掌骨近端，犬的止于第 2、3 掌骨。作用为屈腕关节，也可伸肘关节。

（2）腕尺侧屈肌 ulnar flexor muscle of carpus　　在前臂内侧部，位于腕桡侧屈肌之后，起于肱骨内侧上髁和鹰嘴内侧面，止于副腕骨。作用为屈腕关节，也可伸肘关节。

（3）指浅屈肌 superficial digital flexor muscle　　在前臂后部，位于前臂诸屈肌之间。牛的指浅屈肌起于肱骨内侧上髁，肌腹分浅、深两部分，其腱分别经屈肌支持带的浅面和深面下行，于掌中部合成一总腱，旋即又分为内、外侧支，分别止于第 3 指和第 4 指中指节骨的屈肌粗隆。每一腱在掌指关节上方均接受来自骨间肌的腱板，并形成屈肌腱筒，供指深屈肌腱通过。

马的指浅屈肌分别起于肱骨内侧上髁和桡骨掌侧面（为一强纤维带），两支在腕关节附近合成一总腱，至掌指关节处，此腱构成一屈肌腱筒，供指深屈肌腱通过，至近指节骨掌侧中部裂为两支，止于近、中指节骨掌侧面。

猪的指浅屈肌分浅、深两个肌腹。浅肌腹的腱止于第 4 指；深肌腹的腱止于第 3 指。

犬的指浅屈肌位于前臂后内侧面皮下，其远端分为 4 个腱，分别止于第 2~5 指的中指节骨。

指浅屈肌的作用是在前进运动中屈指关节和腕关节，并伸肘关节。站立时可支持体重，与骨间肌（悬韧带）一起，有防止掌指关节向背侧过度屈曲的作用。

（4）指深屈肌 deep digital flexor muscle　　位于前臂后部，被其他屈肌包围。由 3 个头组成，即肱头、尺头和桡头，分别起于肱骨内侧上髁、尺骨鹰嘴内侧面和桡骨中部后面。3 个头在腕关节附近合成总腱后，在指浅屈肌腱前方经腕管向下伸延至掌部，在指浅屈肌腱和悬韧带之间向下伸延，至掌指关节上方分为两支，分别通过由指浅屈肌腱与悬韧带腱板形成的屈肌腱筒，止于第 3、4 指远指节骨的屈肌结节。

马的指深屈肌腱在掌部呈一圆索状，至掌指关节附近穿过指浅屈肌的屈肌腱筒，止于远指节骨的屈肌面。

猪的指深屈肌总腱分为 4 支，中间两支粗，分别止于第 3 指和第 4 指；内侧支和外侧支分别止于第 2 指和第 5 指。

犬的指深屈肌腱分为 5 支，止于第 1~5 指的远指节骨。指深屈肌的作用同指浅屈肌。

指浅屈肌腱和指深屈肌腱通过腕管时，外包一共同的腱鞘（称腕腱鞘），当两腱经掌指关节掌侧和近指节骨掌侧时，外包一腱鞘（称指鞘），在指深屈肌腱和远籽骨之间有一滑膜囊。

第四节　后肢筋膜和肌

一、后 肢 筋 膜

后肢筋膜包括浅筋膜和深筋膜。

1）浅筋膜：薄，与深筋膜紧贴，在髋结节处常见有皮下滑膜囊。

2）深筋膜：因所在部位不同可分为臀筋膜、髂筋膜、阔筋膜、股内侧筋膜、小腿筋膜、跗筋膜、跖筋膜和趾筋膜。臀筋膜紧贴于臀肌上，不易剥离，其深面供臀肌纤维起始。髂筋膜覆盖于髂腰肌表面。阔筋膜也称股外侧筋膜，强而厚，覆盖着股背外侧诸肌，供阔筋膜张肌终止，其深面分出肌间隔，伸入股后诸肌之间。股内侧筋膜较薄，覆盖着股内侧诸肌，前部与阔筋膜延续，在膝关节处与缝匠肌及股薄肌的止点腱融合。小腿筋膜厚而结实，可分3层，浅层和中层融合成一总鞘，包裹着整个小腿部肌，深层分出肌间隔附着于小腿骨，并形成3个筋膜鞘，分别包围小腿背侧、外侧和胫骨后诸肌。跗筋膜附着于跗部的骨突和韧带，在跗背侧形成近、中、远3个伸肌支持带（环状韧带）（牛无伸肌中支持带），在跗跖侧形成屈肌支持带（跖侧横韧带），与跗沟共同形成跗管，供趾深屈肌腱通过。跖筋膜和趾筋膜与前肢掌、指筋膜相似。

二、后 肢 肌

后肢肌分为臀部肌、股部肌、小腿和后脚部肌。

（一）臀部肌

臀部肌位于臀部，包括臀浅肌、臀中肌和臀深肌（图3-14～图3-16）。此外，髂肌也列入此部叙述。

1. 臀浅肌 superficial gluteal muscle　　牛、羊缺此肌。马的位于臀部浅层，可分前、后两头，两头之间有腱膜相连。前头起于髋结节，后头起于臀筋膜的深面，两头呈"V"形会合后共同止于股骨第3转子。犬的臀浅肌较小，略呈三角形，分前、后两部分（图3-14）。此肌有屈髋关节和外展后肢的作用。

2. 臀中肌 middle gluteal muscle　　大而厚，肌腹分为浅、深两部分，深部也称臀副肌，起于髂骨翼的臀肌面和髋结节、荐骨的背侧面、荐结节阔韧带及腰最长肌表面的腱膜，止于股骨大转子，其腱与大转子间有滑膜囊。此肌有伸髋关节、外展和旋外后肢的作用，还参与蹴踢、竖立和推动躯干等动作。

3. 臀深肌 deep gluteal muscle　　被臀中肌覆盖，薄而宽，略呈扇形，起于髂骨翼的外侧面、坐骨棘和荐结节阔韧带，止于大转子前下方的粗糙面。马的短而厚，止于股骨大转子前内侧部。此肌有旋内和外展后肢的作用。

4. 髂肌 iliac muscle　　起于髂骨翼的髂肌面和荐骨，分内、外侧两部分（图3-14），其间形成一沟，腰大肌后部通过此沟，共同止于股骨小转子，故常将此二肌合称为髂腰肌。此肌有屈髋关节和旋外后肢的作用。

（二）股部肌

股部肌位于股骨周围，包括股前肌群、股后肌群和股内侧肌群（图3-14～图3-17）。

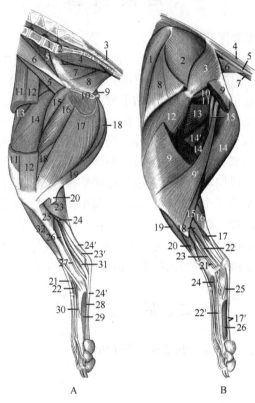

图3-14　犬后肢肌（引自Popesko，1985）

A. 内侧面：1. 第7腰椎；2. 荐骨；3. 荐尾背内侧肌；4. 荐尾腹外侧肌；5. 髂腰肌；6. 腰小肌；7，8. 肛提肌（尾骨内侧肌）；7. 髂尾肌；8. 坐耻尾肌；9. 闭孔内肌；10. 髋骨联合面；11. 缝匠肌前腹；12. 缝匠肌后腹；13. 股直肌；14. 股内侧肌；15. 耻骨肌；16. 内收肌；17. 股薄肌；18. 半腱肌；19. 半膜肌；20. 跟腱；21. 趾长伸肌；22. 趾短伸肌；23. 腓肠肌内侧头；23′. 小腿三头肌腱；24. 趾浅屈肌；24′. 趾浅屈肌腱；25. 腘肌；26. 趾内侧屈肌；27. 胫骨后肌；28. 趾深屈肌腱；29. 骨间肌；30. 拇长伸肌；31. 趾外侧屈肌；32. 胫骨前肌。B. 外侧面：1. 缝匠肌前腹；2. 臀中肌；3. 臀浅肌；4. 荐尾背外侧肌；5. 尾横突间肌；6. 尾骨肌；7. 荐尾腹外侧肌；8. 阔筋膜张肌；9. 股二头肌浅头（椎骨头）；9′. 股二头肌深头（骨盆头）；10. 孖肌；11. 股方肌；12. 股外侧肌；13. 内收肌；14. 半膜肌后腹；14′. 半膜肌前腹；15. 小腿后展肌；16. 腓肠肌；17. 趾浅屈肌；17′. 趾浅屈肌腱；18. 趾外侧屈肌（拇长屈肌）；19. 胫骨前肌；20. 趾长伸肌；21. 腓骨长肌；22. 趾外侧伸肌；22′. 趾外侧伸肌腱；23. 腓骨短肌；24. 趾短伸肌；25. 第5趾展肌；26. 骨间肌

1. 股前肌群　　包括阔筋膜张肌和股四头肌。

（1）阔筋膜张肌 tensor muscle of fascia lata　　呈三角形，位于股前皮下，起于髋结节，向下呈扇形展开与阔筋膜结合在一起，止于膝盖骨和胫骨嵴。犬的阔筋膜张肌起于臀中肌的腱膜和髋结节，分前、后两部分，借阔筋膜止于膝盖骨和胫骨嵴。此肌有紧张阔筋膜、屈髋关节和伸膝关节的作用。

（2）股四头肌 quadriceps muscle of thigh　　很发达，被阔筋膜张肌和阔筋膜覆盖，

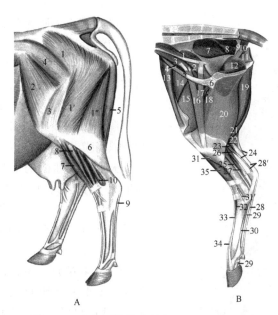

图 3-15　牛左后肢肌（引自 Popesko，1985）

A. 外侧面：1，1'，1″. 臀股二头肌；1. 臀浅肌；1'. 股二头肌前部；1″. 股二头肌后部；2. 阔筋膜张肌；3. 阔筋膜和股外侧肌；4. 臀中肌；5. 半腱肌；6. 小腿筋膜；7. 趾长伸肌；8. 腓骨长肌；9. 趾浅屈肌腱；10. 趾深屈肌。B. 内侧面：1. 腰小肌；2. 髂肌内侧部；3. 腰大肌；4. 髂肌外侧部；5. 腹股沟韧带；6. 腹直肌附着点；7. 臀中肌；8. 臀股二头肌；9. 荐结节阔韧带；10. 尾骨肌；11. 肛提肌；12. 闭孔外肌盆内部；13. 阔筋膜张肌；14. 股直肌；15. 股内侧肌；16. 缝匠肌前部；17. 缝匠肌后部；18. 耻骨肌；19. 半膜肌；20. 股薄肌；21. 半腱肌；22. 腓肠肌内侧头；23. 腓肠肌外侧头；24. 小腿三头肌腱；25～27. 趾深屈肌；25. 趾内侧屈肌；26. 胫骨后肌；27. 趾外侧屈肌（拇长屈肌）；28. 趾浅屈肌（腱）；28'. 跟总腱；29. 趾深屈肌腱；30. 骨间肌；31. 胫骨前肌；31'. 胫骨前肌止点；32. 趾短伸肌；33，34. 趾长伸肌；33. 趾内侧伸肌；34. 趾长伸肌；35. 第 3 腓骨肌

位于股骨前面和两侧，可分为 4 部分，即股直肌 straight femoral muscle、股外侧肌 lateral vastus muscle、股内侧肌 medial vastus muscle 和股中间肌 intermediate vastus muscle。它们分别起于髂骨髋臼前上方的两个小压迹，股骨外侧面、内侧面和前面，共同止于膝盖骨。膝盖骨借膝韧带附着于胫骨粗隆。股四头肌是膝关节强有力的伸肌。股直肌还有屈髋关节的作用。

2. 股后肌群　即腘绳肌，包括股二头肌、半腱肌和半膜肌。

（1）**股二头肌** biceps muscle of thigh　长而宽厚，位于臀股部的外侧、臀中肌的后方。反刍动物和猪的股二头肌前部与臀浅肌合并，形成臀股二头肌 gluteobiceps muscle，起始部有两个头，椎骨头起于荐骨和荐结节阔韧带；坐骨头起于坐骨结节及坐骨腹侧面。两头在坐骨结节下方合并，很快又分为前、后两部分，前部大，后部

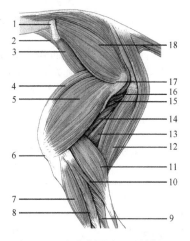

图 3-16　马后肢深层肌（外侧面）
（引自 König and Liebich，2007）

1. 髋结节；2. 腰大肌；3. 髂肌；4. 股直肌；5. 股外侧肌；6. 膝盖骨；7. 趾长伸肌；8. 趾外侧伸肌；9. 趾深屈肌外侧头；10. 比目鱼肌；11. 腓肠肌；12. 半腱肌；13. 半膜肌；14. 内收肌；15. 股方肌；16. 闭孔外肌；17. 大转子；18. 臀中肌

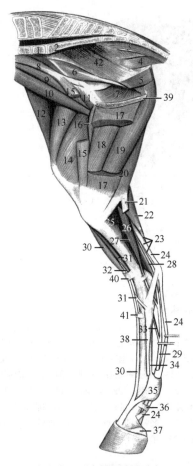

图 3-17　马后肢肌（内侧面）（引自 Popesko，
1985）

1. 第 6 腰椎；2. 荐骨；3. 荐尾腹内侧肌；4. 尾骨肌；
5. 肛提肌；6. 闭孔内肌髂骨部；7. 闭孔内肌坐骨耻骨
部；8. 腰小肌；9. 腰大肌；10. 髂肌外侧部；11. 髂肌
内侧部；12. 阔筋膜张肌；13. 股直肌；14. 股内侧肌；
15. 缝匠肌；16. 耻骨肌；17. 股薄肌；18. 内收肌；
19. 半膜肌；20. 半腱肌；21，23，24. 跟总肌；21. 半
腱肌跟腱；22. 腓肠肌内侧头；23. 跟总腱；24. 趾浅屈
肌；25. 腘肌；26. 趾内侧屈肌；27. 趾外侧屈肌；28. 胫
骨后肌；29. 趾深屈肌腱；30. 趾长伸肌；31. 胫骨前肌；
32. 第 3 腓骨肌；33. 趾深屈肌副韧带；34. 骨间肌；
35. 跖浅横韧带；36. 趾纤维鞘环部；37. 蹄内侧软
骨；38. 第 2 跖骨；39. 髋骨联合面；40. 伸肌近支持
带；41. 伸肌远支持带；42. 荐结节阔韧带

小，以腱膜止于膝盖骨、膝外侧韧带、胫骨
前缘和跟结节。

　　马股二头肌的椎骨头起于荐骨棘突和荐
结节阔韧带，坐骨头起于坐骨结节，两头结
合后，其下部分为前、中、后 3 部分，前部
止于膝盖骨和膝外侧韧带，中部止于胫骨嵴
和小腿筋膜，后部止于跟结节。

　　犬股二头肌的两个头分别起于荐结节阔
韧带和坐骨结节，止于膝盖骨、胫骨和跟骨。

　　股二头肌有伸髋关节、膝关节和跗关节
以及推动躯体向前的作用。当后肢不负重时，
则与半腱肌一起有屈膝关节的作用。

　　（2）半腱肌 semitendinous muscle　　位
于股二头肌和半膜肌之间，形成大腿后缘的
轮廓。肌腹呈锥形，起于坐骨结节，沿半膜
肌的后外侧面伸至小腿近端内侧，以腱膜止
于胫骨前缘和跟结节。马的半腱肌有两个头，
椎骨头起于荐骨棘突和前两个尾椎的横突；
坐骨头起于坐骨结节，两头会合后，向下伸
延至小腿近端内侧，止于胫骨嵴、小腿筋膜
和跟结节。猪的半腱肌有椎骨头和坐骨头。
犬无椎骨头。作用同股二头肌。

　　（3）半膜肌 semimembranous muscle
位于半腱肌的后内侧，大而呈三棱形，起于
坐骨结节腹侧面，止于股骨内侧上髁和胫骨
近端内侧面。马有两头，椎骨头小，起于荐
结节阔韧带和前两个尾椎的横突；坐骨头大，
起于坐骨结节，止于股骨远端内侧。犬的半
膜肌起于坐骨结节，分前、后两部分，前部
止于股骨内侧，后部止于胫骨内侧髁。半膜
肌有伸髋关节和内收后肢的作用。

　　3. 股内侧肌群　　可分 3 层。浅层有缝
匠肌和股薄肌，中层有耻骨肌和内收肌，深
层有股方肌、闭孔外肌、闭孔内肌和孖肌。

　　（1）缝匠肌 sartorius muscle　　长而窄、
呈带状，位于股内侧浅层前部，上部在腹腔内起于髂筋膜和腰小肌腱及髂骨体，止于膝
内侧韧带和胫骨粗隆。犬的缝匠肌分为前、后两部分，前部起于髋结节和腰部筋膜，后
部起于髂骨翼腹侧缘。此肌有屈髋关节和内收后肢的作用。

　　（2）股薄肌 gracilis muscle　　薄而宽，呈四边形，位于缝匠肌之后，起于骨盆联合，

止于膝内侧韧带和胫骨近端内侧部。此肌有内收后肢和伸膝关节的作用。

（3）耻骨肌 pectineal muscle　　呈锥形，位于耻骨前下方，部分被股薄肌覆盖。起于耻骨前缘和耻前腱，止于股骨内侧面中部。此肌有屈髋关节和内收后肢的作用。

（4）内收肌 adductor muscle　　呈三棱形，位于耻骨肌之后。起于耻骨和坐骨腹侧面，止于股骨后面及远端内侧面。犬的内收肌有三块：长收肌小，大收肌和短收肌大。此肌有内收后肢和伸髋关节的作用。

（5）股方肌 quadrate muscle　　小而呈短柱状，位于内收肌上部的内侧。起于坐骨腹侧面，向前向外向下止于股骨后面小转子附近。此肌有伸髋关节和内收后肢的作用。

（6）闭孔外肌 external obturator muscle　　呈锥形，位于髋关节后方、闭孔腹侧。起于耻骨、坐骨腹侧面和闭孔边缘，止于股骨转子窝。此肌有内收和旋外后肢的作用。

（7）闭孔内肌 internal obturator muscle　　见于食肉动物和马。肌腹位于盆腔内，犬的呈扇形，起于耻骨和坐骨支、坐骨弓，其腱越过坐骨小切迹止于转子窝。马有两个头，坐耻骨头呈扇形，起于耻骨和坐骨盆腔面；髂骨头为羽状肌，起于髂骨盆腔面，两头会合后经坐骨小孔出盆腔，止于股骨转子窝。此肌有旋外后肢的作用。

反刍动物和猪的闭孔内肌称闭孔外肌盆内部 intrapelvic part of external obturator muscle，肌腹呈扇形，位于盆腔内，在闭孔周围起于耻骨和坐骨盆腔面，其腱经闭孔出盆腔，与闭孔外肌一起止于股骨转子窝。

（8）孖肌 gemellus　　薄，呈三角形，在股二头肌深面，位于髋关节后方。起于坐骨外侧缘，止于股骨转子窝。此肌有旋外后肢的作用。

（三）小腿和后脚部肌

小腿和后脚部肌多呈纺锤形，肌腹大部位于小腿部。按部位分为背外侧肌群和跖侧肌群，背外侧肌群为跗关节的屈肌和趾关节的伸肌，跖侧肌群为跗关节的伸肌和趾关节的屈肌。牛、马、犬小腿背外侧肌群诸肌差异较大，而小腿跖侧肌群诸肌则基本相似（图 3-14，图 3-18～图 3-20）。

1. 牛小腿背外侧肌群 craniolateral muscles of the crus（图 3-15，图 3-18）

（1）第 3 腓骨肌 third fibular muscle　　发达，呈纺锤形，位于小腿背侧面的浅层，起于股骨伸肌窝，肌腹在小腿远端延续为一扁腱，经跗关节背侧面向下伸延，止于跗骨近端和第 2、3 跖骨。第 3 腓骨肌在跗关节背侧面包有腱鞘，并有伸肌近支持带固定。此肌有屈跗关节的作用。

（2）趾长伸肌 long digital extensor muscle　　位于小腿背外侧面，被第 3 腓骨肌覆盖，与第 3 腓骨肌共同起于股骨伸肌窝，肌腹分内侧肌腹（又称第 3 趾伸肌或趾内侧伸肌）和外侧肌腹，沿跗、跖背侧面向下伸延，内侧肌腹以长腱止于第 3 趾中趾节骨近端和远趾节骨内侧缘；外侧肌腹的腱在跖骨远端分为两支，分别沿第 3、4 趾背侧面下行，止于远趾节骨伸肌突。内、外侧肌腹的长腱在跗关节背侧面包于同一腱鞘中，并有伸肌近、远支持带固定。此肌有伸趾关节和屈跗关节的作用。

（3）胫骨前肌 cranial tibial muscle　　位于趾长伸肌的深面，紧贴胫骨，起于胫骨粗隆和胫骨嵴，其腱在跗部包有腱鞘，并被伸肌近支持带固定，止于大跖骨近端和第 2、3 跖骨。此肌有屈跗关节的作用。

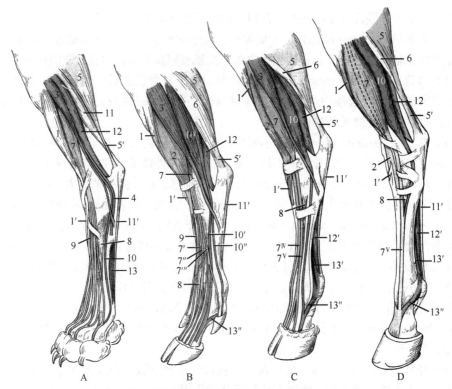

图 3-18　家畜小腿和后脚部背外侧面肌肉比较（引自 Nickel et al.，1986）

A. 犬；B. 猪；C. 牛；D. 马。1. 胫骨前肌；1′. 胫骨前肌腱；2. 第 3 腓骨肌；3. 腓骨长肌；4. 腓骨短肌；5. 腓肠肌；5′. 跟总腱；6. 比目鱼肌；7. 趾长伸肌；7′，7″，7‴. 趾长伸肌内侧、中间和外侧肌腹的腱（猪）；7ⅣV. 至第 3 趾的深肌腹腱；7ⅤV. 至第 3、4 趾的腱；8. 趾短伸肌；9. 拇长伸肌；10. 趾外侧伸肌；10′. 趾外侧伸肌至第 4 趾的腱；10″. 趾外侧伸肌至第 5 趾的腱；11. 趾浅屈肌；11′. 趾浅屈肌腱；12. 趾外侧屈肌；12′. 趾深屈肌腱；13. 骨间肌；13′. 骨间中肌；13″. 骨间肌至伸肌腱的支持支

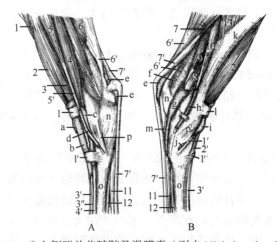

图 3-19　牛左侧跗关节腱鞘及滑膜囊（引自 Nickel et al.，1979）

A. 外侧面；B. 内侧面。1，1′. 胫骨前肌及其腱；2，2′. 第 3 腓骨肌及其腱；3，3′，3″. 趾长伸肌及其腱；4，4′. 趾外侧伸肌及其腱；5，5′. 腓骨长肌及其腱；6. 腓肠肌；6′. 跟总腱；7，7′. 趾浅屈肌及其腱；8. 趾外侧屈肌；9. 胫骨后肌；10. 趾内侧屈肌；11. 趾深屈肌腱；12. 骨间肌；13. 腘肌；a. 第 3 腓骨肌腱下囊；b. 趾长伸肌腱鞘；c. 趾外侧伸肌腱鞘；d. 腓骨长肌腱鞘；e. 趾浅屈肌腱下跟骨囊；f. 腓肠肌下跟骨囊；g. 趾外侧屈肌和胫骨后肌腱鞘；h. 趾内侧屈肌腱鞘；i. 胫骨前肌腱鞘；j. 胫骨前肌腱下囊；k. 胫骨；l，l′. 近、远横韧带；m. 内侧韧带断面；n. 跟骨；o. 大跖骨；p，p′. 外侧和内侧副韧带

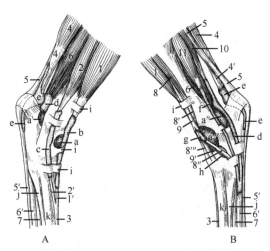

图 3-20　马右侧跗关节腱鞘、滑膜囊等（引自 Nickel et al.，1986）

A. 外侧面；B. 内侧面。1，1′. 趾长伸肌及其腱；2，2′. 趾外侧伸肌；3. 总伸肌腱；4. 腓肠肌；4′. 跟总腱；5. 跖腱；5′. 趾浅屈肌腱；6. 趾外侧屈肌；6′. 趾深屈肌腱；7. 骨间肌；8，8′. 胫骨前肌及其腱；8″. 胫骨前肌腱内侧支；8‴. 胫骨前肌腱前支；9. 第 3 腓骨肌；9′. 第 3 腓骨肌内侧支；10. 胫骨后肌；11. 趾内侧屈肌；a，a′，a″，a‴. 跗关节囊外侧（a）、跖外侧（a′）、跖内侧（a″）和背内侧（a‴）憩室；b. 趾长伸肌腱鞘（1）；c. 趾外侧伸肌腱鞘（2）；d. 趾外侧屈肌腱鞘（6）；e. 跟总腱（4′）与跟骨及指浅屈肌腱（5，5′）之间的腱下囊；f. 趾内侧屈肌腱鞘（11）；g. 胫骨前肌腱过渡处的腱鞘和滑膜囊；h. 胫骨前肌腱内侧支的腱下囊（8″）；i. 伸肌腱横韧带；j. 第 2 跖骨；k. 大跖骨

（4）腓骨长肌 long peroneal muscle　　位于小腿背外侧面，在趾长伸肌和趾外侧伸肌之间。起于胫骨外侧髁和腓骨，其腱向后下方伸延，越过趾外侧伸肌腱表面和跗关节外侧副韧带深面，止于跖骨近端和第 1 跗骨。其腱经过跗关节外侧面时包有腱鞘。此肌有屈跗关节和旋内后脚的作用。

（5）趾外侧伸肌 lateral digital extensor muscle　　又称第 4 趾伸肌，位于小腿外侧面，在腓骨长肌的后方，起于股胫关节外侧副韧带和小腿骨近端外侧，肌腹圆，于小腿下部延续为一长腱，经跗关节外侧下延至跖背侧，继续沿趾长伸肌腱的外侧缘下行，止于第 4趾中趾节骨，有伸展第 4 趾的作用。

2. 马小腿背外侧肌群　　包括趾长伸肌、第 3 腓骨肌、胫骨前肌、趾外侧伸肌（图 3-16，图 3-17）。马无腓骨长肌。

（1）趾长伸肌　　肌腹呈纺锤形，位于小腿背侧部浅层，起于股骨伸肌窝，向下伸延至小腿下 1/3 处转为扁平的长腱，经跗关节和跖骨背侧面，止于远趾节骨的伸肌突。其腱在跗关节背侧包有腱鞘，并被 3 条伸肌支持带固定。此肌有伸趾关节和屈跗关节的作用。

（2）第 3 腓骨肌　　为不含肌纤维的腱索，位于趾长伸肌和胫骨前肌之间。与趾长伸肌同起于股骨伸肌窝，止腱在胫骨远端形成套管，有胫骨前肌腱穿过，然后分为一前支和一外侧支。前支止于第 3 跗骨和第 3 跖骨近端；外侧支止于跟骨和第 4 跗骨。第 3 腓骨肌有将膝关节和跗关节活动联成一个整体的机械作用，即膝关节屈曲时，同时屈曲跗关节。

（3）胫骨前肌　　被趾长伸肌和第 3 腓骨肌覆盖，紧贴于胫骨的背外侧面。起于小腿骨近端的背外侧面，向下伸延至胫骨远端转为圆形肌腱，通过第 3 腓骨肌形成的套管至跗关节的背侧面，分为一前支和一内侧支，分别止于第 3 跖骨近端和第 1、2 跗骨。其腱在穿过第 3 腓骨肌腱套管处包有腱鞘。在内侧支与跗关节内侧副韧带之间有一滑膜囊。

此肌有屈跗关节的作用。

（4）趾外侧伸肌　　肌腹呈扁平纺锤形，位于小腿外侧部，在趾长伸肌的后方。起于股胫关节外侧副韧带和胫、腓骨的外侧缘，其腱经胫骨外侧踝上的浅沟和跗外侧时包有腱鞘，并被伸肌支持带固定，至跖骨上 1/3 处合并于趾长伸肌腱。此肌有伸趾关节和屈跗关节的作用。

3. 犬小腿背外侧肌群　　包括胫骨前肌、趾长伸肌、腓骨长肌、趾外侧伸肌等。犬无第 3 腓骨肌。

（1）胫骨前肌　　位于小腿背侧面皮下，起于胫骨的伸肌沟和邻近的关节缘、胫骨的前缘；止于第 1、2 跖骨近端跖侧面（图 3-14，图 3-18）。

（2）趾长伸肌　　被胫骨前肌和腓骨长肌覆盖，呈纺锤形，起于股骨的伸肌窝，腱分为 4 支，止于第 2～5 趾远趾节骨的伸肌突。

（3）腓骨长肌　　起于胫骨上端和腓骨，到小腿部变为腱，转向内侧，止于第 4 跗骨和跖骨近端跖侧面。

（4）趾外侧伸肌　　位于腓骨长肌与趾外侧屈肌之间，起于腓骨近侧 1/3 处，止于第 5 趾。

4. 猪小腿背外侧肌群（图 3-7，图 3-18）　　与牛的相似。第 3 腓骨肌很发达，位于趾长伸肌的表面。趾长伸肌被第 3 腓骨肌覆盖，其腱在跗部分为 3 支，内侧腱止于第 3 趾的中趾节骨和远趾节骨；中间腱在跖骨远端又分为两支，分别止于第 3 趾和第 4 趾远趾节骨；外侧腱止于第 4 趾远趾节骨。胫骨前肌、腓骨长肌与牛的相似。趾外侧伸肌分前、后两部分。前部较大，前称第 4 趾伸肌，其腱止于第 4 趾；后部小，前称第 5 趾伸肌，其腱止于第 5 趾。

5. 小腿跖侧肌群 caudal muscle of the crus（图 3-18）　　包括腓肠肌、比目鱼肌、腘肌、趾浅屈肌、趾深屈肌等。腓肠肌内、外侧头和比目鱼肌合称小腿三头肌。犬无比目鱼肌。

（1）腓肠肌 gastrocnemius muscle　　很发达，在小腿后面，大部分位于股二头肌和半腱肌、半膜肌之间，以内、外侧头起于股骨内、外侧髁上嵴，两纺锤形肌腹在小腿中部合并转为一强腱，止于跟结节。腓肠肌腱开始在趾浅屈肌腱后，经扭转而至其前面，与趾浅屈肌腱之间有一滑膜囊。

腓肠肌腱以及附着于跟结节的趾浅屈肌腱、股二头肌腱和半腱肌腱合成一粗而坚硬的腱索，称为跟总腱 common calcaneal tendon。腓肠肌有伸跗关节的作用。

（2）比目鱼肌 soleus muscle　　为一小而薄的带状肌，位于小腿外侧上半部，在腓肠肌外侧头的前方。起于腓骨头，止于腓肠肌腱。猪的比目鱼肌宽而厚，比牛、马的发达。此肌有辅助腓肠肌伸跗关节的作用。

（3）腘肌 popliteal muscle　　呈三角形，位置深，位于膝关节的后面，以一圆腱起于股骨远端的腘肌窝，向内侧和下方扩展而止于胫骨后面上部。此肌为膝关节的屈肌。

（4）趾浅屈肌 superficial digital flexor muscle　　肌腹不发达，富含腱质。起于股骨髁上窝，经腓肠肌内、外侧头之间向下伸延，至小腿下 1/3 处，其腱经腓肠肌腱内侧扭转至腓肠肌腱后方，部分纤维呈帽状止于跟结节，大部分越过跟结节（其腱下有滑膜囊），经跗部和跖部跖侧面下行至趾部，分为两支，分别止于第 3 趾和第 4 趾中趾节骨的跖侧面。

马的趾浅屈肌几乎完全变成一强腱，止于近趾节骨远端和中趾节骨近端的两侧。猪的趾浅屈肌腱分为两支，分别止于第 3 趾和第 4 趾，并有分支到第 2 趾和第 5 趾。犬的趾浅屈肌腱分为 4 支，止于第 2～5 趾。

趾浅屈肌的主要作用是屈趾关节，也有屈膝关节和伸跗关节的作用。当家畜站立时，与悬韧带及趾深屈肌腱一起，有防止跖趾关节向背侧过度屈曲的作用。

（5）趾深屈肌 deep digital flexor muscle　发达，位于胫骨后面，起于胫骨后面和外侧缘，分 3 个头，外侧浅头为胫骨后肌 caudal tibial muscle；外侧深头为趾外侧屈肌 lateral digital flexor，最大，浅头与深头的肌腱合成主腱，经跗管向下延伸；内侧头为趾内侧屈肌 medial digital flexor，最小，其细腱约在跖骨跖侧上 1/4 处并入主腱。主腱在骨间肌与趾浅屈肌腱之间向下延伸至趾部，在趾部的分支分布情况与前肢的指深屈肌相似。作用为屈趾关节和伸跗关节。

犬的指深屈肌因胫骨后肌单独分出，只有两个头，外头大，内头较小，均起于胫骨外侧髁和腓骨跖侧面，在跖部两腱合并，然后再分为 4 支，止于第 2～5 趾。胫骨后肌呈梭形，位于胫骨后面腘肌和趾外侧屈肌之间，被趾内侧屈肌覆盖，起于腓骨近端，其细腱在趾内侧屈肌腱前方走向远侧，止于跗关节内侧韧带。

第五节　躯干筋膜和肌

一、躯 干 筋 膜

1. **浅筋膜**　内含颈皮肌和躯干皮肌。
2. **深筋膜**　因所在部位不同，可分为颈深筋膜、胸腰筋膜、腹黄膜和尾筋膜等。

（1）颈深筋膜　位于颈部，分浅、深两层：浅层在肌之间形成肌间隔，并成为一些肌的起点；深层包裹着气管、食管和喉返神经，并形成颈动脉鞘，包在颈总动脉和迷走交感干的外周。

（2）胸腰筋膜　位于胸腰部，在鬐甲部特别增厚，称为肩胛背韧带（又称棘横韧带），是颈部肌的起点。从肩胛背韧带分出 3 层：浅层供背侧锯肌附着；中层伸入胸腰最长肌与胸腰髂肋肌之间；深层伸入胸腰最长肌和夹肌之间。由于这种分层结构，创伤化脓时，往往扩散到肌之间，难以处理。

（3）腹黄膜 yellow abdominal tunic　位于腹部，内含大量弹性纤维，呈黄色。此肌有协助腹肌支持内脏的作用。

（4）尾筋膜　位于尾部，形成一厚实的肌套，包围在尾肌周围。

二、躯 干 肌

躯干肌包括脊柱肌、颈腹侧肌、胸廓肌、腹壁肌和尾肌（图 3-21～图 3-24）。

（一）脊柱肌

脊柱肌包括脊柱背侧肌和脊柱腹侧肌。

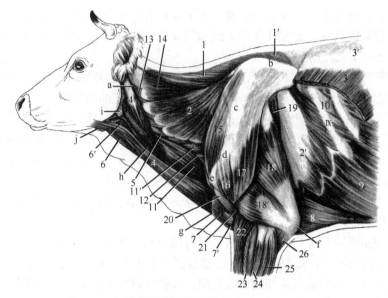

图 3-21　牛肩带部深层肌（引自 Nickel et al.，1986）

a. 寰椎翼；b. 肩胛骨；c. 肩胛冈；d. 肩峰；e. 肱骨大结节；f. 尺骨鹰嘴；g. 胸骨柄；h. 颈外静脉；i. 腮腺；j. 下颌腺；IX. 第9肋；1. 颈菱形肌；1'. 胸菱形肌；2. 颈腹侧锯肌；2'. 胸腹侧锯肌；3. 背阔肌（大部分已除去）；3'. 背腰筋膜；4. 胸下颌肌；4'. 胸乳突肌；5. 臂头肌一部分（大部分已除去）；6. 胸骨舌骨肌；6'. 肩胛舌骨肌；7. 胸降肌；7'. 胸横肌；8. 胸升肌；9. 腹外斜肌；10. 肋间外肌；11. 腹侧斜角肌；11'. 背侧斜角肌；12. 头最长肌；13. 头后斜肌；14. 夹肌；15. 冈上肌；16. 三角肌肩峰部；17. 三角肌肩胛部；18. 臂三头肌长头；18'. 臂三头肌外侧头；19. 前臂筋膜张肌；20. 臂二头肌；21. 臂肌；22. 腕桡侧伸肌；23. 指总伸肌；24. 指外侧伸肌；25. 腕尺侧伸肌；26. 指深屈肌尺骨头

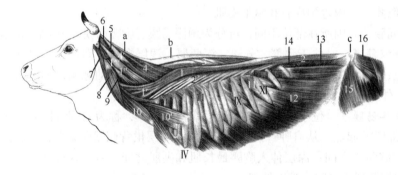

图 3-22　牛躯干中层肌（引自 Nickel et al.，1986）

1. 胸腰最长肌；1'. 颈最长肌；1''. 寰最长肌；1'''. 头最长肌；2. 胸腰髂肋肌；2'. 胸髂肋肌；3. 胸颈棘肌半棘肌；4, 4'. 头半棘肌（4. 颈二腹肌；4'. 复肌）；5. 头后斜肌；6. 头前斜肌；7. 头长肌；8. 横突间长肌；9. 颈横突间背侧肌；10. 腹侧斜角肌；10'. 背侧斜角肌；11. 肋间外肌；12. 腹外斜肌；13. 腹内斜肌；14. 肋退肌；15. 阔筋膜张肌；16. 臀中肌；a. 项韧带索状部；b. 项韧带板状部；c. 髋结节；IV，IX，XI. 第4、9、11肋骨

1. 脊柱背侧肌　　位于脊柱的背外侧，包括夹肌、胸腰最长肌、颈最长肌、头寰最长肌、髂肋肌、胸颈棘肌半棘肌、头半棘肌、多裂肌、头前斜肌、头后斜肌、头背侧大直肌、头背侧小直肌、横突间肌等。

（1）夹肌 splenius muscle　　宽而薄，呈三角形，为颈侧部浅层肌，部分被颈斜方肌、颈菱形肌和颈腹侧锯肌所覆盖，起于肩胛背韧带和项韧带索状部，向前向下呈扇形伸展，止于枕骨、颞骨和第1~2（牛）或第3~5（马）颈椎的横突。猪的夹肌厚而大。

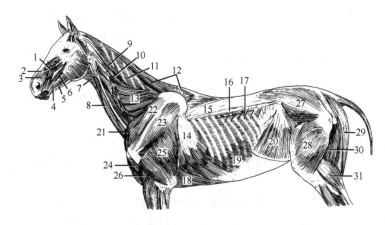

图 3-23　马躯干中层肌

1. 鼻唇提肌；2. 上唇提肌；3. 犬齿肌（鼻孔外侧开大肌）；4. 颊肌；5. 下唇降肌；6. 颧肌；7. 肩胛舌骨肌；8. 胸头肌；9. 头最长肌；10. 寰最长肌；11. 头半棘肌；12. 菱形肌；13. 颈腹侧锯肌；14. 胸腹侧锯肌；15. 胸腰最长肌；16. 髂肋肌；17. 后背侧锯肌；18. 胸升肌；19. 腹外斜肌；20. 腹内斜肌；21. 锁骨下肌；22. 冈上肌；23. 冈下肌；24. 臂二头肌；25. 臂三头肌；26. 臂肌；27. 臀中肌；28. 股四头肌；29. 半腱肌；30. 半膜肌；31. 腓肠肌。

夹肌有伸和偏头颈的作用。

（2）胸腰最长肌 longissimus thoracis et lumborum muscle　　长而强大，富含腱质，呈三棱形，位于胸、腰椎棘突与肋骨上端和腰椎横突构成的沟内，自髂骨伸向颈部，起于髂骨嵴、荐椎和腰椎棘突以及后 4～5 个胸椎棘突，止于所有腰椎和胸椎横突、肋骨上端以及第 7 颈椎横突（图 3-22）。其作用是伸展、侧偏胸腰脊柱，跳跃时提举躯干前部或后部。

（3）颈最长肌 longissimus muscle of the neck　　呈三角形，位于后 4 个颈椎和前几个胸椎的背侧，被颈腹侧锯肌覆盖，起于前 7 个胸椎的横突，止于后 4 个颈椎的横突。此肌有伸颈的作用。

（4）头寰最长肌 longissimus muscle of the head and atlas　　位于颈前部的腹外侧，被夹肌所覆盖，为两条平行的纺锤形薄肌，起于第 1 胸椎横突和后 5 个颈椎关节突，背侧的较宽，称头最长肌 longissimus muscle of the head，止于颞骨；腹侧的较窄，称寰最长肌 longissimus muscle of the atlas，止于寰椎翼。猪的头寰最长肌小。此肌的作用同夹肌。

（5）髂肋肌 iliocostal muscle　　又称肋最长肌，长而狭，由许多短肌束组成，上缘与胸腰最长肌的外侧缘接触，两肌之间形成髂肋肌沟，内有血管、神经及针灸穴位。起于前 3 个腰椎横突和后 10 个或 15 个（马）肋骨的前缘，止于所有肋骨的后缘和第 7 颈椎横突。此肌有伸展、侧偏脊柱和牵引肋骨辅助呼吸的作用。

颈髂肋肌 cervical iliocostal muscle：水牛有，可视为胸腰髂肋肌向颈部的延续，由 3～4 个肌束组成，起于第 1 肋骨，止于后 3～4 颈椎横突。此肌有伸、偏头颈的作用。

（6）胸颈棘肌半棘肌 thoracic and cervical spinal and semispinal muscle　　牛和犬的胸、颈棘肌和胸、颈半棘肌联合成一块，称胸颈棘肌半棘肌，位于胸腰最长肌胸部的背内侧，可视为该肌的背侧部，在后部两肌融合，约在第 1 腰椎处开始与胸腰最长肌分开，向前伸延，以肌齿止于前 8 个胸椎棘突和后 6 个颈椎棘突。其作用为伸脊柱。

（7）头半棘肌 semispinal muscle of head　　呈三角形，富含腱质，位于夹肌和项韧带板状部之间，分为背内侧的颈二腹肌 biventer muscle of the neck 和腹外侧的复肌 complexus muscle 两部分。起于前 8～9 或 6～7 个（马）胸椎横突和后 4～6 颈椎关节突，水牛还起自寰椎翼，止于枕骨项面。犬颈二腹肌有 4 条腱划。猪的头半棘肌发达。此肌有伸、偏头颈的作用。

（8）多裂肌 multifidous muscle　　由一系列的短肌束组成，分颈多裂肌和胸腰多裂肌。

1）颈多裂肌：被头半棘肌覆盖，位于后 6 个颈椎椎弓背侧，由 5～6 个短肌束组成。起于第 1 胸椎横突和后 4～5 个颈椎关节突，止于后 6 个颈椎的棘突和关节突。此肌有伸、偏头颈的作用。

2）胸腰多裂肌：位于胸腰椎棘突两侧，被胸腰最长肌所覆盖，自荐部伸达颈后端。各肌束由后向前顺次起于荐骨侧部、腰椎关节突、胸椎横突，向前向上顺次越过 3～4 个椎骨而止于前 2 个荐椎、所有腰椎和胸椎以及第 7 颈椎的棘突。此肌有伸、偏脊柱的作用。

（9）头前斜肌 cranial oblique muscle of the head　　短而厚，呈四边形，位于寰枕关节两侧。起于寰椎翼，止于枕骨髁旁突、项（枕）嵴和颞骨乳突。此肌有伸、偏头的作用。

（10）头后斜肌 caudal oblique muscle of the head　　宽而厚，呈四边形，位于寰椎和枢椎的背侧，起于枢椎棘突和关节突，止于寰椎翼。此肌有转动寰椎和头的作用。

（11）头背侧大直肌 major dorsal straight muscle of the head　　被头前斜肌和头半棘肌所覆盖，位于寰枕关节背侧，与项韧带紧贴。起于枢椎棘突，止于枕骨。此肌有伸头的作用。

（12）头背侧小直肌 minor dorsal straight muscle of the head　　为头背侧大直肌覆盖下的一条小肌。起于寰椎背侧弓，止于枕骨。此肌有协助头背侧大直肌的作用。

（13）横突间肌 intertransverse muscle　　位于颈椎、胸椎、腰椎和尾椎横突（乳突、关节突）与横突之间，包括颈横突间肌、胸横突间肌、腰横突间肌和尾横突间肌。

1）颈横突间肌 cervical intertransverse muscle：位于颈椎横突与横突或横突与关节突之间。

2）腰横突间肌 lumbar intertransverse muscle：薄而富含腱质，连于相邻腰椎横突之间。

2. 脊柱腹侧肌　　仅分布于活动性较大的颈部和腰部，直接位于脊柱的腹侧面，包括斜角肌、颈长肌、头长肌、头腹侧直肌、头外侧直肌、腰小肌、腰大肌、腰方肌等。

（1）斜角肌 scalene muscle　　位于颈后部的腹外侧，被锁骨下肌和臂头肌覆盖，分 3 部分，背侧斜角肌 dorsal scalene muscle 扁平，呈三角形，起于第 4～6 颈椎横突，止于第 2～4 肋骨；中斜角肌 middle scalene muscle 位于臂神经丛背侧，起于第 4～7 颈椎横突，止于第 1 肋骨；腹侧斜角肌 ventral scalene muscle 位于臂神经丛腹侧，起于第 3～6 颈椎横突，止于第 1 肋骨。马的斜角肌为中斜角肌，起于第 4、5 颈椎横突，止于第 1 肋骨。猪也有背侧、中和腹侧斜角肌，中斜角肌小，腹侧斜角肌发达。犬的背侧斜角肌向后可达第 8～9 肋。此肌有屈、偏颈和牵引肋骨向前辅助吸气的作用。

（2）颈长肌 long muscle of the neck　　位于颈椎和前 5～6 个胸椎椎体的腹侧面。猪颈长肌发达。此肌有屈颈的作用。

（3）头长肌 long muscle of head　　位于前数个颈椎的腹侧，起于第 2～6 颈椎横突，止于枕骨肌结节。此肌有屈头的作用。

（4）头腹侧直肌 ventral straight muscle of head 位于寰枕关节的腹外侧，被头长肌覆盖。起于寰椎腹侧弓，止于枕骨肌结节。此肌有屈头的作用。

（5）头外侧直肌 lateral straight muscle of head 位于寰枕关节的外侧，被头前斜肌所覆盖。起于寰椎腹侧弓，止于枕骨髁旁突。此肌有屈头的作用。

（6）腰小肌 minor psoas muscle 为半羽状肌，位于腰椎腹侧面，起于最后胸椎或后 3 个胸椎（马）椎体及腰椎椎体，止于髂骨腰小肌结节。此肌有屈腰的作用。

（7）腰大肌 major psoas muscle 位于腰椎横突腹侧面，在腰小肌外侧。起于后 2～3 个肋骨椎骨端和腰椎椎体及横突的腹侧面，末端进入髂肌沟中，与髂肌共同止于股骨小转子。此肌有屈腰和髋关节的作用。

（8）腰方肌 lumbar quadrate muscle 位于腰椎横突腹侧，被腰大肌所覆盖。起于最后 2～3 个肋骨和各腰椎横突的腹侧面，止于所有腰椎横突的前缘和荐骨翼盆腔面。腰大肌、腰小肌和腰方肌常合称为腰下肌群。

（二）颈腹侧肌

颈腹侧肌位于颈腹侧，包括胸头肌、胸骨甲状舌骨肌、肩胛舌骨肌（图 3-23）。

1. 胸头肌 sternocephalic muscle 长而窄，呈带状，位于颈腹外侧，形成颈静脉沟的下沿，左右二肌在颈后部沿中线互相紧贴，至颈中部离开中线向前向上伸延，分为浅、深两部分，浅部为胸下颌肌 sternomandibular muscle，起于胸骨柄和第 1 肋骨，以腱膜止于下颌骨腹侧缘和咬肌的前缘；深部为胸乳突肌 sternomastoid muscle，肌腹较宽，起于胸骨柄，沿气管腹侧面前行，经颈外静脉和腮腺深面止于颞骨乳突。马仅有胸下颌肌，以扁腱在腮腺深面止于下颌骨后缘。猪仅有胸乳突肌。犬胸头肌分背、腹两部分，腹侧部为胸乳突肌，背侧部为胸枕肌 sternooccipital muscle，宽而薄，附着于背侧项线。此肌有屈头颈的作用。

2. 胸骨甲状舌骨肌 sternothyrohyoid muscle 细而长，位于气管腹侧。起于胸骨柄，沿颈中线向前伸延，至颈中部分为内、外侧两部分，外侧部沿气管向前，止于喉的甲状软骨，称为胸骨甲状肌 sternothyroid muscle；内侧部沿肩胛舌骨肌向前伸延止于舌骨体，称为胸骨舌骨肌 sternohyoid muscle。犬的胸骨甲状肌位于胸骨舌骨肌深面。此肌有屈颈和牵引喉、舌向后的作用。

3. 肩胛舌骨肌 omohyoid muscle 在牛也称横突舌骨肌，为三角形薄肌，起于第 3～5 颈椎横突，肌腹位于臂头肌和胸乳突肌的深面，止于舌骨体。马的为长而扁的带状肌，后半部紧贴于臂头肌的深面，前半部穿过颈静脉和颈总动脉之间，形成颈静脉沟底。起于肩胛下筋膜，止于舌骨体。犬无肩胛舌骨肌。此肌的作用同胸骨甲状舌骨肌。

（三）胸廓肌

胸廓肌分布于胸侧壁，膈还构成胸腔后壁，胸廓肌收缩可改变胸腔的横径和前后径，参与呼吸运动，所以通常称为呼吸肌，可分为吸气肌和呼气肌。

1. 吸气肌 除膈外，都分布于胸侧壁，肌纤维由前上方走向后下方。吸气时，肋骨前移，使胸腔横径变大，引起吸气。吸气肌包括前背侧锯肌、肋提肌、肋间外肌、胸廓直肌和膈。

（1）前背侧锯肌 cranial dorsal serrate muscle　　薄，呈四边形，下缘呈锯齿状，位于胸腔外侧壁的前上部，被菱形肌、背阔肌和胸腹侧锯肌所覆盖。起于胸腰筋膜，向后向下止于第6～9肋骨近端的外侧面或第5～11肋骨近端的外侧面（马）。

（2）肋提肌 costal levator muscle　　短而小，位于每个肋间隙的上部，与肋间外肌相连续，起于胸椎横突，向后向下止于后一个肋骨的前缘。

（3）肋间外肌 external intercostal muscle　　位于肋间隙浅层，向下至肋骨肋软骨结合处，不达肋软骨间隙。起于前一个肋骨的后缘，向后向下止于后一个肋骨的前缘。

（4）胸廓直肌 straight thoracic muscle　　薄，呈带状，位于胸腔外侧壁的前下部。起于第1肋骨，向后向下止于第2～4肋软骨的外侧面。

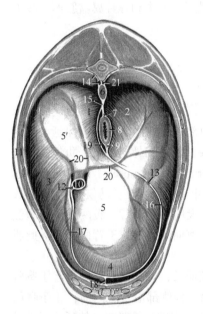

图 3-24　犬膈（前面）（引自
Popesko，1985）

1～5. 膈；1. 右膈脚；2. 左膈脚；3. 肋部；4. 胸骨部；5，5′. 中心腱；6. 主动脉；7. 迷走神经背侧干；8. 食管；9. 迷走神经腹侧干；10. 后腔静脉；11. 胸壁；12. 右膈神经；13. 左膈神经；14. 右奇静脉、交感干；15，16. 心后纵隔（15. 背侧部；16. 腹侧部）；17. 腔静脉襞；18. 胸骨心包韧带；19. 纵隔浆膜腔（心后囊）；20. 膈前静脉；21. 胸导管

（5）膈 diaphragm（图 3-24）　　为宽大的马蹄形肌，位于胸、腹腔之间。膈的前面凸，被覆胸膜，后面凹，被覆腹膜，外周为肌质部，中央为腱质部。腱质部由强韧发亮的腱膜组成，凸向胸腔，称中心腱 central tendon，向前可达第6～7肋骨的胸骨端。肌质部按其附着部位又分为腰部、肋部和胸骨部。腰部 lumbar part 包括右膈脚和左膈脚。右膈脚大而长，附着于前4个腰椎椎体；左膈脚小而短，附着于前2个腰椎椎体。肋部 costal part 附着于第8肋肋软骨结合及其以后所有弓肋的内侧面，附着线呈弧形斜向后上方至最后肋骨，牛距第13肋骨椎骨端10～15cm，马至第18肋骨中部。胸骨部 sternal part 附着于剑突软骨的背侧面。

膈上有3个裂孔：①主动脉裂孔 aortic hiatus，位于左、右膈脚之间，主动脉经此孔进入腹腔，胸导管和奇静脉也经此孔进入胸腔。②食管裂孔 oesophageal hiatus，位于右膈脚中，接近中心腱，在主动脉裂孔的右下方，食管和迷走神经经此孔进入腹腔。③腔静脉孔 vena caval foramen，位于中心腱略偏中线右侧，后腔静脉经此孔进入胸腔。

膈是主要的吸气肌，收缩时胸腔纵径扩大。膈脚是猪囊尾蚴等寄生的部位，是屠宰检疫检查的部位。

2. 呼气肌　　肌纤维大多由后上方走向前下方，收缩时牵引肋骨向后，使胸腔缩小，引起呼气。呼气肌包括后背侧锯肌、肋间内肌、肋退肌和胸廓横肌。

（1）后背侧锯肌 caudal dorsal serrate muscle　　位于前背侧锯肌之后，在胸腔外侧壁的后上部。起于胸腰筋膜，纤维向前向下止于后3个或7～8个（马）肋骨的后缘。

（2）肋间内肌 internal intercostal muscle　　在肋间外肌的深面，位于整个肋间隙。起于肋骨和肋软骨的前缘，向前向下止于前一个肋骨和肋软骨的后缘。

（3）胸廓横肌 thoracic transverse muscle　位于胸骨和真肋肋软骨的胸腔面。起于胸骨韧带，向两侧止于第 2～8 肋软骨。

（四）腹壁肌

腹壁肌构成腹腔的侧壁和底壁，为板状肌，分 4 层排列，肌纤维彼此交错，以承受腹腔脏器巨大的重量。两侧腹壁肌的腱膜沿腹底壁正中线结合，形成腹白线 linea alba，自剑突软骨伸至耻前腱。腹壁肌收缩时，可使腹内压增高，有协助呼吸、呕吐、反刍、排尿、排粪以及母畜分娩等作用。腹壁肌从外向内依次为腹外斜肌、腹内斜肌、腹直肌和腹横肌。腹直肌仅位于腹底壁，在腹白线两侧（图 3-25）。

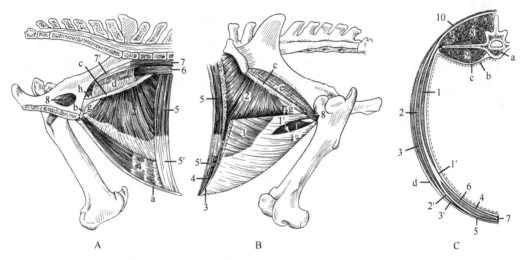

图 3-25　马腹壁肌模式图（引自 Nickel et al., 1986）

A, B. 内侧面和外侧面：1. 腹外斜肌；1′, 1″. 腹外斜肌盆腱和腹腱；2. 腹内斜肌；3. 腹直肌鞘的外层，由腹外斜肌和腹内斜肌腱膜组成；4. 腹直肌；5. 腹横肌；5′. 腹横肌腱膜，构成腹直肌鞘内层；6. 腰大肌；7, 7′. 腰小肌及其腱；8. 髂腰肌；a. 腹白线；b. 耻前腱；c. 腹股沟弓；d. 髂筋膜；e. 髂板；f. 腹股沟管浅环；g. 腹股沟管深环，箭头示腹股沟管；h. 血管间隙。C. 横断面：1, 1′. 腹横肌及其腱膜；2, 2′. 腹内斜肌及其腱膜；3, 3′. 腹外斜肌及其腱膜；4. 腹直肌鞘内层；5. 腹直肌鞘外层；6. 腹直肌；7. 腹白线；8. 腰最长肌；9. 腰下肌；10. 胸腰筋膜；a. 腰椎切面；b. 腹膜；c. 腹横筋膜；d. 躯干深筋膜

（1）腹外斜肌 external oblique abdominal muscle　为腹壁肌最外层，起于第 5 至最后肋骨的外侧面、肋间外肌表面的筋膜和胸腰筋膜。肌纤维斜向后下方，在肋弓后下方延续为宽阔的腱膜，止于腹白线、髋结节和耻骨前缘。腱膜的外面与腹黄膜结合，不易分离；内面与腹内斜肌腱膜结合形成腹直肌鞘外层。腱膜的后缘从髋结节至髂耻隆起的部分增厚，称腹股沟弓 inguinal arch 或腹股沟韧带 inguinal ligament。在其前方的腱膜上（耻前腱外侧）有一长约 10cm 的裂隙，称腹股沟管浅环 superficial inguinal ring，为腹股沟管的外口。

（2）腹内斜肌 internal oblique abdominal muscle　在腹外斜肌深面，肌腹呈扇形，位于腹胁部，起于髋结节，牛还借胸腰筋膜起于腰椎横突，肌纤维斜向前下方，小部分止于最后肋骨或后 4～5 个肋软骨的内侧面（马），大部分以腱膜止于腹白线和耻前腱。腹内斜肌腱膜下部分为两层，外层与腹外斜肌腱膜结合形成腹直肌鞘的外层，内层与腹横肌腱膜结合构成腹直肌鞘的内层。雄性动物的腹内斜肌在后部分出窄的提睾肌。

（3）腹直肌 straight abdominal muscle　　为腹壁第 3 层肌，位于腹腔底壁，在白线两侧，肌纤维纵行，起于第 4 以后真肋肋软骨和胸骨的腹外侧面，在腹直肌鞘内向后伸延，以强大的耻前腱止于耻骨前缘。腹直肌肌腹富含腱质，形成 3～6 条或 9～11 条（马）横行的腱划以增加其坚固性。在剑突软骨外侧、第 2 或第 3 腱划处，有供腹皮下静脉通过的孔，称乳井。猪的腹直肌发达，表面有 7～9 条腱划。马的腹直肌腱还分出副韧带。

（4）腹横肌 transverse abdominal muscle　　为腹壁肌最内层，宽而薄，肌纤维横行，起于腰椎横突和肋弓内侧面，以腱膜止于腹白线。腹横肌的内侧覆有一层腹横筋膜，该筋膜与髂筋膜相连续，且经腹股沟管伸入阴囊内，构成精索内筋膜。腹横筋膜内侧为腹膜。

（5）腹股沟管 inguinal canal　　为位于腹底壁后部、耻骨前缘两侧的一对缝隙状的管道，管内有血管、神经和公畜的精索、鞘膜管和提睾肌通过（图 3-25）。管的后外侧壁为腹外斜肌腱膜和腹股沟韧带，前内侧壁为腹内斜肌；管的外口（腹股沟管浅环）为腹外斜肌腱膜上的裂隙，内口（腹股沟管深环）由腹内斜肌后缘和腹股沟韧带围成。腹横筋膜和腹膜由深环经腹股沟管进入阴囊，构成阴囊总鞘膜，当深环扩大时，小肠可进入管内，形成疝，需经手术治疗。

第六节　头部筋膜和肌

一、头 部 筋 膜

浅筋膜位于皮下，内有面皮肌，在牛还有额肌。深筋膜以颞筋膜、颊筋膜和咽筋膜最为发达。颞筋膜覆盖于颞肌表面；颊筋膜覆盖于颊肌和下颌骨；咽筋膜覆盖于咽侧壁。

二、头 部 肌

头部肌包括面肌、咀嚼肌、眼球肌和舌、咽、喉肌。面肌又分唇颊肌、眼睑肌和外耳肌。舌、咽、喉肌将于消化和呼吸系统中叙述；眼球肌和外耳肌将于感觉器官中进行叙述。

1. 唇颊肌（图 3-5～图 3-7，图 3-26）

（1）颧肌 zygomatic muscle　　为薄的带状肌，位于颊部皮下，起于颧弓和面嵴，止于口角。此肌有牵引口角向后的作用。

（2）鼻唇提肌 nasolabial levator muscle　　为薄板状肌，起于额骨和鼻骨，向前向下分深、浅两层，分别止于鼻翼和上唇。猪的鼻唇提肌不分深、浅两层。此肌有提举上唇和开张鼻孔的作用。

（3）上唇提肌 levator muscle of upper lip　　牛的上唇提肌起于面结节，经鼻唇提肌浅、深两层之间向前伸延，以数支细腱止于鼻唇镜。马的上唇提肌发达，其后部被鼻唇提肌覆盖。起于颧骨、泪骨和上颌骨交界处，向前向下，其肌腱在两鼻孔之间与对侧的

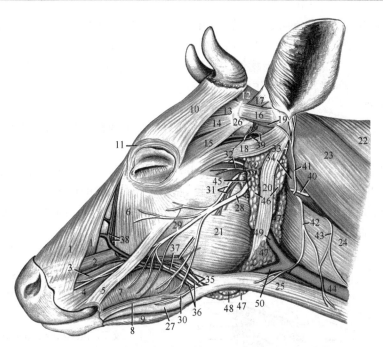

图 3-26 牛头部肌和血管、神经（引自 Popesko，1985）

1. 鼻唇提肌；2. 上唇提肌；3. 犬齿肌；4. 上唇降肌；5. 颧肌；6. 颧骨肌；7. 颊肌颊部；8. 下唇降肌；9. 下颌舌骨肌；10. 额肌；11. 眼轮匝肌；12. 颈盾肌；13. 盾间肌；14. 额盾肌额部；15. 额盾肌颞部；16. 盾耳浅背肌；17. 盾耳浅副肌；18. 颞耳肌；19. 盾耳浅中肌；20. 腮耳肌；21. 咬肌；22. 斜方肌；23. 锁枕肌；24. 锁乳突肌；25. 胸下颌肌；26. 盾状软骨；27. 下颌骨；28，29. 面神经颊背侧支；30. 面神经颊腹侧支；31. 面横动脉、耳颞神经；32. 耳睑神经；33. 耳后神经；34. 寰椎翼；35. 腮腺管和神经；36. 面动脉和静脉；37. 颊背侧支与颊腹侧支交通支；38. 面静脉（眼角静脉），与颌动脉吻合支；39. 颞浅动脉和静脉；40. 副神经背侧支；41. 耳大神经；42. 颈横神经；43. 第 3 颈神经；44. 颈外静脉；45. 腮腺淋巴结；46. 腮腺；47. 下颌腺；48. 下颌淋巴结；49. 上颌静脉；50. 舌面静脉

上唇提肌腱相结合后，止于上唇。此肌有提举上唇的作用。

猪的上唇提肌常称吻突提肌，起于眶前窝，止于吻骨上缘。此肌有提吻骨的作用。

（4）犬齿肌 canine muscle　也称鼻孔外侧开大肌，位于上唇提肌腹侧，起于面结节，止于外侧鼻翼。其作用为开张鼻孔。马的犬齿肌薄，从面嵴前端伸至鼻孔外侧壁。

（5）上唇降肌 depressor muscle of upper lip　位于犬齿肌的下缘，起于面结节，经鼻唇提肌浅、深两层之间向前行，前部分为两支，并以许多细腱止于上唇。此肌有下降上唇的作用。

猪的上唇降肌又称吻突降肌，起于面嵴，止于吻突。此肌有下降吻突的作用。马、犬无此肌。

（6）口轮匝肌 orbicular muscle of mouth　为环绕口裂的括约肌，位于唇的皮肤和黏膜之间，构成上、下唇的基础。牛的口轮匝肌不如马的发达，且不形成完整的环，缺口位于上唇中央。此肌有缩小和关闭口裂的作用。

（7）下唇降肌 depressor muscle of lower lip　细而长，位于下颌体的外侧面、颊肌的下缘，起于下臼齿齿槽缘和上颌结节，向前伸延止于下唇。此肌有下降下唇的作用。犬无此肌。

（8）颊肌 buccinator muscle　　位于颊部，构成口腔侧壁的基础，分浅、深两层：浅层肌（颊部）纤维呈垂直方向（牛）或羽状排列（马）；深层肌（臼齿部）纤维纵行，起于上颌结节和上、下颌骨臼齿齿槽缘，止于口角，与口轮匝肌融合。此肌有吸吮和将食物挤至上、下臼齿间进行咀嚼的作用。

2. 眼睑肌

（1）眼轮匝肌 orbicular muscle of eye　　为环绕睑裂的括约肌，位于眼睑皮肤和睑结膜之间。此肌有缩小和关闭睑裂的作用。

（2）上睑提肌 levator muscle of upper eyelid　　薄而扁，位于眼眶内，起于筛孔附近，向前经泪腺和眼球上直肌之间，止于上眼睑。此肌有提上眼睑的作用。

（3）颧骨肌 malar muscle　　位于眼眶前下方，牛的宽而薄，前部可以提颊，后部可降下眼睑；马的小，仅降下眼睑。

3. 咀嚼肌（图 3-26，图 3-27）　　为参与咀嚼活动的肌群。发达，起于颅骨，止于下颌骨，有牵引下颌骨开口、闭口和进行咀嚼的作用。

（1）咬肌 masseter muscle　　位于下颌支的外侧面（咬肌窝），马比牛发达，表面有发亮的腱膜，内含许多腱质，起于面结节或面嵴和颧弓，止于下颌支的外侧面。两侧咬肌同时收缩时，可上提下颌（闭口）；交替收缩时，可使下颌左右运动，以咀嚼食物。

（2）颞肌 temporal muscle　　位于颞窝内，起于颞窝及其周缘，止于下颌骨冠状突。其作用同咬肌。

（3）翼内侧肌 medial pterygoid muscle　　位于下颌支的内侧面（翼肌窝），与咬肌相对，起于翼骨、蝶骨翼突和腭骨，止于下颌支内侧面。其作用同咬肌。

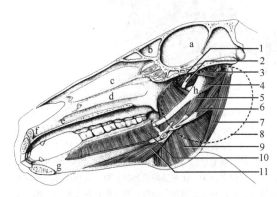

图 3-27　马的咀嚼肌（内侧面）（引自 König and Liebich，2007）

1. 翼外侧肌；2. 下颌神经；3. 头长肌；4. 枕舌骨肌；5. 茎突舌骨肌；6. 二腹肌后腹；7. 枕下颌肌；8. 咽鼓管憩室；9. 翼内侧肌；10. 下颌舌骨肌；11. 二腹肌前腹；a. 颅腔；b. 额窦；c. 上鼻甲；d. 下鼻甲；e. 上颌骨；f. 切齿骨；g. 下颌骨；h. 舌骨

（4）翼外侧肌 lateral pterygoid muscle　　较小，位于翼内侧肌背外侧，起于蝶骨翼突，止于下颌髁附近。其作用同咬肌，也有牵引下颌骨向前的作用。

（5）二腹肌 digastric muscle　　由前后两个扁平肌腹中间借一圆腱相连而成，起于枕骨髁旁突，向前向下伸延，止于下颌体腹侧缘的内侧面。此肌有降下颌骨（开口）的作用。猪的二腹肌只有一个肌腹。犬的二腹肌无中间腱，但前后肌腹分别受下颌神经和面神经支配。

第四章 被皮系统

扫码看彩图

学习目标

1. 了解被皮系统的组成，掌握皮肤的结构。
2. 了解皮肤腺的概念，掌握乳房的位置、形态和结构。
3. 掌握牛、马、猪蹄的形态结构。

被皮系统 common integument 包括皮肤和由皮肤衍生而成的特殊器官，如动物的毛、蹄、角、枕、乳腺、皮脂腺、汗腺，以及禽类的羽毛、冠、喙和爪等。其中，乳腺、皮脂腺和汗腺合称皮肤腺。

第一节 皮 肤

皮肤 skin 被覆于动物体表，有保护体内组织、防止异物侵害和机械损伤的作用。皮肤内含有大量的血管、淋巴管、汗腺及丰富的感觉神经末梢，因此皮肤还具有感觉、调节体温、分泌、排泄和贮藏营养物质的作用。

皮肤的厚度因动物种类、品种、年龄、性别以及身体的不同部位而有差异。家畜中以牛的皮肤最厚，马、猪的皮肤次之，羊的皮肤最薄；老年动物的皮肤比幼畜的厚；公畜的皮肤比母畜的厚；枕部、背部和四肢外侧的皮肤比腹部和四肢内侧的厚。皮肤的厚薄虽然相差悬殊，但其结构大同小异。一般皮肤可分为表皮、真皮和皮下组织 3 层（图 4-1）。

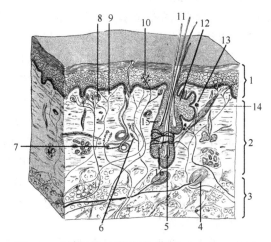

图 4-1 皮肤结构的模式图（引自 Evans，1993）

1. 表皮；2. 真皮；3. 皮下组织；4. 帕奇尼小体（环层小体）；5. 毛根及毛囊周围的神经末梢；6. 鲁菲尼小体；7. 汗腺；8. 迈斯纳小体；9. 游离神经末梢；10. 触觉盘；11. 毛干；12. 皮脂腺；13. 克劳泽终球；14. 竖毛肌；15. 毛囊；16. 毛乳头

一、表　皮

表皮 epidermis 位于皮肤的最表层，由复层扁平上皮构成，表层细胞角化，称角质层。浅层角化细胞不断脱落，由深层的细胞分裂增殖，向上推移补充。凡长期受摩擦和压力的部位，角质层都较厚。表皮内没有血管和淋巴管，但有丰富的神经末梢。

二、真　皮

真皮 dermis 位于表皮下面，是皮肤最厚的一层，由致密结缔组织构成，含有丰富的胶原纤维和弹性纤维，坚韧而富有弹性，可用于鞣制皮革。真皮内有汗腺、皮脂腺及丰富的血管和神经。临床上做皮内注射，就是把药物注入真皮层。

三、皮 下 组 织

皮下组织 subcutaneous layer 又称浅筋膜，位于真皮下面，由疏松结缔组织构成。皮下组织内常含有大量的脂肪组织，具有保温、贮藏能量和缓冲机械压力的作用。由于皮下组织疏松，皮肤具有一定的活动性，并能形成皱褶。在骨突起部位的皮肤，皮下组织有时出现腔隙，形成皮下黏液囊，内含少量黏液，可减少该部皮肤活动时的摩擦。某些部位的皮下组织中还含有皮肌。临床上做皮下注射就在此层。

第二节　皮 肤 腺

皮肤腺 skin gland 包括汗腺、皮脂腺和乳腺（图 4-1～图 4-3）。

1. 汗腺 sweat gland　　为盘曲的单管状腺，分泌汗液，有排泄废物和调节体温的作用。其分泌部为一盘曲成小球状的管道，位于真皮深部；导管部细长而扭曲，多数开口于毛囊（在皮脂腺开口的上方），在无毛的皮肤则穿过表皮，直接开口于皮肤的表面。家畜中马和绵羊的汗腺最发达，几乎分布于全身；猪的汗腺比较发达，但以指（趾）间分布最密；牛的汗腺以面部和颈部为最显著。水牛的汗腺较黄牛的少得多。犬的汗腺不发达，特别是被毛密集的部位汗腺更少。在家畜中，犬、猫出汗最少。

2. 皮脂腺 sebaceous gland　　位于真皮内，在毛囊和竖毛肌之间，为分支泡状腺，呈囊泡状，其导管很短，在有毛的皮肤开口于毛囊；在无毛的皮肤则直接开口于皮肤表面。皮脂腺分泌皮脂，有润泽皮肤和被毛的作用。动物除角、蹄、爪、乳头及鼻唇镜等处的皮肤没有皮脂腺外，几乎全身分布。马的皮脂腺较发达，绵羊的眶下窦、趾间窦等处都有发达的皮脂腺，猪的皮脂腺不发达。

特殊的皮肤腺是汗腺和皮脂腺的变形结构。由汗腺衍生的，如外耳道皮肤的耵聍腺，分泌耳蜡（或耵聍）；牛的鼻唇镜腺、羊的鼻镜腺和猪的腕腺等，分泌浆液。由皮脂腺衍生的如肛旁窦腺、肛周腺、包皮腺、阴唇腺和睑板腺等。

3. 乳腺 mammary gland　　属复管泡状腺，为哺乳动物所特有，公母畜均有乳腺，但只有母畜才能充分发育和具有分泌乳汁的能力，形成发达的乳房 mamma（图 4-2，图 4-3）。公畜的乳房仅具雏形，无泌乳功能，公牛在阴囊颈的前方通常有 2 对雄性乳头，公马在包皮口的下缘有 1 对雄性乳头，公猪和犬的见于胸腹部腹侧面。家畜的乳房是指与一个乳头相连系的乳腺复合体，由乳房体和乳头组成。猪通常有 14 个乳房，母犬 10 个，母猫 8 个，母牛 4 个，母马、母绵羊和山羊 2 个（图 4-2）。每个乳房内乳腺的数目（一个腺体及相连的管道系统）通常为：反刍动物 1 个，猪和马 2 个，犬 8～14 个（Constantinescu and Schaller，2012）。

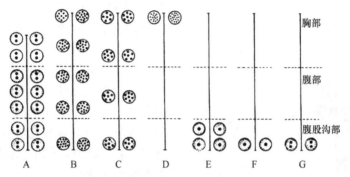

图 4-2　部分哺乳动物乳腺位置示意图（引自 Dyce et al.，2010）

A. 猪；B. 犬；C. 猫；D. 人；E. 牛；F. 羊；G. 马。圆点代表乳头孔的数目

（1）乳房的结构　　乳房由皮肤、筋膜和实质构成（图 4-3）。乳房的皮肤薄而柔软，除乳头外有一些稀疏的细毛。皮肤深面为浅筋膜和深筋膜。浅筋膜由疏松结缔组织构成，使乳房皮肤具有活动性。深筋膜富含弹性纤维，在牛、羊和马形成乳房的悬器。悬器包括两内、外侧板，分别紧覆于左、右乳房的内、外侧面。两内侧板 medial lamina 沿正中面互相紧贴，形成乳房悬韧带，即乳房间隔，向上附着于腹黄膜。外侧板 lateral lamina 沿乳房外侧面上行，附着于联合腱。深筋膜的结缔组织伸入乳腺实质将乳腺分隔成许多腺小叶。每一腺小叶由分泌部和导管部组成。分泌部包括腺泡和分泌小管，其周围有丰富的毛细血管网。导管部由许多小的输乳管汇合成较大的输乳管，再汇合成大的输乳窦 lactiferous sinus。输乳窦又称乳池 milk cistern，为乳房下部和乳头基部内的不规则腔体，分别称为腺部和乳头部；输乳窦经乳头管以乳头孔向外开口。乳头管内衬黏膜，黏膜上有许多纵嵴，黏膜下有平滑肌和弹性纤维，平滑肌在管口处形成括约肌。

（2）各种家畜乳房的特点

1）牛的乳房：母牛的乳房呈倒置圆锥形，悬吊于腹后耻骨部，可分紧贴腹壁的基部、膨隆的体部和游离的乳头部。在乳房后部到阴门之间有呈线状毛流的皮肤褶，称乳镜。乳镜有时用来作为估计产乳能力的标志之一。乳房体部以纵行的乳房间沟分为左、右两半，每半又以浅的横沟分为前后两部，共 4 个乳丘 quarters，每个乳丘有一圆柱状的乳头，偶有小的副乳头。前列乳头较长。每个乳头有一个乳头管的开口。

2）羊的乳房：位于腹股沟部，山羊的呈圆锥形，绵羊的呈扁平的半球形，被乳房间沟分为左、右两半，每半有一个圆锥形的乳头，每个乳头有一个乳头管的开口。乳头基部有较大的输乳窦。

3）马的乳房：位于两股之间，呈扁圆形，被一纵沟分为左、右两半，每半各有一个

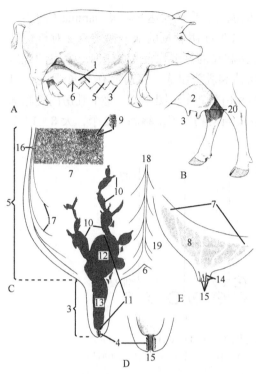

图 4-3　家畜乳房的位置、形态和结构（引自 Constantinescu and Schaller，2012）

A. 猪的乳房；B. 牛的乳房；C. 乳房结构；D. 乳头管；E. 犬的乳房。1. 猪乳房；2. 牛乳房；3. 乳头；4. 乳头括约肌；5. 乳房体；6. 乳丘间沟；7. 乳腺；8. 乳腺叶；9. 乳腺小叶；10. 输乳管；11. 输乳窦；12. 腺部；13. 乳头部；14. 乳头管；15. 乳头孔；16. 外侧板；17、19. 悬板；18. 内侧板（乳房悬韧带）；20. 副乳房

左、右扁平的乳头，每个乳头有 2 个乳头管的开口。输乳窦乳头部小。

4）猪的乳房：位于胸部和腹正中部的两侧，一般 5～8 对，有的 10 对，每个乳头上有 2～3 个乳头管的开口。输乳窦小。

5）犬的乳房：位于胸、腹部正中线的两侧，其对数因品种而异，一般 5 对，有的 4～6 对。每个乳房有一个乳头，呈两侧扁平的锥形。每个乳头有 7～16 个乳头管的开口。

（3）乳房的血管、神经和淋巴管　乳房的动脉有阴部外动脉和阴部内动脉的阴唇背侧支和乳房支。阴部外动脉进入乳房后分为乳房前动脉和乳房后动脉，分布于乳房。乳房的静脉在乳房基部形成静脉环，有腹壁前浅静脉（腹皮下静脉）、阴部外静脉及阴唇背侧和乳房静脉与之相连，乳房的血液主要经腹壁前浅静脉和阴部外静脉回流。乳房的感觉神经来自髂腹下神经、髂腹股沟神经、生殖股神经和阴部神经的乳房支。自主神经来自肠系膜后神经节的交感纤维。这些神经纤维分布于肌上皮细胞、平滑肌纤维和血管，不分布于腺泡。乳房的淋巴管较稠密，主要输入乳房淋巴结。

第三节　毛

毛 hair 是一种角化的丝状物，坚韧而有弹性，覆盖于皮肤表面，有保温作用。

1. 毛的结构　毛分毛干和毛根两部分（图 4-1）。毛干 hair shaft 为露出皮肤表面的部分；毛根 hair root 为埋于皮肤内的部分。毛根末端膨大成球形，称毛球 hair bulb。毛球的细胞分裂能力很强，是毛的生长点。毛球底部凹陷，并有结缔组织伸入，称为毛乳头 papilla pili。毛乳头内富有血管和神经，毛可通过毛乳头获得营养。毛根周围有上皮组织和结缔组织构成的毛囊 hair follicle。在毛囊的一侧有一条平滑肌束，称竖毛肌 erector pili muscle，收缩时使毛竖立。

2. 毛的形态和分布　动物体表除蹄、爪、枕、角和鼻端等处外，都密生被毛。毛分为粗毛和细毛。牛、马和猪的被毛多为短而直的粗毛；绵羊的被毛细长而柔软，为细毛。粗毛多分布于头部和四肢。在动物体的某些部位长有特殊的长毛，如马颅顶部的鬣、颈背缘的鬃 mane（bristle）、尾部的尾毛 tail hair 和系关节后面的距毛 fetlock tuft，公山羊颏部的髯。牛、马唇部的触毛 tactile hair，其毛根具有丰富的神经末梢，感受触觉。

毛在畜体表面成一定方向排列，称毛流 hair stream。在畜体的不同部位，毛流排列的形式也不相同。毛流的方向一般来说与外界气流和雨水在体表流动的方向相适应，但在某些部位，可形成特殊方向的毛流，如旋毛、集合性毛流、分散性毛流等。毛的分布随动物种类不同而异，牛、马的被毛是均匀分布的；绵羊的是成组分布的；猪的常是 3 根集合成一组，其中一根是主毛，比较长。

3. 换毛　　毛有一定的寿命，生长到一定时期就会衰老脱落，被新毛所代替，这个过程称为换毛 shedding。最初毛球的细胞停止增生，并逐渐角化和萎缩，而后毛与毛乳头分离，向皮肤表面移去。同时紧靠毛乳头周围的细胞分裂增殖形成新毛，最后旧毛被新毛推出而脱落。换毛的方式有两种：一种为持续性换毛，换毛不受时间和季节的限制，如绵羊的细毛；另一种是季节性换毛，每年春秋两季各进行一次换毛，如骆驼。大部分家畜既有持续性换毛，又有季节性换毛，因而是一种混合方式的换毛。

第四节　蹄　和　枕

（一）蹄

蹄 hoof（ungula）是指（趾）端着地的部分，由皮肤衍变而成。

1. 牛蹄　　牛蹄是偶蹄，每肢的指（趾）端有 4 个蹄，由内向外分别称第 2～5 指（趾）蹄。第 3、4 指（趾）蹄发达，直接与地面接触，称主蹄 principal hoof。第 2、5 指（趾）蹄很小，不着地，附着于系关节掌（跖）侧面，称悬蹄 dewclaw hoof（图 4-4）。

主蹄的形状与远指（趾）节骨相似，呈三面棱锥状，按部位分为蹄缘 perioplic segment、蹄冠 coronary segment、蹄壁 wall segment、蹄底 sole segment 和蹄球 bulbar segment 5 部分。蹄与皮肤相连的部分称蹄缘；蹄缘与蹄壁之间为蹄冠；位于远指（趾）节骨轴面和远轴面的部分称蹄壁；位于远指（趾）节骨底面前部的称蹄底；位于蹄骨底面后部的称蹄球。蹄由蹄表皮、蹄真皮和皮下组织构成。

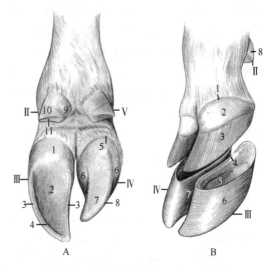

图 4-4　牛蹄（引自 Popesko，1985）

A. 牛蹄掌侧面（第 4 指蹄匣已除去）：Ⅱ～Ⅴ. 第 2～5 指；1. 蹄枕表皮；2. 蹄底表皮；3. 蹄壁表皮；4. 白带；5. 蹄缘真皮；6. 蹄冠真皮；7. 蹄底真皮；8. 蹄壁真皮；9. 第 2 指枕；10. 第 2 指蹄壁；11. 第 2 指蹄底。B. 牛蹄背内侧面（蹄匣已除去）：Ⅱ～Ⅳ. 第 2～4 指；1. 蹄缘真皮；2. 蹄冠真皮；3. 蹄壁真皮；4. 蹄冠沟；5. 蹄壁表皮小叶；6，7. 蹄壁外面；6. 蹄壁远轴侧部；7. 蹄壁轴侧部；8. 第 2 指蹄壁

（1）**蹄表皮 epidermis of the hoof**　　也称蹄匣 capsula ungulae，为蹄的角质层，由表皮衍生而成，可分为蹄缘表皮、蹄冠表皮、蹄壁表皮、蹄底表皮和蹄枕表皮 5 部分。

1）**蹄缘表皮 perioplic epidermis**：是蹄表皮近端与皮肤连接的部分，呈半环形窄带，柔软而有弹性，可减轻蹄匣对皮肤的压迫。

2）蹄冠表皮 coronary epidermis：为蹄缘表皮下方颜色略淡的环状带，其内面凹陷成沟，称蹄冠沟 coronary groove，沟底有无数角质小管的开口，蹄冠真皮乳头伸入其中。

3）蹄壁表皮 wall epidermis：分轴侧面和远轴侧面。轴侧面凹即指（趾）间面，仅后部与对侧主蹄相接。远轴侧面凸，与地面夹角为30°，前端向轴侧面弯曲，与轴侧面一起形成角质壁。蹄壁表皮下缘与地面接触的部分称蹄底缘 sole margin。角质壁的表面有许多横行的角质轮，其内面有很多纵走的角质小叶。

蹄壁表皮的结构由外向内，分别为外层（釉层）、中层（冠状层）和内层（小叶层）。外层 external layer 也称釉层，位于表层，由角化的扁平细胞构成，幼畜明显，成年时常脱落。中层 middle layer 也称冠状层，最厚，有保护蹄内组织和负重的作用。冠状层由许多纵行排列的角质小管和管间角质组成，角质中常有色素，故蹄壁呈深暗色。内层 internal layer 也称小叶层，为最内层，由许多平行排列的角质小叶构成。角质小叶较柔软，无色素，与蹄壁真皮的真皮小叶互相紧密嵌合，使蹄壁表皮与蹄壁真皮牢固地结合在一起。

4）蹄底表皮 sole epidermis：位于蹄底面的前部，呈略凹的三角形，与角质壁底缘之间由白带 white zone 分开，白带也称蹄白线 white line of the hoof，由角质小叶向蹄底伸延而成。蹄底表皮的内表面有许多表皮小管，容纳蹄底真皮上的乳头。

5）蹄枕表皮 bulbar epidermis：即枕表皮，位于角质壁后方，呈球状隆起，由较柔软的角质构成，常成层裂开，其裂缝可成为蹄病感染的途径。

（2）蹄真皮 dermis of the hoof　　也称肉蹄，由真皮衍生而成，富含血管和神经，颜色鲜红，套于蹄匣内面，可分为蹄缘真皮、蹄冠真皮、蹄壁真皮、蹄底真皮和蹄枕真皮5部分。

1）蹄缘真皮 perioplic dermis：也称肉缘，位于蹄缘表皮的深面，上方连接皮肤真皮，下方连接蹄冠真皮，表面有细而短的真皮乳头，插入蹄缘表皮的小孔中，以滋养蹄缘表皮。

2）蹄冠真皮 coronary dermis：也称肉冠，是蹄真皮较厚的部分，位于蹄冠沟中，表面有粗而长的乳头，伸入蹄冠沟的小孔中，以滋养角质壁。

3）蹄壁真皮 parietal dermis：也称肉壁，与蹄骨的骨膜紧密结合，表面有许多平行排列的真皮小叶，嵌入蹄壁角质小叶之间。

4）蹄底真皮 sole dermis：也称肉底，与蹄底表皮相适应，表面有小而密的乳头，插入蹄底表皮的小孔中。

5）蹄枕真皮 bulbar dermis：也称肉球，位于蹄枕表皮的深层，皮下组织发达，含有丰富的弹性纤维，构成指（趾）端的弹力结构。

（3）皮下组织　　蹄壁和蹄底无皮下组织；蹄缘和蹄冠的皮下组织薄；蹄枕的皮下组织发达。无皮下组织处，蹄真皮直接与蹄骨骨膜相接。

悬蹄为第2、5指（趾）的小蹄，呈短圆锥形，位于主蹄的后上方，不与地面接触。结构与主蹄相似，也分蹄表皮、蹄真皮和皮下组织。

由于管理不当等原因，在临床上，家畜的蹄病还是较多见的。例如，牛的蹄叶炎、腐蹄病；传染病口蹄疫，牛、羊、猪、骆驼等偶蹄动物均易感，在蹄部、口腔黏膜和乳房等处皮肤发生水泡和溃烂，幼龄动物多因心肌炎而死亡率较高。

2. 猪蹄　猪属于偶蹄动物，每肢有两个主蹄和两个悬蹄，主蹄的构造与牛主蹄相似，唯蹄枕更发达，蹄底显得更小（图4-5）。悬蹄内有完整的指（趾）节骨。

3. 马蹄　马为单蹄动物，每一肢端有一个蹄。蹄呈半圆柱形，由蹄表皮、蹄真皮和皮下组织3部分组成（图4-6）。

（1）**蹄表皮**　是蹄的角质层，分为蹄缘表皮、蹄冠表皮、蹄壁表皮、蹄底表皮和蹄叉表皮5部分。

1）蹄缘表皮：为蹄匣与皮肤相连接的部分，柔软而有弹性。

2）蹄冠表皮：为蹄缘表皮下方微隆起的部分，内面呈沟状，称蹄冠沟。沟内有许多角质小管的开口。

3）蹄壁表皮：构成蹄匣的背侧壁、内侧壁和外侧壁，蹄壁可分为3部分，前部为蹄尖壁，两侧为蹄侧壁，后部为蹄踵壁。蹄壁后部呈锐角向蹄底折转形成蹄支，至蹄底中部消失。其折转部形成的角叫蹄踵角。蹄壁的下缘直接与地面接触的部分称蹄底缘。

图4-5　猪蹄（引自 Dyce et al., 2010）

1. 蹄枕；2. 蹄底；
3. 蹄壁；4. 悬蹄

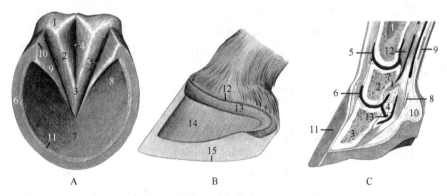

图4-6　马蹄（引自 Popesko, 1985）

A，B. 底面和侧面：1. 角质枕；2. 叉内侧脚；3. 蹄叉尖；4. 蹄叉中央沟 5. 叉旁外侧沟；6. 蹄壁；7. 蹄底体；8. 蹄底脚；9. 内侧蹄支；10. 蹄角；11. 白带；12. 蹄缘真皮；13. 蹄底真皮；14. 蹄壁真皮；15. 蹄匣轮廓。C. 矢状切面：1. 近指节骨；2. 中指节骨；3. 远指节骨；4. 远籽骨；5. 近指节间关节囊；6. 远指节间关节囊；7. 指深屈肌冠骨脚；8. 指终筋膜；9. 指纤维鞘环部；10. 叉皮下组织；11. 蹄匣；12. 籽骨直韧带；13. 舟骨囊

蹄壁表皮由釉层、冠状层和小叶层3层构成。釉层位于蹄壁的最表面，由角化的扁平细胞构成，幼驹明显，随着年龄增长会部分脱落。冠状层是蹄壁最厚的一层，富有弹性和韧性，由许多纵行排列的角质小管和管间角质构成。小管中常有色素，故蹄壁呈深暗色，但最内层的角质缺乏色素且较柔软，直接与小叶层结合。小叶层是蹄壁的最内层，由许多纵行排列的角质小叶构成。角质小叶柔软而无色素，与蹄壁真皮上的真皮小叶互相紧密嵌合。

4）蹄底表皮：是蹄向着地面略凹陷的部分，位于蹄底缘和蹄叉之间。蹄底的角质较软，常呈片状脱落。蹄底内面有许多小孔，以容纳蹄底真皮的乳头。

白带 white zone（蹄白线）为蹄壁角质与蹄底角质连接处的白色环状线，由蹄壁冠状层的内层与角小叶构成。其是装蹄铁时下钉的位置。

5）蹄叉 cuneus ungulae 表皮：呈楔形，位于蹄底的后方，夹于两蹄支之间，前端尖为蹄叉尖，伸入蹄底中央。后部宽为蹄叉底，在蹄踵部形成两个蹄枕。蹄叉底正中有蹄叉中央沟，在蹄叉两侧与蹄支之间各形成一条蹄叉旁内、外侧沟。

（2）蹄真皮　　位于蹄匣的内面，形状与蹄匣相似，由真皮构成，富有血管和神经，呈鲜红色。蹄真皮也分蹄缘真皮、蹄冠真皮、蹄壁真皮、蹄底真皮和蹄叉真皮 5 部分。

1）蹄缘真皮：为蹄真皮与皮肤真皮接触的部分，表面有细而短的乳头，与蹄缘表皮密接。

2）蹄冠真皮：为蹄壁真皮的上缘呈环状隆起的部分，位于蹄冠沟内，表面有长而密的乳头，伸入蹄冠沟的角质小管中。蹄冠真皮有丰富的血管和神经，感觉敏锐。

3）蹄壁真皮：覆盖在蹄骨的背侧面和两侧面，直接与蹄骨骨膜紧密结合，蹄壁真皮的后部两侧转折到底面。蹄壁真皮表面有许多纵走的真皮小叶，与蹄壁表皮的角小叶相嵌合。

4）蹄底真皮：位于蹄骨底面，与骨膜紧密结合。其表面有细而长的乳头，向下插入蹄底表皮背面的小孔中。

5）蹄叉真皮：为位于蹄叉表皮的深面、指（趾）深屈肌腱浅面的楔形弹性垫子，表面有发达的乳头，伸入蹄叉的角质小管中。

（3）皮下组织　　蹄缘和蹄冠的皮下组织薄，蹄叉的皮下组织特别发达，含有许多胶原纤维、弹性纤维和脂肪组织，富有弹性，当四肢着地时有减轻冲击和震荡的作用。蹄壁和蹄底无皮下组织。

蹄软骨 hoof cartilage（图 2-13）是蹄叉皮下组织的变形，呈前后轴长的椭圆形软骨板，微弯曲成弧形，内、外侧各一块，位于蹄骨和肉叉两侧的后上方，软骨以韧带与远指（趾）节骨、远籽骨、中指（趾）节骨及近指（趾）节骨相连接。蹄软骨的弹性较强，与蹄叉真皮和皮下组织共同构成指（趾）端的弹性结构。

4. 犬爪　　前肢有 5 个爪，后肢有 4 个爪。爪呈弯曲的弓形，两侧压扁，与爪骨的形态相适应。爪包括爪底、2 个壁和一背侧嵴，背侧嵴将爪壁分为轴侧面和远轴侧面。爪掌侧面有一沟，将爪与指枕分开。爪可分为爪缘、爪冠、爪壁和爪底。爪缘和爪冠位于爪嵴附近，被爪褶遮盖。爪壁位于爪骨壁面表面，爪底位于爪骨底面腹侧（图 4-7）。犬的枕有腕枕、掌（跖）枕和指（趾）枕。

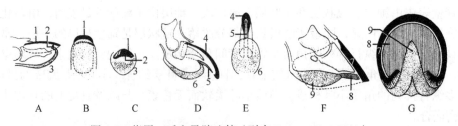

图 4-7　指甲、爪和马蹄比较（引自 Dyce et al.，2010）

A～C. 指甲纵切面、掌侧面和正视图；D，E. 犬爪纵切面和掌侧面；F，G. 马蹄纵切面和底面。1. 甲（壁）；2. 甲"底角质"；3. 指球；4. 爪壁；5. 爪"底"；6. 指枕；7. 蹄壁；8. 蹄底；9. 蹄叉

（二）枕

枕 pulvini 为皮肤衍生的特殊结构，是动物肢端的一种减震装置。其结构与皮肤相同，分为枕表皮、枕真皮和枕皮下组织。枕表皮角化，柔软而有弹性；枕真皮有发达的乳头和丰富的血管、神经；枕皮下组织发达，由胶原纤维、弹性纤维和脂肪组织构成。枕可分为腕（跗）枕、掌（跖）枕和指（趾）枕。牛、羊、猪没有腕（跗）枕和掌（跖）枕。

1. 腕（跗）枕 马的腕（跗）枕退化呈黑色椭圆形角化物，俗称附蝉 chestnut。前肢的附蝉（腕枕）位于腕关节上方的内侧；后肢的附蝉（跗枕）位于跗关节下方跖骨的内侧。驴仅前肢有附蝉，骡前、后肢均无附蝉。犬和猫有腕枕，无跗枕。

2. 掌（跖）枕 马的掌（跖）枕已退化成一堆角化物，俗称距 ergot，分别位于前肢掌指关节的掌侧和后肢跖趾关节的跖侧，被距毛覆盖着。犬、猫的掌（跖）枕发达，与地面接触。

3. 指（趾）枕 在有蹄类，指（趾）枕称蹄枕，与地面接触，具有功能。蹄枕通常包含在蹄中，在反刍动物和猪，其特征是有蹄球，在马则为更复杂的蹄叉（图4-5～图4-8）。犬、猫的指枕发达。犬的枕、猪的蹄球和马的蹄叉皮下组织含有汗腺。

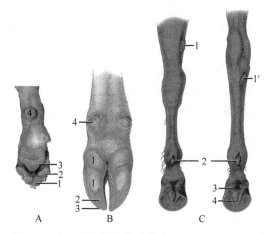

图 4-8　犬、牛和马的枕（引自 Dyce et al.，2010）

A. 犬前肢枕：1，2. 指枕；3. 掌枕；4. 腕枕。B. 牛的枕和蹄。1. 蹄枕（蹄球）；2. 蹄底；3. 蹄壁；4. 悬蹄。
C. 马的枕：1. 附蝉（腕枕）；1′. 附蝉（跗枕）；2. 掌/跖枕（距）；3. 蹄枕；4. 蹄叉

第五节　角

反刍动物的额骨两侧各有一个骨质角突，其表面覆盖的皮肤衍生物，称为角 horn。其由角表皮和角真皮构成（图4-9）。

1. 角表皮 cornual epidermis 位于角的表面，形成坚硬的角质鞘。角质鞘由角质小管和管间角质构成。牛的角质小管排列非常紧密，角真皮乳头即伸入此小管中，管间角质很少，羊角则相反。

2. 角真皮 cornual dermis 位于角表皮的深面，在角根部与额部的真皮相连接，

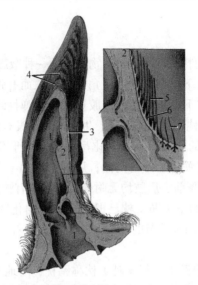

图 4-9　牛角纵切面（引自 Dyce et al.，2010）

1. 延伸入角内的后额窦；2. 额骨的角突；3. 联合的骨膜、真皮和非角质化的表皮；4. 被管间角质分开的角质小管；
5. 角质小管（插入物）；6. 真皮乳头；7. 毛

　　紧贴于额骨角突的骨膜上，表面有发达的乳头。乳头在角根部短而密，向角尖则逐渐变长而稀，至角尖又变密。

　　角可分角根（基）、角体和角尖 3 部分。角根与额部的皮肤相连续，此处角质软而薄，并有环状的角轮出现。角体由角根生长延续而来，角质层逐渐变厚。角尖由角体延续而来，角质层最厚，甚至成为实体。角的表面有环状的角轮，角轮之间的部分称轮节。牛的角轮在角根部最明显，向角尖则逐渐消失。羊的角轮较明显，几乎遍布全角。

第二篇 内 脏 学

内脏包括消化系统、呼吸系统、泌尿系统和生殖系统，其功能是参与机体的新陈代谢和繁殖活动。广义的内脏还包括体腔内的其他器官，如心、脉管、脾、内分泌腺等。内脏学是研究机体各内脏器官形态结构和位置关系的科学。

内脏根据其基本结构被分为管状器官和实质性器官。管状器官呈管状或囊状，内部有较大而明显的空腔。管壁一般由黏膜、黏膜下层、肌层和外膜4层构成。实质性器官内部没有特定的空腔，借导管与有腔内脏相连，如肝、胰、肾和生殖腺等。实质性器官由实质和间质组成。

第五章 内脏总论

扫码看彩图

 **学习目标**

1. 掌握内脏的概念。
2. 掌握体腔、浆膜及浆膜腔的不同含义及其相互关系。
3. 掌握管状器官和实质性器官的特点。
4. 了解腹腔的分区。

第一节 内脏学及内脏的含义

内脏学 splanchnology 是研究机体各内脏器官形态结构和位置关系的科学。内脏 viscera 包括消化系统、呼吸系统、泌尿系统和生殖系统，其功能是参与动物体的新陈代谢和生殖活动，以维持个体生存和种属延续。内脏大部分位于胸腔、腹腔和盆腔内，仅消化系统和呼吸系统前部的一些器官位于头、颈部；消化系统、泌尿系统和生殖系统后部的一些器官位于会阴部。内脏各系统均由一套连续的管道和一个或多个实质性器官组成，以其一端或两端的开口与外界相通，具有摄取和排出某些物质的功能。内脏两端的开口常作为内脏非创伤性检查的部位，如内窥镜检查。内脏各系统在发生上关系十分密切。最早出现的是消化管，随后由咽后腹侧壁发生喉气管沟，进而形成喉、气管、支气管和肺，所以咽为消化系统和呼吸系统所共有的器官。泌尿系统和生殖系统在发生和形态上关系更为密切，也有部分器官共用，因此常合称为泌尿生殖系统。广义的内脏还包括体腔内的其他器官，如心、脉管、脾、内分泌腺等。

第二节 内脏的一般结构

内脏根据其基本结构分为管状器官 tubular organ 和实质性器官 parenchymatous organ 两大类。

一、管 状 器 官

这类内脏呈管状或囊状，内部有较大而明显的空腔。管壁一般由 4 层构成，由内向外依次为黏膜、黏膜下层、肌层和外膜（图 5-1）。

（一）黏膜

黏膜 mucous membrane（mucosa）为管壁的最内层，正常黏膜呈淡红色，柔软湿润，因其表面经常覆盖有分泌的黏液而得名。黏膜又分为 3 层，由内向外顺次为黏膜上皮、黏膜固有层及黏膜肌层。

1. 黏膜上皮 epithelium　由不同的上皮组织构成，其种类因所在的部位和功能不同而异。口腔、食管、肛门和阴道等处的上皮为复层扁平上皮，有保护作用；胃、肠等处的上皮为单层柱状上皮，有分泌、吸收等作用；呼吸道上皮为假复层柱状纤毛上皮，有运动和保护作用；输尿管、膀胱和尿道上皮为变移上皮，有适应器官扩张和收缩的作用。

2. 黏膜固有层 lamina propria of mucosa　由结缔组织构成，含有小血管、淋巴管和神经纤维等，有些器官的黏膜固有层内还含有淋巴组织、淋巴小结和腺体。黏膜固有层有支持和营养上皮的作用。

3. 黏膜肌层 muscular layer of mucosa　为薄层平滑肌，收缩时可使黏膜形成皱褶，有利于血液循环、物质吸收和腺体分泌物的排出。

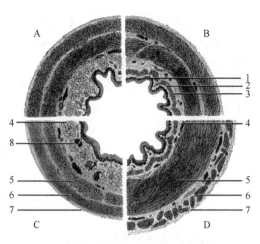

图 5-1　管状器官结构模式图（食管）（引自 König and Liebich，2007）

A. 犬；B. 牛；C. 猪；D. 马。1～3. 黏膜；1. 黏膜上皮；2. 黏膜固有层；3. 黏膜肌层；4. 黏膜下组织；5、6. 肌层；5. 环肌；6. 纵肌；7. 外膜（浆膜）；8. 淋巴滤泡

（二）黏膜下层

黏膜下层 submucous tissue（submucosa）由疏松结缔组织构成，有连接黏膜和肌层的作用，并使黏膜有一定的活动性，在富有伸展性的器官（如胃）特别发达。黏膜下层内有较大的血管、淋巴管和黏膜下神经丛，有些器官的黏膜下层内分布有腺体（食管腺、十二指肠腺）。

（三）肌层

肌层 sarcolemma（muscular coat）一般由平滑肌构成，分外纵肌和内环肌两层，两层之间有少量结缔组织和肌间神经丛。纵肌收缩可使管道缩短、管腔变大，环肌收缩可使管腔缩小，两肌层交替收缩时，可使内容物按一定的方向移动。一些部位的肌层由横纹肌构成，如咽和食管。

（四）外膜

外膜 adventitia 由薄层疏松结缔组织构成，体腔内的内脏器官外膜表面被覆一层间皮，称为浆膜 serosa。其表面光滑、湿润，有减少脏器之间运动时摩擦的作用。

二、实质性器官

大多数实质性器官没有明显的空腔，借导管与有腔内脏相连，如肝、胰、肾和卵巢。实质性器官均由实质 parenchyma 和间质 mesenchyme 组成。实质是实质性器官实现其功能的主要部分。例如，睾丸的实质为细精管和睾丸网，肺的实质由肺内各级支气管和无数的肺泡组成。间质由结缔组织构成，被覆于器官的外表面，称被膜，并深入实质内将器官分隔成许多小叶，如肝小叶。分布于实质性器官的血管、神经、淋巴管及该器官的导管出入器官处常为一凹陷，此处称为该器官的门 hilum（porta），如肾门、肺门、肝门等。

第三节 体腔和浆膜腔

一、体 腔

体腔是由中胚层形成的腔隙，容纳大部分内脏器官，分为胸腔、腹腔和盆腔。

（一）胸腔

胸腔 thoracic cavity 位于胸部，由胸椎、肋、胸骨和肌肉等构成，为截顶圆锥形腔体（图5-2）；锥尖向前，为胸前口，呈纵卵圆形，由第1胸椎、第1对肋及胸骨柄组成；锥底向后，为胸后口，呈倾斜的卵圆形，较大，由最后胸椎、最后1对肋、肋弓及剑突软骨组成。胸腔借膈与腹腔分开，内有心、肺、气管、食管、大血管等器官。

（二）腹腔

腹腔 abdominal cavity 位于胸腔后方，为最大的体腔，呈卵圆形，前壁为膈，顶壁为腰椎、腰肌和膈脚，两侧壁和底壁主要为腹壁肌及其腱膜，后端与盆腔相通（图5-2）。腹腔内容纳大部分消化器官、脾、肾上腺、一部分泌尿生殖器官和大血管等。腹壁上有5个开口：主动脉裂孔、食管裂孔、腔静脉孔和一对腹股沟管内口。

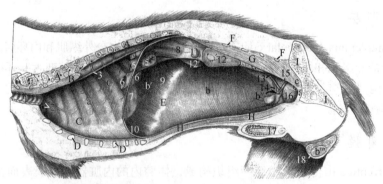

图5-2 犬胸、腹腔纵切面（部分内脏器官已除去，左侧面）（引自 Nickel et al., 1979）
A. 胸椎和肋；B. 颈长肌胸部；C. 右侧第3肋；C'. 右侧第6肋；D. 胸骨附近的肋软骨；E. 右侧肋弓；F. 腰椎横突；G. 腰下肌；H. 腹壁肌；I. 骨盆；a. 右侧胸膜腔；b. 右侧腹膜腔；b'. 腹膜腔胸内部；b''. 鞘环，鞘膜入口；b'''. 睾丸；c. 盆腔入口；1. 气管；2. 穿过胸腔入口的臂头干和臂头静脉；3. 右奇静脉；4. 主动脉；5. 经过食管裂孔的食管；6. 穿过腔静脉孔的后腔静脉；7. 膈中心腱；8~10. 膈的腰部、肋部和胸骨部；11. 腰主动脉淋巴结；12. 左肾矢状切面；12'. 右肾；13. 右输尿管；14. 睾丸动脉和静脉；15. 输精管；16. 膀胱；17. 阴茎纵切面；18. 阴囊

（三）盆腔

盆腔 pelvic cavity 为最小的体腔，可视为腹腔向后的延续，顶壁为荐骨和前 3 个尾椎，两侧壁为髂骨和荐结节阔韧带，底壁为耻骨和坐骨。前口呈卵圆形，由荐骨岬、髂骨体和耻骨前缘组成，与腹腔为界；后口由尾椎、荐结节阔韧带后缘和坐骨弓组成，借会阴筋膜封闭。盆腔内有直肠和大部分泌尿生殖器官。

二、浆膜和浆膜腔

浆膜 serosa 为衬于体腔内面和折转覆盖在内脏器官外表面的一层薄膜（图 5-3），由表层的单层扁平上皮和深层的疏松结缔组织构成。浆膜衬于体壁内面的部分为浆膜壁层，由壁层折转覆盖在内脏器官表面的部分为浆膜脏层，浆膜壁层和脏层之间的腔隙称浆膜腔，内有少量浆液，起润滑作用，用以减少内脏器官活动时的摩擦。浆膜按部位分为胸膜和腹膜。

（一）胸膜和胸膜腔

胸膜 pleura 为一层光滑的浆膜，分别覆盖在肺的表面、胸壁内面、纵隔侧面及膈的前面（图 5-3）。胸膜被覆于肺表面的部分称肺胸膜 pulmonary pleura，即胸膜脏层 visceral layer of pleura。被覆于胸壁内面、纵隔侧面及膈前面的部分称壁胸膜 parietal pleura 或胸膜壁层 parietal layer of pleura。胸膜壁层和脏层在肺根处互相移行，共同围成两个胸膜腔

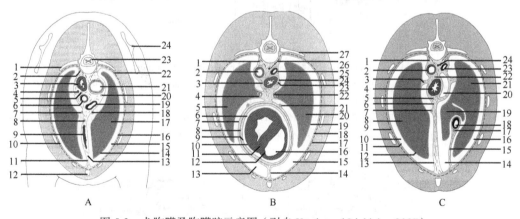

图 5-3　犬胸膜及胸膜腔示意图（引自 König and Liebich，2007）

A. 心前纵隔横切面：1. 肋；2. 交感干；3. 食管；4. 胸导管；5. 左迷走神经；6. 臂头干；7. 左膈神经；8，11. 纵隔；9. 胸腺；10. 左胸膜腔；12. 胸骨；13. 纵隔胸膜；14. 肺胸膜；15. 右胸膜腔；16. 肋胸膜；17. 右肺前叶；18. 右膈神经；19. 前腔静脉；20. 右迷走神经；21. 气管；22. 胸内筋膜；23. 脊髓；24. 肩胛骨。B. 心中纵隔横切面：1. 左交感干；2. 升主动脉；3. 食管；4. 主支气管；5. 左肺；6. 心包腔；7. 心包胸膜；8. 纤维心包；9，10. 浆膜心包；10. 浆膜脏层（心外膜）；11. 心肌；12. 心内膜；13. 左胸膜腔；14. 胸骨心包韧带；15. 右胸膜腔；16. 右心室；17. 胸内筋膜；18. 肋胸膜；19. 肺胸膜；20. 右肺；21. 右膈神经；22. 肺门；23. 右迷走神经；24. 纵隔；25. 右奇静脉；26. 胸导管；27. 肋。C. 心后纵隔横切面：1. 左交感干；2. 升主动脉；3. 肺韧带；4. 食管；5. 迷走神经腹侧干；6. 纵隔；7. 左膈神经；8. 左肺后叶；9. 胸内筋膜；10. 左胸膜腔；11. 肋胸膜；12. 肺胸膜；13. 纵隔胸膜；14. 纵隔隐窝；15. 后腔静脉纵隔（腔静脉襞）；16. 右胸膜腔；17. 右膈神经；18. 后腔静脉；19. 右肺副叶；20. 纵隔浆膜腔；21. 右肺后叶；22. 迷走神经背侧干；23. 右奇静脉；24. 胸导管。

pleural cavity，腔内为负压，使两层胸膜紧密相贴，在呼吸运动时，肺可随着胸壁和膈的运动而扩张或回缩。胸膜腔内有胸膜分泌的少量浆液，称胸膜液，有减少呼吸时两层胸膜摩擦的作用。胸膜壁层又可分为衬贴于胸腔侧壁的肋胸膜 costal pleura、膈前面的膈胸膜 diaphragmatic pleura 以及参与构成纵隔的纵隔胸膜 mediastinal pleura，而被覆在心包外面的纵隔胸膜特称为心包胸膜 pericardiac pleura。

纵隔 mediastinum 位于胸腔正中矢状面上，略偏左，由左右两层纵隔胸膜及夹于其间的所有器官（气管、食管、前腔静脉、主动脉、心和心包等）所组成（图5-3）。纵隔以心和心包分为前纵隔、中纵隔和后纵隔。

（二）腹膜和腹膜腔

腹膜 peritoneum 为衬贴于腹腔和盆腔内面及折转覆盖在腹腔和盆腔内脏器官表面的浆膜。衬于腹腔和盆腔内面的部分为腹膜壁层 parietal peritoneum；覆盖在腹腔和盆腔内脏器官表面的部分为腹膜脏层 visceral peritoneum（图5-4，图5-5）。腹膜壁层与脏层互相

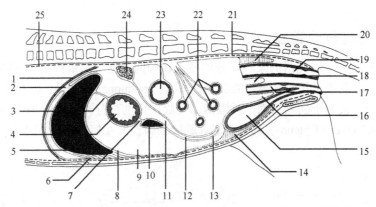

图 5-4　母犬腹腔和腹膜腔模式图（引自 König and Liebich，2007）

1. 膈；2. 冠状韧带；3. 肝胃韧带；4. 胃；5. 肝；6. 镰状韧带；7. 胃脾韧带；8. 腹膜壁层；9. 腹膜腔；10. 脾；11. 网膜后隐窝；12. 大网膜（脏层）；13. 大网膜（壁层）；14. 耻骨膀胱陷凹内的膀胱正中韧带；15. 膀胱；16. 膀胱生殖陷凹；17. 子宫；18. 直肠生殖陷凹；19. 直肠；20. 直肠旁窝及直肠系膜；21. 腹横筋膜及腹膜壁层；22. 空肠；23. 结肠；24. 胰；25. 胸膜壁层及胸内筋膜

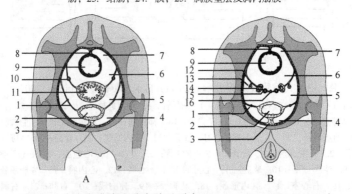

图 5-5　盆腔腹膜陷凹及内脏（引自 König and Liebich，2007）

A. 母畜；B. 公畜。1. 膀胱侧韧带及脐动脉；2. 膀胱；3. 膀胱正中韧带；4. 耻骨膀胱陷凹；5. 膀胱生殖陷凹；6. 直肠生殖陷凹；7. 直肠旁窝；8. 直肠系膜；9. 直肠；10. 尿生殖襞及输尿管；11. 子宫；12. 尿生殖襞；13. 输尿管；14. 精囊腺；15. 输精管；16. 前列腺

移行，两层之间的腔隙为腹膜腔 peritoneal cavity。在正常情况下，腹膜腔内仅有少量浆液，有润滑作用，可减少运动时内脏器官之间的摩擦。雄性动物的腹膜腔为一密闭的腔隙，雌性动物的腹膜腔则借输卵管腹腔口，经输卵管、子宫、阴道和阴道前庭与外界相通。腹膜腔套在腹腔内，腹腔和盆腔内的脏器均位于腹腔之内、腹膜腔之外。根据腹腔和盆腔内脏被腹膜覆盖的情况不同，可分为腹膜内位器官和腹膜外位器官。表面几乎都被腹膜覆盖的器官为腹膜内位器官，如胃、脾、空肠、卵巢等；仅一面被腹膜覆盖的器官为腹膜外位器官，如肾、肾上腺等。

当腹膜从腹腔和盆腔壁移行至脏器，或从某一个脏器移行至另一脏器时，形成各种不同的腹膜褶，分别称为系膜、网膜、韧带和皱襞（图 5-4），它们不仅对内脏器官起着连接和固定的作用，也是血管、神经、淋巴管等进出脏器的途径。系膜 mesentery 一般指连于腹腔顶壁与肠管之间的腹膜褶，如空肠系膜、直肠系膜等。网膜 omentum 为连于胃与其他脏器之间的腹膜褶，如大网膜和小网膜。韧带和皱襞为连于腹腔、盆腔壁与脏器之间或脏器与脏器之间短而窄的腹膜褶，如肝左、右三角韧带，回盲襞，尿生殖襞等。此外，腹膜在盆腔脏器之间移行折转形成的凹陷 pouch 称腹膜陷凹，如直肠生殖陷凹、膀胱生殖陷凹、耻骨膀胱陷凹（图 5-5）。

第四节 腹 腔 分 区

为了便于准确描述腹腔各脏器的局部位置，常以骨骼为标志将腹腔划分为 9 个区域（图 5-6，图 5-7）。首先通过两侧最后肋骨后缘最突出点和髋结节前缘作两个横切面，将腹腔分为腹前区、腹中区和腹后区。

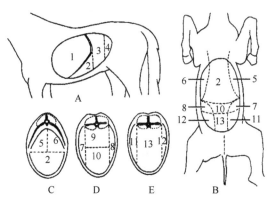

图 5-6 腹腔分区

A. 侧面；B. 腹侧面；C. 腹前区横切面；D. 腹中区横切面；E. 腹后区横切面。1. 左季肋区；2. 剑突软骨区；3. 腹中区；4. 腹后区；5. 左季肋区；6. 右季肋区；7. 左腹外侧区；8. 右腹外侧区；9. 腰区；10. 脐区；11. 左腹股沟区；12. 右腹股沟区；13. 耻骨区

腹前区 cranial abdominal region 最大，细分为 3 部分：肋弓以下的部分为剑突软骨区 xiphoid region，肋弓以上的部分为季肋区 hypochondriac region，又以正中矢状面分为左、右季肋区。腹中区 middle abdominal region 细分为 3 部分：先通过两侧腰椎横突末端的两个矢状面，将腹中部分为左、右腹外侧区 lateral abdominal region 和中间的脐区 umbilical

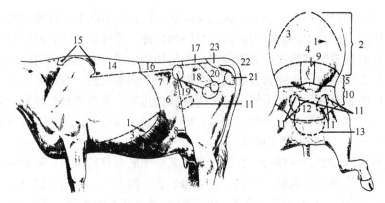

图 5-7　牛腹腔分区示意图（引自 Constantinescu and Schaller，2012）

1. 肋弓；2. 腹前区；3. 季肋区；4. 剑突软骨区；5. 腹中区；6. 腹外侧区；7. 腰旁窝；8. 胁襞区；9. 脐区；10. 腹后区；11. 腹股沟区；12. 耻骨区；13. 乳房区；14. 胸椎区；15. 肩胛间区（鬐甲区）；16. 腰；17. 荐区；18. 臀区；19. 髋结节区；20. 尻区；21. 坐骨结节区；22. 尾区；23. 尾根区

region，腹外侧区曾称髂部，又分为腰旁窝 paralumbar fossa 和胁襞区 region of the fold of the flank。腹后区 caudal abdominal region 细分为 3 部分：同样以腹中区的两个矢状面将腹后区分为左、右腹股沟区 inguinal region 和中间的耻骨区 pubic region。

第六章 消化系统

扫码看彩图

学习目标

1. 了解消化系统的组成及各部分的功能。
2. 掌握口腔的形态结构,比较不同家畜的差异。
3. 掌握咽的形态结构。
4. 了解胃、肠、肝、胰的位置和形态结构,掌握不同家畜胃、肠、肝、胰的形态结构特点。

消化系统的功能是摄取食物、消化食物、吸收营养和排泄粪便,以保证机体新陈代谢的正常进行。摄取的食物在消化管内经物理性的、化学性的和生物学的分解,使大分子物质变为可以被吸收的小分子物质的过程,称为消化。小分子物质通过消化管壁进入血液和淋巴的过程,称为吸收。

消化系统(图6-1)由消化管和消化腺两部分构成。消化管是食物通过的管道,包括口腔、咽、食管、胃、小肠、大肠和肛门;消化腺为分泌消化液的腺体,包括壁内腺和壁外腺。壁内腺分布于消化管的壁内,如食管腺、胃腺、肠腺等;壁外腺位于消化管外,其分泌物通过腺管输入消化管,如大唾液腺、肝和胰。

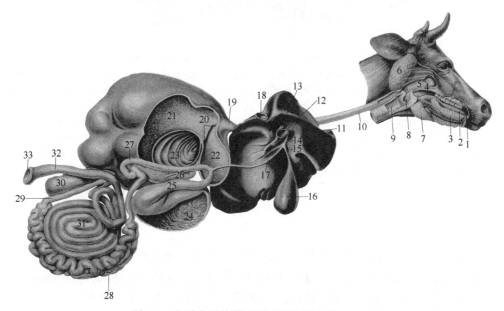

图6-1 牛消化系统模式图(引自彭克美,2016)

1. 口腔;2. 舌;3. 舌下腺;4. 软腭;5. 咽;6. 腮腺;7. 下颌腺;8. 喉;9. 气管;10. 食管;11. 肝;12. 门静脉;13. 肝动脉;14. 肝管;15. 胆囊管;16. 胆囊;17. 胆总管;18. 肝静脉;19. 贲门;20. 网胃沟;21. 瘤胃;22. 网胃;23. 瓣胃;24. 皱胃;25. 十二指肠;26. 胰;27. 十二指肠后曲;28. 空肠;29. 回肠;30. 盲肠;31. 结肠;32. 直肠;33. 肛门

第一节 口腔和咽

一、口 腔

口腔 oral cavity（图 6-2）为消化道的起始部，前部经口裂与外界相通，后部与咽相通，有采食、吸吮、咀嚼、尝味、泌涎和吞咽等机能。其前壁和侧壁为唇和颊，顶壁为硬腭，口腔底大部分被舌占据。上下齿弓将口腔分为口腔前庭 oral vestibule 和固有口腔 oral cavity proper。口腔前庭是唇、颊和齿弓之间的空隙；固有口腔为齿弓以内的部分。口腔内面衬有黏膜，在唇缘处与皮肤相接，向后与咽黏膜相连。口腔黏膜较厚，富有血管，呈粉红色，常含有色素。

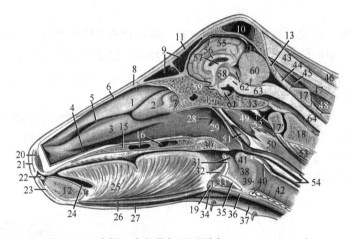

图 6-2 牛头部正中矢状切面（引自 Popesko，1985）

1. 上鼻甲；2. 中鼻甲；3. 下鼻甲；4. 下鼻道；5. 中鼻道；6. 上鼻道；7. 筛骨迷路；8. 鼻骨；9. 额前窦；10. 额后窦；11. 额骨；12. 下颌骨；13. 枕骨；14. 蝶骨；15. 上颌骨的腭突（硬腭）；16. 腭窦；17, 17′. 寰椎；18. 枢椎；19. 底舌骨；20. 鼻端开大肌；21. 鼻唇腺；22. 切齿；23. 唇肌；24. 口腔舌下隐窝；25. 舌（颏舌肌）；26. 颏舌骨肌；27. 下颌舌骨肌；28. 咽鼓管咽口；29. 咽腔的鼻咽部；30. 软腭（腭腺）；31. 会厌；32. 舌骨会厌肌；33. 肩胛舌骨肌；34. 下颌腺；35. 甲状软骨；36. 胸骨舌骨肌；37. 垂皮；38. 喉腔；39. 声襞；40. 环状软骨；41. 杓状软骨；42. 气管；43. 项韧带索状部；44. 寰枕背侧膜；45. 头背侧小直肌；46. 斜方肌和夹肌；47. 头背侧大直肌；48. 头后斜肌；49. 头长肌（右侧）；50. 头长肌（左侧）；51. 咽后内侧淋巴结；52. 头腹侧直肌、寰枕关节腔；53. 颈长肌；54. 食管；55. 大脑半球；56. 矢状窦、胼胝体；57. 穹隆；58. 丘脑间黏合；59. 视交叉；60. 小脑；61. 脑垂体；62. 中脑；63. 延髓；64. 脊髓

（一）唇

唇 lip 分为上、下唇，外覆皮肤，内衬黏膜，其间主要为口轮匝肌。黏膜深部有唇腺，腺管直接开口于唇黏膜表面。上、下唇的游离缘围成口裂 oral fissure，口裂的两侧汇合成口角 angle of mouth。不同动物唇的形态有别，活动性也不一致（图 6-3）。

牛的唇短厚而坚实。上唇中部和两鼻孔之间无毛、平滑且常湿润的部分为鼻唇镜 nasolabial plate，内有鼻唇腺，腺管开口于鼻唇镜表面，健康牛的鼻唇镜常湿润而温度低。唇黏膜上有角质的锥状乳头（唇乳头），在口角处较长，尖端向后。

羊的唇薄而灵活，上唇中间有明显的纵沟，为人中 philtrum，在鼻孔间形成无毛带，称鼻镜 nasal plate。羊唇黏膜上有角质乳头，其形态与牛相似。

猪的上唇大，下唇尖小，口裂很大。猪的上唇与鼻相连构成吻突 rostral disc，有掘地觅食的作用。

马的上唇长而薄，表面正中有一纵沟，称人中。下唇较短而厚，其腹侧有一明显的丘状隆起，称颏，由肌肉、脂肪和结缔组织构成。在唇和颏部的皮肤上除短而细的毛外，还有长而粗的触毛。

犬的口裂大，人中明显，有许多触毛。

（二）颊

颊 cheek 构成口腔的两侧壁，外覆皮肤，内衬黏膜，其间有颊肌和颊腺，颊腺腺管直接开口于颊黏膜表面。牛、羊颊黏膜上有许多锥状乳头（颊乳头），尖端向后。此外，颊黏膜上还有腮腺管和颧腺管的开口。

（三）硬腭

硬腭 hard palate（图 6-4）构成口腔

图 6-3 家畜头部，示唇、鼻孔和触毛
（引自 Nickel et al., 1979）
A. 犬；B. 猪；C. 山羊；D. 猫；E. 牛；F. 马

的顶壁，向后与软腭延续。切齿骨腭突、上颌骨腭突和腭骨水平部共同构成硬腭的骨质基础。硬腭黏膜厚而坚实，上皮高度角质化，黏膜内无腺体。黏膜下静脉丛丰富，马的静脉丛最发达，形成一层类似于海绵体的结构。硬腭正中有一条纵行的腭缝 palatine raphe，腭缝两侧有多条横行的腭褶 palatine folds，牛约 20 条，羊约 14 条，马 16～18 条，猪 20～22 条。腭缝前端有一突起，称为切齿乳头 incisive papilla。切齿乳头两侧有切齿管的开口（马的为盲端），管的另一端通鼻腔。牛、羊的硬腭前端无上切齿而形成齿枕 pulvinus dentalis，又称齿垫 dental pad，为半月形的结缔组织板，被覆厚的黏膜。

（四）口腔底和舌

1. 口腔底 floor of the oral cavity　　大部分被舌所占据，前部以下颌骨切齿部为基础，表面覆有黏膜，黏膜上有一对乳头，为舌下阜 sublingual caruncle，是下颌腺管和长管舌下腺管的开口处（图 6-5）。猪和犬的舌下阜小，位于舌系带处。

2. 舌 tongue（图 6-6）　　位于固有口腔内。舌运动灵活，参与采食、咀嚼、吞咽、吸吮等活动；还有味觉、触觉等功能。

舌可分为舌尖、舌体和舌根 3 部分。舌尖 lingual apex 为舌前端游离部分，活动性大，向后延续为舌体。舌体 lingual body 位于两侧臼齿之间，附着于口腔底。舌尖和舌体交界处的腹侧有两条（牛、猪）或一条（马）黏膜褶，为舌系带 lingual frenulum（图 6-5）。

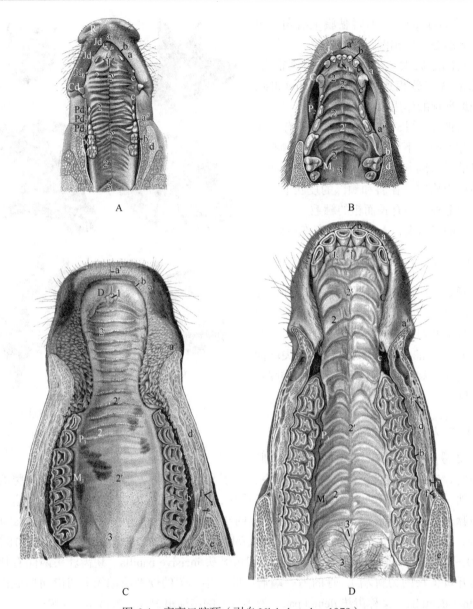

图 6-4　家畜口腔顶（引自 Nickel et al.，1979）

A. 猪；B. 犬；C. 牛；D. 马。J_2. 第 2 切齿；Jd_1～Jd_3. 乳切齿；C. 犬齿；Cd. 乳犬齿；D. 齿枕；P_2. 第 2 前臼齿；P_3. 第 3 前臼齿；Pd_1～Pd_4. 乳前臼齿；M，M_1. 第 1 臼齿；R. 吻突；a. 上唇；a'. 人中；a''. 口角；b. 唇前庭；b'. 颊前庭；c. 齿间隙；d. 颊、颊肌和颊背侧腺；e. 咬肌；f. 面动脉和静脉；f'. 腮腺管；f''. 部分颊静脉丛；1. 切齿乳头及切齿管开口（马为 2 个小凹）；2. 硬腭及腭褶（牛腭褶有锥状乳头）；2'. 腭缝；3. 软腭（及猪扁桃体小窝）；3'. 马腭帆扁桃体及扁桃体小窝

舌根 lingual root 为附着于舌骨的部分。

　　舌由舌肌和黏膜构成。舌肌为横纹肌，分舌固有肌和舌外来肌。舌固有肌起、止点均在舌内，由纵、横和垂直 3 种肌束组成。舌外来肌起始于舌骨和下颌骨，止于舌内，有茎突舌肌、舌骨舌肌、颏舌肌等。舌表面覆以黏膜，上皮为复层扁平上皮，舌背黏膜较厚，角质化程度高，并形成许多形态和大小不同的乳头，称舌乳头。舌黏膜深层有舌腺，以

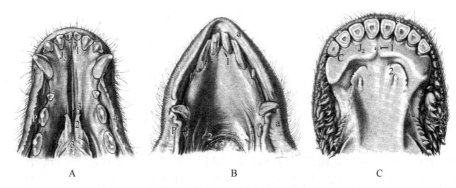

图 6-5　家畜口腔底前部（引自 Nickel et al.，1979）

A. 犬；B. 猪；C. 牛。J₂. 第 2 切齿；C. 犬齿；P₁. 第 1 前臼齿；P₃. 第 3 前臼齿；a. 下唇；a′. 唇乳头（牛）；
1. 口底器；2. 舌下阜及单口舌下腺和下颌腺开口；3. 舌系带

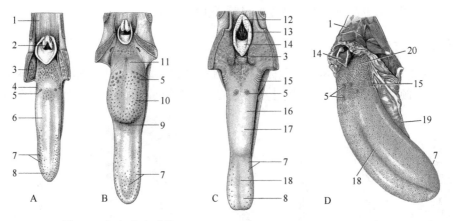

图 6-6　家畜舌（引自 König and Liebich，2007；Evans，1993）

A. 猪；B. 牛；C. 马；D. 犬。1. 食管；2. 喉口；3. 腭扁桃体；4. 叶状乳头；5. 轮廓乳头；6. 舌体；7. 菌状乳头；
8. 舌尖；9. 舌窝；10. 舌圆枕；11. 舌根；12. 杓状软骨小角突；13. 杓状会厌襞；14. 会厌；15. 叶状乳头；
16. 舌体；17. 舌背；18. 正中沟；19. 舌系带；20. 锥状乳头

许多小管开口于舌表面。舌根背侧黏膜内有发达的淋巴组织，称舌扁桃体 lingual tonsil。

（1）牛的舌　　舌体和舌根较宽厚，舌尖灵活，是采食的主要器官。舌背后部有一椭圆形的隆起，称舌圆枕 lingual torus。舌乳头有以下 4 种。

1）丝状乳头 filiform papillae：分布于舌背的前部，牛的丝状乳头因高度角质化，舌粗糙如木锉，有利于食物的摄入。上皮中无味蕾分布，无味觉功能。

2）锥状乳头 conical papillae：为角质化的圆锥形乳头，主要分布于舌体的背面。尖端向后，舌圆枕上的乳头形状不一，有的呈圆锥形，有的呈扁平豆状。舌圆枕后方的长而软。

3）菌状乳头 fungiform papillae：呈大头针帽状，数量较多，散布于舌背和舌尖的边缘。上皮中有味蕾，有味觉作用。

4）轮廓乳头 vallate papillae：每侧有 8～17 个，位于舌圆枕后方两侧。其中央稍隆起，周围有一环状沟。沟内的上皮中有味蕾。

（2）马的舌　　较长，舌尖扁平，舌体较大，舌背有以下 4 种乳头。

1）丝状乳头：呈丝状，密布于舌背和舌尖的两侧，上皮中无味蕾，仅起一般的感觉和机械保护作用。

2）菌状乳头：数量较少，分布于舌背和舌尖的两侧。

3）轮廓乳头：一般有两个，位于舌背后部中线的两侧，有时两乳头之间的稍后方还可见一小的乳头。

4）叶状乳头 foliate papillae：左、右各一个，位于舌体后部两侧缘，略呈长椭圆形，由若干黏膜褶组成。上皮中有味蕾。

（3）猪的舌　窄而长，舌尖薄，舌背黏膜有丝状乳头、菌状乳头、轮廓乳头、叶状乳头和锥状乳头。

（4）犬的舌　前部宽而薄，后部较厚，灵活，舌背正中沟明显。舌背有丝状乳头，舌根处有圆锥乳头，舌背的前部及两侧有菌状乳头，舌背后部两侧一般有 2 对轮廓乳头，有时可见 3 对轮廓乳头，排列成倒"V"形。腭舌弓前方有小的叶状乳头。在舌尖腹侧正中有一纵向的梭形条索，称蚓状体 lyssa，由纤维组织、肌组织和脂肪构成，可能起牵张感受器的作用。有的品种的犬（藏獒），其舌黏膜呈紫黑色。

（五）齿

齿 tooth（图 6-7～图 6-10）是体内最坚硬的器官，嵌于切齿骨和上、下颌骨的齿槽内。上、下颌齿均排列成弓状，称上、下齿弓。齿有切断、撕裂和磨碎食物的作用。

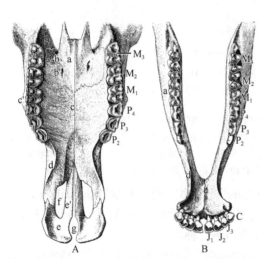

图 6-7　牛齿（引自 Nickel et al.，1979）

A. 6 岁牛上齿弓：$P_2\sim P_4$. 前臼齿；$M_1\sim M_3$. 臼齿；a. 腭骨水平板；b. 腭小孔；b′. 腭大孔；c. 上颌骨腭突；c′. 上颌骨齿槽突；c″. 面结节；d. 齿间隙；e. 切齿骨体；e′. 切齿骨腭突；f. 腭裂；g. 切齿骨间裂。B. 下齿弓：$J_1\sim J_3$. 切齿；C. 犬齿；$P_2\sim P_4$. 前白齿；$M_1\sim M_3$. 臼齿；a. 下颌骨臼齿部；b. 下颌骨切齿部；c. 下颌联合；d. 齿间隙

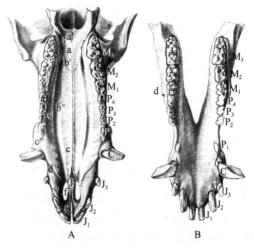

图 6-8　猪齿（引自 Nickel et al.，1979）

A. 2 岁猪上齿弓：$J_1\sim J_3$. 切齿；C. 犬齿；$P_1\sim P_4$. 前白齿；$M_1\sim M_3$. 臼齿；a. 腭骨水平板；a′. 鼻棘；b. 腭小孔；b′. 腭大孔；b″. 腭沟；c. 上颌骨腭突；c′. 上颌骨齿槽突；c″. 犬齿隆起；d. 齿间隙；e. 切齿骨体；e′. 切齿骨腭突；f. 腭裂；g. 切齿骨间裂。B. 下齿弓：$J_1\sim J_3$. 切齿；C. 犬齿；$P_1\sim P_4$. 前白齿；$M_1\sim M_3$. 臼齿；a. 下颌骨臼齿部；b. 下颌骨切齿部；c. 齿间隙；d. 颏孔之一

1. 齿的种类和齿式　齿按形态、位置和功能可分为切齿、犬齿和颊齿 3 种。

1）切齿 incisor：位于齿弓前部。牛、羊无上切齿，下切齿每侧有 4 枚，由内向外分别称为门齿、内中间齿、外中间齿和隅齿。有人认为牛隅齿是移位的犬齿。马、犬和猪上、下切齿每侧各有 3 枚，由内向外分别称门齿、中间齿和隅齿。

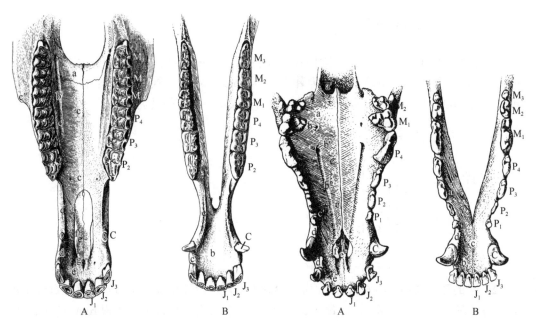

图 6-9　马齿（引自 Nickel et al.，1979）

A. 8 岁马上齿弓：$J_1 \sim J_3$. 切齿；C. 犬齿；$P_2 \sim P_4$. 前臼齿；$M_1 \sim M_3$. 臼齿；a. 腭骨水平板；b. 腭大孔；b'. 腭沟；c. 上颌骨腭突；c'. 上颌骨齿槽突；c''. 面嵴；d. 齿间隙；e. 切齿骨体；e'. 切齿骨腭突；f. 腭裂；g. 切齿骨间管。B. 下齿弓：$J_1 \sim J_3$. 切齿；C. 犬齿；$P_2 \sim P_4$. 前臼齿；$M_1 \sim M_3$. 臼齿；a. 下颌骨齿臼部；b. 下颌骨切齿部；c. 齿间隙

图 6-10　犬齿（引自 Nickel et al.，1979）

A. 1 岁犬上齿弓：$J_1 \sim J_3$. 切齿；C. 犬齿；$P_1 \sim P_4$. 前臼齿；$M_1 \sim M_2$. 臼齿；a. 腭骨水平板；a'. 鼻棘；b. 腭小孔；b'. 腭大孔；b''. 腭沟；c. 上颌骨齿槽突；c'. 上颌骨齿臼部；d. 齿间隙；e. 切齿骨体；e'. 切齿骨腭突；f. 腭裂。B. 下齿弓：$J_1 \sim J_3$. 切齿；C. 犬齿；$P_1 \sim P_4$. 前臼齿；$M_1 \sim M_3$. 臼齿；a. 下颌骨齿臼部；b. 下颌骨切齿部；c. 下颌联合；d. 齿间隙

2）犬齿 canine tooth：尖而锐，位于齿槽间隙处，上、下颌每侧各有 1 枚，约与口角相对。牛、羊无犬齿。母马一般无犬齿，有时在下颌出现，但很不发达。

3）颊齿 cheek tooth：位于齿弓后部，与颊相对。颊齿分为前臼齿 premolar 和臼齿 molar。牛和马前臼齿每侧上、下颌各有 3 枚，猪和犬有 4 枚；臼齿每侧上、下颌各有 3 枚，但犬的上臼齿每侧有 2 枚。

根据上、下齿弓各种齿的数目，即可写成齿式 dental formula：

$$2\left(\frac{切齿\quad 犬齿\quad 前臼齿\quad 臼齿}{切齿\quad 犬齿\quad 前臼齿\quad 臼齿}\right)$$

牛的恒齿式：$2\left(\dfrac{0\ 0\ 3\ 3}{4\ 0\ 3\ 3}\right)=32$

公马的恒齿式：$2\left(\dfrac{3\ 1\ 3(4)\ 3}{3\ 1\quad 3\quad 3}\right)=40 \sim 42$

母马的恒齿式：$2\left(\dfrac{3\ 0\ 3\ 3}{3\ 0\ 3\ 3}\right)=36$

猪的恒齿式：$2\left(\dfrac{3\ 1\ 4\ 3}{3\ 1\ 4\ 3}\right)=44$

犬的恒齿式：$2\left(\dfrac{3\ 1\ 4\ 2}{3\ 1\ 4\ 3}\right)=42$

齿在动物出生后逐个长出，除臼齿和猪的第一前臼齿外，其余齿到一定年龄时要按一定顺序更换一次。更换前的齿为乳齿 deciduous tooth，更换后的齿为永久齿或恒齿 permanent tooth。乳齿一般较小，颜色较白，磨损较快。家畜的乳齿式如下。

牛的乳齿式：$2\left(\dfrac{0\ 0\ 3\ 0}{4\ 0\ 3\ 0}\right)=20$

马的乳齿式：$2\left(\dfrac{3\ 1\ 3\ 0}{3\ 1\ 3\ 0}\right)=28$

猪的乳齿式：$2\left(\dfrac{3\ 1\ 3\ 0}{3\ 1\ 3\ 0}\right)=28$

犬的乳齿式：$2\left(\dfrac{3\ 1\ 3\ 0}{3\ 1\ 3\ 0}\right)=28$

2. 齿的形态结构（图 6-11） 齿一般分为齿冠、齿颈和齿根 3 部分。齿冠 crown of tooth 为露在齿龈以外的部分，齿颈 neck of tooth 为齿龈包盖的部分，齿根 root of tooth 为镶嵌在齿槽内的部分。切齿和犬齿齿根仅有一枚，颊齿齿根有 2～4 枚。齿内部有腔为齿腔，齿根的末端有孔通齿腔，齿腔内有富含血管、神经的齿髓。齿髓 pulpa dentis 有生长齿质和营养齿组织的作用，发炎时能引起剧烈的疼痛。齿髓在与齿质交接处有成齿质细胞 odontoblast，可继续形成次生齿质 secondary dentine，致使齿腔随年龄不断减小。次生齿质因磨损在嚼面上出现时，色较暗，称齿星 dental star。

齿由齿质、釉质和黏合质构成。齿质 dentine 略呈黄色，是齿的主要组成部分。在齿冠的齿质外面覆有光滑、坚硬、呈白色的釉质 enamel，在齿根的齿质表面被有齿骨质 cement 或黏合质。长冠齿的齿骨质除分布于齿根外，还包在齿冠釉质的外面，并折入齿冠磨面的齿漏斗内，致磨面凹凸不平，有助于草类食物的磨碎。

家畜的齿可分为长冠齿 hypselodont tooth 和短冠齿 brachyodont tooth。牛和马的颊齿及马的切齿属于长冠齿，可随磨面的磨损不断向外生长，所以齿颈不明显。长冠齿的嚼面上有 1～4（5）个被覆有釉质的漏斗状的凹陷，为齿漏斗 infundibulum dentis，又称齿坎或黑窝；随着齿的磨损，齿漏斗前方会出现齿星。牛的切齿及犬和猪的齿属于短冠齿，可明显地区分为齿冠、齿颈和齿根 3 部分，无齿漏斗。

（1）牛、羊齿的特点 牛无上切齿。下切齿呈铲形，无齿漏斗，齿颈明显；齿根圆细，嵌入齿槽内不深，略能摇动。牛无犬齿。牛的颊齿为月形齿，前臼齿较小，3 枚上前臼齿嚼面有一个半月形齿漏斗，3 枚上臼齿各有 2 个齿漏斗，上颊齿各有 3 枚齿根，2 枚在颊侧，1 枚在舌侧。下前臼齿嚼面无齿漏斗；3 枚下臼齿各有 2 个齿漏斗，下颊齿各有 2 枚齿根，一前一后。羊也无上切齿，下切齿齿冠较窄，齿颈不明显，齿根嵌入齿槽内较深，较牢固。

（2）猪齿的特点 恒切齿呈圆锥形，上切齿较小，方向近垂直，排列较疏；下切齿方向近水平，排列较密。乳犬齿小，恒犬齿发达。公猪的犬齿比母猪的发达，呈弯曲的三棱形。颊齿每侧 7 枚，前臼齿 4 枚，属于切齿型，第 1 前臼齿较小，又称狼齿，有时不存在。臼齿 3 枚，属于丘齿型，后部臼齿的齿结节数目较多。

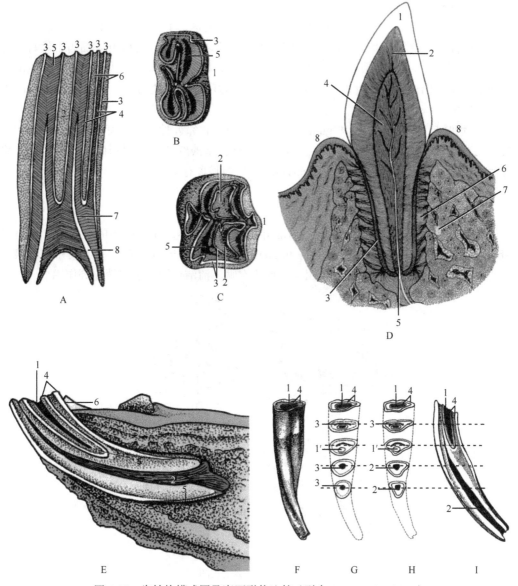

图 6-11　齿结构模式图及磨面形状比较（引自 Dyce et al.，2010）

A～C. 马臼齿纵切面、下臼齿磨面和上臼齿磨面：1. 颊（唇）面；2. 齿漏斗；3. 釉质；4. 齿质；5. 次生齿质；6. 齿骨质；7. 齿腔；8. 齿根管。D. 短冠齿结构：1. 釉质；2. 齿质；3. 齿骨质；4. 齿髓；5. 齿根尖孔；6. 齿周韧带；7. 齿槽；8. 齿龈。E～I. 马切齿原位纵切面、后面观、切齿磨面变化（齿漏斗越来越小直至消失，出现釉质斑，齿星出现，形状由线状逐渐变成圆形）、青年齿磨面形状比较和马切齿纵切面（示齿漏斗与齿腔的关系）：1. 齿漏斗；1′. 釉质斑；2. 齿腔；3. 齿星；4. 釉质环的外、内层；5. 齿骨质；6. 舌面

（3）马齿的特点　　切齿呈弯曲的楔形，嚼面有一齿漏斗，随着齿的磨损，在齿漏斗前方逐渐出现齿星，磨面的形状也由横椭圆形变成圆形、三角形甚至纵椭圆形。因此，马切齿的出齿、换齿、齿漏斗的磨损和消失、齿星的出现及磨面的形状，可作为年龄鉴别的依据。犬齿为短冠齿，乳犬齿小，常不露出齿龈外。公马的恒犬齿发达，呈弯曲的纺锤形。颊齿属于多褶形齿，上颊齿磨面较宽，除第1前臼齿和最后臼齿为三角形外，均近似正方形，嚼面有2个齿漏斗，齿根有3枚。下颊齿磨面较窄，为长方形，嚼面无

齿漏斗，齿根有2枚。

（4）犬齿的特点　切齿小，齿尖锋利。犬齿发达，上犬齿大于下犬齿。前臼齿上下颌每侧各有4枚，但上颌的第4前臼齿很发达，称裂齿 sectorial tooth。臼齿上颌每侧有2枚，下颌每侧有3枚，但下颌的第1臼齿很发达，称裂齿。犬的切齿、犬齿、第1前臼齿和下颌第3臼齿有1枚齿根，上颌第4前臼齿和臼齿有3枚齿根，其余前臼齿和臼齿有2枚齿根。

3. 齿龈与齿周膜　齿龈 gum 为包于齿颈周围和邻近骨上的黏膜，与口腔黏膜相延续，无黏膜下组织，齿龈神经分布少而血管丰富，呈淡红色。齿龈随齿伸入齿槽内，移行为齿周膜或称齿槽骨膜 alveolar periosteum。齿周膜含有丰富的神经、血管和淋巴管。

（六）口腔腺

唾液腺 salivary gland（图6-12）指能分泌唾液的腺体，除一些小的壁内腺，如唇腺 labial gland、颊腺 buccal gland 和舌腺 lingual gland 等外，还有腮腺、下颌腺和舌下腺等大唾液腺。唾液有浸润饲料、利于咀嚼、便于吞咽、清洁口腔和参与消化等作用。

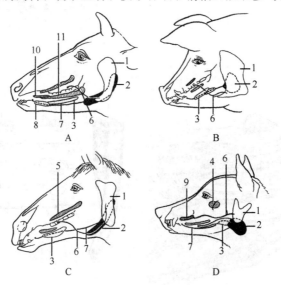

图6-12　唾液腺模式图

A. 牛；B. 猪；C. 马；D. 犬。1. 腮腺；2. 下颌腺；3. 多口舌下腺；4. 颧腺；5. 颊腺；6. 腮腺管；7. 下颌腺管；8. 单口舌下腺；9. 颊背侧腺；10. 颊中腺；11. 颊腹侧腺

1. 牛的唾液腺（图6-12A）

（1）腮腺 parotid gland　位于下颌支的后方，淡红褐色，呈狭长的倒三角形，上部宽厚，大部分位于咬肌后部的表面，下端尖小。腮腺管起于腺体下部深面，伴随面血管沿咬肌的腹侧缘和前缘伸延，开口于与第5上颊齿相对的颊黏膜上。

（2）下颌腺 mandibular gland　比腮腺大，部分被腮腺覆盖，从寰椎翼的腹侧向下向前沿下颌角伸延达下颌间隙。淡黄色，新月形，分叶明显。腺管起于腺体前缘的中部，向前伸延，横过二腹肌前肌腹表面，开口于舌下阜。

（3）舌下腺 sublingual gland　位于舌体与下颌骨之间的黏膜下，可分上、下两部。上部为多口舌下腺 polystomatic sublingual gland，较多腺管直接开口于口腔底。下部为单口舌下腺 monostomatic sublingual gland，其总导管伴随下颌腺管一同开口于舌下阜。

2. 猪的唾液腺（图 6-12B）

（1）腮腺 很发达，呈三角形，色较淡，位于耳根下方。腮腺管经下颌骨腹侧缘转至咬肌前缘开口于与第 4～5 上颊齿相对的颊黏膜上。

（2）下颌腺 较小而致密，略呈圆形，色淡红。位于腮腺深面。腺管开口于舌下阜。

（3）舌下腺 位于舌体和下颌骨之间的黏膜下，分前、后两部分。前部较大，为多口舌下腺，开口于舌体两侧的口腔底黏膜上；后部较小，为单口舌下腺，腺管向前伸延，开口于舌下阜。

3. 马的唾液腺（图 6-12C）

（1）腮腺 很大，呈长四边形，位于耳根腹侧、下颌骨后缘与寰椎翼之间，呈灰黄色，腺小叶明显。腮腺管在腺体的前下部由 3～4 个小支汇合而成，经下颌间隙向前延伸，至下颌面血管切迹处绕至面部，再沿咬肌前缘向上延伸，开口于与第 3 上臼齿相对的颊黏膜上。

（2）下颌腺 较腮腺小，长而弯曲，位于腮腺和下颌骨内侧，从寰椎翼下方向前伸至舌骨体。下颌腺管起自腺体的背缘，在其前端离开腺体，向前延伸，经舌下腺内侧至口腔底，开口于舌下阜。

（3）舌下腺 最小，长而薄，位于舌体和下颌骨之间的黏膜下，自颏角起向后伸至第 4 下颊齿处。有 30 余条短而直的舌下腺管，直接开口于舌两侧口腔底的黏膜上。马无单口舌下腺。

4. 犬的唾液腺（图 6-12D，图 6-13）

（1）腮腺 小，呈不规则的三角形。背侧围绕在耳廓的基部，腹侧端小并覆盖下颌腺。腮腺管横过咬肌表面开口于与第 4 上颊齿相对的颊黏膜上。有时可见小的副腮腺。

（2）下颌腺 常较腮腺大，长达 5cm，宽 3cm，卵圆形，淡黄色，上部被腮腺覆盖。下颌腺管开口于舌下阜。

（3）舌下腺 淡红色，前部为多口舌下腺，其腺管直接开口于口腔底壁的黏膜上。后部为单口舌下腺，腺管单独或与下颌腺管合并开口于舌下阜。

（4）颧腺 zygomatic gland 淡黄色，

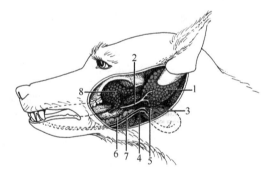

图 6-13 犬唾液腺（引自 Dyce et al.，2010）
1. 腮腺；2. 腮腺管；3. 下颌腺；4. 下颌腺管；5. 单口舌下腺；6. 多口舌下腺；7. 单口舌下腺管；8. 颧腺

位于眼眶内眼球外侧下方，腺管开口于与最后上颊齿相对的颊黏膜上。

二、咽 和 软 腭

1. 咽 pharynx（图 6-2，图 6-14） 咽位于口腔和鼻腔的后方、喉和食管的前上方，是呼吸系统和消化系统的共同通道。咽腔 pharyngeal cavity 分为鼻咽部、口咽部和喉咽部 3 部分。鼻咽部 nasopharynx 位于软腭背侧，前方经两个鼻后孔与鼻腔相通，后方经

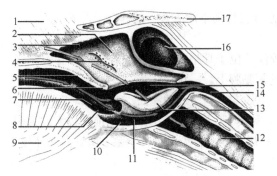

图 6-14　马咽部纵切，示鼻、口通路（引自 König and Liebich，2007）

1. 鼻中隔；2. 鼻咽部；3. 咽扁桃体；4. 咽鼓管咽口；
5. 软腭；6. 腭帆扁桃体；7. 口咽部；8. 舌扁桃体；9. 舌；
10. 腭扁桃体；11. 梨状隐窝；12. 气管；13. 喉；14. 咽的食管部；15. 喉咽部；16. 咽鼓管憩室；17. 蝶骨

咽内口通喉咽部。两侧壁上各有一咽鼓管咽口 pharyngeal opening of the auditory tube，经咽鼓管与中耳相通。马的咽鼓管在颅底和咽后壁之间形成一对膨大的咽鼓管憩室 pharyngeal diverticulum（Kirchner's diverticulum）（喉囊）。口咽部 oropharynx 也称咽峡，位于软腭和舌之间，前方经软腭、腭舌弓和舌根构成的咽口与口腔相通，后方通喉咽部。牛口咽部侧壁上有扁桃体窦，犬有扁桃体窝，内有腭扁桃体。喉咽部 laryngopharynx 为咽的后部，位于喉口背侧，较狭窄，后上方有食管口通食管，下方有喉口通喉腔。底壁在喉口两侧有梨状隐窝，可供液体（如唾液）流过。猪在食管口上方有咽憩室。

　　咽壁由黏膜、肌膜和外膜 3 层组成。咽黏膜衬于咽腔内面，分呼吸部和消化部两部分。软腭背侧面和腭咽弓以上为呼吸部，与鼻腔黏膜相似，被覆假复层柱状纤毛上皮；软腭腹侧面和腭咽弓以下为消化部，与口腔黏膜相似，被覆复层扁平上皮。咽黏膜内含有咽腺 pharyngeal gland 和淋巴组织。咽的肌肉为横纹肌，包括前、中和后 3 群咽缩肌（翼咽肌、腭咽肌和茎突咽前肌；舌骨咽肌；甲咽肌和环咽肌）和一对开张肌（茎突咽后肌），有缩小和开张咽腔的作用，以外膜与周围组织相连。

　　咽黏膜内淋巴组织较发达，形成的淋巴器官称扁桃体 tonsil（图 6-15）。扁桃体主要

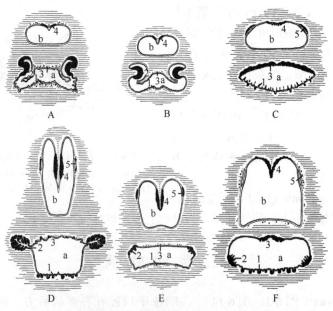

图 6-15　咽壁扁桃体示意图（引自 Nickel et al.，1979）

A. 犬；B. 猫；C. 猪；D. 牛；E. 羊；F. 马。a. 口咽部；b. 鼻咽部；1. 舌扁桃体；2. 腭扁桃体；3. 腭帆扁桃体；4. 咽扁桃体；5. 咽鼓管扁桃体

有下列几群：①舌扁桃体 lingual tonsil，位于舌根部背侧。②腭扁桃体 palatine tonsil，位于咽部侧壁上，反刍动物的腭扁桃体较发达，牛形成扁桃体窦 tonsillar sinus，开口于口咽部侧壁。猪无腭扁桃体。③腭帆扁桃体 tonsil of the soft palate，位于软腭口腔面黏膜下，猪的特别发达。④咽扁桃体 pharyngeal tonsil，位于鼻咽部顶壁。⑤咽鼓管扁桃体 tubal tonsil，位于咽鼓管咽口处的侧壁内。⑥会厌旁扁桃体 paraepiglottic tonsil，位于会厌基部两侧，牛和马缺。

2. 软腭 soft palate（图 6-2，图 6-14） 软腭也称腭帆（velum palatinum），为一含有肌组织和腺体的黏膜褶。前缘附着于腭骨，后缘游离。猪软腭游离缘正中常形成小的腭垂。软腭两侧与舌根和咽壁相连的黏膜褶，分别称为腭舌弓 palatoglossal arch 和腭咽弓 palatopharyngeal arch。软腭的肌肉主要为腭肌、腭帆张肌和腭帆提肌。软腭在吞咽过程中起活瓣的作用。吞咽时，软腭提起，会厌翻转盖住喉口，食物由口腔经咽进入食管。呼吸时，软腭下垂，空气经咽到喉或鼻腔。牛与猪的软腭短而厚，几乎呈水平位；犬的软腭也呈水平状；马的软腭特长，后缘伸达喉的会厌基部，因此很难用口呼吸。

第二节 食 管

食管 oesophagus 是食物通过的管道，连接于咽和胃之间，按部位可分为颈、胸和腹 3 段。颈段食管起始部位于喉和气管的背侧，至颈中部逐渐移至气管的左侧，经胸前口进入胸腔。胸段食管位于胸腔纵隔内，又转至气管的背侧向后延伸，穿过膈的食管裂孔（牛约在第 8 或 9 肋间隙处）进入腹腔。腹段食管很短，与胃的贲门相接。

食管黏膜被覆复层扁平上皮，白色；黏膜下组织发达，有丰富的食管腺 oesophageal gland；肌膜在牛和犬全部为横纹肌，马和猪在近胃处移行为平滑肌。食管外层在颈部为外膜，在胸、腹部被覆浆膜。

第三节 胃

胃 stomach 是消化管的膨大部分，位于腹腔内，在膈和肝的后方。胃前端以贲门与食管相接，后端以幽门与十二指肠相通。胃有暂存食物、分泌胃液、进行初步消化和推送食物进入十二指肠的作用。动物胃可分为单胃和复胃（或多室胃）两类（图 6-16）。

一、牛和羊的胃

牛和羊的胃为复胃，分瘤胃、网胃、瓣胃和皱胃。前 3 个胃的黏膜内无腺体分布，又称前胃 proventriculus，但其内有大量微生物，有发酵、分解粗纤维等作用。皱胃黏膜分布有腺体，与单胃动物的胃相似，又称真胃，以幽门接十二指肠。

1. 瘤胃 rumen（图 6-17～图 6-19） 成年牛瘤胃最大，约占 4 个胃总容积的 80%，占据腹腔的左半部，其后腹侧越过正中线突入腹腔右侧。瘤胃呈前后稍长，左、右略扁的椭圆形，瘤胃前方与网胃相通，与第 7～8 肋间隙相对；后端达骨盆前口。左侧面为壁面 parietal surface，凸，与脾、膈及左侧腹壁相接触；右侧面为脏面 visceral surface，与

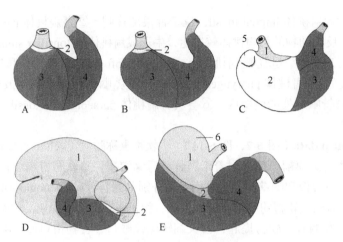

图 6-16　家畜胃形态及黏膜分区（引自 König and Liebich，2007）

A. 犬；B. 猫；C. 猪；D. 牛；E. 马。1. 无腺部；2. 贲门腺区；3. 胃底腺区；4. 幽门腺区；5. 胃憩室；6. 胃盲囊。A～C 和 E 为单胃；D 为复胃

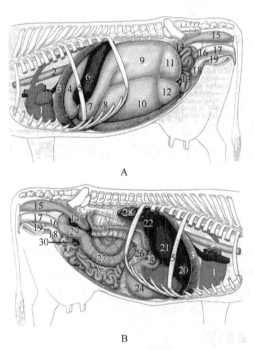

图 6-17　牛腹腔和盆腔内脏示意图（引自 König and Liebich，2007）

A. 左侧面；B. 右侧面。1. 心；2. 食管；3. 膈；4. 网胃；5. 第 8 肋；6. 脾；7. 瘤胃房；8. 瘤胃隐窝；9. 瘤胃背囊；10. 瘤胃腹囊；11. 后背盲囊；12. 后腹盲囊；13. 小肠；14. 降结肠；15. 直肠；16. 子宫；17. 阴道；18. 膀胱；19. 尿道；20. 肝左叶；21. 肝右叶；22. 肝尾叶；23. 胆囊；24. 皱胃；25. 十二指肠降部；26. 大网膜；27. 升结肠；28. 右肾；29. 盲肠；30. 卵巢和子宫角

瓣胃、皱胃、肠、肝和胰等相接触。背侧缘凸，以结缔组织与腰肌、膈脚相连；腹侧缘也凸，隔着大网膜与腹腔底壁接触。瘤胃的前、后两端有较深的前沟 cranial groove 和后沟 caudal groove；左、右两侧有较浅的左纵沟 left longitudinal groove 和右纵沟 right longitudinal groove。右纵沟向背侧发出右副沟 right accessory groove，与右纵沟围成瘤胃岛 ruminal island。在瘤胃的内面，有与上述各沟相对应的肉柱 muscular pillar。沟与肉柱共同围成环状，将瘤胃分成瘤胃背囊 dorsal sac of rumen 和瘤胃腹囊 ventral sac of rumen，背囊较长。由于前、后沟较深，在瘤胃背囊和腹囊的前、后端，分别形成瘤胃房（前囊）ruminal atrium、瘤胃隐窝 ruminal recess、后背盲囊 caudodorsal blind sac 和后腹盲囊 caudoventral blind sac。后背盲囊和后腹盲囊前方分别有背侧冠状沟 dorsal coronary groove 和腹侧冠状沟 ventral coronary groove。

瘤胃入口为贲门 cardia，位于瘤胃与网胃交界处，约与第 7 或第 8 肋中点相对。在贲门附近，瘤胃与网胃无明显分界，形成一个穹隆，为胃房 atrium ventriculi，又称瘤胃前庭。瘤胃借瘤网胃口 ruminoreticular orifice 与网胃相通，瘤网胃口大，其腹侧和两侧为瘤网胃襞 ruminoreticular fold，瘤网胃襞外表的对应部分为瘤网胃沟 ruminoreticular groove。羊瘤胃腹囊较大，且大部分位于腹腔右侧；后腹盲囊很大，后背盲囊不明显。

瘤胃壁由黏膜、黏膜下组织、肌膜和浆膜构成。黏膜呈棕黑色或棕黄色（肉柱色较浅），表面有无数密集的扁平乳头，乳头大小不等，瘤胃腹囊和盲囊内的乳头最发达，肉柱和瘤胃前庭的黏膜无乳头。乳头与瘤胃的吸收功能有关。黏膜上皮为复层扁平上皮，内无腺体。肌膜很发达，由外纵层和内环层分化形成的纵肌、环肌、外斜肌和内斜肌构成（图 6-19）。外层为浆膜，但背囊顶壁和脾附着处浆膜缺如。

2. 网胃 reticulum（图 6-17，图 6-18，图 6-20） 成年牛网胃在 4 个胃中最小，约占 4 个胃总容积的 5%。网胃呈前后稍扁的梨形，位于季肋部正中、瘤胃房的前下方，与第 6～8 肋间隙相对。网胃壁面凸，与膈、肝接触；脏面平，与瘤胃背囊贴连。网胃的下端为网胃底 fundus of reticulum，与膈的胸骨部相接触。网胃上端有瘤网胃口，与瘤胃背囊相通；瘤网胃口的右下方有网瓣胃口 reticulo-omasal orifice，与瓣胃相通。

网胃壁的结构与瘤胃相似，但黏膜具有网胃崤 ridge，形成具有 4、5 或 6 个面的网胃房 cell，呈网格状，似蜂巢，故有蜂巢胃之称（图 6-20）。房底还有较低的次级皱褶，

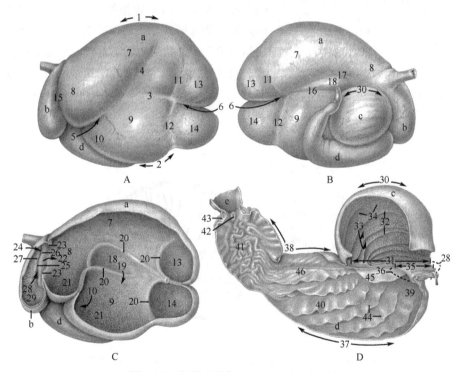

图 6-18 牛胃（引自 Budras et al., 2003）

A. 胃左侧面；B. 胃右侧面；C. 瘤胃和网胃左侧切面；D. 瓣胃和皱胃右侧切面。a. 瘤胃；b. 网胃；c. 瓣胃；d. 皱胃；e. 十二指肠；1. 背侧弯；2. 腹侧弯；3. 左纵沟；4. 左副沟；5. 前沟；6. 后沟；7. 背囊；8. 瘤胃房；9. 腹囊；10. 瘤胃隐窝；11. 背侧冠状沟；12. 腹侧冠状沟；13. 后背盲囊；14. 后腹盲囊；15. 瘤网胃沟；16. 右纵沟；17. 右副沟；18. 瘤胃岛；19. 瘤胃内口；20. 肉柱；21. 瘤胃乳头；22. 瘤网胃口；23. 瘤网胃襞；24. 贲门；25. 网胃沟；26. 右唇；27. 左唇；28. 网瓣胃口；29. 网胃崤和房；30. 瓣胃弯；31. 瓣胃底；32. 瓣叶；33. 叶间隐窝；34. 乳头；35. 瓣胃沟；36. 瓣皱胃口；37. 皱胃大弯；38. 皱胃小弯；39. 皱胃底；40. 皱胃体；41. 幽门部；42. 幽门圆枕；43. 幽门括约肌；44. 皱胃旋襞；45. 皱胃帆；46. 皱胃沟

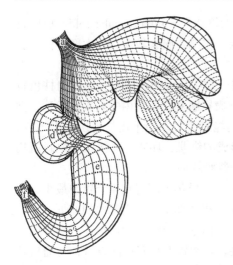

图 6-19 牛胃肌层（引自 Nickel et al.，1979）

a. 贲门；b，b'. 瘤胃背囊和腹囊；c. 网胃；d. 瓣胃；e，e'. 皱胃；f. 幽门。实线代表纵肌层，在瘤胃背囊为外斜纤维；在网胃沟、瓣胃和皱胃为纵肌层。圆点线代表环肌。断续线代表内斜纤维，见于瘤胃背囊、腹囊和环绕盲囊，并形成网胃沟唇和贲门袢

在皱褶和房底有密集细小的角质乳头；网瓣胃口处有细而弯的爪状乳头。在网胃壁的内面有网胃沟。网胃沟 reticular groove 又称食管沟，起自贲门，沿瘤胃前庭和网胃右侧壁向下延伸至网瓣胃口，由左、右唇和网胃沟底构成，沟呈螺旋状扭曲。犊牛的食管沟机能完善，可扭转闭合成管，使乳汁由贲门经此及瓣胃管直达皱胃。成年牛的食管沟闭合不全。食管沟的黏膜平滑，色淡，无乳头。网胃肌膜发达，收缩时胃腔几乎完全闭合，与反刍时逆呕有关。

因瘤网胃口就在贲门的下方，食入胃内的金属异物易进入网胃，且网胃较小，当网胃收缩时则易刺穿网胃壁，引起创伤性网胃炎，严重者还会穿过膈而刺入心包，继发创伤性心包炎。

3. 瓣胃 omasum（图 6-18，图 6-20） 瓣胃约占成年牛 4 个胃总容积的 7%，羊瓣胃最小。呈两侧稍扁的球形，位于右季肋部，其位置体表投影相当于第 7～11 肋间隙的下部。壁面隔着小网膜与肝、膈接触；脏面与瘤胃、网胃及皱胃等贴连。凸缘为瓣胃弯 curvature of omasum，朝向右后上方；凹缘为瓣胃底 base of omasum，朝向左前下方。瓣胃以瓣皱胃口通皱胃。

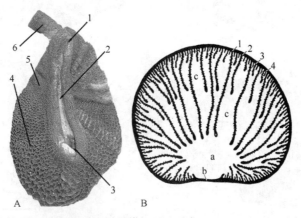

图 6-20 牛网胃沟和瓣胃横切面（引自 Nickel et al.，1979）

A. 网胃沟：1. 贲门；2. 网胃沟底；3. 网瓣胃口；4. 网胃黏膜；5. 瘤胃黏膜；6. 食管。B. 瓣胃横切面：a. 瓣胃管；b. 瓣胃沟；c. 叶间隐窝；1. 大瓣叶；2. 中瓣叶；3. 小瓣叶；4. 最小瓣叶

瓣胃壁的结构与瘤胃和网胃的结构相似。瓣胃内的黏膜形成百余片新月形的瓣胃叶 omasal laminae，故称百叶胃（或百叶肚）。瓣胃叶可按宽窄分为大、中、小和最小 4 级并相间排列，瓣叶上有许多乳头。瓣胃底无瓣叶，形成瓣胃沟 omasal groove，沟的两侧以黏膜褶为界。瓣胃沟与大瓣叶游离缘之间形成瓣胃管 omasal canal，其上、下端分别有

网瓣胃口和瓣皱胃口 omasoabomasal orifice。瓣皱胃口具有一对低矮的黏膜褶,称皱胃帆 abomasal velum,有启闭作用。瓣胃叶具有较发达的肌组织。瓣胃因瓣叶多,面积增大,对水分和瘤胃中粗纤维分解产物的吸收作用明显,且对食物有一定的研磨作用。

4. 皱胃 abomasum(图6-17,图6-18) 呈弯曲的梨形长囊,占4个胃总容积的8%。位于右季肋部和剑突软骨部,其位置体表投影为第8~12肋的下部。皱胃脏面接瘤胃隐窝,充盈时可从瘤胃房下方越至左侧接左腹壁;壁面接右腹壁。大弯 greater curvature 凸向腹侧,接腹腔底壁;小弯 lesser curvature 凹,上接瓣胃。前端呈盲囊状膨大,为皱胃底 fundus。皱胃体 body 在瘤胃腹囊与瓣胃之间向后延伸,后端狭窄部为幽门部 pyloric part,其出口处为幽门 pylorus。

皱胃黏膜光滑、柔软,在胃底和大部分胃体部形成12~14片螺旋形大皱褶,称皱胃旋襞 spiral abomasal folds,皱胃小弯处形成皱胃沟 abomasal groove。围绕瓣皱胃口的狭小区,黏膜色淡,为贲门腺区,内有贲门腺 cardiac gland;胃底和大部分胃体的黏膜呈灰红色,为胃底腺区,内有胃底腺 fundic gland;幽门部及其附近区域的黏膜略呈黄色,为幽门腺区,内有幽门腺 pyloric gland。贲门腺和幽门腺分泌黏液,有保护胃黏膜的作用,胃底腺的分泌物有分解蛋白质的作用。皱胃肌膜的环肌在幽门处形成发达但并不完整的幽门括约肌,在幽门小弯处形成幽门圆枕 torus pyloricus,长约3cm,幽门括约肌和幽门圆枕与幽门开闭相关。皱胃外面被覆以浆膜。

在生产实践中,由于管理不当等原因,反刍动物前胃和皱胃疾病较常见,如前胃弛缓、瘤胃积食、瘤胃臌气、创伤性网胃腹膜炎、瓣胃阻塞、皱胃变位与扭转、皱胃阻塞等。急性瘤胃臌气时,腹围扩张,左侧腰旁窝凸起,叩诊有击鼓音。如果进行瘤胃穿刺放气,套管针穿刺部位应选择在左侧腰旁窝臌气最明显的部位。瓣胃阻塞时,在右侧第7~9肋间肩关节水平线上听诊,瓣胃蠕动音低沉;以拳击之,有退让、踢足等疼痛表现。皱胃左侧变位时,在左侧中部倒数第2~3肋间叩诊,同时用听诊器听诊,可听到的声音类似钢管音。

5. 网膜 可分为大网膜和小网膜。

(1)大网膜 greater omentum 很发达,分为浅、深两层(图6-21)。浅层 superficial wall 起于瘤胃左纵沟,向下绕过瘤胃腹囊至右侧腹壁,沿右侧腹壁向上延伸,连于皱胃大弯及十二指肠前部和降部。浅层大网膜由瘤胃后沟折转到右纵沟,转为大网膜深层。深层 deep wall 起自于瘤胃右纵沟,向下达腹底壁,沿浅层大网膜深面向右,再向上至十二指肠降部与浅层汇合。大网膜浅、深两层之间的腔隙为网膜囊后隐窝 caudal omental recess,瘤胃腹囊位于其中。大网膜深层和瘤胃背囊的脏面围成的兜袋称网膜上隐窝 supraomental recess,大部分肠位于其中。网膜上隐窝向后与腹膜腔相通。

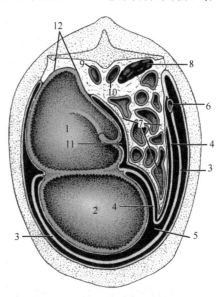

图6-21 牛大网膜位置示意图(引自 Dyce et al.,2010)

1. 瘤胃背囊;2. 瘤胃腹囊;3. 大网膜浅层;4. 大网膜深层;5. 网膜囊;6. 十二指肠降部;7. 肠;8. 右肾;9. 主动脉;10. 后腔静脉;11. 网膜上隐窝;12. 瘤胃腹膜后附着

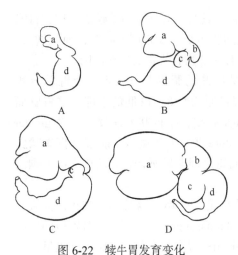

图 6-22　犊牛胃发育变化

（引自 Nickel et al.，1979）

A. 3 日龄；B. 4 周龄；C. 3 月龄；D. 成年牛。
　a. 瘤胃；b. 网胃；c. 瓣胃；d. 皱胃

大网膜上常沉积有大量的脂肪，脂肪的含量与动物的营养状况有关，营养状况良好，脂肪沉积更明显。由于大网膜内含有大量的巨噬细胞，其还是腹腔内的重要防卫器官。

（2）小网膜 lesser omentum　　起于肝的脏面，连于肝门至食管压迹处，越过瓣胃与皱胃小弯和十二指肠前部相接。

6. 犊牛胃的特点　　犊牛的胃（图 6-22），由于吃奶，皱胃特别发达，瘤胃和网胃的容积相加约等于皱胃容积的一半。10～12 周后，由于瘤胃逐渐发育，其容积为皱胃的两倍，此时由于瓣胃并无机能，仍很小。4 个月后，随着消化植物性饲料能力的出现，瘤胃、网胃和瓣胃容积迅速增大，瘤胃和网胃容积约为皱胃容积的 4 倍。至一岁多时，瓣胃和皱胃容积近乎相等，4 个胃的容积达到成年时的比例。4 个胃容积变化的速度受食物的影响，在提前大量饲喂植物性饲料时，瘤胃、网胃和瓣胃的发育速度要比喂乳汁的迅速。

二、猪　　胃

1. 胃的位置和形态　　猪胃（图 6-23）为单胃，容积较大，有 5～8L，横卧于腹前部，位于季肋部和剑突软骨部，当胃内充满食物时，可向后伸达剑突软骨部与脐部之间的腹腔底壁。猪胃略呈"U"形弯曲，其凸缘为胃大弯，朝向左下方，凹缘为胃小弯，朝向右上方，并形成角切迹。胃的壁面朝前，与肝和膈接触；脏面朝后，与肠、大网膜、肠系膜和胰等相邻。胃的左端大而圆，近贲门处有一锥形盲突，称为胃憩室 gastric diverticulum，突向右后方。右端（幽门部）小，急转向上，以幽门与十二指肠相连。

2. 胃壁的结构　　猪胃属混合型或食管—肠型胃，结构与马胃相似，其黏膜可分无腺部和腺部。无腺部面积很小，为贲门周围的区域，向左侧延伸至胃憩室，色白，被覆以复层扁平上皮。腺部的面积很大，分 3 个腺区：贲门腺区，猪的特别大，几乎占据胃的 1/3，包括胃底，从胃憩室伸至胃的中部，黏膜薄且柔软，淡红色或淡灰色；胃底腺区较小，沿胃大弯分布，不达胃小弯，黏膜较厚、呈棕红色，有皱褶和胃小凹；幽门腺区最小，位于幽门部，黏膜灰白色至黄色，有不规则的黏膜皱褶。在幽门处内面有自小弯一侧向内突出的一个纵长鞍形隆

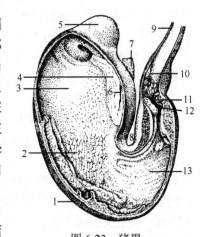

图 6-23　猪胃

1. 胃大弯；2. 胃底腺区；3. 贲门腺区；4. 无腺部；5. 胃憩室；6. 贲门；7. 食管；8. 胃小弯；9. 十二指肠；10. 十二指肠大乳头；11. 幽门；12. 幽门圆枕；13. 幽门腺区

起，称为幽门圆枕 torus pyloricus，与其对侧的唇形隆起相对，有关闭幽门的作用。

猪的大网膜发达，起于胃大弯，向后上方连于横结肠和脾。大网膜浅、深两层间的腔隙为网膜囊（网膜囊后隐窝）。在营养良好的个体，网膜含有丰富的脂肪而呈网格状。小网膜为联系胃小弯和肝的腹膜褶。

三、马　胃

1. 胃的位置和形态　马胃（图6-24）为单胃，容积为5～8L，大的可达12L（驴的为3～4L）。位于腹腔前部、膈的后方，大部分位于左季肋区，小部分位于右季肋区。其腹侧缘即使在饱食状态下也不达腹腔底壁。胃呈扁平弯曲的"U"形囊状，胃大弯 greater curvature 凸，朝向左下方，胃小弯 lesser curvature 凹，朝向右上方，并形成深而窄的角切迹 angular notch。壁面朝向左前上方，与膈、肝接触；脏面朝向右后下方，与大结肠、小结肠、小肠、胰及大网膜相接触。胃的左端向后上方膨大，形成胃盲囊 saccus caecus，位于左膈脚和第15～17肋上端的腹侧；胃的右端较细小，位于体中线的右侧，在肝的后方。胃的入口为贲门，位于胃小弯的左侧，在膈的食管裂孔附近。食管与贲门几乎呈锐角相连；胃的出口为幽门，位于胃小弯的右侧，与十二指肠相连。

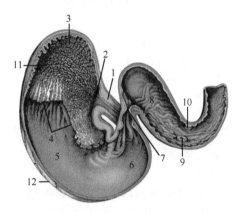

图6-24　马胃和十二指肠前部黏膜（引自 Dyce et al.，2010）

1. 食管；2. 贲门；3. 胃盲囊；4. 褶缘；5. 胃底腺区；6. 幽门腺区；7. 幽门；8. 十二指肠前部；9. 十二指肠大乳头；10. 十二指肠小乳头；11. 无腺部；12. 胃大弯

马胃可分为4部分：贲门周围为贲门部 cardiac portion；贲门以上为胃底 fundus，向左后上方膨大形成胃盲囊；贲门与角切迹之间为胃体 body；角切迹至幽门为幽门部 pyloric portion。幽门部内腔又分为两部分，左侧部分宽大，为幽门窦 pyloric antrum，右侧部分狭小，为幽门管 pyloric canal，二者无明显分界。

2. 胃壁的结构　马胃为混合型胃，其黏膜被一明显的褶缘 plicate border 分为两部分，即无腺部和腺部。褶缘以上的部分黏膜厚而苍白，与食管黏膜相接，衬以复层扁平上皮，无消化腺分布，称无腺部 nonglandular part。褶缘以下和幽门部的黏膜柔软而皱，衬以单层柱状上皮，内部含有腺体，称腺部 glandular part。腺部分为3个界线不清的腺区：贲门腺区 cardiac gland region，为沿褶缘分布的窄带状区域，呈灰黄色，黏膜内含贲门腺；在贲门腺区下方的大片棕红色区域，黏膜厚且表面有小凹，内含胃底腺，称为胃底腺区 fundic gland region；胃底腺区的右侧及幽门部的黏膜薄而呈灰黄或灰红色，内含幽门腺，为幽门腺区 pyloric gland region。黏膜下层为疏松结缔组织。肌膜可分为3层：外层为纵肌，很薄；中层为环肌，仅存在于有腺部，在幽门处增厚形成发达的幽门括约肌；内层为斜肌，仅分布于无腺部，在贲门处最厚，形成发达的贲门括约肌。最外层为浆膜。

大网膜不发达，附着于胃大弯、十二指肠前部、大结肠末部、小结肠起始部和脾门，形成小的网膜囊 omental bursa，折叠于胃和小肠之间。网膜囊经肝右叶脏面与十二指肠之间的

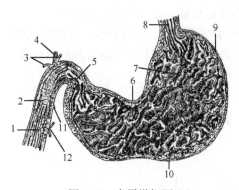

图 6-25　犬胃纵切面

1. 十二指肠小乳头；2. 十二指肠大乳头；3. 肝管；
4. 胆管；5. 幽门；6. 胃小弯；7. 胃褶；8. 食管；
9. 胃底；10. 胃大弯；11. 主胰管；12. 副胰管

网膜孔通腹膜腔。小网膜是将胃小弯和十二指肠前部连接于肝门的腹膜褶，可分为两部分。联系胃与肝之间的部分称为肝胃韧带；联系肝与十二指肠之间的部分称为肝十二指肠韧带。

四、犬　胃

1. 胃的位置和形态　　犬胃（图 6-25）为单胃，容积较大，中型犬胃容积为 2.5L 左右。犬胃呈近似于"V"形囊状，胃大弯朝向左后下方，胃小弯面向右前上方，高度弯曲，并围绕肝的乳头突，左端膨大，位于左季肋部，最高点可达第 11、12 肋的椎骨端，仅幽门部位于右季肋部。胃空虚时，前腹侧被肝和膈掩盖，后部被肠管遮盖，不易观察和触摸，其壁面向腹侧和左前方，与肝接触，脏面向背侧和右后方，与肠管接触。胃充盈时，与腹腔底壁相接触，突出于肋弓之后。

2. 胃壁的结构　　犬胃属腺型胃，缺无腺部。胃黏膜形成大量的纵褶，分为 3 个腺区：贲门腺区很小，为靠近贲门的部分；胃底腺区最大，占全胃面积的 2/3，黏膜较厚，呈红褐色；幽门腺区较小，为胃的右侧部，黏膜较薄，色苍白。

犬的大网膜很发达，分浅、深两层，浅层起于胃大弯，沿腹腔底壁向后延伸至膀胱，折转向背侧为深层，在浅层和空肠袢之间前行，经空肠前端和胃脏面至腹腔背侧壁。在胃后方，深层内有胰左叶。小网膜自胃小弯至肝门，在肝与胃的贲门之间有一小段附着于膈。

第四节　肠、肝和胰

一、肠、肝和胰的一般形态结构

（一）肠

肠 intestine（图 6-1）起自幽门，止于肛门，肠管很长，盘曲于腹腔内，借肠系膜悬挂于腹腔顶壁，可分为小肠和大肠两部分。小肠又分为十二指肠、空肠和回肠 3 段，是食物进行消化和吸收的主要部位。大肠又分为盲肠、结肠和直肠 3 段，其主要功能是消化纤维素、吸收水分、形成和排出粪便等。肠管的长度与采食的食物性质、数量等有关，其中草食动物的肠管较长（反刍动物的更长），肉食动物的较短，杂食动物的介于两者之间。

1. 小肠 small intestine　　很长，管径较小，由黏膜、黏膜下层、肌膜和浆膜构成。黏膜形成许多环形皱褶和微细的小肠绒毛 intestinal villi，突入肠腔，以增加与食物的接触面积。小肠的消化腺很发达，有壁内腺和壁外腺两类。壁内腺除分布于整个肠管壁固有膜内的肠腺外，在十二指肠和空肠前部的黏膜下层内还分布有十二指肠腺；壁外腺有肝和胰，可分泌胆汁和胰液，由导管通入十二指肠内。黏膜含有大量的淋巴小结，包括淋巴孤结和淋巴集结。

（1）十二指肠 duodenum　　是小肠的第一段，其形态、位置和行程在各种家畜中都相似，分3部3曲，顺次为十二指肠前部、前曲、降部、后曲、升部和十二指肠空肠曲。起始部形成一"乙"状弯曲，为前部 cranial portion，折转为前曲 cranial duodenal flexure，而后沿右季肋部向后上方延伸至右肾腹侧或后方，为降部 descending portion；在右肾后方或髂骨翼附近向左弯曲，形成后曲 caudal duodenal flexure（也称横部），再向前延伸称为升部 ascending portion，与降结肠并行，两者之间以十二指肠结肠襞 duodenocolic fold 相连，在肠系膜前动脉起始部附近延续为空肠，移行处为十二指肠空肠曲 duodenal jejunal flexure。

（2）空肠 jejunum　　是小肠中最长的一段，解剖时常呈空虚状态。空肠形成无数肠圈，以发达的空肠系膜悬挂于腹腔顶壁，活动性较大。

（3）回肠 ileum　　是小肠的最后一段，很短，与空肠无明显分界，但肠管较直，肠壁较厚。在回肠和盲肠体之间有回盲襞 ileocaecal fold，常作为空肠和回肠的分界。回肠末端开口于盲肠或盲肠与结肠的交界处。

2. 大肠 large intestine（图6-26）　　比小肠短，一般管径较粗，也由黏膜、黏膜下层、肌膜和浆膜构成。黏膜不形成环形皱褶和肠绒毛，有淋巴小结和大肠腺，大肠发达的一般都有纵肌带和肠袋。

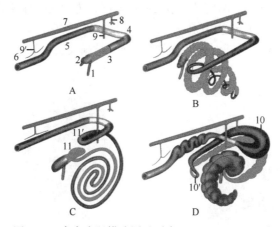

图6-26　家畜大肠模式图（引自 Dyce et al.，2010）

A. 犬；B. 猪；C. 牛；D. 马。1. 回肠；2. 盲肠；3. 升结肠；4. 横结肠；5. 降结肠；6. 直肠和肛门；7. 主动脉；8. 腹腔动脉；9. 肠系膜前动脉；9′. 肠系膜后动脉；10. 升结肠膈曲；10′. 升结肠骨盆曲；11. 升结肠近袢；11′. 升结肠远袢

（1）盲肠 cecum　　呈盲囊状或试管状，其大小因动物种类而异，草食动物的盲肠较发达，尤其是马的盲肠特别发达。盲肠的位置（除猪外）均位于腹腔右侧。盲肠一般有两个开口，即回盲口和盲结口，分别与回肠和结肠相通。

（2）结肠 colon　　各种家畜结肠的大小、长短、位置和形态虽不相同，但都分为升结肠、横结肠和降结肠3部分。

（3）直肠 rectum　　直肠为大肠的最后一段，位于盆腔内，后端与肛门相连。直肠的前端为腹膜部，表面覆有浆膜，后部为腹膜后部，表面无浆膜，而由疏松结缔组织与周围器官相连。

（4）肛管 anal canal 和肛门 anus　　　肛管是消化管的末端，分肛柱区 columnar zone、

中间区 intermediate zone 和皮区 cutaneous zone 三部分。肛门为肛管的后口,外层为皮肤,薄而富含皮脂腺和汗腺;内层为复层扁平上皮构成的黏膜并形成许多纵褶;中层为肌层,主要由肛门内括约肌(平滑肌)和外括约肌(横纹肌)组成。此外还有肛提肌。

(二)肝

1. 肝的位置和形态 动物的肝 liver(图 6-27)都位于腹前部,膈后偏右侧。一般呈红褐色扁平状。膈面凸,与膈接触;脏面凹,与胃、肠等接触,并有这些器官的压迹。脏面中央有一肝门 hepatic porta,为肝动脉、门静脉、肝神经、淋巴管及肝管等进出肝的部位。多数家畜(马属动物除外)肝的脏面有一胆囊 gall bladder。肝的背侧缘钝圆,其左侧有食管压迹 oesophageal impression,右侧有一斜向壁面的腔静脉沟 groove for the vena cava caudalis,内有后腔静脉通过,且有数条肝静脉直接进入后腔静脉。腹侧缘薄,并有叶间切迹将肝分为左、中、右 3 叶,但不同动物的分叶模式有差异。肝的右侧与肾接触,常形成较深的右肾压迹 renal impression。在肝的表面覆有浆膜,并形成韧带将肝固定于腹腔内:左、右三角韧带 left and right triangular ligament 分别自肝左叶和肝右叶的背侧缘至膈;冠状韧带 coronary ligament 自腔静脉沟两侧至膈中央腱,两侧分别与左、右三角韧带相连;镰状韧带 falciform ligament 在腔静脉沟下端由冠状韧带延伸至膈的胸骨部和腹底壁前部。镰状韧带游离缘上有呈索状的肝圆韧带,沿腹底壁至脐,为胎儿脐静脉的遗迹。

肝占体重的比例在食草动物为 1%~1.5%,猪为 2%~3%,犬为 3%~4%。

2. 肝的结构和功能 肝由被膜和实质构成。被膜表层为浆膜,深层为结缔组织,伸

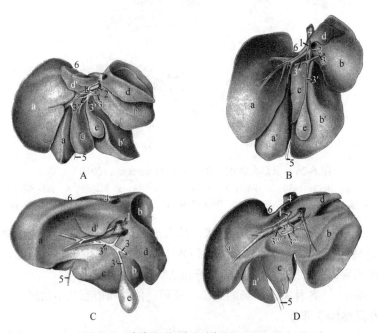

图 6-27 家畜肝脏面(引自 Nickel et al.,1979)

A. 犬;B. 猪;C. 牛;D. 马。a, a'. 左叶;a. 左外叶,左叶(牛);a'. 左内叶;b, b'. 右叶;b. 右外叶(犬、猪),右叶(牛、马);b'. 右内叶;c. 方叶;d, d'. 尾叶;d. 尾状突;d'. 乳头突;e. 胆囊(马无);1~3. 肝门处的血管和胆总管;1. 肝动脉的肝支;2. 肝门静脉;3. 胆总管(马除外);3'. 胆囊管(马除外);3″. 肝总管(猪、马),左肝管(犬、牛);3‴. 左、右肝管;4. 后腔静脉;5. 圆韧带;6. 食管压迹

入实质形成支架，将实质分成许多肝小叶 hepatic lobule。肝小叶中央为中央静脉，肝细胞索或肝板 hepatic plate 围绕中央静脉呈放射状排列。肝细胞索之间的腔隙为窦状隙 sinusoid space，也称肝窦，是毛细血管的膨大部，内有库普弗细胞。肝的主要功能是分泌胆汁，同时具有解毒、防御、物质代谢、造血、贮血等作用。胆汁由肝细胞分泌，通过肝管输出，再经胆囊管贮存于胆囊，经胆总管排至十二指肠。胆汁具有促进脂肪的消化、脂肪酸和脂溶性维生素的吸收等作用。胃肠道吸收的物质经门静脉进入肝内，其中的营养物质被肝细胞分解或合成为机体所需的多种重要物质，有的贮存于肝细胞内，有的释放入血液，供机体利用；有毒物质被肝细胞分解或结合转化为毒性较小或无毒物质，与代谢产物一起经血液转运至排泄器官排出体外；微生物和异物被肝的库普弗细胞吞噬消化清除。另外，肝细胞能够产生血浆蛋白、凝血酶等，肝窦能贮存一定量的血液，因此肝也有造血、贮血功能。

（三）胰

　　胰 pancreas 通常呈淡红灰色或淡黄色，具有明显的小叶结构，由外分泌部和内分泌部组成。外分泌部占胰的大部分，属消化腺，分泌胰液，内含多种消化酶，对淀粉、脂肪和蛋白质有消化作用。内分泌部称胰岛 pancreatic island，分泌胰岛素和胰高血糖素，对糖代谢起主要作用。各种家畜胰的形状、大小差异较大，但均位于十二指肠襻内，其导管直接开口于十二指肠（图6-28）。

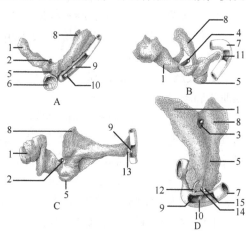

图6-28　家畜胰（引自 König and Liebich，2007）

A. 犬；B. 猪；C. 牛；D. 马。1. 胰左叶；2. 胰切迹和门静脉；3. 胰环和门静脉；4. 门静脉；5. 胰体；6. 幽门；7. 十二指肠；8. 胰右叶；9. 十二指肠小乳头；10. 十二指肠大乳头；11. 十二指肠小乳头和副胰管；12、13. 副胰管；14. 胰管；15. 胆管

二、牛和羊的肠、肝和胰

（一）肠

　　牛的肠（图6-29）约为体长的20倍（羊约为体长的25倍），几乎全部位于体正中矢面右侧。借总肠系膜悬挂于腹腔顶壁，并在肠系膜中折转，形成一圆形肠盘，肠盘中央为大肠，周围为小肠。

　　1. 小肠　牛和羊的小肠很长，管径较小，牛小肠平均为40m，直径5~6cm，羊的平均为25m，直径2~3cm。淋巴孤结丰富，淋巴集结常呈狭带状，回肠口处的淋巴集结可延续到大肠。

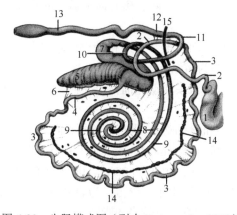

图6-29　牛肠模式图（引自 Dyce et al.，2010）

1. 皱胃幽门部；2. 十二指肠；3. 空肠；4. 回肠；5. 盲肠；6. 回盲襞；7. 升结肠近襻；8. 向心回；9. 离心回；10. 远襻；11. 横结肠；12. 降结肠；13. 直肠；14. 空肠淋巴结；15. 肠系膜前动脉

（1）十二指肠　　位于右季肋部和腰部。牛十二指肠长约 1m，羊的约 0.5m。前部在第 9～11 肋骨下端起自幽门，在肝的脏面后方形成"乙"状弯曲，降部沿右季肋部向后上方伸延至右肾腹侧或后方，在此转而向左形成后曲，再向前伸延为升部，在肝后借十二指肠空肠曲移行为空肠。十二指肠由窄的十二指肠系膜固定，位置变动小。

（2）空肠　　是小肠中最长的一段，形成无数肠袢附着于总肠系膜边缘，占据腹腔右侧的腹侧半，活动性较大，少部分往往绕过瘤胃后端而至腹腔左侧。空肠外侧和腹侧隔着大网膜与腹壁相邻，内侧也隔着大网膜与瘤胃腹囊相邻。

（3）回肠　　短而直，肠壁较厚，牛长约 0.5m，羊长约 0.3m，在盲肠腹侧向前上方伸延，约在第 4 腰椎平面以回肠口 ileal opening 开口于盲肠和结肠交界处腹侧。回肠和盲肠体之间有回盲襞相连。

2. 大肠　　大肠较小肠短，大部分大肠管径与小肠相近。反刍动物的盲肠和结肠无纵肌带和肠袋。

（1）盲肠　　牛盲肠长 50～70cm（直径 12cm），羊长约 0.37m，呈圆筒状，位于右髂部。前端起于盲结口，盲结口为盲肠和结肠的分界，后端沿右侧腹壁向后伸至骨盆前口（羊的盲肠常伸入盆腔内），盲端游离。

（2）结肠　　牛结肠长约 10m，羊长 4～5m，起始部口径与盲肠相似，向后逐渐变细，依次分为升结肠、横结肠和降结肠 3 部分。

1）升结肠：最长，依据排列可分为近袢（初袢）、旋袢和远袢（终袢）3 段。

近袢 proximal loop：为升结肠的前段，呈"乙"状弯曲，其管径与盲肠相似。位于腹腔右侧、空肠和结肠旋袢的背侧。起自盲结口，向前伸达第 12 肋骨下端附近，然后向上折转沿盲肠背侧向后伸达骨盆前口，又折转向前伸达第 2～3 腰椎腹侧，在此转为旋袢。

旋袢 spiral loop：为升结肠的中段，在瘤胃右侧、近袢腹侧盘曲成在一平面的圆盘状，夹于总肠系膜两层之间，管径与小肠相似。旋袢可分为向心回 centripetal coil 和离心回 centrifugal coil，二者在肠盘中心以中央曲 central flexure 相连续。从旋袢右侧观察，向心回和离心回在牛各旋转 1.5～2 圈，绵羊约 3 圈，山羊约 4 圈。离心回最后一圈在相当于第 1 腰椎处延续为远袢。

远袢 distal loop：为升结肠的后段，离开旋袢后，向后至第 5 腰椎处再由左向右绕过肠系膜后缘向前至最后胸椎处，然后急转向左而延续为横结肠。

2）横结肠 transverse colon：很短，由右侧通过肠系膜前动脉前方至左侧，再折转向后成为降结肠。

3）降结肠 descending colon：是横结肠沿肠系膜根和肠系膜前动脉的左侧折转向后行至盆腔入口的一段肠管。后部形成"乙"状弯曲，称为乙状结肠 sigmoid colon，而后移行为直肠。

（3）直肠　　位于盆腔内，短而直，牛长约 40cm，羊长约 20cm。前部被覆以腹膜，为腹膜部，由直肠系膜连于盆腔顶壁；后部为腹膜外部，较粗，为直肠壶腹 rectal ampulla，借疏松结缔组织和肌肉附着于盆腔周壁，周围常含有较多的脂肪。

（4）肛管与肛门　　直肠后端变细形成肛管。肛门位于尾根腹侧，不向外凸出。

（二）肝

肝（图 6-27，图 6-30）是牛、羊体内最大的腺体，扁而厚，略呈长方形，淡褐色或深红褐色。由于受瘤胃挤压而全部位于右季肋部，长轴斜向后上方，从第6、7肋骨下端伸至第1~2腰椎腹侧。肝的膈面凸，与膈的右侧半部相贴；脏面凹，与网胃、瓣胃、皱胃、十二指肠和胰等接触，并形成相应器官的压迹。肝的背缘短而厚，后腔静脉由此通过，并部分埋于肝内，肝静脉在此直接注入后腔静脉。在后腔静脉下方有浅的食管压迹 esophageal impression。腹侧缘有圆韧带切迹，内有肝圆韧带 round ligament，为脐静脉的遗迹。牛肝无叶间切迹，故分叶不明显，但也可通过胆囊窝和浅的圆韧带切迹（羊的较深）将肝分为左、中、右3叶。圆韧带切迹与食管压迹连线左侧者为左叶 left hepatic lobe，胆囊窝经肝门至腔静脉沟连线右侧者为右叶 right hepatic lobe，两者之间为中叶，中叶又被肝门分为背侧的尾叶 caudate lobe 和腹侧的方叶 quadrate lobe，尾叶又分为左侧的乳头突 papillary process 和右侧的尾状突 caudate process，尾状突和右叶背侧缘有右肾压迹 renal impression。肝借左、右三角韧带，冠状韧带和镰状韧带与膈相连；肝圆韧带随年龄增长而逐渐消失。

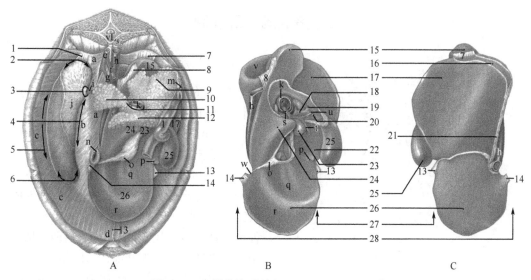

图 6-30　牛肝和胰（引自 Budras et al.，2003）

A. 牛脾、肝和胰（膈的腹腔面）；B. 肝脏面；C. 肝膈面。vL₃. 第3腰椎；1. 膈脾韧带；2. 脾背侧端；3. 脾门；4. 脾前缘；5. 脾后缘；6. 脾腹侧端；7. 右三角韧带；8. 肝肾韧带；9. 胰右叶；10. 胰左叶；11. 胰切迹；12. 胰体；13. 镰状韧带和圆韧带；14. 左三角韧带；15. 尾状突；16. 裸区；17. 右叶；18. 肝总管；19. 胆总管；20. 胆囊管；21. 冠状韧带；22. 方叶；23. 肝淋巴结；24. 乳头突；25. 胆囊；26. 左叶；27. 腹侧缘；28. 背侧缘；a. 膈胸部；b. 中心腱；c. 膈肋部；d. 膈胸骨部；e. 主动脉；f. 肠系膜前动脉；g. 腹腔动脉；h. 后腔静脉；i. 脾动静脉；j. 脾瘤胃附着；k. 门静脉；l. 十二指肠；m. 副胰管；n. 食管；o. 小网膜；p. 圆韧带裂；q. 瓣胃压迹；r. 网胃压迹；s. 肝动脉；t. 胃右动脉；u. 胃十二指肠动脉；v. 肾压迹；w. 食管压迹

　　牛的胆囊很大，呈梨形，羊的较细长，位于肝脏面、肝右叶和方叶之间，大部分与肝相贴连，小部分伸出肝的腹侧缘，其位置投影在牛相当于第10~11肋间隙的下部。左、右肝管 hepatic duct 在肝门处联合形成肝总管 common hepatic duct，后者与胆囊管 cystic duct 汇合形成一短的胆总管 common bile duct，开口于十二指肠"乙"状弯曲第二曲黏膜上的十二指肠大乳头。羊的胆总管和胰管合并，共同开口于十二指肠"乙"状弯曲第二曲处。胆囊有储存和浓缩胆汁的作用。

（三）胰

牛、羊的胰 pancreas（图 6-28，图 6-30）为不规则的四边形，呈灰黄色或粉红色，位于右季肋部和腰下部。成年牛的胰重约 550g，可分为右叶 right lobe、体 body 和左叶 left lobe 三部分。右叶发达、较长，沿十二指肠降部向后伸达肝尾状叶的后方，背侧与右肾相接，腹侧与十二指肠和结肠相邻；左叶较短而宽，呈小四边形，其背侧附着于膈脚，腹侧与瘤胃背囊相连；胰体位于肝的脏面，附着于十二指肠"乙"状弯曲上，其背侧缘形成胰切迹 pancreatic notch 或胰环，供肝门静脉通过。

牛的胰管 pancreatic duct 有一条，为副胰管 accessory pancreatic duct，自右叶末端通出，单独开口于十二指肠降部内（在胆管开口后方 30cm 处）。羊的胰管为主胰管，与胆总管合成一条总管，共同开口于十二指肠"乙"状弯曲第二曲处。

三、猪的肠、肝和胰

（一）肠

猪肠（图 6-26，图 6-31，图 6-32）约为体长的 15 倍。

1. 小肠　全长 15～21m。

（1）十二指肠　长 0.4～0.9m，其位置、形态和行程与牛的相似。在第 10～12 肋间隙处起始于幽门，前部在肝的脏面形成"乙"状弯曲，降部在右季肋部向后上方延伸至右肾后端，由此折转向左为后曲，越过中线，再转向前行为升部，与降结肠相邻，在肠系膜前动脉前方移行为空肠。在距幽门 2～5cm 处黏膜上有十二指肠大乳头，胆总管开口于此；在距幽门 10～12cm 处有十二指肠小乳头，胰管开口于此。

（2）空肠　长 14～19m，卷曲成许多肠袢，借较宽的空肠系膜悬吊于胃后方的腰下区。大部分位于腹腔右半部、结肠圆锥的右侧，小部分位于腹腔左侧后部。空肠与腹腔右壁广泛接触，其内侧与升结

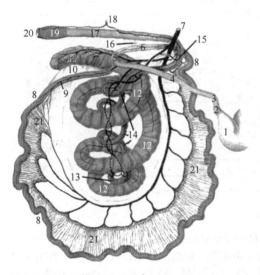

图 6-31　猪肠模式图（引自 Nickel et al.，1979）
1. 胃；2. 十二指肠前部；3. 十二指肠前曲；4. 十二指肠降部；5. 十二指肠后曲；6. 十二指肠升部；7. 肠系膜前动脉；8. 空肠；9. 回肠；10. 回盲襞；11. 盲肠；12. 结肠圆锥向心回；13. 结肠圆锥中心回；14. 结肠圆锥离心回；15. 横结肠；16. 十二指肠结肠襞；17. 降结肠；18. 肠系膜后动脉；19. 直肠；20. 肛门；21. 肠系膜

肠和盲肠相邻，背侧与十二指肠、胰、右肾、降结肠后部、膀胱及母畜的子宫相邻。

（3）回肠　较短，长 0.7～1m，肠管较直，管壁较厚，在左腹股沟部直接与空肠相连，走向前背内侧，末端开口于盲肠与结肠交界处的腹侧，开口处黏膜突出于盲结肠内，形成回肠乳头，长 2～3cm，顶端有回肠口。空肠和回肠内有大量的淋巴孤结和淋巴集结，淋巴集结呈长带状隆起，表面有无数深而不规则的凹陷。

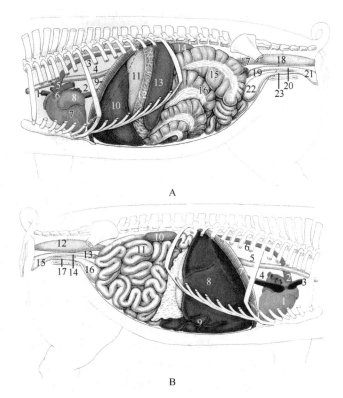

图 6-32　猪腹腔和盆腔内脏（引自 König and Liebich，2007）

A. 左侧面：1. 前腔静脉；2. 后腔静脉；3. 胸主动脉；4. 食管；5. 主动脉弓；6. 肺干；7. 心；8. 左心耳；9. 膈；10. 肝；11. 胃；12. 大网膜；13. 脾；14. 左肾；15. 盲肠；16. 升结肠；17. 降结肠；18. 直肠；19. 子宫；20. 阴道；21. 阴道前庭；22. 膀胱；23. 尿道。B. 右侧面：1. 心；2. 主动脉弓；3. 前腔静脉；4. 后腔静脉；5. 食管；6. 胸主动脉；7. 膈；8. 肝；9. 胆囊；10. 右肾；11. 空肠；12. 直肠；13. 子宫；14. 阴道；15. 阴道前庭；16. 膀胱；17. 尿道

2. 大肠　　长 4～5m，管径比小肠粗，借肠系膜悬吊于两肾之间的腹腔顶壁。

（1）盲肠　　位于左髂部，短而粗，长 20～30cm，直径 8～10cm，容积 1.5～2.2L，呈圆筒状，盲端钝圆，向后下方延伸至结肠圆锥之后，达骨盆前口和脐之间的腹腔底壁。盲肠壁上形成 3 条纵肌带和 3 列肠袋。

（2）结肠　　长 3～4m，位于胃后方，偏于腹腔左侧半。起始部的管径与盲肠的相似，向后逐渐变细。分为升结肠、横结肠和降结肠。

1）升结肠：在结肠系膜中盘曲形成螺旋形的结肠旋袢或称结肠圆锥，锥底宽大，朝向背侧，附着于腰部和左髂部，锥顶向左下方，与腹腔底壁接触。结肠圆锥由向心回和离心回组成。向心回位于结肠圆锥的外周，肠管较粗，有 2 条纵肌带和 2 列肠袋，从背侧面观察，呈顺时针方向绕中心轴向下旋转 3 圈至锥顶，而后折转为离心回，折转处称中央曲。离心回位于结肠圆锥的内部，肠管较细，无明显的纵肌带和肠袋，以逆时针方向绕中心轴向上旋转 3 圈至锥底。离心回最后一圈经十二指肠升部腹侧面，沿肠系膜根右侧向前延伸，移行为横结肠。当胃中度充盈时，结肠圆锥占据腹腔左侧半部的中部和前 1/3 处，与左侧腹壁广泛接触，其前方为胃和脾，右侧后方和腹侧为空肠，背侧为胰、左肾、十二指肠升部、横结肠和降结肠。升结肠借升结肠系膜附着于肠系膜根左侧面。

2）横结肠：在肠系膜根的前方由右侧伸至左侧，折转向后移行为降结肠。

3）降结肠：靠近正中矢面向后延伸至骨盆前口，移行为直肠。

（3）直肠和肛门　　直肠在肛管前方形成明显的直肠壶腹，周围有大量的脂肪。肛门短，位于第3～4尾椎下方，不向外突出。

（二）肝

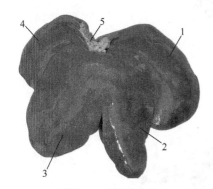

图6-33　猪肝膈面
1. 左外叶；2. 左内叶；3. 右内叶；4. 右外叶；
5. 后腔静脉

猪肝（图6-27，图6-32，图6-33）较大，重1.0～2.5kg。大部分位于右季肋区，小部分位于左季肋区和剑突软骨部，肝的左侧缘伸达第9肋间隙和第10肋，右侧缘伸达最后肋间隙的上部，腹侧缘伸达剑突软骨后方3～5cm处的腹腔底壁。肝呈淡至深的红褐色，中央厚而边缘薄。膈面凸，与膈和腹壁相邻，脏面凹，与胃和十二指肠等内脏接触，并有这些器官形成的压迹，但无肾压迹。肝背侧缘有食管压迹及后腔静脉通过。肝腹侧缘有3个深的叶间切迹，分叶明显。圆韧带切迹左侧为左叶，被左侧叶间切迹分为左外叶 left lateral lobe 和左内叶 left medial lobe；胆囊窝右侧为右叶，被右侧叶间切迹分为右内叶 right medial lobe 和右外叶 right lateral lobe。圆韧带切迹与胆囊窝之间的中叶以肝门为界，分为腹侧的方叶和背侧的尾叶。左外叶最大；中叶较小，方叶呈楔形，不达肝腹侧缘，尾状突伸向右上方，无乳头突。胆囊位于肝右内叶与方叶之间的胆囊窝内，呈长梨形，不达肝腹侧缘。胆囊管与肝管在肝门处汇合形成胆总管，开口于距幽门2～5cm处的十二指肠大乳头。

猪肝的小叶间结缔组织很发达，肝小叶分界清楚，肉眼清晰可见，为1～2.5mm大小的暗色小粒，肝也不易破裂。固定肝的韧带有左、右三角韧带，冠状韧带，镰状韧带和圆韧带。镰状韧带和圆韧带仅小猪明显。

（三）胰

猪胰呈三角形（图6-28），灰黄色，位于最后两个胸椎和前两个腰椎的腹侧。胰体居中，位于胃小弯和十二指肠前部附近，在门静脉和后腔静脉腹侧有胰环供门静脉通过。左叶从胰体向左延伸，与左肾前端、脾上端和胃左端接触。右叶较左叶小，沿十二指肠降部向后延伸至右肾前端。胰管为副胰管，由右叶走出，开口于距幽门10～12cm处的十二指肠小乳头。在体重100kg以上的猪，胰重110～150g。

四、马的肠、肝和胰

（一）肠

马肠（图6-34，图6-35）约为体长的10倍。

1. 小肠　　分为十二指肠、空肠和回肠。

（1）十二指肠　　长约1m，以短的十二指肠系膜悬于腹腔，位于腹腔右季肋部和腰部，位置比较固定。十二指肠前部起自幽门，呈"乙"状，黏膜上有十二指肠大乳头（胰管和肝总管开口处）和十二指肠小乳头（为副胰管开口处）。降部从前曲起始，在肝右叶腹侧，沿右上大结肠的背侧向后上方伸延，至右肾和盲肠底，在正对最后肋骨处沿盲肠底附着处转而向左，形成十二指肠后曲，经空肠系膜根后方越至中线左侧。升部由后曲起转而向前，至左肾腹侧与空肠相接。

（2）空肠　　是小肠中最长的部分，长约22m（驴12～13m），位于腹腔的左髂部、左腹股沟部和耻骨部，常与小结肠混在一起，以宽阔的空肠系膜悬挂于腹腔中。由于空肠系膜宽大，因此空肠的运动范围较大，向前可抵达胃、肝，向后可入盆腔前口，向腹侧可经两下大结肠之间抵达腹腔底壁。

（3）回肠　　最短，肠管较直，管壁较厚。在左髂部起于空肠，向右上方伸至盲肠底小弯内侧的回盲口。在回肠与盲肠之间由一三角形的回盲襞相连。

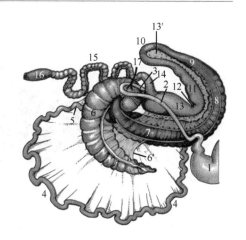

图 6-34　马肠右侧面模式图
（引自 Dyce et al., 2010）

十二指肠后曲和肠系膜前动脉被移至动物右侧位于盲肠底上方。1. 胃；2. 十二指肠降部；3. 十二指肠升部；4. 空肠；5. 回肠；6. 盲肠；6'. 盲结襞；7. 右下大结肠；8. 胸骨曲；9. 左下大结肠；10. 骨盆曲；11. 左上大结肠；12. 膈曲；13. 右上大结肠；13'. 升结肠系膜；14. 横结肠；15. 降结肠（小结肠）；16. 直肠；17. 肠系膜前动脉

2. 大肠　　分为盲肠、结肠和直肠。

（1）盲肠　　十分发达，长约1m，容积达25～30L（驴约12L），位于腹腔右侧，整个外形呈逗点状，由右髂部上部向前下方沿腹壁伸至剑突软骨部。盲肠分为盲肠底、盲肠体和盲肠尖3部分。

1）盲肠底 caecal base：为盲肠起始部最弯曲的部分，位于腹腔右后上部。背侧缘凸，称盲肠大弯，以结缔组织附着于腹腔顶壁；腹侧缘凹，称盲肠小弯。小弯处有两个开口，分别与回肠和大结肠相通。回盲口 ileocaecal orifice 位于左侧，回肠末端突入盲肠内形成回肠乳头。盲结口 caecocolic orifice 位于右侧，两口相距约5cm，为一横向裂缝，与大结肠起始部相通。

2）盲肠体 caecal body：自盲肠底起，沿右腹侧壁向前下方延伸，位于右腹股沟部、耻骨部、右髂部和脐部。背侧凹，距肋弓10～15cm，且与之平行；腹侧和右侧与腹壁接触。

3）盲肠尖 caecal apex：为盲肠前端逐渐缩细的部分，位于剑突软骨部和脐部。

盲肠表面有背侧、腹侧、内侧和外侧4条纵肌带和4列肠袋。此外还有回盲襞和盲结襞，回盲襞连于背侧纵肌带，盲结襞连于外侧纵肌带。盲肠表面大部分被覆浆膜，仅盲肠底的一部分无浆膜，以结缔组织与腰小肌、右肾及胰相连。

（2）结肠　　分为升结肠、横结肠和降结肠。其中升结肠十分发达，体积庞大，又称大结肠。降结肠体积较小，又称小结肠。

1）升结肠：长3～3.7m（驴约2.5m），主要位于腹腔下半部，起始于盲结口，盘曲

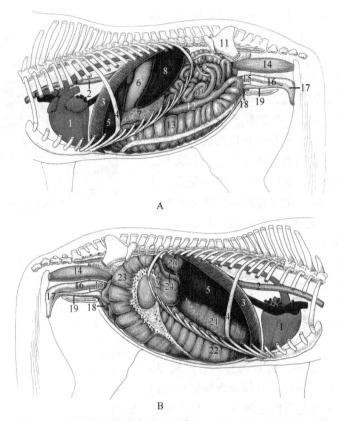

图 6-35　马腹腔和盆腔内脏（引自 König and Liebich，2007）

A. 左侧面；B. 右侧面。1. 心；2. 食管；3. 膈；4. 第 8 肋；5. 肝；6. 胃；7. 大网膜；8. 脾；9. 小结肠；
10. 空肠；11. 髂骨；12. 左上大结肠；13. 左下大结肠；14. 直肠；15. 子宫；16. 阴道；17. 阴道前庭；
18. 膀胱；19. 尿道；20. 右肾；21. 右上大结肠；22. 右下大结肠；23. 盲肠；24. 十二指肠降部

成双层马蹄铁形，可分为 4 段和 3 个弯曲，依次为右下大结肠→胸骨曲→左下大结肠→骨盆曲→左上大结肠→膈曲→右上大结肠。

右下大结肠 right ventral colon 位于腹腔右下部，起自盲肠小弯的盲结口，沿右侧肋弓向前下方延伸至剑突软骨上方并向左侧弯曲，形成胸骨曲 sternal flexure，延接左下大结肠。右下大结肠除起始部较细外，其余部分较粗，直径 20～25cm，具有 4 条纵肌带和 4 列肠袋。

左下大结肠 left ventral colon 自胸骨曲沿左侧肋弓向后上方行至骨盆前口，再弯向背侧，形成骨盆曲 pelvic flexure。左下大结肠与右下大结肠粗细相似，在近骨盆曲处管径变细，直径 8～9cm，纵肌带减少为 1 条。

左上大结肠 left dorsal colon 自骨盆曲起，沿左下大结肠背侧向前伸至膈和肝后方，向右弯曲形成膈曲 diaphragmatic flexure。左上大结肠自骨盆曲向前逐渐增粗，直径为 9～12cm。纵肌带也由 1 条逐渐增至 3 条。

右上大结肠 right dorsal colon 自膈曲起，在右下大结肠背侧向后行，管径继续增大，至盲肠底内侧，管径可达 35～40cm，膨大如囊，称胃状膨大部或结肠壶腹 ampulla coli。此后，管径急剧变细，延续为横结肠。右上大结肠有 3 条纵肌带和 3 列结肠袋。

上、下大结肠之间由短的结肠系膜相连；右下大结肠与盲肠之间由盲结襞相连；右上大结肠末端的背侧和右侧以结缔组织及浆膜与胰、盲肠底、膈及十二指肠相连。除此之外，大结肠的各部分都是游离的，与腹壁及周围器官无联系。因此解剖时，用手抓住骨盆曲，很易将大部分大结肠拉出腹腔，这种游离也是大结肠变位的因素。

2）横结肠：为升结肠向降结肠的移行部，短而细，在肠系膜前动脉前方向左弯曲，横过正中面至左肾腹侧延续为降结肠。

3）降结肠：长约3.5m（驴约2m），直径7.5～10cm（驴5～6cm）。小结肠由降结肠系膜连于左肾腹侧至荐骨岬之间的腹腔顶壁，降结肠系膜起初很窄，以后变宽（80～90cm），因此小结肠的移动范围很大，常与空肠混在一起。小结肠具有2条纵肌带和2列肠袋，借此可与空肠相区别。降结肠也是结症常发的部位。

（3）直肠、肛管和肛门　直肠长约30cm（驴约25cm），位于盆腔内。直肠的前部由直肠系膜悬吊于盆腔顶壁，后部膨大，称为直肠壶腹，表面无浆膜被覆，借疏松结缔组织附着于盆腔壁。

肛门位于尾根（第4尾椎）下方。肛管长约5cm，黏膜呈灰白色，缺腺体，上皮为复层扁平上皮。除排粪期之外，肛管由于括约肌收缩，黏膜形成褶状而紧闭。

（二）肝

马肝（图6-27，图6-35，图6-36）占体重的1.2%，呈厚板状，棕褐色，一般重约5kg。肝大部分位于右季肋区，小部分位于左季肋区。肝膈面凸，与膈相对应；脏面向后腹侧，与胃、十二指肠、膈曲、右上大结肠、盲肠相接触。肝门位于脏面中央，有门静脉、肝动脉和肝总管等进出肝脏。肝分叶较明显，但无胆囊。圆韧带切迹左侧为左叶，左叶被一深的叶间切迹再分为左外叶和左内叶；圆韧带切迹右侧部分被一深的叶间切迹分为中叶和右叶，其中中叶又被肝门分为背侧的尾叶和腹侧的方叶。左叶的前下方位置最低，约与第7、8肋骨的胸骨端相对；右叶的后上方最高，与右肾前端接触，有较深的肾压迹。肝的输出管为肝总管，由肝左管和肝右管汇合而成，开口于十二指肠大乳头。肝的位置较

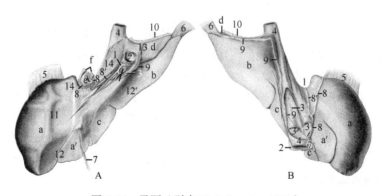

图6-36　马肝（引自Nickel et al.，1979）

A. 脏面：a. 左外叶；a′. 左内叶；b. 右叶；c. 方叶；d. 尾状突；e. 食管压迹内的食管；f. 膈的一部分；1. 肝动脉肝支；2. 门静脉；3. 肝总管；4. 后腔静脉；5. 左三角韧带；6. 右三角韧带；7. 镰状韧带及其游离缘的圆韧带；8. 胃膈韧带；8′. 9. 小网膜断缘；10. 肝肾韧带；11. 胃压迹；12. 结肠压迹；12′. 十二指肠和结肠压迹；13. 肾压迹；14. 与胰接触区。B. 膈面：a. 左外叶；a′. 左内叶；b. 右叶；c. 方叶；d. 尾状突；1. 食管压迹；2. 膈；3. 肝静脉开口；4. 后腔静脉；5. 左三角韧带；6. 右三角韧带；7. 镰状韧带；8, 8′, 9. 冠状韧带左、中、右板；10. 肝肾韧带

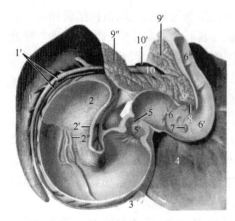

图 6-37 马胰、脾、胃示意图

（引自 Dyce et al., 2010）

1. 脾的肠面；1′. 脾动静脉；2. 胃底（胃盲囊）；2′. 贲门；2″. 褶缘；3. 大网膜；4. 肝；5. 幽门；5′. 幽门窦；6. 十二指肠"乙"形前部；6′. 十二指肠前曲；6″. 十二指肠降部；7. 十二指肠大乳头；8. 十二指肠小乳头；9. 胰体；9′. 胰右叶；9″. 胰左叶；10. 门静脉；10′. 肠系膜前静脉

为固定，由左、右三角韧带，冠状韧带，镰状韧带和圆韧带连于膈和腹底壁，借肝肾韧带连至右肾腹侧，以小网膜连于胃小弯和十二指肠。

（三）胰

马胰重约 350g（驴 200～250g），位于第 16～18 胸椎腹侧，大部分在体中线的右侧。胰略呈三角形（图 6-28，图 6-37），淡红色，质地柔软。胰分 3 部分：胰体（也称胰头）位于胰的右前部，附着于十二指肠前部及肝的脏面；左叶（也称尾叶）伸入胃盲囊和左肾之间，其腹侧面与盲肠底及右上大结肠末端接触；右叶较钝，位于右肾和右肾上腺的腹侧。在胰后部的中央有一胰环，门静脉由此穿过。胰管由左、右支汇合而成，从胰体走出，与肝总管一同开口于十二指肠大乳头。副胰管小，从胰管或左支分出，开口于十二指肠小乳头，驴常缺如。

五、犬的肠、肝和胰

（一）肠

犬肠（图 6-38）较短，约为体长的 5 倍。小肠平均长约 4m，大肠长 60～75cm。

1. 小肠 十二指肠起自幽门，在肝的脏面形成前曲，降部沿右季肋区后行，在右肾后方、第 6 腰椎腹侧转为后曲，升部前行至胃后方以十二指肠空肠曲移行为空肠。空肠由 6～8 个肠袢组成，位于肝、胃和盆腔前口之间。回肠短，沿盲肠内侧向前，以回肠口开口于结肠起始处。

2. 大肠 无纵肌带、肠袋，管径比小肠略粗。盲肠弯曲呈螺旋状，后端为盲肠尖，前端以盲结口与结肠相通，位于十二指肠后部腹内侧和回肠外侧。结肠呈"U"形袢，升结肠沿十二指肠降部前行，至幽门处转向左侧为横结肠，降结肠沿左肾腹内侧和十二指肠升部外侧后行，无乙状结肠，入盆腔后延续为直肠。直肠壶腹宽大。肛管虽短，但也可分为肛柱区、中间区和皮区（图 6-39）。肛柱区黏膜色暗，有特殊的肛腺。中间区短。皮区宽，两侧有肛旁窦，窦壁内有肛旁窦腺 gland of the paranal sinus，分泌物为灰褐色脂肪块，有难闻的异味，常聚集于窦腔内，可经肛旁窦小管排入皮区。此外，皮区还有围肛腺 circumanal gland。

（二）肝

犬肝（图 6-27，图 6-40，图 6-41）大，约占体重的 3%，棕红色，位于腹前部。脏面凹，与胃、十二指肠前部和胰右叶相接触。背侧缘右侧与右肾接触，并形成较深的肾

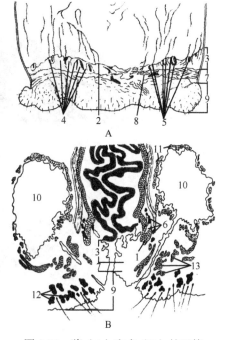

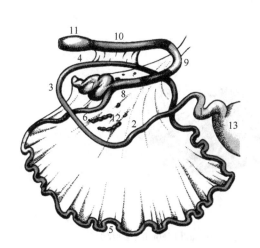

图 6-38　犬肠模式图（引自 Dyce et al.，2010）

1. 十二指肠前部；2. 十二指肠降部；3. 后曲；
4. 十二指肠升部；5. 空肠；6. 回肠；7. 盲肠；
8. 升结肠；9. 横结肠；10. 降结肠；11. 直肠；
12. 空肠淋巴结；13. 胃

图 6-39　猪（A）和犬（B）的肛管
（引自 Constantinescu and Schaller，2012）

1. 肛门内括约肌；2. 肛直肠线；3. 肛柱区；4. 肛
柱；5. 肛窦；6. 肛腺；7. 中间区；8. 肛皮线；9. 皮
区；10. 肛旁窦；11. 肛旁窦腺；12. 围肛腺；13. 肛
门外括约肌

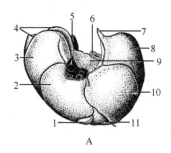

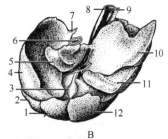

图 6-40　犬肝

A. 膈面：1. 胆囊；2. 右内叶；3. 右外叶；4. 尾状突；5. 后腔静脉；6. 食管；7. 三角韧带；8. 左外叶；9. 乳头
突；10. 左内叶；11. 方叶。B. 脏面：1. 方叶；2. 左内叶；3. 胆囊；4. 左外叶；5. 乳头突；6. 食管；7. 三角韧
带；8. 后腔静脉；9. 肝肾韧带；10. 尾状突；11. 右外叶；12. 右内叶

压迹，肾压迹左侧有腔静脉沟，供后腔静脉通过；左侧有食管压迹。肝分叶明显，圆韧
带切迹左侧为左叶，胆囊窝右侧为右叶，左、右两叶均被深的叶间切迹将其分为左外叶、
左内叶和右外叶、右内叶。圆韧带切迹和胆囊窝之间的部分以肝门为界分为腹侧的方叶
和背侧的尾叶。尾叶包括乳头突和尾状突。胆囊位于方叶和右内叶之间的胆囊窝内，通
常不伸出肝的腹侧缘。胆总管由胆囊管和肝管汇合而成，开口于距幽门 5～8cm 处的十二
指肠大乳头（图 6-42）。

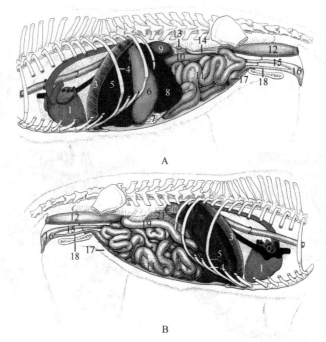

A

B

图 6-41 犬腹腔和盆腔内脏（引自 Konig and Liebich，2007）

A.左侧观；B.右侧观。1. 心；2. 食管；3. 膈；4. 第8肋；5. 肝；6. 胃；7. 大网膜；8. 脾；9. 左肾；10. 降结肠；11. 空肠；12. 直肠；13. 左卵巢；14. 左子宫角；15. 阴道；16. 阴道前庭；17. 膀胱；18. 尿道；19. 十二指肠降部；20. 右肾；21. 胰

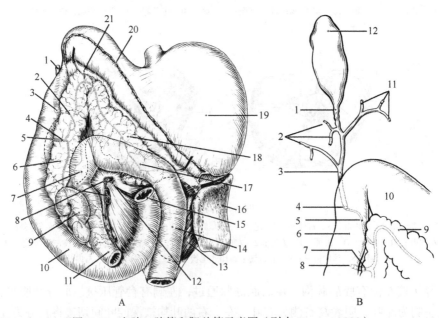

A

B

图 6-42 犬胰、胰管和胆总管示意图（引自 Evans，1993）

A. 腹腔内脏腹侧面：1. 胆总管；2. 胰管；3. 十二指肠大乳头；4. 副胰管；5. 十二指肠小乳头；6. 胰右叶，覆盖右肾；7. 升结肠；8. 肠系膜淋巴结；9. 盲肠；10. 十二指肠；11. 回肠（断端）；12. 肠系膜根（断端）；13. 左肾；14. 降结肠；15. 空肠（断端）；16. 脾；17. 横结肠；18. 胰左叶；19. 胃；20. 大网膜浅层；21. 大网膜深层。B. 胰管和胆总管：1. 胆囊管；2. 肝管；3. 胆总管；4. 十二指肠大乳头；5. 胰管；6. 十二指肠；7. 副胰管；8. 十二指肠小乳头；9. 胰；10. 胃幽门部；11. 肝管；12. 胆囊

（三）胰

犬胰（图 6-28，图 6-41，图 6-42）呈"V"形，正常时呈浅粉色，分为胰左叶、胰体和胰右叶，左、右叶均狭长，两叶在幽门后方呈锐角连接，连接处为胰体。犬的胰管又称小胰管（有时缺如），与胆总管共同开口于十二指肠大乳头；副胰管较粗，又称大胰管，开口于胰管开口处后方 3～5cm 处的十二指肠小乳头。

第七章 呼吸系统

扫码看彩图

6 学习目标

1. 了解呼吸系统的组成和呼吸的概念。
2. 掌握牛鼻的组成、形态和结构，了解各种动物鼻的差异。
3. 掌握喉的组成、形态和结构以及喉腔、声门等概念。
4. 掌握牛肺的位置、形态和结构以及各种动物肺形态的差异。

新陈代谢是动物有机体生命活动的基本特征。动物在新陈代谢过程中，要不断地从外界环境中吸进氧气，供组织、细胞利用以氧化体内的营养物质而产生能量，满足各种活动的需要。同时，又要不断地将组织、细胞内在氧化过程中所生成的二氧化碳排出体外，才能维持正常的生命活动。有机体与外界环境之间进行气体交换的过程，称为呼吸respiration。整个呼吸过程应包括以下 3 个环节。

1）外呼吸：指肺泡与血液间进行气体交换的过程，所以又称肺呼吸。

2）气体运输：指气体在血液中的运输。氧气由肺泡进入血液后，借着血液循环运到全身，供给各组织、细胞利用；而组织、细胞生成的二氧化碳，进入血液后，也借血液循环运至肺而呼出体外。所以气体交换与血液及血液循环有着密切的关系。

3）内呼吸：指血液和组织、细胞间进行气体交换的过程，所以又称组织呼吸。

呼吸系统 respiratory system 为动物体与环境之间进行气体交换的器官系统。家畜的呼吸系统包括鼻、咽、喉、气管、支气管和肺等器官，以及胸膜和胸膜腔等辅助装置（图 7-1）。

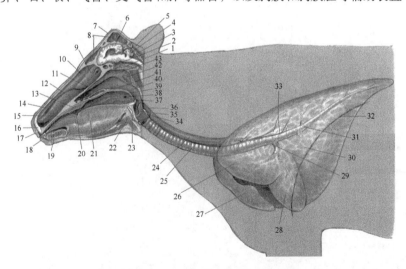

图 7-1　牛呼吸系统示意图（引自 McCracken et al., 2006）

1. 枕骨；2. 前蝶骨；3. 脑干；4. 小脑；5. 项韧带；6. 大脑；7. 额骨；8. 额窦；9. 中鼻甲；10. 上鼻甲；11. 犁骨；12. 下鼻甲；13. 硬腭；14. 翼襞；15. 口腔；16. 鼻中隔软骨；17. 上唇；18. 下唇；19. 下颌骨（切齿部）；20. 舌窝；21. 舌体；22. 底舌骨；23. 甲状软骨；24. 食管；25. 气管；26. 左肺前叶前部；27. 右肺前叶前部；28. 左肺前叶后部；29. 前支气管；30. 后叶；31. 后支气管；32. 膈；33. 主支气管；34. 环状软骨；35. 杓状软骨；36. 喉咽部；37. 会厌软骨；38. 腭扁桃体窦；39. 口咽部；40. 鼻咽部；41. 软腭；42. 咽扁桃体；43. 咽中隔

鼻、咽、喉、气管和支气管是气体出入肺的通道，称为呼吸道。其特征是由骨或软骨作为支架，围成腔壁或管壁，以防外界压力而塌陷，是保证气体畅通的一种适应性结构。肺是气体交换的器官，其有广大的面积，有利于气体交换。

第一节 鼻

鼻（nose）包括外鼻、鼻腔和鼻旁窦。鼻是呼吸系统的起始部分，不仅是气体出入肺的通道，对吸入的空气有温暖、湿润和清洁作用，也是嗅觉器官。

一、外 鼻

外鼻 external nose 分为鼻根、鼻背和鼻尖（图6-3，图7-2）。鼻根 root 为外鼻的后部，位于两眼眶之间，向前延续为鼻背。鼻背 back 形成鼻腔顶壁，移行至两侧成为鼻侧壁。鼻尖 apex of nose 为外鼻的前端，有一对鼻孔，其形态因物种而异。鼻孔 nostril 为鼻腔的入口，由内侧鼻翼和外侧鼻翼围成。鼻翼为含鼻翼软骨的皮肤皱褶。

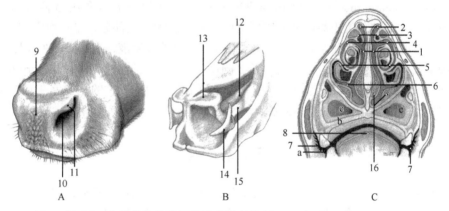

图 7-2 牛外鼻和鼻腔示意图（引自 Budras et al.，2003）

A. 外鼻；B. 鼻软骨；C. 鼻腔横切面。1. 总鼻道；2. 上鼻道；3. 上鼻甲；4. 中鼻道；5. 下鼻甲；6. 下鼻道；7. 口腔前庭；8. 舌圆枕；9. 鼻唇镜；10. 鼻孔；11. 翼沟和鼻翼；12. 内侧副鼻软骨；13. 背外侧鼻软骨；14. 外侧副鼻软骨；15. 腹外侧鼻软骨；16. 静脉丛；a. 颊乳头；b. 硬腭；c. 腭窦

牛的鼻孔小，呈不规则的椭圆形，鼻翼厚而不灵活，两鼻孔间与上唇中部形成平滑、无毛的鼻唇镜。羊、犬的鼻孔呈"S"形缝状，两鼻孔之间形成鼻镜。马的鼻孔大，呈逗点状，鼻翼灵活。猪的鼻孔小，呈卵圆形，位于吻突前端的平面上，鼻尖与上唇之间形成吻镜。

二、鼻 腔

鼻腔 nasal cavity 由面骨（鼻骨、切齿骨、上颌骨、腭骨和上、下鼻甲骨及鼻软骨等）构成支架，内面衬有黏膜。前经鼻孔与外界相通，后经鼻后孔 choanae 与咽相通。鼻腔正中有鼻中隔 nasal septum（包括鼻中隔软骨、筛骨垂直板、犁骨和黏膜）（图7-2），将鼻腔等分为左、右互不相通的两半。牛的犁骨后部不到达鼻腔底，所以牛的左、右鼻腔后 1/3 部分是相通的。鼻腔分为鼻前庭和固有鼻腔。

1. 鼻前庭 nasal vestibule 为鼻腔前部衬着皮肤的部分，相当于鼻翼所围成的空间。

牛鼻泪管口位于鼻前庭的侧壁，但被下鼻甲的延长部所覆盖，因而不易见到。马鼻前庭背侧的皮下有一盲囊，向后伸达鼻切齿骨切迹，称为鼻憩室 nasal diverticulum 或鼻盲囊。囊内皮肤黑色，生有细毛，富有皮脂腺。因此，临床上插鼻胃管时应向腹侧以避免进入鼻憩室。在鼻前庭外侧壁下部距黏膜约 0.5cm（马）或上壁距鼻孔上连合 1~1.5cm（驴、骡）处有鼻泪管口 nasolacrimal orifice。猪无鼻盲囊，鼻泪管口在下鼻道的后部。犬的鼻泪管口位于鼻前庭的侧壁。

2. 固有鼻腔 nasal cavity proper 位于鼻前庭之后，由骨性鼻腔覆以黏膜构成（图 7-2）。鼻腔外侧壁各有一上鼻甲和一下鼻甲 ventral nasal conchae，将鼻腔又分为若干鼻道。①上鼻道 dorsal nasal meatus：指鼻腔上壁和上鼻甲之间的裂隙，通嗅区。②中鼻道 middle nasal meatus：指上、下鼻甲之间的裂隙，通鼻旁窦。③下鼻道 ventral nasal meatus：指下鼻甲和鼻腔下壁之间的裂隙，最宽，通鼻后孔，为气体的主要通道。④总鼻道 common nasal meatus：指上、下鼻甲和鼻中隔之间的裂隙，与上、中、下鼻道相通。

鼻黏膜 nasal mucosa 因结构和机能不同，可分为呼吸区和嗅区两部分。呼吸区 respiratory region：位于鼻前庭和嗅区之间，占鼻黏膜的大部分，富有血管和腺体，呈粉红色，有温暖和湿润吸入空气的作用。腺体分泌黏液和浆液，有黏着灰尘和异物的作用。黏膜上皮为假复层柱状纤毛上皮，纤毛的摆动能将黏液排出。嗅区 olfactory region：位于呼吸区之后、在鼻后孔附近。牛、马的黏膜呈浅黄色，绵羊的呈黄色，山羊的呈黑色，猪的为棕色，上皮内有一种嗅觉细胞，为感觉神经元，有嗅觉作用。

三、鼻 旁 窦

鼻旁窦为鼻腔周围头骨内的含气空腔，直接或间接与鼻腔相通，包括额窦、上颌窦、腭窦、蝶窦、筛窦等。鼻旁窦的内面衬有黏膜，与鼻腔黏膜相连续，所以鼻黏膜发炎时可波及鼻旁窦，引起鼻旁窦炎。鼻旁窦有减轻头骨质量、温暖和湿润吸入的空气以及对发声起共鸣的作用。

第二节　咽

见第六章消化系统。

第三节　喉

喉 larynx 不仅是气体出入肺的通道，还是调节空气流量和发声的器官。喉位于下颌间隙的后方、头颈交界的腹侧，悬于两甲状舌骨之间，前端与咽相通，后端与气管相接（图 6-2）。喉由喉软骨、喉肌和喉黏膜构成。

一、喉 软 骨

喉软骨 laryngeal cartilage 有 4 种 5 块，即不成对的会厌软骨、甲状软骨、环状软骨和成对的杓状软骨（图 7-3，图 7-4）。

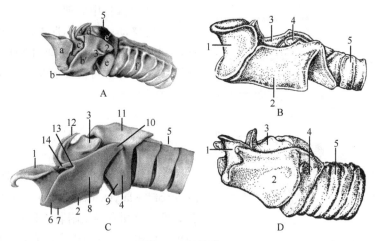

图 7-3 喉软骨

A. 犬：a. 会厌软骨；b. 甲状软骨；b'. 甲状软骨板；c. 杓状软骨楔状突；d. 杓状软骨；e. 环状软骨弓；e'. 环状软骨板；f. 气管；1. 甲状软骨前角；2. 后角；3. 斜线；4. 杓状软骨小角突；5. 环状软骨正中嵴。B. 猪；C. 马；D. 牛：1. 会厌软骨；2. 甲状软骨；3. 杓状软骨；4. 环状软骨；5. 气管软骨；6. 甲状软骨体；7. 喉结节；8. 甲状软骨板；9. 环状软骨弓；10. 甲状软骨后角；11. 环状软骨板；12. 杓状软骨小角突；13. 甲状裂；14. 甲状软骨前角

1. 会厌软骨 epiglottic cartilage 位于喉的前部，呈叶片状，基部较厚，借弹性纤维与甲状软骨体相连，尖端向舌根翻转。会厌软骨表面被覆有黏膜，合称会厌。会厌在吞咽时可关闭喉口，防止食物入喉。

2. 甲状软骨 thyroid cartilage 最大，呈弯曲的板状，可分为一体和左、右板。体body 连于左、右板之间，构成喉腔的底壁，其腹侧面后部有一突起，称为喉结节 laryngeal prominence。左、右板 plate 自体的两侧伸出，呈四边形（牛）或菱形（马），在背侧向前、后突出，分别形成前角（猪缺）和后角，分别与甲状舌骨和环状软骨成关节，前角与前缘之间形成甲状裂 thyroid fissure；左、右板联合处前缘和后缘分别有甲状前切迹 rostral thyroid notch（仅反刍兽有）和甲状后切迹 caudal thyroid notch，马的甲状后切迹很深，可作为喉内手术的通路。

3. 环状软骨 cricoid cartilage 位于甲状软骨之后，呈环状，背侧部宽，称为板plate，其余部分窄，称为弓 arch。板的侧面有前、后两个小关节面，分别与杓状软骨和甲状软骨成关节。环状软骨的前缘借一弹性膜与甲状软骨相连，后缘借一弹性膜与气管相连。

4. 杓状软骨 arytenoid cartilage 一对，位于环状软骨的前上方、甲状软骨板的内侧，呈角锥状，上部较厚，前背侧具有小角突 corniculate process，弯向后上方；下部变薄形成声带突 vocal process，供声带附着。

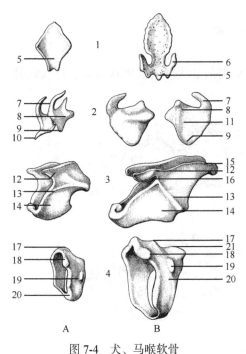

图 7-4 犬、马喉软骨

（引自 König and Liebich，2007）

A. 犬；B. 马。1. 会厌软骨；2. 杓状软骨；3. 甲状软骨；4. 环状软骨；5. 会厌软骨茎；6. 楔状突（马）；7. 杓状软骨小角突；8. 肌突；9. 声带突；10. 楔状突（犬）；11. 关节面；12. 甲状软骨前角；13. 斜线；14. 左侧板；15. 后角；16. 甲状软骨裂；17. 正中嵴；18. 环杓关节；19. 环甲关节；20. 环状软骨弓；21. 环状软骨板

二、喉　肌

喉肌附着于喉软骨上，属于横纹肌，分为外来肌和固有肌。喉外来肌有甲状舌骨肌、舌骨会厌肌和胸骨甲状肌，作用于整个喉，可牵引喉前后移动；喉固有肌有环杓外侧肌、环杓背侧肌、环甲肌、甲杓肌和杓横肌（图 7-5），作用于喉软骨，可使喉腔扩大或缩小，紧张或松弛声带。

三、喉　腔

喉软骨彼此借关节、韧带连接围成喉腔 cavity of the larynx（图 7-5，图 7-6）。喉腔内面衬有黏膜，外面有喉肌附着。喉腔以喉口 laryngeal inlet 与咽相通。喉口由会厌软骨、杓状软骨以及杓状会厌襞共同围成。在喉腔中部的侧壁上，有一对黏膜襞，称为声襞 vocal fold。声襞、声韧带和声带肌构成声带 vocal cord，连于杓状软骨声带突与甲状软骨体之间，是发声器官。两声襞之间的裂隙，称为声门裂 fissure of glottis，由上部较宽的软骨间部和下部较窄的膜间部构成。喉腔在声门裂以前的部分称为喉前庭 laryngeal

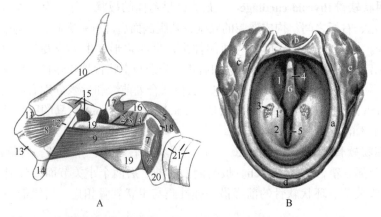

图 7-5　牛喉肌和声门（引自 Popesko，1985；Nickel et al.，1979）

A. 牛喉肌：1. 杓横肌；2. 室肌；3. 声带肌；4. 环杓外侧肌；5. 环杓背侧肌；6. 环甲肌；7. 胸骨甲状肌；8. 角舌骨肌；9. 甲状舌骨肌；10. 茎突舌骨；11. 上舌骨；12. 甲状舌骨；13. 角舌骨；14. 舌突；15. 会厌软骨；16. 杓状软骨肌突；17. 小角突；18. 甲状软骨后角；19. 甲状软骨；20. 环状软骨；21. 气管软骨。B. 牛喉（后面观）：a. 第3气管软骨；b. 环杓背侧肌；c. 甲状腺；d. 甲状腺峡；1. 左杓状软骨；1'. 声带突；2. 声襞；3. 扁桃体滤泡；4，5. 声门裂；4. 软骨间部；5. 膜间部；6. 会厌喉面

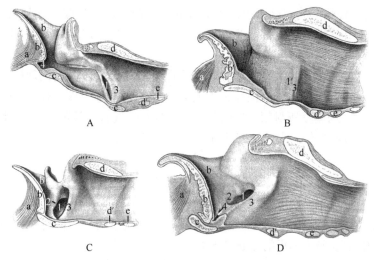

图 7-6 家畜喉腔正中切面（引自 Nickel et al.，1979）

A. 猪；B. 牛；C. 犬；D. 马。a. 舌骨会厌肌；b. 会厌；b'. 会厌软骨；c. 甲状软骨；d. 环状软骨板；d'. 环状软骨弓；e. 第 1 气管软骨；1. 喉室入口；1'. 声襞前方的凹陷；2. 前庭襞；3. 声襞；4. 喉正中隐窝（猪、马）

vestibule，其两侧壁较凹陷，称喉室 laryngeal ventricle。在马和犬，喉室的前缘有前庭襞 vestibular fold。覆盖于喉前庭的黏膜上皮为复层扁平上皮。喉腔在声带以后的部分，称为声门下腔 infraglottic cavity，向后与气管相接，其黏膜上皮为假复层柱状纤毛上皮。反刍兽、猪和犬会厌部的上皮内还分布有味蕾。固有膜内分布有淋巴小结和喉腺。

牛的喉较短，会厌和声带也短，声门裂宽大，无喉室。马的喉前庭宽，有前庭襞，喉室位于前庭襞与声襞之间，内有一孔，喉黏膜经此形成突向后外侧的盲囊（曾称喉小囊）。猪的喉较长，声门裂较窄，喉室口位于声韧带前、后两部之间。犬的喉有前庭襞和喉室。

第四节　气管和支气管

气管 trachea 为一条圆筒状的长管，由喉向后沿颈部腹侧正中线而进入胸腔，然后经心前纵隔达心底背侧，在第 5～6 肋间隙处分为左、右两条主支气管 principal bronchus，分别进入左、右肺。反刍动物和猪的气管在分为主支气管之前，在右侧先分出一气管支气管 tracheal bronchus，又称前叶或右尖叶支气管，进入右肺前叶。

气管由一连串的"C"形软骨环组成，借弹性纤维胶连在一起构成支架（图 7-7）。软

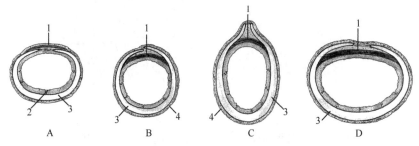

图 7-7 家畜气管横切面（引自 Nickel et al.，1979）

A. 犬；B. 猪；C. 牛；D. 马。1. 气管肌；2. 黏膜；3. 气管软骨；4. 外膜

骨环的缺口朝向背侧。气管壁由内向外为黏膜、黏膜下层和外膜。软骨内面衬有黏膜，其上皮为假复层柱状纤毛上皮。黏膜下层为疏松结缔组织，内有气管腺 tracheal gland。外膜由透明软骨环和疏松结缔组织构成。

牛的气管较短，上下径大于横径。气管软骨环 48～60 个，游离的两端重叠，形成背侧突出的嵴。马的气管长，气管横径大于上下径。有 50～60 个软骨环，软骨环背侧两端游离，不相接触，为膜壁所封闭。猪的气管呈圆柱状，气管软骨环 32～36 个，软骨环游离的两端重叠或互相接触。犬的气管软骨环 42～46 个。

第五节　肺

肺 lung（图 7-8，图 7-9）是吸入的空气直接与血液中的气体进行交换的场所，是呼吸系统主要的器官。肺占体重的 1%～1.5%。

一、肺的位置和形态

肺位于胸腔内。健康家畜的肺呈粉红色，质轻而软，富有弹性。右肺通常比左肺大。

肺近似底面斜切的锥体形，前端为肺尖，伸向胸膜顶，后部为肺底。左、右肺都具有 3 个面和 3 个缘（图 7-9）。肋面 costal surface 凸，与胸腔侧壁接触，并有肋骨压迹。内侧面 medial surface 较平，可分为背侧的脊椎部 vertebral part 和腹侧的纵隔部 mediastinal part，纵隔部与纵隔接触，并有心压迹 cardiac impression、食管压迹 esophageal impression 和主动脉压迹 aortic impression。在心压迹的后上方有肺门 hilus of lung，为支气管、肺动脉、肺静脉和神经等出入肺的地方。上述这些结构被结缔组织包裹在一起，称为肺根 root of lung。膈面 diaphragmatic surface（底面），与膈接触。背侧缘 dorsal border 钝而圆，位于肋椎沟中。腹侧缘 ventral border 薄而锐，位于胸外侧壁和纵隔之间的沟中。腹侧缘有心切迹 cardiac notch，左肺的心切迹大，体表投影位于第 3～6 肋骨，是心听诊的部位；右肺的心切迹小，体表投影位于第 3～4 肋骨间隙。底缘 basal border 位于胸外侧壁和膈之间的沟中，其在体表的投影在临床诊断中有重要的参考价值。

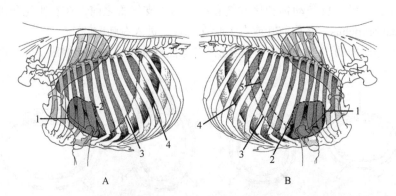

图 7-8　牛肺体表投影示意图（引自 Dyce et al.，2010）

A. 左侧面；B. 右侧面。1. 心的前界；2. 心的后界；3. 肺底缘；4. 胸膜折转线；5. 肺叩诊区后界（仅在 B 中标示）

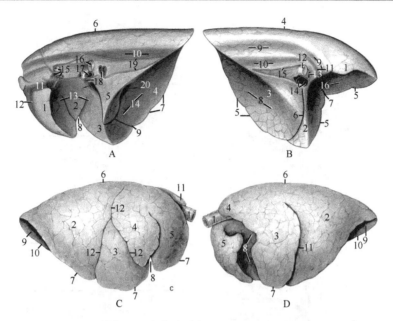

图 7-9 牛肺（引自 Popesko，1985）

A. 右肺内侧面：1. 前叶前部；2. 前叶后部；3. 中叶；4. 后叶；5. 副叶；6. 背侧缘；7. 底缘；8. 心切迹和前叶间裂；9. 后叶间裂；10. 食管压迹；11. 前腔静脉压迹；12. 胸廓内动脉、静脉压迹；13. 心压迹；14. 膈面；15. 右肺前叶肺动脉、静脉分支，气管支气管；16. 右主支气管；17. 右肺动脉分支；18. 肺静脉；19. 纵隔胸膜附着点；20. 后腔静脉沟。B. 左肺内侧面：1. 前叶前部；2. 前叶后部；3. 后叶；4. 背侧缘；5. 锐缘；6. 叶间裂；7. 心切迹；8. 膈面；9. 主动脉压迹；10. 食管压迹；11. 奇静脉压迹；12. 左主支气管；13. 左肺动脉；14. 肺静脉；15. 纵隔胸膜附着点；16. 心压迹。C. 右肺外侧面：1. 气管；2～5. 肋面；2. 后叶；3. 中叶；4. 前叶后部；5. 前叶前部；6. 背侧缘；7、10. 锐缘；7. 腹侧缘；8. 心切迹；9. 膈面；10. 底缘；11. 左肺前叶前部；12. 前、后叶间裂。D. 左肺外侧面：1. 气管；2～5. 肋面；2. 后叶；3. 前叶后部；4. 左肺前叶前部；5. 右肺前叶前部；6. 背侧缘；7. 腹侧缘；8. 心压迹；9. 膈面；10. 底缘；11. 叶间裂

每一肺又分为几个肺叶。肺的分叶以主支气管在肺内的第一级分支为准，肺叶之间以叶间裂分开。在家畜，一般左肺分为前叶和后叶；右肺分为前叶、中叶、后叶和副叶。不同的家畜肺分叶有差异。

牛、羊的肺分叶很明显。左肺分为前叶和后叶，右肺分为前叶、中叶、后叶和副叶。两肺的前叶又以腹侧缘的心切迹分为前、后两部分（图 7-9，图 7-10）。牛、羊的右肺比左肺大得多，二者之比约为 2：1。牛肺底缘在体表的投影，为一条从第 12 肋骨的上端至第 6 肋间隙下端凸向后下方的弧线。

马肺分叶不明显。左肺分两叶，前叶小，位于心切迹之前；后叶大，在心切迹之后。右肺分前叶、后叶和副叶，副叶位于后叶的内侧、纵隔和后腔静脉之间（图 7-10）。马肺底缘在体表的投影，为一条从第 17 肋骨上端到第 5 肋间隙下端凸向后下方的弧线。

猪肺的分叶情况与牛、羊相似。左肺分为前叶和后叶，前叶又以心切迹分为前、后两部分；右肺分为前叶、中叶、后叶和副叶（图 7-10）。猪肺底缘在体表的投影，为一条从倒数第 2 肋间隙上端至第 5 肋间隙下端凸向后下方的弧线。

犬肺叶间裂深，分叶明显。左肺分为前叶和后叶，前叶又分为前、后两部分；右肺分为前叶、中叶、后叶和副叶（图 7-10）。

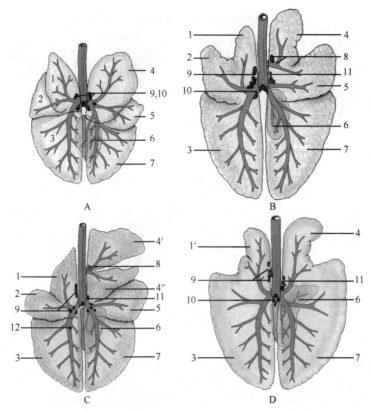

图 7-10　家畜肺分叶模式图（引自 König and Liebich，2007）

A. 犬；B. 猪；C. 牛；D. 马。1. 左肺前叶前部；1′. 左肺前叶；2. 左肺前叶后部；3. 左肺后叶；4. 右肺前叶；4′. 右肺前叶前部；4″. 右肺前叶后部；5. 右肺中叶；6. 右肺副叶；7. 右肺后叶；8. 气管支气管前淋巴结；9. 气管支气管左淋巴结；10. 气管支气管中淋巴结；11. 气管支气管右淋巴结；12. 肺淋巴结

二、肺 的 结 构

肺由肺胸膜和肺实质构成。肺的表面覆有一层浆膜，称为肺胸膜 pulmonary pleura。肺胸膜的结缔组织伸入肺内，将肺分成许多肺小叶。肺小叶呈多边锥体形，锥底朝向肺的表面，锥顶对向肺门。牛、猪的肺小叶界限明显；马的肺小叶间结缔组织不发达，故小叶界限不十分明显。

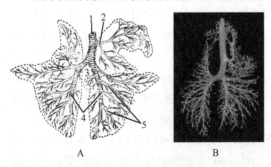

图 7-11　牛的支气管树（引自 Dyce et al.，2010）

A. 模式图；B. 小牛支气管树腐蚀铸型标本（背侧观）。

1. 气管；2. 右前叶支气管；3. 主支气管；4. 肺叶支气管；5. 肺段支气管

肺实质由肺内导管部及呼吸部构成。主支气管经肺门入肺后，反复分支，构成肺实质的导管部，也称支气管树（图 7-11）。主支气管的第一级分支称肺叶支气管，供应一个肺叶；直接由气管分出的气管支气管，也属于肺叶支气管。由肺叶支气管分出的分支称肺段支气管，供应一个支气管肺段，简称肺段。肺段略呈锥体形，底位于浆膜下，尖朝向肺门。肺段均占固定的位置，各肺段之间由少量结缔组织分隔。肺动脉分支与肺段支气管伴行，肺静脉则行于肺段之间。肺段在形态和功能上都有一定的独立性。肺的前叶、中叶和副叶有 2 个肺段，后叶有 5～6 个肺段。肺段支气管再陆续分支，开始有呼吸机能时称为呼吸性细支气管；呼吸性细支气管再分为肺泡管和肺泡囊，其壁上有肺泡开口。呼吸性细支气管的分支及肺泡，构成肺的呼吸部。肺泡是进行体内外气体交换的地方，数目多，马有约 50 亿个，面积大，马为 500m²，羊为 70～80m²，有利于气体的交换（图 7-12）。

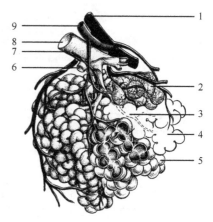

图 7-12　肺小叶结构模式图

1. 肺静脉分支；2. 毛细血管网；3. 肺泡管；4. 肺泡囊；5. 肺泡；6. 终末细支气管；7. 支气管动脉分支；8. 细支气管；9. 肺动脉分支

三、肺的血管和神经

肺的血管有两类：一类为完成气体交换的肺动脉和肺静脉，另一类为营养肺的支气管动脉和支气管静脉（图 7-12）。肺动脉进入肺后与支气管伴行，并随支气管分支，最后形成毛细血管网包绕着肺泡。毛细血管网再汇集成肺静脉，由小支到大支。大的肺静脉与肺动脉、支气管伴行，最后经肺门出肺入左心房。支气管动脉进入肺后，沿支气管伸延，沿途分支形成毛细血管网，营养各级支气管。支气管静脉仅在猪和犬汇注于奇静脉。

支配肺的神经主要是交感神经和迷走神经。

第六节　胸膜和纵隔

胸膜 pleura 为衬贴于胸腔内面和覆盖肺表面的浆膜，分脏层和壁层。脏层覆盖于肺的表面，又称肺胸膜 pulmonary pleura。壁层按部位又分贴于胸壁内面的肋胸膜 costal pleura、贴于膈胸腔面的膈胸膜 diaphragmatic pleura 和参与构成纵隔的纵隔胸膜 mediastinal pleura。壁层和脏层在肺根处互相移行，共同围成两个胸膜腔。左、右胸膜腔被纵隔分开。胸膜腔内含有少量浆液，称为胸膜液，有润滑胸膜、减少胸膜脏层和壁层之间摩擦的作用。

纵隔 mediastinum 位于左、右胸膜腔之间，两侧面为纵隔胸膜（图 5-3），其中含有心、食管、气管、大血管（除后腔静脉外）和神经（除右膈神经外）。其中包在心包外面的纵隔胸膜，又称为心包胸膜 pericardium pleura。纵隔在心所在的部位，称为中纵隔 middle mediastinum；在心以前和以后的部分，分别称为前纵隔 cranial mediastinum 和后纵隔 caudal mediastinum。

第八章 泌 尿 系 统

学习目标

1. 了解泌尿系统的组成和功能。
2. 了解肾的类型，肾盂、肾盏等概念；掌握肾的位置、形态和结构。
3. 掌握各种动物肾的位置、形态和结构特点。
4. 掌握膀胱的位置、形态和结构。

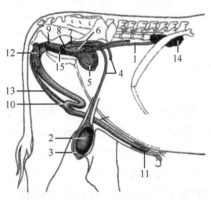

图 8-1　公牛泌尿生殖系统示意图
（引自 Dyce et al., 2010）

1. 右侧输尿管；2. 右侧睾丸；3. 附睾；4. 输精管；5. 膀胱；6. 精囊腺；7. 输精管壶腹；8. 前列腺体部；9. 尿道球腺；10. 阴茎"乙"状弯曲；11. 阴茎头；12. 坐骨海绵体肌；13. 阴茎退缩肌；14. 右肾；15. 雄性尿道盆部

动物体在新陈代谢过程中不断地产生各种终产物和多余的水分，必须随时排出体外，才能维持正常的生命活动，这些代谢终产物部分经消化道、肺、皮肤排出体外，而其余大部分（如尿素、尿酸、无机盐和水分等）则在肾形成尿液排出体外。因此，泌尿系统是体内主要的排泄系统。泌尿系统还具有调节体液，维持机体电解质平衡和内环境稳定的功能。

哺乳动物的泌尿系统包括肾、输尿管、膀胱和尿道。肾是生成尿液的器官，输尿管、膀胱和尿道为输送、贮存以及将尿液排出体外的管道（图 8-1）。

第一节　肾

肾 kidney 是成对的实质性器官，呈红褐色至深褐色，一般呈蚕豆形，位于腰椎横突腹侧、腹主动脉和后腔静脉的两侧，右肾略偏前，常与肝的尾叶相接触并在其上形成肾压迹。肾的周围存在大量的脂肪，构成肾脂囊 adipose capsule 包裹肾。

一、肾 的 结 构

1. 肾的一般结构　肾的表面有一层白色、薄而坚韧的结缔组织膜，称为肾纤维囊 fibrous capsule，通常易于剥离。肾的内侧缘有略凹陷的肾门 renal hilus。输尿管、肾动脉、肾静脉及神经和淋巴管由此出入肾。肾门向内凹入形成的腔称肾窦 renal sinus，内含肾盂、肾盏、输尿管、血管和脂肪等。肾由若干明显或不明显的肾叶构成。每一肾叶可分为浅部的皮质和深部的髓质（图 8-2），肾剖面上可见肾皮质 renal cortex 呈褐红色，略粗糙，有许多突出的小点，为肾小体。肾髓质 renal medulla 在皮质的深方，色较浅而略带条纹状。每一肾叶的髓质形成尖端向内的肾锥体 renal pyramid，锥体的底宽大，与皮质相接，锥体的尖钝圆，称为肾乳头 renal papilla。肾乳头上有许多小孔，称为乳头孔，尿液即由此处泌出。肾锥体在剖面上呈现条纹，沿肾乳头向皮质延伸，由直而长的肾小管袢和集合管整齐排列而成。部分髓质呈放射状由锥体基部伸入皮质中，称为髓质辐状部 radiate part，也称髓放线 radial line。

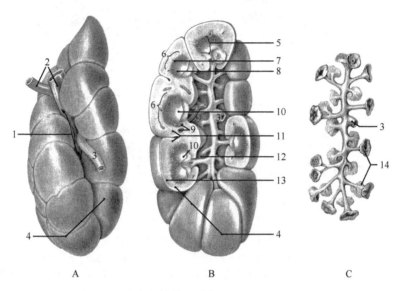

图 8-2　牛肾的结构（引自 Budras et al.，2003）

A. 左肾；B. 右肾（部分切开）；C. 输尿管和肾盏（右肾）。1. 肾门；2. 肾动脉和肾静脉；3. 输尿管；4. 肾叶；5. 肾髓质；6. 肾锥体；7. 外部；8. 内部；9. 叶间动脉和叶间静脉；10. 肾乳头；11. 肾柱；12. 肾窦内的收集管；13. 肾皮质；14. 肾小盏

　　肾由被膜和实质两部分组成。实质主要由泌尿小管构成，包括肾单位和集合小管。肾单位是肾的结构和功能单位，由肾小体和肾小管组成。肾小体包括肾小球和肾球囊；肾小管包括近端小管、细段和远端小管。近端小管和远端小管均分为曲部和直部两部分。近端小管直部、细段和远端小管直部组成髓袢。肾单位形成的尿液注入集合小管，后者开口于乳头孔。

　　2. 肾盂和肾盏　　在肾窦内，输尿管的起始部常膨大形成肾盂 renal pelvis，肾盂再发出 2～3 个分支，称为肾大盏 major calyx。每个肾大盏上发出 7～12 条分支，称为肾小盏 minor calyx（图 8-2）。肾小盏的末端呈漏斗状，包围每一个肾乳头，其间形成密闭的肾小盏腔。终尿自肾乳头泌出后，顺序进入肾小盏、肾大盏和肾盂，然后进入输尿管内，到达膀胱贮存。在各种家畜，肾盂和肾大盏分支各不相同，将分别叙述。

二、哺乳动物肾的类型

　　根据肾叶的融合程度，一般将哺乳动物的肾分为 4 种类型，即复肾、有沟多乳头肾、平滑多乳头肾和平滑单乳头肾（图 8-3）。

　　1. 复肾　　见于鲸、熊、水獭等动物。肾由许多独立的肾叶组成，又称小肾，其数目因动物种类而不同。例如，巨鲸的可达 3000 个，海豚的可达 200 个。每一肾叶呈

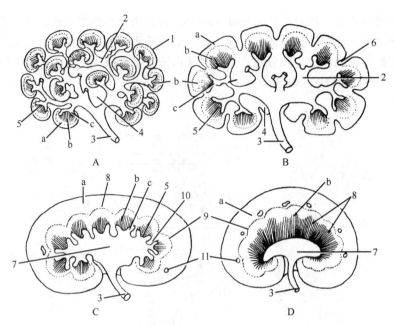

图 8-3　哺乳动物肾类型的模式图

A. 复肾；B. 有沟多乳头肾；C. 平滑多乳头肾；D. 平滑单乳头肾。a. 皮质；b. 髓质；c. 肾盏；1. 肾小叶；2. 肾盏管；3. 输尿管；4. 肾窝；5. 肾乳头；6. 肾沟；7. 肾盂；8. 肾总乳头；9. 交界线；10. 肾柱；11. 切断的弓状血管

锥形，外周的皮质为泌尿部，中央的髓质为排尿部，末端形成肾乳头，被输尿管的分支（肾小盏）包围。

2. 有沟多乳头肾　　见于牛。各肾叶仅中部合并，在肾表面以沟分开；肾的髓质也保留单独的肾锥体和肾乳头，每个肾乳头被肾小盏包围。

3. 平滑多乳头肾　　见于猪，人肾也属此类型。各肾叶进一步融合，肾表面平坦光滑，但在剖面上可见肾锥体仍然保持独立而不发生融合。肾小盏包围每一肾乳头，汇入肾大盏，肾大盏进一步汇合为肾盂。

4. 平滑单乳头肾　　见于大多数哺乳动物，如羊、马、犬、兔、大鼠、小鼠、鹿等。其特征是肾皮质和髓质均发生了完全合并，肾乳头也合并为一个肾总乳头（肾嵴），突入肾盂腔内。

三、各种家畜肾的形态和结构特点

1. 牛肾（图 8-2）　　成年牛每肾重 600～700g，长 18～23cm，右肾略重。左、右两肾形态、位置不对称，右肾呈上下压扁的长椭圆形，位置较靠前，在最后肋间隙上部至第 2 或第 3 腰椎横突腹侧。背侧面隆凸，与腰肌和右膈脚相接触；腹侧面较平，与肝、胰、十二指肠降部接触。前端常位于肝的肾压迹内。肾门位于腹侧面近内侧缘处。左肾的形态位置较特殊，由于受瘤胃发育时的推挤作用，呈三棱锥状，前端尖而小，后端钝圆；在成年牛，由于瘤胃的挤压作用，左肾常位于右肾的腹后侧、第 3～5 腰椎横突的腹侧，背侧与腰肌接触，腹侧与结肠袢相邻。由于有较长的结缔组织系膜，左肾位置常不固定。

牛肾属于有沟多乳头肾，表面被深浅不等的沟分为 12～20 个大小不等的肾叶 renal

lobe。在切面上，可见各肾叶皮质发生部分融合。部分肾皮质伸入肾锥体之间形成肾柱 renal column。肾锥体常单独存在。输尿管起始端在肾窦内分支形成前后两条肾大盏，即收集管。每一肾大盏又分出若干肾小盏，包围肾乳头。两条肾大盏汇合处不形成明显的漏斗状囊，因此牛肾无肾盂（图 8-3）。

2. 猪肾（图 8-4）　左、右肾呈豆形，较长扁，位置基本对称，位于前 4 个腰椎横突腹侧，右肾不与肝接触。

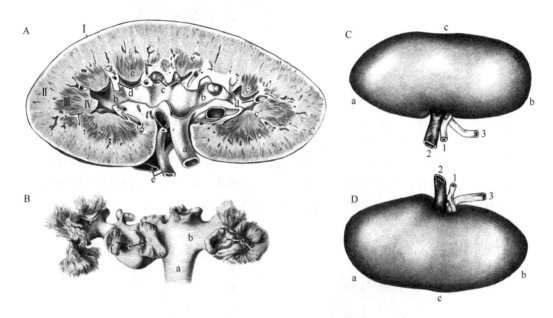

图 8-4　猪肾（引自 Nickel et al.，1979）

A. 猪肾纵切面：Ⅰ. 纤维囊；Ⅱ. 皮质；Ⅲ，Ⅳ. 髓质；a. 输尿管；b. 肾盂；c. 单乳头；c′. 大的集合乳头；d. 肾盏；e. 肾动脉和肾静脉。B. 猪肾盂铸型：a. 输尿管；b. 肾盂；c. 肾盏。C. 右肾；D. 左肾：a. 前端；b. 后端；c. 外侧缘；1. 肾动脉；2. 肾静脉；3. 输尿管

猪肾属于平滑多乳头肾，肾的表面平坦，各肾叶的皮质几乎完全融合，皮质较厚，但髓质仍然形成单独的肾锥体，借此可以区分各肾叶。输尿管起始部在肾窦内形成膨大的肾盂，然后分为两条肾大盏，每条肾大盏再分出若干肾小盏包围每一个肾乳头。

3. 马肾（图 8-5）　右肾位置靠前，位于最后 2~3 个肋骨椎骨端和第 1 腰椎横突的腹侧，呈圆角三角形，上下略压扁，背面凸，与膈及腰大肌和腰小肌接触，腹侧面略凹，与肝、胰、盲肠底接触。前端位于肝的肾压迹内。肾门位于内侧缘中部。左肾位置偏后，位于最后肋骨椎骨端以及第 1~2 腰椎横突腹侧，呈长椭圆形，背侧面凸，与左膈脚及腰肌接触，腹侧面也凸，与小结肠起始端、十二指肠末端以及胰的左叶相接触。外侧缘与脾接触。

马肾属于平滑单乳头肾，各肾叶皮质及髓质均发生融合，全部肾锥体融合为一体。在皮质与髓质交界处有较宽的暗红色的中间带 intermediate zone。肾乳头融合为纵长的肾嵴 renal crest 突入肾盂内。输尿管起始端膨大形成肾盂，其在两端与裂隙状的终隐窝相通（图 8-5），乳头管开口于肾盂或终隐窝。

4. 羊肾与犬肾　羊的右肾位置靠前，位于最后肋骨椎骨端至第 2 腰椎横突腹侧，

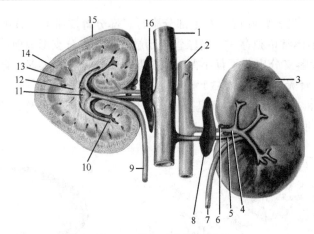

图 8-5 马肾（右肾剖开）

1. 后腔静脉；2. 腹主动脉；3. 左肾；4. 肾动脉；5. 肾静脉；6. 肾淋巴结；7. 左输尿管；8. 左肾上腺；9. 右输尿
管；10. 终隐窝；11. 肾盂；12. 髓质；13. 中间区；14. 皮质；15. 右肾；16. 右肾上腺

左肾在瘤胃背囊的后方、第 3～5 腰椎椎体的腹侧，具有较长的结缔组织系膜，有较大的
活动范围。犬的右肾位置较为固定，位于前 3 个腰椎椎体的腹侧，前端与肝的接触面较
大。左肾位于第 2～4 腰椎横突腹侧，前端与脾相邻（图 8-6）。

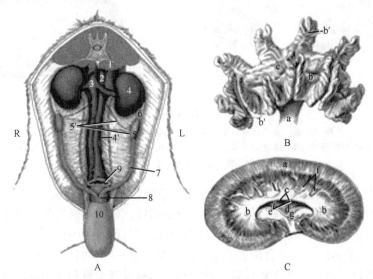

图 8-6 犬泌尿生殖器官（引自 Dyce et al., 2010；Nickel et al., 1979）

A. 母犬泌尿生殖器官（腹侧面）：R. 右侧；L. 左侧；1. 腰肌；2. 主动脉；3. 后腔静脉；4. 左肾；4'. 输尿管；5. 卵
巢；5'. 卵巢动脉、静脉；6. 卵巢悬韧带；7. 子宫角；8. 子宫体；9. 直肠；10. 膀胱，翻向后方。B. 肾盂铸型：a. 输
尿管；b. 肾盂中央腔；b'. 肾盂隐窝；c. 注射的乳头窝。C. 肾切面：a. 皮质；b. 髓质；c. 肾嵴；d. 肾盂；e. 伪肾
乳头；f. 叶间动脉、静脉；g. 脂肪

羊肾与犬肾均属于平滑单乳头肾，肾乳头合并为纵长的肾嵴突入肾盂。肾盂向两极
突出形成肾盂隐窝 recessus pelvis。

第二节 输 尿 管

输尿管 ureter 是将肾生成的尿液不断输送到膀胱的一对细长的管道，起自肾大盏

（牛）或肾盂（猪、马、羊），出肾门后沿腹腔顶壁下面在腹膜腔外后行，进入盆腔后，雌性动物的输尿管向内侧转行于子宫阔韧带内，雄性动物则沿着尿生殖襞并越过输精管背侧后行，开口于膀胱内（图8-1，图8-6）。输尿管在进入膀胱壁后，先在膀胱背侧壁的肌层和黏膜之间向后穿行2～3cm，此结构特点有利于防止尿液在膀胱充盈时向输尿管逆流。

第三节 膀 胱

膀胱 urinary bladder 为暂时贮存尿液的器官，呈梨形（图8-1，图8-7），在牛和马约拳头大小，空虚状态时位于耻骨背面，充盈时扩大而变薄，向前伸入腹腔。公畜膀胱的背侧邻接尿生殖襞和直肠，母畜膀胱的背侧为子宫及阴道，直肠检查时可感知。

膀胱的前端钝圆称为膀胱顶 vertex of the bladder，后部变细称为膀胱颈 neck of the bladder，顶与颈之间的部分为膀胱体 body of the bladder（图8-7）；膀胱颈之后延续为尿道，以尿道内口 internal urethral orifice 通尿道。膀胱顶和体的表面均被覆有腹膜，并在膀胱的侧面和腹侧面形成双层的腹膜褶连接到盆腔侧壁和底壁，分别称为膀胱侧韧带 lateral ligament 和膀胱正中韧带 middle ligament of the bladder，膀胱侧韧带的前缘有粗圆的膀胱圆韧带 round ligament of the bladder，为胎儿时期脐动脉的遗迹。膀胱借上述韧带固定其位置。

膀胱壁由黏膜、肌层和外膜组成。黏膜形成不规则的皱襞，其厚薄随尿液充盈程度而变化；黏膜上皮为变移上皮，黏膜肌层因动物种类不同而异。黏膜下层为疏松结缔组织。黏膜下由于输尿管延伸于壁内而

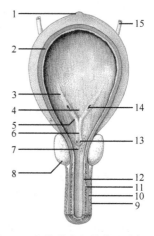

图 8-7 犬膀胱内部结构（腹侧面）
（引自 König and Liebich，2007）

1. 膀胱顶；2. 黏膜和肌层；3. 输尿管柱；
4. 膀胱三角；5. 输尿管襞；6. 尿道嵴；
7. 前列腺管开口；8. 前列腺；9. 尿道肌；
10. 肌层；11. 海绵体层；12. 尿道及黏膜；
13. 精阜及输精管开口；14. 输尿管口；
15. 输尿管

形成纵行的隆起，称为输尿管柱 ureteric column（图8-7），终于输尿管口 ureteric ostium。自输尿管口处有一对低的黏膜褶向后延伸，称为输尿管襞 ureteric fold，两侧者向后汇合成尿道嵴 urethral crest，经尿道内口延续入尿道。两输尿管襞间的区域黏膜较为光滑而少皱褶，称为膀胱三角 trigone of the bladder（图8-7）。膀胱肌层均由平滑肌构成，较厚，分为内纵肌、中环肌和外纵肌3层。中环肌在尿道内口处形成括约肌，控制尿液的排出。在膀胱顶、膀胱体的大部分，外膜为浆膜，在膀胱颈处，外膜由疏松结缔组织构成，含有血管、淋巴管和神经。

第四节 尿 道

尿道 urethra 是将尿液从膀胱排出的肌性管道，以尿道内口起始于膀胱颈，雄性尿道的尿道外口 external urethral orifice 开口于阴茎头，雌性尿道的尿道外口开口于阴道与阴道前庭交界处的腹侧壁上。雌性尿道与雄性尿道在形态结构上有显著不同。

　　雌性尿道 female urethra 较短，在母牛长 10～13cm（图 8-8），在母马长 6～10cm，位于阴道腹侧，结构与膀胱相似。母牛的尿道外口腹侧有宽深各 1～2cm 的小盲囊，盲端向前，位于尿道末端腹侧，称为尿道下憩室 suburethral diverticulum，导尿时应避免将导尿管插入憩室内（图 8-8）。母猪的尿道下憩室小。

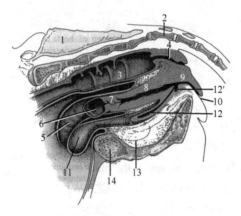

图 8-8　母牛尿道下憩室模式图（引自 Dyce et al., 2010）

1. 荐骨；2. 第 1 尾椎；3. 直肠；4. 肛管；5. 右子宫角；6. 左子宫角断端内腔；7. 子宫颈；8. 阴道；9. 阴道前庭；10. 阴门；11. 膀胱；12. 尿道；12′. 尿道下憩室；13. 闭孔；14. 骨盆联合

　　雄性尿道 male urethra 又称为尿生殖道，兼有排尿和排精功能，将在雄性生殖器官章节中叙述。

第九章　生殖系统

 **学习目标**

1. 了解雄性生殖系统的组成和功能。
2. 了解雌性生殖系统的组成和功能。
3. 掌握睾丸、附睾、副性腺、阴茎和阴囊的位置、形态和结构，比较各种动物上述器官的特点。
4. 掌握卵巢、输卵管、子宫的位置、形态和结构，比较各种动物上述器官的特点。

生殖系统 reproductive system 为繁殖器官，具有产生生殖细胞（精子和卵子）、孕育胎儿、延续种族的功能。此外，还可分泌性激素，与神经系统和内分泌系统一起，共同调节生殖器官的活动，如雌性动物的发情周期、第二性征（体型、毛、角、乳腺等）的出现等。低等动物常为雌雄同体，而家畜均为雌雄异体，生殖系统分为雄性生殖系统和雌性生殖系统。

第一节　雄性生殖系统

雄性生殖系统 male genital system 由生殖腺（睾丸）、生殖管（附睾、输精管和雄性尿道）、副性腺（精囊腺、前列腺、尿道球腺）和外生殖器官（阴囊、包皮、阴茎）组成（图9-1）。

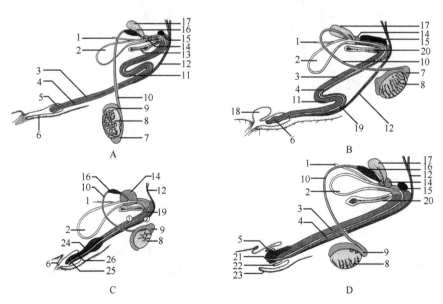

图 9-1　公畜生殖器官模式图（引自 König and Liebich，2007）

A. 牛；B. 猪；C. 犬；D. 马。1. 输尿管；2. 膀胱；3. 阴茎海绵体；4. 尿道海绵体；5. 阴茎头；6. 包皮；7. 附睾尾；8. 睾丸；9. 附睾；10. 输精管；11. "乙"状弯曲；12. 阴茎退缩肌；13. 耻骨；14. 前列腺；15. 尿道球腺；16. 输精管壶腹；17. 精囊腺；18. 包皮憩室；19. 尿道；20. 坐骨；21. 尿道突；22. 包皮褶；23. 包皮外层；24. 阴茎球；25. 阴茎头长部；26. 阴茎骨

一、睾　丸

睾丸 testis 是雄性生殖器官的重要部分，可以产生精子，分泌雄性激素，促进第二性征的出现和其他器官的发育。

1. 睾丸的位置与形态　　睾丸位于阴囊内，左右各一，中间由阴囊中隔隔开（图 8-1，图 9-2，图 9-3）。睾丸呈左右稍扁的椭圆形或卵圆形，表面光滑，分两缘、两端和两面。一侧有附睾附着，称附睾缘 epididymal border；与附睾缘相对的一侧，称游离缘 free border。血管、神经进入的一端称睾丸头端 capital end，与附睾头相接；与睾丸头端相对的一端称睾丸尾端 caudal end，与附睾尾相连。与阴囊中隔相贴附的一面较平坦，称内侧面；与阴囊外侧壁相邻的一面较隆凸，称外侧面。

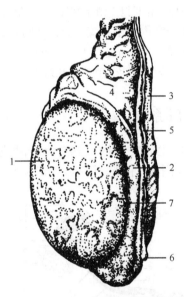

图 9-2　公牛的睾丸和附睾

1. 睾丸；2. 附睾；3. 输精管；4. 精索；5. 睾丸系膜；
6. 阴囊韧带；7. 睾丸囊（附睾窦）

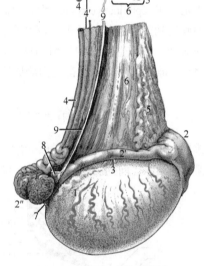

图 9-3　公马的睾丸和附睾

1. 睾丸；2. 附睾头；2'. 附睾体；2″. 附睾尾；3. 睾丸囊；
4. 输精管；4'. 输精管系膜；5. 蔓状丛；6. 睾丸系膜；
7. 睾丸固有韧带；8. 附睾尾韧带；9. 连接鞘膜壁层和脏
层的鞘膜褶断端

2. 睾丸的结构（图 9-4）　　睾丸表面被覆一层浆膜，称为固有鞘膜 visceral vaginal tunic。固有鞘膜深面是由一层致密结缔组织构成的坚韧膜，称为白膜 albugineous tunic。白膜自睾丸头端伸入实质内，位于睾丸长轴中央，称为睾丸纵隔 mediastinum testis。睾丸纵隔呈放射状分出许多睾丸小隔。睾丸小隔将实质分隔成许多锥体形睾丸小叶 lobule of testis，每个小叶中有 2～3 条卷曲的精曲小管 convoluted seminiferous tubule，精曲小管上皮产生精子。精曲小管之间为间质，内含间质细胞 leydig cell，能分泌雄性激素。精曲小管伸向纵隔，在近纵隔处变直而成精直小管 straight seminiferous tubule。精直小管在纵隔中相互吻合形成睾丸网 testicular network。由睾丸网最后汇合成 6～12 条较粗的睾丸输出小管 efferent ductules，从睾丸头端出睾丸进入附睾头，移行为附睾管 epididymal duct。

3. 睾丸下降　　在胚胎时期，睾丸位于腹腔中、肾的后方，随着胎儿的发育，在胎儿出生前后，睾丸和附睾一起经腹股沟管下降到阴囊的过程，称为睾丸下降。各种家畜睾丸下降完成时间不一，牛在胚胎 3 月龄已完成，猪在出生前、后，马在出生后 1 周，犬也在出生后完成。动物出生后，如果一侧或两侧睾丸没有下降，仍留在腹腔内，则称为单睾或隐睾，这种动物不宜作为种畜。但少数动物如大象，睾丸终生位于腹腔内，精子发生可在腹腔温度下进行；许多小哺乳动物如啮齿类，在繁殖季节睾丸下降入阴囊，此后又返回腹腔。

4. 各种动物睾丸的形态学特征　　牛、羊的睾丸呈椭圆形，位于两股之间的阴囊内，呈上下垂直位，睾丸头端朝上，附睾位于睾丸后内侧。牛的睾丸实质呈黄色，羊的呈白色。牛的睾丸重 250～300g，山羊的重 145～150g，绵羊的重 200～300g。

马的睾丸呈椭圆形，位于两股之间的阴囊内，呈前后水平位，睾丸头端朝前，附睾位于睾丸的背侧。睾丸实质呈淡棕色。马的睾丸重 200～300g。

猪的睾丸位于会阴部的阴囊内，斜向后上方位，睾丸头朝向前下方，附睾位于睾丸前上方，附睾尾很发达，位于睾丸的后上端，睾丸实质呈淡灰色，但因品种差异有深浅之分。猪的睾丸重 180～338g。

犬的睾丸较小，呈卵圆形，呈前后水平位，睾丸实质呈白色，附睾位于睾丸背面，睾丸头朝向前方。犬的睾丸重 10～20g。

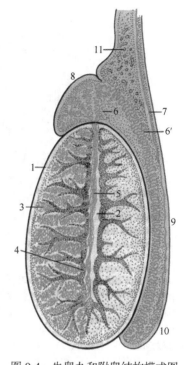

图 9-4　牛睾丸和附睾结构模式图
（引自 Dyce et al.，2010）

1. 白膜；2. 睾丸纵隔；3. 精曲小管；4. 精直小管；5. 睾丸网；6. 睾丸输出小管；6′. 附睾管；7. 输精管；8. 附睾头；9. 附睾体；10. 附睾尾；11. 蔓状丛

二、附　　睾

附睾 epididymis 是精子发育成熟和暂时贮存的地方，附着于睾丸附睾缘，其外包有固有鞘膜和薄的白膜。附睾呈新月形，可分为附睾头 head of epididymis、附睾体 body of epididymis 和附睾尾 tail of epididymis。附睾头膨大，与睾丸头相对应，由睾丸输出小管组成；睾丸输出小管汇合成一条长的附睾管 epididymal duct，并迂曲增粗形成附睾体和尾，附睾体细长，附睾尾与睾丸尾部相对应，多呈锥状，末端延续为输精管（图 9-2，图 9-4）。

附睾尾借睾丸固有韧带与睾丸尾相连，附睾尾韧带从附睾尾延续到阴囊壁的部分称阴囊韧带，动物去势时，必须切断此韧带，才能摘除睾丸和附睾（图 9-5）。

三、输精管和精索

1. 输精管　　输精管 deferent duct 是输送精子的管道，起自附睾尾的附睾管，沿附睾体走至附睾头，入精索后缘内侧的输精管襞中，经腹股沟管入腹腔，与精索中的血管、

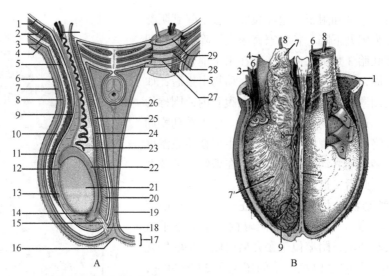

图 9-5　阴囊结构模式图（引自 König and Liebich，2007；Dyce et al.，2010）

A. 阴囊结构模式图：1. 腹膜；2. 腹横筋膜；3. 腹内斜肌；4. 躯干外筋膜；5. 提睾肌；6. 阴囊皮肤；7. 肉膜；8. 精索外筋膜；9. 精索内筋膜；10. 提睾肌筋膜；11. 鞘膜壁层；12. 鞘膜脏层（固有鞘膜）；13. 鞘膜腔；14. 睾丸固有韧带；15. 附睾尾韧带；16. 阴囊缝；17. 阴囊；18. 阴囊韧带；19. 阴囊中隔；20. 睾丸系膜；21. 睾丸；22. 附睾；23. 睾丸动脉；24. 输精管；25. 输精管系膜；26. 阴茎；27. 腹股沟管浅环；28. 腹股沟管深环；29. 鞘环。B. 切开的牛阴囊（前面观）：1. 阴囊皮肤和肉膜；2. 阴囊中隔；3. 精索外筋膜；4. 鞘膜壁层；5. 鞘膜脏层（自睾丸表面切开）；6. 提睾肌；7. 覆盖精索内结构的鞘膜脏层；7′. 睾丸表面的脏层；8. 输精管；9. 附睾尾

神经分离，单独折转后行，进入盆腔，在膀胱背侧的尿生殖襞 urogenital plica 中继续后行，开口于雄性尿道起始部背侧的精阜（图 8-7，图 9-1）。除猪外，家畜输精管后部膨大，称输精管壶腹 ampulla of the deferent duct，其中公马最发达，牛、羊次之，犬较小。牛、羊和马的输精管末端变细，与同侧的精囊腺导管汇合，形成射精管 ejaculatory duct，开口于精阜。猪的输精管与精囊腺管大多分别开口；犬无精囊腺，输精管单独开口于尿道盆部。输精管壶腹黏膜内含有壶腹腺，其分泌物参与构成精液。

2. 精索　　精索 spermatic cord 为睾丸与腹股沟管深环之间的一条扁平的圆锥形结构。基部附着于睾丸和附睾，较宽，向上逐渐变细，达腹股沟管深环。精索内主要含有出入睾丸的输精管、动脉、静脉、神经、淋巴管和平滑肌等结构，外面包有固有鞘膜。

四、阴　囊

1. 阴囊的位置与形态　　阴囊 scrotum 是容纳睾丸和附睾的袋状腹壁囊，位于腹底壁后部、两股之间，猪位于会阴部、肛门下方，与周围界限不清。牛、马阴囊上端略细，形成阴囊颈。在牛阴囊颈的前方有 2 对（或 1 对）雄性乳头。

2. 阴囊的结构　　阴囊壁的结构与腹壁相似，由外向内依次为阴囊皮肤、肉膜、精索外筋膜、提睾肌和总鞘膜（图 9-5）。

（1）阴囊皮肤 scrotal skin　　薄而有弹性，表面有短而细的毛，内含丰富的皮脂腺和汗腺。阴囊的腹侧正中有一阴囊缝 scrotal raphe，将阴囊分为左、右两部。猪阴囊毛少或无。

（2）肉膜 dartos coat　　紧贴皮肤深面，不易剥离，相当于腹壁的浅筋膜，由致密结缔组织构成，内含弹性纤维和平滑肌纤维。肉膜在正中缝处形成阴囊中隔，将阴囊分为左、右两部，左、右两侧互不相通。中隔背侧分为两层，沿阴茎两侧附着于腹壁的腹黄膜上。公牛的肉膜发达。肉膜内平滑肌具有调节温度的作用，冷时收缩，阴囊起皱；热时松弛，阴囊下垂，有利于精子发育和生存。

（3）精索外筋膜 external spermatic fascia　　位于肉膜深面，由腹壁深筋膜和腹外斜肌腱膜延伸而来，分两层，以疏松结缔组织与肉膜和提睾肌及其筋膜相连。精索外筋膜在附睾尾附近与肉膜黏着，称阴囊韧带。

（4）提睾肌 cremaster　　是由腹内斜肌后部分出的纵肌带，贴在总鞘膜的外侧面和后缘，猪较发达，沿总鞘膜扩展到阴囊中隔，此肌收缩可调节阴囊和睾丸同腹壁间的距离，借此调节温度，便于精子生长与发育。

（5）总鞘膜　　由精索内筋膜 internal spermatic fascia（腹横筋膜的延续）与其深面的鞘膜壁层愈合而成。

鞘膜 vaginal tunic 位于精索内筋膜的深面，是睾丸下降时带到阴囊内的腹膜，分壁层和脏层。鞘膜壁层 parietal layer of vaginal tunic 与精索内筋膜融合成总鞘膜，贴衬于腹股沟管和阴囊壁内层；沿精索和睾丸系膜缘折转被覆于精索、睾丸和附睾表面，称鞘膜脏层 visceral layer of vaginal tunic，又称固有鞘膜，两者转折处形成睾丸系膜、附睾系膜和输精管系膜。鞘膜的壁层与脏层间的腔隙称鞘膜腔 vaginal tunic cavity，内含少量浆液。鞘膜腔上段细窄，称鞘膜管，通过腹股沟管以鞘膜环通腹腔。若鞘膜环较大，腹压增加，活动性较大的小肠可由腹腔脱入鞘膜管或鞘膜腔内，形成阴囊疝。其必须通过手术进行恢复。

阴囊具有保护睾丸和附睾的功能，并可调节其里面的温度略低于体腔内的温度，有利于精子的生成、发育和活动。

五、雄性尿道

雄性尿道 male urethra 是排尿和排精的共同通道，又称尿生殖道 urogenital tract。以尿道内口起于膀胱颈，沿盆腔底壁向后伸延，绕过坐骨弓，再沿阴茎腹侧向前行至阴茎头，以尿道外口与外界相通。雄性尿道以坐骨弓为界分为盆部和阴茎部（图 9-1，图 9-6），两者交界处变窄，称尿道峡 urethral isthmus。

雄性尿道管壁从内向外依次为黏膜 mucous membrane、海绵体层 spongy layer、肌层和外膜（图 9-6）。黏膜集拢成褶，盆部有副性腺的开口，在尿道球腺开口处，牛和猪的黏膜形成半月形的黏膜襞或盲囊。黏膜被覆变移上皮，在尿道外口处移行为复层扁平上皮。固有层富含弹性纤维，在猪和马有尿道腺 urethral gland。海绵体层主要由黏膜下层中毛细血管膨大而形成的海绵腔构成，阴茎部较发达，形成尿道海绵体。在尿道峡处，海绵体膨大形成阴茎球 bulb of penis，又称尿道球 urethral bulb。肌层由深层的平滑肌和浅层的横纹肌组成；浅层的横纹肌在盆部称尿道肌 urethral muscle，在阴茎部称球海绵体肌 bulbospongious muscle。此肌的收缩在交配时对射精起重要作用，还可以帮助排出余尿。外膜为结缔组织膜。

1. 雄性尿道盆部 pelvic portion　　指从膀胱到盆腔后口的一段，位于骨盆底壁和直肠之间，起始部背侧中央有一圆形隆起，称精阜 seminal colliculus（图 9-7），输精管和精

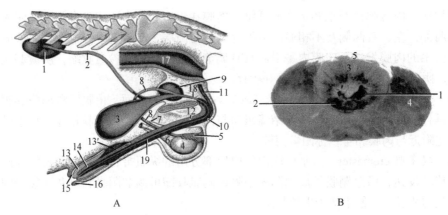

图 9-6　公犬泌尿生殖器官（A）和公牛尿道切面（B）（引自 Dyce et al., 2010）

A. 公犬泌尿生殖器官: 1. 右肾; 2. 输尿管; 3. 膀胱; 4. 睾丸; 5. 附睾; 6. 精索; 7. 鞘环; 8. 输精管; 9. 前列腺; 10. 尿道海绵体; 11. 阴茎退缩肌; 12. 阴茎海绵体; 13. 阴茎头; 13′. 阴茎球; 14. 阴茎骨; 15. 包皮腔; 16. 包皮; 17. 直肠; 18. 尿道盆部; 19. 尿道阴茎部。B. 公牛尿道盆部横切面（前列腺体紧后方）: 1. 尿道; 2. 海绵体层; 3. 前列腺扩散部; 4. 尿道肌; 5. 尿道肌背侧腱膜

囊腺开口于此。在盆部的黏膜上还有前列腺和尿道球腺的开口。海绵体层不如阴茎部发达。家畜中以公猪的雄性尿道盆部为最长，牛、羊、犬次之，马的较短（图 9-1）。

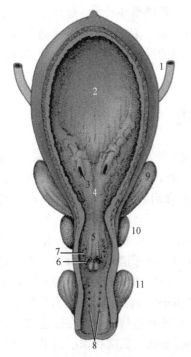

图 9-7　公马切开的膀胱和尿道（腹侧观）
（引自 Dyce et al., 2010）

1. 输尿管; 2. 膀胱; 3. 输尿管口; 4. 膀胱三角; 5. 尿道嵴和精阜; 6. 射精管口; 7. 前列腺管口; 8. 尿道球腺管口; 9. 精囊腺; 10. 前列腺; 11. 尿道球腺

2. 雄性尿道阴茎部 penile portion 　起自坐骨弓，经左右两阴茎脚之间入尿道沟前行，以尿道外口开口于外界。阴茎部海绵体层发达，在坐骨弓处海绵体层加厚，形成阴茎球。横纹肌称球海绵体肌，牛、羊的球海绵体肌仅覆盖在尿道球和尿道球腺的表面，不到达阴茎部；猪的球海绵体肌发达，但也只延伸很短的距离；马的球海绵体肌分布较长，可延伸至龟头，分布于尿生殖道的腹侧；犬的球海绵体肌较薄。

六、副 性 腺

副性腺 accessory genital gland 为位于雄性尿道盆部的腺体，分泌物构成精液，具有稀释精子、营养精子、利于精子的生存和运动、改善阴道内环境等作用。家畜的副性腺包括精囊腺、前列腺和尿道球腺（图 9-8）。有的动物还有输精管壶腹腺。凡去势家畜，其副性腺均发育不良。

1. 精囊腺 vesicular gland 　有一对，位于膀胱颈背侧的尿生殖襞中、输精管壶腹外侧，为复管状腺或管泡状腺，每侧精囊腺的导管与输精管共同形成射精管开口于精阜，或单独开

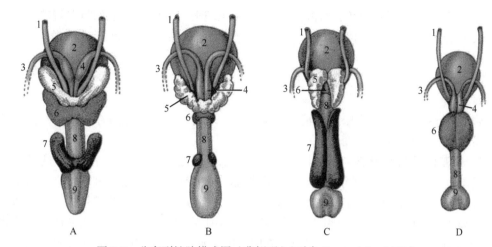

图 9-8　公畜副性腺模式图（背侧观）（引自 Dyce et al.，2010）

A.　公马；B.　公牛；C.　公猪；D.　公犬。1.　输尿管；2.　膀胱；3.　输精管；4.　壶腹腺；5.　精囊腺；6.　前列腺体部；7.　尿道球腺；8.　尿道；9.　阴茎球

口于精阜（图 9-8）。精囊腺分泌物为白色或黄色的黏稠液体，果糖和柠檬酸含量高，果糖可为精子提供能量，柠檬酸和无机物共同维持精液的渗透压。

牛、羊的精囊腺较发达，为卵圆形分叶状腺体，表面凹凸不平，左右侧腺体常不对称。马的精囊腺呈梨形囊状，有时称精囊，表面平滑；囊壁由腺体组织构成。牛和马的精囊腺管或与输精管共同以射精管开口于精阜，或在输精管外侧开口于精阜。猪的精囊腺很发达，呈三棱锥形，由许多腺小叶组成，呈淡红色；腺管多数单独开口于精阜，有时两管合并开口。犬无精囊腺。

2.　前列腺 prostate gland　　　位于雄性尿道起始部背侧（图 9-8），腺管以多数小孔开口于雄性尿道中，前列腺因年龄而有变化，幼年和性成熟期前列腺大，老年退化。

牛的前列腺分为体部和扩散部。体部呈卵圆形，位于雄性尿道起始部背侧，不发达。扩散部位于海绵体层与肌层之间，包围雄性尿道盆部，导管多条，排成两行，开口于尿道背侧和两侧壁。羊前列腺只有扩散部。猪的前列腺也包括体部和扩散部，与牛相似。马的前列腺发达，分左右侧叶和中间峡部，无扩散部，每侧腺管有 15～20 条，穿过尿道壁，开口于精阜外侧。犬的前列腺很发达，组织坚实，呈淡黄色球体，环绕在整个膀胱颈和雄性尿道起始部，以多条输出管开口于雄性尿道盆部。很多老龄犬的前列腺出现肥大，引起一些症状。

3.　尿道球腺 bulbourethral gland　　　一对，位于雄性尿道盆部末端背侧、坐骨弓附近（图 9-8）。分泌物呈胶冻状，导管有一条或多条，直接开口于雄性尿道盆部后部背侧。

牛、羊的尿道球腺呈胡桃状，外由球海绵体肌覆盖，每侧腺体各有一条导管，开口于雄性尿道盆部后部背侧，开口处由一半月状黏膜褶遮盖。此褶会给公牛导尿造成一定难度。

马的尿道球腺呈椭圆形或卵圆形，每侧腺体有 5～8 条导管，开口于雄性尿道盆部后部背侧两列小乳头上。

猪的尿道球腺很发达，呈长圆柱状，硬而致密，位于雄性尿道盆部后 2/3 的背侧，尿道球腺后部被球海绵体肌覆盖，每侧腺体各有一条导管开口于坐骨弓处雄性尿道背侧壁。

犬无尿道球腺。猫的副性腺有前列腺和退化的尿道球腺，无精囊腺和壶腹腺。

七、阴　茎

阴茎 penis 是公畜的排尿、排精和交配器官，平时很柔软，隐藏在包皮内，性冲动时，勃起伸出包皮，并变粗变硬。

1. 阴茎的位置与形态（图 9-1）　　阴茎位于腹壁之下，起自坐骨弓，经两股之间沿中线向前伸延至脐部，可分为阴茎头（游离部）、阴茎体和阴茎根 3 部分。阴茎根 root of penis 位于会阴部，以两阴茎脚附着于坐骨弓上，外覆发达的坐骨海绵体肌，左右两侧的阴茎脚间为雄性尿道盆部向阴茎的延续部，两个阴茎脚向前合并形成阴茎体。阴茎体 body of penis 呈圆柱状，占阴茎大部分，在阴茎体起始部由两条扁平的阴茎悬韧带固着于坐骨联合的腹侧面。阴茎头 glans of penis 位于阴茎前端，其形状因不同家畜而异。

2. 不同家畜阴茎的形态特征（图 9-1）　　牛、羊的阴茎呈圆柱状，细而长（公牛约 90cm），阴茎体在阴囊后方形成"乙"状弯曲，勃起时伸直，阴茎头长而尖，自左向右扭曲，右侧沟内有尿道突 urethral processus，末端有小而呈狭缝样的尿道外口（图 9-9）。羊的尿道突较长，有 3～4cm，凸出于阴茎头之前。

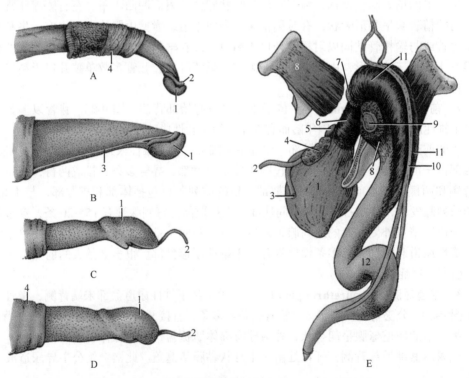

图 9-9　牛、羊阴茎及其肌肉（引自 Dyce et al.，2010）

A，B. 公牛阴茎远端，右外侧面；A. 松弛状态；B. 勃起状态；C. 山羊阴茎；D. 公羚羊阴茎；1. 阴茎头；2. 尿道突；3. 阴茎缝；4. 包皮皮肤。E. 公牛阴茎及其肌肉，后外侧观；1. 膀胱；2. 输尿管；3. 输精管；4. 精囊腺；5. 前列腺体；6. 尿道肌；7. 尿道球腺；8. 坐骨海绵体肌；9. 阴茎脚（横切）；10. 阴茎退缩肌；11. 球海绵体肌；12. "乙"状弯曲马的阴茎粗大、平直，呈左、右略扁的圆柱状，无"乙"状弯曲（图 9-10）。阴茎头端膨大形成龟头，呈蘑菇状，基部周缘隆凸，称阴茎头冠 corona of glans；阴茎头冠后方略缩细，称阴茎头颈 neck of glans；阴茎头前腹侧有一凹窝，称阴茎头窝 fossa of glans，内有尿道突，尿道外口开口其上。

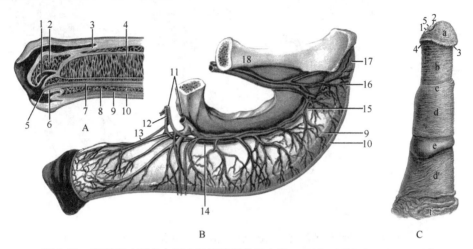

图 9-10　马阴茎（引自中国人民解放军兽医大学，1979；Nickel et al.，1979）

A，B. 阴茎切面和阴茎血管：1. 阴茎头窝；2. 阴茎头海绵体；3. 白膜；4. 阴茎海绵体；5. 尿道外口；6. 尿道突；7. 尿道；8. 尿道海绵体；9. 球海绵体肌；10. 阴茎退缩肌；11. 阴部外动静脉；12. 阴茎背前动脉；13. 阴茎动脉；14. 阴茎背前动脉后支；15. 阴茎背后动脉；16. 阴茎深动脉；17. 坐骨海绵体肌；18. 闭孔动静脉。C. 阴茎远端（左外侧面）：1. 阴茎头窝；2. 尿道突；3. 阴茎头冠；4. 阴茎头颈；5. 尿道外口；a. 龟头；b. 阴茎游离部；c. 包皮褶内层附着于阴茎处；d. 包皮褶内层；d'. 包皮褶外层；e. 包皮环；f. 外包皮的内层

猪的阴茎与牛相似，阴茎体也有"乙"状弯曲，但位于阴囊前方，阴茎头尖细，呈螺旋状扭转，尿道外口呈裂隙状，位于阴茎头前端的腹外侧（图 9-11）。

犬的阴茎呈圆柱状，由阴茎海绵体、雄性尿道阴茎部和阴茎骨构成（图 9-12）。阴茎骨 penile bone 位于阴茎前段的内部，阴茎骨后端膨大，前端变细，形成纤维软骨突。阴茎骨的腹侧有沟，容纳由尿道海绵体包裹的尿道。阴茎头发达，分为近端膨大的阴茎头球和阴茎头长部，长部顶端有尿道外口。

猫的阴茎短，在家畜中独一无二地维持胚胎期的位置，尖朝向后腹侧，尿道面在最上面；交配时向前。阴茎内有阴茎骨。阴茎头小，其游离面有大量角化的小刺，在非勃起（疲软）状态，它们平贴在阴茎头表面；在勃起时，由于其基部血管间隙充血而竖起。它们给母猫的刺激对于诱导母猫排卵是重要的。

3. 阴茎的结构　　阴茎由皮肤、（浅、深）筋膜、阴茎海绵体和雄性尿道阴茎部构成（图 9-13）。阴茎海绵体 cavernous body of penis 呈长柱形，构成阴茎的背侧部，从阴茎脚向前伸达阴茎前端。其背侧有阴茎背侧沟，供血管、神经通过，腹侧有尿道沟，容纳雄性尿道阴茎部。白膜为致密结缔组织，包在阴茎海绵体的外面，并伸进海绵体内形成小梁，并分支互相连接成网。小梁及其分支之间有许多空隙，称为阴茎海绵体腔，衬以内皮，与血管相通。当充血时，海绵体膨胀，阴茎变粗变硬而勃起，故海绵体又称勃起组织。雄性尿道阴茎部位于阴茎海绵体腹侧的尿道沟内，中央为尿道，周围为尿道海绵体 spongy body，构造与阴茎海绵体相似，外面被覆白膜，内有较发达的海绵体腔。尿道

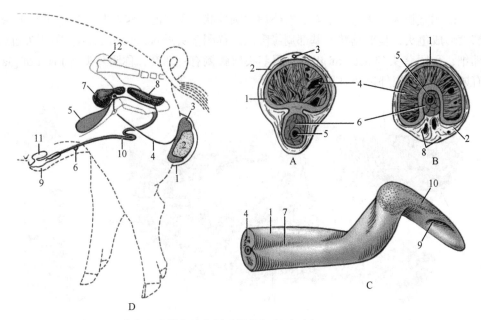

图 9-11 公猪生殖器官示意图及阴茎切面（引自 Dyce et al.，2010）

A～C．"乙"状弯曲近侧切面、"乙"状弯曲远侧切面和阴茎游离端：1. 白膜；2. 阴茎周围的结缔组织；3. 阴茎背动脉；
4. 阴茎海绵体；5. 尿道；6. 尿道海绵体；7. 尿道沟；8. 血管；9. 尿道外口；10. 阴茎头。D. 生殖器官示意图：
1. 阴囊；2. 左睾丸；3. 附睾尾；4. 输精管；5. 膀胱；6. 退化的乳头；7. 覆盖前列腺体的精囊腺；8. 尿道球腺；
9. 包皮；10. 阴茎；11. 包皮憩室；12. 右侧髂骨

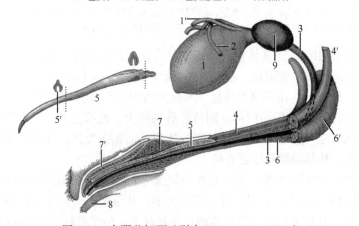

图 9-12 犬阴茎切面（引自 Dyce et al.，2010）

1. 膀胱；1′. 左输尿管；2. 左输精管；3. 尿道；4. 阴茎海绵体；4′. 左阴茎脚；5. 阴茎骨；5′. 尿道沟；6. 尿道海
绵体；6′. 阴茎球；7. 阴茎头球；7′. 阴茎头长部；8. 包皮；9. 前列腺

海绵体在阴茎前端形成阴茎头海绵体，覆盖阴茎海绵体尖而构成阴茎头。阴茎的外层为
皮肤，薄而柔软，富有伸展性。皮肤深面为浅、深筋膜。

阴茎根据阴茎海绵体内结缔组织和海绵体腔的发达程度分为纤维型（牛、猪）、中间
型（犬）和海绵型（马）3 类，也有人将其分为纤维弹性型和肌海绵型两类。牛、猪的
阴茎海绵体腔不发达，而致密结缔组织丰富，为纤维型，所以阴茎较坚实，勃起时变硬，
但增粗不多，在阴茎体部具有"乙"状弯曲，阴茎变长主要靠"乙"状弯曲伸直来实现。
马的阴茎海绵体腔发达，血窦较大，为海绵型，勃起后阴茎的直径和长度均显著增加，

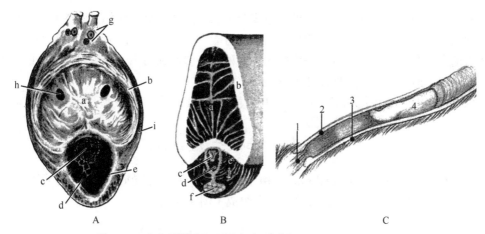

图 9-13　牛和马阴茎切面及包皮（引自 Nickel et al.，1979）

A，B. 牛阴茎切面和马阴茎切面：a. 阴茎海绵体；b. 白膜；c. 尿道；d. 尿道海绵体；e. 尿道海绵体白膜；f. 阴茎退缩肌；g. 阴茎背动静脉；h. 海绵体背侧血道；i. 结缔组织；j. 球海绵体肌。C. 牛包皮：1. 包皮口；2. 包皮内层；3. 包皮外层；4. 阴茎游离部

马的阴茎在静止时长约 50cm，勃起时长度可增加 50% 或以上。

阴茎的肌肉主要包括球海绵体肌、坐骨海绵体肌和阴茎退缩肌（图 9-9，图 9-10）。

球海绵体肌 bulbospongious muscle 为尿道肌向骨盆外的延续，被覆于尿道海绵体表面，其发达程度因动物而异（见雄性尿道），在纤维弹性型阴茎，仅限于阴茎近侧 1/3，在肌海绵型阴茎如马可伸至阴茎头部。

坐骨海绵体肌 ischiocavernosus muscle 较发达，呈纺锤形，包于阴茎脚外面，起于坐骨结节，止于阴茎根和阴茎体交界处，收缩时向上牵拉阴茎，压迫阴茎海绵体及阴茎背侧静脉，阻止血液回流，使海绵体腔充血，阴茎勃起，故又称阴茎勃起肌。

阴茎退缩肌 retractor muscle of penis 为两条带状肌，起自荐骨后部两侧或前两个尾椎的腹侧，经直肠或肛门两侧，在会阴部与对侧同名肌平行地伸延于阴茎体腹侧，终止于"乙"状弯曲的第二曲或游离端。其功能主要是在交配射精后将阴茎拉回到包皮腔内。

八、包　皮

包皮 preputium 指包裹阴茎头的双层管状皮肤鞘（图 9-10～图 9-13），具有保护和容纳阴茎头及配合交配等作用。包皮口位于脐的稍后方，周围长有长毛，包皮外层为腹壁皮肤，在包皮口处向内折转，形成包皮内层，内层无被毛和皮肤腺，但有淋巴小结和包皮腺，结构似黏膜。包皮内层与阴茎头之间形成包皮腔。一些动物有前后两对发达的包皮肌，可将包皮向前或向后牵引。

牛、羊的包皮长而窄，有两对较发达的包皮前、后肌，将包皮向前或向后牵引。

马的包皮与其他家畜的不同，为双层皮肤套，分外包皮和内包皮（图 9-10）。外包皮套在内包皮外面，游离缘形成包皮口；内包皮褶叠形成圆筒状的包皮褶，套在阴茎头外面，包皮褶远侧折转处形成包皮环。在包皮口的下缘，常有两个乳头，为发育不全的乳房遗迹。

猪的包皮口狭窄，周围长有长毛，包皮腔很长，前宽后窄，前部背侧壁上有一圆孔，通向包皮憩室。包皮憩室为由黏膜形成的一大盲囊，呈椭圆形（图9-11），囊腔内常聚积有腐败的余尿和脱落上皮，具有特殊腥味，这种气味渗透到肉中，产生一种可厌的味道。猪有一对包皮前肌，包皮后肌有时缺如。

犬的包皮内层与龟头紧密结合，包皮中有散在的淋巴小结和包皮腺，有一对包皮前肌。

第二节　雌性生殖系统

雌性生殖系统 female genital system 由生殖腺（卵巢）、生殖管（输卵管、子宫）、交配器官及产道（阴道、阴道前庭和阴门）等组成（图9-14）。

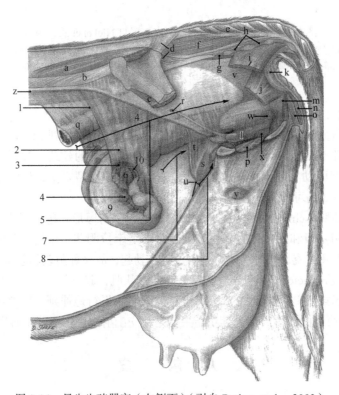

图9-14　母牛生殖器官（左侧面）（引自 Budras et al.，2003）

1. 卵巢悬韧带；2. 卵巢系膜；3. 输卵管系膜；4. 子宫系膜；5. 直肠生殖陷凹；6. 卵巢；7. 膀胱生殖陷凹；8. 耻骨膀胱陷凹；9. 子宫角；10. 输卵管；a. 臀中肌；b. 腰最长肌；c. 髂肌；d. 荐髂背侧肌；e. 荐尾背内侧肌；f. 荐尾背外侧肌；g. 荐尾腹外侧肌；h. 横突间肌；i. 尾骨肌；j. 肛提肌；k. 肛门外括约肌；l. 尿道；m. 前庭缩肌；n. 阴门缩肌；o. 阴蒂退缩肌；p. 闭孔外肌盆内部；q. 降结肠；r. 输尿管；s. 膀胱；t. 膀胱侧韧带和圆韧带；u. 膀胱正中韧带；v. 直肠；w. 前庭大腺；x. 尿道下憩室；y. 腹股沟浅淋巴结；z. 腹膜（断缘）

一、卵　　巢

卵巢 ovary 一对，是产生卵细胞和分泌雌性激素的器官，以促进其他生殖器官及其乳腺的发育。

1. 卵巢的形态与位置 卵巢的大小、形态、位置依畜种、年龄、妊娠与否、妊娠次数及性周期变化而异。

成年未妊娠动物的卵巢呈椭圆形，以卵巢系膜 mesovarium 悬吊于腹腔内肾后方的腰下部或骨盆前口两侧（图 9-14）。卵巢分两缘、两端和两面。卵巢背侧与卵巢系膜相连，称卵巢系膜缘，系膜缘有神经、血管、淋巴管出入卵巢，此处称卵巢门 ovarian hilum；卵巢腹侧为游离缘。前端与输卵管伞相接，称输卵管端；后端借卵巢固有韧带 proper ligament of ovary 与子宫角相连，称子宫端。卵巢没有专门的排卵管道，成熟的卵泡破裂时，卵细胞从卵巢表面排出（马除外）（图 9-15，图 9-16）。

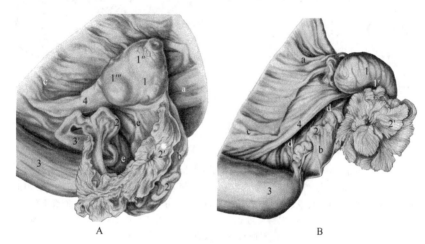

图 9-15 牛、马左侧卵巢（内侧面）（引自 Nickel et al., 1979）

A. 牛；B. 马。a. 卵巢系膜；b. 输卵管系膜；c. 子宫系膜；d. 卵巢囊入口；e. 卵巢囊内部；1. 卵巢；1′. 卵巢窝；1″. 黄体；1‴. 囊状卵泡；2. 输卵管；2′. 输卵管漏斗及腹腔口；3. 子宫角；3′. 子宫角尖；4. 卵巢固有韧带

2. 卵巢的结构（图 9-16） 卵巢表面覆盖着一层浅层上皮（生殖上皮），但在与卵巢系膜相延续的地方则被覆有一般的上皮。生殖上皮为卵细胞的来源，在生殖上皮的深面，是一薄层由致密结缔组织构成的白膜。白膜内为卵巢实质，可分为皮质和髓质两部分。皮质 cortex（主质区 parenchymatous zone）位于外周，内含许多不同发育阶段的各级卵泡。成熟卵泡常突出于卵巢表面，呈小丘状。在性成熟的家畜，卵巢表面还有凸出的黄体。髓质 medulla（血管区 vascular zone）位于卵巢内部，由结缔组织构成，含有丰富的血管、神经、淋巴管和平滑肌。马的卵巢皮质和髓质颠倒，生殖上皮仅分布于卵巢窝 ovarian fossa（排卵窝）处。

3. 各种家畜卵巢的形态、位置特征 牛的卵巢呈稍扁的椭圆形（图 9-15），羊的较圆，位于骨盆前口两侧中部偏下方。处女母牛多位于盆腔内，在耻骨前缘两侧稍后。经产母牛卵巢则位于腹腔内，在耻骨前缘前下方。牛的卵巢每个重 15～19g，平均长约 3.7cm、厚 1.5cm、宽 2.5cm。性成熟后，成熟卵泡和黄体常突出于卵巢表面，成年牛右侧卵巢比左侧稍大。卵巢系膜较短，卵巢固有韧带由卵巢后端延伸至子宫阔韧带。牛的卵泡和黄体突出于卵巢表面，通过直肠检查能够辨别其大小，可为确定发情周期和配种时间提供参考依据。

马的卵巢呈豆形（图 9-15～图 9-17），每个卵巢重 40～80g，平均长约 7.5cm、厚

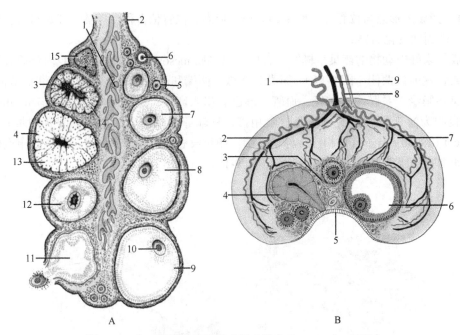

图 9-16　牛、马卵巢结构模式图（引自 Dyce et al., 2010）

A. 牛卵巢功能期图解：1. 髓质（血管区）；2. 卵巢系膜；3. 浅层上皮；4. 白膜（不发达）；5. 原始卵泡；6. 初级卵泡；7. 次级卵泡；8. 早期三级卵泡；9. 成熟卵泡（Graafian follicle）；10. 卵母细胞；11. 破裂卵泡；12. 闭锁卵泡；13. 黄体；14. 闭锁黄体；15. 白体。B. 马卵巢切面：1. 卵巢动脉；2, 7. 血管区；3. 皮质；4. 黄体；5. 卵巢窝；6. 成熟卵泡；8. 淋巴管；9. 卵巢静脉

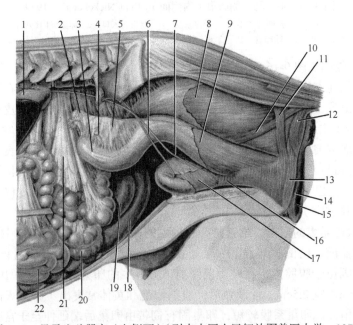

图 9-17　母马生殖器官（左侧面）（引自中国人民解放军兽医大学，1979）

1. 左肾；2. 卵巢；3. 子宫角；4. 子宫圆韧带；5. 子宫阔韧带；6. 脐动脉；7. 输尿管；8. 直肠；9. 阴道；10. 直肠尾骨肌；11. 肛悬韧带；12. 肛门外括约肌；13. 阴门缩肌；14. 阴唇；15. 阴门裂；16. 尿道；17. 膀胱；18. 左下大结肠；19. 左上大结肠；20. 小结肠；21. 后肠系膜；22. 空肠

2.5cm，左侧卵巢位于第5腰椎横突腹侧，位置较低；右侧卵巢位于第4腰椎横突腹侧，位置较高；卵巢距腹腔顶壁8～10cm。经产母马的卵巢常因卵巢系膜松弛，而被肠管挤到骨盆前口处。马卵巢外面大部分由浆膜被覆，表面平滑。卵巢固有韧带明显，向后伸延至子宫角，并与输卵管系膜围成向腹侧开口的卵巢囊，其内侧为卵巢。卵巢游离缘有一凹陷，称为卵巢窝（排卵窝），成熟卵泡仅由此处排出卵细胞，这是马属动物的特征。

　　猪的卵巢较大（图9-18），其位置、形状和大小因年龄不同而有很大变化。4月龄以前的未性成熟的小母猪，卵巢呈肾形或卵圆形，表面光滑，颜色淡红，位于荐骨岬两旁稍后方、骨盆前口两侧上部或腰小肌附近。左侧卵巢稍大，长约0.5cm，厚约0.4cm；右侧卵巢长约0.4cm，厚约0.3cm。5月龄以上接近性成熟时，卵巢体积增大，达到2.0cm×1.5cm。卵巢表面有大小不等的卵泡，似桑葚状，位置也稍向下垂前移，位于第6腰椎前缘或髋结节前端的断面上。性成熟后，根据性周期的不同时期，卵巢表面有大的卵泡、黄体等突出，呈结节状。经产母猪的卵巢系膜长，卵巢向前向下移在髋结节前缘约4cm的横断面附近，或在髋关节与膝关节之间连线的中点上。一般左侧卵巢在正中矢状面上，右侧卵巢则在正中矢状面偏右侧。每个卵巢重8～14g。

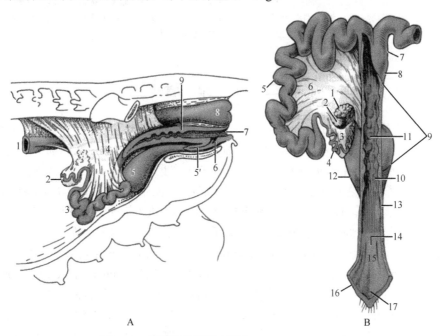

图9-18　母猪生殖系统（引自 Dyce et al.，2010）

A. 母猪生殖系统位置图：1. 降结肠；2. 卵巢；3. 子宫角；4. 子宫阔韧带；5. 膀胱；5'. 尿道；6. 尿道下憩室；7. 阴门；8. 直肠；9. 子宫颈。B. 母猪生殖系统（部分器官背侧面已打开）：1. 左侧卵巢；2. 卵巢囊；3. 输卵管系膜；4. 输卵管；5. 子宫角；6. 子宫阔韧带；7. 子宫角平行段；8. 子宫体；9. 子宫颈；10. 子宫外口；11. 子宫颈枕；12. 膀胱；13. 阴道；14. 尿道外口；15. 阴道前庭；16. 阴门；17. 阴蒂头

　　犬的卵巢小，呈扁平的椭圆形（图9-19），长1～1.5cm，表面因有卵泡和黄体突出而呈结节状。位于肾后方、第3～4腰椎横突腹侧，左侧卵巢比右侧卵巢靠后。卵巢完全包在卵巢囊内，因此不容易观察。卵巢的大小与犬的品种及个体有关。卵巢悬韧带 suspensory ligament of ovary 连接卵巢至最后1～2个肋的中下1/3处，临床上进行卵巢子宫切除手术时，需先切断此韧带，以便于摘除卵巢。

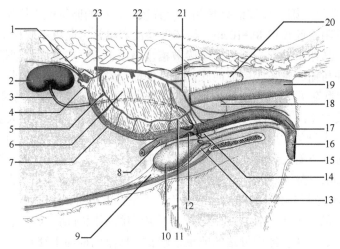

图 9-19 母犬生殖器官（引自 König and Liebich，2007）

1. 卵巢；2. 左肾；3. 输尿管；4. 卵巢囊内的输卵管（开窗）；5. 卵巢动脉子宫支；6. 子宫系膜；7. 子宫角；
8. 子宫体；9. 膀胱正中韧带；10. 膀胱；11. 子宫动脉；12. 子宫颈；13. 耻骨膀胱陷凹；14. 膀胱生殖陷凹；
15. 阴门；16. 阴道前庭；17. 阴道；18. 直肠生殖陷凹；19. 直肠；20. 直肠系膜及直肠旁窝；21. 阴道动脉；
22. 髂内动脉；23. 卵巢动脉

二、输卵管

1. 输卵管的位置与形态 输卵管 oviduct（uterine tube）为位于卵巢与子宫角之间的一条肌膜性管道，细而弯曲，是输送卵细胞的管道，同时也是受精的场所，由输卵管系膜 mesosalpinx 固定（图 9-14）。输卵管系膜位于卵巢的外侧，是由子宫阔韧带分出的连系输卵管和子宫角之间的浆膜襞。输卵管系膜和卵巢固有韧带之间形成卵巢囊 ovarian bursa，卵巢位于其中。卵巢囊是保证卵巢排出的卵细胞进入输卵管的有利条件。

输卵管可分为 3 部分：输卵管漏斗、输卵管壶腹和输卵管峡（图 9-15）。输卵管前端呈漏斗状膨大，为输卵管漏斗 infundibulum，漏斗边缘呈不规则皱褶，称输卵管伞 fimbriae of uterine tube，漏斗中央的开口称输卵管腹腔口 abdominal orifice of uterine tube，通腹膜腔。漏斗后方宽大的部分称输卵管壶腹 ampulla，黏膜形成许多皱褶，卵细胞多在此处受精。输卵管峡 isthmus 位于壶腹之后，较细且短，末端以输卵管子宫口 uterine ostium 通子宫角。在马和肉食动物，输卵管穿过子宫壁的部分称子宫部 uterine part。

2. 输卵管结构 输卵管壁分为黏膜、肌层和外膜。黏膜形成长而多的皱褶，便于卵子停留和受精以及吸收营养。黏膜上皮为单层柱状纤毛上皮，纤毛向子宫方向摆动，有助于卵子的运动。肌层包括内环肌和外纵肌。外膜为浆膜。

3. 各种家畜输卵管的形态特征 牛的输卵管长，为 20～28cm，弯曲少，壶腹部不明显，输卵管逐渐变细，与子宫角相延续，二者间没有明显分界（图 9-15）。卵巢囊宽大。

猪的输卵管长 19～22cm，输卵管伞较大，壶腹部较粗而弯曲，后部较细而直，与子宫角之间无明显分界（图 9-18）。卵巢囊大，卵巢完全包于其中。

马的输卵管较长（图 9-15），为 20～30cm，壶腹部明显，弯曲多，有子宫部，与子宫角连接处界线清楚，开口于子宫角黏膜内的小乳头上。卵巢囊较窄。

犬的输卵管长 6～10cm，细而弯曲（图 9-19）。卵巢囊深，完全包裹卵巢。

三、子　宫

子宫 uterus 为一中空的肌质性器官，富有伸展性，是胚胎生长和发育的地方。

1. 子宫的位置与形态　　子宫大部分位于腹腔，小部分位于盆腔，背侧为直肠，腹侧为膀胱，前端接输卵管，后端通阴道（图 9-14）。子宫借子宫阔韧带附着于腰下部和骨盆侧壁。

动物子宫的形态和结构因物种而异。哺乳动物的子宫根据左、右两侧子宫的合并程度分为以下 3 种类型（图 9-20）。

（1）双子宫 uterus duplex　　左、右侧子宫独立存在，分别开口于阴道，或以一共同口开口于阴道。见于袋鼠、兔等动物。

（2）双角子宫 uterus bicornis　　左、右侧子宫仅后部合并，形成子宫体和子宫颈，前部仍然分开，为左、右子宫角。见于马、牛、羊、猪、犬等动物。

（3）单子宫 uterus simplex　　左、右侧子宫完全合并，形成单一的子宫体，以子宫颈开口于阴道。见于人和高等灵长类。

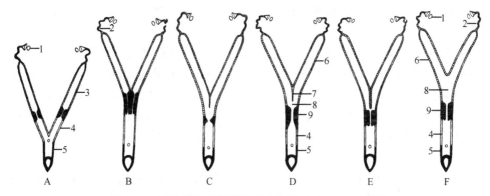

图 9-20　哺乳动物子宫类型（引自 Nickel et al.，1979）
A. 双子宫双阴道；B. 双子宫单阴道（兔）；C～F. 双角子宫；C. 犬；D. 猪；E. 牛；F. 马。1. 卵巢；2. 输卵管；
3. 子宫；4. 阴道；5. 阴道前庭；6. 子宫角；7. 子宫帆；8. 子宫体；9. 子宫颈

家畜的子宫属双角子宫，可分为子宫角、子宫体和子宫颈 3 部分（图 9-21）。子宫角 uterine horn 一对，为子宫的前端，呈弯曲管状，全部位于腹腔内，前端通输卵管，并连接卵巢固有韧带，两角后端合并成子宫体。子宫体 uterine body 呈上下稍扁的圆筒状，前接子宫角，后延续为子宫颈，一部分在腹腔，另一部分在盆腔。子宫角和子宫体内的空腔称子宫腔 uterine cavity。子宫颈 uterine cervix 为子宫后端缩细的部分，位于盆腔，后接阴道。子宫颈呈圆筒状，壁厚，黏膜形成许多纵行皱褶，中央有一窄细管道，称子宫颈管 cervical canal。子宫颈突入阴道的部分称子宫颈阴道部 vaginal part of cervix。子宫颈管分别以子宫内口 internal uterine ostium 和外口 external uterine ostium 与子宫体和阴道相通。平时子宫颈管闭合，发情时松弛，分娩时扩大。

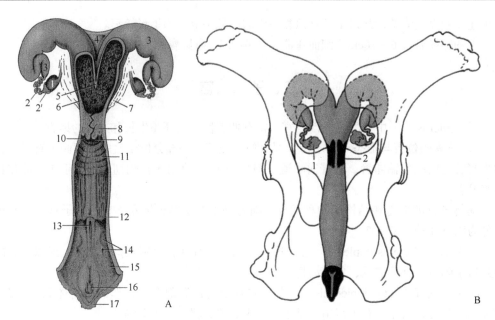

图 9-21　母牛生殖器官（背侧面）（引自 Dyce et al.，2010）

A. 母牛生殖器官（部分器官背侧面已打开）：1. 卵巢；2. 输卵管；2′. 输卵管漏斗；3. 子宫角；4. 角间韧带；5. 子宫帆；6. 子宫体及子宫阜；7. 子宫阔韧带；8. 子宫颈；9. 子宫颈阴道部；10. 阴道穹隆；11. 阴道；12. 阴瓣的位置；13. 尿道外口和尿道下憩室；14. 前庭大腺及其开口；15. 阴道前庭；16. 阴蒂头；17. 右侧阴唇。B. 牛骨盆与生殖器官的关系（注意卵巢与耻骨梳的关系）：1. 卵巢；2. 子宫颈

2. 子宫壁的结构　　子宫壁由子宫内膜、肌层和外膜 3 层构成。子宫内膜 endometrium 或黏膜呈粉红色，内含子宫腺，其分泌物营养早期胚胎，不同家畜的子宫黏膜形成许多特殊的皱褶。子宫肌层发达，由较厚的内环肌和较薄的外纵肌构成，并含有丰富的血管和神经。子宫肌层在妊娠期增生，分娩过程中起着极为重要的收缩作用。子宫颈环肌发达，形成子宫颈括约肌，分娩时开张。外膜被覆于子宫的外表面，为浆膜，由腹膜延伸而来。

悬吊雌性生殖器官的成对双层腹膜襞称为子宫阔韧带 broad ligament of uterus，包括卵巢系膜 mesovarium、输卵管系膜 mesosalpinx 和子宫系膜 mesometrium。子宫系膜附着于子宫角背侧和子宫体两侧，将子宫悬吊于腰下方和骨盆侧壁，支持子宫并使之有可能在腹腔内移动。妊娠期子宫阔韧带也随着子宫的增大而加长并增厚。在子宫阔韧带的外侧缘另有一条浆膜襞，称为子宫圆韧带 round ligament of uterus，向下与腹股沟管深环处腹膜融合，为胚胎期睾丸引带的同源结构。子宫阔韧带内有到卵巢和子宫的血管通过，其中动脉由前向后有卵巢动脉的子宫支（子宫前动脉）、脐动脉的子宫动脉（子宫中动脉）和阴道动脉的子宫支（子宫后动脉）。这些动脉在妊娠时即增粗，其粗细和脉搏性质的变化可通过直肠检查感觉到，常用于妊娠诊断。

3. 各种家畜子宫的形态结构特征　　子宫的形状、大小、位置和结构因畜种、年龄、性周期以及妊娠时期等不同而异。

（1）牛、羊的子宫（图 9-21）　　子宫由于受瘤胃的影响，成年个体大部分位于腹腔右侧。子宫角长，牛的为 35～40cm，子宫角前部左右分开，卷曲成绵羊角状，两角分叉处由角间韧带 intercornual ligament 相连，两子宫角后部因肌肉和结缔组织连接，外包浆膜，形似子宫体，但实为子宫角，常称子宫伪体。剖面可见子宫帆，分隔左右子宫腔。子宫体短，牛的为 3～4cm，子宫角和子宫体黏膜上具有 100 多个黄豆大小的卵圆形隆起，称子宫阜 caruncle（图 9-22），妊娠时子宫阜粗大，与胎膜上的绒毛子叶紧密结合，形成胎盘。子宫颈阴道部明显，子宫外口有明显的辐射状黏膜褶，在青年母牛呈菊花状，经产母牛皱褶肥大。子宫颈管窄细，管壁黏膜突起嵌合而呈螺旋状，平时紧闭，不易开张。羊的子宫阜有 60 多个，顶端呈凹陷的窝状，排成 4 排。子宫颈长，黏膜形成环形皱褶。

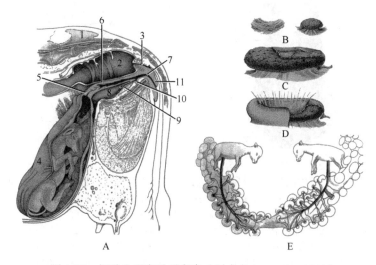

图 9-22　怀孕牛子宫及子宫阜（引自 Dyce et al.，2010）

A. 孕牛腹后部旁正中切面：1. 荐骨；2. 直肠；3. 肛管；4. 子宫；5. 子宫颈；6. 阴道；7. 阴道前庭；8. 膀胱；9. 尿道；10. 尿道下憩室；11. 阴门。B. 未孕牛子宫阜（左）及怀孕 2 周牛子宫阜。C. 怀孕末期子宫阜，一部分表面被覆子叶（胎儿组织）。D. 绵羊胎盘。E. 双胎牛，示独立的循环系统

（2）猪的子宫（图 9-18）　　子宫角特长，外形似小肠，且壁较厚，呈连续的半环状弯曲。子宫体较短，子宫角和体的黏膜形成大而多的皱褶。子宫颈管呈螺旋状，无子宫颈阴道部，与阴道之间无明显界限；子宫颈黏膜形成两列半球形隆起，称子宫颈枕 pulvini cervicales，相间排列，因此子宫颈管呈螺旋状。

（3）马的子宫　　子宫整体呈"Y"形，子宫角呈向下弯曲的弓形（图 9-23）。凹缘朝向上方，是子宫阔韧带附着的地方。子宫体较长，约与子宫角等长，子宫角和体的黏膜形成许多皱褶。子宫颈阴道部明显，黏膜褶呈花冠状。

（4）犬的子宫　　子宫整体呈"Y"形，子宫角较长，子宫体较短，呈圆筒状（图 9-23）。子宫颈壁肥厚，子宫颈阴道部不明显。母犬的子宫圆韧带向后腹侧伸至腹股沟管深环，穿过腹股沟管（有鞘突包裹），止于阴门或其附近皮下。

四、阴　道

阴道 vagina 是交配器官和产道，为中空的肌性器官，位于盆腔内，背侧为直肠，腹侧为膀胱和尿道，前端接子宫，后端接阴道前庭（图 9-22）。阴道前端与子宫颈阴道部之间形成一环状的陷窝，称阴道穹隆 vaginal fornix。在阴道与阴道前庭交界处有尿道外口。

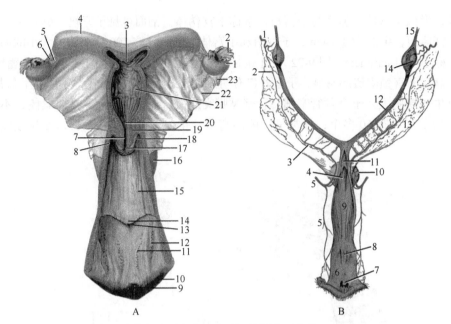

图9-23　母马和母犬生殖器官（引自中国人民解放军兽医大学，1979；Dyce et al.，2010）

A. 马子宫：1. 卵巢；2. 输卵管伞；3. 子宫底；4. 子宫角；5. 输卵管；6. 卵巢固有韧带；7. 子宫颈管；8. 阴道穹隆；9. 阴蒂；10. 阴唇；11. 前庭腹侧腺口；12. 前庭背侧腺口；13. 尿道外口；14. 阴瓣；15. 阴道；16. 膀胱；17. 子宫颈外口；18. 子宫颈阴道部；19. 子宫颈；20. 子宫颈内口；21. 子宫体；22. 子宫阔韧带；23. 卵巢系膜。

B. 犬子宫：1. 卵巢动脉；2. 卵巢动脉子宫支；3. 子宫动脉；4. 背正中褶；5. 阴道动脉；6. 阴道前庭；7. 阴蒂；8. 尿道外口；9. 阴道；10. 膀胱；11. 子宫颈；12. 右子宫角；13. 子宫阔韧带；14. 右卵巢；15. 卵巢悬韧带

阴道壁的结构包括黏膜、肌层和外膜3层，黏膜呈粉红色，较厚，形成许多纵行皱褶，无腺体。在尿道外口前方有一横行的黏膜褶，称阴瓣hymen（图9-21，图9-23），幼龄母畜的阴瓣很发达，交配过或经产母畜的阴瓣不明显。肌层由平滑肌和弹性纤维构成。外膜在前端为腹膜，后端为结缔组织膜。在生产实践中，用阴道涂片法确定动物发情周期的各个阶段。

　　牛的阴道较长，未孕母牛为25～30cm，壁厚，在阴道前端子宫颈阴道部腹侧直接与阴道壁融合，所以阴道穹隆呈半环状；牛、羊的阴瓣不明显。马的阴道短，阴道穹隆呈环形；阴瓣明显，幼驹的发达。猪的阴道相对较长，无阴道穹隆；阴瓣形成一环形褶。犬的阴道相对较长，阴瓣不明显。

五、阴道前庭

　　阴道前庭vestibule of vagina为交配器官、产道和尿道，所以也称尿生殖前庭urogenital vestibule。阴道前庭为一左右压扁的短管，位于盆腔内、直肠的腹侧，前端接阴道，后端经阴门与外界相通（图9-21，图9-23）。阴道前庭的黏膜呈粉红色，被覆复层扁平上皮，常形成纵褶。黏膜内有淋巴小结、前庭大腺和前庭小腺。前庭大腺major vestibular gland位于前庭外侧壁，见于牛和猫，偶见于绵羊，牛的前庭大腺以2～3个导管开口于一小盲囊。前庭小腺minor vestibular gland位于前庭外侧和（或）腹侧壁，见于犬、猪、绵羊和马。在阴道前庭前方、尿道外口的腹侧，牛、猪有一短盲囊，称尿道下憩室 suburethral diverticulum（图 9-22），导尿时应注意。犬的尿道外口处有尿道结节 urethral tubercle。阴道前庭壁内有黏膜下静脉丛，在马和犬形成勃起组织，称前庭球 vestibular bulbus，位于前庭侧壁。肌层为前庭缩肌，向后与阴门缩肌延续，两肌相当于公畜的球海绵体肌。

六、阴　　门

阴门 vulva 是阴道前庭的外口，也是泌尿系统和生殖系统与外界相通的天然孔，属外生殖器，位于肛门的腹侧，以短的会阴部与肛门隔开。阴门由左、右两片阴唇 labia 构成，两阴唇间的裂隙称阴门裂 rima valvae，其上、下两端相联合，分别称阴唇背侧联合和阴唇腹侧联合，背侧联合钝，腹侧联合锐，马的则相反（图 9-21，图 9-23）。在阴唇腹侧联合之内有一阴蒂窝 clitoral fossa，内有小而突起的阴蒂 clitoris，由海绵体组织构成，相当于公畜的阴茎，与阴茎是同源器官。阴蒂分为阴蒂脚、体和头 3 部分。牛的阴蒂头呈锥形，阴蒂窝不明显。马的阴蒂发达，阴蒂头圆而膨大，位于深的阴蒂窝内，通常在阴门裂的腹侧端可以看到。猪的阴蒂体长而弯曲，阴蒂头不发达，位于浅而狭的阴蒂窝内。犬的阴蒂体发达，阴蒂头不发达，略突出于浅的阴蒂窝内，常有阴蒂骨存在。

第三篇　脉　管　学

脉管系统 vascular system 也称循环系统 circulating system，是动物体内运输体液的密闭的管道系统，根据管道内所含体液性质的不同，分为心血管系统和淋巴系统。心血管系统包括心、动脉、毛细血管和静脉，是循环系统的主要部分，其管道内流动的体液为血液，在心搏的推动下，血液终生不停地在周身循环流动。淋巴系统与心血管系统不同，是单程向心回流的管道系统，其管道内流动的体液为淋巴，最后也汇入心血管系统。因此，淋巴系统可看作心血管系统的辅助结构。脉管系统的主要功能是运输，通过血液和淋巴将胃、肠吸收的营养物质和肺气体交换的氧气及内分泌细胞分泌的激素输送到全身各部组织细胞进行新陈代谢；同时又将其代谢产物，如二氧化碳、尿素等运送到肺、肾和皮肤排出体外，以维持机体新陈代谢的正常进行。血液循环在调节体温上也有相当大的作用，将肌肉和内脏等所产生的热运送到皮肤发散。脉管系统还是体内重要的防卫系统，存在于血液、淋巴和淋巴组织内的一些细胞、细胞因子和抗体，能吞噬、杀伤、灭活侵入体内的细菌和病毒等微生物，中和其所产生的毒素。近年来研究表明，心、血管及血细胞还具有内分泌功能。

第十章 心血管系统

扫码看彩图

 学习目标

1. 了解心血管系统的组成和功能。

2. 了解心包、心传导系统的概念，掌握心的位置、形态和心腔的结构。

3. 了解体循环和肺循环的概念，掌握体循环的动脉主干及其主要分支，了解不同动物血管分支的特点。

4. 了解门静脉、头静脉、颈（外）静脉、隐静脉等概念，掌握静脉系的组成及临床采血注射常用的血管。

5. 掌握胎儿血液循环的特点。

心血管系统是由心、血管（包括动脉、毛细血管和静脉）和血液组成的密闭管道系统（图 10-1）。心 heart 是血液循环的动力器官，在神经、体液调节下，进行有节律的收缩和舒张，推动血液按一定的方向流动。动脉 artery 是将血液由心运输到全身各部的血管。静脉 vein 是将血液由全身各部运输到心的血管。毛细血管 blood capillary 是介于小动脉与小静脉之间，与周围组织进行物质交换的微小血管。由左心室泵出的血液，经主动脉及其各级动脉分支运输到全身各部，通过毛细血管、静脉回到右心房，称体循环 systemic circulation，也称大循环；由右心室泵出的血液，经肺动脉、肺毛细血管、肺静脉回到左心房，称肺循环 pulmonary circulation，也称小循环。

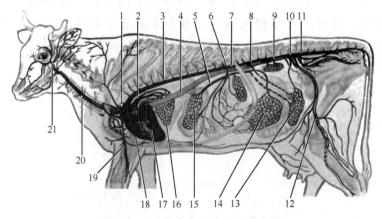

图 10-1 成年家畜血液循环模式图

1. 臂头干；2. 肺干；3. 胸主动脉；4. 后腔静脉；5. 门静脉；6. 腹腔动脉；7. 腹主动脉；8. 肠系膜前动脉；9. 肾毛细血管；10. 肠系膜后动脉；11. 髂内动脉；12. 后肢血管；13. 肠毛细血管；14. 胃毛细血管；15. 肝毛细血管；16. 肺毛细血管；17. 左心室；18. 右心室；19. 前肢血管；20. 颈总动脉；21. 头部血管

第一节　心

一、心的形态和位置

心 heart 是动物体内推动血液沿血管循环的中空肌质性器官，呈左、右稍扁的倒圆锥体，外有心包包裹。心的外形可分为心房、心室、心尖和心底，表面有 4 条沟（冠状沟、圆锥旁室间沟、窦下室间沟和中间沟）（图 10-2，图 10-3）。

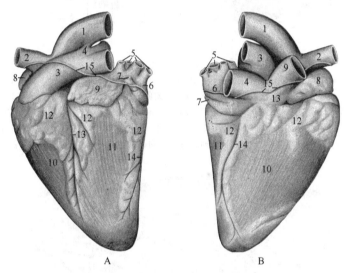

图 10-2　牛心（引自 Popesko，1985）

A. 左侧面；B. 右侧面。1. 主动脉；2. 臂头干；3. 肺干；4. 动脉韧带（A）或后腔静脉（B）；5. 肺静脉；6. 左心房；7. 左奇静脉；8. 右心耳；9. 左心耳（A）或前腔静脉（B）；10. 右心室；11. 左心室；12. 冠状沟脂肪；13. 圆锥旁室间沟（A）或右心房（B）；14. 中间沟（A）或窦下室间沟（B）；15. 心包翻转线

心底 cardiac base 为心宽大的上部，与出入心的大血管相连，位置较固定。心尖 cardiac apex 为心下端的尖细部分，游离于心包腔中。心耳面 auricular surface 为心朝向左侧胸壁的面，两心耳的尖均朝向该面。心房面 atrial surface 为心朝向右侧胸壁的面。右心室缘 right ventricular margin 为心的前缘，隆凸。左心室缘 left ventricular margin 为心的后缘，平直。冠状沟 coronary groove 位于心底，近似环形，被前方的肺干隔断。它将心分为上部的心房 atrium 和下部的心室 ventricle。圆锥旁室间沟 paraconal interventricular groove 位于心室左前方，又称左纵沟，自冠状沟向下，几乎与左心室缘平行。窦下室间沟 subsinuosal interventricular groove 位于心室右后方，又称右纵沟，自冠状沟向下，伸达心尖。两室间沟是左、右心室外表分界，其下端在心尖前上方的汇合处称心尖切迹 cardiac apical incisure。牛心的左心室缘稍前方尚有一条纵行的中间沟 intermedial groove。在冠状沟、室间沟和中间沟内均有营养心的血管，并有脂肪填充其间。

心位于胸腔纵隔内（图 10-4），夹于左肺和右肺之间，略偏左（牛心约 5/7，马、猪心约 3/5 位于正中线左侧）。心的前、后缘相当于第 2 肋间隙（或第 3 肋骨）至第 5 肋间隙（或第 6 肋骨）之间。心底位于肩关节水平线。心尖游离，略偏左，约与第 5 肋软骨

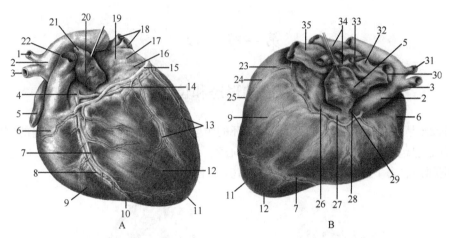

图 10-3　犬心（引自 Evans, 1993）

A. 左侧面；B. 右侧面。1,31. 左锁骨下动脉；2. 主动脉弓；3. 臂头干；4. 左冠状动脉；5. 右心耳；6. 动脉圆锥；7. 圆锥旁室间支；8, 15. 心大静脉；9. 右心室；10. 圆锥旁室间沟；11. 心尖；12. 左心室；13. 左心室动、静脉；14. 旋支；16. 左心房远动脉；17. 左心房斜静脉；18. 肺静脉；19. 左心房；20. 左心房近动脉；21. 左心耳；22. 左肺动脉；23. 窦下室间支；24. 心中静脉；25. 窦下室间沟；26. 右心房远动脉；27. 右心房；28. 右心房近动脉；29. 右冠状动脉；30. 前腔静脉；32. 奇静脉；33. 右肺动脉；34. 右肺静脉；35. 后腔静脉

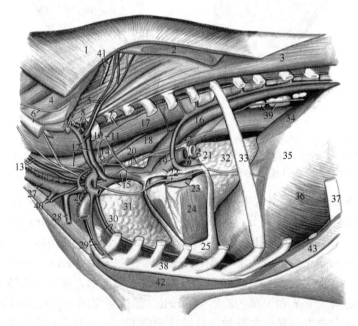

图 10-4　牛左侧胸腔器官（引自 Popesko, 1985）

1. 斜方肌；2. 菱形肌；3. 胸最长肌；4. 颈腹侧锯肌；5. 肩胛上动、静脉；6. 背侧斜角肌、副神经；7. 肋间最上动、静脉和交感干；8. 第 8 颈神经和颈深动、静脉；9. 第 7 颈神经和椎动、静脉；10. 第 1 肋骨；11. 颈胸神经节；12. 肋颈干、肋颈静脉、颈中神经节；13. 迷走交感干、颈总动脉、颈内静脉；14. 锁骨下袢、胸导管；15. 前腔静脉、臂头干、胸心神经；16. 胸主动脉；17. 颈长肌；18. 食管；19. 左喉返神经、左奇静脉；20. 迷走神经、气管；21. 肺静脉；22. 肺干、膈神经；23. 左心耳；24. 左心室；25. 心包；26. 左锁骨下动、静脉；27. 颈外静脉；28. 头静脉；29. 胸廓外动、静脉；30. 胸廓内动、静脉；31. 右肺前叶前部；32. 肺副叶；33. 第 7 肋骨；34. 左膈脚；35. 膈中心腱；36. 膈肋部；37. 第 10 肋骨；38. 胸骨；39. 纵隔后淋巴结；40. 颈浅动、静脉；41. 颈深动、静脉；42. 胸深肌；43. 腹外斜肌

间隙（或第 6 肋软骨）相对，在最后胸骨节上方 1~2cm、膈前 2~5cm 处。心的位置不仅在不同物种、品种、个体之间有所差异，而且与年龄和体况有关。牛的心底大致位于肩关节水平线上，心尖距膈 2~5cm；马的心底大致位于胸高（鬐甲最高点至胸的腹侧缘）中点之下 3~4cm，心尖距膈 6~8cm，距胸骨约 1cm；猪的心位于第 2~6 肋间，心尖与第 7 肋软骨和胸骨结合处相对，距膈较近；犬的心长轴与胸骨约成 45°。

心的质量约占体重的 0.75%，但由于品种不同，心的质量变化较大。成年牛心平均重约 2.5kg，占体重的 0.4%~0.5%；中国水牛 [（370±39）kg] 的心平均重（2.3±0.4）kg，占体重的 0.62%±0.058%；猪的心占体重的 0.3%；中等体型犬的心重 170~200g，占体重的 1% 左右。

二、心腔的构造

心被纵走的房间隔 interatrial septum 和室间隔 interventricular septum 分为左、右两部分，每侧又分为上部的心房和下部的心室。因此，心腔分为左、右心房和左、右心室。同侧心房与心室经房室口 atrioventricular orifice 相通。房间隔和室间隔均由双层心内膜夹以心肌及结缔组织构成。房间隔薄，近后腔静脉口处有稍凹陷的卵圆窝 oval fossa，是胚胎期卵圆孔 oval foramen 闭合后的遗迹。牛出生后 3~4 周仅有 50% 的个体卵圆孔闭合，即使到老龄，仍可能有 16% 的个体闭锁不全，但口很小，仅容探针通过，一般不影响功能。牛的室间隔仅有厚的肌部 muscular part，羊、犊牛的室间隔上部有类似犬和兔的膜部 membranous part（图 10-5，图 10-6）。

1. 右心房 right atrium　　位于心底右前部，壁薄腔大，由腔静脉窦和右心耳组成。腹侧有右房室口，通右心室。前腔静脉与右心耳之间以浅的界沟为界，内腔面以与界沟相对应处的肌隆起即界嵴为界。

（1）腔静脉窦 sinus of the venae cavae　　为前、后腔静脉口与右房室口间的空腔，是体循环静脉的入口部。其背侧壁及后壁有前腔静脉和后腔静脉的开口，两口之间的背侧壁有呈半月形的静脉间结节 intervenous tubercle，具有分流前、后腔静脉血，将其导向右房室口，避免互相冲击的作用。在后腔静脉口的腹侧有冠状窦的开口，为心大静脉和心中静脉的开口。在后腔静脉入口附近的房间隔上有稍凹陷的卵圆窝，是胎儿时期卵圆孔的遗迹。成年牛、羊、猪约有 20% 的个体卵圆孔闭锁不全，但一般不影响心的功能。马、犬的右奇静脉开口于右心房背侧的前、后腔静脉口之间或前腔静脉根部；牛和猪为左奇静脉，开口于冠状窦。在后腔静脉口和冠状窦口均有瓣膜，有防止血液倒流的作用。

（2）右心耳 right auricle　　为圆锥形盲囊，绕过主动脉的右前方伸向左侧，其盲尖可达肺干的前方。内腔面有许多起于界嵴的梳状肌 pectinate muscle。

2. 右心室 right ventricle　　位于右心房腹侧，构成心的右前部。室腔为略呈尖端向下的锥体形，室底有右房室口和肺干口，室尖不达心尖。右心室室壁有突入室腔的 3 个锥体形肌束，称乳头肌；有许多交错排列的肌隆起，称肉柱；有一条从心室侧壁横过室腔至室间隔的肌束，称隔缘肉柱 trabecula septomarginalis，有防止心室过度扩张的作用。

右房室口位于右心室的右上部，为右心室血液的流入道，呈卵圆形，其周缘有致密结缔组织构成的纤维环围绕。环缘有 3 片近似三角形的瓣膜，称右房室瓣 right

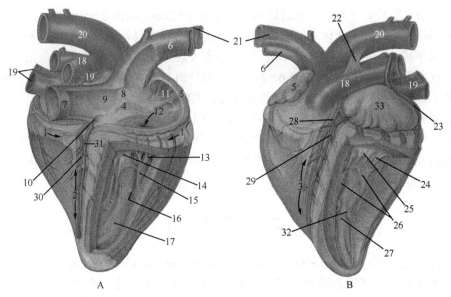

图 10-5　牛心腔的构造

A. 右侧面（示右心房和右心室内部）；B. 左侧面（示左心室内部）。1. 冠状沟；2. 窦下室间沟；3. 圆锥旁室间沟；
4. 腔静脉窦；5. 右心耳；6. 前腔静脉；7. 后腔静脉；8. 静脉间结节；9. 卵圆窝；10. 冠状窦；11. 梳状肌；12. 右
房室口；13. 腱索（右）；14. 三尖瓣；15. 乳头肌（右）；16. 隔缘肉柱（右）；17. 右心室；18. 肺干；19. 肺静脉；
20. 主动脉；21. 臂头干；22. 动脉韧带；23. 左奇静脉；24. 腱索（左）；25. 二尖瓣；26. 乳头肌（左）；27. 左心
室；28. 左冠状动脉；29. 心大静脉；30. 右冠状动脉；31. 心中静脉；32. 隔缘肉柱（左）；33. 左心耳

atrioventricular valve，又称三尖瓣 tricuspid valve。瓣膜的游离缘垂向心室，每片瓣膜以腱
索 chordae tendineae 分别连于相邻的两个乳头肌上。当心室收缩使室内压升高超过房内压
时，瓣膜合拢而关闭右房室口，由于有腱索和乳头肌的牵引，可防止瓣膜向右心房翻转，
使血液不能倒流入右心房。

　　肺干口位于右心室的左上部、动脉圆锥的上端，为右心室血液的流出道，通肺干。
肺干口的周缘有纤维环围绕，其环缘有 3 个袋状的肺干瓣 pulmonary valve 附着，又称半
月瓣 semilunar valve，其袋口朝向肺干，有防止血液返流入右心室的作用。肺干起始处的
室腔呈漏斗状，称动脉圆锥 arterial cone，借室上嵴与主部分开。

　　3．左心房 left atrium　　位于心底左后部，可分为前、后两部分。前部为锥形盲囊，
即左心耳 left auricle，突向左前方，抵达肺干后方，其内腔面也有梳状肌。后部较大，腔
面光滑，后背侧壁有 6 个肺静脉口，腹侧有左房室口通左心室。

　　4．左心室 left ventricle　　位于左心房的腹侧，形似细长圆锥体，室底朝上，有左
房室口和主动脉口，室尖构成心尖。左心室壁除有 2 个乳头肌外，也有肉柱及较粗的左
隔缘肉柱。左房室口位于左心室的后上部，为左心室的入口，其周缘有纤维环围绕，环
缘附有 2 片强大的瓣膜，称左房室瓣 left atrioventricular valve，又称二尖瓣。瓣膜的游离
缘也有腱索与乳头肌相连，其功能同右房室瓣。主动脉口 aortic orifice 位于左心室的前上
部，呈圆形，为左心室的出口，口周缘有纤维环围绕，环缘有 3 个袋状的主动脉瓣，其
结构、功能与肺干瓣相似。主动脉瓣与膨大的动脉管壁间形成主动脉窦 aortic sinus，其
中主动脉左、右窦分别有左、右冠状动脉的开口。在牛的主动脉环内有左、右两块心骨

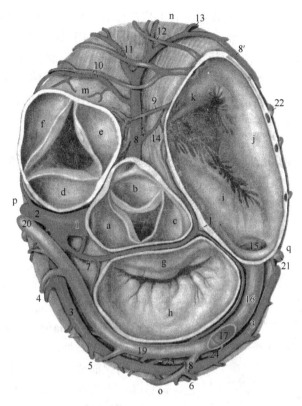

图 10-6　牛心底部瓣膜和血管（引自 Schummer et al., 1981）

a~c. 主动脉瓣；a. 左半月瓣；b. 右半月瓣；c. 隔半月瓣；d~f. 肺干瓣；d. 左半月瓣；e. 右半月瓣；f. 中半月瓣；g, h. 左房室瓣或二尖瓣；g. 隔瓣；h. 壁瓣；i~k. 右房室瓣或三尖瓣；i. 隔瓣；j. 壁瓣；k. 角瓣；l. 房间隔；m. 动脉圆锥；n. 右心室缘；o. 左心室缘；p. 圆锥旁室间沟；q. 窦下室间沟；1. 左冠状动脉；2. 圆锥旁室间支；3. 左旋支；4. 左心室近侧支、静脉；5. 左心室缘支、静脉；6. 左心室远侧支、静脉；7. 左心房近侧支；8. 右冠状动脉；8′. 右旋支；9. 动脉圆锥静脉；10. 动脉圆锥动脉及其侧副静脉；11. 右心室近侧支、静脉；12. 右心室缘支、静脉；13. 右心室远侧支；14. 右心房近侧支；15. 冠状窦口；16. 冠状窦；17. 左奇静脉在冠状窦上的终止部；18. 心后静脉；19. 心大静脉；20. 心大静脉圆锥旁室间沟；21. 心中静脉；22. 右心室远侧静脉；23. 左心房中支；24. 左心房远支

cardiac skeleton。右侧心骨较大，长 5~6cm；左侧心骨小，长约 2cm。马、猪、犬则为心软骨，老年时常骨化。

三、心　壁

心壁由心内膜、心肌和心外膜构成。

1. 心内膜 endocardium　　被覆于心腔内面的一层光滑薄膜，与血管的内膜相延续。其深面有血管、淋巴管、神经和心传导系统的分支。在房室口和动脉口处，心内膜折叠成双层结构的瓣膜，两层间有结缔组织。瓣膜的结缔组织分别与纤维环及腱索相连。

2. 心肌 myocardium　　由心肌纤维构成，是心壁最厚的一层。它被房室口的纤维环分隔为心房肌和心室肌两个独立的肌系，因此心房和心室可在不同时期收缩和舒张。

心房肌薄，可分浅、深两层。浅层为环绕左、右心房的横肌束，有些纤维深入房间隔中，形成"⌒"形的纤维裙。深层为各心房所固有，肌纤维呈裙状或环状。裙状纤维起于纤维环，纵绕心房止于纤维环；环状纤维包绕于心耳和静脉口周围。

心室肌厚，左心室壁最厚，约为右心室壁的3倍。心室肌可分为3层。浅层纤维分别起于左、右房室口的纤维环，斜向下至心尖，并呈"S"形旋转形成心涡。深层纤维为心涡处浅层向上的延续，经室间隔伸达对侧的乳头肌。中层纤维也起于房室口的纤维环，纤维呈旋转状分布于浅、深两层之间，终止于同侧的纤维环和室间隔，或对侧的纤维环。前者纤维为各心室所固有，后者纤维为两心室所共有。

3. 心外膜 epicardium　即浆膜心包的脏层，为覆盖心外表面的浆膜，由间皮及薄层结缔组织构成。其深面分布有血管、神经、淋巴管等。

四、心传导系统

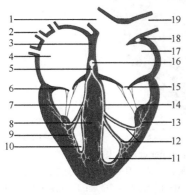

图 10-7　心传导系统模式图
（引自 König and Liebich, 2007）

1. 后腔静脉；2. 肺静脉；3. 房间隔；4. 左心房；5. 房室束；6. 左房室瓣；7. 左脚；8. 室间隔；9，13. 浦肯野纤维；10. 左心室；11. 右心室；12. 隔缘肉柱；14. 右脚；15. 右房室口（及右房室瓣）；16. 房室结；17. 右心房；18. 窦房结；19. 前腔静脉

心传导系统是维持心自动而有节律性搏动的结构。由特殊分化的心肌纤维组成，包括窦房结、房室结、房室束和浦肯野纤维丛（图10-7）。

1. 窦房结 sinuatrial node　为心的正常起搏点，位于界沟处的心外膜下，由薄而分支的结纤维网织而成，含P细胞和T细胞，除分支到心房肌纤维外，还有分支与房室结相连。

2. 房室结 atrioventricular node　位于房间隔右心房面的心内膜下、冠状窦口的前下方，由排列不规则的小分支状的结细胞构成，与心房肌纤维和房室束相联系。

3. 房室束 atrioventricular bundle　由粗大的浦肯野纤维 Purkinje fiber 构成，是房室结向下的直接延续。房屋束的起始部称为干 trunk，在室间隔上部分为较粗的左脚 left crus 和较细的右脚 right crus，沿室间隔两侧的心内膜下向下伸延，并转折到心室侧壁。此外，尚有分支经隔缘肉柱到心室侧壁。以上分支在心内膜下分散为浦肯野纤维丛，与心肌纤维相延续。

一般认为窦房结兴奋性最高，能产生节律性兴奋，传至心房肌，引起心房收缩，并经心房肌传至房室结，再经干和左、右脚，以及浦肯野纤维丛传至心室肌，引起心室收缩。

五、心 的 血 管

心本身的血液循环称为冠状循环 coronary circulation，由冠状动脉、毛细血管和心静脉组成（图10-3，图10-5，图10-6）。

1. 冠状动脉　分为左冠状动脉和右冠状动脉两支。

左冠状动脉 left coronary artery 粗大，起于主动脉根部的主动脉左窦，从左心耳与动脉圆锥间穿出至冠状沟，分出圆锥旁室间支后延续为旋支。圆锥旁室间支沿同名沟向下达心尖，沿途发出侧支分布于心室、室间隔。旋支呈波状，沿冠状沟后伸，有的个体并绕至心右侧面转折向下，移行为窦下室间支，有的个体仅伸达冠状窦附近。旋支沿途发出侧支，其中位于中间沟内的中间支（左心室缘支）较粗长。

右冠状动脉 right coronary artery 较细，呈波状，起于主动脉根部的主动脉右窦，从肺干和右心耳间穿出入冠状沟，再沿窦下室间沟向下延续为窦下室间支。马的右冠状动脉较粗，分出窦下室间支后延续为旋支。

2. 心静脉 cardiac vein　心的静脉血经 3 条途径回心，包括冠状窦、心右静脉和心最小静脉。

（1）冠状窦 coronary sinus　位于冠状沟内、右心房与右心室之间、近窦下室间沟处，开口于右心房，其主要属支为心大静脉和心中静脉。

心大静脉 great cardiac vein 粗大，起于心尖的前部，在圆锥旁室间沟内与左冠状动脉的圆锥旁室间支伴行向上，在左心耳深面转折向后，于冠状沟内与旋支伴行，注入冠状窦。心大静脉的属支以中间支（左心室缘支）为最粗大。

心中静脉 middle cardiac vein 起于心尖的后部，在窦下室间沟内与窦下室间支伴行，向上注入冠状窦的腹外侧，入口处有瓣膜。有时，心中静脉可直接开口于右心房。

（2）心右静脉 right cardiac vein　常为数支短小的静脉，从右心室上升，越过冠状沟，直接注入右心房。有时以上各支汇合成一支心右静脉，注入冠状窦口稍前方处的右心房。

（3）心最小静脉 smallest cardiac vein　行于心肌内的小静脉，直接开口于各心腔，或者主要开口于右心房梳状肌之间。

六、心 的 神 经

心的神经起于心丛，它由迷走神经心支及交感神经的颈心神经和胸心神经组成（图 10-4，图 10-8）。心支和心神经均含有传出纤维和传入纤维。

交感神经的传出纤维分布于窦房结、房室结、心房和心室肌、冠状动脉等。交感神经兴奋可使窦房结兴奋性增强，可加快房室传导及增强心肌的收缩力等，从而使心搏加快，每搏输出量增加，血压上升和冠状动脉舒张，所以交感神经称为心兴奋神经。交感神经的传入纤维传导痛觉。

副交感神经的传出纤维来自迷走神经背核及疑核，在心丛或心壁内的神经节换元，节后纤维分布到窦房结、房室结、心房和心室肌、冠状动脉等。副交感神经的作用与交感神经相反，可使心搏变慢、冠状动脉收缩等，因此又称心抑制神经。副交感神经的传入纤维传导压力和牵张感觉，经迷走神经至延髓的孤束核。

七、心 　 包

心包 pericardium 是包绕在心周围的锥体形纤维浆膜囊（图 10-8），分内、外两层，

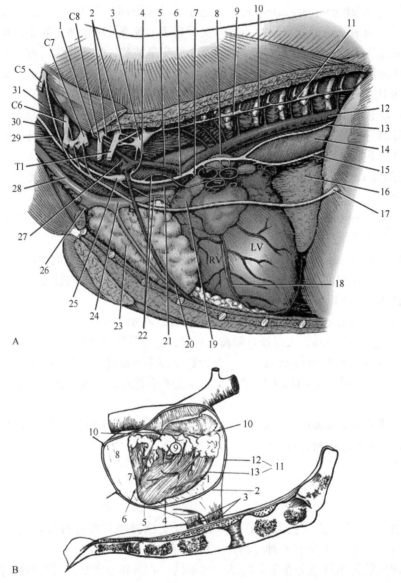

图 10-8　心的神经和心包（引自 Evans and de Lahunta，2013；Constantinescu and Schaller，2012）

A. 犬胸腔器官，左侧观：RV. 右心室；LV. 左心室；1. 椎动脉和神经；2. 从颈胸神经节至颈神经和胸神经腹侧支的交通支；3. 左颈胸神经节；4. 锁骨下袢；5. 左锁骨下动脉；6. 左迷走神经；7. 左喉返神经；8. 气管支气管左淋巴结；9. 胸神经节；10. 胸交感干；11. 交通支；12. 胸主动脉；13. 迷走神经背侧干；14. 食管；15. 迷走神经腹侧干；16. 右肺副叶（经后纵隔观察）；17. 膈神经；18. 圆锥旁室间沟、动脉和静脉；19. 肺干；20. 胸廓内动、静脉；21. 臂头干；22. 心神经；23. 胸腺；24. 前腔静脉；25. 颈中神经节；26. 左锁骨下静脉；27. 肋颈干；28. 颈外静脉；29. 迷走交感干；30. 颈总动脉；31. 颈长肌；C5～C8. 第 5～8 颈神经；T1. 第 1 胸神经。B. 牛心包（部分心包已切开），右侧观：1. 右心室缘；2. 纤维心包；3. 胸骨心包韧带；4. 心尖切迹；5. 心尖；6. 窦下室间沟；7. 左心室缘；8. 心包腔；9. 心房面；10. 冠状沟；11. 浆膜心包；12. 壁层；13. 脏层（心外膜）

外层称纤维心包，内层称浆膜心包。纤维心包外覆盖有纵隔胸膜。

纤维心包 fibrous pericardium 为坚韧的结缔组织囊，在心底部与出入心的大血管外膜相连，在心尖部以两条胸骨心包韧带与胸骨相连。犬为膈心包韧带。

浆膜心包 serous pericardium 分为壁层和脏层。壁层贴于纤维心包内面，在心底大血管根部移行为脏层；脏层为覆盖于心和大血管根部表面的浆膜，心表面的浆膜即心外膜。壁层与脏层的腔隙即心包腔，内有少量澄清微黄色的浆液。心包有维持心位置和减少与相邻器官间摩擦的功能，并可作为一个屏障使周围感染不致蔓延到心。

第二节 肺循环的血管

一、肺循环的动脉

肺干 pulmonary trunk 为位于心包内的粗短动脉干。起于右心室的肺干口，在升主动脉左侧、左心耳和右心耳间向后上方延伸，于心底后上方分为左、右肺动脉。肺干起始处内腔稍膨大，称肺干窦。肺干与主动脉间以一条短的动脉韧带 arterial ligament 相连，是胚胎期动脉导管 ductus arteriosus 的遗迹。

右肺动脉 right pulmonary artery 从右肺门入肺，分前叶支、中叶支和后叶支。前叶支又分为升支和降支，分布于右肺前叶的前部和后部；中叶支分布到右肺中叶；后叶支除分布到右肺后叶外，又分出副叶支，分布到副叶。

左肺动脉 left pulmonary artery 从左肺门入肺，分为前叶支（又分为两独立的升支和降支）和后叶支，分布到左肺的前叶（前部和后部）和后叶。

二、肺循环的静脉

肺静脉 pulmonary vein 起于肺毛细血管，汇集形成右肺前叶静脉、中叶静脉、后叶静脉、副叶支和左肺前叶、后叶静脉等数支（牛约 7 支，马 5～8 支，猪约 5 支，犬约 6 支），均从肺门处出肺，注入左心房。

第三节 体循环的血管

一、血管分布的一般规律

（一）主干

躯体血管主干位于脊柱腹侧且与之平行，并向左、右两侧对称地发出分支到体壁，为壁支；向腹侧分支到内脏，为脏支。四肢主干位于内侧及关节的屈面，由近端向远端延伸，并且动脉、静脉常与神经干伴行，共同被结缔组织鞘包绕，形成血管神经束。主干发出侧支到邻近的肌肉、关节和皮肤等。

（二）分支

1. 侧支 从主干向邻近器官发出的分支。其角度因器官距离不同而异，向附近器官发出的分支呈直角，向较远器官发出的分支呈锐角。

2. 侧副支与侧副循环　　与主干并行的侧支称侧副支。侧副支常互相吻合，或与主干吻合，称侧副循环。血流方向与主干相反的侧副支称返支。

3. 吻合支　　相邻血管之间的连接支称吻合支。如主干阻塞时，吻合支可代偿性供血。根据连接方式不同，可分为动脉弓（交通支呈弓状，如空肠动脉弓）、动脉网（呈网状吻合，如腕背侧动脉网）、脉络丛（呈丛状吻合，如脑室的脉络丛）、异网（两端均为动脉的动脉网，如肾小球、硬膜外异网）以及动静脉吻合（小动脉与小静脉直接相连的支，为动、静脉间的短路，开放或关闭可调节毛细血管的血流量）等。

4. 终支　　无交通支与邻近血管相连的血管称终支，如肾的小叶间动脉。

5. 浅静脉与深静脉　　浅静脉位于皮下，又称皮下静脉，体表可见，常用来采血、放血或静脉注射，如头静脉和隐静脉。深静脉与同名动脉伴行，但静脉管腔大、管壁薄，放血后常呈塌陷状态，有时一支中等动脉常有两支静脉伴行。

二、体循环的动脉

体循环的动脉主干为主动脉 aorta，由左心室的主动脉口发出，先向上，再向后弯曲，然后沿脊柱腹侧向后，至第 5 腰椎处分为左、右髂外动脉，左、右髂内动脉及荐中动脉。主动脉行程可分为升主动脉、主动脉弓和降主动脉。降主动脉 decending aorta 以膈的主动脉裂孔为界，分为胸主动脉和腹主动脉（图 10-9）。

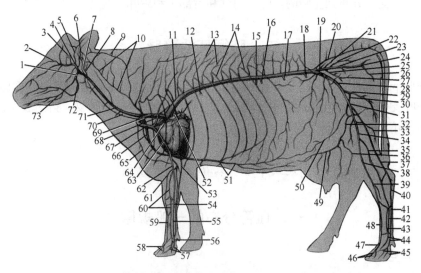

图 10-9　牛体循环主要动脉（引自 McCracken et al.，2006）

1. 舌面干；2. 泪腺动脉；3. 异网；4. 上颌动脉；5. 颞浅动脉；6. 耳后动脉；7. 颈内动脉；8. 枕动脉；9. 颈深动脉；10. 椎动脉；11. 主动脉；12. 支气管食管动脉；13. 肋间背侧动脉背侧支；14. 肋间背侧动脉；15. 腹腔动脉；16. 肠系膜前动脉；17. 肾动脉；18. 肠系膜后动脉；19. 旋髂深动脉；20. 荐正中动脉；21. 髂腰动脉；22. 臀前动脉；23. 髂内动脉；24. 阴道动脉；25. 脐动脉；26. 臀后动脉；27. 子宫动脉；28. 髂外动脉；29. 股深动脉；30. 阴部腹壁干；31. 股动脉；32. 阴部外动脉；33. 股后动脉；34. 腘动脉；35. 胫后动脉；36. 乳房后动脉；37. 隐动脉；38. 胫前动脉；39. 足底外侧动脉；40. 跖内侧动脉；41. 足底内侧动脉；42. 足底外侧动脉；43. 跖底第 2～4 动脉；44. 趾跖侧总动脉；45. 趾跖侧固有动脉；46. 趾背侧固有动脉；47. 趾背侧总动脉；48. 跖背侧第 3 动脉；49. 乳房前动脉；50. 腹壁后动脉；51. 腹壁前动脉；52. 肺干；53. 尺副动脉；54. 骨间后动脉；55. 正中动脉；56. 指掌侧总动脉；57. 指掌侧固有动脉；58. 指背侧固有动脉；59. 掌背侧第 3 总动脉；60. 桡动脉；61. 骨间前动脉；62. 正中动脉；63. 臂动脉；64. 胸背动脉；65. 胸廓外动脉；66. 胸廓内动脉；67. 腋动脉；68. 肩胛下动脉；69. 臂头干；70. 颈浅动脉；71. 颈总动脉；72. 面动脉；73. 舌动脉

（一）升主动脉及其分支

升主动脉 ascending aorta 短，起始处稍膨大，称主动脉球 aortic bulb。其内腔面与主动脉瓣间形成主动脉窦 aortic sinus。升主动脉在肺干和左、右心房间上升，出心包延伸为主动脉弓。升主动脉的分支有左、右冠状动脉（参见心的血管），分别起始于左窦和右窦。

（二）主动脉弓及其分支

主动脉弓 aortic arch 为升主动脉的延续，出心包后向后上方弯曲，至第 5 胸椎腹侧，延续为胸主动脉。在壁内有压力感受器，近旁有主动脉旁体。

主动脉弓从凸面向前分出粗大的臂头干。臂头干 brachiocephalic trunk 沿气管腹侧前行，于第 1 肋骨处分出左锁骨下动脉，于胸前口处分出双颈干后，延续为右锁骨下动脉。猪和犬的左锁骨下动脉在臂头干上方直接从主动脉弓分出。

1. 双颈干及其分支　双颈干 bicarotid trunk 为头颈部的动脉总干，短而粗，起于臂头干，向前延伸于胸前口处、气管腹侧分为左、右颈总动脉（图 10-10，图 10-11）。犬和猫的颈总动脉分别起源于臂头干，且右颈总动脉的起点位置更靠前，因此犬和猫没有双颈干。

颈总动脉 common carotid artery 位于颈静脉沟深部，与颈内静脉、迷走交感干共同形成血管神经束，沿食管的左侧和气管的右侧向前延伸，沿途发出侧支，分布

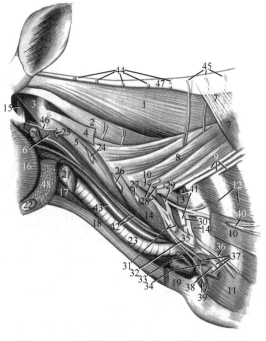

图 10-10　牛颈部及肩带部中层结构（左侧面）（引自 Popesko，1985）

1. 头半棘肌；2. 头最长肌；3. 头前斜肌；4. 寰最长肌；5. 寰长肌；6. 头长肌；7. 前背侧锯肌；7′. 背侧锯肌腱膜；8. 颈最长肌；9. 髂肋肌；10. 背侧斜角肌；11. 胸直肌；12. 肋间外肌；13. 中斜角肌；14. 腹侧斜角肌；15. 枕舌骨肌；16. 咬肌；17. 胸骨甲状肌；18. 胸骨舌骨肌；19. 胸头肌起始部；20. 咽后外侧淋巴结；21. 甲状腺；22. 下颌淋巴结；23. 气管；24. 第 3 颈神经；25. 第 2 颈神经；26. 第 4 颈神经；27. 第 5 颈神经；28. 第 6 颈神经；29. 第 7 颈神经；30. 第 8 颈神经；31. 肩胛上神经和肩胛下神经；32. 肌皮神经；33. 颈内静脉、第 1 胸肌前神经；34. 颈外静脉、第 2 胸肌前神经；35. 腋神经；36. 胸肌后神经；37. 腋动脉、腋静脉、尺神经；38. 正中神经；39. 胸廓外动、静脉；40. 胸长神经；41. 肩胛背侧动、静脉和桡神经；42. 颈总动脉、迷走交感干；43. 食管；44. 颈神经背侧皮支；45. 胸神经背侧皮支；46. 副神经背侧支；47. 项韧带索状部；48. 下颌腺

到颈部肌肉、皮肤、食管、气管、喉、甲状腺及扁桃体等。颈总动脉伸达寰枕关节腹侧，分出颈内动脉和枕动脉后，延续为颈外动脉（图 10-12）。颈总动脉末端有颈动脉窦和颈动脉体（球）。颈动脉窦 carotid sinus 为颈内动脉起始处的膨大部，窦壁外膜下有丰富的游离神经末梢，为血液的压力感受器 pressure receptor。颈动脉体（球）carotid body 为颈总动脉末端分叉处或附近的不甚明显的小体，有结缔组织与颈总动脉相连，为血液的化学感受器 chemoreceptor。

（1）**颈内动脉 internal carotid artery**　仅犊牛存在，起于颈动脉窦背侧、枕动脉起

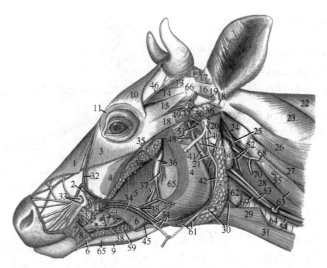

图 10-11　牛左侧头颈部中层结构（引自 Popesko，1985）

1. 鼻唇提肌；2. 上唇提肌、犬齿肌、上唇降肌；3. 颧骨肌；4. 咬肌；5. 颊肌臼齿部；6. 下唇降肌；7. 颧肌；8. 颊肌颊部；9. 下颌舌骨肌；10. 额肌；11. 眼轮匝肌；12. 颈盾肌；13. 盾间肌；14. 额盾肌额部；15. 额盾肌颞部；16. 盾耳浅背侧肌；17. 盾耳浅副肌；18. 颧耳肌；19. 盾耳浅中肌；20. 枕舌骨肌；21. 上颌静脉、二腹肌；22. 菱形肌；23. 夹肌；24. 头前斜肌；25. 头外侧直肌；26. 头最长肌；27. 寰最长肌；28. 头长肌；29. 肩胛舌骨肌；30. 舌面静脉、胸骨甲状肌；31. 胸骨舌骨肌；32. 眼角静脉；33. 眶下动脉、眶下神经；34. 面动脉、面静脉、腮腺管；35. 面深静脉丛；36. 颊动脉、面深静脉；37. 颊神经；38. 下唇静脉；39. 腮腺神经；40. 颈外动脉、面神经；41. 颊背侧支；42. 颊腹侧支；43. 鼻外侧动脉；44. 上唇动脉；45. 下唇动脉；46. 颧神经颧颞支；47. 颞浅动、静脉；48. 耳颞神经、面横动脉；49. 耳睑神经耳前支；50. 耳后动脉、耳睑神经；51. 上颌动脉；52. 颈内静脉、副神经腹侧支；53. 颈总动脉、迷走交感干；54. 食管；55. 第3颈神经支；56. 腮腺；57. 下颌腺；58. 颊背侧腺；59. 颊腹侧腺；60. 咽后外侧淋巴结；61. 下颌淋巴结；62. 甲状腺；63. 颈前淋巴结、腹侧横突间肌寰部；64. 气管；65. 下颌骨；66. 盾状软骨；67. 茎突舌骨肌；68. 副神经背侧支；69. 喉返神经；70. 第2颈神经支

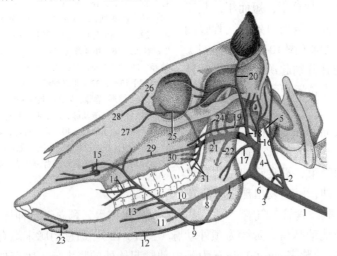

图 10-12　牛头部主要动脉分支（引自 Dyce et al.，2010）

1. 颈总动脉；2. 枕动脉；3. 腭升动脉；4. 残留的颈内动脉；5. 脑膜中动脉；6. 颈外动脉；7. 舌面干；8. 舌动脉；9. 面动脉；10. 舌深动脉；11. 舌下动脉；12. 颏下动脉；13. 下唇动脉；14. 上唇动脉；15. 眶下孔；16. 耳后动脉；17. 咬肌支；18. 颞浅动脉；19. 面横动脉；20. 角动脉；21. 上颌动脉；22. 下齿槽动脉；23. 颊动脉；24. 硬膜外异网的前、后支；25. 颧动脉；26. 眼角动脉；27. 鼻后外侧动脉；28. 鼻背侧动脉；29. 眶下动脉；30. 蝶腭动脉；31. 腭大和腭小动脉

始处的后方，由颈静脉孔（犊牛、猪）或破裂孔（马）入颅腔，分布于脑。成年牛退化为一小的索带，其功能由颈外动脉的分支代替。

（2）枕动脉 occipital artery　　起于颈动脉窦背侧（牛、猪）或颈外动脉（马、犬）起始部，经下颌腺深面向背侧延伸至寰椎腹侧，与椎动脉吻合之前，沿途发出侧支，分布到寰枕关节处的肌肉和皮肤、咽部和软腭、中耳、脑膜外，最后延续为髁动脉，经舌下神经孔入颅腔，参与构成硬膜外后异网。

（3）颈外动脉 external carotid artery　　粗大的头部动脉主干，是颈总动脉的直接延续，向前上方伸延，在颞下颌关节处分出颞浅动脉后，移行为上颌动脉。颈外动脉的主要分支如下。

1）舌面干 linguofacial trunk：由颈外动脉起始处腹侧分出，经二腹肌前缘向前下方，分为舌动脉和面动脉。猪和犬的舌动脉与面动脉单独起始；羊无面动脉，因此无舌面干，舌动脉直接起于颈外动脉。

A．舌动脉 lingual artery：舌面干走向舌根的分支，分出舌下动脉后延续为舌深动脉。舌下动脉 sublingual artery 沿舌下腺与下颌舌骨肌之间向前，分布于舌腹侧肌和舌下腺；舌深动脉 deep lingual artery 在舌骨舌肌与颏舌肌之间向前伸达舌尖，并向背侧分出许多舌背侧支，分布于舌肌。

B．面动脉 facial artery：在二腹肌与翼肌之间向前下方延伸，绕过下颌骨的面血管切迹，沿咬肌前缘与面静脉伴行向上，除分出腺支到下颌腺外。其在面部的主要分支有：①颏下动脉 submental artery，面动脉于面血管切迹处向前分出的小支，沿下颌体腹缘向前伸达颏部，与颏动脉吻合。②下唇动脉 inferior labial artery，一般有两支。下支又称下唇浅动脉，较小，沿下唇降肌前伸，分布于该肌；上支又称下唇深动脉，在下唇浅动脉稍上方起于面动脉，沿颊肌深面前行，分布于颊肌、颊腺和下唇。③上唇动脉 superior labial artery，在面结节处由面动脉分出，在颊肌背侧的深面向前，沿上唇提肌腹侧缘伸达上唇。④口角动脉 angle artery of mouth，与上唇动脉以同一总干起于面动脉，伸向口角。⑤眼角支 ramus angularis oculi，面动脉伸向眼角的短小终末分支。⑥鼻外侧前支 ramus lateralis nasi rostralis，面动脉伸向鼻外侧前部的细小终末分支，与眶下动脉分支吻合。

马的面动脉粗大，在下颌内侧分出舌下动脉，并由舌下动脉分出颏下动脉；在面部，面动脉除分出下唇动脉、口角动脉、上唇动脉外，还伸达鼻背侧和眼角，分出鼻外侧动脉、鼻背侧动脉和眼角动脉。面动脉绕过面血管切迹时浅出至皮下，此处是马诊脉的最佳部位。

猪的面动脉不发达，不达颜面部。上唇动脉、口角动脉、下唇动脉、眼角动脉由粗大的颊动脉分出。

2）耳后动脉 caudal auricular artery：起于颈外动脉中部后缘，于腮腺深面伸向耳廓基部。分支到腮腺（腮腺支）、中耳鼓室（茎乳突动脉）、耳廓内面（耳深动脉）、耳廓外侧面（耳外侧支、耳中间内侧支、耳中间外侧支）等，其中分布于耳廓外侧面的前、中、后3支动脉于耳尖处互相吻合，与动脉伴行的耳静脉临床上常由此采血或输液，此处同时也是针灸穴位之一。

3）咬肌支 masseteric branch：在耳后动脉起点相对处由颈外动脉分出，分布于咬肌。

4）颞浅动脉 superficial temporal artery：在颞下颌关节腹侧面由颈外动脉分出，主干在腮腺深面向上延伸。主要分支有：①面横动脉 transverse facial artery，在颞浅动脉起始处分出，伴随同名静脉和耳颞神经，经腮腺淋巴结深面伸达咬肌表面，位置较浅，分布于咬肌、腮腺和腮腺淋巴结。②耳前动脉 rostral auricular artery，在颞下颌关节上方起于颞浅动脉，分支到耳前部肌肉和皮肤，并分出脑膜支到硬脑膜，其延续干称耳内侧支。③角动脉 cornual artery，可视为颞浅动脉的延续支，向上沿额骨的颞线走向耳根，分支到角真皮和角突。④上睑外侧动脉 lateral superior palpebral artery、下睑外侧动脉 lateral inferior palpebral artery 和泪腺支 lacrimal branch 均为颞浅动脉向眼外侧角的分支，分别分布于眼外侧角上、下眼睑和泪腺。

（4）上颌动脉 maxillary artery　　颈外动脉分出颞浅动脉后的直接延续，在下颌支和翼内侧肌之间伸至翼腭窝处，分为眶下动脉和腭降动脉。主要分支如下。

1）翼肌支 ramus pterygoideus：分布于翼肌后部。

2）下齿槽动脉 inferior alveolar artery：与同名静脉及同名神经一起从下颌孔进入下颌管，出颏孔后延续为颏动脉 mental artery。沿途发出下颌舌骨肌支、齿支，分布于翼肌（肌支）、下颌骨、下颌颊齿、切齿、犬齿、颏部及下唇部。

3）颞深后动脉 caudal deep temporal artery：在下齿槽动脉起点处的前方起于上颌动脉的背缘，走向背侧分支到颞肌。在下颌切迹处还分出咬肌动脉 masseteric artery 到咬肌。

4）颊动脉 buccal artery：除分支到翼肌、咬肌、颊肌、颊腺外，还分出一支颞深前动脉 rostral deep temporal artery 到颞肌。

5）（至）硬膜外前异网后支和前支 caudal and rostral branches to rete mirabile epidurale rostrale：后支经卵圆孔入颅腔；前支常有5～12支，经眶圆孔入颅腔，吻合形成硬膜外前异网。

6）眼外动脉 external ophthalmic artery：于眶骨膜内，形成眼异网后，分出眶上动脉、泪腺动脉、肌支及睫状后长动脉等。不同动物的分支模式有差异。眶上动脉 supraorbital artery 主干经眶上管到额窦、额部皮肤、额肌等，并分出筛外动脉和结膜动脉（分布到眼结膜）。筛外动脉经筛孔入颅腔，再经筛板小孔入鼻腔，分布到筛鼻甲、鼻中隔后部和上鼻甲。泪腺动脉 lacrimal artery 分布到泪腺。睫状后长动脉 long posterior ciliary artery 又分为视网膜中央动脉、睫状后短动脉和巩膜外动脉。其中，视网膜中央动脉沿视神经至视神经乳头，分布于视网膜。

7）颧动脉 malar artery：常与眶下动脉同起于上颌动脉。由眼内侧角穿出，分为第3眼睑动脉、眼角动脉、鼻外侧动脉和鼻背动脉，分布到第3眼睑、眼内侧角、鼻外侧后部及鼻背。

8）眶下动脉 infraorbital artery：上颌动脉的终末分支之一。经上颌孔入眶下管，在管内发出齿支到上颊齿，出眶下孔分布到鼻唇部。犬的眶下动脉分出鼻外侧动脉和鼻背侧动脉。

9）腭降动脉 descending palatine artery：上颌动脉的终末分支之一。粗大，在翼腭窝内与翼腭神经伴行，分出蝶腭动脉和腭小动脉后，移行为腭大动脉。蝶腭动脉 sphenopalatine artery 经蝶腭孔入鼻腔，分布到鼻腔黏膜。腭小动脉 minor palatine artery 小，分布到软腭。腭大动脉 major palatine artery 粗大，可视作腭降动脉的延续支。穿过腭大管出腭大孔，在硬腭黏膜深面、腭大沟内向前伸延，到腭裂附近，与对侧同名动脉吻合，分布于硬腭，并经腭裂入鼻腔，分布于鼻黏膜前部。

2. 锁骨下动脉及其分支　锁骨下动脉 subclavian artery 自臂头干或主动脉弓（猪、犬左锁骨下动脉）分出后向前、向下和向外侧呈弓状延伸，绕过第 1 肋骨前缘、斜角肌间穿出胸腔，延续为前肢动脉的主干，按部位依次为腋动脉、臂动脉、正中动脉、指掌侧第 3 总动脉及第 3、4 指掌轴侧固有动脉。牛锁骨下动脉在胸腔内的分支有肋颈干、胸廓内动脉和颈浅动脉（图 10-4）。马左锁骨下动脉在胸腔内的分支有肋颈干、颈深动脉、椎动脉、胸廓内动脉和颈浅动脉，但右侧的肋颈干、颈深动脉和椎动脉由臂头干分出。犬锁骨下动脉在胸腔内的分支有椎动脉、肋颈干、胸廓内动脉和颈浅动脉（图 10-13）。

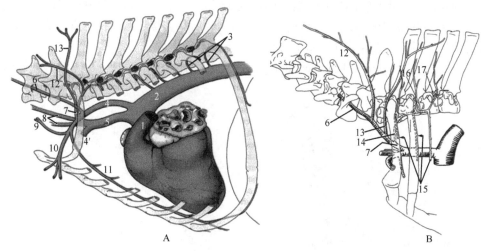

图 10-13　臂头干的分支（引自 Dyce et al., 2010；Constantinescu and Schaller, 2012）

A. 犬；B. 牛。1. 肺干；2. 主动脉；3. 肋间背侧动脉；4. 左锁骨下动脉；4'. 右锁骨下动脉；5. 臂头干；6. 椎动脉；7. 肋颈干；8. 左、右颈总动脉；9. 颈浅动脉；10. 腋动脉；11. 胸廓内动脉；12. 颈深动脉；13. 肩胛背侧动脉；14. 肋间最上动脉；15. 第 1～3 肋间背侧动脉；16. 背侧支；17. 脊髓支

（1）锁骨下动脉在胸腔内的分支

1）肋颈干 costocervical trunk：起自锁骨下动脉起始部的背侧，为锁骨下动脉的第 1 个分支，在第 1 肋的前缘向前向上延伸，牛的肋颈干由后向前顺次分出肋间最上动脉、肩胛背侧动脉和颈深动脉后，主干延续为椎动脉；犬的肋颈干发出肩胛背侧动脉、颈深动脉、胸椎动脉等分支；马的分出肋间最上动脉、肩胛背侧动脉。

A. 肋间最上动脉 supreme intercostal artery：在胸椎与颈长肌之间的沟中向后伸延，沿途分出前几对肋间背侧动脉（牛 1～3 对，马 2～5 对，猪 3～5 对，犬 2～3 对）。

B. 肩胛背侧动脉 dorsal scapular artery：在第 1 肋前方（牛、犬）或第 2（马）肋间隙起始于肋颈干，沿颈腹侧锯肌的深面向上延伸，分布于鬐甲部的肌肉和皮肤。

C. 颈深动脉 deep cervical artery：经第 1 肋前缘（牛）、第 1 肋间隙（马、犬）或第 2 肋间隙（猪）出胸腔，在头半棘肌与项韧带之间前行，分布于颈背、外侧的肌肉和皮肤。

D. 椎动脉 vertebral artery：与同名静脉、神经伴行，从后向前穿过各颈椎横突孔，沿途分出肌支到颈部肌肉，分出脊髓支入椎管，前有与枕动脉吻合支，以及入颅腔，参与形成硬膜外后异网。

2）颈浅动脉 superficial cervical artery：锁骨下动脉于胸前口处向前的分支，分布于肩关节前方的肌肉及颈浅淋巴结等。

3）胸廓内动脉 internal thoracic artery：锁骨下动脉于第 1 肋内侧面向后的分支。沿胸骨背侧向后延伸，至第 7 肋软骨间隙处分为肌膈动脉和腹壁前动脉，沿途发出肋间腹侧支、心包膈动脉、胸腺支、纵隔支、穿支、胸骨支等侧支，分布到肋间隙、心包、胸腺、纵隔、胸壁肌和乳房（猪、犬）等。

A. 肌膈动脉 musculophrenic artery：沿膈附着缘向后上方延伸，发出分支到膈和腹横肌，也发出肋间腹侧支。

B. 腹壁前动脉 cranial epigastric artery：胸廓内动脉穿过膈的延续支，分出浅支——腹壁前浅动脉，分别沿腹直肌深面和浅面向后伸达脐部，与腹壁后动脉及腹壁后浅动脉吻合。

（2）腋动脉 axillar artery 锁骨下动脉出胸腔后的直接延续，位于肩关节内侧，分出旋肱前动脉后延续为臂动脉（图 10-14）。主要有 4 个分支。

1）胸廓外动脉 external thoracic artery：在第 1 肋前缘由腋动脉分出，沿胸外侧沟分

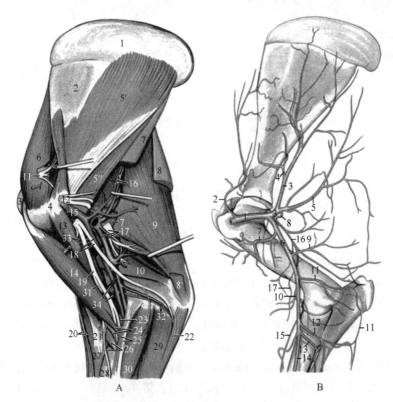

图 10-14　牛肩臂部内侧面（引自 Popesko，1985）

A. 肩臂部内侧面：1. 肩胛软骨；2. 肩胛骨；3. 肱骨大结节；4. 肱骨小结节；5, 5′, 5″. 肩胛下肌；6. 冈上肌；7. 大圆肌；8. 前臂筋膜张肌；8′. 前臂筋膜张肌肘部附着点；9. 臂三头肌长头；10. 臂三头肌内侧头；11. 肩胛上神经；12. 腋神经；13. 喙臂肌；14. 臂二头肌；15. 腋动脉；16. 肩胛下动、静脉；17. 臂静脉、桡神经；18. 臂动脉、尺神经；19. 正中神经；20. 副头静脉、前臂内侧皮神经；21. 纤维带；22. 前臂后皮神经；23. 臂二头肌腱尾；24. 臂二头肌肌尾、头静脉；25. 内侧副韧带、旋前圆肌；26. 臂肌、前臂内侧皮神经；27. 腕桡侧伸肌；28. 桡骨；29. 腕尺侧屈肌；30. 腕桡侧屈肌；31. 肌皮神经；32. 尺侧副动、静脉；33. 旋肱前动、静脉；34. 肘横动、静脉。B. 肩臂部骨骼与血管模式图：1. 腋动脉；2. 肩胛上动脉；3. 肩胛下动脉；4. 旋肩胛动脉；5. 胸背动脉；6. 臂动脉；7. 旋肱前动脉；8. 旋肱后动脉；9. 臂深动脉；10. 肘横动脉；11. 尺侧副动脉；12. 肌支；13. 骨间总动脉；14. 正中动脉；15. 至腕背侧网支；16. 桡侧副动脉；17. 前臂前浅动脉

布，分支到胸肌、臂头肌、臂二头肌及三角肌。

2）肩胛上动脉 suprascapular artery：在肩关节上方起于腋动脉，与同名静脉、神经一起，从冈上肌和肩胛下肌间穿到肩胛骨外侧，分支到冈上肌、肩胛下肌等。犬的肩胛上动脉起自颈浅动脉。

3）肩胛下动脉 subscapular artery：于肩关节后方起于腋动脉，分为 3 支。

A. 胸背动脉 thoracodorsal artery：沿背阔肌深面向后上方延伸，分支到背阔肌、大圆肌、臂三头肌长头、胸深肌等。

B. 旋肱后动脉 caudal circumflex humeral artery：位于肩关节后方，伴随腋神经进入肩胛下肌和大圆肌之间，走向外侧达三角肌深面。在冈下肌、臂三头肌长头和外侧头之间，分为升支和降支。升支分布到肩关节、三角肌、臂三头肌、小圆肌、冈下肌，并有分支与旋肱前动脉吻合。降支又称桡侧副动脉 collateral radial artery，是旋肱后动脉的延续干。降支沿臂肌和臂三头肌长头之间，伴随桡神经向下至腕桡侧伸肌深面，发出侧支到臂三头肌、臂肌、肘肌、腕桡侧伸肌、肱骨和肘关节外，主干向下延续为前臂浅前动脉 cranial superficial antebrachial artery。前臂浅前动脉细长，伴随桡神经浅支沿腕桡侧伸肌表面向下，至掌背侧下 1/3 处分为指背侧第 2、3 总动脉 dorsal common digital arteries Ⅱ and Ⅲ，延伸为指背侧固有动脉 dorsal proper digital artery。

C. 旋肩胛动脉 circumflex scapular artery：在肩关节上方由肩胛下动脉分出，分为内、外两支，分支到肩胛骨内侧与外侧的肌肉。

4）旋肱前动脉 cranial circumflex humeral artery：由腋动脉向前发出的分支，穿过喙臂肌和臂二头肌，在外侧与旋肱后动脉吻合。

（3）臂动脉 brachial artery　在喙臂肌、臂二头肌后缘、肱骨内侧下行，分出骨间总动脉后延续为正中动脉（图 10-15）。主要分支如下。

1）臂深动脉 deep brachial artery：在臂中部由臂动脉向后分出，分数支到臂三头肌、肘肌、臂肌和前臂筋膜张肌。

2）尺侧副动脉 collateral ulnar artery：在臂部内侧下 1/3 处由臂动脉分出，向后下方，与同名静脉及尺神经伴行于尺沟内，发出分支到肘关节（肘关节网）、腕尺侧屈肌、指浅屈肌和指深屈肌等，主干在腕关节上方与骨间前动脉的骨间支相吻合，分出腕背侧支，除参与形成腕背侧网外，牛的还沿掌骨背外侧下行成为指背侧第 4 总动脉 dorsal common digital artery Ⅳ。在腕关节掌侧分出腕掌侧支，参与构成掌深弓。

3）二头肌动脉 bicipital artery：入臂二头肌的肌支，还分布到大圆肌、胸深肌、喙臂肌。

4）肘横动脉 transverse cubital artery：在肘关节上方由臂动脉向前发出的分支，分布到臂肌、臂二头肌、腕桡侧伸肌和指总伸肌等。

5）骨间总动脉 common interosseous artery：在前臂近端由臂动脉发出的侧支。分出骨间后动脉后，主干入前臂近骨间隙，延续为骨间前动脉。骨间后动脉 posterior interosseous artery 分支到指浅屈肌和指深屈肌。骨间前动脉 anterior interosseous artery 分出骨间返动脉后，主干沿前臂骨背外侧面伸向腕部，有分支至指的伸肌和拇长展肌，在前臂远端分为腕背侧支和骨间支。腕背侧支 dorsal carpal branch 参与形成腕背侧网。骨间支 interosseus branch 穿过前臂远骨间隙，分出腕掌侧支后延续为掌侧支。掌侧支又分为

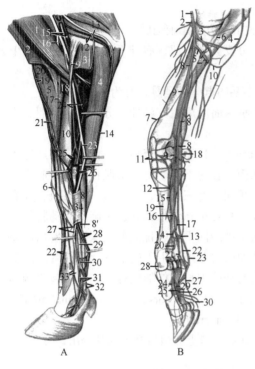

图 10-15　牛右前臂及前脚部浅层结构
（引自 Popesko，1985）

A. 内侧面：1. 臂二头肌；2. 臂头肌；3. 腕桡侧屈肌；4. 腕尺侧屈肌；5. 腕桡侧伸肌；6. 拇长展肌；7. 第 3 指伸肌腱；8. 指浅屈肌浅腱；8′. 指浅屈肌深腱；9. 旋前圆肌；10. 桡骨；11. 第 3、4 掌骨；12. 尺侧副动、静脉；13. 尺神经；14. 前臂后皮神经；15. 臂动、静脉；16. 肌皮神经；17. 前臂内侧皮神经；18. 臂肌；19. 前臂前皮神经、副头静脉；20. 头静脉；21. 桡神经浅支；22. 指背侧第 3 总神经、指背侧第 3 总静脉；23. 正中神经；24. 正中动、静脉；25. 桡动、静脉；26. 正中动、静脉；27. 掌内侧神经、桡动脉；28. 掌外侧神经和正中动、静脉；29. 指深屈肌（腱）；30. 第 3 指掌外侧固有神经；31. 第 3 指掌内侧固有神经、指掌侧第 2 总动脉；32. 第 2 指掌侧固有神经、指掌侧第 3 总动脉；33. 指背侧第 2 总神经、骨间肌；34. 屈肌支持带（腕掌浅韧带）。B. 前臂和前脚部骨骼与动脉：1. 臂动脉；2. 肘横动脉；3. 肌支；4. 尺侧副动脉；5. 骨间总动脉；6. 骨间返动脉；7. 骨间前动脉；8. 正中动脉；9. 桡动脉；10. 骨间后动脉；11. 腕背侧网；12. 近穿支；13. 掌浅弓；14. 掌深弓；15. 掌心第 2 动脉；16. 掌心第 3 动脉；17. 掌心第 4 动脉；18. 骨间前动脉掌侧支；19. 掌背侧第 3 动脉；20. 远穿支；21. 指掌侧第 2 总动脉；22. 指掌侧第 4 总动脉；23. 指掌侧第 3 总动脉；24. 第 3 指掌远轴侧固有动脉；25. 第 3 指掌轴侧固有动脉；26. 第 4 指掌轴侧固有动脉；27. 第 4 指掌远轴侧固有动脉；28. 指背侧第 3 总动脉；29. 指间动脉；30. 指枕支

浅支和深支，浅支向下与正中动脉、桡动脉的掌浅支吻合形成掌浅弓；深支在腕后与桡动脉吻合形成掌深弓。骨间返动脉 recurrent interosseous artery 沿尺骨外侧面上行，分布于指的伸肌、腕尺侧伸肌和拇长展肌。

犬的臂动脉约在肘关节近侧 1/3 处分出臂浅动脉 superficial brachial artery，在头静脉的深面环绕臂二头肌远端的前面，在前臂部延续为前臂浅动脉，并分出一内侧支，分别沿头静脉的两侧、与桡浅神经的内外侧支伴行走向远侧，形成指背侧总动脉，分布于前爪背侧部。

（4）正中动脉 median artery　　为臂动脉的直接延续，沿正中沟与同名静脉、神经伴行，到掌远端与骨间前动脉骨间支的掌侧支的浅支、桡动脉掌浅支共同形成掌浅弓。主要分支如下。

1）前臂深动脉 deep antebrachial artery：在前臂近端处由正中动脉发出，分支到腕桡侧屈肌、腕尺侧屈肌、指浅屈肌、指深屈肌。

2）桡动脉 radial artery：在前臂中部从正中动脉向前分出，沿桡骨与腕桡侧屈肌之间向下伸延。主要分支有：腕背侧支 dorsal carpal branch 是在腕关节上方向背侧的分支，参与构成腕背网。腕掌侧支 palmar carpal branch 分支到腕关节掌侧，其掌深支参与形成掌深弓。掌浅支 superficial palmar branch 为桡动脉分出腕掌侧支后向下的延续，参与构成掌浅弓。

3）腕背侧网 dorsal carpal rete：由尺侧副动脉的腕背侧支、骨间前动脉的腕背侧支、桡动脉的腕背侧支吻合而成，并向下发出掌背侧第 3 动脉 dorsal metacarpal artery Ⅲ，沿掌骨的背侧纵沟延伸，至沟远端与指背侧第 3 总动脉吻合。

4）掌深弓 deep palmar arch：由骨间前动脉骨间支的掌深支、桡动脉掌深支以及尺侧副动脉的掌侧支吻合而成，位于悬韧带与掌骨之间。由掌深弓发出掌心第 2～4 动脉

palmar metacarpal arteries Ⅱ - Ⅳ，于掌远侧互相吻合，并发出远穿支与掌浅弓相接。

5）掌浅弓 superficial palmar arch：由骨间前动脉骨间支的掌侧支的浅支、桡动脉的掌浅支及正中动脉延续干在系关节上方吻合而成，从掌浅弓发出指掌侧第2～4总动脉 palmar common digital arteries Ⅱ - Ⅳ（图10-16），其中指掌侧第3总动脉粗大，可视为正中动脉的延续，伸向指部分为第3和第4指掌轴侧固有动脉及指间动脉，分布于指部。

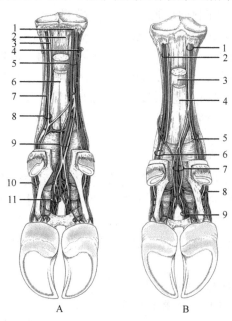

图 10-16　牛前脚部和后脚部结构（引自 König and Liebich，2007）

A. 前肢掌侧面：1. 正中神经；2. 骨间肌；3. 尺神经（掌侧支）；4. 桡动脉和静脉（掌浅支）；5. 正中动、静脉和正中神经；6. 指浅屈肌腱；7. 尺侧副动脉；8. 指掌侧第4总动脉、静脉和神经；9. 指掌侧第3总动脉、静脉和神经；10. 第4指掌远轴侧固有动、静脉和神经；11. 第4指掌轴侧固有动、静脉和神经。B. 后肢跖侧面：1. 足底内侧动脉和神经；2. 足底外侧动、静脉和神经；3. 趾深屈肌腱；4. 趾浅屈肌腱；5. 趾跖侧第2总动、静脉和神经；6. 趾跖侧第4总动、静脉和神经；7. 趾跖侧第3总动、静脉和神经；8. 第3趾跖远轴侧固有动、静脉和神经；9. 第3趾跖轴侧固有动、静脉和神经

（5）指掌侧总动脉　　从掌浅弓分出，为正中动脉在掌远端的延续，位于掌骨的掌内侧。牛、猪、马和犬前肢指的个数不同，该动脉的分支与分布也很不一样。牛和猪有指掌侧第2～4总动脉，马为指掌侧第2总动脉，犬有指掌侧第1～4总动脉。每个指掌侧总动脉伸向指部，形成指掌侧固有动脉，分布于指部的皮肤和肌肉。

（三）胸主动脉及其分支

胸主动脉 thoracic aorta 为胸部的粗大动脉主干，为主动脉弓的直接延续。沿胸椎椎体腹侧稍偏左向后延伸，穿经膈的主动脉裂孔后延续为腹主动脉。胸主动脉的侧支分为壁支和脏支，壁支为成对的肋间背侧动脉、肋腹背侧动脉，马还有膈前动脉，分布于胸壁、膈及腹前部的肌肉和皮肤；脏支为支气管食管动脉，分布于肺和食管等。

1. 肋间背侧动脉 dorsal intercostal artery　　牛和犬有12对，马17对，猪13～14对，前几对（牛、犬第1～3对，马第2～5对，猪第1对和第3～5对）由肋颈干分出，马的第1对由颈深动脉分出，猪的第2对由肩胛背侧动脉分出，其余均由胸主动脉分出。

每对肋间背侧动脉在椎间孔处分出背侧支后，主干沿肋骨的血管沟向下延伸，与胸廓内动脉等的肋间腹侧支吻合。背侧支粗大，分支到脊柱背侧肌肉、皮肤外，并发出脊髓支，随脊神经根入蛛网膜下腔，分布于脊髓。主干向下，沿途发出数支外侧皮支，分布于胸壁肌和皮肤。猪、犬的肋间背侧动脉还分出乳房支至胸部乳房。

2. 肋腹背侧动脉 dorsal costoabdominal artery　　沿最后肋后方向下，其分支与肋间背侧动脉相似，主要分布于腹前部肌肉、皮肤和脊髓。

3. 支气管食管动脉 bronchoesophageal artery　　牛的支气管食管动脉在气管分叉相对处起于胸主动脉起始部，分为支气管支和食管支。两支常独立起于胸主动脉。支气管支又分为两支，从肺门入左、右肺，为肺的营养性血管。食管支沿食管背侧向后延伸，除分布于食管外，尚有小支到心包、纵隔。犬的支气管食管动脉常起始于第5肋间背侧动脉，然后分为支气管支和食管支。

（四）腹主动脉及其分支

腹主动脉 abdominal aorta 为胸主动脉的直接延续，沿腰椎椎体腹侧偏左后行，于第5、6腰椎处分为左、右髂外动脉和左、右髂内动脉及荐正中动脉。腹主动脉的侧支分为壁支和脏支，壁支主要为成对的腰动脉，有的动物有膈后动脉、腹前动脉和旋髂深动脉（犬）；脏支有不成对的腹腔动脉、肠系膜前动脉和肠系膜后动脉，成对的肾动脉、睾丸动脉或卵巢动脉（图10-9）。

1. 腹腔动脉 celiac artery（图10-17）　　是肝、脾、胃、胰和十二指肠前部、网膜等腹腔脏器的动脉主干。短而粗，在第1腰椎（牛、犬）或第17～18胸椎（马）平面起自腹主动脉，不同动物的分支有一定差异。牛的腹腔动脉分为膈后动脉、肝动脉、脾动脉和胃左动脉。马、犬的腹腔动脉分为肝动脉、脾动脉和胃左动脉，分支情况与牛的相似，无瘤胃左、右动脉，但脾动脉分出胃短动脉 short gastric artery（图10-18）。猪的腹腔动脉分为膈后动脉、肝动脉和脾动脉，胃左动脉由脾动脉分出。牛的腹腔动脉主要分支如下。

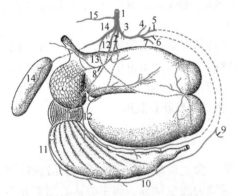

图10-17　牛腹腔动脉分支示意图

1. 腹腔动脉；2. 瘤胃左动脉；3. 肝动脉；4. 肝右支；5. 胃十二指肠动脉；6. 胃右动脉；7. 肝左支；8. 网胃动脉；9. 胰十二指肠前动脉；10. 胃网膜右动脉；11. 胃网膜左动脉；12. 胃左动脉；13. 瘤胃右动脉；14. 脾动脉；15. 膈后动脉

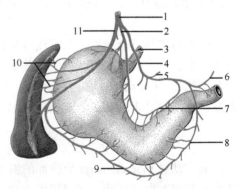

图10-18　犬腹腔动脉（引自 König and Liebich，2007）

1. 腹腔动脉；2. 胃左动脉；3. 食管支；4. 肝动脉；5. 肝支；6. 胰十二指肠前动脉；7. 胃右动脉；8. 胃网膜右动脉；9. 胃网膜左动脉；10. 胃短动脉；11. 脾动脉

（1）肝动脉 hepatic artery　　经肝门入肝，分为左、右两支，分布于肝，还分支到胰（胰支）、胆囊（胆囊动脉）、皱胃、十二指肠与网膜。犬的肝动脉无胰支。主要分支如下。

1）胃右动脉 right gastric artery：经小网膜到十二指肠乙状袢，伸达皱胃小弯，与胃左动脉吻合。

2）胃十二指肠动脉 gastroduodenal artery：为肝动脉的终末分支，又分为以下两支。胰十二指肠前动脉 anterior pancreaticoduodenal artery 在胰右叶与十二指肠降部之间后行，分布于十二指肠、胰等，并与十二指肠后动脉吻合。胃网膜右动脉 right gastroepiploic artery 经十二指肠降部，伸达皱胃大弯，分布于皱胃、胰、十二指肠、大网膜等，并与胃网膜左动脉吻合。

（2）脾动脉 splenic artery　　主干向前向左横过瘤胃背侧，经脾门入脾。主要分支有瘤胃右动脉。瘤胃右动脉 right ruminal artery 主干沿瘤胃右纵沟伸向后沟，绕向左纵沟向前，与瘤胃左动脉吻合。

（3）瘤胃左动脉 left ruminal artery　　起始于脾动脉或胃左动脉。主干从瘤胃背囊右侧伸向前沟，然后沿左纵沟向后延伸，并有分支到网胃（网胃动脉）、膈、食管等。

（4）胃左动脉 left gastric artery　　腹腔动脉的延续干，于瘤胃右侧伸向前下方，至瓣胃大弯，主干沿瓣胃后方、皱胃小弯向后延伸，分支到瓣胃、皱胃小弯、幽门，并与肝动脉的胃右动脉吻合。分支有胃网膜左动脉和网胃副动脉。胃网膜左动脉 left gastroepiploic artery 沿瓣胃前面、皱胃大弯伸延，分支到瓣胃、皱胃大弯、大网膜，并与胃网膜右动脉吻合。网胃副动脉 accessory reticular artery 分布到网胃右壁。

2. 肠系膜前动脉 cranial mesenteric artery　　为腹主动脉的最粗大脏支，在第2（牛、犬）或第1（马、猪）腰椎腹侧起始于腹主动脉腹侧，分布于小肠、盲肠、大部分结肠和胰。不同家畜的肠系膜前动脉分支差异较大。

牛的肠系膜前动脉行经胰左叶与后腔静脉之间，于横结肠后方进入总肠系膜，主干在结肠旋袢与空肠之间的空肠系膜内走行，末端延续为回肠动脉 ileal artery，分布于回肠（图10-19）。主要分支如下。

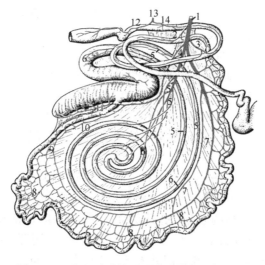

图10-19　牛肠系膜前、后动脉分支示意图

1. 肠系膜前动脉；2. 胰十二指肠后动脉；3. 结肠中动脉；4. 回结肠动脉；5. 结肠右动脉；6. 结肠支；7. 侧副支；8. 空肠动脉；9. 回肠动脉；10. 回肠系膜支；11. 盲肠动脉；12. 乙状结肠动脉；13. 肠系膜后动脉；14. 结肠左动脉

（1）胰十二指肠后动脉 caudal pancreaticoduodenal artery　　分支到十二指肠升部和胰，并与胰十二指肠前动脉相吻合。

（2）结肠中动脉 middle colic artery　　分支到横结肠和降结肠。

（3）侧副支 collateral branch　　在结肠旋袢腹侧与肠系膜前动脉的延续干之间向后延伸，两者间有分支相吻合，末端与延续干汇合，并与回肠动脉相连通，分支到空肠和回肠。

（4）回结肠动脉 ileocolic artery　　较粗，分为以下4支。结肠右动脉 right colic artery 起于回结肠动脉的近部，分支到升结肠旋袢离心回和远袢。结肠支 colic branches 起于回结肠动脉的远部，分支到升结肠旋袢向心回和近袢。回肠系膜支 mesenteric ileal branch 分支到回肠，并与回肠动脉吻合。盲肠动脉 cecal artery 分支到盲肠，并分出回肠系膜对侧支，沿回肠背侧分支于回肠，并与回肠系膜侧支吻合。

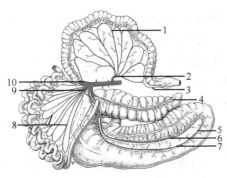

图 10-20　马肠系膜前动脉和肠系膜后动脉
（引自 König and Liebich，2007）

1. 结肠左动脉；2. 肠系膜后动脉；3. 直肠前动脉；
4. 盲肠内侧动脉；5. 骨盆曲吻合；6. 结肠支；
7. 结肠右动脉；8. 空肠动脉；9. 肠系膜前动脉；
10. 腹主动脉

（5）空肠动脉 jejunal artery　　由肠系膜前动脉凸面分出，数目多，羊有18～28支，分支间形成多级动脉弓，分布到空肠。

马的肠系膜前动脉缺胰支和侧副支，结肠中动脉和结肠右动脉以一总干起自肠系膜前动脉，分布于盲肠的动脉有2条（盲肠内侧动脉和盲肠外侧动脉）（图10-20）。

猪的肠系膜前动脉缺胰支和侧副支，结肠右动脉和结肠中动脉以一总干起始于肠系膜前动脉。

犬的肠系膜前动脉缺胰支和侧副支，结肠右动脉、结肠中动脉与回结肠动脉以一总干起自肠系膜前动脉。

3. 肾动脉 renal artery　　成对的粗短动脉。约在第2腰椎处由腹主动脉分出，主干从肾门入肾，分布到肾及脂肪囊。侧支有肾上腺后支（分布于肾上腺）和输尿管支（分布于输尿管、脂肪囊及肾淋巴结）。

4. 肠系膜后动脉 caudal mesenteric artery　　在第4～5腰椎处自腹主动脉分出。行于结肠系膜内，一般分为前、后两支（图10-19，图10-20）。结肠左动脉 left colic artery 为前支，分布于小结肠（马）或降结肠（牛），与结肠中动脉吻合。直肠前动脉 cranial rectal artery 为后支，分支到直肠前部及降结肠末端。乙状结肠动脉 sigmoid artery 为后支在乙状结肠处发出的侧支。

5. 睾丸动脉 testicular artery　　成对，在肠系膜后动脉根部附近由腹主动脉发出，沿腹侧壁向下入鞘膜管，主干从睾丸头部入睾丸，参与构成精索，分布到睾丸、附睾、精索、鞘膜、输精管等。近睾丸处的睾丸动脉高度蟠曲，围绕在睾丸静脉形成的蔓状丛周围。

6. 卵巢动脉 ovarian artery　　成对，为睾丸动脉的同源动脉，入子宫阔韧带。主干蟠曲，末端分为2～3支，从卵巢门处入卵巢，分布于卵巢。卵巢动脉的侧支有：输卵管支 ramus tubarius 分支到输卵管；子宫支 uterine branch 分支到子宫角前部和输卵管后部，曾称为子宫前动脉。

7. 腰动脉 lumbar artery　　牛、马有 6 对，猪 6～7 对，犬 7 对。除最后 1 对起始于髂内动脉外，其余均起自腹主动脉，在相应腰椎横突的后缘向外延伸，分支有背侧支、脊髓支、外侧皮支和膈支，分布到腹壁肌肉和皮肤、脊髓及膈等处。

8. 膈后动脉和腹前动脉　　膈后动脉 caudal phrenic artery 起于腹主动脉（犬）或腹腔动脉（牛、猪），分布于膈。马无膈后动脉。犬的膈后动脉和腹前动脉常以一总干（膈腹动脉 phrenicoabdominal artery）起始。

腹前动脉 cranial abdominal artery 仅见于犬和猪，沿腹横肌起始腱膜内侧延伸，然后穿过该肌，在腹横肌与腹内斜肌之间分支，前支伸向肋弓，后支分布于腹外侧壁。

（五）髂内动脉及其分支

髂内动脉 internal iliac artery 为盆部动脉主干，成对，在第 6 腰椎腹侧由腹主动脉分出，沿荐骨翼盆面、荐结节阔韧带的内侧面向后延伸，至骨盆壁中部发出臀后动脉后，延续为阴部内动脉，分布于荐臀部的肌肉、皮肤和盆腔内的器官。不同家畜髂内动脉分支的差异较大（图 10-21～图 10-24）。

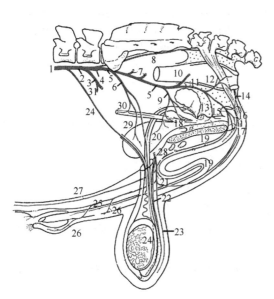

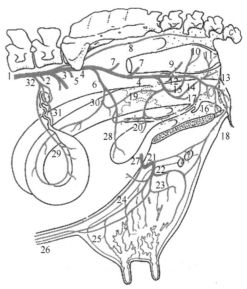

图 10-21　公牛盆部动脉示意图

1. 腹主动脉；2. 肠系膜后动脉；3. 髂外动脉；4. 髂腰动脉；5. 髂内动脉；6. 脐动脉；7. 臀前动脉；8. 荐正中动脉；9. 前列腺动脉；10. 臀后动脉；11. 阴部内动脉；12. 直肠后动脉；13. 尿道支；14. 会阴腹侧动脉；15. 阴茎球动脉；16. 阴茎深动脉；17. 阴茎背动脉；18. 尿道支；19. 阴茎背动脉；20. 膀胱后动脉；21. 阴部外动脉；22. 提睾肌动脉；23. 阴囊腹侧支；24. 睾丸动脉；25. 腹壁后浅动脉；26. 包皮支；27. 腹壁后动脉；28. 阴部腹壁干；29. 膀胱前动脉；30. 输精管动脉；31. 旋髂深动脉

图 10-22　母牛盆部动脉示意图

1. 腹主动脉；2. 肠系膜后动脉；3. 髂外动脉；4. 髂内动脉；5. 髂腰动脉；6. 脐动脉；7. 臀前动脉；8. 荐正中动脉；9. 臀后动脉；10. 直肠中动脉；11. 直肠后动脉；12. 阴部内动脉；13. 会阴腹侧动脉；14. 会阴背侧动脉；15. 阴道动脉；16. 阴蒂动脉；17. 尿道支；18. 阴唇背侧支和乳房支；19. 阴道动脉子宫支；20. 膀胱后动脉；21. 阴部外动脉；22. 阴唇腹侧支（乳房后动脉）；23. 乳房支；24. 腹壁后浅动脉（乳房前动脉）；25. 乳房支；26. 腹壁后动脉；27. 阴部腹壁干；28. 膀胱前动脉；29. 卵巢动脉子宫支；30. 子宫中动脉；31. 输卵管支；32. 卵巢动脉

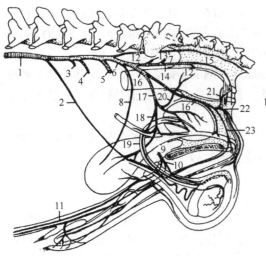

图 10-23　公犬的盆部动脉

1. 腹主动脉；2. 睾丸动脉；3. 肠系膜后动脉；4. 旋髂深
动脉；5. 髂外动脉；6. 髂内动脉；7. 荐正中动脉；8. 脐
动脉；9. 阴部腹壁干；10. 阴部外动脉；11. 腹壁后
动脉；12. 臀后动脉；13. 髂腰动脉；14. 臀前动脉；
15. 会阴背侧动脉；16. 阴部内动脉；17. 前列腺动脉；
18. 输精管动脉；19. 输精管；20. 直肠中动脉；21. 直
肠后动脉；22. 会阴腹侧动脉；23. 阴茎动脉

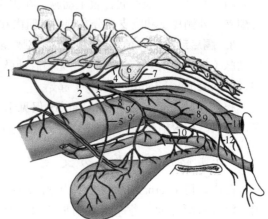

图 10-24　母犬的盆部动脉
（引自 Dyce et al.，2010）

1. 腹主动脉；2. 髂外动脉；3. 髂内动脉；4. 荐正中动
脉；5. 脐动脉；6. 臀后动脉；7. 臀前动脉；8. 阴部内动
脉；9. 阴道动脉；9'. 子宫动脉；10. 尿道动脉；11. 会阴
腹侧动脉；12. 阴蒂动脉

牛的髂内动脉分支如下（图 10-21，图 10-22）。

1. 脐动脉 umbilical artery　　胎儿期很粗大，由髂内动脉于骨盆前口处分出，沿
膀胱侧韧带伸向脐。出生后管壁增厚、管腔变小，末端（指膀胱顶至脐的一段）闭塞而
形成膀胱圆韧带。脐动脉除分布到输尿管和膀胱外，尚形成以下分支。

（1）输精管动脉 deferential artery　　分支到输精管（公牛）。

（2）子宫动脉 uterine artery　　曾称子宫中动脉，粗大，分支到子宫角和子宫体，并
与卵巢动脉的子宫支、阴道动脉的子宫支吻合。妊娠后变粗大，直肠检查时能够触摸到
搏动。马的子宫动脉由髂外动脉分出。

2. 髂腰动脉 iliolumbar artery　　常在脐动脉起始处后方自髂内动脉分出，细小，
主要分支到髂腰肌。牛的髂腰动脉还分出第 6 腰动脉。

3. 臀前动脉 cranial gluteal artery　　起于髂腰动脉起始处后方，常有 1～2 支，出
坐骨大孔，分支到臀肌（图 10-25）。牛常发出第 1、2 荐支到荐部。

4. 前列腺动脉 prostatic artery　　约在坐骨棘中部附近分出，分支到输精管、前列
腺、精囊腺、膀胱后部及输尿管等。

5. 阴道动脉 vaginal artery　　前列腺动脉的同源动脉，在阴道腹侧面分为前、后
两支。前支称子宫支 uterine branch，曾称子宫后动脉，分支到子宫颈、子宫体、阴道等。
后支沿阴道背外侧向后延伸，延续为会阴背侧动脉 dorsal perineal artery，分布于阴道前
庭、肛门以及阴唇。

6. 臀后动脉 caudal gluteal artery　　是髂内动脉的外侧终支，出坐骨小孔，分支到
臀股二头肌、孖肌等。

7. 阴部内动脉 internal pudendal artery

为髂内动脉的延续干，公母畜的分支有差异，分别叙述。

（1）公牛的阴部内动脉　分出尿道动脉和会阴腹侧动脉后，延续为阴茎动脉（图 10-21）。

1）尿道动脉 urethral artery：分支到尿道盆部和尿道球腺。

2）会阴腹侧动脉 ventral perineal artery：在坐骨弓背侧处起于阴部内动脉，经坐骨海绵体肌深部伸向会阴部，除分支到坐骨海绵体肌、会阴部皮肤外，还发出直肠后动脉，分布到直肠后段和肛门等处。

3）阴茎动脉 penile artery：可分为阴茎球动脉 artery of bulb of penis、阴茎深动脉 deep artery of penis 及阴茎背动脉 dorsal artery of penis 3 支，分支到尿道海绵体、阴茎海绵体、阴茎体和阴茎头。

（2）母牛的阴部内动脉　分出前庭动脉和会阴腹侧动脉后，延续为阴蒂动脉（图 10-22）。

1）前庭动脉 vestibular artery：分布于阴道前庭。

2）会阴腹侧动脉：分为阴唇背侧支和乳房支，分布到会阴部和乳房。

3）阴蒂动脉 artery of clitoris：分布于前庭球和阴蒂。

马的髂内动脉分支与牛的差异较大，主要分出第 5 和第 6 腰动脉、臀后动脉和阴部内动

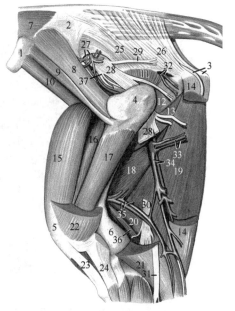

图 10-25　牛左侧臀部深层结构
（引自 Popesko，1985）

1. 髋结节；2. 髂骨翼；3. 坐骨结节和阴部神经的近皮支；4. 股骨大转子；5. 髌骨；6. 股骨外侧髁；7. 腰最长肌；8. 臀副大肌；9. 臀副小肌；10. 髂肌外侧头；11. 臀深肌；12. 孖肌；13. 股方肌；14. 半腱肌；15. 股直肌；16. 股中间肌内侧部；17. 股中间肌外侧部；18. 内收肌；19. 半膜肌；20. 腓肠肌内侧头；21. 腓肠肌外侧头；22. 股外侧肌；23. 膝中间韧带；24. 膝外侧韧带；25, 26. 荐结节阔韧带；27. 臀前动、静脉；28. 坐骨神经；29. 臀后神经；30. 胫神经；31. 腓总神经；32. 臀后动、静脉；33. 旋股内侧动、静脉肌支；34. 旋股内侧动、静脉；35. 股后动、静脉；36. 趾浅屈肌；37. 臀前神经

脉。臀后动脉分出臀前动脉、荐支、尾正中动脉和尾腹外侧动脉，自臀前动脉分出髂腰动脉和闭孔动脉。阴部内动脉分出脐动脉、前列腺动脉或阴道动脉、会阴腹侧动脉、阴茎动脉或阴蒂动脉。马的子宫动脉由髂外动脉分出，而不是由脐动脉分出。

猪的髂内动脉分支与牛相似，主要有脐动脉、髂腰动脉、臀前动脉、前列腺动脉或阴道动脉、臀后动脉和阴部内动脉。

犬的髂内动脉（图 10-23，图 10-24）分为脐动脉、臀后动脉和阴部内动脉。臀后动脉分出臀前动脉、髂腰动脉等。阴部内动脉分出前列腺动脉或阴道动脉、会阴腹侧动脉、阴茎动脉或阴蒂动脉。

（六）髂外动脉及其分支

髂外动脉 external iliac artery 为后肢动脉主干。延续干按部位依次为股动脉、腘动脉、

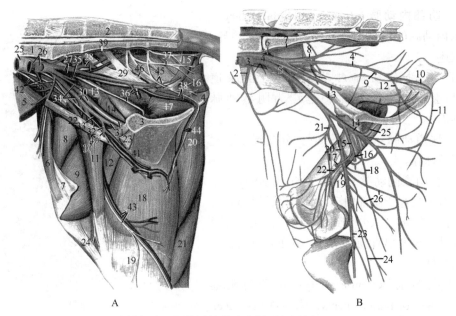

图 10-26　牛臀部及股部浅层结构（内侧面）（引自 Popesko，1985）

A. 内侧面：1. 第 6 腰椎；2. 荐骨；3. 髋骨联合面；4. 坐骨结节；5. 腹内斜肌；6. 阔筋膜张肌；7. 阔筋膜；8. 股直肌；9. 股内侧肌；10. 缝匠肌前部；11. 缝匠肌后部；12. 耻骨肌；13. 腰小肌；14. 髂肌（内侧部）；15. 尾骨肌；16. 肛提肌；17. 闭孔外肌盆内部；18. 股薄肌；19. 小腿筋膜；20. 半膜肌；21. 半腱肌；22. 腹股沟弓；23. 腹直肌止点；24. 膝内侧韧带；25. 后腔静脉；26. 髂总动、静脉；27. 髂内动、静脉；28. 臀前动、静脉；29. 坐骨神经；30. 髂外动、静脉；31. 股深动、静脉；32. 阴部腹壁干、生殖股神经；33. 股动、静脉；34. 子宫动脉、股神经；35. 脐动脉；36. 阴道动、静脉和闭孔神经；37. 直肠后神经；38. 阴部内动、静脉；39. 荐正中动脉；40. 腹壁后动脉；41. 阴部外动、静脉；42. 旋髂深动、静脉和股外侧皮神经；43. 隐动脉、隐神经、内侧隐静脉；44. 会阴腹侧动、静脉和会阴深神经；45. 阴部神经、分支到尾骨肌；46. 臀后神经。B. 臀股部骨骼和血管：1. 左髂外动脉；2. 旋髂深动脉；3. 左髂内动脉；4. 右髂内动脉；5. 右髂外动脉；6. 髂腰动脉；7. 荐正中动脉；8. 臀前动脉；9. 阴道动脉；10. 阴部内动脉；11. 会阴腹侧动脉；12. 臀后动脉；13. 脐动脉；14. 股深动脉；15. 阴部腹壁干；16. 阴部外动脉；17. 腹壁后动脉；18. 旋股内侧动脉；19. 股骨滋养动脉；20. 股动脉；21. 旋股外侧动脉；22. 膝降动脉；23. 腘动脉；24. 隐动脉；25. 闭孔支；26. 股后动脉

胫前动脉、足背动脉、跖背侧第 3 动脉、趾背侧固有动脉（图 10-25～图 10-27）。

1. 髂外动脉　髂外动脉约在第 5 腰椎腹侧处由腹主动脉分出，沿骨盆前口向后下方延伸，至耻骨前缘分出股深动脉后延续为股动脉。其主要分支如下。

（1）旋髂深动脉 deep circumflex iliac artery　在骨盆前口上 1/3 处，由髂外动脉前缘分出。主干沿腹壁内面向前延伸，约在髋结节相对处分为前、后两支。前支分支到腹横肌、腹内斜肌、腹外斜肌以及髂肌等肌肉和皮肤。后支在阔筋膜张肌深面下降，伸达膝褶和膝关节前外侧的皮肤、筋膜。分支到腹壁肌、髂下淋巴结、阔筋膜张肌、躯干皮肌、股直肌等。犬的旋髂深动脉由腹主动脉分出。

（2）股深动脉 deep femoral artery　在骨盆前口约中 1/3 处，由髂外动脉向后分出，主干向前分出阴部腹壁干后，延续为旋股内侧动脉。

1）阴部腹壁干 pudendoepigastric trunk：有时在股深动脉起点稍下方直接从髂外动脉分出，向前下方延伸至腹股沟管深环处，分为腹壁后动脉和阴部外动脉。

腹壁后动脉 caudal epigastric artery：沿腹直肌外缘向前伸达脐部，与腹壁前动脉相吻合。分支到腹横肌、腹直肌。

阴部外动脉 external pudendal artery：穿过腹股沟管到浅环处分为两支，即腹壁后浅动脉、阴囊腹侧支或阴唇腹侧支。腹壁后浅动脉 caudal superficial epigastric artery 从腹直肌浅面向前延伸，在脐部与腹壁前浅动脉吻合，分支到腹底部肌肉、皮肤和腹股沟浅淋巴结。公牛沿阴茎背外侧向前，并分出包皮支到包皮。阴囊腹侧支分布到阴囊。母牛（马）的腹壁后浅动脉又称乳房前动脉 cranial mammary artery，分出乳房支分布于乳房前部。阴唇腹侧支又称乳房后动脉 caudal mammary artery，分支到乳房后部和乳房淋巴结。

2）旋股内侧动脉 medial circumflex femoral artery：为股深动脉分出阴部腹壁干后的直接延续，分布到股内侧肌群和股后肌群。

2. 股动脉 femoral artery　髂外动脉的直接延续，位于缝匠肌深面的股管内，分出股后动脉后延续为腘动脉。股动脉的主要分支如下（图 10-26，图 10-27）。

（1）旋股外侧动脉 lateral circumflex femoral artery　股动脉在股管内向前发出的分支，曾称股前动脉，分布到股四头肌、髂肌、阔筋膜张肌和臀肌。

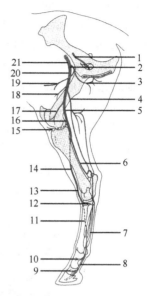

图 10-27　马后肢动脉

（引自 König and Liebich，2007）

1. 闭孔动脉；2. 股深动脉；3. 旋股内侧动脉；4. 隐动脉；5. 股后远动脉；6. 胫后动脉；7. 跖底动脉和趾跖侧总动脉；8. 趾内侧动脉；9. 中趾节背侧支；10. 近趾节背侧支；11. 跖背侧第 3 动脉；12. 跗穿动脉；13. 足背动脉；14. 胫前动脉；15. 膝中动脉；16. 腘动脉；17. 膝降动脉；18. 旋股外侧动脉；19. 阴部腹壁干；20. 股动脉；21. 髂外动脉

（2）隐动脉 saphenous artery　股动脉在股管中部向后发出的分支，与隐大静脉、隐神经伴行，出股管后在股部和小腿部的内侧皮下向下延伸，在跗部分出内侧踝支和跟支（分布于跗内侧面）后，主干于跟骨内侧分为足底内侧动脉和足底外侧动脉（图 10-16B）。

1）足底内侧动脉 medial plantar artery：在跖内侧近端分为深支和浅支。深支参与构成足底深弓。浅支沿跖内侧沟下行，在跖远端分为趾跖侧第 2、3 总动脉 plantar common digital arteries Ⅱ et Ⅲ，并伸向趾部，形成趾跖侧固有动脉。

2）足底外侧动脉 lateral plantar artery：沿跖外侧下行，也分为浅支和深支。深支参与构成足底深弓。浅支沿跖外侧沟下行，延续为趾跖侧第 4 总动脉 plantar common digital artery Ⅳ，并向趾部延伸形成趾跖侧固有动脉。

足底深弓 deep plantar arch 由足底内、外侧动脉深支和足背动脉的跗穿动脉吻合而成，位于跖骨近端与悬韧带之间。该动脉弓向下发出跖底第 2～4 动脉 plantar metatarsal arteries Ⅱ - Ⅳ，到跖部远端互相吻合，并与浅动脉及跖背侧第 3 动脉吻合。

（3）膝降动脉 descending genicular artery　在股管远端处由股动脉发出，向前下方分布到膝关节内侧。

（4）股后动脉 caudal femoral artery　　由股动脉向后分出，主干短，入腓肠肌内、外侧头，而后分为上、下两支。上支除分布到臀股二头肌、半腱肌、半膜肌等，还分出膝近外侧动脉到膝关节外侧，常与旋股外侧动脉分支吻合。下支分布到腓肠肌、趾浅屈肌、臀股二头肌等。犬的股后动脉有 3 支，自上而下为股后近侧、中和远侧动脉。

3. 腘动脉 popliteal artery　　为股动脉的延续，在腘肌深层向下，分为胫前动脉和胫后动脉。胫后动脉 caudal tibial artery 细小，分布到腘肌、趾浅屈肌、趾深屈肌等。

4. 胫前动脉 cranial tibial artery　　胫前动脉粗大，为腘动脉的延续，穿过小腿骨间隙，沿胫骨前肌与胫骨背侧之间向下延伸，至跗背侧延伸为足背动脉。胫前动脉发出短小分支供给胫骨背外侧的肌肉和胫骨，此外还分出浅支（图 10-28）。浅支向下伸达跖背侧中

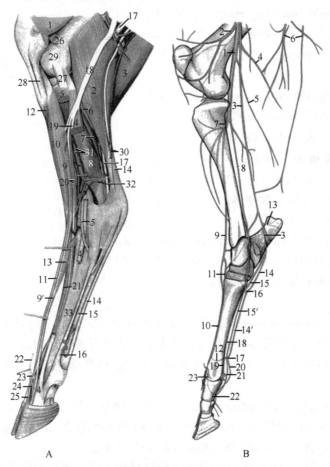

图 10-28　牛左侧小腿和后脚深层结构（引自 Popesko，1985）

A. 外侧面：1. 股外侧肌；2. 腓肠肌；3. 半腱肌；4. 趾外侧伸肌；5. 腓骨长肌腱；6. 比目鱼肌；7. 胫骨后肌；8. 趾外侧屈肌；9, 11. 趾长伸肌；9. 趾长伸肌；9′. 趾长伸肌腱；10. 第 3 腓骨肌；11. 第 3 趾伸肌；12. 胫骨前肌；13. 趾短伸肌；14. 趾浅屈肌；15. 趾深屈肌腱；16. 骨间肌；17. 胫神经；18. 腓总神经；19. 腓浅神经；20. 腓深神经、胫前动脉；21. 跖背侧第 3 动脉、跖背侧第 3 神经；22. 趾背侧第 3 总神经；23. 腓深神经的交通支；24. 第 4 趾背内侧固有神经；25. 第 3 趾背外侧固有神经；26. 股膝外侧韧带；27. 外侧副韧带；28. 膝外侧韧带；29. 股骨外侧髁；30. 小腿后皮神经、外侧隐静脉；31. 胫前静脉；32. 内侧隐静脉；33. 第 3、4 跖骨。B. 内侧面动脉：1. 腘动脉；2. 膝降动脉；3. 隐动脉；4, 5. 股后动脉；4. 升支；5. 降支；6. 股深动脉分支；7. 胫前动脉；8. 胫后动脉；9. 足背动脉；10. 跖背侧第 3 动脉；11. 跗穿支；12. 第 3 远穿支；13. 跟支；14, 14′. 足底内侧动脉；15, 15′. 足底外侧动脉；16. 跖近弓；17. 跖远弓；18. 跖底第 3 动脉；19. 趾跖侧第 2 总动脉；20. 趾跖侧第 3 总动脉；21. 趾跖侧第 4 总动脉；22. 第 3 趾跖内侧固有动脉；23. 趾背侧第 3 总动脉

部分为 3 支，即趾背侧第 2～4 总动脉 dorsal common digital arteries Ⅱ - Ⅳ，其中趾背侧第 3 总动脉在系关节附近与跖背侧第 3 动脉吻合后，向趾部发出趾背侧固有动脉分布于趾部。

5. 足背动脉 dorsal pedal artery 为胫前动脉的延续，位于跗关节背侧，分出跗外侧动脉、跗内侧动脉和跗穿动脉后，向跖背伸延为跖背侧第 3 动脉。

6. 跖背侧第 3 动脉 dorsal metatarsal artery Ⅲ 沿跖背侧纵沟向下伸延，在系关节附近与趾背侧第 3 总动脉吻合后，向下延伸为趾背侧固有动脉。趾固有动脉的分布情况与前肢指固有动脉的相同。马的跖背侧第 3 动脉延续为远穿支，经第 3 和第 4 跖骨之间伸达大跖骨跖侧面，分为趾内、外侧动脉，分布于趾部。

（七）荐正中动脉及其分支

荐正中动脉 median sacral artery 为腹主动脉的延续干，沿荐骨腹侧正中向后，沿途分出荐支入荐盆侧孔，分支到脊髓（脊髓支）和肌肉（背侧支）。主干向后伸达尾椎腹侧正中，称尾正中动脉。中国水牛的荐正中动脉多数缺乏，由髂内动脉分出的左、右荐外侧动脉，向后汇集成尾正中动脉。马无荐正中动脉。

尾正中动脉 caudal median artery：从尾椎腹侧血管沟内向后，至第 4、5 尾椎处则位于皮下，用手指触摸能清晰地感到搏动，是牛的诊脉动脉。尾正中动脉在沿途发出尾支，并在尾椎横突背侧和腹侧吻合形成尾腹外侧动脉和尾背外侧动脉，分布到尾部肌肉和皮肤。

三、体循环的静脉

体循环的静脉可分为心静脉、奇静脉、前腔静脉和后腔静脉 4 个静脉系（图 10-29）。

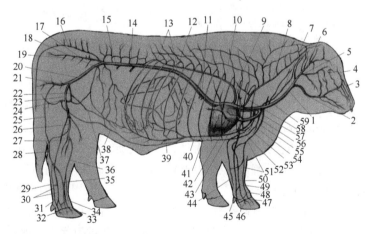

图 10-29 公牛体循环主要静脉（右侧观）（引自 McCracken et al.，2006）

1. 颈外静脉；2. 面静脉；3. 鼻背静脉；4. 眼角静脉；5. 上颌静脉；6. 枕静脉；7. 颈内静脉；8. 椎静脉；9. 右奇静脉；10. 肩胛背侧静脉；11. 肝静脉；12. 门静脉；13. 肋间背侧静脉；14. 肾静脉；15. 睾丸静脉；16. 荐正中静脉；17. 髂内静脉；18. 旋髂深静脉；19. 前列腺静脉；20. 髂外静脉；21. 股深静脉；22. 阴部腹壁静脉；23. 股静脉；24. 阴部外静脉；25. 旋股内侧静脉；26. 腘静脉；27. 内侧隐静脉；28. 外侧隐静脉；29. 外侧隐静脉后支；30. 足底内、外侧静脉；31. 趾跖侧总静脉；32. 趾跖侧固有静脉；33. 趾背侧固有静脉；34. 趾背侧总静脉；35. 外侧隐静脉前支；36. 胫前静脉；37. 腹壁后静脉；38. 腹壁后浅静脉；39. 腹壁前浅静脉；40. 腹壁前静脉；41. 后腔静脉；42. 胸背静脉；43. 肩胛下静脉；44. 尺侧副静脉；45. 指掌侧总静脉；46. 指掌侧固有静脉；47. 指背侧固有静脉；48. 指背侧总静脉；49. 骨间静脉；50. 正中静脉；51. 头静脉；52. 臂静脉；53. 胸廓内静脉；54. 胸廓外静脉；55. 腋静脉；56. 前腔静脉；57. 锁骨下静脉；58. 肋颈静脉；59. 颈浅静脉

（一）心静脉

心静脉 cardiac vein 为心的静脉总称，包括冠状窦（属支有心大静脉、心中静脉）、心右静脉及心最小静脉（图 10-3，图 10-5，图 10-6）。

（二）奇静脉

奇静脉 azygos vein 为收集大部分胸壁、气管、食管和腹壁前部血液回流的静脉主干，其属支有第 1、2 对腰静脉，肋腹背侧静脉，肋间背侧静脉（前几对除外），食管静脉和支气管静脉。牛、猪为左奇静脉 left azygos vein，马、犬为右奇静脉 right azygos vein。左奇静脉起于第 1、2 腰椎腹侧（牛），经膈主动脉裂孔入胸腔，沿胸主动脉左背侧缘向前延伸，然后向下越过主动脉左侧注入右心房冠状窦。右奇静脉沿胸主动脉右背侧伴胸导管前行，在第 6 胸椎附近向下横过食管、气管右侧面注入前腔静脉或右心房。牛的右奇静脉较小，由右侧第 2（3）～5（6）肋间背侧静脉汇集而成，注入前腔静脉。

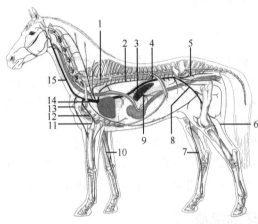

图 10-30　马全身静脉分布模式图（引自 König and Liebich，2007）

1. 椎丛；2. 右奇静脉；3. 肝静脉；4. 后腔静脉；5. 髂内静脉；6. 外侧隐静脉；7. 内侧隐静脉；8. 髂外静脉；9. 门静脉；10. 正中静脉；11. 肘正中静脉；12. 臂静脉；13. 头静脉；14. 前腔静脉；15. 颈外静脉

（三）前腔静脉

前腔静脉 cranial vena cava 为收集头颈、前肢和部分胸壁、腹壁静脉血的短粗静脉干（图 10-30）。由左、右颈内静脉和左、右颈外静脉（牛）或颈外静脉（马），以及左、右锁骨下静脉于胸前口处汇合而成。猪、犬的左、右颈外静脉和左、右锁骨下静脉先汇集成左、右臂头静脉 brachiocephalic vein，然后合并形成前腔静脉。前腔静脉位于心前纵隔内、臂头干的右腹侧，约在第 4 肋骨相对处，穿过心包，经主动脉右侧注入右心房的腔静脉窦。起始处稍后方有肋颈静脉、胸廓内静脉汇入，有的牛末端有右奇静脉汇入。

1. 颈内静脉 internal jugular vein　　见于牛、猪、犬，由甲状腺中静脉和枕静脉等汇集而成，较颈外静脉细小，与颈总动脉、迷走交感神经干伴行，沿食管（左侧）或气管（右侧）的背外缘向后延伸。牛的左、右颈内静脉于胸前口稍前方先汇合成干，再注入左、右颈外静脉的汇合处。

2. 颈外静脉 external jugular vein　　由舌面静脉和上颌静脉汇集而成，为头颈部粗大的静脉干。颈外静脉位于颈静脉沟内，因直接位于皮下而容易触摸，是临床上采血、放血、输液的重要部位。颈外静脉的属支有舌面静脉、上颌静脉、颈浅静脉和头静脉。

（1）舌面静脉 linguofacial vein　　由舌静脉和面静脉汇集而成。舌静脉 lingual vein 与舌动脉伴行（图 10-31）。面静脉 facial vein 与面动脉伴行（图 10-31），除有与同名动脉伴行的眼角静脉、鼻背静脉、鼻外侧静脉、上唇静脉、口角静脉、下唇静脉、颏下静脉

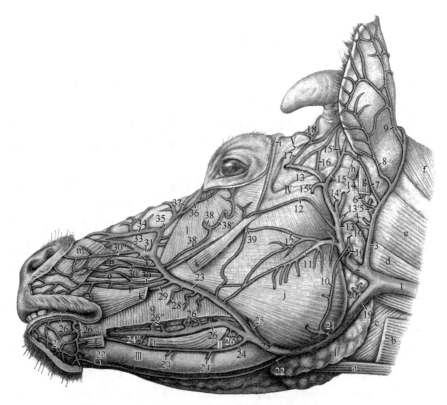

图 10-31 牛头部浅层和静脉（引自 Nickel et al., 1979）

Ⅰ. 下颌腺；Ⅱ. 颊腹侧腺；Ⅲ. 下颌骨；Ⅳ. 颧弓；Ⅴ. 颞线；a. 胸骨舌骨肌；b. 胸下颌肌；c. 肩胛舌骨肌；d. 胸乳突肌；e. 锁乳突肌；f. 锁枕肌；g. 耳腹侧肌；h. 颞耳肌；i. 额肌；j. 咬肌；k. 颧肌；l. 颞骨肌；m. 鼻唇提肌；n. 上唇提肌；o. 犬齿肌；p. 上唇降肌；q. 颊肌；r. 下唇降肌；1. 颈外静脉；2. 上颌静脉；3，5. 耳后静脉；4，10′，13′，14′，15′，20. 腺静脉和腮腺支；6. 耳后静脉分支；7. 至耳内面的静脉；8. 耳外侧静脉；9. 耳中静脉；10，11. 咬肌腹侧静脉；12. 面横静脉；13. 颞浅静脉；14. 关节后孔导静脉；15. 耳前静脉；15′. 至角基部的分支；16. 颞浅静脉分支；17. 角静脉；18. 与 37 的吻合支；19. 舌面静脉；21. 咬肌支；22. 颏下静脉；23. 面静脉；24，24′，24″. 下唇浅静脉及其分支；25. 面深静脉；26，26′，26″，26‴. 下唇深静脉及其分支；27. 颏丛；28. 面静脉分支；29，32. 上唇深静脉；30. 上唇浅静脉；30′，30″，31，33. 鼻外侧静脉；34. 鼻背侧静脉；35. 眼角静脉；36. 睑内侧静脉；37. 额静脉；38. 与面深静脉丛吻合支；38′. 至下眼睑分支；39. 与咬肌静脉吻合支

等属支外，还有面深静脉注入。

面深静脉 deep facial vein 是由腭降静脉和眶下静脉汇集而成的，从咬肌深面向下注入面静脉，并有舌背静脉和下唇深静脉注入。

（2）上颌静脉 maxillary vein　　在颞下颌关节腹侧处由翼丛与颞浅静脉汇集而成。上颌静脉向后下方穿过腮腺，至腮腺后下角处与舌面静脉汇合成颈外静脉。此外，尚有耳后静脉和咬肌腹侧静脉注入上颌静脉。

上颌静脉属支翼丛汇集翼肌静脉、下齿槽静脉、颞深静脉、咬肌静脉等的静脉血。另一属支颞浅静脉则汇集耳内侧静脉、耳前静脉、面横静脉、角静脉、眼背外侧静脉等的静脉血。以上各支静脉均与同名动脉伴行。

耳后静脉 caudal auricular vein 的属支有腮腺静脉、茎乳静脉、耳外侧静脉、耳中间静脉和耳深静脉。其中耳外侧静脉、耳中间静脉分布于耳廓，临床上常用此静脉采血、输液，也是耳针穴位。

（3）颈浅静脉 superficial cervical vein　　与颈浅动脉伴行，收集肩前部静脉血注入颈外静脉。

（4）头静脉 cephalic vein　　前肢浅静脉干，又称臂皮下静脉，无动脉伴行。起于蹄静脉丛，向上延续为第 3 指掌远轴侧静脉、掌心静脉，再延续为头静脉，在前臂部近侧借肘正中静脉与正中静脉吻合，随后沿臂部背侧伸向胸外侧沟内，注入颈外静脉。在前臂部有副头静脉注入。头静脉在宠物临床中常用于静脉输液或采血。在肘部施压使其隆起即可触摸到。

副头静脉 accessory cephalic vein 位于前脚部背侧，也起于蹄静脉丛，向上延续为指背侧固有静脉、指背侧总静脉，然后延续为副头静脉，注入头静脉。

3. 锁骨下静脉 subclavian vein　　前肢的深静脉干。起于蹄静脉丛，向上汇入第 3、4 指掌轴侧固有静脉，经指掌侧第 3 总静脉、正中静脉、臂静脉汇入腋静脉，以上静脉干及各自属支均与同名动脉伴行。腋静脉从肩关节内侧向前伸达胸前口的粗短主干称锁骨下静脉，与颈外静脉汇合形成前腔静脉。

4. 肋颈静脉 costocervical vein　　与肋颈干伴行，有肩胛背侧静脉、颈深静脉、椎静脉及肋间最上静脉等属支，均与同名动脉伴行。肋颈静脉注入前腔静脉。

5. 胸廓内静脉 internal thoracic vein　　与同名动脉伴行。起于脐前的腹壁前静脉，穿过膈入胸腔，在胸骨背侧前行，于胸骨前端背侧弯曲向上，注入前腔静脉。

腹壁前浅静脉 cranial superficial epigastric vein：也称腹皮下静脉 abdominal subcutaneous vein，在脐前皮下、腹直肌表面向前，于乳井处穿过腹直肌，汇入腹壁前静脉。该静脉乳牛发达，常呈屈曲状，凸于乳房前皮下，是乳房血液回流的主要静脉之一（图 10-32）。

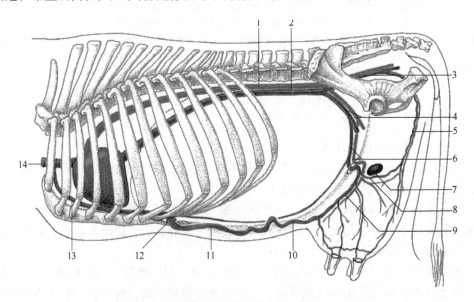

图 10-32　母牛乳房血液循环模式图（引自 König and Liebich，2007）

1. 腹主动脉；2. 后腔静脉；3. 阴部内动脉；4. 髂外动、静脉；5. 阴部内静脉的阴唇背侧支；6. 阴部外动、静脉；
7. 乳房淋巴结；8. 乳房后动、静脉；9. 乳房前动、静脉；10. 腹壁后浅静脉；11. 腹壁前浅静脉或腹皮下静脉；
12. 乳井；13. 胸廓内静脉；14. 前腔静脉

（四）后腔静脉

后腔静脉 caudal vena cava 是汇集腹部和盆部、尾部及后肢静脉血的粗大静脉干。由左、右髂总静脉于第 5（6）腰椎腹侧汇合而成，沿腹主动脉右侧前行，到膈脚处与主动脉分离向下，经肝背侧的腔静脉沟（在此接受数支肝静脉血），穿过膈的腔静脉孔进入胸腔，注入右心房。后腔静脉的属支有肝静脉、肾静脉、睾丸静脉或卵巢静脉、腰静脉、髂总静脉等。

1. 肝静脉 hepatic vein 一般有 3～4 支，完全位于肝实质内，直接注入后腔静脉。肝静脉由肝窦（肝的毛细血管）、中央静脉、小叶下静脉依次汇集而成。入肝的血管除了肝动脉外，还有门静脉，从肝门处入肝，分支分别称为小叶间动、静脉，共同开口于肝窦。

门静脉 portal vein：引导胃、脾、胰、小肠、大肠（直肠后段除外）的静脉血入肝的粗短静脉干，位于后腔静脉腹侧。其属支有胃十二指肠静脉、脾静脉、肠系膜前静脉、肠系膜后静脉，均与同名动脉伴行。门静脉向前向下，并向右侧延伸，穿过胰切迹，经小网膜至肝门入肝（图 10-33）。

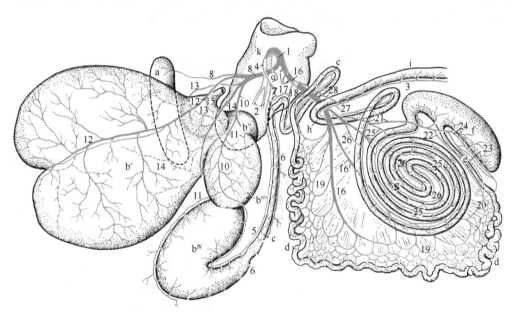

图 10-33 牛门静脉（引自 Schummer et al.，1981）

a. 脾；b. 胃（b′. 瘤胃；b″. 网胃；b‴. 瓣胃；bⅣ. 皱胃）；c. 十二指肠；d. 空肠；e. 回肠；f. 盲肠；g. 升结肠；h. 横结肠；i. 降结肠；k. 肝；1. 门静脉；2. 肝支；3. 结肠左静脉；4. 胃十二指肠静脉；5. 胃右静脉；6. 胃网膜右静脉；7. 胰十二指肠前静脉；8. 脾静脉及脾支和胃短静脉；9. 胰支；10. 胃左静脉；11. 胃网膜左静脉；12. 瘤胃右静脉；13. 网胃静脉；14. 瘤胃左静脉；15. 食管前静脉；16. 肠系膜前静脉；16′. 侧副支；17. 胰支；18. 胰十二指肠后静脉；19. 空肠静脉；20. 回肠静脉；21. 回结肠静脉；22. 回肠系膜支；23. 回肠系膜对侧支；24. 盲肠静脉；25. 结肠支；26. 结肠右静脉；27. 结肠中静脉；28. 肠系膜后静脉

2. 肾静脉 renal vein 肾与肾上腺的粗短静脉，与同名动脉伴行。

3. 睾丸静脉 testicular vein 或卵巢静脉 ovarian vein 收集睾丸、附睾或卵巢、子宫角等处血液的细长静脉，与同名动脉伴行。一般注入后腔静脉，但左侧的睾丸静脉和左侧的卵巢静脉常直接注入髂总静脉。

4. 髂总静脉 common iliac vein　　后肢、盆腔、尾部的静脉主干，由髂内静脉和髂外静脉在盆腔前口处汇集而成。此外，最后一对腰静脉、左睾丸静脉、左卵巢静脉、荐正中静脉均直接注入髂总静脉。

（1）髂内静脉 internal iliac vein　　盆腔静脉主干，与髂内动脉伴行，其属支有臀前静脉、臀后静脉、输精管静脉、前列腺静脉、阴道静脉、阴部内静脉等，均与同名动脉伴行。

（2）髂外静脉 external iliac vein　　后肢静脉主干。按部位依次是股静脉、腘静脉、胫前静脉和足背静脉，均与同名动脉伴行（图10-29）。

后肢的浅静脉干为内侧隐静脉与外侧隐静脉等，均注入深静脉干。

内侧隐静脉 medial saphenous vein 又称大隐静脉 great saphenous vein，在跗关节内侧起于足底内侧静脉，与隐动脉和隐神经伴行，注入股静脉。

外侧隐静脉 lateral saphenous vein 又称小隐静脉 small saphenous vein，无动脉伴行，约在小腿下1/3处由前、后两支汇合而成。前支起于蹄静脉丛，向上依次汇集成趾背侧固有静脉、趾背侧总静脉和外侧隐静脉，汇入旋股内侧静脉。后支在跗关节下部与足底外侧静脉相连，沿跗关节跖外侧面上行与前支汇合。犬和马的外侧隐静脉汇入股后静脉，猪的注入旋股内侧静脉。外侧隐静脉在宠物临床中常用于静脉输液。

第四节　胎儿血液循环

胎儿在母体子宫内发育，所需的氧气和营养物质由母体通过胎盘供给，所产生的代谢产物也通过胎盘由母体排出。胎儿心血管系统的结构及血液循环的路径均与此相适应（图10-34）。

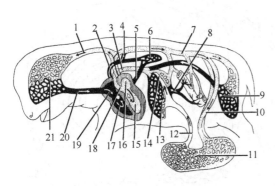

图10-34　胎儿血液循环模式图

1. 臂头干；2. 肺干；3. 后腔静脉；4. 动脉导管；5. 肺静脉；6. 肺毛细血管；7. 腹主动脉；8. 门静脉；9. 盆部和后肢毛细血管；10. 脐动脉；11. 胎盘毛细血管；12. 脐静脉；13. 肝毛细血管；14. 静脉导管；15. 左心室；16. 左心房；17. 右心室；18. 卵圆孔；19. 右心房；20. 前腔静脉；21. 头、颈部毛细血管

一、胎儿心血管结构特点

1. 卵圆孔 oval foramen　　房间隔上的天然裂孔，孔的左侧有瓣膜，使血液只能从右心房流向左心房。

2. 动脉导管 arterial catheter　　肺干与主动脉之间的短管。由右心室入肺干的血液大部分经此导管流到主动脉。

3. 脐动脉 umbilical artery 和脐静脉 umbilical vein　　脐动脉为髂内动脉的分支，沿膀胱侧韧带到膀胱顶，再沿腹底壁前行到脐孔，入脐带到胎盘，形成毛细血管网。靠渗透和扩散作用与母体子宫的毛细血管网进行物质交换。脐静脉（牛两条，马、猪一条）起于胎盘毛细血管网，经脐带由脐孔进入胎儿腹腔，沿肝的镰状韧带延伸，从肝左叶与方叶间的腹侧缘入肝。

4. 静脉导管 venous catheter　　见于牛和肉食动物，为脐静脉在肝内的一个小分支，沟通脐静脉与后腔静脉。

二、胎儿血液循环路径

胎盘毛细血管经脐静脉入肝，经肝窦、肝静脉或静脉导管到后腔静脉，与身体后躯的静脉血相混合后入右心房，约有3/5经卵圆孔入左心房、左心室，经主动脉弓、臂头干到头颈部及前肢。头颈部及前肢的静脉血由前腔静脉回流到右心房、右心室，经肺干、动脉导管、主动脉弓、胸主动脉、腹主动脉到身体后躯。由髂内动脉的分支脐动脉再到胎盘毛细血管。

由此可见，胎儿的动脉血液为混合血，但到肝、头颈部、前肢的血液主要是从胎盘毛细血管来的，其含氧量和营养物质较丰富，以适应胎儿肝活跃的功能和满足头、颈、前肢发育较快所需。到肺和后躯的血液，主要是胎儿头颈部和前肢静脉血，氧和营养物质均少，所以胎儿后躯发育较缓慢。

三、出生后变化

1. 脐动脉与脐静脉退化　由于切断脐带，胎盘循环终止（图10-35）。脐动脉（脐至膀胱顶一段）退化成膀胱圆韧带，脐静脉退化形成肝圆韧带。

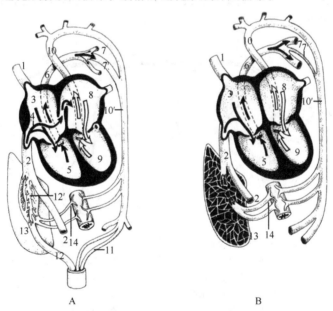

图 10-35　胎儿（A）与成年家畜（B）循环系统比较图解（引自 Dyce et al., 2010）

1. 前腔静脉；2. 后腔静脉；3. 右心房；4. 进入卵圆孔的箭头；5. 右心室；6. 肺干；7. 肺动脉；7′. 动脉导管（B图为动脉韧带）；8. 左心房；9. 左心室；10. 主动脉弓；10′. 降主动脉；11. 脐动脉；12. 脐静脉；12′. 静脉导管；13. 肝；14. 门静脉

2. 动脉导管与静脉导管退化　出生后逐渐退化，最后管腔收缩闭合形成动脉韧带和静脉导管索。

3. 卵圆孔封闭　由于肺静脉大量血液流入左心房，左、右心房压力相等，卵圆孔瓣闭合、封闭而形成卵圆窝，使左、右心房的血分隔开，从而形成成体的血液循环（体循环和肺循环）路径。

第十一章 淋巴系统

学习目标

1. 了解淋巴系统的组成和功能。

2. 了解淋巴干、右淋巴导管和胸导管等概念。

3. 了解中枢淋巴器官、外周淋巴器官、淋巴中心等概念，掌握临床检查和食品检验常用淋巴结的位置和引流区域。

4. 掌握不同动物脾的位置和形态特点。

淋巴系统 lymphatic system 由淋巴管道、淋巴组织、淋巴器官和淋巴组成。淋巴管道是起始于组织间隙，最后注入静脉的一系列管道（图 11-1）。淋巴组织是含有大量淋巴细胞的网状组织，包括弥散淋巴组织和淋巴小结。淋巴器官是淋巴组织由被膜包裹而成的独立器官，包括淋巴结、脾、胸腺、扁桃体等。淋巴是无色或微黄色的透明液体，由淋巴浆和淋巴细胞组成。

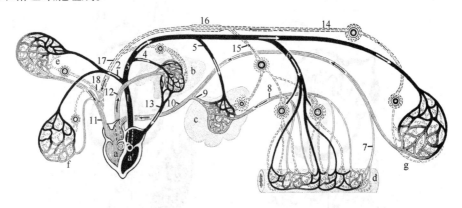

图 11-1 心血管系统与淋巴系统图解（引自 Nickel et al., 1979）

a. 右心室；a′. 左心室；b. 肺；c. 肝；d. 肠；e. 头颈部毛细血管；f. 前肢毛细血管；g. 躯干、后肢和泌尿生殖器官毛细血管；1. 主动脉；2. 头颈部和前肢的动脉；3. 降主动脉；4. 支气管动脉；5. 肝动脉；6. 肠动脉；7. 直肠静脉；8. 门静脉；9. 肝静脉；10. 后腔静脉；11. 前腔静脉；12. 肺动脉；13. 肺静脉；14. 腰淋巴干；15. 内脏淋巴干；16. 乳糜池；17. 胸导管；18. 躯体前部的淋巴干

淋巴系统与心血管系统有着密切的关系，血液经动脉运行到毛细血管动脉端时，一部分血液成分由毛细血管壁滤出，进入组织间隙形成组织液。组织液与组织进行物质交换后，大部分在毛细血管静脉端被重吸收入血液，小部分则进入毛细淋巴管成为淋巴 lymph。淋巴沿各级淋巴管道向心流动，最后汇入静脉。淋巴管道是协助体液回流的途径，可视为静脉的辅助管道。淋巴在行程中，流经多个淋巴结。淋巴结不仅有过滤淋巴的功能，还与脾和胸腺等淋巴器官以及淋巴组织一起产生淋巴细胞，参与机体的免疫反应，构成机体的重要防护屏障。

第一节　淋巴管道

淋巴管道是淋巴通过的路径，根据汇集顺序、管径大小及管壁厚薄可分为毛细淋巴管、淋巴管、淋巴干和淋巴导管。毛细淋巴管彼此吻合，并汇合成淋巴管，淋巴管再集合形成一些较大的淋巴干，淋巴干最后汇合成胸导管和右淋巴导管。淋巴依次在各级淋巴管道内向心流动，最后经淋巴导管注入静脉，以协助体液回流（图11-1，图11-2）。

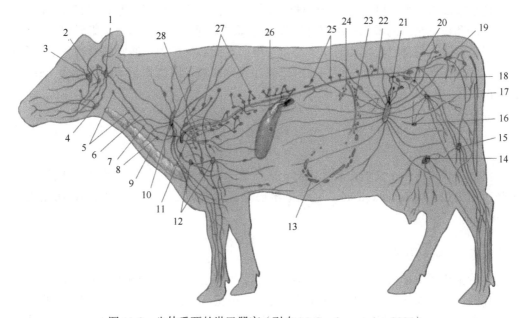

图 11-2　牛体重要的淋巴器官（引自 McCracken et al., 2006）

1. 咽后内侧淋巴结；2. 咽后外侧淋巴结；3. 腮腺淋巴结；4. 下颌淋巴结；5. 颈深前淋巴结；6. 气管干；7. 颈深中淋巴结；8. 颈深后淋巴结；9. 小牛胸腺；10. 颈浅淋巴结；11. 气管支气管淋巴结；12. 腋淋巴结；13. 空肠淋巴结；14. 腹股沟浅淋巴结（乳房淋巴结）；15. 腘淋巴结；16. 腹壁淋巴结；17. 髂外淋巴结（髂股淋巴结）；18. 髂内侧淋巴结；19. 臀淋巴结；20. 荐淋巴结；21. 髂下淋巴结；22. 腰干；23. 肠干；24. 乳糜池；25. 腰主动脉淋巴结；26. 脾；27. 肋间淋巴结；28. 胸导管

一、毛细淋巴管

毛细淋巴管 lymph capillary 是淋巴管道的起始部分，以膨大的盲端起始于组织间隙，彼此吻合成网，除脑、脊髓、骨髓、软骨、上皮、角膜以及晶状体外，几乎遍布全身。

毛细淋巴管常与毛细血管伴行，两者形态结构相似，管壁均由单层内皮细胞构成，但毛细淋巴管管径粗细不均，管壁内皮细胞呈叠瓦状邻接，其间有小的间隙，形成类似瓣膜的结构。这种结构一方面使毛细淋巴管有较大的通透性，一些不容易通过毛细血管的大分子物质，如蛋白质、癌细胞、细菌、异物等，易于进入毛细淋巴管；另一方面只允许液体流入毛细淋巴管，而不能向外流。小肠内的毛细淋巴管能吸收脂肪，其淋巴呈乳白色，故称为乳糜管。

二、淋 巴 管

淋巴管 lymphatic vessel 由毛细淋巴管汇合而成，数量多，彼此形成广泛的吻合。淋巴管形态结构与小静脉相似，但管壁较薄，管径较细且粗细不均。淋巴管内膜突入管腔形成瓣膜，以保证淋巴向心流动。淋巴回流较困难的部位，如四肢的淋巴管，瓣膜较多，使淋巴管外形呈串珠状。

淋巴管以深筋膜为界，分为浅层淋巴管和深层淋巴管。浅层淋巴管常与浅静脉伴行，汇集皮肤和皮下组织的淋巴；深层淋巴管多与深层血管和神经伴行，汇集肌肉、骨和内脏的淋巴。浅、深淋巴管之间有小支吻合。淋巴在向心流程中，通常要通过一个或多个淋巴结。根据淋巴对淋巴结的流向，淋巴管还可分为输入淋巴管 afferent lymph vessel 和输出淋巴管 efferent lymph vessel。

三、淋 巴 干

淋巴干为机体一个区域内较大的淋巴集合管。淋巴管经过一系列的淋巴结后，汇集成较大的淋巴干 lymphatic trunk。主要的淋巴干有气管淋巴干、腰淋巴干和内脏淋巴干（图 11-1）。

（一）气管淋巴干

气管淋巴干 tracheal trunk 左、右侧各一条，由咽后淋巴结的输出淋巴管汇合而成，分别伴随左、右颈总动脉，沿气管腹侧后行，收集左、右侧头颈、肩带部和前肢的淋巴。左气管淋巴干最后注入胸导管，右气管淋巴干注入右淋巴导管、前腔静脉或右颈外静脉。

（二）腰淋巴干

腰淋巴干 lumbar lymphatic trunk 左、右侧各一条，由髂内侧淋巴结的输出淋巴管汇合而成，伴随腹主动脉和后腔静脉前行，收集部分腹壁、骨盆壁、后肢、盆腔内器官及结肠末端的淋巴，注入乳糜池。

（三）内脏淋巴干

内脏淋巴干 visceral lymphatic trunk 由腹腔淋巴干和肠淋巴干汇合而成，注入乳糜池，有时两者分别单独注入乳糜池。腹腔淋巴干 coeliac lymphatic trunk 汇集胃、脾、肝、胰和十二指肠的淋巴。肠淋巴干 intestinal trunk 汇集空肠、回肠、盲肠和大部分结肠的淋巴。

四、淋 巴 导 管

淋巴导管 lymph-collecting duct 由淋巴干汇合而成，包括胸导管和右淋巴导管。

（一）胸导管

胸导管 thoracic duct 是全身最大的淋巴导管，直径在犊牛为2～4mm，在成年牛为6～10mm。起始于乳糜池，经膈的主动脉裂孔入胸腔，沿胸主动脉的右上方、右奇静脉的右下方向前伸延，经过食管和气管的左侧向前下行，在胸前口处注入前腔静脉（图10-4，图11-1）。收集除右淋巴导管以外的全身淋巴（大约全身3/4的淋巴）。

胸导管膨大的起始部称为乳糜池 chyle cistern，呈长梭形，位于最后胸椎和第1～3腰椎椎体的腹侧、腹主动脉和右膈脚之间。

（二）右淋巴导管

右淋巴导管 right lymphatic duct 位于胸腔前口附近，为右侧气管干的延续，短而粗，在牛、猪长0.5～2cm，在马长4cm，宽8～10mm。收集右侧头颈部、右前肢及胸壁和胸腔器官右侧半的淋巴（大约全身1/4的淋巴），末端注入前腔静脉或右颈外静脉。

第二节　淋　巴　组　织

淋巴组织是含有大量淋巴细胞的网状结缔组织，主要分布于消化道、呼吸道和尿生殖道的黏膜内，构成抵御有害因子侵入机体的屏障。淋巴组织包括弥散淋巴组织和淋巴小结。

一、弥散淋巴组织

淋巴细胞分布稀疏，与周围组织无明显界限，因而没有特定的外形结构，常分布在消化道、呼吸道和尿生殖道黏膜上皮下。

二、淋　巴　小　结

淋巴细胞较密集，轮廓清晰，多呈圆形或卵圆形，分布在淋巴结、脾、消化道和呼吸道的黏膜。单独存在的称为淋巴孤结，聚集成团的称为淋巴集结，如回肠黏膜的淋巴孤结和淋巴集结。

第三节　淋　巴　器　官

淋巴组织由被膜包裹形成的独立器官称为淋巴器官。淋巴器官根据发生和机能的不同，可分为中枢淋巴器官（初级淋巴器官）和周围淋巴器官（次级淋巴器官）。中枢淋巴器官包括胸腺和禽类的法氏囊（腔上囊），在胚胎发育过程中出现较早，来源于骨髓的干细胞在这类器官处分化为T淋巴细胞和B淋巴细胞。周围淋巴器官包括脾、淋巴结、扁桃体和血淋巴结，发育较迟，其淋巴细胞由中枢淋巴器官迁移而来，在特定区域繁殖，再进入血液循环，参与机体免疫。

一、胸　　腺

胸腺 thymus 位于胸前部纵隔内，分颈、胸两部分，呈红色或粉红色，质地柔软。奇蹄类和肉食类动物的胸腺主要位于胸腔内（图10-8），反刍类动物和猪的胸腺在颈部也很发达，可向前延伸到喉部（图11-3）。胸腺在幼畜发达，性成熟时发育完全，体积最大，然后从胸腺颈部开始逐渐萎缩，到老年几乎被脂肪组织所替代，但并不完全消失，在胸腺原位的结缔组织中仍可找到有活动的胸腺结构。胸腺开始退化的时间在不同的家畜分别是：猪、犬1岁，羊1~2岁，马2~3岁，牛4~5岁。胸腺是T淋巴细胞增殖分化的场所，是机体免疫活动的重要器官，胸腺还可分泌胸腺激素。

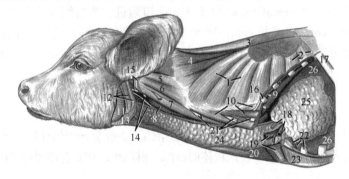

图 11-3　犊牛胸腺（引自 Popesko，1985）

1. 颈腹侧锯肌；2. 胸腹侧锯肌；3. 颈菱形肌；4. 夹肌；5. 头最长肌；6. 寰最长肌；7. 横突间腹侧肌（寰部）；8. 头长肌；9. 颈长肌；10. 斜角肌；11. 咬肌；12. 腮耳肌、腮腺；13. 下颌腺；14. 颈总动脉、迷走交感干；15. 副神经背侧支、寰椎翼；16. 第1肋骨；17. 第5肋骨；18. 左锁骨下动、静脉；19. 颈外静脉、胸头肌起点；20. 胸骨舌骨肌；21. 颈神经；22. 第2肋软骨，胸廓内动、静脉；23. 胸肌；24. 胸腺颈叶；25. 胸腺胸叶；26. 肺

二、脾

脾 spleen 是动物体内最大的淋巴器官，位于腹腔前部、胃的左侧。脾的壁面光滑而隆凸，与膈和左侧腹壁相适应；脏面较平，近中央有一条长嵴，为脾门 hilus 所在处，供神经、血管及淋巴管出入（图11-4）。脾具有造血、滤血、灭血、贮血及参与机体免疫等功能。在胚胎时期，脾是一个重要的造血器官。出生后，在正常情况下，脾只产生淋巴细胞及单核细胞，参与免疫反应，但在病态及大失血后可以制造各种血细胞。脾具有大量血窦，是血液循环的重要过滤器。脾内的巨噬细胞能将衰老的红细胞、血小板和退化的白细胞吞噬消灭。

1. 牛脾　　呈长而扁的椭圆形，蓝紫色，质地较硬。位于腹腔左季肋部、瘤胃背囊左前方，从最后2肋骨的椎骨端斜向前下方可达第8~9肋骨的下1/3处。上部以腹膜和结缔组织与左膈脚及瘤胃背囊相连，下端游离。

2. 羊脾　　扁而平，略呈三角形，红紫色，质地较软。位于瘤胃左侧。

3. 猪脾　　狭而长，呈紫红色，质地较软。位于胃大弯左侧，以宽松的胃脾韧带与胃大弯相连。

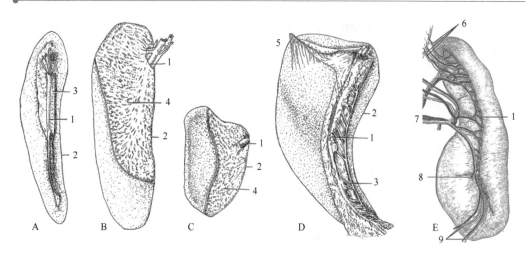

图 11-4　5 种家畜脾的比较

A. 猪脾；B. 牛脾；C. 绵羊脾；D. 马脾；E. 犬脾。1. 脾门；2. 前缘；3. 胃脾韧带；4. 脾和瘤胃粘连处；5. 脾悬韧带；6. 胃短动、静脉；7. 脾动、静脉；8. 至脾结肠韧带和大网膜分支；9. 至大网膜分支

4. 马脾　呈扁平镰刀形，上宽下窄，蓝红或铁青色。位于腹腔左季肋部，沿胃大弯左侧附着。前缘凹，其内侧有一纵沟，为脾门所在地；后缘凸，其上端可达最后肋骨后方。

5. 犬脾　略呈舌形（哑铃形）（图 11-4），中部稍狭，紫红褐色，质较硬。脾位于胃底的左后方，包在大网膜的浅层内。上端与最后肋骨椎骨端及第 1 腰椎横突腹侧相对，与膈左脚、胃的左侧面及左肾邻接。壁面凸，贴于左腹壁；脏面凹，上有纵嵴，为脾门所在处。

三、淋　巴　结

淋巴结 lymph node 是机体淋巴回流途径中的周围淋巴器官，数量众多，大小不一，直径从 1mm 到数厘米不等，呈球形、卵圆形、豆形、肾形、扁平状等，一侧凹陷为淋巴结门，是输出淋巴管、血管及神经出入处，另一侧隆凸，有多条输入淋巴管进入。淋巴结由结缔组织被膜包裹淋巴组织而成，被膜伸入实质内形成小梁，构成淋巴结的支架。实质分为外周的皮质和中央的髓质。皮质 cortex 颜色较深，有许多圆形或梨形淋巴小结，被膜下方和小梁与淋巴小结之间有不规则的裂隙，称皮质窦。髓质 medulla 颜色较淡，有许多淋巴细胞形成髓索，小梁与髓索之间的空隙称髓质窦，与皮质窦相连通，是淋巴流经的地方（图 11-5）。

机体的淋巴结呈单个或成群分布，有

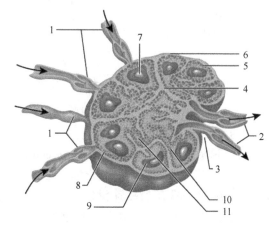

图 11-5　淋巴结结构模式图

1. 输入淋巴管；2. 输出淋巴管；3. 淋巴结门；4. 小梁；5. 被膜下淋巴窦；6. 被膜；7. 生发中心；8. 皮质；9. 淋巴小结；10. 髓窦；11. 髓索

浅、深之分，多位于凹窝或隐蔽处，如腋窝、关节屈侧、内脏器官门部及大血管附近。各大器官或局部均有一个主要的淋巴结群。淋巴结的结构处于动态变化之中，受抗原刺激时可增大，当抗原被清除后，又萎缩甚至消失。因此在临床上，局部淋巴结肿大可反映其收集区域有病变，这对临床诊断、病理剖检及兽医卫生检疫有重要的实践意义。淋巴结的主要功能是产生淋巴细胞，滤过淋巴，清除侵入体内的细菌和异物以及产生抗体，此外还具有造血功能。

一个淋巴结或淋巴结群常位于身体的同一个部位，并且接受几乎相同区域的输入淋巴管，这个淋巴结或淋巴结群就是该区域的淋巴中心 lymph center。全身有 19 个淋巴中心，其中头部 3 个、颈部 2 个、前肢 1 个、胸腔 4 个、腹腔 3 个、腹壁和骨盆壁 4 个、后肢 2 个（图 11-2，图 11-6）。马的淋巴结数目一般比牛多，许多同名的淋巴结在牛常由一个大的淋巴结组成，而在马则由许多小的淋巴结组成了淋巴结簇。

图 11-6　牛体浅层淋巴结和淋巴管（引自 Nickel et al., 1979）

1. 腮腺淋巴结；2. 下颌淋巴结；3. 咽后外侧淋巴结（被下颌腺覆盖）；4. 颈浅淋巴结；5. 髂下淋巴结；6. 坐骨淋巴结；7. 腘淋巴结；8. 结节淋巴结；9. 腰旁窝淋巴结（不恒定）；a. 至另一侧颈浅淋巴结的淋巴管；b, b'. 从胸腹侧区和前肢内侧面至同侧颈浅淋巴结的淋巴管；c, c', c''. 从股后面、乳房和后肢内侧面至腹股沟浅淋巴结的淋巴管；d, d'. 至腘淋巴结的淋巴管；e. 结节淋巴结的淋巴管

（一）头部淋巴中心和淋巴结

头部有 3 个淋巴中心，即腮腺淋巴中心、下颌淋巴中心和咽后淋巴中心（图 11-7，图 11-8）。

1. 腮腺淋巴中心 parotid lymph center　仅有腮腺淋巴结 parotid lymph node，位于颞下颌关节后下方，部分或全部被腮腺遮盖。牛、马通常有 1～4 个淋巴结，较大（长 6～9cm）；猪通常有 2～3 个淋巴结。输入管引流头部皮肤、肌肉、鼻腔下半部、唇、颊、外耳及眼部的淋巴，注入咽后外侧淋巴结。

2. 下颌淋巴中心 mandibular lymph center　牛有下颌淋巴结、翼肌淋巴结。猪有下颌淋巴结和下颌副淋巴结。

（1）下颌淋巴结 mandibular lymph node　牛有 1～3 个，位于下颌间隙内、面血管切迹的后方，被胸下颌肌的前部覆盖。输入管收集面部、鼻前部、口腔、唾液腺的淋巴，

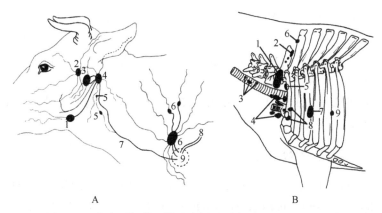

图 11-7 牛头颈部淋巴结示意图（引自 Dyce et al., 2010）

A. 头颈部淋巴结：1. 下颌淋巴结；2. 腮腺淋巴结；3. 咽后内侧淋巴结；4. 咽后外侧淋巴结；5. 颈深淋巴结；6. 颈浅淋巴结；7. 气管干；8. 胸导管；9. 淋巴管进入静脉的区域。B. 颈深和腋淋巴中心：1. 颈浅淋巴结；2. 颈浅副淋巴结；3. 颈深中淋巴结；4. 颈深后淋巴结；5. 肋颈淋巴结；6. 菱形肌下淋巴结；7. 腋固有淋巴结；8. 第 1 肋腋淋巴结；9. 腋副淋巴结

输出管汇入咽后外侧淋巴结。猪的位于下颌骨的后腹侧缘、舌面静脉的腹内侧、胸骨舌骨肌的外侧和下颌腺的前方，有 2～6 个淋巴结，常形成 2～3cm 的淋巴结团块。马的下颌淋巴结双侧共有 70～150 个小淋巴结，形成一个尖端向前的"V"形淋巴结链，位于下颌面血管切迹附近，汇入咽后内侧淋巴结和颈深前淋巴结。该淋巴结是兽医卫生检验和兽医临床诊断的重要淋巴结。

（2）翼肌淋巴结 pterygoid lymph node 一般 1 个，位于翼肌的外侧、上颌结节后方。收集硬腭、齿龈的淋巴，汇入下颌淋巴结。

猪的下颌副淋巴结有 2～4 个，在舌面静脉与上颌静脉汇合处腹侧，位于下颌腺后方胸乳突肌表面，完全被腮腺所覆盖。收集来自下颌淋巴结、颈腹侧部和胸前部的淋巴，注入颈浅淋巴结。

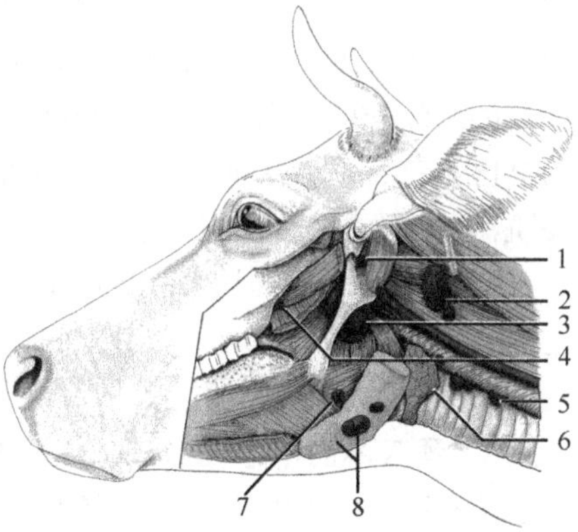

图 11-8 牛头部深层淋巴结

（引自 König and Liebich, 2007）

1. 舌骨后淋巴结；2. 咽后外侧淋巴结；3. 咽后内侧淋巴结；4. 翼肌淋巴结；5. 颈深前淋巴结；6. 甲状腺；7. 舌骨前淋巴结；8. 下颌淋巴结和下颌腺

3. 咽后淋巴中心 retropharyngeal lymph center

牛有咽后内侧淋巴结、咽后外侧淋巴结、舌骨前淋巴结和舌骨后淋巴结（图 11-8）。猪有咽后内侧淋巴结和咽后外侧淋巴结。马的咽后内、外侧淋巴结位置较深，分别位于咽的侧壁和背侧。

（1）咽后内侧淋巴结 medial retropharyngeal lymph node 左右并列于咽背外侧，长 3～6cm。收集咽、喉、唾液腺、鼻后部、鼻旁窦等处的淋巴，汇入咽后外侧淋巴结。猪的咽后内侧淋巴结在颈总动脉、颈内静脉和迷走交感干的背侧，被脂肪、胸乳突肌腱和胸腺（存在时）所覆盖。淋巴结常有数个，形成长 2～3cm、宽 1.5cm 的卵圆形团块。

（2）咽后外侧淋巴结 lateral retropharyngeal lymph node 长 4～5cm，位于寰椎翼腹侧、腮腺和下颌腺的深层。收集口腔、下颌、外耳、唾液腺及头部淋巴结（翼肌淋巴结除外）的淋巴，形成左、右气管淋巴干（颈淋巴干）。猪的咽后外侧淋巴结常有 2 个，位于耳静脉后方，部分或完全被腮腺后缘所覆盖，很难与颈浅腹侧淋巴结前群分开。

（3）舌骨前淋巴结 rostral hyoid lymph node　　位于甲状舌骨的外侧。收集舌的淋巴，汇入咽后外侧淋巴结。

（4）舌骨后淋巴结 caudal hyoid lymph node　　位于茎舌骨肌的外侧。收集下颌的淋巴，汇入咽后外侧淋巴结。

（二）颈部淋巴中心和淋巴结

颈部有 2 个淋巴中心，即颈浅淋巴中心和颈深淋巴中心（图 11-7，图 11-8）。

1. 颈浅淋巴中心 superficial cervical lymph center　　牛有颈浅淋巴结和颈浅副淋巴结两群。猪有颈浅背侧、中和腹侧淋巴结。

（1）颈浅淋巴结 superficial cervical lymph node　　牛的通常为 1 个大淋巴结，长 7~9cm，位于肩关节前方、肩胛横突肌的深面，因此又称肩前淋巴结。收集颈部、前肢、胸壁的淋巴，注入右气管淋巴干（右）或胸导管（左）。该淋巴结在活体可触摸到。猪的颈浅背侧淋巴结位于肩关节前上方的腹侧锯肌表面，被颈斜方肌和肩胛横突肌所覆盖，通常为一卵圆形的淋巴结团块，长 1~4cm；颈浅中淋巴结有不恒定的两群，位于臂头肌深面的颈外静脉表面；颈浅腹侧淋巴结位于腮腺后缘和臂头肌之间，有 3~5 个，形成长的淋巴结链，沿臂头肌前缘从咽后外侧淋巴结伸向后下方。马的颈浅淋巴结大部分被臂头肌覆盖，下端可显露于颈静脉沟内，长达 10cm。

（2）颈浅副淋巴结 superficial accessory cervical lymph node　　通常有 5~10 个小淋巴结，位于斜方肌深面、冈上肌前方。常见一部分或全部为血淋巴结。收集颈部肌肉、皮肤的淋巴，汇入颈浅淋巴结。

2. 颈深淋巴中心 deep cervical lymph center　　牛有颈深前、中、后淋巴结，肋颈淋巴结和菱形肌下淋巴结 5 群淋巴结，而猪、马只有颈深前、中和后淋巴结。

（1）颈深前淋巴结 cranial deep cervical lymph node　　牛有 4~6 个淋巴结，猪有 1~5 个，常缺如。位于甲状腺附近的气管两侧。输入管收集颈部肌肉、甲状腺、气管、食管、胸腺等处的淋巴，输出管汇入颈深中淋巴结。

（2）颈深中淋巴结 middle deep cervical lymph node　　有 1~7 个，位于颈中部的气管两侧，收集范围与颈深前淋巴结相似，汇入颈深后淋巴结。

（3）颈深后淋巴结 caudal deep cervical lymph node　　牛常有 2~4 个淋巴结，最后一组位于胸前口处的肋颈淋巴结附近，猪有 1~14 个，不成对，位于甲状腺后方、气管腹侧，被胸腺所覆盖，并且将该淋巴结与第 1 肋腋淋巴结分开。输入管收集颈部肌肉、气管、食管、胸腺以及肩臂部的淋巴，注入气管淋巴干、胸导管或颈外静脉。

（4）肋颈淋巴结 costal cervical lymph node　　一般 1 个，长 1.5~3.0cm，位于第 1 肋骨前内侧、气管和食管两侧，肋颈干起始处附近。收集颈后部、肩带部、肋胸膜、气管和纵隔前淋巴结输出管的淋巴，注入右气管干（右）或胸导管（左）。

（5）菱形肌下淋巴结 subrhomboid lymph node　　位于菱形肌深面近肩胛骨后角处。收集肩胛部的淋巴，汇入纵隔前淋巴结。

（三）前肢淋巴中心和淋巴结

每侧前肢仅有 1 个腋淋巴中心（图 11-7）。腋淋巴中心 axillary lymph center 有腋淋巴结、冈下肌淋巴结和肘淋巴结。腋淋巴结是肩关节与胸壁间一群淋巴结的总称，包括腋固有淋巴结、第 1 肋腋淋巴结和腋副淋巴结。牛有腋固有淋巴结、第 1 肋腋淋巴结、腋副淋巴结和冈下肌淋巴结；马有腋固有淋巴结和肘淋巴结；犬有腋固有淋巴结和腋副淋巴结；猪只有第 1 肋腋淋巴结。

1. 腋淋巴结 axillary lymph node

（1）腋固有淋巴结 proper axillary lymph node　　每侧 1~2 个，长 2~3.5cm，位于肩关节后方、大圆肌远端内侧面。收集前肢、胸肌等处的淋巴，汇入第 1 肋腋淋巴结、颈深淋巴结或气管淋巴干。

（2）第 1 肋腋淋巴结 axillary lymph nodes of the first rib　　每侧 1~2 个，长约 1.5cm。位于肩关节的前内侧、第 1 肋或第 1 肋间的胸骨端、胸深肌深面。收集胸肌、腹侧锯肌、斜角肌、肩臂部肌等处的淋巴，输出管左侧注入气管干或胸导管，右侧注入右淋巴导管。

（3）腋副淋巴结 accessory axillary lymph node　　每侧 1 个，位于胸深肌与背阔肌之间，收集胸肌、背阔肌等处的淋巴，汇入腋固有淋巴结。

2. 冈下肌淋巴结 infraspinous lymph node　　冈下肌后缘与臂三头肌长头间的小淋巴结。收集冈下肌、臂三头肌等处的淋巴，汇入腋固有淋巴结。

3. 肘淋巴结 cubital lymph node　　马的在肘关节附近位于臂内侧，由 5~20 个淋巴结组成，引流前臂和前脚部结构的淋巴，汇入腋固有淋巴结。马的肘淋巴结可触知。绵羊有时可见肘淋巴结。

（四）胸部淋巴中心和淋巴结

胸部有 4 个淋巴中心（图 11-2，图 11-9），即胸背侧淋巴中心、胸腹侧淋巴中心、纵隔淋巴中心和支气管淋巴中心。

1. 胸背侧淋巴中心 dorsal thoracic lymph center　　有胸主动脉淋巴结和肋间淋巴结。

（1）胸主动脉淋巴结 thoracic aortic lymph node　　成串分布于胸主动脉背侧与胸椎椎体之间的脂肪内。收集胸壁、胸膜、纵隔等处的淋巴，输出管直接注入胸导管或汇入纵隔淋巴结。犬无胸主动脉淋巴结。

（2）肋间淋巴结 intercostal lymph node　　位于各肋间隙近端的胸膜下、交感干背侧的一系列淋巴结。收集胸背部肌肉、胸椎、肋间肌及胸膜等处的淋巴，汇入胸主动脉淋巴结或纵隔淋巴结。犬有 1 个，位于第 5 或第 6 肋间隙肋头关节处。猪缺如。

2. 胸腹侧淋巴中心 ventral thoracic lymph center　　有胸骨淋巴结和膈淋巴结。

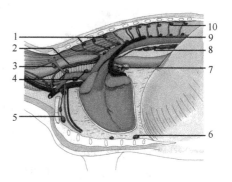

图 11-9　牛胸腔淋巴结（引自 König and Liebich，2007）

1. 肋间淋巴结；2. 胸导管；3. 肋颈淋巴结；4. 纵隔前淋巴结；5. 胸骨前淋巴结；6. 胸骨后淋巴结；7. 气管支气管左淋巴结；8. 纵隔后淋巴结；9. 胸主动脉淋巴结；10. 肋间淋巴结

（1）胸骨淋巴结 sternal lymph node　　位于胸骨背侧胸廓内动、静脉沿途，牛、马的分为胸骨前淋巴结和胸骨后淋巴结。猪、犬只有胸骨前淋巴结。

1）胸骨前淋巴结 cranial sternal lymph node：1 个，1.5～2.5cm，位于胸骨柄背侧，左右胸廓内动、静脉之间。收集胸底壁前部、纵隔、胸膜等处的淋巴，注入右气管干和胸导管。犬的胸骨前淋巴结位于第 2 肋软骨或肋间隙内侧；猪有 1～4 个，位于前腔静脉腹侧、两侧胸廓内动脉和静脉之间的胸骨柄表面。

2）胸骨后淋巴结 caudal sternal lymph node：位于胸骨中部背侧、胸横肌深面，沿胸廓内动、静脉分布的数个淋巴结。收集胸底壁、腹底壁、胸骨、肋骨、胸膜、纵隔、心包等处的淋巴，汇入胸骨前淋巴结。

（2）膈淋巴结 phrenic lymph node　　较小，位于膈的胸腔面、后腔静脉裂孔附近。收集膈和纵隔的淋巴，汇入纵隔后淋巴结。

3. 纵隔淋巴中心 mediastinal lymph center　　有纵隔前、中、后 3 群淋巴结。猪缺纵隔中淋巴结，犬缺纵隔中、后淋巴结。

（1）纵隔前淋巴结 cranial mediastinal lymph node　　位于心前纵隔内，主动脉弓前方的数个淋巴结。收集胸部食管、气管、胸腺、肺、心包及纵隔等处的淋巴，注入胸导管、右气管干或右淋巴导管。

（2）纵隔中淋巴结 middle mediastinal lymph node　　位于主动脉弓的右侧，食管背侧的数个淋巴结。收集食管、气管、肺、纵隔等处的淋巴，注入胸导管。

（3）纵隔后淋巴结 caudal mediastinal lymph node　　位于主动脉弓后方，纵隔内的数个淋巴结，沿胸主动脉与食管间分布。其中 1 个很大，达 5～10cm 甚至以上。收集膈、纵隔、食管、肺和心包等处的淋巴，注入胸导管或胸主动脉淋巴结。该淋巴结在肉品检验上很重要，当动物患病时，可干扰食管和迷走神经的功能。

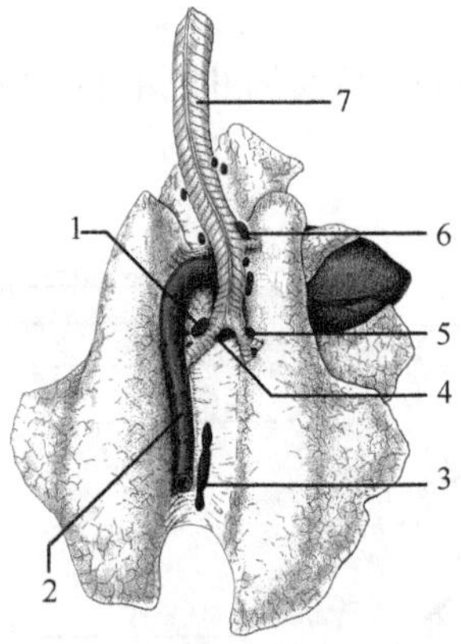

图 11-10　牛支气管淋巴中心（引自 König and Liebich，2007）

1. 气管支气管左淋巴结；2. 胸主动脉；3. 纵隔后淋巴结；4. 气管支气管中淋巴结；5. 气管支气管右淋巴结；6. 气管支气管前淋巴结；7. 气管

4. 支气管淋巴中心 bronchial lymph center　　有 5 个淋巴结群，即气管支气管前、左、右、中淋巴结和肺淋巴结（图 7-10，图 11-10）。犬、马无气管支气管前淋巴结。

（1）气管支气管前淋巴结 cranial tracheobronchial lymph node　　气管支气管背侧与气管夹角处的 1～2 个淋巴结。

（2）气管支气管右淋巴结 right tracheobronchial lymph node　　位于气管叉右侧的淋巴结。

（3）气管支气管左淋巴结 left tracheobronchial lymph node　位于气管叉左侧的淋巴结。

（4）气管支气管中淋巴结 middle tracheobronchial lymph node　　位于气管叉之间的淋巴结。

以上 4 群淋巴结的输入管收集食管、支气管、心、肺的淋巴，注入胸导管或汇入纵隔前淋巴结。

（5）肺淋巴结 pulmonary lymph node　　有数个，沿肺内支气管分布。收集肺的淋巴，汇入气管支气管淋巴结或纵隔后淋巴结（图 7-10）。

（五）腹壁和骨盆壁的淋巴中心和淋巴结

腹壁和骨盆壁有4个淋巴中心（图11-11），即腰淋巴中心、髂荐淋巴中心、腹股沟股淋巴中心和坐骨淋巴中心。

1. 腰淋巴中心 lumbar lymph center　有腰主动脉淋巴结和肾淋巴结。此外，牛有腰固有淋巴结，马有卵巢淋巴结，猪有膈腹淋巴结和睾丸淋巴结。

（1）腰主动脉淋巴结 lumbar aortic lymph node　腹主动脉和后腔静脉沿途分布的数个淋巴结，在肾至旋髂深动脉分支处之间的腹膜下。收集腰部肌肉、肾和肾上腺等处的淋巴，注入腰淋巴干或乳糜池。

（2）肾淋巴结 renal lymph node　位于肾门附近，肾动、静脉周围的一群淋巴结。收集肾、肾上腺、输尿管等处的淋巴，注入乳糜池或腰主动脉淋巴结。

（3）腰固有淋巴结 proper lumbar lymph node　位于腰椎横突之间、椎间孔附近的小淋巴结。收集腰部肌肉等处的淋巴，汇入腰主动脉淋巴结。

（4）卵巢淋巴结 ovary lymph node　马的位于卵巢系膜内，汇入腰主动脉淋巴结或髂内淋巴结。

（5）膈腹淋巴结 phrenicoabdominal lymph node　仅见于猪，在腹前血管后方位于髂腰肌外侧面，偶见一侧或双侧缺失。输入淋巴管来自腹膜、腹肌和髂外侧淋巴结。输出淋巴管注入肾淋巴结、腰主动脉淋巴结、腰干或乳糜池。

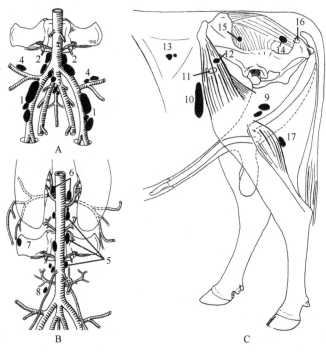

图 11-11　牛、猪腹壁和后肢淋巴结示意图（引自 Constantinescu and Schaller，2012）

A. 牛髂荐淋巴中心和髂股淋巴中心：1. 髂外淋巴结；2. 髂内侧淋巴结；3. 荐淋巴结；4. 髂外侧淋巴结。B. 猪腰淋巴中心：5. 腰主动脉淋巴结；6. 肾淋巴结；7. 膈腹淋巴结；8. 睾丸淋巴结。C. 牛盆壁和后肢淋巴结：9. 阴囊淋巴结；10. 髂下淋巴结；11. 髋淋巴结；12. 髋副淋巴结；13. 腰旁窝淋巴结；14. 坐骨淋巴结；15. 臀淋巴结；16. 结节淋巴结；17. 腘淋巴结

（6）睾丸淋巴结 testicular lymph node　　位于猪的睾丸动脉和静脉表面。

2．髂荐淋巴中心 iliosacral lymph center　　有髂内侧淋巴结、髂外侧淋巴结、髂内淋巴结和肛门直肠淋巴结4群淋巴结。猪和马还有子宫淋巴结，马有闭孔淋巴结；犬无髂外侧淋巴结和肛门直肠淋巴结。

（1）髂内侧淋巴结 medial iliac lymph node　　左、右髂外动脉起始处附近的一大群淋巴结，其中在左、右髂内动脉夹角内的淋巴结又称为荐淋巴结 sacral lymph node。髂内侧淋巴结是兽医卫生检验的重要淋巴结。输入管收集腰荐部、尾部、腹壁后部、后肢等处的淋巴，输出管形成左、右腰淋巴干。

（2）髂外侧淋巴结 lateral iliac lymph node　　位于旋髂深动脉的前、后支处的一群淋巴结，牛常为1个，水牛有2～5个。收集腰荐部、后腹部等处的淋巴，汇入髂内侧淋巴结。

（3）髂内淋巴结 lnternal iliac lymph node　　曾称腹下淋巴结，位于在荐结节阔韧带内侧，髂内动、静脉各分支处的淋巴结。每侧有1～3个。输入管收集骨盆壁及盆腔内脏等处的淋巴，输出管汇入髂内侧淋巴结。

（4）肛门直肠淋巴结 anorectal lymph node　　位于直肠后部（腹膜外部）背侧的数个淋巴结。收集肛门、会阴、尾肌、直肠等处的淋巴，汇入髂内侧淋巴结。

（5）子宫淋巴结 uterine lymph node　　位于子宫阔韧带内，不恒定，汇入髂内侧淋巴结或腰主动脉淋巴结。

3．腹股沟股淋巴中心 inguinofemoral lymph center　　曾称腹股沟浅淋巴中心，主要有腹股沟浅淋巴结和髂下淋巴结，牛、绵羊和马有髋淋巴结，牛有髋副淋巴结和腰旁窝淋巴结（图11-11）。

（1）腹股沟浅淋巴结 superficial inguinal lymph node　　腹底壁后部、腹股沟管外环附近的一群淋巴结。因性别差异而有不同名称。阴囊淋巴结 scrotal lymph node 在公畜精索后上方、阴茎背侧。乳房淋巴结 mammary lymph node 在母畜乳房基底部后上方两侧。收集腹底壁的肌肉、皮肤、股内侧、阴囊、乳房、外生殖器等处的淋巴，汇入髂内侧淋巴结。

（2）髂下淋巴结 subiliac lymph node　　常为一大而长的淋巴结，位于膝关节的前上方、阔筋膜张肌前缘膝襞中，隔着皮肤也可触摸。输入管收集腹侧壁、骨盆、股部、小腿部等处的淋巴，输出管汇入髂外侧淋巴结和髂内侧淋巴结。

（3）髋淋巴结 coxal lymph node　　长约2cm，位置不定，常位于髋结节的腹侧，股四头肌前方，阔筋膜张肌中部内侧，旋股外侧动、静脉沿途。

（4）髋副淋巴结 accessory coxal lymph node　　位置不定，常位于阔筋膜张肌的外侧。

以上两淋巴结的输入管收集股四头肌等处的淋巴，输出管汇入髂内、外侧淋巴结。

（5）腰旁窝淋巴结 lymph node of paralumbar fossa　　位于腰旁窝皮下的1～2个淋巴结。收集腹壁的淋巴，汇入髂下淋巴结。

4．坐骨淋巴中心 ischial lymph center　　主要为坐骨淋巴结。此外，牛、猪、绵羊有臀淋巴结，反刍动物有结节淋巴结（图11-11）。犬无坐骨淋巴中心。

（1）坐骨淋巴结 ischial lymph node　　位于荐结节阔韧带后缘外侧，坐骨小切迹背侧，臀股二头肌深面。收集臀后、肛门等处肌肉和皮肤的淋巴，汇入髂内侧淋巴结。

（2）臀淋巴结 gluteal lymph node　常有1～2个小淋巴结。位于荐结节阔韧带外侧，坐骨大孔附近，臀中肌深层。收集臀部肌等处的淋巴，汇入髂内侧淋巴结。

（3）结节淋巴结 tuberal lymph node 位于荐结节阔韧带后缘、坐骨结节内侧皮下。收集骨盆、尾部、股部等处的淋巴，汇入臀淋巴结、荐淋巴结。

（六）腹腔内脏的淋巴中心和淋巴结

腹腔内脏的淋巴中心有3个，即腹腔淋巴中心、肠系膜前淋巴中心和肠系膜后淋巴中心。淋巴结常按位置和引流的器官命名（图11-12，图11-13）。

1. 腹腔淋巴中心 coeliac lymph center

收集胃、肝、脾、胰、十二指肠、网膜、肠系膜等处的淋巴，输出管与肠淋巴干汇合成内脏干，注入乳糜池。所属淋巴结有腹腔淋巴结、肝淋巴结、肝副淋巴结、胃淋巴结、脾淋巴结和胰十二指肠淋巴结。

（1）腹腔淋巴结 coeliac lymph node 腹腔动脉起始处附近的3～4个淋巴结。收集脾和肝的淋巴，输出管形成腹腔淋巴干，注入内脏淋巴干。

（2）肝淋巴结 hepatic lymph node　一般有1～3个，有时多达10个，沿门静脉分布。收集肝、胰、十二指肠、皱胃的淋巴，输出管汇合形成肝淋巴干，与胃淋巴干汇合形成内脏淋巴干。

（3）肝副淋巴结 accessory hepatic lymph node　分布于肝的背侧缘、后腔静脉沿途，收集肝等处的淋巴，汇合成肝淋巴干。

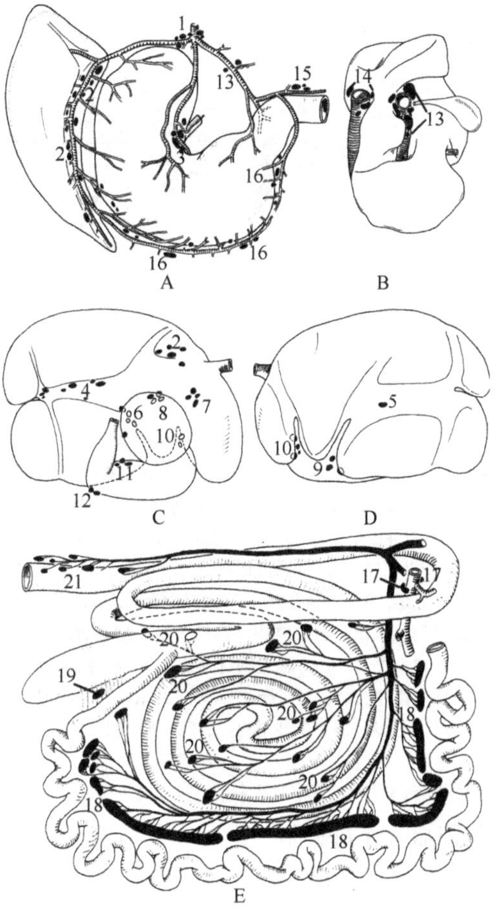

图 11-12　牛、马腹腔内脏淋巴结
（引自 Constantinescu and Schaller，2012）

A. 马胃脾淋巴结；B. 牛肝；C. 牛胃右侧面；D. 牛胃左侧面；E. 牛肠。腹腔淋巴中心：1. 腹腔淋巴结；2. 脾淋巴结；3. 胃淋巴结；4. 瘤胃右淋巴结；5. 瘤胃左淋巴结；6. 瘤胃前淋巴结；7. 网胃淋巴结；8. 瓣胃淋巴结；9. 瘤皱胃淋巴结；10. 网皱胃淋巴结；11. 皱胃背侧淋巴结；12. 皱胃腹侧淋巴结；13. 肝淋巴结；14. 肝副淋巴结；15. 胰十二指肠淋巴结；16. 网膜淋巴结。肠系膜前淋巴中心：17. 肠系膜前淋巴结；18. 空肠淋巴结；19. 盲肠淋巴结；20. 结肠淋巴结。肠系膜后淋巴中心：21. 肠系膜后淋巴结

（4）胃淋巴结 gastric lymph node　数目多，分布于胃血管的沿途。牛有4个胃室，淋巴结位置各异，所以名称不同，可分为以下8种。

1）瘤胃右淋巴结 right ruminal lymph node：4～5个，位于瘤胃右纵沟内、瘤胃右动脉沿途。

2）瘤胃左淋巴结 left ruminal lymph node：4～5个，位于瘤胃左纵沟内、瘤胃左动脉沿途。

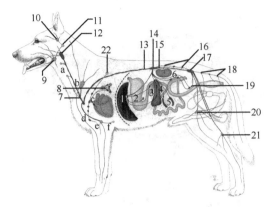

图 11-13　犬淋巴系统

（引自 König and Liebich，2007）

a. 颈深淋巴结；b. 颈浅淋巴结；c. 纵隔前淋巴结；d. 胸骨前淋巴结；e. 腋淋巴结；f. 腋副淋巴结；1. 肝淋巴结；2. 胃淋巴结；3. 胰十二指肠淋巴结；4. 脾淋巴结；5. 空肠淋巴结；6. 结肠淋巴结；7. 气管干；8. 气管支气管淋巴结；9. 下颌淋巴结；10. 腮腺淋巴结；11. 咽后外侧淋巴结；12. 咽后内侧淋巴结；13. 胸导管；14. 乳糜池；15. 腰干；16. 腰主动脉淋巴结；17. 髂内侧淋巴结；18. 荐淋巴结；19. 肠系膜后淋巴结；20. 腹股沟浅淋巴结；21. 腘浅淋巴结；22. 肋间淋巴结

3）瘤胃前淋巴结 cranial ruminal lymph node：1～2 个，深陷于瘤胃前沟内。

4）网胃淋巴结 reticular lymph node：5～7 个，位于网胃与瓣胃连接部附近，沿胃左动脉腹侧支分布。

5）瓣胃淋巴结 omasal lymph node：瓣胃表面、胃左动脉背侧支沿途的数个淋巴结。

6）皱胃背、腹侧淋巴结 dorsal and ventral abomasal lymph node：皱胃小弯和大弯内，沿胃左动脉的背侧支和腹侧支分布。

7）瘤皱胃淋巴结 ruminoabomasal lymph node：瘤胃隐窝与皱胃之间的数个淋巴结。

8）网皱胃淋巴结 reticuloabomasal lymph node：皱胃前部与网胃之间的数个淋巴结。

猪、马、犬的胃淋巴结位于贲门附近或沿胃左动脉分布。胃淋巴结的输入管收集相应部位的淋巴，汇合成胃淋巴干，汇入腹腔淋巴干。

（5）脾淋巴结 splenic lymph node
牛的脾淋巴结又称房淋巴结，1～7 个，位于瘤胃前囊与左膈脚之间；马的位于脾门附近，与脾血管伴行；猪的沿脾血管分布，部分淋巴结位于脾门背侧。引流脾、胃、胰、网膜等处的淋巴，汇入腹腔淋巴结。

（6）胰十二指肠淋巴结 pancreaticoduodenal lymph node　有数个，位于十二指肠系膜内、胰右叶与十二指肠降部之间，收集胰、十二指肠及附近部分结肠等处的淋巴，汇入肠淋巴干。

2. 肠系膜前淋巴中心 cranial mesenteric lymph center　有 4 群淋巴结，即肠系膜前淋巴结、空肠淋巴结、盲肠淋巴结、结肠淋巴结（图 11-12）。

（1）肠系膜前淋巴结 cranial mesenteric lymph node　2～3 个，位于肠系膜前动脉起始处附近。

（2）空肠淋巴结 jejunal lymph node　数目很多，大小不一，牛有 30～50 个，最大达 10cm 以上。分布在空肠系膜内，沿结肠旋襻与空肠呈长条形念珠状分布，总长达 0.5～1.2m。

（3）盲肠淋巴结 cecal lymph node　1～3 个，分布于回盲襞内、回肠与盲肠之间。

（4）结肠淋巴结 colonic lymph node　5～16 个，因位置不同可分为浅层和深层。浅层的结肠淋巴结较大，位于结肠旋襻右侧的总肠系膜上；深层分散在结肠旋襻的系膜内。猪的结肠淋巴结约有 50 个，位于结肠圆锥轴心。马的有 3000～6000 个小淋巴结，位于上、下大结肠之间的系膜中，引流大结肠、回肠和大网膜的淋巴，汇入肠系膜前淋巴结。

肠系膜前淋巴中心收集胰、空肠、回肠、盲肠、大部分结肠等处的淋巴，输出管汇合成肠淋巴干，与胃淋巴干结合形成内脏淋巴干，注入乳糜池。

3. 肠系膜后淋巴中心 caudal mesenteric lymph center 有肠系膜后淋巴结，马还有膀胱淋巴结。

肠系膜后淋巴结 caudal mesenteric lymph node：2～5 个，分布于肠系膜后动脉起始处至分出结肠左动脉和直肠前动脉之间的系膜内。收集降结肠、直肠前部等处的淋巴，汇入髂内侧淋巴结，或直接注入腰淋巴干。

（七）后肢的淋巴中心和淋巴结

每侧后肢有 2 个淋巴中心（图 11-11，图 11-13），即腘淋巴中心和髂股淋巴中心。

1. 腘淋巴中心 popliteal lymph center 有一群腘淋巴结。

腘淋巴结 popliteal lymph node：位于膝关节后方、臀股二头肌与半腱肌之间、腓肠肌外侧头近端的表面。收集膝关节以下的淋巴，汇入髂内侧淋巴结、坐骨淋巴结或腰主动脉淋巴结等。猪的腘淋巴结分为腘浅淋巴结和腘深淋巴结。腘浅淋巴结见于 80% 的猪，位于股二头肌与半腱肌之间皮下；腘深淋巴结见于 40% 的猪，位于股二头肌与半腱肌之间、腓肠肌表面。

2. 髂股淋巴中心 iliofemoral lymph center 曾称腹股沟深淋巴中心，有髂外淋巴结（马缺），牛还有腹壁后深淋巴结；马有股近侧淋巴结（腹股沟深淋巴结）；犬还有股远侧淋巴结。

（1）髂外淋巴结 external iliac lymph node 曾称髂股淋巴结（腹股沟深淋巴结），1～3 个，位于髂骨体前方、分出旋髂深动脉之后的髂外动脉沿途。猪的髂外淋巴结位于股深动脉附近，靠近阴部腹壁干起始部。髂外淋巴结收集膀胱、子宫角、雄性尿道盆部、副性腺及后肢、腹壁等处的淋巴，汇入髂内侧淋巴结。

（2）腹壁后深淋巴结 caudal deep epigastric lymph node 位于近耻骨处的腹直肌内面，沿腹壁后动、静脉分布，收集腹壁、乳房等处的淋巴，输出管汇入髂内侧淋巴结。

（3）股淋巴结 femoral lymph node 马的为股近侧淋巴结（腹股沟深淋巴结），位于股管内股深动脉起始部的股动脉周围，由 16～35 个淋巴结组成，呈楔形。犬的为股远侧淋巴结，不恒定，位于股管远端、缝匠肌与股薄肌之间的小淋巴结。

四、扁 桃 体

扁桃体 tonsil 位于舌、软腭和咽的黏膜下组织内（图 6-15），形状和大小因动物种类不同而异，仅有输出淋巴管，注入附近的淋巴结。家畜的扁桃体主要有：①舌扁桃体 lingual tonsil，位于舌根部背侧。②腭扁桃体 palatine tonsil，位于咽部侧壁，牛形成腭扁桃体窦，开口于口咽部侧壁上；犬有腭扁桃体窝，容纳腭扁桃体；猪无腭扁桃体。③腭帆扁桃体 tonsil of the soft palate，位于软腭口腔面黏膜下，猪的特别发达。④咽扁桃体 pharyngeal tonsil，位于鼻咽部顶壁。⑤咽鼓管扁桃体 tubal tonsil，位于咽鼓管咽口的侧壁内。⑥会厌旁扁桃体 paraepiglottic tonsil，位于会厌基部两侧，牛和马缺。

扁桃体是重要的免疫器官，扁桃体淋巴组织中含有 B 淋巴细胞、T 淋巴细胞和少量的 K 细胞和自然杀伤细胞（NK 细胞）。受抗原刺激后，T 淋巴细胞转变为效应淋巴细胞，参与细胞免疫；B 淋巴细胞转变为浆母细胞，产生浆细胞和免疫球蛋白参与体液免疫。扁桃体产生的 IgA 免疫力强，可抑制细菌对呼吸道黏膜的黏附、生长和扩散，对病毒有中和与抑制扩散作用；IgA 还可通过补体的活化，增强吞噬细胞的功能。

五、血 淋 巴 结

血淋巴结 hemolymph node 一般呈圆形或卵圆形，紫红色，直径 5～12mm，结构似淋巴结，但无输入淋巴管和输出淋巴管，淋巴窦也被血窦所代替，其中充盈血液而非淋巴。主要分布于主动脉附近、胸腹腔脏器的表面和血液循环的通路上，有滤血的作用。此外，还能产生淋巴细胞和浆细胞，参与机体的免疫。

第四篇 神经系统、内分泌系统和感觉器官

　　神经系统和内分泌系统是动物体的调节系统。众所周知，动物体的结构及功能相当复杂，并处在不断变化的外界环境之中，因此，动物体的各个器官之间以及与环境之间，必须保持高度的协调与统一，才能维持动物正常的生命活动。动物体的这种调节作用，就是依靠神经系统和内分泌系统的正常活动来完成的。

　　神经系统包括中枢神经（脑和脊髓）和周围神经（脑神经、脊神经和内脏神经）。它能够接受体内外的各种刺激信号，通过反射这一基本方式，调节各器官的活动以及与环境的关系，使机体的各种活动高度协调和统一，称为神经调节；神经调节的特点是迅速而精确。内分泌系统包括内分泌腺和内分泌组织，通过血液循环将其分泌的激素运送到特定的组织和细胞而发挥作用，称为体液调节；体液调节的特点是缓慢而持久，影响范围较广。几乎所有的内分泌腺都直接或间接受到神经系统的影响，而内分泌腺分泌的激素也可影响神经系统的功能。

　　此外，20世纪70年代Besedovsky提出了免疫-神经-内分泌网络的假说，随后科学家证实了神经系统、内分泌系统与免疫系统之间的密切关系，它们之间的相互作用对机体维持不同条件下的稳态起着决定性的作用，进而发展了一门独立的边缘学科，称为神经免疫调节学neuroimmunomodulation、神经免疫内分泌学或神经免疫学。

　　感觉器官包括视觉器官（眼）和位听器官（耳）。

第十二章　神 经 系 统

扫码看彩图

第一节　神经系统概述

神经系统 nervous system 是动物体内起主导作用的整合和调节装置，由脑、脊髓以及与其相连并遍布全身各处的周围神经组成。神经系统能接受体内、外的各种刺激，并将其转变为神经冲动进行传导，通过反射的方式，调节机体各器官系统的功能活动，使机体各器官系统之间保持协调一致，机体与外界环境之间保持相对平衡，以适应体内、外环境的变化，保证正常生命活动的进行。神经调节的特点是迅速而准确。神经系统的功能活动状况，对全身各组织、器官、系统均有影响，一旦神经系统的某个部分发生病变，受其支配的其他组织器官就会发生相应的变化，出现相应的症状，严重时会使代谢紊乱、平衡失调，危及动物的生命。例如，小脑损伤时，会出现骨骼肌紧张性降低、肌肉无力、平衡失调、站立不稳、运动性震颤等症状。

一、神经系统的划分

神经系统在形态结构和生理功能方面都是完整的不可分割的整体。为了学习方便起见，可按其位置和功能分为中枢神经系统 central nervous system 和周围神经系统 peripheral nervous system。中枢神经系统包括脑和脊髓，分别位于颅腔和椎管内。周围神经系统是指与脑和脊髓相连的神经，包括脑神经、脊神经和内脏神经，脑神经 cranial nerve 与脑相连，脊神经 spinal nerve 与脊髓相连，内脏神经 visceral nerve 则借脑神经和脊神经与脑和脊髓相连。周围神经又可按其功能和分布的对象分为躯体神经 somatic nerve 和内脏神经。躯体神经分布于体表、骨、关节和骨骼肌。内脏神经分布于内脏和血管平滑肌、心肌和腺体。躯体神经和内脏神经均含感觉（传入）纤维和运动（传出）纤维，传入纤维将神经冲动从周围向中枢传导，传出纤维则将神经冲动从中枢向周围传导。内脏神经中的传出纤维又称植物性神经 vegetative nerve，后者按其功能可再分为交感神经 sympathetic nerve 和副交感神经 parasympathetic nerve。

二、神经系统的基本结构

神经系统主要由神经组织构成，包括神经细胞和神经胶质。神经细胞是神经系统的主要成分，是一种高度特化的细胞，具有感受刺激和传导冲动的功能。神经胶质是神经系统的辅助成分，主要起支持、营养和保护等作用。

（一）神经元

神经细胞是神经系统最基本的结构和功能单位，也称神经元 neuron。尽管神经元的形态多种多样，大小也悬殊，但均由胞体和突起组成，神经元的较长突起及包裹在外面的结构组成神经纤维，神经纤维的终末分布于其他组织、器官内形成一种特殊的装置，称为神经末梢。

1. 神经元的结构　　如前所述，神经元由胞体和突起组成（图 12-1，图 12-2）。

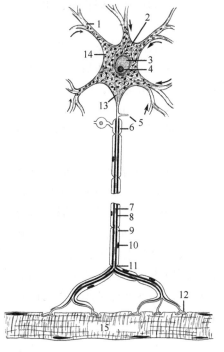

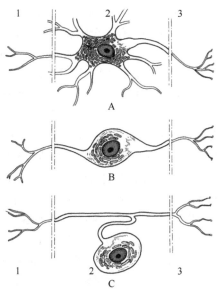

图 12-1　神经元的结构（引自 Evans，1993）
1. 树突；2. 尼氏体；3. 细胞核；4. 核仁；5. 轴突侧支；6. 少突胶质细胞；7. 轴突；8. 髓鞘；9. 神经膜；10. 施万细胞核；11. 郎飞结；12. 运动终板；13. 轴丘；14. 胞体；15. 骨骼肌

图 12-2　神经元的类型（引自 Dyce et al.，2010）
A. 多极神经元；B. 双极神经元；C. 假单极神经元。
1. 感受器侧（树突）；2. 胞体；3. 效应器侧（轴突）

（1）胞体　　位于脑和脊髓灰质及周围神经的神经节内。胞体的形状与神经元发出突起的数目和位置有关，有圆形、梭形、多角形、星形和锥形等多种形态，胞体大小为4～150μm。胞体由细胞膜、细胞质和细胞核组成。细胞膜大部分为典型的单位膜结构，突触处的细胞膜具有特殊的形态。细胞膜对神经元传导冲动起特别重要的作用。细胞质也称神经浆 neuroplasm、核周体 perikaryon，内含细胞器，如线粒体、高尔基复合体、滑面内质网、溶酶体、多泡小体等，还含有神经细胞内特征性的结构尼氏体和神经原纤维。尼氏体 Nissl body 是光镜下细胞质内嗜碱性染色的块状或颗粒状物质，称嗜碱性物质或核外染色质。尼氏体分布于胞体和树突内，但不见于轴丘和轴突中。神经原纤维 neurofibril 呈细丝状，可用镀银法显示，在胞体内交织成网，在突起内则平行成束。细胞核呈圆形，常位于胞体中央，大多数神经细胞只有一个细胞核。

（2）突起　　由胞体发出，按形态和功能可分为树突和轴突。树突 dendrite 是从胞体发出的树状突起，一至多个，树突大多数较短。树突的作用是接受刺激，把冲动传至胞体。轴突是从胞体发出的细长均匀的突起，除视网膜的无长突细胞等特殊神经元外，所有神经元只有一个轴突。轴突表面光滑，分支也少，从主干呈直角发出，称侧支。轴突从胞体发出的部位呈丘状隆起，称轴丘；轴突末端反复分支称终支，其末端膨大称终扣，与另一神经元或效应器发生联系。轴突的作用是把神经冲动从胞体传向另一神经元或效应器。轴突内的细胞质称轴浆，除不含尼氏体外，与细胞质内的相似。细胞质在胞体与轴突之间存在着双向流动，称轴浆流，起物质运输的作用。

2. 神经元的分类　　在神经系统的不同部位，神经元的形态千姿百态，生理功能也各不相同，分类方法较多。

（1）按突起多少　　可分为多极神经元、双极神经元和假单极神经元（图12-2）。①多极神经元 multipolar neuron：有一个轴突和多个树突，此类神经元分布最广。②双极神经元 bipolar neuron：有一个轴突和一个树突，自胞体相对的两极伸出，见于视器、位听器和嗅黏膜等感觉器官中的感觉神经元。③假单极神经元 pseudounipolar neuron：从胞体发出一个突起，很快呈"T"形分为两支，一支至周围的感受器，称周围突，另一支进入中枢，称中枢突。此类神经元分布于脑和脊神经节中。

（2）按功能及传导冲动的方向　　可分为感觉神经元、联络神经元和运动神经元。①感觉神经元 sensory neuron：接受体内、外的各种刺激，将冲动从周围传向中枢，故称传入神经元。其胞体位于脑、脊神经节内，属假单极或双极神经元。②运动神经元 motor neuron：将中枢的冲动传向肌肉或腺体，引起肌肉活动或腺体的分泌，故称传出神经元。其胞体位于脑和脊髓内。运动神经元按其所在的部位又可分为上、下运动神经元。大脑皮质发出锥体束纤维的神经元称上运动神经元，而脊髓腹侧角和脑神经运动核内的神经元称下运动神经元。③联络神经元：见于中枢神经内，位于感觉神经元和运动神经元之间，起联络作用，故称中间神经元 interneuron。联络神经元和运动神经元属于多极神经元。

上述两种分类方法最常见。

（3）按神经元含有或释放的神经信息物质　　可分为胆碱能神经元、胺能神经元（儿茶酚胺能、5-羟色胺能和组胺能神经元）、氨基酸能神经元和肽能神经元。

（4）按胞体大小及轴突长短　　可分为高尔基Ⅰ型神经元（胞体较大、轴突较长）和高尔基Ⅱ型神经元（胞体小、轴突短）。

（5）按神经元产生的兴奋或抑制功能　　可分为兴奋性神经元和抑制性神经元。

3. 神经纤维　　由神经元的较长突起和包在外面的髓鞘与神经膜组成。神经纤维nerve fiber 根据髓鞘的有无分为有髓纤维 myelinated fiber 和无髓纤维 unmyelinated fiber。髓鞘 myelin sheath 是直接包在轴突外面的圆筒状（同心圆板层样）厚膜，其化学成分是髓磷脂和蛋白质。神经膜由施万细胞呈管状包在髓鞘外面而成。在周围神经中，许多神经纤维由结缔组织连接在一起形成神经干，或称神经 nerve。

4. 神经末梢　　神经纤维的末梢分支止于其他组织器官内形成一种特殊的装置，称为神经末梢 nerve ending。神经元通过神经末梢联系体内各组织器官。根据功能不同，神经末梢可分为感觉神经末梢和运动神经末梢。①感觉神经末梢是感觉神经末梢分支止于其他组织器官所构成的结构，是接受体表和内脏感觉的，称感受器 receptor。②运动神经末梢是运动神经末梢分支止于肌肉或腺体所构成的结构，是支配肌肉运动和腺体分泌的，称效应器 effector。

（二）神经胶质

神经胶质 neuroglia 是神经组织中一种无传导冲动能力的细胞成分，包括星形胶质细胞、少突胶质细胞、小胶质细胞和室管膜细胞。胶质细胞 neuroglia cell 的突起无树突与轴突之分，胞质内无尼氏体和神经原纤维，故不具有传导冲动的功能。胶质细胞的突起有的包裹神经胞体和突起，参与髓鞘的形成，有的形成血管周足，贴附于毛细血管上，参与构成血脑屏障。可见，胶质细胞对神经元起支持、营养、保护和修复等重要作用。

三、神经元之间的联系

神经系统具有上千亿的神经元，每个神经元并不是单独活动的，而是彼此间通过突触形成广泛的联系，再通过神经末梢与机体各组织器官之间的联系，才能处理来自体内、外环境的各种信息，协调与管理机体各组织器官的活动，以维持机体的统一与完整。神经系统活动的基本方式是反射，进行反射活动的结构基础是反射弧。

1. 突触 synapse　　突触是一个神经元与另一个神经元发生功能性接触的部位。一般的突触是一个神经元的轴突末梢与另一个神经元的胞体或树突相接触，分别称轴体突触和轴树突触，此外还可见轴轴突触、树树突触和轴棘突触。这种分类是按突触信息传递方向命名的。若按突触传导信息的方式，可分化学突触、电突触和混合突触。化学突触传导神经冲动是单方向的，而电突触可双向传导。突触依其功能有兴奋性突触与抑制性突触之分，依其结构可分为 Gray Ⅰ 型（不对称性）突触和 Gray Ⅱ 型（对称性）突触。突触一般由突触前膜 presynaptic membrane、突触间隙 synaptic cleft 和突触后膜 postsynaptic membrane 组成（图 12-3）。当神经冲动到达轴突终末时，终扣内的突触小泡与突触前膜融合，将神经递质释放到突触间隙，递质作用于突触后膜，引起突触后神经元膜电位发生变化，使突触后神经元兴奋或抑制。

2. 反射和反射弧　　神经系统的一切活动都是通过反射的方式表现出来的。例如，蚊蝇叮咬牛、羊皮肤时，动物皮肤抖动或甩尾驱赶都是机体对这种伤害性刺激所做出的适当反应。这个过程就是反射。简言之，反射 reflex 就是在神经系统参与下机体对刺激所做出的全部应答性反应。执行反射活动的形态基础是反射弧。反射弧 reflex arc 包括感受器、感觉神经元、中间神经元、运动神经元和效应器（图 12-4）。反射弧的结构繁简不一，最简单的反射弧仅由感觉神经元和运动神经元在中枢内直接联系而成，如维持骨骼肌紧张性的肌牵张反射的反射弧，此为单突触反射。但大多数反射弧都是由多个神经元组成的，即在感觉神经元和运动神经元之间介入 1 个或多个中间神经元，反射中涉及的中间神经元越多，反射就越复杂。

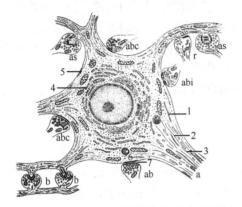

图 12-3 神经元与突触超微结构模式图（引自许绍芬，1999）

a. 轴突；as. 轴棘突触；ab. 轴体突触（与 as 同含清亮圆形小泡）；abc. 轴体突触（内含致密核心小泡）；abi. 轴体突触（内涵扁平囊泡）；b. 途中突触；r. 相互性突触；1. 微管；2. 神经细丝；3. 微丝；4. 尼氏体；5. 膜下致密层；6. 突触前膜；7. 突触间隙；8. 突触后膜

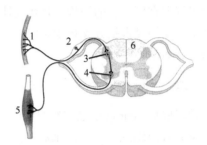

图 12-4 反射弧（引自 Dyce et al.，2010）

1. 皮肤感受器；2. 传入（感觉）神经元；3. 中间神经元；4. 传出（运动）神经元；5. 肌肉（效应器）；6. 脊髓

四、神经系统的常用术语

神经元的胞体和突起在神经系统的不同部位形成不同的结构，为便于区分常冠以不同的术语名称。中枢神经系统常用的术语有灰质、皮质、神经核、白质、纤维束和网状结构。灰质 grey matter 由脑和脊髓内的神经元胞体和树突组成，在新鲜标本上呈暗灰色，故名灰质，如脊髓灰质。灰质在大脑和小脑表面成层分布，特称为皮质 cortex，分别为大脑皮质和小脑皮质。神经核 nucleus 是由功能和形态相似的神经元胞体和树突聚集而成的灰质团块，如红核、薄束核。白质 white matter 由脑和脊髓内的神经纤维聚集而成，主要位于脊髓和脑干的周围以及大脑和小脑的深部，因大部分纤维有髓鞘而呈白色，故名白质。起止、行程和功能相同的神经纤维聚集在一起称纤维束 tract。每一纤维束从特定的神经核发出，此神经核为该纤维束的起始核。一个纤维束所终止的神经核为该束的终止核。网状结构 reticular formation 是神经纤维交织成网、网眼内散布不同大小神经元的灰质、白质混杂区。

周围神经系统常用的术语有神经节和神经。在周围神经系统中，神经元胞体聚集在一起形成神经节 ganglion，有脊神经节、脑神经节和植物性神经节。神经纤维聚集在一起形成神经 nerve。神经有神经内膜、神经束膜和神经外膜 3 层结缔组织鞘。

第二节　脊　髓

脊髓 spinal cord 是中枢神经的低级部分，由胚胎时期神经管的后部发育而成，仍保持节段性。脊髓发出脊神经（牛有 37～38 对）分布于躯干和四肢，是躯干和四肢的初级反射中枢；脊髓内含许多上、下行传导束，与脑内各级中枢有着广泛的联系，是联系躯体和脑的枢纽，在正常情况下，脊髓的活动总是在脑的控制下进行的。

一、脊髓的位置和形态

脊髓位于椎管内，前端在枕骨大孔与延髓相连，后端止于第 2 荐椎前半部（2 月龄牛可达第 3 荐椎）。脊髓呈背、腹向略扁的圆柱状，依其与脊椎的对应关系分为颈部、胸部、腰部、荐部和尾部（图 12-5）。脊髓全长粗细不等，有两处膨大，前方的为颈膨大 cervical enlargement（cervical intumescence），位于第 6 颈髓至第 2 胸髓的范围内，后方的为腰膨大 lumbar enlargement，位于第 4 腰髓至第 2 荐髓的范围内。由于此两处的脊髓发出脊神经分别参与形成臂神经丛和腰荐神经丛，分布于前肢和后肢，其内的神经细胞和纤维数目大增，故形成膨大。在腰膨大之后脊髓逐渐变细呈圆锥状，称脊髓圆锥 medullary cone。从脊髓圆锥向后伸出一根非神经性的软膜细丝，称终丝 terminal filament，终丝外包以硬膜丝，附着于尾椎椎体背面，有固定脊髓的作用。在胚胎发育过程中，由于脊髓比脊柱生长慢，脊髓逐渐短于椎管，即所谓的脊髓上升，因此，荐神经和尾神经从脊髓发出后要在椎管内向后延伸一段距离，才能到达相应的椎间孔走出椎管。所以在脊髓圆锥周围可见有较长的神经排列，整个结构形似马尾，故称马尾 cauda equina。

脊髓表面有几条平行的纵沟，背侧面正中的纵沟较浅，称背正中沟 dorsal median groove，其深部有薄的胶质板形成背正中隔 dorsal median septum；腹侧面正中的纵沟较深，称腹正中裂 ventral median fissure；这两条沟、裂将脊髓分为大致相等的左、右两半。在背正中沟的两侧各有一浅沟，称背外侧沟 dorsolateral groove，脊神经的背侧根丝经此沟进入脊髓。在腹正中裂的两侧也有不太明显的浅沟，称腹外侧沟 ventrolateral groove，脊神经的腹侧根丝由此沟走出脊髓（图 12-6）。

脊髓分为若干节段 segment，脊神经根作为脊髓

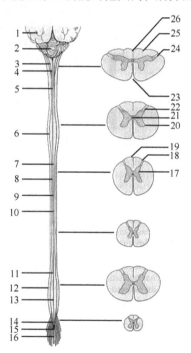

图 12-5　脊髓模式图（引自 König and Liebich, 2007）

1. 大脑; 2. 小脑; 3. 楔束; 4. 三叉神经脊束; 5. 脊髓颈部; 6. 颈膨大; 7, 19, 26. 背正中沟; 8, 18, 24. 背外侧沟; 9. 背侧柱; 10. 脊髓胸部; 11. 脊髓腰部; 12. 腰膨大; 13. 脊髓荐部; 14. 脊髓圆锥; 15. 终丝; 16. 马尾; 17. 外侧角; 20. 腹侧角; 21. 脊髓中央管; 22. 背侧角; 23. 腹正中裂; 25. 背中间沟

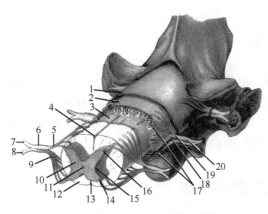

图 12-6　脊髓的形态结构和脊膜（引自中国人民解放军兽医大学，1979）

1. 硬脊膜；2. 脊蛛网膜；3. 软脊膜；4. 背正中沟；5. 脊神经背侧根；6. 脊神经节；7. 脊神经背侧支；8. 脊神经腹侧支；9. 脊神经腹侧根；10. 脊髓灰质；11. 脊髓中央管；12. 脊髓白质；13. 腹正中裂；14. 脊髓腹侧角；15. 脊髓外侧角；16. 脊髓背侧角；17. 根丝；18. 脊神经腹侧根；19. 脊神经背侧根；20. 脊神经节

节段的外在标志，即每一对脊神经根丝所附着的那一段脊髓就是脊髓的一个节段。每个脊髓节段通过一对脊神经支配一对体节。

每一节段的脊髓接受来自脊神经的感觉纤维，形成背侧根 dorsal spinal root，也发出运动纤维，形成腹侧根 ventral spinal root。背侧根是感觉性的，较长，其上有脊神经节 spinal ganglia，由感觉神经元胞体聚集而成，其中枢突构成背侧根根丝，由背外侧沟进入脊髓。腹侧根是运动性的，由腹侧角运动细胞的轴突组成，经腹外侧沟走出脊髓。背侧根和腹侧根在椎间孔附近合并成脊神经 spinal nerve，经椎间孔出椎管。

二、脊髓的内部结构

在脊髓横切面上，可见脊髓由灰质和白质组成，灰质位于中央，白质位于周围（图 12-6）。脊髓中央有一很细的中央管 central canal，纵贯脊髓全长，向前通第 4 脑室，内含脑脊液。

1. 灰质 grey matter　在横切面上，灰质呈"H"形（蝶翼形），一对背侧突较小，称背侧角 dorsal horn，一对腹侧突较大，称腹侧角 ventral horn，在颈膨大和腰膨大，背侧角和腹侧角最大。在背侧角和腹侧角之间是外侧中间质 lateral intermediate substance，其内侧为中央管周围的中央中间质 central intermediate substance，中央管背侧和腹侧的灰质称灰质连合 gray commissure。在脊髓胸段和腰段前部，外侧中间质的外侧还有一个不太明显的外侧角 lateral horn。背侧角、腹侧角和外侧角在脊髓内前后相连成柱状，分别称背侧柱 dorsal column、腹侧柱 ventral column 和外侧柱 lateral column。灰质由神经元胞体、树突及神经胶质细胞组成。背侧柱内的神经元主要是中间神经元，接受脊神经节内感觉神经元的冲动，传导至运动神经元或下一个中间神经元，这些神经元聚集成一些核团，如背角固有核、胸核（Clark 背核）。外侧柱的神经元为交感神经节前神经元，组成中间外侧核，荐髓内相应部位的神经元为副交感神经节前神经元。腹侧柱的神经元为运动神经元，分为内、外两群，内侧群支配躯干肌，外侧群支配四肢肌。腹侧柱内的神经元有两种，一种较大，称 α 运动神经元，支配一般的骨骼肌；另一种较小，称 γ 运动神经元，支配肌梭内的肌纤维。颈髓腹侧柱内还有副神经脊髓核。Rexed 将脊髓划分成 10 层，背侧角分为 6 层，中间带为第 7 层，腹侧角分为 2 层，中央管周围为第 10 层（图 12-7）。

2. 白质 white matter　被灰质柱分为 3 对索，背侧索 dorsal funiculus 位于背正中沟与背侧柱之间，外侧索 lateral funiculus 位于背侧柱与腹侧柱外侧，腹侧索 ventral funiculus 位于腹正中裂与腹侧柱之间。白质由有髓纤维和无髓纤维集合而成的纤维束组成，纤维束长短不一，长的纤维束组成纵走的上、下行传导束，短的纤维束组成固有束proper fascicle。

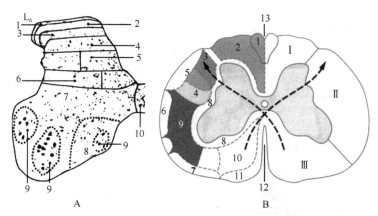

图 12-7　脊髓内部结构（引自 Evans，1993；Dyce et al.，2010）

A. 犬脊髓灰质板层结构；L₆. 脊髓第6腰节；1～10. 脊髓灰质板层第1～10层，第1～6层为背侧角，第7层为中间带，第8～9层为腹侧角，中央管周围为第10层。B. 脊髓白质示意图：Ⅰ. 白质背侧索；Ⅱ. 外侧索；Ⅲ. 腹侧索；1. 薄束；2. 楔束；3. 皮质脊髓外侧束；4. 红核脊髓束；5. 脊髓小脑背侧束；6. 脊髓小脑腹侧束；7. 脊髓橄榄束和橄榄脊髓束；8. 脊髓固有束；9. 脊髓丘脑束；10. 皮质脊髓腹侧束；11. 前庭脊髓束；12. 腹正中裂；13. 背正中沟；箭头示锥体交叉

背侧索内含感觉传导束，分为内侧的薄束与外侧的楔束，传导本体感觉。外侧索浅层为感觉传导束，有脊髓小脑背侧束和腹侧束，传导本体感觉至小脑，还有脊髓丘脑束和脊髓顶盖束；深部有运动传导束皮质脊髓外侧束、红核脊髓束等。腹侧索内含运动传导束皮质脊髓腹侧束和内侧纵束，以及感觉传导束脊髓丘脑束和脊髓橄榄束等纤维束（图 12-7）。固有束由紧贴灰质上、下行的短纤维组成，这些纤维由背侧角中间神经元的轴突形成，沿灰质周围上、下行一段距离后又返回脊髓，联系脊髓不同的节段，媒介节内或节间反射。

三、脊髓的功能

1. 传导功能　脊髓白质内含有许多传导束，是完成传导功能的结构基础。除头面部外，全身的深、浅感觉及大部分内脏感觉都要通过脊髓才能传导到脑，产生感觉，脑对躯干和四肢骨骼肌的运动以及部分内脏的调控也要通过脊髓才能实现。若脊髓受损，就会引起感觉障碍和运动失调。

2. 反射功能　如前所述，脊髓是躯干和四肢的初级反射中枢，可见它具有反射功能，而且是脊髓的固有反射，完成这种反射的结构是脊髓固有装置，包括背侧根、灰质、固有束和腹侧根。感觉纤维进入脊髓后，分为上行支和下行支，沿途分出侧支进入背侧柱，与中间神经元相联系，后者再与同侧或对侧腹侧柱的运动神经元相联系。因此，刺激一段脊髓的感觉纤维时，可引起本段或邻近各段的反射。躯体反射主要是指一些骨骼肌的反射活动，如牵张反射、屈肌反射等。内脏反射主要有立毛反射、排尿反射、排便反射、性反射等。在正常情况下，脊髓的反射活动总是在脑的控制下进行的。

第三节 脑

脑 brain 是中枢神经的高级部位，由胚胎时期神经管的前部发育而成。脑位于颅腔内，其外形与颅腔的形状大小一致。脑分为端脑（大脑）、间脑、中脑、脑桥、延髓和小脑，通常将中脑、脑桥和延髓合称脑干 brain stem。

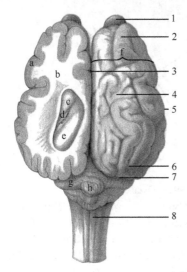

图 12-8　牛脑背侧面（引自 Budras et al., 2003）
a. 大脑皮质（灰质）；b. 白质；c. 尾状核头；d. 侧脑室脉络丛；e. 海马；f. 大脑半球；g. 小脑半球；h. 小脑蚓部；1. 嗅球；2. 额叶；3. 大脑纵裂；4. 顶叶；5. 颞叶；6. 枕叶；7. 大脑横裂；8. 延髓

一、脑的外形和神经根

（一）脑的背侧面

脑的背侧面（图 12-8）主要可见大脑 cerebrum 和小脑 cerebellum，大脑位于前方，小脑居于后方，大脑横裂 cerebral transverse fissure 将大脑与小脑隔开。大脑纵裂 cerebral longitudinal fissure 将大脑分为左、右大脑半球 cerebral hemisphere。大脑半球表面为灰质，称大脑皮质 cerebral cortex。半球表面凹凸不平，凸起者为脑回 gyri，脑回之间的凹陷为脑沟 sulci。每一大脑半球分为 4 个叶，前部为额叶，后部为枕叶，中部为顶叶，外侧部为颞叶。就其机能而言，一般认为额叶主要为运动区，顶叶为一般感觉区，枕叶为视觉区，颞叶为听觉区。在大脑纵裂的深部，有横行的宽大纤维束连接两侧大脑半球，称胼胝体 corpus callosum。小脑表面也有沟和回，并以较深的裂分为小叶。小脑表面还有两条纵向浅沟，将小脑分为中间的蚓部 vermis 和两侧的小脑半球 cerebellar hemisphere。

（二）脑的腹侧面

脑的腹侧面（图 12-9）最后部分是延髓 medulla oblongata，前端宽、后端窄，后端与脊髓相连，腹侧中线有浅沟，称腹正中裂，裂两侧的纵向隆起为锥体 pyramid，内含皮质脊髓束。延髓前方横向突出的脑部为脑桥 pons。脑桥前方可见呈倒“八”形叉开的左、右大脑脚 cerebral peduncle，两大脑脚之间的凹陷为脚间窝 interpeduncular fossa。脚间窝前方为丘脑下部 hypothalamus。丘脑下部后部的小丘状隆起为乳头体 mamillary body，其前方为灰结节 tuber cinereum，脑垂体 hypophysis 借漏斗与之相连，再向前可见一对视神经相连形成视交叉 optic chiasm，视交叉向后延续为视束。大脑脚前部外侧的粗大隆起为梨状叶。脑前部为嗅脑的一些结构，最前方一对卵圆形的结构为嗅球 olfactory bulb，有嗅丝与其相连，嗅球向后延续为嗅脚 olfactory peduncle，嗅脚又分为内侧和外侧嗅束 olfactory tract，外侧嗅束向后连接梨状叶 piriform lobe，内侧嗅束伸入半球内侧面连于隔区，内、外侧嗅束之间的三角形区称嗅三角 olfactory trigonum，其后部有许多血管穿入称前穿质。

嗅束表面的灰质为嗅回，外侧嗅回以外侧嗅沟与大脑半球新皮质分开。

（三）脑神经根

与脑相连的脑神经共有 12 对，除第 4 对外，均连于脑腹侧面。嗅神经（嗅丝）与嗅球相连。视神经在脑垂体前方汇合成视交叉。动眼神经根在脚间窝与中脑相连，滑车神经根在中脑背侧面后丘后方与前髓帆相连。三叉神经根从脑桥基底部两侧出脑。展神经根在锥体前端两侧出脑；面神经根和前庭蜗神经根在斜方体两侧出脑，面神经根位于前方，前庭蜗神经根位于后外侧；舌咽神经根、迷走神经根和副神经根由前向后依次排成一列，从延髓外侧面出脑；舌下神经根在锥体后端外侧出脑（图 12-9）。

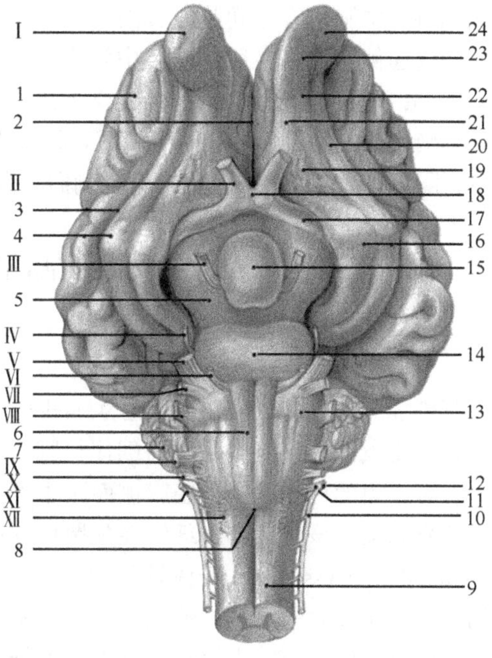

（四）脑的正中矢状面

在正中矢状面（图 12-10）的后部背侧可见略呈球形的小脑，浅层为小脑皮质，深层为白质，呈树枝状伸入灰质，称小脑活树 arbor vitae。小脑腹侧的脑室是第 4 脑室，前通中脑水管，后

图 12-9　牛脑腹侧面（引自 Budras et al.，2003）

Ⅰ. 嗅神经；Ⅱ. 视神经；Ⅲ. 动眼神经；Ⅳ. 滑车神经；Ⅴ. 三叉神经；Ⅵ. 展神经；Ⅶ. 面神经；Ⅷ. 前庭蜗神经；Ⅸ. 舌咽神经；Ⅹ. 迷走神经；Ⅺ. 副神经；Ⅻ. 舌下神经；1. 大脑；2. 大脑纵裂；3. 脑沟；4. 脑回；5. 大脑脚；6. 延髓锥体；7. 小脑；8. 锥体交叉；9. 脊髓；10. 副神经脊髓根；11. 副神经颅根；12. 副神经；13. 斜方体；14. 脑桥；15. 垂体；16. 梨状叶；17. 视束；18. 视交叉；19. 嗅三角；20. 外侧嗅束；21. 内侧嗅束；22. 嗅脚；23. 嗅球；24. 嗅神经

连脊髓中央管。第 4 脑室顶壁的前部是前髓帆，后部为后髓帆和第 4 脑室脉络丛，两者之间为小脑；底壁的后部是延髓开放部，前部为脑桥。中脑水管的顶壁是四叠体，底壁

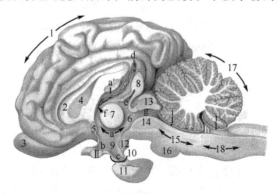

图 12-10　牛脑正中矢状面（引自 Budras et al.，2003）

大脑：1. 大脑半球；2. 胼胝体；3. 嗅脑；4. 端脑隔（透明隔）；5. 前连合。间脑：6. 丘脑；7. 丘脑间黏合（中间块）；8. 松果体；9. 下丘脑；10. 漏斗；11. 垂体；12. 乳头体。中脑：13. 顶盖（前丘和后丘）；14. 被盖。菱脑：15. 后脑；16. 脑桥；17. 小脑；18. 末脑（延髓）。Ⅱ. 视神经；a. 第 3 脑室；a'. 第 3 脑室脉络丛；b. 视隐窝；c. 漏斗隐窝；d. 松果体上隐窝；e. 松果体隐窝；f. 室间孔；g. 中脑水管；h. 第 4 脑室；i. 前髓帆；j. 后髓帆

是大脑脚。中脑前方为间脑，其内的脑室是第3脑室，呈环形围绕丘脑间黏合，在前方经室间孔通侧脑室，在后方连接中脑水管。第3脑室的顶壁为第3脑室脉络膜；底壁为丘脑下部，可见乳头体、脑垂体、视交叉等结构；前壁为终板和前连合。在间脑前上方可见大脑半球内侧面和胼胝体横断面。胼胝体下方为端脑隔 pellucid septum。隔两侧为侧脑室，隔下方为穹隆。在大脑半球内侧面腹侧可见嗅脑的一些结构。

二、脑干的外形

（一）延髓的外形

延髓 medulla oblongata（图 12-9，图 12-11）为脑干的后部，位于枕骨基底部背侧，后端在枕骨大孔处连接脊髓，前端连接脑桥。背侧面大部分被小脑覆盖。延髓呈前宽后窄、背腹略扁的柱状。在延髓腹侧面正中可见腹正中裂，裂两侧的纵行隆起为锥体，内含皮质脊髓束，该束大部分纤维在延髓后部向背内侧越过中线交叉至对侧，形成锥体交叉 pyramidal decussation。锥体外侧为不太明显的腹外侧沟，展神经和舌下神经分别在延髓的前、后端经此沟出脑。延髓前端、锥体两侧的横行隆起为斜方体 trapezoid body。斜方体是横行的纤维束，由蜗神经核发出的纤维组成，在锥体深方越过中线走向对侧。在斜方体外侧端由前向后分别可见面神经根和前庭蜗神经根与脑相连。在延髓外侧面由前向后可见舌咽神经根、迷走神经根和副神经根与脑相连。从背侧面看，延髓分前、后两部分，后部形态与脊髓相似，为闭合部，前部中央管敞开成第4脑室，为开放部。闭合部背侧中线可见背正中沟，其两侧为背侧索，薄束和楔束在闭合部前段分别膨大形成2个结节，内侧的为薄束核结节 gracile tubercle，内隐薄束核，外侧的为楔束核结节 cuneate tubercle，内隐楔束核。楔束结节向前延续为小脑后脚 caudal cerebellar peduncle，又称绳状体，构成第4脑室后部的侧壁，向背侧连接小脑，由联系脊髓、延髓与小脑的纤维束组成。

（二）脑桥的外形

脑桥 pons（图 12-9，图 12-11）位于延髓与中脑之间、小脑的腹侧。腹侧面横向隆起，为脑桥基底部，正中线上有纵行的浅沟，基底部的横行纤维束从两侧走向背侧连接小脑，称小脑中脚 middle cerebellar peduncle，又称脑桥臂。在基底部向脑桥臂移行处可见三叉神经根与脑相连。脑桥背侧面凹陷，构成第4脑室的前部，两侧的隆起为小脑前脚 rostral cerebellar peduncle，又称结合臂，主要由齿状核和间位核发出至中脑的纤维组成。

（三）第4脑室

第4脑室 fourth ventricle（图 12-10，图 12-11）是位于小脑与延髓和脑桥之间的菱形空腔，前连中脑水管，后通脊髓中央管。第4脑室的顶从前向后由前髓帆、小脑、后髓帆和第4脑室脉络丛组成。前髓帆 rostral medullary velum 是张于小脑前脚之间的白质薄板，滑车神经根经此出脑。后髓帆 caudal medullary velum 是附着于小脑后脚之间的白质薄板，后续第4脑室脉络组织。闩 obex 是两侧的第4脑室带在脑室后角相会形成的三角形白质薄板。第4脑室脉络丛由室管膜外被软膜和血管而成，伸入第4脑室腔，能分泌脑脊液。其上有一对外侧孔，第4脑室内的脑脊液经此孔流入脑蛛网膜下腔。第4脑室

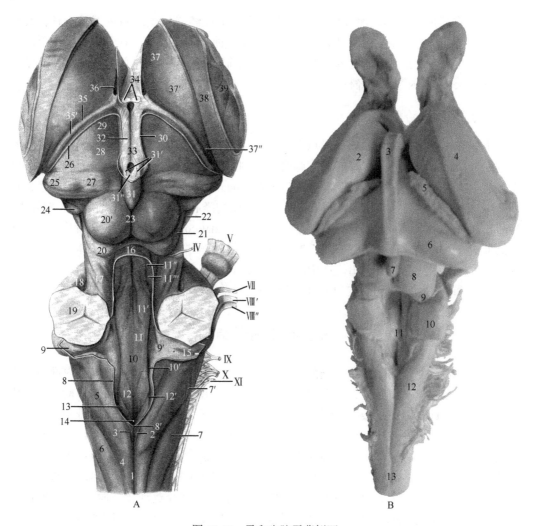

图 12-11　马和牛脑干背侧面

A. 马脑干背侧面（引自 Nickel et al., 1979）: 1. 背正中沟; 2. 中间沟; 3. 薄束; 4. 楔束; 5. 小脑后脚; 6. 三叉神经脊束根; 7. 灰结节; 7'. 浅弓状纤维; 8. 第4脑室带; 8'. 闩; 9. 听结节; 9'. 前庭区; 10. 正中沟; 10'. 界沟; 11. 内侧隆起; 11'. 面神经丘; 11". 前窝; 11'''. 蓝斑; 12. 舌下神经三角; 12'. 后窝; 13. 迷走神经三角; 14. 写翻; 15. 第4脑室外侧隐窝; 16. 前髓帆; 17. 小脑前脚; 18. 小脑中脚; 19. 小脑断面; 20. 后丘; 20'. 前丘; 21. 后丘臂; 22. 大脑脚; 23. 四叠体正中沟; 24. 内侧膝状体; 25. 外侧膝状体; 26. 脉络带; 27. 丘脑枕; 28. 丘脑; 29. 丘脑前结节; 30. 丘脑带; 31. 松果体; 31'. 缰; 31". 缰连合; 32. 丘脑髓纹; 33. 第3脑室; 34. 穹隆柱; 35. 终沟; 35'. 终纹; 36. 侧脑室前角; 37. 尾状核头; 37'. 尾状核体; 37". 尾状核尾; 38. 内囊; 39. 脑岛切面; Ⅳ~Ⅺ. 第4~11对脑神经。B. 牛脑干背侧面（塑化标本，作者拍摄）: 1. 嗅球; 2. 尾状核; 3. 胼胝体; 4. 内囊断面; 5. 侧脑室脉络丛; 6. 海马; 7. 松果体; 8. 前丘; 9. 后丘; 10. 小脑脚断面; 11. 第4脑室; 12. 延髓; 13. 脊髓

底呈菱形，故名菱形窝 rhomboid fossa，由延髓和脑桥背侧面组成。窝前部的侧壁是小脑前脚，后部的侧壁是小脑后脚。在小脑后脚转向背侧进入小脑的后方，两侧角伸展到小脑后脚背侧为第4脑室外侧隐窝。菱形窝正中线的纵沟为正中沟 median sulcus，将菱形窝分为左、右两半；两侧与正中沟平行的浅沟为界沟 sulcus limitans，将每半又分成内侧部和外侧部。在菱形窝的前部，正中沟与界沟之间有内侧隆起，隆起的一部分（面神经丘 facial colliculus）由面神经根盘绕展神经核而成；在界沟与小脑前脚之间有蓝斑 locus ceruleus。在菱形窝后部，前方内侧的小隆起为舌下神经三角，内隐舌下神经核；其外侧的灰隆起为迷走神经三角，又名灰翼，内隐迷走神经副交感核。在菱形窝中部靠近小脑后脚处可见一隆起，为前庭内侧核隆起，内隐前庭神经核；其外侧有一隆起为听结节auditory tubercle，内隐蜗神经核。

（四）中脑的外形

中脑 mesencephalon（midbrain）（图 12-9，图 12-11）较小，位于脑桥和间脑之间。腹侧面可见两条粗大的纵行隆起为大脑脚，呈倒"八"形，两脚间的凹窝为脚间窝，乳头体后方的脚间窝内有许多血管穿通称后穿质 caudal perforated substance。动眼神经根从大脑脚腹内侧面走出。中脑背侧面可见两对圆丘状的隆起，称四叠体，前方的一对较大，为前丘 rostral colliculi，后方的一对较小，为后丘 caudal colliculi。从前丘和后丘分别向前外侧伸出一条隆起，为前丘臂和后丘臂，分别连接外侧膝状体和内侧膝状体。在后丘后方，滑车神经根从前髓帆走出。在中脑外侧面，有一三角形区域位于后丘和后丘臂、大脑脚与脑桥前沟之间，为丘系三角，深部有外侧丘系纤维通过。

三、脑干内部结构

脑干是联系大脑、小脑和脊髓的枢纽，又与第 3～12 对脑神经相连，其内部还有许多重要的神经中枢，如心血管运动中枢、呼吸中枢、吞咽中枢及视、听和平衡中枢，所以其内部结构远比脊髓复杂。脑干也由灰质和白质组成，但灰质和白质的排列方式与脊髓不同，灰质形成许多神经核团，散在于白质中。神经核分 3 类，即脑神经核、网状结构核团和其他核团。脑神经含 7 种纤维成分，脑干内也含有 7 类脑神经核：①一般躯体运动核，包括动眼神经核、滑车神经核、展神经核和舌下神经核，发出运动纤维支配由肌节演化而来的横纹肌；②特殊内脏运动核，包括三叉神经运动核、面神经核和疑核，发出运动纤维支配由鳃弓肌演化而来的横纹肌，如咀嚼肌、表情肌和咽喉横纹肌；③一般内脏运动核，包括动眼神经副交感核、面神经副交感核、舌咽神经副交感核和迷走神经副交感核，发出纤维支配内脏平滑肌、心肌和腺体；④一般内脏感觉核，为孤束核，接受来自内脏黏膜或血管壁等处的感觉纤维；⑤特殊内脏感觉核，为孤束核前部，接受味觉纤维；⑥一般躯体感觉核，包括三叉神经中脑核、感觉主核和脊束核，接受来自头部皮肤和横纹肌的感觉纤维；⑦特殊躯体感觉核，包括前庭核和蜗核，接受来自位听器官的感觉纤维。这些感觉核和运动核的配布方式与脊髓灰质基本相似。感觉核来自神经管的翼板，运动核来自基板，翼板与基板之间以界沟为界。在脊髓，翼板与基板是背腹关系；而在脑干，菱脑部分的翼板由于受位听器官的影响向两侧扩展，翼板与基板的背腹关系变成内侧与外侧关系，二者仍以菱形窝内的界沟为界。该部脑神经核的排列由中线向外侧依次为：一般躯体运动核、特殊内脏运动核、一般内脏运动核、一般内脏感觉核、一般躯体感觉核和特殊躯体感觉核。特殊内脏感觉核与一般内脏感觉核为同一核柱。脑干白质为上、下行传导束，较大的上行传导束多位于脑干的外侧部和延髓靠近中线的部分，较大的下行传导束位于脑干的腹侧部。脑干中还有网状结构，分正中区、内侧区和外侧区，内含许多核团。网状结构对躯体运动和内脏活动有调节作用，对睡眠、觉醒和意识及内分泌活动也有影响，由神经管的翼板和基板之间发生而成。其他核团多为中继核，如薄束核、楔束核、下橄榄核等。在中脑中央灰质和第4脑室底灰质的腹侧与脑干腹侧部（大脑脚脚底、脑桥基底部和延髓锥体）之间的广泛区域，称为脑干被盖部，由前向后分别为中脑被盖、脑桥被盖和延髓被盖。

（一）延髓内部结构

延髓（图12-12）闭合部结构与脊髓相似，属于过渡阶段，开放部结构与脊髓不同，形态结构变化特点主要有：锥体交叉的出现、薄束核和楔束核的出现与内侧丘系的形成、橄榄核的出现与小脑后脚的形成、中央管开放成第4脑室、第6～12对脑神经核及神经根的配布与出现、延髓网状结构的形成与核团的配布。

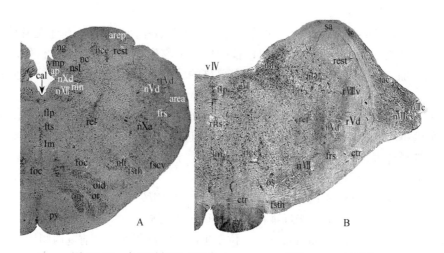

图12-12　犬延髓切面（引自 Адрианов and Меринг，1959）

A. 经过下橄榄核后部横切面；B. 经过面神经核前部横切面。ap. 最后区；area,arep. 前、后外弓状纤维；cal. 写翮；ctr. 斜方体；flp. 内侧纵束；foc. 橄榄小脑束；frs. 红核脊髓束；fscv. 脊髓小脑腹侧束；fsth. 脊髓丘脑束；fts. 被盖脊髓束；g Ⅶ. 面神经膝；lm. 内侧丘系；nc. 楔束核；nce. 外侧楔束核；nD. 前庭外侧核；ng. 薄束核；ngc. 巨细胞网状核；nin. 中介核；nlt. 外侧网状核；nsl. 孤束核；ntr. 前庭内侧核（三角核）；nVd. 三叉神经脊束核；n Ⅶ. 面神经核；n Ⅷcv. 蜗神经腹侧核；n Ⅹa. 疑核；n Ⅹd. 迷走神经背核；n Ⅻ. 舌下神经核；oi, oid, oip. 下橄榄核；os. 上橄榄核；py. 锥体；rest. 小脑后脚（绳状体）；ret. 网状结构；r Vd. 三叉神经脊束；r Ⅷc. 蜗神经；r Ⅷv. 前庭神经；sa. 听纹；tac. 听结节；v Ⅳ. 第4脑室；vmp. 后髓帆

1. 脑神经核与脑神经　与延髓相连的脑神经有7对，第6对和第7对脑神经核位于延髓与脑桥交界处，将在脑桥内讨论。在后5对脑神经中，舌下神经含一种纤维成分，与舌下神经运动核相连。副神经含一种纤维成分，其神经核分颅部和脊髓部，颅部为副神经运动核，即疑核后部，运动纤维出颅腔后加入迷走神经，作为喉返神经分布于喉肌；脊髓部位于颈部脊髓灰质腹侧角，发出纤维走向背外侧，从脊髓背侧根与腹侧根之间出脊髓，组成副神经脊髓根，经枕骨大孔入颅腔，与颅根合并，出颅腔后分布于斜方肌、臂头肌和胸头肌。迷走神经含4种纤维成分，分别与迷走神经副交感核、疑核、孤束核和三叉神经脊束核相连。舌咽神经含4种纤维成分，分别与舌咽神经副交感核、疑核、孤束核和三叉神经脊束核相连。前庭蜗神经含一种纤维成分，分前庭部与蜗部，分别与前庭神经核和蜗神经核相连。

（1）舌下神经运动核 hypoglossal nucleus　　位于菱形窝后部舌下神经三角深部，其后部位于延髓闭合部中央管腹外侧。该核发出纤维走向腹侧，经腹外侧沟出脑组成舌下神经，分布于舌。

（2）迷走神经副交感核　　也称迷走神经背核 dorsal nucleus of vagus nerve，位于迷走神经三角深部、舌下神经运动核背外侧。该核发出的纤维构成迷走神经的主要成分，与来自疑核的纤维一起经延髓外侧面出脑，分布于颈部和胸腹腔脏器。

（3）舌咽神经副交感核 parasympathetic nucleus of glossopharyngeal nerve　　由迷走神经副交感核向前延伸，发出纤维加入舌咽神经，分布于腮腺。

（4）孤束核 nucleus of solitary tract　　位于迷走神经副交感核的外侧、孤束周围。迷走神经、舌咽神经和面神经的感觉纤维入脑后形成孤束，味觉纤维止于核的前部，一般内脏感觉纤维止于余部。

（5）疑核 nucleus ambiguus　　又称迷走神经和舌咽神经运动核，位于延髓被盖腹外侧、下橄榄核与三叉神经脊束核之间，核的后部也称副神经运动核。此核发出纤维行向背外侧，加入迷走神经和舌咽神经副交感核的纤维，从延髓外侧面出脑，分布于咽喉肌。

（6）三叉神经脊束核 spinal nucleus of trigeminal nerve　　位于延髓被盖外侧，从脊髓前部伸至脑桥。三叉神经、面神经、舌咽神经和迷走神经中的一般躯体感觉纤维入脑后形成三叉神经脊束止于此核，传递痛、温和触觉。该核发出纤维行向对侧，参与组成三叉丘系，止于丘脑腹后内侧核。

（7）蜗神经核 cochlear nuclei　　分蜗背侧核和腹侧核，位于听结节内。蜗神经核接受蜗神经纤维，发出的部分二级纤维行向腹侧形成斜方体。

（8）前庭神经核 vestibular nuclei　　位于延髓和脑桥背外侧、前庭内侧核隆起深部、三叉神经脊束及其核背内侧，分前庭后核、内侧核、外侧核和前核。前庭神经核接受前庭神经纤维，发出二级纤维组成前庭小脑束、前庭脊髓束和内侧纵束。

2. 中继核

（1）薄束核 gracile nucleus 和内侧楔束核 medial cuneate nucleus　　分别位于薄束核和楔束核结节的深部，接受薄束和楔束本体感觉纤维，发出二级纤维行向腹内侧，在中线左、右交叉后于锥体背侧前行，为内侧丘系 medial lemniscus，止于丘脑腹后外侧核。

（2）外侧楔束核 lateral cuneate nucleus　　位于内侧楔束核外侧，接受部分楔束的纤维，发出纤维至小脑。

（3）下橄榄核 inferior olivary nucleus　　在锥体交叉前方，位于锥体背外侧，呈橄榄形，分主核、背侧和内侧副核。下橄榄核接受大脑皮质、红核、纹状体等处来的纤维，发出纤维至小脑。

3. 延髓网状结构　　延髓网状结构是脑干网状结构的后部，散在于纤维网中的各种神经元在一定程度上也聚集成神经核，主要有延髓中央核、小细胞网状核、外侧网状核、巨细胞网状核、中缝隐核、中缝苍白核和中缝大核。

4. 延髓白质　　白质主要由上、下行传导束组成。

上行传导束有：①薄束和楔束，在背正中沟两侧前行，分别止于薄束核和内侧楔束核。②脊髓小脑束，在延髓外侧面浅层前行，脊髓小脑背侧束经小脑后脚入小脑，脊髓小脑腹侧束前行至脑桥，经小脑前脚入小脑。③脊髓丘脑束，在延髓腹外侧面前行，止于丘脑。④小脑后脚，位于延髓背外侧，由橄榄小脑束、脊髓小脑背侧束、前庭小脑束以及连接小脑与网状结构的纤维组成。⑤内侧丘系，在锥体背侧、中线两侧前行，止于丘脑。⑥脊髓顶盖束，在延髓腹外面前行，止于四叠体。

下行传导束有：①锥体，位于腹正中裂两侧，主要由皮质脊髓束组成，大部分纤维在锥体后端交叉至对侧，进入脊髓外侧索，形成锥体交叉，交叉后的纤维为皮质脊髓外侧束；小部分纤维不交叉，进入同侧脊髓腹侧索，为皮质脊髓腹侧束。②还有红核脊髓束、内侧纵束、前庭脊髓束和顶盖脊髓束。

（二）脑桥内部结构

脑桥（图12-13）分腹侧部（基底部）和背侧部（被盖部）。基底部位于腹侧，由纵行和横行的纤维束及散在其中的脑桥核组成。被盖部位于背侧，为延髓被盖的直接延续，内含第5～7对脑神经核、其他神经核团、网状结构、上行传导束和下行传导束。

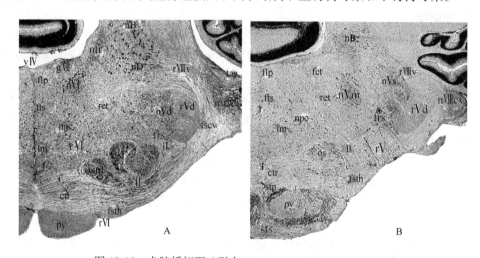

图12-13　犬脑桥切面（引自 Адрианов and Меринг，1959）

A. 平展神经运动核切面；B. 平三叉神经运动核平面。ctr. 斜方体；flp. 内侧纵束；frs. 红核脊髓束；fscv. 脊髓小脑腹侧束；fsth. 脊髓丘脑束；fts. 被盖脊髓束；gⅦ. 面神经膝；ll. 外侧丘系；lm. 内侧丘系；nB. 前庭前核；nD. 前庭外侧核；ngc. 巨细胞网状核；npc. 脑桥后网状核；ntr. 前庭内侧核（三角核）；nVd. 三叉神经脊束核；nⅥ. 展神经运动核；nⅧcv. 蜗神经腹侧核；nVm. 三叉神经运动核；nVs. 三叉神经脑桥感觉核；os, osl, osm. 上橄榄核；py. 锥体；ret. 网状结构；rV. 三叉神经根；rⅥ. 展神经根；rVd. 三叉神经脊束；rⅧv. 前庭神经；stp, sts. 脑桥深、浅层；tac. 听结节；vⅣ. 第4脑室

1. 脑神经核　在3对脑神经核中，面神经含4种纤维成分，分别与面神经运动核、面神经副交感核、三叉神经脊束核和孤束核前端相连。三叉神经脊束核和孤束核已在延髓做过描述。展神经含1种纤维成分，与展神经运动核相连。三叉神经含2种纤维成分，分别与三叉神经运动核和三叉神经感觉核相连。

（1）面神经运动核 facial nucleus　位于延髓和脑桥交界处被盖的腹外侧部，由此核发出的运动纤维行向背内侧，绕过展神经运动核背侧，形成面神经膝，然后转向腹外侧于斜方体外侧端出脑，分布于面部表情肌。

（2）面神经副交感核 parasympathetic nucleus of facial nerve　位于网状结构外侧部，

发出节前纤维参加中间神经的组成，分布于泪腺、鼻腺、腭腺和唾液腺。

（3）展神经运动核 abducens nucleus 位于延髓和脑桥交界处、第4脑室底面神经丘深部，由此核发出的运动纤维走向腹外侧，从锥体外侧出脑，分布于眼球退缩肌和外直肌。

（4）三叉神经运动核 motor nucleus of trigeminal nerve 位于脑桥被盖的背外侧，在面神经运动核和斜方体背侧核的紧前方背侧，由此核发出的纤维走向前外侧出脑，组成三叉神经运动根，加入下颌神经分布于咀嚼肌。

（5）三叉神经感觉核 有3个核，即三叉神经脊束核、脑桥感觉核和中脑束核。三叉神经脑桥感觉核 pontine sensory nucleus of trigeminal nerve 位于脑桥被盖背外侧、三叉神经运动核外侧，是传递面部触压觉的中继核。该核发出的二级纤维行向对侧，参与组成三叉丘系 trigeminal lemniscus。三叉神经中脑束核 nucleus of mesencephalic tract of trigeminal nerve 位于第4脑室室周灰质和中脑水管周围中央灰质的外侧缘，内含大型单极细胞。此核可能传递咀嚼肌、表情肌和眼外肌的本体感觉。

2. 中继核

（1）脑桥核 pontine nuclei 位于脑桥腹侧部，由散在于纵行和横行纤维束间的细胞集团组成，接受大脑皮质的纤维，发出横行纤维越过中线至对侧，形成小脑中脚走向背侧，进入小脑。

（2）斜方体背侧核 dorsal nucleus of trapezoid body 以前称上橄榄核，位于脑桥被盖腹侧部，主核呈"S"形，接受双侧蜗背侧核二级纤维的侧支或终支，发出纤维参与组成双侧外侧丘系。

（3）蓝斑核 nucleus ceruleus 在第4脑室底前部位于蓝斑深部、臂旁核内侧，由含色素的细胞组成，是脑内最大的去甲肾上腺素能神经元群（A6），它与中枢神经各部几乎都有联系。该核可能与睡眠、脑电觉醒及运动、内脏和神经内分泌活动的调节有关。

3. 脑桥网状结构 为延髓网状结构的向前延续，占据脑桥被盖的中央，可区分出内侧和外侧臂旁核、脑桥前网状核、脑桥后网状核、脑桥被盖网状核、中缝脑桥核、中央前核和中缝背核。内侧和外侧臂旁核是味觉和一般内脏感觉至丘脑的一个中继站。

4. 脑桥白质 脑桥腹侧部的白质主要由横行和纵行纤维组成。横行纤维由脑桥核发出，越过中线至对侧形成小脑中脚，转向背侧进入小脑。纵行纤维为锥体束，在前端经大脑脚进入脑桥，被横行纤维分隔成许多小束，在后端重新聚合进入延髓锥体。

脑桥被盖部白质内的纤维束主要有：①小脑前脚，由小脑中央核发出的纤维组成，在脑桥被盖背外侧前行入中脑。②外侧丘系、内侧纵束、内侧丘系、脊髓丘脑束和红核脊髓束。

（三）中脑内部结构

中脑内部（图12-14）的空腔为中脑水管 mesencephalic aqueduct，其周围的灰质称中央灰质 central gray matter 或导水管周围灰质 periaquaductal gray matter。以中脑水管为界，将中脑分为两部分，背侧部称顶盖 tectum，腹侧部称大脑脚 cerebral peduncle。中脑除与视、听觉有关外，还与调节运动、维持姿势的反射活动有关。

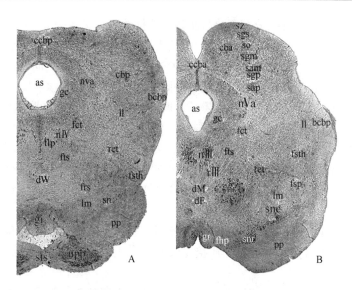

图 12-14 犬中脑横切面（引自 Адрианов and Меринг，1959）

A. 后丘横切面；B. 前丘横切面。as. 中脑水管；bcbp. 后丘臂；cba. 前丘；cbp. 后丘；ccba. 前丘连合；ccbp. 后丘连合；dF. Forel 交叉；dM. 顶盖脊髓束交叉；dW. 小脑前脚交叉；fct. 被盖中央束；fhp. 缰核脚间束；flp. 内侧纵束；frs. 红核脊髓束；fsp. 纹脑束；fsth. 脊髓丘脑束；fts. 顶盖脊髓束；gc. 中脑中央灰质；gi. 脚间核；ll. 外侧丘系；lm. 内侧丘系；nⅢ. 动眼神经运动核；nⅣ. 滑车神经运动核；npp. 脑桥核；nr. 红核；nVa. 三叉神经中脑束核；pp. 大脑脚；ret. 网状结构；rⅢ. 动眼神经根；sn，snc，snr. 黑质；sts. 脑桥浅层；sz. 带状层；sgs. 浅灰质层；so. 视层；sgm. 中灰质层；sam. 中白质层；sgp. 深灰质层；sap. 深白质层

1. 顶盖　　顶盖又称四叠体，来自翼板，分前丘和后丘。前丘 rostral colliculus 是视觉反射中枢，为灰质、白质相间的分层结构，分带状层、浅灰质层、视层、中灰质层、中白质层、深灰质层和深白质层，接受视束、后丘和枕叶皮质来的纤维；发出纤维至外侧膝状体，再至大脑皮质。后丘 caudal colliculus 是听觉反射联络站，主要由后丘核组成，接受外侧丘系和听皮质来的纤维；发出纤维至内侧膝状体，再至大脑皮质。顶盖还发出纤维组成顶盖脊髓束，交叉后下行止于脊髓腹侧角，完成视、听反射。位于前丘与间脑交界处的区域称顶盖前区，内含顶盖前核 pretectal nuclei、后连合核等，是瞳孔对光反射的重要中枢。它接受视网膜来的纤维，发出纤维经后连合或中脑水管腹侧止于同侧或对侧动眼神经副交感核，执行瞳孔对光反射。

2. 大脑脚　　大脑脚来自基板，以黑质为界分为背侧的被盖 tegmentum 和腹侧的脚底 cerebral crus。脚底主要由下行的运动束组成；被盖为脑桥被盖的延续，内含脑神经核、中继核、网状结构、上行传导束和下行传导束。

（1）脑神经核　　有 2 对脑神经与中脑相连，动眼神经含 2 种纤维成分，分别与动眼神经运动核和动眼神经副交感核相连；滑车神经含 1 种纤维成分，与滑车神经运动核相连。三叉神经中脑束核位于中央灰质外侧缘。

1）动眼神经运动核 oculomotor nucleus：位于前丘平面中央灰质的腹侧、内侧纵束的背内侧，分为几个亚核，发出纤维走向腹外侧，从脚间窝出脑，分布于眼外肌。

2）动眼神经副交感核 parasympathetic nucleus of oculomotor nerver：又称埃丁格 - 韦斯特法尔核 Edinger-Westphal nucleus，位于动眼神经核前部背内侧，由此核发出的节前纤维随动眼神经走行，节后纤维分布于睫状肌和瞳孔括约肌。

3）滑车神经运动核 trochlear nucleus：位于后丘平面中央灰质的腹侧、内侧纵束的背侧，发出纤维先绕中央灰质向外至三叉神经中脑束平面，再向后、向背内侧，在前髓帆内交叉至对侧，于后丘后外侧出脑，支配眼外肌。

（2）其他神经核 主要有红核、黑质、脚间核、被盖背侧核和腹侧核（图 12-14）。

1）红核 red nucleus：属于锥体外系核团，位于动眼神经运动核与黑质之间的中脑被盖中央，大而圆，分两部分，小细胞部较新，发出被盖中央束至延髓。大细胞部较旧，占据核的中部和后部，发出红核脊髓束，很快交叉至对侧，称被盖腹侧交叉，后行途中经过三叉神经和面神经运动核背外侧及三叉神经脊束核腹侧，最后进入脊髓外侧索，终止于脊髓灰质腹侧角。红核接受来自小脑、大脑皮质等处的传入纤维。

2）黑质 substantia nigra：属于锥体外系核团，位于大脑脚脚底与被盖之间，分致密部和网状部，细胞内含黑素颗粒。黑质接受纹状体和大脑皮质等处的纤维，发出纤维至纹状体和丘脑等。

（3）中脑网状结构 为脑桥网状结构的延续，主要位于红核背侧和外侧，可区分出楔形核、底楔形核、脚桥被盖核、线形中核和线形前核。

（4）中脑白质 主要由上、下行的纤维束组成。①小脑前脚：在后丘水平被盖内左右交叉，称小脑前脚交叉，交叉后的纤维大部分止于红核，一部分止于丘脑。②脚底：内含皮质脑桥束和锥体束。皮质脑桥束后行止于脑桥核。锥体束一部分纤维相继止于脑神经运动核，一部分经延髓锥体止于脊髓灰质腹侧角。③还有内侧纵束、外侧丘系、脊髓丘脑束等。

四、小 脑

小脑由后脑的翼板发育而成，位于延髓和脑桥的背侧，参与构成第 4 脑室的顶壁。小脑通过 3 对脚与脊髓和其他脑部联系，其功能是维持身体平衡、调节肌紧张和协调肌肉的运动。

（一）小脑的形态和分部

小脑（图 12-8，图 12-10）略呈球形，表面有两条近乎平行的纵沟，将小脑分为中间的蚓部和两侧的小脑半球；表面有许多横沟，将小脑分成许多叶片，有少数横沟较深称裂，将小脑分成若干小叶。蚓部从前到后顺次分为小脑小舌、中央小叶、山顶、山坡、蚓叶、蚓结节、蚓锥体、蚓垂和小结。小脑根据机能和纤维联系分为 3 叶，即绒球小结叶 flocculonodular lobe、前叶 anterior lobe 和后叶 posterior lobe。前叶和后叶合称小脑体，两者以原裂为界。绒球小结叶与小脑体以后外侧裂为界。小脑按发生分古小脑 archicerebellum、旧小脑 paleocerebellum 和新小脑 neocerebellum。古小脑即绒球小结叶，接受来自前庭神经和前庭神经核来的纤维，也称前庭小脑，与维持平衡有关。旧小脑包括前叶蚓部及后叶的蚓锥体和蚓垂，主要接受脊髓小脑束的纤维，也称脊髓小脑，与调节肌紧张有关。新小脑为剩余的小脑部分，主要接受经脑桥核中继而来的大脑皮质纤维，也称脑桥小脑，与精细随意运动的调节有关。

（二）小脑内部结构

小脑的表层为灰质，称小脑皮质 cerebellar cortex，深部为白质（髓质）white matter（medulla），白质呈树枝状伸入小脑各叶，称小脑活树 arbor vitae。白质内存在灰质团块，为小脑（中央）核 cerebellar nuclei。小脑皮质由分子层、梨状神经元层和颗粒层组成。小脑核有 3 对，顶核 fastigial nucleus 位于第 4 脑室顶背侧、正中线两旁，发出纤维止于前庭神经核和脑干网状结构。小脑间位核 interposed nuclei 位于顶核外侧，有内侧间位核（球状核）和外侧间位核（栓状核）。小脑外侧核（齿状核 dentate nucleus）位于最外侧。小脑间位核和外侧核发出的纤维经小脑前脚进入脑干，交叉之后，前行纤维止于红核、丘脑和苍白球；后行纤维止于延髓等处。小脑的白质主要由皮质核束和经 3 对小脑脚出入的传入传出纤维组成。小脑前脚（结合臂）主要由间位核和外侧核发出投射至红核和丘脑的传出纤维组成，也含少量传入纤维，如脊髓小脑腹束。小脑中脚（脑桥臂）由脑桥小脑束组成。小脑后脚（绳状体）主要由来自脊髓和延髓的传入纤维组成，如脊髓小脑背侧束、楔小脑束、橄榄小脑束、前庭小脑束、网状小脑束，也含少量传出纤维，如小脑投射到前庭核和网状结构的纤维。

五、间　脑

间脑 diencephalon（图 12-9～图 12-11）位于中脑和端脑之间，由前脑的后部发育而成。由于端脑的左、右大脑半球高度发育和扩展，间脑背侧面和两侧被两大脑半球遮盖，仅腹侧面的一些结构，如视交叉、灰结节、脑垂体和乳头体暴露于脑腹侧面。间脑的空腔为第 3 脑室，呈环形围绕丘脑间黏合。间脑分为（背侧）丘脑、后丘脑、上丘脑、下丘脑和底丘脑。

（一）间脑的外形

1. 丘脑 thalamus　　位于间脑背侧，由一对卵圆形的灰质团块组成，内侧面形成第 3 脑室侧壁的背侧部，有灰质连接两侧丘脑，称丘脑间黏合 interthalamic adhesion，曾称中间块。丘脑间黏合下方有一不太明显的浅沟，为下丘脑沟，是丘脑与下丘脑之间的分界线。背侧面游离，前端有不太明显的丘脑前结节，内隐丘脑前核群；后端膨大称丘脑枕。外侧面与纹状体和内囊相连，丘脑与尾状核之间有一浅沟称终沟，终沟内有终纹。丘脑腹外侧与底丘脑相连。

2. 后丘脑 metathalamus　　由内侧膝状体和外侧膝状体组成，为丘脑后端背外侧的两个小隆起。内侧膝状体 medial geniculate body 较小，位于后方，借后丘臂与后丘相连，为听觉中继核，接受来自后丘的纤维，发出纤维经内囊投射至颞叶的听觉中枢。外侧膝状体 lateral geniculate body 较大，位于前方，借前丘臂与前丘相连，为视觉中继核，接受来自视束的纤维，发出纤维经内囊投射至枕叶的视觉中枢。

3. 上丘脑 epithalamus　　是间脑后背侧的正中部，由丘脑缰纹、缰、缰连合和松果体组成。丘脑缰纹是位于丘脑背侧面与内侧面交界处丘脑带深部的纤维束，向后止于缰。缰深部有缰核，两侧缰之间由缰连合相连。松果体 pineal body 是一个锥形小体，位于前丘前方的正中线上，借松果体柄连于第 3 脑室顶后部，属内分泌腺。

4. 下丘脑 hypothalamus 位于丘脑腹侧，内侧面形成第 3 脑室侧壁的腹侧部，外侧面邻接底丘脑和大脑脚，腹侧面外露于脑腹侧面，前方可见两视神经联合成视交叉，向后延续为视束；视交叉后方为灰结节，脑垂体借漏斗与之相连；灰结节后方的圆形隆起为乳头体。

5. 底丘脑 subthalamus 位于大脑脚背内侧、下丘脑外侧和丘脑腹外侧，从外表观察不到。

（二）间脑的内部结构

1. 丘脑 丘脑表面覆盖一薄层白质，称带状层，伸入丘脑内部形成"Y"形内髓板 internal medullary lamina，它将丘脑分成前核群、内侧核群和外侧核群（图 12-15，图 12-16）。

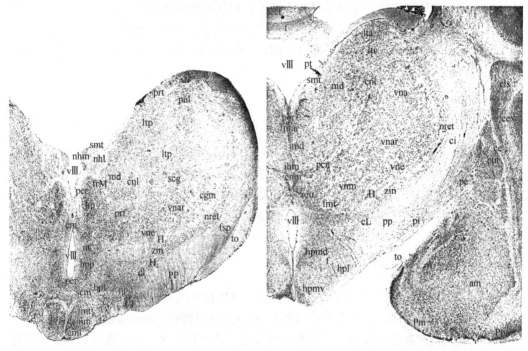

图 12-15　犬间脑平乳头体平面（引自 Адрианов and Меринг，1959）

图 12-16　犬间脑平灰结节横切面（引自 Адрианов and Меринг，1959）

cgl. 外侧膝状体；cgm. 内侧膝状体；cl. 底丘脑核；cm. 中央内侧核；cmm, cml. 乳头体核；cnl. 中央外侧核；fmt. 乳头丘脑束；frM. 缰核脚间束；fsp. 纹脚束；H_1. H_1 区；H_2. H_2 区；hp. 缰核脚间束核；hpl. 下丘脑外侧区；hpp. 下丘脑后区；ltp. 外侧核后部；md. 丘脑背内侧核；nC. Cajal 中介核；nhl, nhm. 缰核；npd. 脚周核；nret. 丘脑网状核；per. 室周体；prf. 束旁核；prt. 顶盖前区；pul. 丘脑枕；scm. 乳头体上核；smt. 丘脑髓纹；to. 视束；vⅢ. 第 3 脑室；vnar. 腹侧核弓状部；vne. 腹后外侧核；zin. 未定带

am. 杏仁核；ccl. 胼胝体；ce. 外囊；cex. 最外囊；ci. 内囊；cL. 底丘脑核；cls. 屏状核；cnl. 中央外侧核；cnm. 中央内侧核；f. 穹隆；H_1. H_1 区；fmt. 乳头丘脑束；hpl. 下丘脑外侧区；hpmd. 下丘脑背内侧区；hpmv. 下丘脑腹内侧区；imd. 背内侧核中间部；lta. 外侧核前部；lti. 外侧核中部；md. 丘脑背内侧核；nret. 丘脑网状核；pcn. 中央旁核；pe. 苍白球外段；per. 室周体；pi. 苍白球内段；Pm. 杏仁周区；Pp. 梨状前区；pp. 大脑脚；pra. 前室旁核；pt. 带旁核；put. 壳；reu. 连接核；ihm. 菱形核；smt. 丘脑髓纹；to. 视束；vⅢ. 第 3 脑室；vna. 腹侧核前部；vnar. 腹侧核弓状部；vne. 腹后外侧核；vnm. 腹后内侧核；zin. 未定带

前核群位于丘脑前结节的深部，分为前背侧核、前内侧核和前腹侧核，接受乳头丘脑束纤维，投射至大脑半球扣带回，其功能与内脏活动有关。内侧核群位于内髓板内侧，为丘脑背内侧核，此核联系广泛，可能是联合躯体和内脏冲动的整合中枢。有人将背内侧核和前核群划归为与大脑边缘系统关系密切的丘脑核。外侧核群位于内髓板外侧，分背侧组和腹侧组。背侧组由前向后为背外侧核、后外侧核和枕核，属于丘脑联络核。腹侧组由前向后分为腹前核 ventral anterior nucleus、腹外侧核 ventral lateral nucleus 和腹后核 ventral posterior nucleus。有人将腹前核和腹外侧核划归为与运动关系密切的丘脑核，它们接受小脑、黑质、纹状体等的纤维，投射至运动皮质。腹后核分内侧部和外侧部，内侧部接受三叉丘系纤维，外侧部接受脊髓丘脑束和内侧丘系纤维，两部均投射到顶叶（中央后回）。外侧核群外侧的薄层白质为外髓板，后者外侧的灰质为丘脑网状核。位于内髓板内的灰质称板内核，有中央内侧核、中央旁核、中央外侧核、丘脑中央核（中央中核）和束旁核。位于第3脑室背侧半室周灰质和中间块内的灰质核团称中线核。板内核、中线核和网状核属于非特异性丘脑核。

2. 后丘脑　　内侧膝状体由内侧膝状体核组成，接受来自后丘的纤维，发出纤维终止于大脑皮质颞叶（薛氏回）。外侧膝状体由外侧膝状体核组成，接受来自视束的纤维，发出纤维终止于大脑皮质枕叶。

3. 上丘脑　　丘脑缰纹是起源于隔区、视前区、杏仁核等部位的纤维束，在丘脑带深方向后行终止于缰核，部分纤维经缰连合止于对侧缰核。缰核位于缰内，分内侧缰核和外侧缰核，发出纤维组成缰核脚间束（后屈束）终止于中脑的脚间核等。

4. 下丘脑　　由前向后分为视前区、前区、中间区（结节区）和后区（图12-15，图12-16）。此外，以穹隆为界将下丘脑分为内侧区和外侧区。在视前区和下丘脑前区，主要有室周核、视前核、下丘脑前核、视交叉上核、视上核和室旁核。视交叉上核位于视交叉背侧，接受直接来自视网膜的纤维，可能参与调节内分泌的昼夜节律。视上核 supraoptic nucleus 位于视束前部的背侧，室旁核 paraventricular nucleus 位于第3脑室侧壁，居于乳头丘脑束和穹隆之间。视上核与室旁核以大细胞为主，是下丘脑的大细胞神经分泌系统，分泌催产素（OT）和加压素（VP），发出纤维组成视上垂体束和室旁垂体束，经漏斗柄终止于垂体后叶。下丘脑中间区包括背内侧核、腹内侧核、漏斗核和下丘脑外侧区等结构。背内侧核位于室旁核腹侧，边界不清。腹内侧核较大，位于背内侧核腹侧，内有饱食中枢。弓状核 arcuate nucleus 又名漏斗核，位于第3脑室底腹外侧、腹内侧核的腹内侧，发出纤维参与组成结节垂体束。下丘脑外侧区位于穹隆外侧，内有端脑内侧束通过，含有结节核和摄食中枢。下丘脑后区包括背侧区、后背侧区、乳头体前核和乳头体核等结构。乳头体核分乳头体内侧核和外侧核，接受穹隆纤维，发出乳头丘脑束终止于丘脑前核。丘脑下部结构复杂，联系广泛，主要通过端脑内侧束、穹隆、终纹、乳头脚、背侧纵束、乳头被盖束、乳头丘脑束等与前脑和脑干联系，通过视上垂体束、室旁垂体束和结节垂体束调节垂体的内分泌活动。下丘脑是一个植物性神经皮质下中枢，是边缘系统的重要组成部分，管理内脏活动，如参与情绪反应，调节摄食、体温、水平衡、生殖、免疫和内分泌活动，影响睡眠、觉醒和生物钟等。

5. 底丘脑　　由未定带、底丘脑核、脚内核和豆状袢等结构组成。底丘脑核位于大脑脚背内侧，与苍白球有联系，参与锥体外系的功能。

6. 第3脑室　　是间脑内围绕丘脑间黏合的矢状环行腔隙，后连中脑水管，前方经室间孔与侧脑室相通。顶壁为第3脑室脉络丛，在室间孔与侧脑室脉络丛相连。前壁的上 1/3 为前连合和穹隆，下 2/3 为灰质终板。室腔突入视交叉前方形成视隐窝，伸入漏斗形成神经垂体隐窝（漏斗隐窝），在后连合上方突入松果体形成松果体隐窝。

六、端　脑

端脑 telencephalon 又称大脑，由左、右大脑半球组成，大脑纵裂将两大脑半球分开，裂底有巨大的横行纤维束胼胝体连接两侧大脑半球；大脑横裂将大脑半球与小脑分开。大脑半球表面为灰质，称大脑皮质，皮质深方为白质，白质内藏灰质团块称基底核 basal nuclei。每一大脑半球由新皮质和嗅脑组成，分背外侧面、内侧面和底面，新皮质位于背外侧面和部分内侧面，嗅脑位于底面。半球内的腔隙称侧脑室 lateral ventricle。

（一）新皮质

1. 新皮质的外形　　新皮质 neopallium 占整个大脑皮质的绝大部分，主要位于大脑半球的背外侧面，在外侧面下缘以嗅脑外侧沟与嗅脑分开，在内侧面上部以压沟与扣带回分开。新皮质表面凹凸不平，凹陷处为脑沟，脑沟间的隆起称脑回。大脑半球表面在胚胎时期是平滑的，以后由于表面皮质各部发展不平衡而出现了脑沟和脑回。大脑半球前端称前极（额极），后端称后极（枕极）。

大脑半球背外侧面的脑沟主要有（图 12-17）：①嗅脑外侧沟，位于背外侧面与底面交界处，分前部和后部，将嗅脑与新皮质分开。②薛氏裂，又称大脑外侧裂，位于大脑半球外侧面，起自嗅脑外侧沟中部，在牛、马分为 3 支。③外薛氏沟，位于薛氏沟周围，马有前、后两支，牛仅有一支，牛的与嗅脑外侧沟后部平行。④上薛氏沟，是背侧面最深和最显著的脑沟，位于外薛氏沟背侧，起始于背外侧面前、中 1/3 交界处，向前接对角沟，分前、中、后 3 部分，后部常作为颞叶与顶叶的分界线。⑤冠状沟，位于背侧面前部，约与大脑纵裂平行，其后端常接袢状沟。⑥袢状沟，位于背侧面中部，由内侧面延

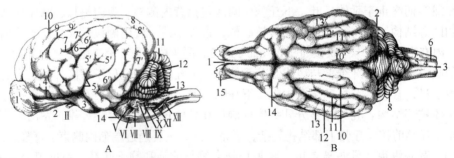

图 12-17　犬脑外侧面（A）和背侧面（B）（引自 Dyce et al.，2010）

A. 犬脑外侧面：1. 嗅球；2. 嗅束；3. 梨状叶；4. 嗅脑外侧沟；5. 薛氏沟；5′. 薛氏回；6. 外薛氏沟；6′. 外薛氏回；7. 上薛氏沟；7′. 上薛氏回；8. 外缘沟；8′. 外缘回；9. 冠状沟；9′. 冠状回；10. 十字沟；11. 小脑蚓部；12. 小脑半球；13. 旁绒球；14. 脑桥；V～Ⅻ. 第5～12对脑神经。B. 犬脑背侧面：1. 大脑纵裂；2. 大脑横裂；3. 背正中沟；4. 薄束；5. 薄束核；6. 楔束；7. 楔束核；8. 小脑半球；9. 小脑蚓部；10. 缘沟；10′. 缘回；11. 外缘沟；11′. 外缘回；12. 上薛氏沟；12′. 上薛氏回；13. 外薛氏沟；13′. 外薛氏回；14. 十字沟；15. 嗅球

伸至背侧面，其前端常与冠状沟相连。⑦十字沟（中央沟）cruciate groove，位于祥状沟前方，由内侧面斜向伸向前外侧。⑧缘沟（矢状沟）marginal groove，位于背侧面后部，是一条纵沟，与上薛氏沟后部平行。

大脑半球背外侧面的脑回主要有：①薛氏回，位于薛氏沟周围。②外薛氏回，位于外薛氏沟与上薛氏沟之间。③十字前回和十字后回，又称中央前回和中央后回，分别位于十字沟前方和后方。④外缘回，位于缘沟与上薛氏沟中、后部之间。⑤缘回，位于缘沟内侧。⑥脑岛 insula，位于薛氏沟前方、薛氏前回与嗅脑外侧沟之间。

大脑半球内侧面的脑沟和脑回主要有：①胼胝体沟，是围绕胼胝体背侧缘的细沟。②压沟，是位于大脑半球背侧缘与胼胝体中间的长深沟。③扣带回 cingulate gyrus，位于压沟与胼胝体沟之间。

2. 新皮质的内部结构

（1）皮质　典型的新皮质由6层组成，由外向内依次为分子层、外颗粒层、外锥体层、内颗粒层、内锥体层和多形层。新皮质分额叶皮质、顶叶皮质、颞叶皮质和枕叶皮质。此外，有人把大脑皮质（包括古皮质和旧皮质）分为许多区（如 Broadmann 分为52区）和V型。皮质各部的结构不同，其功能也各不相同，因而在皮质上形成了完成某种功能的中枢，如运动中枢、感觉中枢、听觉中枢、视觉中枢等，但这种功能定位的概念完全是相对的，这种中枢只不过是执行这种功能的核心部位而已。一般认为，家畜的运动区位于十字前回，感觉区位于十字后回和冠状回，听觉区位于薛氏回，视觉区位于外缘回（图12-18）。

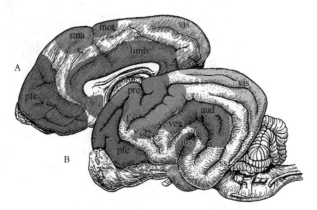

图 12-18　犬大脑皮质功能区定位（引自 Evans and de Lahunta，2013）

A. 大脑半球内侧面；B. 大脑半球外侧面。白色字体为与运动有关的区域，黑色字体为与感觉有关的区域。aud. 听觉区；f. 额叶眼区；ins. 岛区；limb. 边缘系统皮质；mot. 运动皮质；olf. 嗅觉区；pfc. 额前皮质；pre. 运动前皮质；sma. 补充运动区；ss1. 第1躯体感觉区；ss2. 第2躯体感觉区；ves. 前庭区；vis. 视觉区

（2）白质　由神经纤维组成，分为联络纤维、连合纤维和投射纤维3种。①联络纤维 association fiber：是连接同侧大脑半球不同脑回和各叶之间的纤维，分为短纤维和长纤维。短纤维连接相邻的脑回，呈"U"形，称弓状纤维。长纤维连接相距较远的脑部，主要有扣带、上纵束、下纵束和钩束。②连合纤维 commissural fiber：是连接两侧大脑半球的纤维，包括胼胝体、前连合和海马连合。胼胝体是位于大脑纵裂底部的宽厚

纤维板，其后端为胼胝体压部，中间为胼胝体干，前端弯曲为胼胝体膝，再向后下方延续为胼胝体嘴。胼胝体主要连接双侧大脑半球相对应的区域（图 12-10）。前连合 anterior commissure 是位于穹隆前方、灰质终板上端的连合纤维，分前、后两部分。③投射纤维 projection fiber：是大脑皮质和皮质下中枢的联系纤维，含上行纤维（如丘脑皮质投射）和下行纤维（如锥体束）。投射纤维主要经过内囊 internal capsule。内囊是宽厚的白质纤维带（图 12-19），位于丘脑、尾状核与豆状核之间，分前部（额部）、膝和后部（枕部），前部位于尾状核头与豆状核之间，后部位于尾状核尾、丘脑与豆状核之间，膝位于尾状核与丘脑结合处。

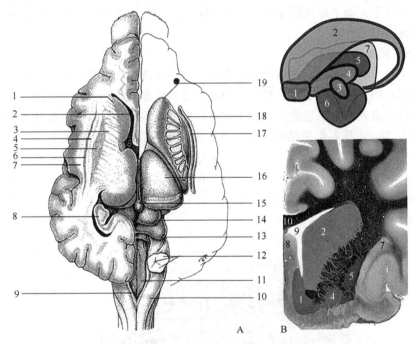

图 12-19　纹状体结构示意图（引自 König and Liebich，2007；Evans and de Lahunta，2013）

A. 脑水平切面及纹状体三维重构（右侧）：1. 尾状核；2. 侧脑室；3. 内囊；4. 外囊；5, 17. 壳；6. 屏状核；7. 最外囊；8. 海马；9. 闩；10. 延髓；11. 菱形窝；12. 小脑脚；13. 后丘；14. 前丘；15. 松果体；16. 丘脑；18. 屏状核；19. 尾状核。B. 额叶横切面及纹状体重构（内侧面）：1. 伏隔核；2. 尾状核；3. 脚内核；4. 苍白球；5. 壳；6. 杏仁核；7. 屏状核；8. 隔区；9. 侧脑室；10. 胼胝体

（3）基底核 basal nuclei　是位于大脑半球基底部的灰质团块，包括纹状体（尾状核和豆状核）、杏仁核、屏状核等（图 12-11，图 12-19）。尾状核 caudate nucleus 呈弓形，分尾状核头、体和尾。尾状核头大，构成侧脑室底的前部，向后逐渐变细为体，尾状核尾小，在马可达过外侧膝状体中部平面。尾状核与丘脑之间有终纹相隔，与豆状核之间以内囊相隔。豆状核 lentiform nucleus 近似双凸透镜，位于内囊腹外侧，分两部分，背外侧部为壳 putamen，腹内侧部称苍白球 globus pallidus，细胞排列较疏。尾状核前部与壳之间有内囊纤维相隔，纤维间保留有灰质，因而使这部分灰质核团在外观上呈纹理状，故名纹状体 corpus striatum。尾状核和壳在发生上较新，称新纹状体；苍白球在发生上较早，称旧纹状体。纹状体为皮质下的运动调节中枢，属于锥体外系。屏状核 claustrum 是位于脑岛与豆状核之间的灰质。杏仁核位于嗅脑底部。

（二）嗅脑

嗅脑 rhinencephalon（图 12-9）位于大脑半球的底面，分底部、隔部和边缘部。

1. 嗅脑底部 pars basalis　　包括嗅球、嗅脚、嗅束和梨状叶。嗅球呈卵圆形，位于大脑半球的最前方，有嗅神经与其相连。嗅球后端与嗅脚相连。嗅脚沿大脑半球底面向后延伸，在后方分成内侧嗅束和外侧嗅束。两嗅束之间的三角形区域称嗅三角 olfactory trigonum。其前部稍隆凸，称嗅结节，其后部有血管穿通，称前穿质 rostral perforate substance。外侧嗅束向后连接梨状叶，其表面的灰质称外侧嗅回。嗅脑外侧沟位于外侧嗅束外侧，将嗅脑与新皮质分开。内侧嗅束向后伸至大脑半球内侧面连接隔区，其内侧有嗅脑内侧沟。梨状叶是大脑脚和视束外侧的梨状隆起，其前端内侧有突出的海马结节，深方隐藏杏仁体 amygdaloid body。梨状叶内有空腔，为侧脑室后角。梨状叶表面的灰质为海马旁回，以前称海马回。梨状叶属于旧皮质，为嗅觉皮质。杏仁体由皮质内侧核群和基底外侧核群组成，杏仁核主要通过终纹与连合前区等联系（图 12-16）。

2. 嗅脑隔部　　包括胼胝体下区（旁嗅区）和终板旁回（胼胝体下回），位于大脑半球内侧面、终板和前连合前方。隔区内的皮质下核有两部分，即内侧隔核和外侧隔核。斜角带是嗅三角后缘邻近视束处外观光滑的斜带，斜角带与内侧嗅束终止于隔区。端脑隔以前称透明隔 pellucid septum，位于穹隆体与胼胝体之间的中线上，构成侧脑室的内侧壁，由左、右隔板组成，大部分动物左、右隔板在中线愈合，有些动物的左、右隔板间有腔隙，称端脑隔腔。

3. 嗅脑边缘部　　为古皮质，主要由海马、齿状回、束状回和胼胝体上回组成。海马 hippocampus（图 12-20）呈"C"形，从梨状叶的海马结节起由后向前内侧沿侧脑室底延伸，在前方正中与对侧海马相接。海马构成侧脑室底的后部，其表面被覆薄层纤维，称室床，室床纤维沿海马外侧缘聚集形成海马伞 fimbria of hippocampus。海马伞的纤维走向前内侧延续为穹隆脚 crus of fornix，左、右穹隆脚在前方相连形成穹隆体 body of fornix，两脚间有连合纤维相连，称穹隆连合。穹隆体在前连合背侧、室间孔前腹侧 1/3 平面分开形成两个穹隆柱 column of fornix，向腹侧止于乳头体。海马由分子层、锥体细胞层和多形层组成。海马接受来自次级嗅皮质、连合前区和对侧海马等处的纤

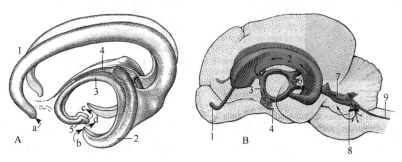

图 12-20　犬古皮质三维重构和脑室系统（引自 Dyce et al., 2010）

A. 犬古皮质三维重构，外侧观：a. 来自内侧嗅束的传入；b. 来自梨状叶的传入；c. 至乳头丘脑束的传出；d. 至脑干的传出；1. 胼胝体上回和扣带回；2. 海马；3. 穹隆；4. 穹隆连合；5. 下丘脑乳头体。B. 犬脑室铸型，外侧观：1. 嗅球腔；2. 侧脑室；3. 第 3 脑室；4. 漏斗隐窝；5. 视隐窝；6. 中脑水管；7. 第 4 脑室；8. 第 4 脑室外侧隐窝；9. 脊髓中央管

维，发出纤维组成穹隆，主要止于乳头体。齿状回 dentate gyrus 位于海马的内侧，借海马沟与旁海马回分开，因其表面有横沟而得名。齿状回由分子层、颗粒层和多形层组成。

4. 边缘系统 limbic system 在哺乳动物大脑中有一个相对恒定的弯曲脑回，位于大脑的内侧面与间脑的边缘，称为边缘叶 limbic lobe。它包括扣带回、海马旁回、海马结构、隔区和梨状叶等结构。边缘系统一词由边缘叶衍生而来。边缘系统由皮质和皮质下核组成，皮质包括边缘叶及其附近结构相似的皮质（如脑岛），皮质下核包括杏仁核、隔核、下丘脑、上丘脑、丘脑前核以及中脑被盖内侧区等。这些皮质和皮质下核在功能和纤维联系上关系十分密切，因此构成了一个统一的功能系统，称边缘系统。边缘系统在种系发生上是比较古老的，由古皮质、旧皮质和过渡皮质组成，其功能主要与内脏活动、情绪反应、性活动和记忆有关。此外，海马结构存在神经干细胞，为研究热点之一。

（三）侧脑室

侧脑室 lateral ventricle 是位于两大脑半球内的不规则腔隙（图 12-19，图 12-20），左右对称，经室间孔 interventricular foramen 与第 3 脑室相通。侧脑室分中央部、前角和颞角。中央部位于室间孔和端脑隔平面，前角向前通嗅球腔，颞角伸入梨状叶内。侧脑室顶壁为胼胝体，内侧壁为端脑隔，底壁前部为尾状核，后部为海马，侧脑室脉络丛 choroid plexus 沿海马外侧与尾状核内侧从颞角伸至室间孔，经室间孔与第 3 脑室脉络丛相连，可产生脑脊液。

七、脑和脊髓的被膜及血管

（一）脊髓的被膜

脊髓的外面包有 3 层被膜，由外向内依次为硬脊膜、脊蛛网膜和软脊膜，有支持和保护脊髓的作用（图 12-6，图 12-21）。

1. 硬脊膜 spinal dura mater 由致密结缔组织构成，厚而坚韧，在枕骨大孔处与硬脑膜相连，在后方荐部变尖细，形成硬脊膜终丝，附着于第 7 或 8 尾椎。硬脊膜与椎管骨膜分开，二者之间有较宽的腔隙，称硬膜外腔 epidural space，内含疏松结缔组织、脂肪和椎内静脉丛，有脊神经根通过。临床上做脊髓硬膜外麻醉时，将麻醉药注入硬膜外腔，阻滞脊神经的传导。在硬脊膜与脊蛛网膜之间有潜在的硬膜下腔 subdural space。硬脊膜在椎间孔处与脊神经的被膜相延续。

2. 脊蛛网膜 spinal arachnoid mater 薄而透明，位于硬脊膜与软脊膜之间，在枕骨大孔处与脑蛛网膜相连。与软脊膜之间的腔隙称蛛网膜下腔 subarachnoid space，内含脑脊液。脊蛛网膜与软脊膜之间由结缔组织小梁相连。脊蛛网膜下腔在腰后部和荐部扩大，称终池，临床上常在腰荐间隙进行穿刺以获取脑脊液，协助诊断某些疾病。

3. 软脊膜 spinal pia mater 薄，富含血管，紧贴脊髓表面。软脊膜在枕骨大孔与软脑膜相连；在脊髓两侧、背侧根和腹侧根之间形成齿状韧带 denticulate ligament，其齿状尖附着于两脊髓节交界处的硬脊膜。脊髓借齿状韧带和脊神经根固定于椎管内。

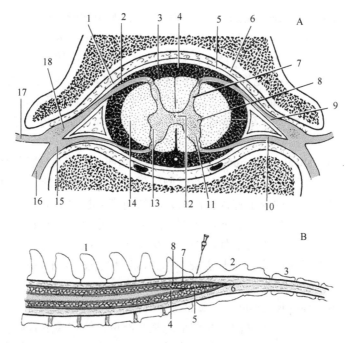

图 12-21　脊膜结构模式图及采集脑脊液示意图（引自西北农学院等，1973；Dyce et al., 2010）

A. 脊膜结构模式图（横切）：1. 硬脊膜；2. 脊蛛网膜；3. 软脊膜；4. 蛛网膜下腔；5. 硬膜下腔；6. 硬膜外腔；7. 背侧角；8. 外侧角；9. 背侧根；10. 腹侧根；11. 腹侧角；12. 脊髓中央管；13. 脊髓灰质；14. 脊髓白质；15. 脊神经；16. 腹侧支；17. 背侧支；18. 脊神经节。B. 犬椎管后部正中切面（纵切）：1. 腰椎；2. 荐骨；3. 尾椎；4. 脊髓圆锥；5. 终丝；6. 硬膜外腔；7. 硬脊膜；8. 含脑脊液的蛛网膜下腔；针头示腰荐弓间隙，为脑脊液采集部位

（二）脑的被膜

脑的外面也包有 3 层被膜，由外向内依次为硬脑膜、脑蛛网膜和软脑膜（图 12-22）。

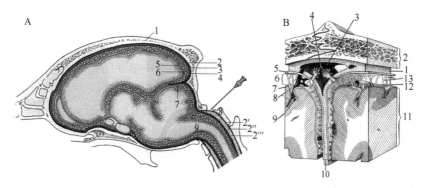

图 12-22　犬脑脊髓膜脑膜示意图（引自 Dyce et al., 2010；Evans, 1993）

A. 犬脑脊髓膜示意图：1. 颅骨；2. 硬脑膜；2'. 椎管骨膜；2''. 硬膜外腔（及脂肪）；2'''. 硬脊膜；3. 硬膜下腔；4. 蛛网膜；5. 蛛网膜下腔；6. 软脑膜；7. 小脑幕；8. 寰椎；9. 小脑延髓池；针头示寰枕关节，为脑脊液采集部位。B. 脑膜示意图：1. 硬脑膜；2. 颅骨；3. 背侧矢状窦；4. 蛛网膜粒；5. 脑蛛网膜；6. 蛛网膜下腔；7. 软脑膜；8. 大脑静脉及小静脉；9. 血管周隙；10. 大脑镰；11. 大脑；12. 大脑动脉和小动脉；13. 蛛网膜小梁

1. 硬脑膜 cerebral dura mater　　坚韧而厚，由脑膜和颅骨内膜两层组成，在某些部位两层之间形成管状间隙，内面衬以内皮细胞，内含静脉血，称硬脑膜窦 dural sinuses。硬脑膜在某些部位形成板状突起，伸入各脑部之间，形成大脑镰、小脑幕和鞍隔 3 个硬脑膜隔。大脑镰 cerebral falx 呈镰刀形，位于两大脑半球之间，内有背侧矢状窦和直窦。小脑幕 tentorium of cerebellum 位于大脑与小脑之间，内凹缘形成幕切迹，部分围绕中脑；小脑幕内有岩背侧窦和横窦。鞍隔 diaphragma sellae 位于脑垂体背侧，中央有一孔供垂体柄通过。

2. 脑蛛网膜 cerebral arachnoid mater　　薄而透明，位于硬脑膜与软脑膜之间，与硬脑膜之间有硬膜下腔，与软脑膜之间有蛛网膜下腔，内含脑脊液。蛛网膜下腔经外侧孔与第 4 脑室相通。脑蛛网膜不伸入脑沟内，故蛛网膜下腔大小不一。它在某些部位扩大，称蛛网膜下池 subarachnoid cistern。小脑延髓池位于小脑后面与延髓背面形成的夹角内。大脑外侧窝（谷）池位于大脑外侧裂区。交叉池位于视交叉前方和大脑脚之间。脑蛛网膜在硬脑膜窦处形成许多绒毛状突起，称蛛网膜粒 arachnoid granulation，大部分脑脊液经蛛网膜粒进入硬脑膜窦。

3. 软脑膜 cerebral pia mater　　薄而富有血管，覆盖脑表面并伸入脑沟，围绕小血管形成血管鞘，并伴血管伸入脑内。在脑室的某些部位，软脑膜及其血管与该处的室管膜上皮共同形成脉络组织；脉络组织的血管反复分支形成血管丛，与其表面的软脑膜和室管膜上皮一起突入脑室，形成脉络丛 choroid plexus。脉络丛可产生脑脊液。

4. 脑脊液 cerebrospinal fluid（CSF）　　是无色透明的液体，充满于脑室系统和蛛网膜下腔。它由脑室脉络丛不断产生，沿一定的途径流动，又不断地被重吸收入血液，如此循环不已。脑脊液循环途径为：侧脑室脉络丛产生的脑脊液经室间孔流入第 3 脑室，与第 3 脑室脉络丛产生的脑脊液一起经中脑水管流入第 4 脑室，再同第 4 脑室产生的脑脊液一道经外侧孔进入蛛网膜下腔，最后经蛛网膜粒渗入硬脑膜窦而进入血液循环。此通路如果不畅，如中脑水管阻塞，就会导致脑积水。脑脊液对脑、脊髓有保护和营养作用，对维持脑组织的渗透压和酸碱平衡及调节颅内压力也有重要的作用。

（三）脊髓的血管

1. 脊髓的动脉 spinal artery　　为脊髓腹侧动脉，在前方连接基底动脉，由枕动脉、椎动脉、肋间背侧动脉、肋腹背侧动脉、腰动脉和荐正中动脉（牛）或荐外侧动脉（马）的脊髓支汇聚而成，沿脊髓腹正中裂延伸，分支分布于脊髓。

2. 脊髓的静脉 spinal vein　　为椎内腹侧丛 ventral internal vertebral venous plexus，以前称椎窦，沿椎体背侧的背侧纵韧带两侧纵向延伸，通过椎间静脉把脊髓的静脉血导入枕静脉、椎静脉、肋间背侧静脉、腰静脉和荐外侧静脉。

（四）脑的血管

1. 脑的动脉 artery of brain　　牛脑的血液由颈内动脉（颅内段）、上颌动脉、枕动脉和椎动脉供应。上颌动脉的分支和颈内动脉颅内段形成硬膜外前异网，位于海绵窦内；枕动脉和椎动脉参与形成硬膜外后异网，位于枕骨基部；前、后异网相连。两侧的颈内动脉颅内段（经硬膜外前异网）借吻合支在垂体前、后方相连，形成大脑动脉环

arterial circle。每侧的颈内动脉颅内段分出大脑前动脉、脉络膜前动脉、大脑中动脉和后交通动脉，分布于脑。后交通动脉延续为基底动脉（图 12-23）。马脑的血液由颈内动脉供应。

2. 脑的静脉 vein of brain　脑部的静脉均汇入硬脑膜窦，形成背、腹二系。背侧系沿颅顶延伸，包括背侧矢状窦、横窦、颞窦、枕窦、岩背侧窦等。腹侧系沿颅底走行，包括海绵窦、岩腹侧窦和基底窦等。二系借岩背侧窦彼此相连，并通过导静脉与颅外静脉相连，如乳突导静脉连接横窦与枕静脉，关节后孔导静脉连接颞窦与颞深静脉，颈静脉孔导静脉连接岩腹侧窦与耳后静脉。

第四节　脑　神　经

脑神经 cranial nerve 是与脑相连的周围神经，共有 12 对，依其与脑相连的前后顺序用罗马数字编序为：Ⅰ嗅神经、Ⅱ视神经、Ⅲ动眼神经、Ⅳ滑车神经、Ⅴ三叉神经、Ⅵ展神经、Ⅶ面神经、Ⅷ前庭蜗神经、Ⅸ舌咽神经、Ⅹ迷走神经、Ⅺ副神经和Ⅻ舌下神经（图 12-24）。

脑神经含 4 种纤维成分（细分为 7 种纤维成分，详见脑干内部结构）：①躯体传入纤维，来自头部皮肤、肌、口腔和鼻腔黏膜、位听器官和视觉器官。②内脏传入纤维，来自头、颈、胸和腹部脏器及味蕾和嗅觉器官。③躯体传出纤维，支配头、颈部横纹肌（包括眼肌、舌肌及由鳃弓肌演化而来的横纹肌，如咀嚼肌、表情肌和咽喉横纹肌）。④内脏传出纤维，为副交感神经传出纤维，分布至平滑肌、心肌和腺体。

根据脑神经所含纤维成分，可将其大致分为 3 类：①感觉神经，仅含感觉纤维，包括嗅神经、视神经和前庭蜗神经。②运动神经，仅含运动纤维，包括动眼神经、滑车神经、展神经、副神经和舌下神经。③混合神经，含感觉纤维和运动纤维，包括三叉神经、面神经、舌咽神经和迷走神经。此外，在动眼神经、面神经、舌咽神经和迷走神经中含有副交感节前纤维。

在含感觉纤维的脑神经根上有脑神经节，如三叉神经节、膝神经节、螺旋神经节、

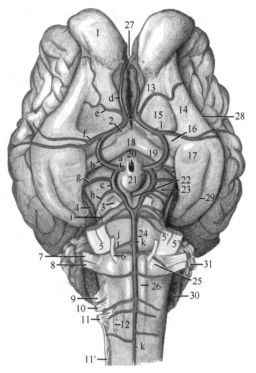

图 12-23　牛脑腹侧面，显示脑神经根和供应脑的血管（引自 Popesko，1985）

1. 嗅球；2. 视神经；3. 动眼神经；4. 滑车神经；5. 三叉神经；5′. 三叉神经运动根；5″. 感觉根；6. 展神经；7. 面神经；8. 前庭蜗神经；9. 舌咽神经；10. 迷走神经；11. 副神经；11′. 副神经脊髓根；12. 舌下神经；13. 内侧嗅束；14. 外侧嗅束；15. 嗅三角；16. 前穿质；17. 梨状叶；18. 视交叉；19. 视束；20. 神经垂体隐窝；21. 乳头体；22. 脚间窝；23. 大脑脚；24. 脑桥；25. 斜方体；26. 延髓锥体；27. 大脑纵裂；28. 嗅脑外侧沟；29. 梨状叶沟；30. 第 4 脑室脉络组织；31. 小脑；a. 颈内动脉；b. 大脑前动脉；c. 后交通动脉；d. 筛内动脉；e. 脑膜前动脉；f. 大脑中动脉；g. 脉络膜前动脉；h. 大脑后动脉；i. 小脑前动脉；j. 小脑后动脉；k. 大脑基底动脉；l. 大脑前动脉

前庭神经节、舌咽神经和迷走神经的近神经节与远神经节。头部还有 4 对副交感神经节（睫状神经节、蝶腭神经节、下颌神经节和耳神经节），位于一些脑神经及其分支上。

一、嗅　神　经

嗅神经 olfactory nerve 为感觉神经，内含特殊内脏传入纤维，传导嗅觉，由鼻腔嗅黏膜中嗅细胞的轴突集合成嗅丝，穿过筛板进入颅腔，止于嗅球。

终神经 terminal nerve 起于鼻中隔后部，穿过筛板进入颅腔，连接嗅束内侧的脑区。其颅内段上有终神经节。

犁鼻神经 vomeronasal nerve 起于犁鼻器背侧面，穿过筛板进入颅腔，连接副嗅球。

二、视　神　经

视神经 optic nerve 为感觉神经，内含特殊躯体感觉纤维，传导视觉，由眼球视网膜神经节细胞的轴突组成，经视神经孔进入颅腔，两侧视神经在下丘脑前腹侧相连形成视交叉，向后延续为视束，止于外侧膝状体。

三、动　眼　神　经

动眼神经 oculomotor nerve 为眼肌运动神经，内含一般躯体运动纤维和一般内脏运动纤维，分别起始于动眼神经运动核（支配眼肌）和副交感核（支配瞳孔括约肌和睫状肌）。动眼神经从脚间窝出脑，经眶圆孔（牛）或眶孔（马）出颅腔，分为背侧支和腹侧支（图 12-24）。背侧支分布于眼球上直肌和上睑提肌。腹侧支较长，分支分布于眼球内直肌、下直肌和下斜肌。睫状神经节 ciliary ganglion 位于腹侧支上，来自动眼神经副交感核的节前纤维在此神经节内换元，节后纤维组成睫状短神经 short ciliary nerve，支配瞳孔括约肌和睫状肌。

四、滑　车　神　经

滑车神经 trochlear nerve 为眼肌运动神经，内含一般躯体运动纤维，起始于滑车神经运动核，从前髓帆出脑，经眶圆孔（牛）或眶孔（马）出颅腔，支配眼球上斜肌。

五、三　叉　神　经

三叉神经 trigeminal nerve 是最大的脑神经，为混合神经，内含一般躯体感觉纤维和特殊内脏运动纤维，前者组成大的感觉根，上有三叉神经节 trigeminal ganglion，感觉神经元的中枢突止于三叉神经脑桥感觉核和三叉神经脊束核，周围突组成眼神经、上颌神经和下颌神经；后者起始于三叉神经运动核，组成小的运动根，加入下颌神经，分布于咀嚼肌。

1. 眼神经 ophthalmic nerve 为感觉神经，经眶圆孔（牛）或眶孔（马）出颅腔，分为泪腺神经、额神经和鼻睫神经（图 12-24，图 12-25）。

（1）泪腺神经 lacrimal nerve 分布于泪腺和上眼睑。另有分支（颧颞支）分布于颞部皮肤，并分出角神经分布于角基部，临床上做断角手术时常封闭此神经。

（2）额神经 frontal nerve 牛的额神经从眶上突前方伸延至上眼睑和额部皮肤，马的穿过眶上孔称为眶上神经，分布于上眼睑和额部皮肤。额神经分出额窦神经，穿过眶内侧壁分布于额窦黏膜。

（3）鼻睫神经 nasociliary nerve 为眼神经最大的分支，牛的在眼球内直肌与上斜肌之间分为筛神经和滑车下神经。筛神经 ethmoidal nerve 经筛孔入颅腔，再穿过筛板至

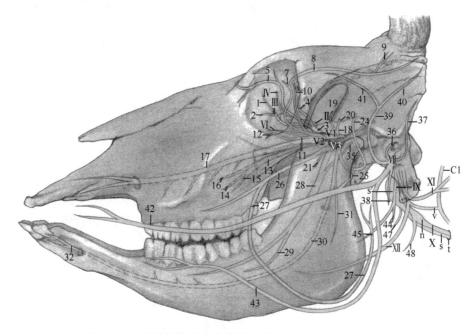

图 12-24 牛脑神经分支示意图（引自 Budras et al.，2003）

A. 筛板；B. 视神经管；C. 筛孔；D. 眶圆孔；E. 卵圆孔；F. 茎乳突大孔；G. 内耳道；H. 枕骨大孔；I. 颈静脉孔；J. 舌下神经管；K. 泪腺；L. 鼻腺；M. 腭腺（软腭）；M'. 腭腺（硬腭）；N. 颊腺；O. 单口舌下腺；O'. 多口舌下腺；P. 下颌腺；Q. 腮腺；a. 嗅区；b. 视网膜；c. 菌状乳头；d. 睫状神经节；d'. 睫状短神经；e. 翼腭神经节；e'. 眶支；e''. 翼管神经（岩大和岩深神经）；f. 下颌神经节；g. 三叉神经节；h. 耳神经节；h'. 岩小神经；j. 轮廓乳头；k. 膝神经节；l. 近神经节；m. 远神经节（岩神经节）；m'. 鼓室神经；n. 远神经节（结状神经节）；o. 颈动脉球；p. 颈动脉窦；q. 前庭神经；q'. 前庭上神经节；q''. 前庭下神经节；r. 蜗神经；r'. 螺旋神经节；s. 交感干；s'. 颈前神经节；t. 迷走交感干；u. 副神经脊髓根；v. 颈袢。蓝色. 特殊感觉神经元；绿色. 感觉神经元；紫色. 副交感神经节前神经元；紫色虚线. 交感神经元；红色. 运动神经元。Ⅰ. 嗅神经；Ⅱ. 视神经；Ⅲ. 动眼神经（1. 动眼神经背侧支；2. 动眼神经腹侧支）；Ⅳ. 滑车神经；Ⅴ. 三叉神经（Ⅴ1. 眼神经；3. 鼻睫神经；4. 筛神经；5. 滑车下神经；6. 睫状长神经；7. 泪腺神经；8. 颧颞支；9. 角支；10. 额神经。Ⅴ2. 上颌神经；11. 颧神经；12. 颧面支；13. 翼腭神经；14. 腭大神经；15. 腭小神经；16. 鼻后神经；17. 眶下神经。Ⅴ3. 下颌神经；18. 咀嚼肌神经；19. 颞深神经；20. 咬肌神经；21. 翼内、外侧肌神经；22. 鼓膜张肌神经；23. 腭帆张肌神经；24. 耳颞神经；25. 与面神经交通支；26. 颊神经；27. 腮腺支；28. 舌神经；29. 舌底神经；30. 下齿槽神经；31. 下颌舌骨肌神经；32. 颏神经）；Ⅵ. 展神经；Ⅶ. 面神经（33. 岩大神经；33'. 岩深神经；34. 镫骨肌神经；35. 鼓索；36. 耳内支；37. 耳后支；38. 二腹肌支；39. 耳睑神经；40. 耳前支；41. 颧支；42. 颊背侧支；43. 颊腹侧支）；Ⅷ. 前庭蜗神经；Ⅸ. 舌咽神经（44. 咽支；45. 舌支；45'. 颈动脉窦支）；Ⅹ. 迷走神经（46. 耳支；47. 咽支；48. 喉前神经；49. 外支；50. 内支；50'. 喉返神经；50''. 喉后神经）；Ⅺ. 副神经（51. 颅根；内支；52. 脊髓根；外支）；Ⅻ. 舌下神经（C1. 第1颈神经）

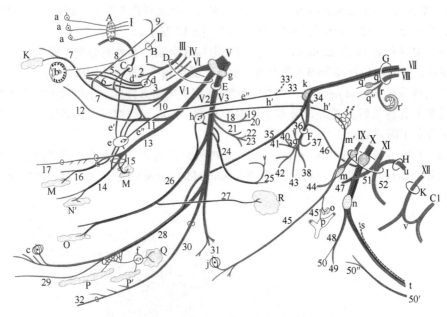

图 12-24　牛脑神经分支示意图（续）

鼻腔，分布于鼻中隔和上鼻甲。滑车下神经 infratrochlear nerve 伸至内眼角，分布于上眼睑、额部皮肤、第 3 眼睑、结膜、泪阜等。鼻睫神经还分出睫状长神经 long ciliary nerve 分布于眼球壁，分出交通支连睫状神经节。眼神经还为眼上直肌、内直肌、上斜肌和眼球退缩肌提供本体感觉神经。

2. 上颌神经 maxillary nerve　为感觉神经，经眶圆孔（牛）或圆孔（马）出颅腔，在翼腭窝中分为 3 支（图 12-24，图 12-25）。

（1）颧神经 zygomatic nerve　分出颧颞支（见泪腺神经）和颧面支。颧面支伸至外眼角，分支分布于下眼睑及其附近的皮肤。

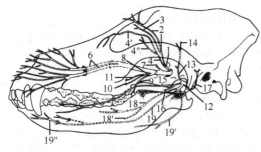

图 12-25　犬三叉神经分支示意图（引自 Dyce et al.，2010）

1. 眼神经；2. 额神经；3. 泪腺神经；4. 鼻睫神经；4'. 滑车下神经；4''. 睫状长神经；5. 上颌神经；6. 眶下神经；7. 颧神经；8. 翼腭神经；9. 腭小神经；10. 腭大神经；11. 鼻后神经；12. 下颌神经；13. 咀嚼肌神经；14. 颞深神经；15. 颊神经；16. 翼肌神经；17. 耳颞神经；18. 舌神经；18'. 舌底神经；19. 下齿槽神经；19'. 下颌舌骨肌神经；19''. 颏神经

（2）翼腭神经 pterygopalatine nerve　以前称蝶腭神经，其上有分散的翼腭神经节，分为 3 支：①鼻后神经 caudal nasal nerve，经蝶腭孔入鼻腔，分布于鼻中隔、下鼻甲、筛鼻甲和鼻腔底壁黏膜。②腭大神经 major palatine nerve，经腭管分布于硬腭和齿龈黏膜。③腭小神经 minor palatine nerve，分布于软腭。

（3）眶下神经 infraorbital nerve　为上颌神经的直接延续，经上颌孔进入眶下管，在管内分支分布于上颌牙齿，出眶下孔后分为 3 支。鼻外支分布于鼻背部皮肤，鼻内支分布于鼻前庭黏膜、上唇和鼻孔，上唇支分布于上唇。

3. 下颌神经 mandibular nerve　　为混合神经,经卵圆孔(牛)或破裂孔(马)出颅腔,分为数支,分布于咀嚼肌的分支为运动神经,其余分支为感觉神经(图12-24,图12-25)。在咀嚼肌神经起点附近,下颌神经上有耳神经节 otic ganglion。

(1)咀嚼肌神经 masticator nerve　　与颊神经和翼外侧肌神经同起于一总干,沿颞下颌关节的前方向外侧伸延,分出颞深神经 deep temporal nerve 伸向背侧至颞肌,主干经下颌切迹走出成为咬肌神经 masseteric nerve,分布于咬肌。

(2)颊神经 buccal nerve　　最粗,穿过翼外侧肌至其外侧,途中有分支至颞肌,主干向前伸至颊部,分支分布于颊腺、颊黏膜和腮腺。牛的腮腺支沿腮腺管至腮腺。

(3)翼内侧肌神经 medial pterygoid nerve　　从后缘进入翼内侧肌。

(4)翼外侧肌神经 lateral pterygoid nerve　　从内侧面进入翼外侧肌。

(5)耳颞神经 auriculotemporal nerve　　以前称颞浅神经 superficial temporal nerve,起始于下颌神经后缘,向外后方绕过下颌支的后缘,于颞下颌关节的腹侧伸达面部,在腮腺深面分为两支。面横支在咬肌外侧面前行与面神经的颊背侧支相连,分布于咬肌部和颊部皮肤。耳前神经在腮腺内与耳睑神经相连。

(6)舌神经 lingual nerve　　为下颌神经的终支,与下齿槽神经在同一总干起始,在翼内侧肌的外侧面走向腹侧,接受来自面神经的鼓索 chorda tympani,随后在下颌舌骨肌与舌骨舌肌之间向前腹侧走行,分出舌底神经分布于口腔底,分出舌支分布于舌前2/3处。

(7)下齿槽神经 inferior alveolar nerve　　为下颌神经终支的后支,在翼内侧肌与下颌骨之间走向腹侧,经下颌孔入下颌管,在管内分出下齿槽支分布于下颌牙齿,主干出颏孔称颏神经 mental nerve,分布于颏部及其附近的皮肤。下齿槽神经在入下颌孔前分出下颌舌骨肌神经 mylohyoid nerve,分布于二腹肌前腹、下颌舌骨肌及下颌间隙前部的皮肤。

三叉神经损伤导致咀嚼肌神经麻痹,特征是下颌下垂,在犬更常见。

六、展　神　经

展神经 abducent nerve 为眼肌运动神经,内含一般躯体传出纤维,起始于展神经运动核,从锥体前端两侧出脑,经眶圆孔(牛)或眶孔(马)出颅腔,分为两支,分布于眼球外直肌和眼球退缩肌。

七、面　神　经

面神经 facial nerve 为混合神经,内含4种纤维成分,特殊内脏运动纤维起始于面神经运动核,支配表情肌;一般内脏运动纤维起始于面神经副交感核,支配下颌腺、舌下腺和泪腺等;特殊和一般内脏传入神经元胞体位于膝神经节,中枢突止于孤束核,周围突分布于舌前2/3味蕾;一般躯体感觉纤维神经元胞体位于膝神经节,中枢突止于三叉神经脊束核,周围突分布于外耳道等处的皮肤(经迷走神经)。其中的一般内脏运动纤维、特殊和一般内脏感觉纤维及一般躯体感觉纤维组成中间神经。

面神经从斜方体外侧出脑，经内耳道入面神经管，再经茎乳突孔出颞骨岩部。在面神经管内，面神经上有膝神经节 geniculate ganglion，由此分出岩大神经和鼓索。岩大神经 major petrosal nerve 含副交感神经纤维和感觉神经纤维，经骨质小管出颞骨岩部，与岩深神经（含交感神经纤维）组成翼管神经，经翼管至翼腭窝，入翼腭神经节，节后纤维支配泪腺、鼻腺和腭腺。鼓索 chorda tympani 含感觉神经纤维和副交感神经纤维，经岩鼓裂走出，经上颌动脉和下颌神经深面加入舌神经。感觉纤维来自舌前2/3的味蕾，副交感纤维至下颌神经节，支配下颌腺和舌下腺（图12-24，图12-25）。

面神经出面神经管后有以下分支：①耳内支分布于耳内面皮肤。②耳后神经 caudal auricular nerve 分布于耳肌。③二腹肌支分布于二腹肌后腹。④耳睑神经 auriculopalpebral nerve 沿颞浅静脉走向背侧，分为2支。耳前支支配耳前肌；颧支伸向外眼角，支配眼轮匝肌、额肌等。⑤颊支 buccal branch 为面神经的终支，分为2支，颊背侧支粗大，穿出腮腺沿咬肌表面向前延伸，耳颞神经有面横支与其相连；颊腹侧支（下颌缘支，马除外）沿咬肌腹侧缘向前延伸（图3-26）。颊支分布于颊、唇和鼻部的肌肉。

面神经麻痹的症状取决于神经受损的部位。中枢部的损伤影响整个面部，包括耳、眼睑、鼻和唇肌的麻痹，泪腺和唾液腺分泌的丧失或减少。发生在中耳或颅外的损伤，则引起单侧表情肌麻痹，特征是口鼻部不对称下垂，不能闭眼。在马，有时会因笼头过紧而压迫神经造成损伤，导致唇和颊的肌肉麻痹。

八、前庭蜗神经

前庭蜗神经 vestibulocochlear nerve 在面神经根外侧与延髓相连，为感觉神经，内含特殊躯体感觉纤维，分前庭神经和蜗神经。前庭神经 vestibular nerve 上有前庭神经节 vestibular ganglion，位于内耳道底，内含双极神经元，其周围突分布于半规管的壶腹嵴、椭圆囊斑和球囊斑，中枢突入脑止于前庭神经核和小脑，司理平衡觉。蜗神经 cochlear nerve 上有螺旋神经节 spiral ganglion，位于蜗轴内，内含双极神经元，其周围突分布于螺旋器（科蒂器），中枢突入脑止于蜗神经核，司理听觉。

九、舌 咽 神 经

舌咽神经 glossopharyngeal nerve 为混合神经，内含4种纤维成分，特殊内脏运动纤维起始于疑核，支配茎突咽后肌；一般内脏运动纤维起始于舌咽神经副交感核，支配腮腺；特殊和一般内脏感觉纤维神经元胞体位于远神经节内，周围突分布至舌后部味蕾、颈动脉窦、颈动脉体、咽和舌后部黏膜，中枢突入脑止于孤束核；一般躯体感觉纤维神经元胞体位于近神经节内，周围突分布至内耳道皮肤。

舌咽神经从延髓外侧面出脑，与迷走神经和副神经一起经颈静脉孔（牛）或破裂孔（马）出颅腔（图12-24，图12-26），沿鼓泡内面走向腹侧。舌咽神经上有2个神经节，近（颈静脉）神经节位于破裂孔内，远（岩）神经节位于鼓泡内侧。舌咽神经有以下分支。

（1）鼓室神经 tympanic nerve　　起始于远神经节，走向背侧经颞骨岩部与鼓部之间的骨质小管入鼓室，与来自颈内动脉丛的颈动脉鼓室神经组成鼓室丛，由该丛发出岩小神经 lesser petrosal nerve，出鼓室入耳神经节。鼓室神经提供副交感纤维至腮腺和感觉纤维至中耳。

（2）颈动脉窦支 carotid sinus branch　　分布于颈动脉窦。

（3）咽支 pharyngeal branch　　有 1～2 支，与来自迷走神经的咽支和颈前神经节的纤维组成神经丛，由该丛发出纤维分布于咽和软腭的肌肉与黏膜。

（4）舌支 lingual branch　　沿茎突舌骨后缘向前伸至舌根，分布于舌后 1/3。牛和绵羊的舌咽神经在延续为舌支之前干上有咽外侧神经节。

十、迷 走 神 经

迷走神经 vagus nerve 为混合神经，含 4 种纤维成分，特殊内脏运动纤维起始于疑核，支配咽喉肌；一般内脏运动纤维起始于迷走神经副交感核，支配心肌、颈部和胸腹腔内脏器官平滑肌与腺体；一般躯体感觉纤维神经元胞体位于近（颈静脉）神经节，其周围突经迷走神经耳支分布于外耳后面和外耳道的皮肤，中枢突入脑止于三叉神经脊束核；特殊和一般内脏感觉纤维神经元胞体位于远（结状）神经节，其周围突分布于会厌部的味蕾及咽喉、颈部和胸腹腔内脏器官的黏膜，中枢突入脑止于孤束核（图 12-24）。

迷走神经从延髓外侧面出脑，经颈静脉孔（牛）或破裂孔（马）出颅腔，伴副神经走向后腹侧，此段神经上有 2 个神经节，近神经节 proximal ganglion 明显，位于颈静脉孔，分出耳支加入面神经；远神经节 distal ganglion 不明显，马的位于咽支与喉前神经之间。迷走神经在鼓泡腹侧缘接受副神经内支之后在颈前部分出 2 支：①咽支 pharyngeal branch，在颈内动脉和颈前神经节外侧伸向咽部，分为 2 支，前支小，常与舌咽神经的咽支形成咽丛，后支即食管支，在咽的背外侧向后延伸，分支分布于咽肌和食管前部。②喉前神经 cranial laryngeal nerve，在寰椎平面、颈外动脉起始部自迷走神经分出，向前腹侧伸向喉部，分为 2 支，外支 external ramus 分布于环甲肌；内支 internal ramus 入喉内分布于喉黏膜（图 12-26）。

迷走神经分出上述 2 支后与颈交感干并行，被结缔组织鞘包裹形成迷走交感干 vagosympathetic trunk，沿颈总动脉的

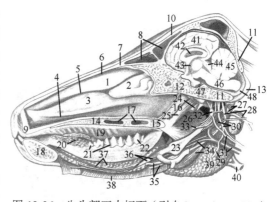

图 12-26　牛头部正中切面（引自 Popesko，1985）
1. 上鼻甲；2. 中鼻甲；3. 下鼻甲；4. 下鼻道；5. 中鼻道；6. 上鼻道；7. 鼻骨；8. 额窦；9. 鼻中隔软骨；10. 额骨；11. 枕骨；12. 蝶骨；13. 枕髁；14. 上颌骨腭突；15. 腭骨水平板；16. 鼻黏膜；17. 腭窦；18. 下颌骨；19. 腭嵴；20. 锥状颊乳头；21. 前臼齿（乳齿）；22. 第 1 臼齿；23. 舌骨；24. 腭帆提肌；25. 腭帆张肌；26. 翼肌；27. 二腹肌后腹、副神经；28. 舌下神经、咽后外侧淋巴结；29. 喉前神经；30. 迷走神经、枕动脉；31. 颈总动脉、交感干；32. 颈前神经节；33. 舌咽神经；34. 茎突舌骨肌、舌面干；35. 舌静脉、舌下神经；36. 舌神经和动脉；37. 舌下腺、下颌腺管；38. 下颌舌骨肌；39. 下颌腺；40. 颈外静脉；41. 大脑半球；42. 侧脑室；43. 第 3 脑室；44. 中脑顶盖；45. 小脑；46. 延髓；47. 海绵窦；48. 硬脑膜

背侧向后延伸，在胸腔入口处两神经分开，交感干走向背侧至颈中神经节，迷走神经在食管左侧或气管右侧面入胸腔，在心前方分出心支和喉返神经。①心支 cardiac branch，与交感神经的心支和喉返神经的心支共同组成心丛，分布于心和大血管。②喉返神经 recurrent laryngeal nerve，转向内侧，左侧的绕过主动脉弓后方向前延伸，初行于气管与食管之间，到颈部则位于食管腹侧；右侧的绕过右锁骨下动脉后沿气管腹外侧向前延伸。双侧喉返神经前行途中发出分支至气管、食管和心丛，其末部为喉后神经 caudal laryngeal nerve，分布于除环甲肌以外的所有喉肌。马、牛左侧喉后神经麻痹导致喉偏瘫（喘鸣症）。

迷走神经分出上述 2 支后，继续向后延伸经过心基上方，分出支气管支和食管支，分布于肺和食管，然后分为背侧支和腹侧支。两侧背侧支联合形成迷走神经背侧干 dorsal vagal trunk，腹侧支联合形成迷走神经腹侧干 ventral vagal trunk，分别沿食管背侧面和腹侧面向后延伸，经膈的食管裂孔入腹腔（图 10-4）。

迷走神经背侧干转向贲门右侧，分出数个分支，主干延续为瘤胃背侧支。腹腔支穿过腹腔肠系膜前神经节，与交感神经一起伴随动脉分支分布于腹腔器官。瘤胃右支分布于瘤胃背囊和腹囊；瘤胃房支分布于瘤胃房；瘤胃前沟支、胃沟支、网胃后支、皱胃大弯支、瓣胃支和皱胃脏面支分别分布于胃沟、网胃、瓣胃和皱胃。迷走神经腹侧干至瘤胃左侧面，发出交通支与背侧干相连，分出瘤胃房支、网胃前支、幽门支、肝支、胃沟支、瓣胃支和皱胃壁面支分布于瘤胃房、网胃膈面、胃沟、瓣胃和皱胃（图 12-27）。

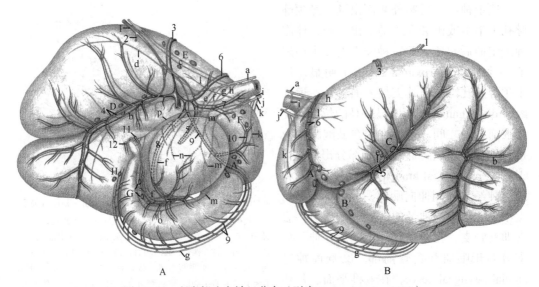

图 12-27　牛腹部迷走神经分布（引自 Budras et al.，2003）

A. 瘤胃右侧面；B. 瘤胃左侧面。1. 腹腔动脉；2. 肝动脉；3. 脾动脉和静脉；4. 瘤胃右动脉和静脉；5. 瘤胃左动脉；6. 网胃动脉和静脉；7. 食管后支；8. 胃左动脉和静脉；9. 胃网膜左动脉和静脉；10. 网胃副动脉和静脉；11. 胃右动脉和静脉；12. 胃网膜右动脉和静脉；A′. 网皱胃淋巴结；B′. 瘤皱胃淋巴结；C. 瘤胃左淋巴结；D. 瘤胃右淋巴结；E. 脾淋巴结（胃房淋巴结）；F. 网胃淋巴结；G. 皱胃背侧淋巴结；H. 皱胃腹侧淋巴结；a. 迷走神经背侧干；b. 瘤胃右支；c. 至腹腔丛支；d. 瘤胃背侧支；e. 瘤胃左支；f. 迷走神经背侧干分支；g. 至皱胃大弯的分支；h. 胃房支；i. 交通支；j. 迷走神经腹侧干；k. 网胃前支；l. 胃房支；m. 迷走神经腹侧干分支；n. 瓣胃支；o. 皱胃壁面支；p. 幽门长支

十一、副 神 经

副神经 accessory nerve 为运动神经，内含特殊内脏运动纤维，由颅根和脊髓根组成。颅根 cranial root 纤维起始于延髓疑核后部，从延髓外侧出脑。脊髓根 spinal root 纤维起始于颈髓腹角运动神经元，从脊神经背侧根与齿状韧带之间出脊髓并汇成一神经干，向前延伸经枕骨大孔入颅腔。两根合并形成副神经，经颈静脉孔（牛）或破裂孔（马）出颅腔，分为两支，内支加入迷走神经，分布于喉肌；外支经枕动脉外侧、下颌腺深面向后延伸，越过第 1 颈神经腹侧支分为背侧支和腹侧支。背侧支在肩胛横突肌与锁枕肌之间伸至斜方肌并支配该肌；腹侧支分布于胸头肌和臂头肌（图 12-24，图 12-26）。

十二、舌 下 神 经

舌下神经 hypoglossal nerve 为舌的运动神经，内含一般躯体运动纤维，起始于延髓舌下神经核，从锥体后端两侧出脑，经舌下神经管出颅腔，经枕动脉内侧及颈总动脉外侧向前腹侧延伸，再经二腹肌内侧与舌肌外侧向前延伸，分支分布于舌骨肌和舌肌（图 12-26，表 12-1）。

表 12-1　脑神经的分支及其分布

神经	编号	分支 / 纤维功能	分布区域	备注
I		嗅神经（特殊感觉）	鼻腔后部的嗅区	其神经元在嗅黏膜，突触在嗅球
II		视神经（特殊感觉）	视网膜视部	间脑的外突
III		动眼神经（m；psy）		起始于中脑，经眶圆孔出颅腔
	1	.背侧支（m）	上直肌、上睑提肌	
	2	.腹侧支（m；psy）	内直肌、下直肌、下斜肌	psy 在睫状神经节换元，经睫状神经至眼球
IV		滑车神经（m）	上斜肌	起始于中脑，经眶圆孔出颅腔
V		三叉神经		起始于菱脑和中脑；为第一咽弓神经
V1		.眼神经（s）	鼻背、筛骨、泪腺、上眼睑	经眶圆孔出颅腔
	3	..鼻睫神经（s）		
	4	...筛神经（s）	鼻黏膜背侧部	经筛孔和筛板入鼻腔
	5	...滑车下神经（s）	结膜、第 3 眼睑、泪阜、内眼角皮肤	在滑车下方越过眶背侧缘，可能到达角突
	6	...睫状长神经（s；psy）	虹膜和角膜、睫状肌	psy 纤维来自睫状神经节
	7	..泪腺神经（s；psy；sy）	泪腺、外眼角的皮肤和结膜	细的内外侧支与来自额神经的交通支汇合之后，联合形成颧颞支
	8	...颧颞支	颞部皮肤	
	9	....角支	角真皮	去角麻醉
	10	..额神经（s）	额部皮肤和上眼睑	以眶上神经止于额部皮肤

神经	编号	分支 / 纤维功能	分布区域	备注
V2		.上颌神经（s）		经眶圆孔出颅腔
	11	..颧神经（s；psy）		与泪腺神经有交通支
	12	...颧面支（s）	下眼睑	自外眼角出眶
	13	..翼腭神经（s；psy）		psy 纤维来自翼腭神经节
	14	...腭大神经（s；psy）	硬腭黏膜和腺体	经腭后孔、腭管和腭大孔走行
	15	...腭小神经（s；psy）	软腭及其腺体	经腭小孔出腭管
	16	...鼻后神经	鼻腔腹侧部，腭	经蝶腭孔入鼻腔
	17	..眶下神经（s）	鼻背、鼻孔和上唇皮肤	经上颌孔、眶下管和眶下孔走行
V3		.下颌神经（s；m）		经卵圆孔出颅腔
	18	..咀嚼肌神经（m）		
	19	...颞深神经（m）	颞肌	
	20	...咬肌神经（m）	咬肌	经下颌切迹走行
	21	..翼内、外侧肌神经（m）	翼内侧肌和翼外侧肌	颊神经根部有耳神经节（s；psy），牛的此神经节大
	22	..鼓膜张肌神经（m）	鼓膜张肌	进入鼓室
	23	..腭帆张肌神经（m）	腭帆张肌	
	24	..耳颞神经（s；psy；sy）	耳和颞部的皮肤，腮腺	绕过下颌颈，psy 纤维来自耳神经节
	25	...与面神经交通支（s）		与颊背侧支相连
	26	..颊神经（s；psy）	颊黏膜和颊腺	psy 纤维来自耳神经节
	27	...腮腺支（psy）	腮腺	伴腮腺管经血管沟后行
	28	..舌神经（味觉；s；psy）	口腔底和舌的感觉，舌前 2/3 的味觉	从鼓索接受味觉，s 和 psy 纤维，psy 纤维在下颌神经节换元
	29	...舌底神经（s；psy）	口腔底前部的黏膜	携带 psy 纤维至下颌神经节和舌下神经节
	30	..下齿槽神经（s）	下颌齿和齿龈	经下颌孔和下颌管走行
	31	...下颌舌骨肌神经（m）	下颌舌骨肌，二腹肌前腹	
	32	..颏神经（s）	颏和下唇的皮肤与黏膜	经颏孔出下颌管
VI		展神经（m）	外直肌，眼球退缩肌外侧部	起始于菱脑，自眶圆孔出颅腔
VII		面神经（味觉；m；psy）	面肌和耳肌，泪腺和唾液腺	经内耳道进入面神经管，自茎乳突孔走出；为第 2 咽弓神经
	33	.岩大神经（psy）	鼻腺、腭腺、泪腺	加入岩深神经（sy）形成翼管神经，进入翼腭神经节
	34	.镫骨肌神经（m）	镫骨肌	
	35	.鼓索（味觉；psy）	下颌腺和舌下腺，舌前 2/3 味觉	经岩鼓裂离开岩颞骨，加入舌神经
	36	.耳内支（s）	耳廓内面	穿经耳软骨
	37	.耳后神经（m）	耳肌	与前 2 颈神经背侧支有交通支
	38	.二腹肌支（m）	二腹肌后腹	

续表

神经	编号	分支／纤维功能	分布区域	备注
VII		腮腺丛（psy）	腮腺	神经冲动来自耳睑神经
	39	.耳睑神经（m）		与耳颞神经有交通支
	40	..耳前支（m）	耳前肌	
	41	..颞支（m）	眼轮匝肌、眼角提肌、额肌	以睑支终止
	42	.颊背侧支（m）	上唇、鼻镜和鼻孔肌	与耳颞神经有交通支
	43	.颊腹侧支（m）	颊肌、下唇降肌	与面动脉和静脉一起经血管沟走行
VIII		前庭蜗神经（特殊感觉）		起始于延髓，进入内耳孔
		.蜗神经（听觉）	耳蜗螺旋器	一级神经元：耳蜗螺旋神经节；二级神经元：菱脑
		.前庭神经（平衡觉）	半规管壶腹、椭圆囊斑和球囊斑	一级神经元：前庭神经节；二级神经元：菱脑
IX		舌咽神经（味觉；s；m；psy）	舌和咽黏膜、扁桃体、鼓室	起始于延髓，经颈静脉孔出颅腔；为第3咽弓神经
	44	.咽支（s；m）	咽黏膜、茎突咽后肌	与迷走神经的咽支一起形成咽丛
	45	.舌支（味觉；s；psy）	软腭和舌根黏膜及其味蕾	分为背侧支和腹侧支之前，该神经上有外侧咽神经节
X		迷走神经（s；m；psy）	头、颈、胸和腹腔内脏	起始于延髓，经颈静脉孔出颅腔；为第4咽弓神经
	46	.耳支（s）	外耳道皮肤	进入面神经管，加入面神经
	47	.咽支（s；m）	咽肌和咽黏膜	参与形成咽丛；终末为食管支
	48	.喉前神经（s；m）		为远神经节的分支，越过咽支外侧
	49	..外支（m）	环甲肌	加入咽支
	50	..内支（s）	声门裂前方的喉黏膜	经甲状裂走行
		.喉返神经（s；m；psy）	至心丛、气管和食管的分支	自胸部迷走神经分出，转向前行
		..喉后神经（s；m）	除环甲肌以外的所有喉肌，声门裂后方的喉黏膜	
XI		副神经（m）		经颈静脉孔出颅腔
	51	.颅根：内支（m）		起始于延髓，加入迷走神经，发出运动纤维
	52	.脊髓根：外支（m）		起始于颈部脊髓
		..背侧支（m）	斜方肌和锁枕肌	
		..腹侧支（m）	锁乳突肌和胸头肌	
XII		舌下神经（m）	固有舌肌、颏舌肌、茎突舌肌、舌骨舌肌；与第1颈神经的腹侧支一起分布于颏舌骨肌和甲状舌骨肌	起始于延髓，经舌下神经管出颅腔，与第1颈神经形成颈袢

注：s. 感觉纤维；m. 运动纤维和本体感觉纤维；sy. 交感纤维；psy. 副交感神经纤维。

表中的神经分支编号与图 12-24 的相同

第五节 脊 神 经

脊神经 spinal nerve 是与脊髓相连的周围神经，呈节段性排列，每一对脊神经与一个脊髓节段相连。脊神经按部位分为颈神经 cervical nerve、胸神经 thoracic nerve、腰神经 lumbar nerve、荐神经 sacral nerve 和尾神经 caudal nerve。各种家畜的脊神经数因椎骨数不同而异（表 12-2）。

表 12-2 家畜脊神经的数目

名称	牛	马	猪	犬	兔
颈神经（对）	8	8	8	8	8
胸神经（对）	13	18	14～15	13	12～13
腰神经（对）	6	6	7	7	7～8
荐神经（对）	5	5	4	3	4
尾神经（对）	5～6	5～6	5	5～6	6
合计（对）	37～38	42～43	38～39	36～37	37～39

脊神经为混合神经，内含 4 种纤维成分：①躯体传入纤维，神经元胞体位于脊神经节，其周围突分布于皮肤和骨骼肌的外感受器与本体感受器，中枢突止于脊髓背侧角或延髓；②内脏传入纤维，神经元胞体位于脊神经节，其周围突分布于心血管和胸腹腔脏器的内感受器，中枢突止于脊髓灰质；③躯体传出纤维，起始于脊髓腹侧角运动神经元，支配骨骼肌；④内脏传出纤维，起始于脊髓灰质中间外侧核的植物性节前神经元，换元后节后纤维支配心肌、平滑肌和腺体（图 12-28）。

每一脊神经由背侧根和腹侧根组成。背侧根 dorsal root 为感觉根，内含传入纤维，由背外侧沟进入脊髓，背侧根在椎间孔附近有脊神经节 spinal ganglion，内含假单极神经元。

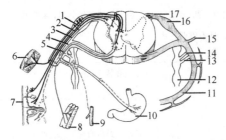

图 12-28 脊神经组成模式图（引自刘执玉，2007）
1. 躯体感觉纤维（触觉）；2. 躯体感觉纤维（痛觉）；3. 内脏感觉纤维；4. 内脏运动纤维；5. 躯体运动纤维；6. 肌梭；7. 皮肤；8. 骨骼肌；9. 动脉；10. 内脏器官；11. 脊神经腹侧支；12. 交感干神经节；13. 白交通支；14. 灰交通支；15. 脊神经背侧支；16. 脊神经节；17. 背侧根

腹侧根 ventral root 为运动根，内含传出纤维，起自脊髓腹侧角运动神经元，从腹外侧沟走出脊髓。背侧根和腹侧根在硬膜外腔内联合形成脊神经。脊神经经椎间孔或椎外侧孔出椎管，分为背侧支和腹侧支。一般来说，背侧支分布于脊柱背侧的肌肉和皮肤，腹侧支分布于脊柱腹侧及四肢的肌肉和皮肤；分布于肌肉的称肌支，分布于皮肤的称皮支，分布于关节的称关节支，连接两神经干的分支称交通支。

一、颈 神 经

1. 背侧支 分为内侧支和外侧支。内侧支位于头半棘肌内侧，外侧支位于头半棘肌与夹肌之间，分布于颈背外侧的肌肉和皮肤。特殊的背侧支有：①枕下神经，为第 1

颈神经背侧支，分布于头后斜肌、头背侧大直肌、耳后肌及其附近的皮肤；②枕大神经，为第 2 颈神经背侧支，分布于耳后肌、头后斜肌和颈背侧面的皮肤。

2. 腹侧支 分布于颈腹外侧和前肢的肌肉与皮肤。特殊的腹侧支有：①耳大神经，成自第 2 颈神经的腹侧支，分布于外耳皮肤；②颈横神经，成自第 2 颈神经的腹侧支，分布于腮腺部和下颌间隙的皮肤（图 3-26）；③锁骨上神经，成自第 5～6 颈神经的腹侧支，分布于肩部和胸部皮肤；④参与构成臂神经丛。

3. 颈丛 重要的肌支有：①颈袢 ansa cervicalis，由第 1 颈神经腹侧支与舌下神经相连而成，分布于胸骨甲状舌骨状肌和肩胛舌骨肌；②膈神经 phrenic nerve，成自第 5～7 颈神经的腹侧支，经胸前口入胸腔，沿纵隔向后延伸，横过心底部，分布于膈。

二、胸 神 经

1. 背侧支 分为内侧支和外侧支。内侧支沿背多裂肌表面走行，分布于多裂肌、棘肌等；外侧支从胸腰最长肌与髂肋肌之间穿出，分布于脊柱背侧的肌肉和皮肤。

2. 腹侧支 又称肋间神经 intercostal nerve，伴随肋间背侧动脉沿相应肋骨的后缘向下延伸，分布于肋间肌、胸廓横肌、胸直肌、腹壁肌、乳腺、躯干皮肌和皮肤。前两对胸神经的腹侧支参与构成臂神经丛。最后胸神经的腹侧支称肋腹神经 costoabdominal nerve，从腰方肌背侧穿出，向后越过第 1 腰椎横突末端的前下方，然后沿最后肋骨的后缘向下延伸，在最后肋骨腹侧端附近分为 2 支。外侧支穿过腹内斜肌和腹外斜肌，分布于躯干皮肌和皮肤；内侧支行经腹内斜肌与腹横肌之间入腹直肌，分布于腹壁。

三、腰 神 经

1. 背侧支 分为内侧支和外侧支，分布于腰部的肌肉和皮肤。其中后 3 对腰神经的外侧支形成臀前皮神经 cranial clunial nerve，分布于臀部皮肤。

2. 腹侧支 主要构成腰荐神经丛，也有分支至腰下肌。

四、荐 神 经

1. 背侧支 从荐背侧孔走出，分为内侧支和外侧支，分布于荐骨及附近尾背侧面的肌肉。前 3 对荐神经外侧支形成臀中皮神经 middle clunial nerve，分布于臀部皮肤。

2. 腹侧支 经荐盆侧孔走出，主要参与形成荐神经丛，其中前两个荐神经腹侧支形成腰荐干，其余形成阴部神经、会阴神经和直肠后神经。

五、尾 神 经

背侧支和腹侧支出椎间孔后分别联合形成尾背侧丛和尾腹侧丛，向后伸达尾尖，分布于尾背侧和腹侧的肌肉与皮肤。

六、臂 神 经 丛

臂神经丛 brachial plexus 位于肩关节的内侧，由最后 3 个颈神经（C_6~C_8）和前 2 个胸神经（T_1~T_2）的腹侧支组成，穿过腹侧斜角肌，主要分布于前肢。由臂神经丛分出以下神经（图 12-29，图 12-30）。

1. 肩胛上神经 suprascapular nerve　由臂神经丛前部发出，纤维来自第 6 和第 7 颈神经（C_6~C_7）的腹侧支，经冈上肌与肩胛下肌之间绕过肩胛骨的前缘，分布于冈上肌和冈下肌。由于位置关系，临床上常见肩胛上神经麻痹。

2. 肩胛下神经 subscapular nerve　纤维来自 C_6~C_7 腹侧支，常有 2 支，分布于肩胛下肌。

3. 肌皮神经 musculocutaneous nerve　由臂神经丛前部发出，纤维来自 C_6~C_8 腹侧支，经腋动脉外侧和腹侧与正中神经相连形成腋袢 axillary loop，在臂的近端发出近肌支至喙臂肌和臂二头肌，主干伴正中神经向下延伸，至臂的中部与正中神经分开，分出远肌支分布于臂二头肌和臂肌，主干延续为前臂内侧皮神经，从臂二头肌和臂头肌之间穿出至前臂内侧面，分布于前臂和腕背内侧面的筋膜与皮肤。犬的肌皮神经不与正中神经相连形成神经干，而是单独走行。

4. 腋神经 axillary nerve　由臂神经丛中部发出，纤维来自 C_7~C_8，向后下方经肩胛下肌与肩胛下动脉之间走向外侧，分支分布于肩胛下肌、大圆肌、小圆肌和三角肌。腋神经在三角肌深面分出前臂前皮神经，从三角肌肩峰部与肩胛部之间或三角肌与臂三头肌长头之间走出，分布于前臂背内侧面的皮肤。

5. 胸肌前神经 cranial pectoral nerve　有数支，纤维主要来自 C_7~C_8 的腹侧支，分布于胸降肌、胸横肌和锁骨下肌。

6. 胸肌后神经 caudal pectoral nerve　纤维成自 C_7~C_8 的腹侧支，分布于胸升肌。

7. 胸长神经 long thoracic nerve　纤维成自 C_7~C_8 的腹侧支，经斜角肌之间走向外侧，分布于胸腹侧锯肌（及山羊的颈腹侧锯肌）。

8. 胸背神经 thoracodorsal nerve　纤维主要来自 C_7~C_8 的腹侧支，横越大圆肌表面主要分布于背阔肌，在绵羊还分布于大圆肌和胸深肌。

9. 胸外侧神经 lateral thoracic nerve　纤维来自 C_8 和 T_1~T_2 的腹侧支，伴胸外静脉向后延伸，分布于躯干皮肌、胸壁和腹壁的皮肤。

10. 桡神经 radial nerve　由臂神经丛后部发出，纤维成自 C_7~C_8 和 T_1 的腹侧支，走向后腹侧，经大圆肌、臂三头肌长头和内侧头之间进入肱骨臂肌沟，分为深支和浅支。沿途分出肌支至前臂筋膜张肌、臂三头肌和肘肌。深支穿过臂肌和腕桡侧伸肌，分布于腕和指的伸肌。浅支从臂肌和腕桡侧伸肌之间走出，在臂三头肌外侧头下缘分出前臂外侧皮神经，分布于前臂背外侧的皮肤，主干沿腕桡侧伸肌内侧向下伸至腕部和掌部，在掌指关节上方分为指背侧第 2 总神经（内侧支）和指背侧第 3 总神经（外侧支），分布于第 3 和第 4 指的背侧（图 12-30）。桡神经因其位置和路径，易受压迫、牵引而损伤，临床上可见桡神经麻痹。桡神经麻痹位置较低时，丧失伸腕伸指的能力；麻痹位置较高时，不能伸展肘、腕和指关节，该肢不能负重，处于屈曲状态。

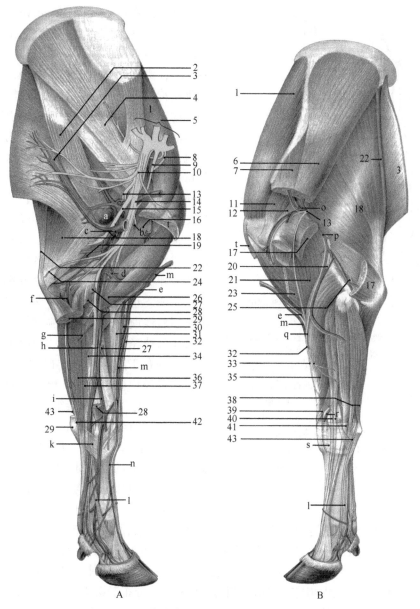

图 12-29　牛前肢神经（引自 Budras et al., 2003）

A. 内侧面；B. 外侧面。a. 腋固有淋巴结；b. 肌皮神经近肌支及旋肱前动脉和静脉；c. 臂动脉和静脉；d. 肌皮神经远肌支及臂二头肌动脉和静脉；e. 肘正中静脉；f. 尺侧副动脉和静脉；g. 前臂深动脉和静脉；h. 正中动脉和静脉；i. 桡动脉和静脉；k. 屈肌支持带；l. 骨间肌远轴侧伸肌支；m. 头静脉；n. 副头静脉；o. 旋肱后动脉和静脉；p. 桡侧副动脉；q. 前臂浅前动脉；r. 骨间前动脉和静脉腕背侧支；s. 伸肌支持带；t. 胸深肌内侧和外侧止点腱（断端）；1. 冈上肌；2. 大圆肌；3. 背阔肌和胸背神经；4. 肩胛下肌和肩胛下神经；5. 臂神经丛根；6. 三角肌肩胛部；7. 三角肌肩峰部；8. 肩胛上神经；9. 肌皮神经；10. 尺神经；11. 冈下肌；12. 小圆肌；13. 腋神经；14. 正中神经；15. 桡神经；16. 喙臂肌；17. 臂三头肌外侧头；18. 臂三头肌长头；19. 臂三头肌内侧头；20. 桡神经深支；21. 臂肌；22. 前臂筋膜张肌；23. 锁臂肌（三角肌锁骨部）；24.（尺神经）前臂后皮神经；25. 肘肌；26. 臂二头肌；27. 旋前圆肌；28. 腕桡侧屈肌；29. 腕尺侧屈肌；30.（腋神经）前臂前皮神经；31.（肌皮神经）前臂内侧皮神经；32. 桡神经浅支；33.（桡神经）前臂外侧皮神经；34. 指深屈肌；35. 腕桡侧伸肌；36. 指浅屈肌浅部；37. 指浅屈肌深部；38. 腕尺侧伸肌；39. 拇长展肌；40. 指总伸肌；41. 指外侧伸肌；42. 尺神经掌侧支；43. 尺神经背侧支

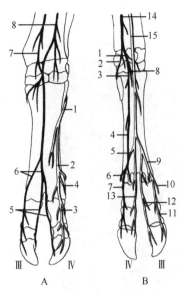

图 12-30　牛前脚部神经（引自 Constantinescu and Schaller，2012）

A. 背侧面：1. 尺神经背侧支；2. 指背侧第 4 总神经；3. 第 4 指背远轴侧固有神经；4. 第 5 指背固有神经；5. 指背侧固有神经；6. 指背侧第 2、3 总神经；7. 前臂内侧皮神经；8. 桡神经浅支。B. 掌侧面：1. 尺神经掌侧支；2. 尺神经背侧支；3. 1 的浅支；4. 指掌侧第 4 总神经；5. 正中神经外侧支与尺神经掌侧支的交通支；6. 第 5 指掌侧固有神经；7. 第 4 指掌远轴侧固有神经；8. 1 的深支；9. 指掌侧第 2 总神经；10. 第 2 指掌侧固有神经；11. 第 3 指掌远轴侧固有神经；12. 第 3 指掌轴侧神经；13. 第 4 指掌轴侧神经；14. 尺神经；15. 正中神经。Ⅲ. 第 3 指；Ⅳ. 第 4 指

11. 正中神经 median nerve　　从臂神经丛的后部发出，纤维来自 C_8 和 $T_1 \sim T_2$ 的腹侧支，经腋动脉内侧与肌皮神经相连形成一总干，沿臂动脉前缘向下延伸，至臂中部与肌皮神经分开后，经肘关节内侧进入前臂正中沟。正中神经在前臂近端分出肌支分布于旋前圆肌、腕桡侧屈肌、腕尺侧屈肌和指屈肌；分出前臂骨间神经进入前臂骨间隙，分布于骨膜。然后正中神经沿指浅屈肌内侧面向下延伸，在掌远端分为内、外侧支。内侧支很快分成指掌侧第 2 总神经和第 3 指掌轴侧神经（在牛常见与第 4 指掌轴侧神经联合形成指掌侧第 3 总神经，当其进入指间隙后又分开），分布于悬蹄、第 3 和第 4 指掌侧面。外侧支也分成 2 支，一支为交通支，经指浅屈肌浅面与尺神经掌侧支相连形成指掌侧第 4 总神经，另一支延续为第 4 指掌轴侧神经，分布于第 4 指（图 12-30）。牛正中神经和尺神经均被切断时，出现不同关节的过度伸展，具有"鹅步"特征。

12. 尺神经 ulnar nerve　　从臂神经丛的后部发出，纤维成自 C_8 和 $T_1 \sim T_2$ 的腹侧支，沿臂动脉的后缘走向后下方至肘关节，伴随尺侧副动脉经尺沟伸向腕部，在副腕骨上方分为背侧支和掌侧支。尺神经在臂中部分出前臂后皮神经分布于前臂后面的皮肤；在臂远端分出肌支分布于腕尺侧屈肌和指屈肌。背侧支从腕尺侧屈肌和腕尺侧伸肌腱之间穿出，经掌部背外侧面下行延续为指背侧第 4 总神经，分布于第 4 指背侧面。掌侧支沿指浅屈肌向下延伸，分出深支至骨间肌；浅支与正中神经的交通支相连形成指掌侧第 4 总神经，分布于第 4 指（图 12-30）。

马前脚部神经支配特点如下。

1）马桡神经也分为深支和浅支，但浅支仅为前臂外侧皮神经，分布于前臂前外侧面的皮肤，最远只达腕部。支配掌背侧面的皮神经由肌皮神经的前臂内侧皮神经（分布于背内侧面）和尺神经的背侧支（分布于背外侧面）代替。

2）马正中神经在腕关节上方分为掌内侧神经和掌外侧神经。掌内侧神经（指掌侧第 2 总神经）沿指深屈肌腱内侧缘向下延伸，在掌中部分出交通支，斜向越过指浅屈肌腱浅面与掌外侧神经相连，在掌指关节处延续为指掌内侧神经，分出背侧支分布于指背侧面，主干分布于指掌侧面，为缓解与舟骨疾病有关的疼痛，常切断指掌内侧神经与指掌外侧神经。掌外侧神经（指掌侧第 3 总神经）在腕部与尺神经掌侧支汇合，沿指深屈肌腱外侧面向下延伸，接受掌内侧神经的交通支，在掌指关节处延续为指掌外侧神经，分支分

布情况同指掌内侧神经。掌外侧神经在腕远端发出深支，后者分出一支至骨间中肌后，分成掌心内、外侧神经。

3）马的尺神经在腕关节上方分为背侧支和掌侧支。背侧支从腕尺侧屈肌和腕尺侧伸肌止点腱之间走出，分支分布于腕和掌背外侧面的筋膜和皮肤。掌侧支在腕尺侧屈肌腱下方与掌外侧神经合并。

七、腰荐神经丛

腰荐神经丛 lumbosacral plexus 由腰神经丛 lumbar plexus、荐神经丛 sacral plexus 和腰荐干 lumbosacral trunk 组成。腰荐干为来自腰神经丛加入荐神经丛的分支。

（一）腰神经丛（图 12-31）

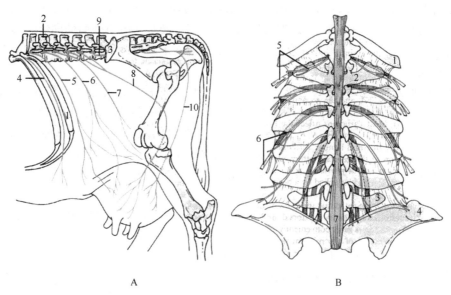

图 12-31　牛腰神经丛（引自 Dyce et al.，2010）

A. 腹壁和乳房的神经：1. 最后肋骨；2. 第 2 腰椎（L₂）棘突；3. 髋结节；4. 第 12 肋间神经；5. 肋腹神经；6. 髂腹下神经；7. 髂腹股沟神经；8. 生殖股神经；9. 第 5 腰神经；10. 会阴腹侧神经。B. 牛腰神经与腰椎横突的关系：1. 最后肋骨；2. 第 1 腰椎；3. 第 6 腰椎；4. 髋结节；5. 第 13 胸神经的背、腹侧支；6. 第 2 腰神经的背、腹侧支；7. 棘上韧带

1. 髂腹下神经 iliohypogastric nerve　　为第 1 腰神经的腹侧支，从腰方肌与腰大肌之间走出，经第 2 腰椎横突末端腹侧向后下方延伸，在髋结节水平、腹膜外面分为内侧支和外侧支。外侧支经腹横肌与腹内斜肌之间及腹内斜肌与腹外斜肌之间走向腹侧，在髋结节下方穿出腹外斜肌，分布于腹侧壁的皮肤，途中有肌支至腹横肌和腹外斜肌。内侧支穿过腹横肌至腹直肌，再穿过腹直肌及腹内斜肌和腹外斜肌腱膜分布于腹底壁的皮肤。猪和犬的第 1 腰神经的腹侧支称为髂腹下前神经，第 2 腰神经的腹侧支称为髂腹下后神经。

2. 髂腹股沟神经 ilioinguinal nerve　　为第 2 腰神经的腹侧支，从腰横突间肌与腰大肌之间走出，有分支至腰肌和腰方肌，主干经第 4 腰椎横突末端腹侧向后下方延伸，在髋结节平面、腹膜外面分为内侧支和外侧支。外侧支经腹内斜肌与腹外斜肌之间走向腹侧，在髋结节前下方穿出腹外斜肌，分布于膝褶外侧的皮肤。内侧支穿过腹横肌至腹直肌，再穿过腹直肌及腹内斜肌和腹外斜肌腱膜，分布于腹底壁的皮肤。猪和犬的髂腹股沟神经为第 3 腰神经的腹侧支。

3. 生殖股神经 genitofemoral nerve　为第 3 腰神经的腹侧支，第 2 和第 4 腰神经的腹侧支也有纤维参与组成，在腰大肌与腰小肌之间走向后下方，并有肌支至腰肌和腰方肌，主干分为生殖支和股支，伴旋髂深动脉向后延伸，以后随髂外动、静脉在腹膜外表走向腹侧至腹股沟管，此 2 支通常合并后入腹股沟管，在管内又重新分开，出腹股沟管浅环，分布于母畜的乳房，公畜的提睾肌、阴囊和包皮。马的股支分布于提睾肌和腹内斜肌，生殖支入腹股沟管，伴阴部外动脉出腹股沟管浅环，分布于外生殖器官和腹股沟部皮肤。

4. 股外侧皮神经 lateral cutaneous femoral nerve　纤维来自第 3 和第 4 腰神经腹侧支，在有些动物也来自第 5 腰神经的腹侧支，穿过腰肌在腹膜外面伸向髋结节，伴随旋髂深动脉后支穿过腹外斜肌，沿髂下淋巴结深面向下延伸，分布于股远侧和膝关节外侧面的皮肤。

5. 股神经 femoral nerve　为腰神经丛中最大的神经，纤维来自第 4～6 腰神经（L_4～L_6）的腹侧支，经腰大肌与髂肌之间走出，有分支至髂腰肌，在耻骨梳平面分出隐神经，主干伴随旋股外侧动脉经股直肌与股内侧肌之间入股四头肌。隐神经 saphenous nerve 从缝匠肌后缘走出，并有分支至此肌，伴随隐静脉沿后肢内侧面向下延伸，分布于股部和小腿内侧面的皮肤，在马向下可达系关节。股神经被破坏会导致膝关节的被动屈曲、肢体不能负重以及该肢内侧面的感觉缺失。

6. 闭孔神经 obturator nerve　纤维来自 L_4～L_6 的腹侧支，在腹膜下沿髂骨体内侧伸向闭孔，有分支至闭孔外肌盆内部，出闭孔后分布于内收肌、耻骨肌、股薄肌和闭孔外肌。该神经易被胎儿挤压受损，引起前述 4 肌麻痹。

临床应用：在做剖宫产和瘤胃切开手术麻醉时，常封闭 T_{13} 和 L_1～L_2 的背外侧支与腹侧支，一般在其经过第 1、2 和 4 腰椎横突末端的地方封闭。在做乳房手术麻醉时，常封闭 L_1～L_4 的腹侧支和阴部神经的乳房支，阻滞 L_3～L_4 的腹侧支时必须靠近椎体注射麻醉药物，因为它们向后形成生殖股神经。

（二）荐神经丛（图 12-32）

1. 臀前神经 cranial gluteal nerve　纤维来自 L_6 和第 1 荐神经（S_1）的腹侧支，经坐骨大孔出盆腔，分布于臀肌和阔筋膜张肌。

2. 臀后神经 caudal gluteal nerve　纤维来自 S_1～S_2（偶见 S_3）的腹侧支，经坐骨大孔出盆腔，沿荐结节阔韧带和臀深肌外面向后延伸，分为 2 支，背侧支分布于臀中肌，腹侧支分布于臀股二头肌。马的臀后神经分成背侧干和腹侧干，背侧干分布于臀中肌、臀浅肌和股二头肌；腹侧干分为肌支和股后皮神经。肌支至半腱肌。股后皮神经在坐骨结节下方从股二头肌与半腱肌之间走出，分布于臀股后外侧面。

3. 坐骨神经 sciatic nerve　是全身最粗大的神经，纤维来自 L_6 和 S_1～S_2 的腹侧

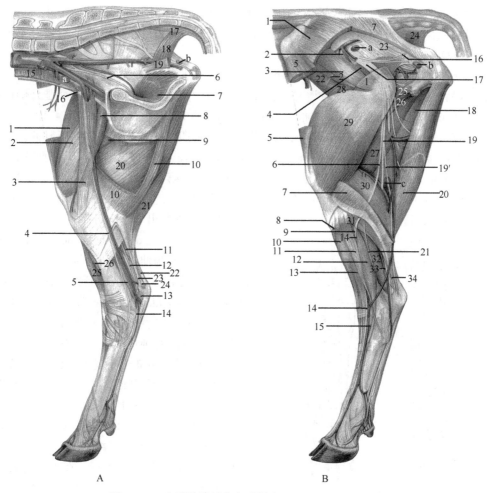

图 12-32　牛后肢神经分布（引自 Budras et al., 2003）

A. 后肢内侧面：a. 髂外淋巴结；b. 结节淋巴结；1. 股四头肌的股直肌；2. 股内侧肌；3. 缝匠肌；4. 隐神经；5. 趾深屈肌腱；6. 闭孔神经和静脉；7. 闭孔外肌（盆内部）；8. 耻骨肌；9. 内收肌；10. 股薄肌；11. 腓肠肌；12. 胫神经；13. 足底外侧神经；14. 足底内侧神经；15. 腹内斜肌；16. 腹外斜肌；17. 荐尾腹内侧肌；18. 尾骨肌；19. 肛提肌；20. 半膜肌；21. 半腱肌；22. 趾浅屈肌腱；23. 半腱肌跗骨腱；24. 腓肠肌腱；25. 第 3 腓骨肌；26. 胫骨前肌。B. 后肢外侧面：a. 臀淋巴结；b. 坐骨淋巴结；c. 腘淋巴结；1. 臀中肌；2. 臀前神经；3. 臀副肌；4. 臀深肌；5. 阔筋膜张肌；6. 腓总神经；7. 臀股二头肌；8. 胫骨前肌；9. 腓深神经；10. 第 3 腓骨肌；11. 腓骨长肌；12. 趾外侧伸肌；13. 趾长伸肌；14. 腓浅神经；15. 趾短伸肌；16. 臀后神经；17. 坐骨神经；18. 半膜肌；19. 胫神经；19′. 小腿后皮神经；20. 半腱肌；21. 小腿外侧皮神经；22. 髂肌；23. 荐结节阔韧带；24. 尾骨肌；25. 孖肌；26. 股方肌；27. 内收肌；28. 股四头肌的股直肌；29. 股外侧肌；30. 腓肠肌；31. 比目鱼肌；32. 趾深屈肌的趾外侧屈肌；33. 胫骨后肌；34. 臀股二头肌跗骨腱

支，经坐骨大孔出盆腔，在荐结节阔韧带和臀深肌之间走向后腹侧，在孖肌、闭孔外肌腱和股方肌表面经过股骨大转子与坐骨结节之间绕至髋关节后方，在臀股二头肌与内收肌、半腱肌和半膜肌之间下行，在股中部分为腓总神经和胫神经。坐骨神经在臀部和股部分出肌支分布于孖肌、股方肌、臀股二头肌、半腱肌和半膜肌。坐骨神经的主要分支如下（图 12-32）。

（1）股后皮神经 caudal femoral cutaneous nerve　　起始于坐骨神经背侧缘，在坐骨

小孔附近分为2支，内侧支经臀后动脉与阴部内动脉形成的夹角入盆腔，合并于阴部神经或其会阴深神经，外侧支缺失或加入阴部神经近皮支，或穿过股二头肌后缘分布于股后面的皮肤。

（2）腓总神经common fibular nerve　　在臀股二头肌与腓肠肌外侧头之间走向前下方，至胫骨外侧髁稍下方分为腓浅神经和腓深神经，并在股远端1/3处分出小腿外侧皮神经lateral cutaneous sural nerve，分布于小腿背外侧面的皮肤（图12-32，图12-33）。

1）腓浅神经superficial fibular nerve：沿趾外侧伸肌与腓骨长肌之间向下延伸，在跗背侧面分出趾背侧第4总神经common dorsal digital nerve Ⅳ，在跖中部分出趾背侧第2总神经common dorsal digital nerve Ⅱ，主干延续为趾背侧第3总神经common dorsal digital nerve Ⅲ，3条总神经均伸达趾部，分支分布于跖背侧面、悬趾、第3趾和第4趾。腓浅神经在其起始部附近发出肌支至趾外侧伸肌，在跟结节处发出分支至跗背侧面和关节囊。

2）腓深神经deep fibular nerve：初在腓骨长肌与趾外侧伸肌之间的沟中下行，然后沿趾长伸肌下行，在跖部延续为跖背侧第3神经dorsal metatarsal nerve Ⅲ，后者在系关节附近合并于趾背侧第3总神经，并有交通支与趾跖侧固有神经相连。腓深神经在近端分出肌支呈扇形分布于小腿背外侧面的跗屈肌和趾伸肌，在跗背侧面发出分支至趾短伸肌。

（3）胫神经tibial nerve　　初在腓肠肌两个头之间下行，分出肌支至腓肠肌外侧头、胭肌、比目鱼肌和趾深屈肌，然后在腓肠肌外侧头与趾浅屈肌之间下行，在小腿远端1/3位于跟腱前方，约在跟结节处分为足底内、外侧神经。胫神经在其起始部发出分支至趾浅屈肌和腓肠肌外侧头，还分出小腿后皮神经caudal cutaneous sural nerve，后者先在腓肠肌外侧头和臀股二头肌之间下行，于小腿中部至皮下，分布至小腿、跗和跖部后外侧的皮肤。

1）足底内侧神经medial plantar nerve：在骨间肌与屈肌腱之间的跖内侧沟中下行，至系关节上方分为趾跖侧第2总神经common plantar digital nerve Ⅱ和第3总神经common plantar digital nerve Ⅲ，分布于趾跖侧面的皮肤、悬趾、关节囊、第3趾和第4趾。

2）足底外侧神经lateral plantar nerve：在骨间肌与屈肌腱之间的跖外侧沟中下行，在跖近端分出深支至骨间肌，主干延续为趾

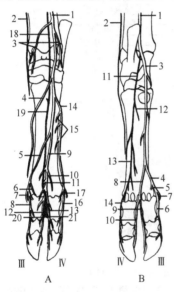

图12-33　牛后脚部神经（引自Constantinescu and Schaller，2012）

A. 背侧面：1. 腓浅神经；2. 隐神经；3，4，6，10，15. 皮支；5. 趾背侧第2总神经；7. 第2趾背侧轴侧固有神经；8. 第3趾背远轴侧固有神经；9. 趾背侧第3总神经；11. 与跖背侧第3神经的交通支；12. 第3趾背轴侧固有神经；13. 第4趾背轴侧固有神经；14. 趾背侧第4总神经；16. 第4趾背远轴侧固有神经；17. 第5趾背轴侧固有神经；18. 腓深神经；19. 跖背侧第3神经；20. 与第3趾跖轴侧固有神经交通支；21. 与第4趾跖轴侧固有神经交通支。B. 跖侧面：1. 胫神经；2. 小腿后皮神经；3. 足底内侧神经；4. 趾跖侧第2总神经；5. 第2趾跖侧固有神经；6. 第3趾跖远轴侧固有神经；7. 与第3趾背远轴侧固有神经的交通支；8. 趾跖侧第3总神经；9. 第3趾跖轴侧固有神经；10. 第4趾跖轴侧固有神经；11. 足底外侧神经；12. 深支；13. 趾跖侧第4总神经；14. 第4趾跖远轴侧固有神经。Ⅲ. 第3趾；Ⅳ. 第4趾

跖侧第 4 总神经 common plantar digital nerve Ⅳ，分布于关节囊、悬趾和第 4 趾（图 12-32，图 12-33）。

4. 阴部神经 pudendal nerve 纤维来自 $S_2 \sim S_4$ 的腹侧支，在髂内动脉背侧沿荐结节阔韧带内侧面向后腹侧延伸，分出肌支至尾骨肌和肛提肌；在坐骨小孔附近，分出近皮支和远皮支，分布于阴囊、阴唇和股后部的皮肤；分出会阴深神经 deep perineal nerve，后者接受股后皮神经的内侧支，经尾骨肌和肛提肌外侧面向后延伸，分支分布于尿道肌、肛门外括约肌、公畜的球海绵体肌和坐骨海绵体肌及母畜的阴道、前庭大腺和前庭缩肌。主干绕过坐骨弓在公畜分为阴茎背神经和包皮阴囊支，在母畜分出乳房支后成为阴蒂背神经。包皮阴囊支分布于包皮和阴囊。阴茎背神经 dorsal nerve of the penis 沿阴茎背外侧面向前延伸，分布于阴茎。阴蒂背神经 dorsal nerve of the clitoris 分布于阴蒂和阴道前庭。

5. 直肠后神经 caudal rectal nerve 纤维来自 S_4 或 $S_4 \sim S_5$ 的腹侧支，常有 2 支，在尾骨肌与直肠之间向后延伸，分支分布于直肠，尾骨肌，肛提肌，肛门外括约肌，肛门周围的皮肤，公畜的阴茎退缩肌，母畜的阴道前庭、前庭缩肌、阴蒂缩肌和阴唇。

马后脚部神经支配的特点如下。

1）腓总神经：通常在股中部从坐骨神经分出，在股二头肌与腓肠肌外侧头之间走向前下方，在趾外侧伸肌起始部分为腓浅神经和腓深神经。在股远端分出小腿外侧皮神经，于膝关节平面从股二头肌中、后部之间走出，分布于小腿外侧面的皮肤。腓浅神经分出肌支至趾外侧伸肌后，沿趾外侧伸肌与趾长伸肌之间的沟向下延伸，穿过小腿深筋膜，分支分布于跗、跖背外侧面的皮肤。腓深神经入趾外侧伸肌与趾长伸肌之间的沟中，分出肌支至小腿背外侧面的肌肉，然后沿趾长伸肌腱后面向下延伸，至跗关节背面分为跖背侧第 2 神经（内侧支）和跖背侧第 3 神经（外侧支），分布于后脚部趾短伸肌及背外侧面的皮肤。

2）胫神经：在腓肠肌两个头之间走向远端，分出肌支分布于小腿后方的肌肉，主干在跗关节上方分为足底内、外侧神经。胫神经在小腿部分出小腿后皮神经，伴外侧隐静脉下行，分布于跗部和跖部跖外侧面的皮肤。足底内侧神经经跗管至跖部，沿趾深屈肌腱内侧缘向下延伸，在跖中部分出交通支斜向越过趾浅屈肌腱浅面加入足底外侧神经。足底外侧神经沿趾屈肌腱外侧缘走行，在跖近端分出深支至骨间肌，并由该支分出跖底神经。足底内、外侧神经在跖部和趾部的分支分布情况与前肢的掌内、外侧神经相似。

第六节 自 主 神 经

自主神经 autonomic nerve 是指分布至内脏器官、血管和皮肤的平滑肌、心肌和腺体的神经，也称内脏神经 visceral nerve。自主神经与躯体神经一样，也包含感觉（传入）神经和运动（传出）神经，通常将内脏神经中的运动神经称为植物性神经 vegetative nerve。自主神经系统的功能是调节消化、呼吸、循环、代谢、体温、水平衡、生殖和许多其他的功能活动。实现这些功能的大多数机制也见于非意识性的动物，如睡眠和麻醉的动物，这就是"自主"autonomic 一词的由来。

一、植物性神经

1. 植物性神经的一般特征　　植物性神经与躯体运动神经相比，在起源、分布范围、形态结构和机能等方面有许多不同之处，概括为以下几个方面。

（1）起源不同　　躯体运动神经起始于脑干脑神经运动核和脊髓灰质腹侧角，而植物性神经则起自脑干脑神经副交感核及脊髓胸部、腰前部和荐部灰质中间外侧核。

（2）支配器官不同　　躯体运动神经支配骨骼肌，而植物性神经支配平滑肌、心肌和腺体。

（3）从中枢到效应器所需神经元数目不同　　躯体运动神经从中枢到效应器只需一个神经元，而植物性神经从中枢到效应器则需两个神经元。第一个神经元称节前神经元preganglionic neuron，其胞体位于脑干和脊髓内，其轴突称节前纤维，与第二个神经元构成突触。第二个神经元称节后神经元postganglionic neuron，其胞体位于植物性神经节内，其轴突称节后纤维，分布至效应器。节后神经元数目较多，一个节前神经元能与许多节后神经元构成突触，可使许多效应器同时活动。植物性神经节有3类：①椎旁神经节paravertebral ganglia，位于脊柱两侧，如交感神经干上的交感干神经节；②椎下神经节prevertebral ganglia，位于脊柱下方，如腹腔肠系膜前神经节、肠系膜后神经节；③终末神经节terminal ganglia，位于内脏器官壁内（器官内神经节）或器官附近（器官旁神经节），如盆神经节。植物性神经的节前纤维可能通过2个或2个以上的植物性神经节，但只在其中的一个神经节内更换神经元。

（4）分布方式不同　　躯体运动神经常以神经干的形式分布，而植物性神经则常攀附脏器或血管表面形成植物性神经丛，再由丛发出分支分布至效应器。

（5）神经纤维的粗细不同　　躯体运动神经纤维一般为较粗的有髓纤维，而植物性神经的节前纤维为细的有髓纤维，节后纤维为细的无髓纤维。

（6）受意识支配的程度不同　　躯体运动神经一般都受意识支配，而植物性神经则在一定程度上不受意识的直接控制，有相对独立性。

（7）神经分类不同　　躯体运动神经分为脑神经和脊神经，而植物性神经分为交感神经和副交感神经，且大多数器官受交感神经和副交感神经的双重支配。

2. 交感神经与副交感神经的区别　　交感神经与副交感神经均属内脏运动神经，而且经常共同支配同一个器官，形成双重神经支配，但两者在起源、分布范围、生理功能和末梢释放的化学递质等方面存在差异。

（1）节前神经元所在的部位不同　　交感神经的节前神经元位于脊髓胸段和腰前段（$T_1 \sim L_3$）灰质外侧角，副交感神经的节前神经元则位于脑干的脑神经副交感核和脊髓荐部（$S_2 \sim S_4$）灰质。

（2）节后神经元所在的部位不同　　交感神经的节后神经元位于椎旁神经节和椎下神经节，而副交感神经的节后神经元位于终末神经节。因此，交感神经节前纤维较短而节后纤维较长，副交感神经则节前纤维较长而节后纤维较短。

（3）分布范围不同　　交感神经的分布范围广泛，几乎全身所有的器官都有交感神经分布，而副交感神经的分布则比较局限。例如，皮肤和肌肉内的血管、汗腺、竖毛肌和肾上腺髓质等就缺乏副交感神经。

（4）节后纤维末梢释放的化学递质不同　　交感神经与副交感神经节前纤维末梢释放的化学递质均为乙酰胆碱，副交感神经节后纤维末梢释放的递质仍为乙酰胆碱，但大部分交感神经节后纤维末梢释放的则为去甲肾上腺素或肾上腺素，也有小部分交感神经节后纤维末梢（如支配汗腺和骨骼肌的舒血管节后纤维）释放乙酰胆碱。

（5）对同一器官的作用不同　　交感神经与副交感神经分布至同一器官，但两者的作用是拮抗的。例如，交感神经使某器官活动加强时，副交感神经则使该器官的活动减弱，反之亦然。一般来说，交感神经主管应急性活动，使机体的代谢加强，能量消耗加快，而副交感神经主司建设性活动，促进营养物质的吸收，加强能量储备，减少消耗。当机体应对环境剧烈变化时，交感神经的活动明显加强，广泛动员内脏器官的潜在力量，以适应机体代谢的需要，于是出现心跳加快、血压升高、支气管扩张、瞳孔散大、消化和排便受到抑制等现象。当机体处于安静状态时，副交感神经的活动则加强，出现心跳减慢、血压下降、瞳孔缩小、消化活动加强等现象。正是由于交感神经与副交感神经在机能上保持正常的对立统一，机体才能更好地适应环境的变化。

3. 交感神经 sympathetic nerve　　交感神经分中枢部和周围部，中枢部位于胸段和腰前段脊髓灰质外侧角，周围部由交感干、神经节及其分支和神经丛等结构组成（图 12-34）。

交感干 sympathetic trunk 成对，位于脊柱腹外侧，从颈前端向后伸至尾部，由一系列的椎旁神经节和节间支组成。交感干上的椎旁神经节借灰交通支、白交通支与脊神经相连（图 12-35）。白交通支 white communicating branch 是连接交感干与脊神经的有髓节前纤维，因髓鞘反光发亮，故呈白色。白交通支仅见于胸神经和前 3 对腰神经与交感干之间。白交通支内的节前纤维入交感干之后有 3 种去向：①终止于相应的椎旁神经节；②在交感干内前行或向后延伸，终止于前方或后方的椎旁神经节；③穿过椎旁神经节，组成内脏大神经、内脏小神经和腰内脏神经，终止于椎下神经节。灰交通支 grey communicating branch 是连接交感干与脊神经的节后纤维，大多数无髓鞘，故颜色灰暗。节后纤维离开交感干后有 3 种去向：①经灰交通支返回脊神经，随其分布至躯干和四肢的血管、汗腺、竖毛肌；②围绕动脉走行，形成神经丛，并随动脉分布至所支配的器官；③由神经节直接发出分支形成神经，单独走向所支配的器官，如发出胸心神经至心。交感干分颈部、胸部、腰部、荐部和尾部。

（1）颈交感干 cervical part of sympathetic trunk　　由来自胸前部脊髓的节前纤维组成，干上有 3 个神经节，即颈前神经节、颈中神经节和颈后神经节。颈交感干位于颈前神经节与颈后神经节之间，在颈后部加入迷走神经形成迷走交感干，于颈总动脉背侧向前延伸，在寰椎平面与迷走神经分开，走向颈前神经节。①颈前神经节 cranial cervical ganglion：呈梭形，牛的位于枕骨髁旁突的内侧、鼓泡的腹内侧。由此神经节分出颈静脉神经、颈内动脉神经、颈外动脉神经及至颈动脉窦、副神经、舌下神经和第 1～3 神经的分支。颈静脉神经 jugular nerve 加入舌咽神经和迷走神经分布。颈内动脉神经和颈外动脉神经分别沿同名动脉形成颈内动脉丛和颈外动脉丛，随血管分布于头部。颈内动脉丛还分出岩深神经，与岩大神经相连形成翼管神经，随翼腭神经的分支分布至口鼻黏膜。②颈中神经节 middle cervical ganglion：位于胸腔入口处，由该节发出颈心神经至心丛。

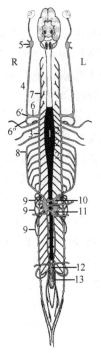

图 12-34　交感神经示意图（引自
Dyce et al.，2010）

R. 右侧；L. 左侧；1. 交感中枢部（脊髓
$T_1 \sim L_3$）；2. 交通支；3, 4. 交感干；5. 颈
前神经节；6. 颈胸神经节；6'. 颈中神经
节；6''. 锁骨下袢；7. 椎神经；8. 内脏大
神经；9. 内脏小神经；10. 腹腔神经节；
11. 肠系膜前神经节；12. 肠系膜后神经
节；13. 腹下神经

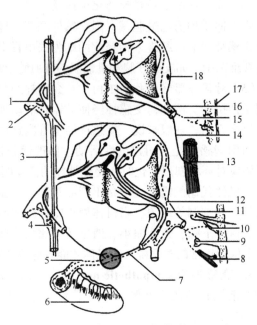

图 12-35　交感神经纤维走行模式图（引自刘
执玉，2007）

1. 白交通支；2. 灰交通支；3. 交感干；4. 交感干神
经节；5. 节后纤维；6. 肠；7. 节前纤维；8. 血管；
9. 汗腺；10. 竖毛肌；11. 内脏运动神经；12. 内脏感
觉神经；13. 骨骼肌；14. 躯体运动神经；15. 躯体感
觉神经；16. 脊神经；17. 皮肤；18. 脊神经节

马常无颈中神经节。③颈胸神经节 cervicothoracic ganglion：又称星状神经节，由颈后神
经节与前 1~2 个胸神经节合并而成，位于第 1 肋椎关节腹侧、颈长肌表面，前连颈中神
经节，后接胸交感干。由此神经节发出交通支至臂神经丛，发出心神经至心丛，并形成
椎神经。椎神经 vertebral nerve 入横突管向前延伸，出分支连接第 2~7 颈神经。该神经
节还分出数条心神经至心丛，分布于心及心底的大血管。

（2）胸交感干 thoracic part of sympathetic trunk　位于胸椎椎体及颈长肌两侧，由
颈胸神经节向后延伸至膈，连接腰交感干。交感干上有胸神经节，借灰交通支、白交
通支与胸神经相连，分出胸心神经、内脏大神经和内脏小神经，分布于胸腹腔内脏器官
（图 12-36）。①胸神经节 thoracic ganglion：牛和犬有 13 对，马有 18 对，猪 14~15 对，
前 1~2 个胸神经节常与颈后神经节合并形成颈胸神经节。胸神经节借灰交通支、白交通
支与胸神经相连。白交通支粗，位于后方，含节前纤维，至胸神经节或椎下神经节。灰
交通支细，常有 2 支，位于肋间背侧动脉前方，含节后纤维，加入胸神经分布。胸心神
经 thoracic cardiac nerve 由第 3~6 胸神经节发出，走向心，参与构成心丛及肺丛，分布
于心、支气管和肺等。②内脏大神经 greater splanchnic nerve：纤维来自第 6~13 胸神经

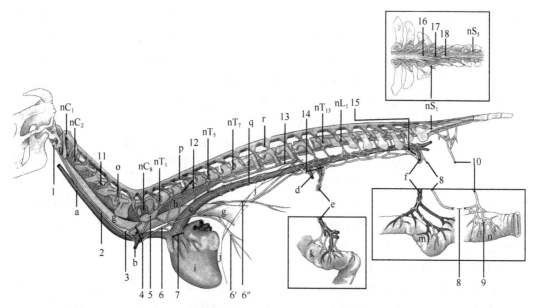

图 12-36　牛植物性神经示意图（引自 Budras et al., 2003）

1. 颈前神经节；2. 迷走交感干；3. 颈中神经节；4. 锁骨下袢；5. 颈胸神经节（星状神经节）；6. 迷走神经；6′. 迷走神经腹侧干；6″. 迷走神经背侧干；7. 心丛；8. 腹下神经；9. 盆神经丛；10. 盆神经；11. 椎神经；12. 交感干神经节；13. 内脏大神经；14. 腹腔神经节和肠系膜前神经节；15. 肠系膜后神经节和腰内脏神经；16. 脊髓圆锥；17. 终丝；18. 马尾；a. 左颈总动脉；b. 左锁骨下动脉；c. 主动脉；d. 腹腔动脉；e. 肠系膜前动脉；f. 肠系膜后动脉；g. 食管；h. 颈长肌；i. 心；j. 膈；k. 小肠；m. 大肠；n. 直肠；o. 脊神经节；p. 脊神经背侧根；q. 主动脉丛；r. 脊神经腹侧根；nC_1. 第1颈神经；nC_2. 第2颈神经；nC_8. 第8颈神经；nT_1. 第1胸神经；nT_5. 第5胸神经；nT_7. 第7胸神经；nT_{13}. 第13胸神经；nL_1. 第1腰神经；nS_1. 第1荐神经；nS_5. 第5荐神经

节，逐渐合并形成大的神经干，与胸交感干并列向后延伸，在最后胸椎后方离开胸交感干，经腰小肌与膈脚之间进入腹腔，连接腹腔肠系膜前神经节和丛。③内脏小神经 lesser splanchnic nerve：纤维来自最后胸神经节和前 2 腰神经节，连接肾上腺丛与腹腔肠系膜前神经节和丛，且有分支参与构成肾神经丛。

（3）腰交感干 abdominal part of sympathetic trunk　　较细，在腰椎两侧沿腰小肌内侧缘向后延伸，干上常有 6 个腰神经节 lumbar ganglion，但由于神经节合并或在两神经节之间出现中间神经节，因此也可见少于或多于 6 个的。前 3 个腰神经节借灰交通支、白交通支与腰神经相连，但后 3 个腰神经节仅有灰交通支与腰神经相连，节后纤维随腰神经分布。腰交感干分出内脏小神经和腰内脏神经 lumbar splanchnic nerve，后者连接肠系膜后神经节。

腹腔的椎下神经节主要有 3 个（图 12-36）：①腹腔神经节和肠系膜前神经节，腹腔神经节 coeliac ganglion 成对，呈圆形，位于腹腔动脉起始部两侧；肠系膜前神经节 cranial mesenteric ganglion 较长，单个，位于肠系膜前动脉根部，两神经节借神经纤维相连。它们接受来自内脏大神经和内脏小神经的纤维，发出节后纤维与来自迷走神经背侧干的纤维一起组成腹腔丛和肠系膜前丛，沿腹腔动脉和肠系膜前动脉的分支分布至肝、胃、脾、胰、肠和肾等器官。肠系膜前神经节与肠系膜后神经节之间有节间支相连。②肠系膜后神经节 caudal mesenteric ganglion，小，多不成对，位于肠系膜后动脉根部后方。

它接受来自腰内脏神经的节前纤维和肠系膜前神经节的节间支，发出节后纤维随肠系膜后动脉的分支至结肠，随睾丸动脉至精索、附睾和睾丸，随卵巢动脉至卵巢、输卵管和子宫角；还分出腹下神经 hypogastric nerve 随输尿管入盆腔，参与组成盆神经丛，分布于盆腔内脏器官。完整的交感神经和副交感神经支配对排尿、排粪、勃起和射精等生理活动的调节是至关重要的，当然调控这些功能的传入通路必须是完整的。控制犬勃起的中枢位于脊髓 $T_{12} \sim L_3$ 和 $S_1 \sim S_3$ 灰质外侧角。

（4）荐、尾交感干　　荐交感干 sacral part of sympathetic trunk 细，沿荐骨盆面、荐盆侧孔的内侧向后延伸，牛常在第5荐椎处（马在第3荐神经节处）分为内侧支和外侧支。外侧支向后行，与尾神经的腹侧支相连。两侧的内侧支常在第1~2尾椎处汇合成一支，向后延伸可达第7尾椎。在两内侧支汇合处有一神经节，称奇神经节 ganglion impar。荐交感干有5个荐神经节 sacral ganglion，但也见神经节愈合，最少可至3个。尾交感干 coccygeal part of sympathetic trunk 上常有4个尾神经节 caudal ganglion。荐神经节和尾神经节借灰交通支与荐神经和尾神经相连。

4. 副交感神经 parasympathetic nerve　　副交感神经中枢部位于脑干的脑神经副交感核和荐髓第2~4节段的中间外侧核，节前纤维伴动眼神经、面神经、舌咽神经、迷走神经和盆神经走行，在终末神经节更换神经元，节后纤维分布于心肌、平滑肌和腺体。头部的终末神经节较大，有睫状神经节、翼腭神经节、耳神经节和下颌神经节。位于胸腔、腹腔和盆腔的终末神经节均较小。副交感神经根据中枢所在的部位分为颅部和荐部两部分。

（1）颅部副交感神经　　颅部的副交感节前神经元位于中脑和延髓的脑神经副交感核，节前纤维随动眼神经、面神经、舌咽神经和迷走神经走行至副交感神经节，节后纤维分布于特定的器官（图12-37，图12-38）。

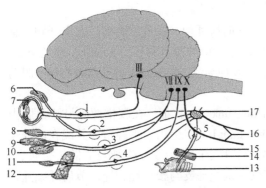

图 12-37　头部交感和副交感神经示意图（引自 König and Liebich，2007）

1. 睫状神经节；2. 翼腭神经节；3. 下颌神经节；4. 耳神经节；5. 迷走神经远神经节；6. 泪腺；7. 虹膜和睫状体；8. 鼻腺；9. 舌下腺；10. 下颌腺；11. 颊腺；12. 腮腺；13. 喉；14. 食管；15. 喉前神经；16. 迷走交感干；17. 交感神经的颈前神经节；Ⅲ. 动眼神经；Ⅶ. 面神经；Ⅸ. 舌咽神经；Ⅹ. 迷走神经

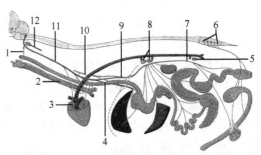

图 12-38　颈部、胸部、腹部和盆部副交感神经示意图（引自 König and Liebich，2007）

1. 喉前神经；2. 左喉返神经；3. 心抑制神经；4. 迷走神经腹侧干；5. 肠系膜后神经；6. 盆神经；7. 迷走神经腹部；8. 腹腔神经节和肠系膜前神经节；9. 迷走神经背侧干；10. 右迷走神经；11. 左迷走神经；12. 交感干

1）伴随动眼神经走行的节前纤维：节前纤维起始于动眼神经副交感核，随动眼神经走至睫状神经节，节后纤维组成睫状短神经，穿入眼球壁，分布于瞳孔括约肌和睫状肌。

睫状神经节 ciliary ganglion 位于动眼神经腹侧支上。

2）伴随面神经走行的节前纤维：节前纤维起始于面神经副交感核，一部分纤维经岩大神经分布，一部分经鼓索分布。岩大神经穿过颞骨岩部内一骨管，与交感神经系的岩深神经相连形成翼管神经，后者经翼管向前延伸至翼腭神经节，节后纤维随颧神经分布至泪腺，随腭大神经和鼻后神经至腭腺和鼻腺。鼓索穿过中耳，由岩鼓裂走出，加入舌神经走行，在下颌神经节更换神经元，节后纤维分布于下颌腺和舌下腺。翼腭神经节 pterygopalatine ganglion 由 5～7 个小神经节组成，在翼腭窝内位于鼻后神经背外侧面。下颌神经节 mandibular ganglion 在下颌腺管向外侧经过二腹肌前腹处位于下颌腺管附近。

3）伴随舌咽神经走行的节前纤维：节前纤维起始于舌咽神经副交感核，经岩小神经至耳神经节，节后纤维随颊神经分布于腮腺和颊腺。耳神经节 otic ganglion 在下颌神经出卵圆孔处位于其内侧面，与颊神经和咬肌神经总干起始部相对。

4）伴随迷走神经走行的节前纤维：节前纤维起始于迷走神经副交感核，为迷走神经的主要成分，随迷走神经分支至胸腔和腹腔脏器附近或壁内的终末神经节，节后纤维分布于胸腹腔脏器。

（2）荐部副交感神经　　荐部的副交感节前神经元位于荐髓第 2～4 节段的中间外侧核（图 12-38），节前纤维随荐神经腹侧支出荐盆侧孔，构成盆神经 pelvic nerve。盆神经由第 3～4 荐神经的腹侧支组成，有 1 或 2 支，沿骨盆侧壁向腹侧延伸至直肠或阴道外侧，与腹下神经一起形成盆神经丛 pelvic plexus，丛内有小的盆神经节 pelvic ganglion，节后纤维分布于结肠后段、直肠、膀胱、公畜的阴茎、母畜的子宫和阴道等器官。

二、内脏传入神经

自主神经中也含有传入神经，与躯体神经中的相似，传入神经元的胞体位于脑、脊神经节内，属假单极神经元，其周围突随面神经、舌咽神经、迷走神经、盆神经和交感神经分布，其中枢突一部分随面神经、舌咽神经和迷走神经入脑干，终止于孤束核，另一部分随交感神经和盆神经进入脊髓，终止于脊髓灰质背侧柱。在中枢内，这些传入神经纤维一部分借中间神经元与植物性神经节前神经元联系以完成内脏反射活动，或与躯体运动神经元联系以完成内脏 - 躯体反射活动，另一部分则经过特定的内脏传导路，将内脏冲动传导至大脑皮质而产生内脏感觉。

虽然内脏传入神经在形态结构上与躯体传入神经大致相同，但仍有自身的特点：①内脏传入纤维以细纤维占多数，且数目较少。②内脏感觉传入途径分散，即一个内脏器官的传入神经可经几个节段的脊神经进入中枢，而同一条脊神经中又可包含几个脏器的传入纤维。例如，猪子宫角的传入纤维经 T_{10}～S_3 脊神经背侧根进入脊髓，兔子宫的传入纤维经 T_{10}～S_4 脊神经背侧根进入脊髓，猪左心室侧壁的传入纤维经 C_4～T_7 脊神经背侧根进入脊髓。因此，内脏疼痛感觉具有弥散、定位不准确的特征。③内脏对牵拉刺激敏感，如手术中牵拉胃肠可引起恶心、呕吐等反应。④内脏痛阈高，一般强度的刺激（如切割、烧灼和挤压等）不引起内脏疼痛感觉，但在病理条件或极强烈的刺激下则产生内脏疼痛感觉，如内脏器官过度膨胀、平滑肌痉挛或缺血导致的代谢产物聚集时，可引起内脏疼痛感觉。⑤某些内脏发生病变时，常在体表特定区域出现感觉过敏或疼痛，称牵涉痛。

第七节　神经传导通路

神经系统各神经元之间存在广泛的联系。来自体内、外环境的各种刺激作用于遍布全身各处的感受器 receptor，感受器兴奋后，转化为神经冲动，通过感觉（传入）神经元传入中枢神经的不同部位，再经中间神经元传至大脑皮质，经过分析和综合，发放适当的神经冲动，经另一些中间神经元传出，最后经运动（传出）神经元至效应器 effector，做出相应的反应。神经传导通路分感觉传导路和运动传导路。通常将神经信号由感受器经周围神经、脊髓、脑干、间脑传递至大脑皮质的神经通路称感觉传导路 sensory pathway；将神经信号由大脑皮质经脑干、脊髓、周围神经传递至效应器的神经通路称运动传导路 motor pathway。

（一）感觉传导路

感觉传导路分为躯体感觉传导路和内脏感觉传导路。躯体感觉传导路包括深感觉、浅感觉、视觉、听觉等传导路。大多数感觉传导路由 3 级神经元组成，第一级神经元位于脊神经节或脑神经节，第二级神经元位于脊髓或脑干，第三级神经元位于丘脑。

1. 躯体浅感觉传导路　　传导皮肤、黏膜痛觉、温觉和触压觉，由 3 级神经元组成。

（1）躯干和四肢的浅感觉 superficial sensory pathway of trunk and limbs（图 12-39）

躯干和四肢的痛温觉和触压觉传导路为脊髓丘脑束 spinothalamic tract。第一级神经元胞体位于脊神经节内，其周围突组成脊神经的感觉纤维，分布于躯干和四肢皮肤的浅感受器（游离神经末梢、感觉终球、触觉小体、环层小体等），中枢突组成脊神经的背侧根，经背外侧沟进入脊髓，与灰质背侧柱内的第二级神经元形成突触。第二级神经元的轴突经白质前连合交叉至对侧脊髓，部分纤维进入外侧索，组成脊髓丘脑外侧束 lateral spinothalamic tract，传导痛温觉，部分纤维进入腹侧索，组成脊髓丘脑腹侧束 ventral spinothalamic tract，传导触压觉；脊髓丘脑束前行经延髓、脑桥、中脑至丘脑，与丘脑腹后外侧核内的第三级神经元形成突触。第三级神经元的轴突经内囊投射至大脑皮质的躯体感觉区。

（2）头面部的浅感觉 superficial sensory pathway of head and face（图 12-40）　　头面部痛温觉和触压觉的浅感觉传导路为三叉丘系 trigeminothalamic lemniscus。第一级神经元胞体位于三叉神经节，其周围突组成三叉神经的感觉纤维，分布于头面部皮肤和黏膜的浅感受器，中枢突组成三叉神经感觉根，入脑后分为升支和降支，升支传导触压觉，止于三叉神经脑桥感觉核，降支传导痛温觉，止于三叉神经脊束核。由三叉神经脑桥感觉核和脊束核内第二级神经元发出的纤维大部分交叉至对侧组成三叉丘系，经中脑前行止于丘脑腹后内侧核。该处的第三级神经元发出纤维经内囊投射至大脑皮质的头面部感觉区。

2. 躯体深感觉传导路　　深感觉又称本体感觉 proprioception，包括位置觉、运动觉等。躯干和四肢的本体感觉传导路可分为两条，一条传至大脑皮质，产生意识性感觉，称意识性本体感觉传导路 conscious proprioception pathway；另一条传至小脑，仅反

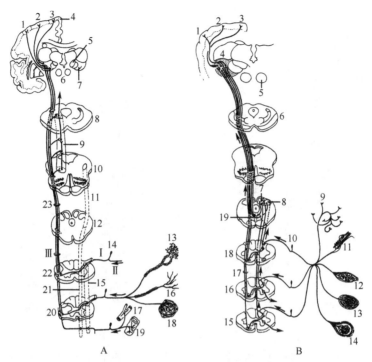

图 12-39 躯干和四肢的痛温觉和触压觉传导路（引自田九畴，1999）

A. 躯干和四肢的痛温觉：1. 前肢区；2. 躯干区；3. 后肢区；4. 顶叶皮质；5. 丘脑腹后内侧核；6. 红核；7. 丘脑腹后外侧核；8. 中脑；9. 网状结构；10. 延髓前部；11. 三叉神经脊束核；12. 延髓后部；13. 鲁菲尼小体 Ruffini corpuscle（温热感受器）；14. 脊神经节；15. 胶状质；16. 游离神经末梢；17. 血管；18. 克劳泽终球 Krause end bulb（冷感受器）；19. 内脏器官；20. 脊髓腰荐部；21. 脊髓丘脑细胞柱；22. 脊髓颈部；23. 脊髓丘脑外侧束；Ⅰ. 第一级神经元中枢突；Ⅱ. 第一级神经元周围突；Ⅲ. 第二级神经元轴突。B. 触压觉传导路：1. 前肢区；2. 躯干区；3. 后肢区；4. 丘脑腹后外侧核；5. 红核；6. 中脑；7. 薄束核；8. 楔束核；9. 梅克尔触盘 Merkel's tactile disk；10. 脊神经节；11. 毛囊神经末梢；12. 触觉小体（迈斯纳小体 Meissner corpuscle）；13. 环层小体；14. 生殖小体；15. 脊髓腰荐部；16. 脊髓胸部；17. 脊髓丘脑腹侧束；18. 脊髓颈部；19. 丘系交叉

射性调节骨骼肌的运动和张力，维持身体的姿势和平衡，称非意识性本体感觉传导路 unconscious proprioception pathway。

（1）躯体意识性本体感觉和精细触觉传导路　传导躯干和四肢的本体感觉至大脑皮质，由 3 级神经元组成（图 12-41）。第一级神经元胞体位于脊神经节内，其周围突构成脊神经的感觉纤维，分布于躯干和四肢的肌、腱、关节等深部感受器（肌梭、腱梭）和触觉小体，中枢突经背侧根进入脊髓背侧索，来自躯干前部和前肢的纤维组成楔束 cuneate fascicle，来自躯干后部和后肢的纤维构成薄束 gracile fascicle，分别前行止于延髓的楔束核和薄束核。该处的第二级神经元发出纤维行向腹内侧，在中线左、右交叉后于锥体背侧前行，形成内侧丘系 medial lemniscus，经脑桥、中脑至丘脑，与丘脑腹后外侧核内的第三级神经元构成突触。第三级神经元发出纤维经内囊投射至大脑皮质的躯体感觉区。

（2）躯体非意识性本体感觉传导路——脊髓小脑束 spinocerebellar tract　传导本体感觉至小脑，由两级神经元组成。第一级神经元胞体位于脊神经节内，其周围突构成脊

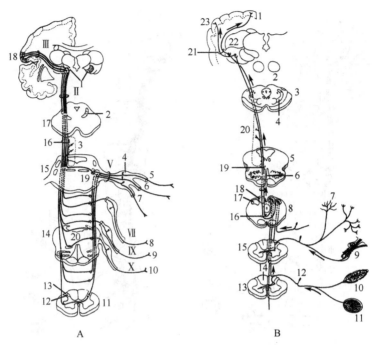

图 12-40　头面部痛温觉传导路
（引自田九畴，1999）

Ⅱ. 第二级神经元轴突；Ⅲ. 第三级神经元轴突；Ⅴ. 三叉神经；Ⅶ. 面神经；Ⅸ. 舌咽神经；Ⅹ. 迷走神经；1. 丘脑腹后内侧核；2. 腹侧三叉丘系；3. 网状结构；4. 三叉神经节；5. 眼神经；6. 上颌神经；7. 下颌神经；8. 面部深层；9. 中耳和咽；10. 外耳道；11. 脊髓；12. 胶状质；13. 背外侧束；14. 延髓；15. 脑桥；16. 腹侧三叉丘系；17. 中脑；18. 头面部；19. 三叉神经脑桥感觉核；20. 三叉神经脊束核

图 12-41　躯干和四肢本体感觉传导路
（引自田九畴，1999）

1. 后肢区；2. 红核；3. 中脑；4. 内侧丘系；5. 延髓前部；6. 内侧丘系；7. 游离神经末梢；8. 延髓后部；9. 毛囊神经末梢；10. 触觉小体；11. 环层小体；12. 脊神经节；13. 脊髓腰荐部；14. 背侧索；15. 脊髓颈部；16. 丘系交叉；17. 楔束核；18. 薄束核；19. 内侧丘系；20. 网状结构；21. 内囊；22. 丘脑腹后外侧核；23. 前肢区

神经的感觉纤维，分布于肌、腱、关节等深部感受器，中枢突经脊神经背侧根进入脊髓背侧柱，在此处与第二级神经元形成突触。第二级神经元发出纤维分别组成脊髓小脑背侧束和腹侧束，沿外侧索浅层前行，脊髓小脑背侧束经小脑后脚至小脑皮质，脊髓小脑腹侧束经小脑前脚至小脑皮质。

3. 视觉传导路 visual pathway（图 12-42）　视觉冲动的传导由 3 级神经元组成。第一级神经元为视网膜中层的双极细胞，其周围突至光感受器（为视网膜外层的视锥细胞和视杆细胞），中枢突与视网膜内层的第二级神经元（神经节细胞）形成突触。第二级神经元的轴突在视神经乳头处集合形成视神经。视神经经视神经孔入颅腔，两侧的视神经在下丘脑前部腹侧联合形成视交叉，向后延续为视束。在视交叉中，只有来自视网膜鼻侧半的纤维交叉至对侧视束，而来自颞侧半的纤维不交叉加入同侧视束。因此，一侧视束含有同侧视网膜颞侧半与对侧视网膜鼻侧半的纤维。在有蹄类，双眼视野非常受限，有 85%～90% 的纤维交叉。在犬和猫，大约有 75% 的视神经纤维交叉至对侧。在双眼视觉 binocular vision 发达的灵长类，大约 50% 的纤维交叉至对侧。在鸟类所有的纤维交叉，被认为是单眼视觉 monocular vision。视束中大部分纤维至外侧膝状体，在此处与第三级神经元形成突触。第三级神经元发出纤维组成视放射 optic radiation，经内囊至大脑皮质枕叶，产生视觉。视束中尚有少数纤维不终止于外侧膝状体而终止于前丘，由前丘发出纤维组成顶盖脊髓束 tectospinal tract，止于脊髓腹角运动神经元，完成视觉反射 visual reflex。

强光照射一侧瞳孔，引起两侧瞳孔缩小的反射称为瞳孔对光反射 pupillary reflex。光照刺激视网膜，经视神经、视交叉和视束，再经前丘臂至顶盖前区。该区发出纤维止于两侧动眼神经副交感核。后者发出纤维随动眼神经至睫状神经节，睫状神经节发出节后纤维经睫状短神经分布于瞳孔括约肌和睫状肌，使双侧瞳孔缩小。

4. 听觉传导路 auditory pathway 由 3 级神经元组成（图 12-43）。第一级神经元为螺旋神经节内的双极神经元，其周围突至内耳的螺旋器，中枢突组成蜗神经，与前庭神经一起组成前庭蜗神经，入脑后至蜗背侧核和腹侧核，在此与第二级神经元形成突触。第二级神经元发出纤维一部分形成斜方体，越过中线至对侧前行，形成外侧丘系 lateral lemniscus，另一部分纤维不交叉，参加同侧的外侧丘系。

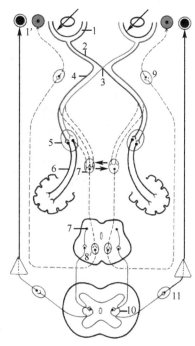

图 12-42 视觉传导路（引自 Dyce et al.，2010）

粗线示视觉纤维；细线示交感神经纤维；虚线示副交感神经纤维；1. 视网膜；1′. 开大和缩小的瞳孔；2. 视神经；3. 视交叉；4. 视束；5. 外侧膝状体核；6. 视放射；7. 前丘和顶盖前核；8. 动眼神经核（副交感神经部）；9. 睫状神经节；10. 脊髓外侧柱；11. 颈前神经节

系。还有部分纤维在斜方体背侧核和腹侧核等核团换元后再加入同侧或对侧外侧丘系。外侧丘系纤维在丘系三角深部前行，经后丘臂至内侧膝状体，在此处与内侧膝状体核神经元形成突触。后者发出纤维组成听放射 auditory radiation，经内囊至大脑皮质颞叶，产生听觉。外侧丘系尚有部分纤维至后丘，由后丘发出纤维参与组成顶盖延髓束和顶盖脊髓束，止于脑干运动神经核和脊髓腹角运动神经元，完成听觉反射。

5. 平衡觉传导路 equilibrium pathway 第一级神经元为前庭神经节的双极神经元，其周围突分布于半规管的壶腹嵴、球囊斑和椭圆囊斑，中枢突组成前庭神经，与蜗神经一起组成前庭蜗神经，入脑后止于前庭神经核。前庭神经核发出纤维至丘脑，再到大脑皮质前庭代表区，具

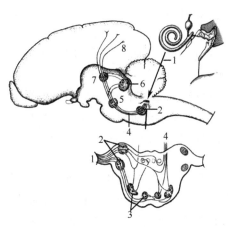

图 12-43 听觉传导路（引自 Dyce et al.，2010）

1. 蜗神经纤维；2. 蜗背侧和腹侧核；3. 斜方体核；4. 外侧丘系；5. 外侧丘系核；6. 后丘；7. 内侧膝状体核；8. 至颞叶的投射纤维

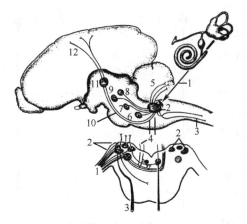

图 12-44 平衡觉传导路（引自 Dyce et al., 2010）
1. 前庭蜗神经中的前庭神经纤维；2. 前庭神经核；3. 前庭脊髓束；4. 内侧纵束；5. 前庭小脑束；6. 展神经核；7. 滑车神经核；8. 动眼神经核；9. 红核；10. 前庭丘脑束（在外侧丘系内）；11. 丘脑核；12. 丘脑皮质纤维

体路径仍不十分明确（图 12-44）。

前庭神经核还发出纤维至脑干内核团、小脑和脊髓腹角，参与平衡反射的调节。①前庭神经核发出纤维组成内侧纵束 medial longitudinal fasciculus，止于动眼神经核、滑车神经核、展神经核、副神经核和颈髓腹角运动神经元，完成转眼、转头的协调运动和眼球肌的前庭反射。②前庭神经核及部分前庭神经纤维至小脑，再由小脑发出纤维至前庭神经核、脑桥及延髓网状结构，以维持身体的平衡。③前庭神经核发出纤维组成前庭脊髓束 vestibulospinal tract，止于脊髓腹角运动神经元，完成躯干和四肢的姿势反射。④前庭神经核有纤维至网状结构，与迷走神经副交感核、舌咽神经核等相联系，故在前庭器官受到强烈刺激时会出现植物性神经反应，如恶心、呕吐、出汗等。

6. 内脏感觉传导路 内脏感觉传导路分为一般内脏感觉传导路和特殊内脏感觉（味觉、嗅觉）传导路。内脏感觉传导路现在仍不十分清楚。一般认为，内脏的痛觉经交感神经传导，但盆腔脏器痛觉经盆内脏神经传导，有些内脏感觉如饥饿感、膨满感和尿意等则由副交感神经传导。味觉由迷走神经、舌咽神经和面神经传导。

（1）经交感神经和盆神经传导的内脏感觉 第一级神经元胞体位于脊神经节，其周围突随交感神经或盆神经分布至内脏器官，中枢突进入脊髓背侧柱，在此与第二级神经元形成突触。第二级神经元发出纤维沿同侧或对侧腹外侧索前行，伴脊髓丘脑束至丘脑腹后核，再传导至大脑皮质。内脏痛觉传入纤维进入脊髓后也可经固有束前行，经多次中继，再经灰质连合交叉至对侧脑干网状结构，在后者中继后前行至丘脑板内核与中线核。部分痛觉也可能经背侧索前行。由丘脑发出的痛觉冲动，主要传至大脑边缘叶。

（2）经迷走神经、舌咽神经和面神经传导的内脏感觉 第一级神经元胞体位于结状神经节（远神经节）、岩神经节（远神经节）和膝神经节，其周围突随迷走神经、舌咽神经和面神经分布至内脏器官，中枢突伴迷走神经、舌咽神经和面神经入脑，与孤束核内的第二级神经元形成突触。孤束核发出纤维前行可能止于丘脑（腹后内侧核、板内核、中线核）和下丘脑，再传至大脑皮质。

（3）味觉传导路 第一级神经元胞体位于膝神经节、舌咽神经和迷走神经远神经节，周围突分布至味蕾，中枢突加入面神经、舌咽神经和迷走神经至延髓孤束核前端，在此与第二级神经元形成突触。第二级神经元发出纤维前行止于丘脑腹后内侧核，第三级神经元发出纤维经内囊至大脑皮质。

（二）运动传导路

运动传导路包括躯体运动传导路和内脏运动传导路。躯体运动传导路管理骨骼肌的运动，分为锥体系和锥体外系。锥体系主要管理骨骼肌的随意运动，而锥体外系的主要作用是调节肌张力、协调各肌群的活动、维持姿势、保持平衡和完成一些习惯性的动作等。锥体系和锥体外系在功能上互相协调、互相配合，从而共同完成畜体各项复杂的随意运动。锥体外系在种系发生上较古老，家畜的锥体外系比锥体系发达。运动传导路一般由两级神经元组成，上运动神经元 upper motor neuron 位于大脑皮质，构成锥体系和锥体外系（图 12-45）；下运动神经元 lower motor neuron 位于脑神经运动核和脊髓腹侧角，为锥体系和锥体外系的最后公路。

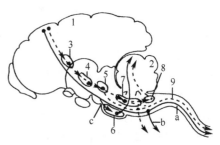

图 12-45 锥体系和锥体外系示意图
（引自 Dyce et al.，2010）

实线示锥体系；虚线示锥体外系；1. 运动皮质；2. 小脑；3. 基底核；4. 黑质；5. 红核；6. 脑桥；7. 网状结构；8. 下橄榄核；9. 红核脊髓束；a. 皮质脊髓纤维；b. 皮质延髓纤维；c. 皮质脑桥纤维

1. 锥体系 pyramidal system　　由十字回等处大脑皮质中锥体细胞发出的运动纤维，经内囊、大脑脚、脑桥和延髓锥体下行，止于脑神经运动核、脑干网状结构和脊髓腹角运动神经元，因大部分纤维通过延髓锥体，故名锥体束 pyramidal tract。其中止于动眼神经核、滑车神经核、展神经核、三叉神经运动核、面神经运动核、舌下神经核、疑核和副神经核等脑神经运动核的纤维称皮质核束 corticonuclear tract，这些脑神经运动核发出运动纤维支配眼外肌、咀嚼肌、表情肌、咽喉肌和舌肌；止于脑干网状结构的纤维称皮质网状纤维 corticoreticular fiber；止于脊髓腹角运动神经元的纤维称皮质脊髓束 corticospinal tract。皮质脊髓束在延髓锥体后端分为两部分，大部分纤维进行交叉，形成锥体交叉，交叉后的纤维行向背外侧入对侧脊髓外侧索，称皮质脊髓外侧束 lateral corticospinal tract，在外侧索内后行，通过中间神经元止于腹侧柱运动神经元。锥体束纤维交叉的比例，在有蹄类大约为 50%，灵长类大约为 75%，犬和猫几乎全部交叉。小部分纤维在锥体后端不交叉，入同侧脊髓腹侧索，称皮质脊髓腹侧束 ventral corticospinal tract，在腹正中裂两侧后行，以后交叉至对侧，通过中间神经元止于腹侧柱运动神经元。脊髓腹角运动神经元发出运动纤维支配躯干和四肢的骨骼肌。皮质脊髓束在脊髓内终止的节段因动物而异，灵长类和食肉动物的皮质脊髓束伸达脊髓的所有节段。例如，在犬，50% 止于颈髓，20% 止于胸髓，30% 止于腰荐尾髓。有蹄类的皮质脊髓束不发达，仅伸至发出臂神经丛的脊髓水平。

2. 锥体外系 extrapyramidal system　　是指锥体系以外的所有下行躯体运动传导路，结构复杂，中继核团多，反馈环路多，由大脑皮质锥体细胞发出的纤维先止于纹状体、丘脑底核、红核、黑质、脑桥核、小脑、脑干网状结构等结构，经过多次中继，再至脑神经运动核和脊髓腹角运动神经元，因其下行途中不经过延髓锥体，故称锥体外系（图 12-45）。其主要功能是启动、终止和调节随意运动，管理习惯性动作，协同大脑皮质控制精细运动等。锥体外系中重要的传导通路有纹状体—苍白球系和大脑皮质—脑桥—小脑系。

（1）纹状体—苍白球系　　大脑皮质发出的纤维直接或通过丘脑间接地止于新纹状体（尾状核和壳），新纹状体发出纤维至苍白球，苍白球发出纤维形成豆核袢等纤维束，止于丘脑底核、红核、黑质、橄榄核和脑干网状结构。红核发出纤维组成红核脊髓束，交叉至对侧，经脑干外侧面后行入脊髓外侧索，止于腹侧角运动神经元。网状结构发出纤维组成网状脊髓束，沿对侧（部分纤维交叉至对侧）或同侧后行止于脊髓腹侧角。苍白球发出纤维止于丘脑腹前核和腹外侧核，后两核发出纤维投射至大脑皮质，形成反馈性抑制回路。

（2）大脑皮质—脑桥—小脑系　　大脑皮质发出皮质脑桥束经内囊、大脑脚至脑桥，止于脑桥核。脑桥核发出纤维越过中线，经对侧小脑中脚至小脑，止于新小脑皮质。小脑还接受来自脊髓、橄榄核、前庭核、脑干网状结构等的传入纤维，使多种感觉冲动在小脑会聚、整合。小脑皮质发出纤维至齿状核、前庭核和脑干网状结构。齿状核发出纤维经小脑前脚（结合臂）交叉后，一部分纤维止于丘脑腹前核、腹外侧核等，这些核团发出纤维投射至大脑皮质，小脑可通过这一途径影响大脑的活动；另一部分纤维止于红核。红核发出红核脊髓束，前庭核发出前庭脊髓束，网状结构发出网状脊髓束，上述纤维均止于脊髓腹侧角运动神经元，后者发出运动纤维支配躯干和四肢的骨骼肌。

3. 内脏运动传导路　　脑的各级水平都存在与内脏活动调节有关的中枢，如大脑边缘叶、岛叶、杏仁核、丘脑前核和背内侧核、下丘脑、脑干网状结构和小脑等，这些部位协同配合，共同完成对复杂的内脏活动的调控。一般认为，下丘脑是调节内脏活动的皮质下中枢，上述许多部位都通过下丘脑来实现其功能。由于方法学的限制，现在对内脏运动传导路还不太清楚。它们从大脑边缘叶下行至下丘脑，再经背侧纵束至中脑，又经多级神经元下行，一部分纤维于途中分出侧支或终支至脑干内脏运动核，一部分纤维入脊髓后靠近外侧固有束和网状脊髓束下行，止于脊髓交感和副交感节前神经元。

第十三章　内分泌系统

扫码看彩图

学习目标

1. 了解内分泌系统的组成、功能及结构特点。
2. 掌握5种内分泌腺的位置、形态和功能。

内分泌系统 endocrine system 是动物体一个重要的调节系统，由散布在机体各部位的内分泌组织和内分泌腺构成。它们分泌激素 hormone，调节动物体的新陈代谢、生长发育和繁殖。内分泌系统功能发生紊乱，机体就会出现病理变化和临床症状。

内分泌组织以细胞群的方式存在于其他器官内，如胰内的胰岛、卵巢内的卵泡和黄体、睾丸内的间质细胞、胃肠道和中枢神经系统内具有内分泌功能的细胞与组织等。

内分泌腺为独立的器官，包括垂体、松果体、甲状腺、甲状旁腺和肾上腺。内分泌腺在形态结构上共同的特点是：①腺体的表面被覆一层被膜。②腺细胞在腺小叶内排列成索、团、滤泡或腺泡。③没有排泄管。④腺内富有血管，腺小叶内形成毛细血管网或血窦，激素进入毛细血管或血窦内，加入血液循环。

第一节　内分泌组织

一、胰　　岛

胰岛 pancreatic islet 为胰的内分泌部，是分散在外分泌部腺泡之间的不规则细胞团索。分泌的主要激素有胰岛素、胰高血糖素及生长抑素。胰岛素 insulin 有促进糖原合成、降低血糖的作用；胰高血糖素与胰岛素功能相反，可促进糖原分解，升高血糖；生长抑素 somatostatin 有抑制胰岛素和胰高血糖素的作用。

二、肾小球旁复合体

肾小球旁复合体 juxtaglomerular complex 也称肾小球旁器，是位于肾小体附近一些特殊细胞的总称。其主要功能为分泌肾素，引起血管收缩从而升高血压，并对肾的血流量和肾小球的滤过起调节作用。

三、睾丸的内分泌组织

睾丸的内分泌组织为睾丸间质细胞，分布在曲细精管之间的结缔组织中，细胞体积大，常三五成群，能分泌雄性激素（主要是睾丸酮），促进雄性生殖器官发育和第二性征出现。此外还可促使生殖细胞分裂和分化。间质细胞的数量与动物种类及年龄有关，马、猪的间质细胞数量较多，牛的则较少。

四、卵泡的内分泌组织

1. 卵泡膜　当卵泡生长时，周围的结缔组织也起变化，形成卵泡膜包围卵泡。卵泡膜分为内、外两层，内层细胞多，富含毛细血管，能分泌雌激素，促进雌性生殖器官和乳腺的发育。

2. 黄体　黄体 corpus luteum 由排卵后卵泡壁的卵泡细胞和内膜细胞在黄体生成素作用下演变而成，可分泌孕酮和雌激素，刺激子宫腺的分泌和乳腺的发育，并保证胚胎附植或着床，同时可抑制卵泡生长。

牛、马的黄体呈黄色，猪、羊的黄体呈肉色。牛、羊和猪的黄体有一部分突出于卵巢表面，而马的黄体则完全埋于卵巢基质中。黄体的发育程度和存在时间，取决于排出的卵细胞是否受精。如果排出的卵细胞受精并妊娠，黄体继续生长，可存在到妊娠后期，称为妊娠黄体或真黄体。如果排出的卵细胞没有受精，黄体维持 2 周左右便开始退化，称为发情黄体或假黄体。

第二节　垂　体

垂体 hypophysis 是动物机体内最重要的内分泌腺，结构复杂，分泌多种激素，作用广泛，并在中枢神经系统控制下调节其他内分泌腺的功能活动。垂体是一个卵圆形或扁圆形的小体，呈褐色或灰白色，位于蝶骨体颅腔面的垂体窝内，借漏斗与下丘脑相连，其表面被覆结缔组织膜（图 12-10）。牛垂体重 2～5g，马垂体重 1.4～4g，猪垂体重 0.3～0.5g。

垂体根据发生和结构可分为腺垂体和神经垂体两大部分。腺垂体包括远侧部、结节部和中间部；神经垂体包括神经部和漏斗部（图 13-1）。通常将远侧部称为前叶 anterior lobe，而把中间部和神经部称为后叶 posterior lobe。

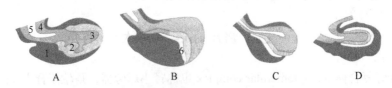

图 13-1　垂体示意图（引自 Dyce et al.，2010）
A. 马；B. 牛；C. 猪；D. 犬。1. 腺垂体；2. 中间部；3. 神经垂体；4. 垂体柄；5. 第 3 脑室隐窝；6. 垂体腔

1. 远侧部 distal part　较致密，反刍动物和猪的位于垂体的腹侧部，马的位于垂体的外周部，呈浅黄色或灰红色，细胞排列成团块和索状，各索之间有血窦。远侧部可分泌生长激素、催乳素、卵泡刺激素（促卵泡激素）、黄体生成素（促黄体激素）、促甲状腺素、促肾上腺皮质激素和促甲状旁腺激素等（图 13-2）。

2. 结节部 tuberal part　围绕着神经垂体漏斗，细胞排列成索状，各索之间有血

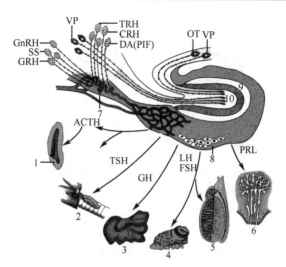

图 13-2 下丘脑 - 垂体 - 外周器官轴示意图（引自 Dyce et al., 2010）

1. 肾上腺皮质；2. 甲状腺；3. 肝；4. 卵巢；5. 睾丸；6. 乳腺；7. 正中隆起；8. 垂体前
叶；9. 中间部；10. 神经部；TRH. 促甲状腺激素释放激素；CRH. 促肾上腺皮质激素释放激
素；DA. 多巴胺；PIF. 催乳素释放抑制因子；GnRH. 促性腺激素释放激素；SS. 生长抑素；
GRH. 生长激素释放激素；ACTH. 促肾上腺皮质激素；TSH. 促甲状腺激素；GH. 生长激素；
LH. 黄体生成素；FSH. 卵泡刺激素；PRL. 催乳素；OT. 催产素；VP. 加压素

窦。细胞可分泌少量促性腺激素和促甲状腺素。

3. 中间部 intermediate part 位于远侧部与神经部之间，呈狭长带状。马和犬的
围绕神经部，反刍动物、猪和犬的中间部与远侧部之间有垂体腔。中间部的细胞排列成
索状或形成滤泡状，可分泌促黑素细胞激素。

4. 神经部 nervous part 位于垂体的深部（马和犬）或背侧部（反刍动物和猪），
由神经胶质、神经纤维、少量结缔组织和垂体细胞组成。神经部本身无腺细胞，其分泌
物由下丘脑视上核和室旁核的神经细胞分泌。视上核分泌抗利尿素（加压素），室旁核分
泌催产素。这些激素沿下丘脑垂体束的神经纤维运送到神经部，常聚集成大小不等的团
块，暂时贮存起来，当机体需要时便释放入血液，发挥生理作用。

5. 漏斗部 infundibular part 包括正中隆起 median eminence 和漏斗柄。正中隆起
是围绕漏斗隐窝的隆起部，主要由神经纤维组成，并含有丰富的神经分泌物质和毛细血
管网，正中隆起起始于下丘脑的灰结节。

第三节 甲 状 腺

甲状腺 thyroid gland（图 13-3）呈红褐色或黄褐色，一般位于喉的后方，在前 2～3
个气管环的两侧面和腹侧面，表面覆盖胸骨甲状肌和胸骨舌骨肌。甲状腺的形态因动物
种类不同而异，但均由左、右 2 个侧叶 lateral lobe 和连接 2 个侧叶的腺峡 isthmus 组成。

牛的甲状腺为黄褐色，位于喉后方和前 2～3 个气管环周围，由左、右侧叶和腺峡组
成。左、右侧叶呈不规则的三角形，长 6～7cm，宽 5～6cm，厚 1.5cm，腺小叶明显。腺
峡发达，由腺组织构成，重 21～26g。绵羊和山羊的甲状腺仅由左、右侧叶组成，无腺峡。

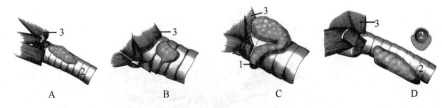

图 13-3　家畜甲状腺位置、形态示意图（引自 Dyce et al.，2010）
A. 犬；B. 马；C. 牛；D. 猪。1. 腺峡；2. 气管；3. 环咽肌

马的甲状腺呈红褐色，左、右两侧叶呈卵圆形，长 3.4～4.0cm，宽 2～2.5cm，厚约 2cm，重 20～25g，腺峡不发达，由结缔组织构成。

猪的甲状腺呈深红色，位于气管腹侧面，重 12～30g。左、右两侧叶和腺峡愈合成一个整体，呈贝壳状，长 4.0～4.5cm，宽 2～2.5cm，厚 1～1.5cm。

犬的甲状腺呈暗红色，由两个侧叶和一个腺峡组成，侧叶呈长卵圆形，位于前 5～8 个气管软骨环的外腹侧。在成年中等体型的犬大约长 5cm，宽 1.5cm，厚 0.5cm。有的犬无腺峡。

甲状腺富有弹性、质地较硬，表面包有含大量弹性纤维的结缔组织被膜。被膜的结缔组织伸入腺体内，将腺实质分隔成许多小叶。马、羊、犬的甲状腺表面平滑；牛、猪、兔的甲状腺小叶间结缔组织发达，肉眼可见各小叶的界限。小叶内含有大小不一的滤泡 follicle，其周围有丰富的毛细血管和淋巴管。甲状腺主要分泌甲状腺素 thyroxine，可促进机体的新陈代谢和生长发育。此外还分泌降钙素 calcitonin，能增强成骨细胞活性，促进骨组织钙化，降低血钙。

第四节　甲状旁腺

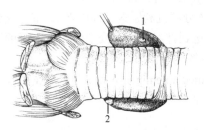

图 13-4　猫甲状旁腺（引自 Constantinescu and Schaller，2012）
1. 内甲状旁腺；2. 外甲状旁腺

甲状旁腺 parathyroid gland 是体积最小的内分泌腺，为扁平圆形或椭圆形的黄褐色小体，质软而光滑。外面包有一层致密结缔组织被膜。被膜结缔组织伸入腺体将腺实质分为若干小叶，但小叶分界不明显。甲状旁腺通常有两对，位于甲状腺附近或埋于甲状腺实质内（图 13-4）。

牛的甲状旁腺有内、外 2 对。外甲状旁腺 external parathyroid gland 直径 5～12mm，位于甲状腺的前方，在颈总动脉附近；内甲状旁腺 medial parathyroid gland 较小，通常位于甲状腺腹侧面或内侧面的背侧缘附近。

马的甲状旁腺呈黄褐色，有前、后 2 对。前甲状旁腺直径约 10mm，呈球形，多位于甲状腺前半部与气管之间，少数位于甲状腺背侧缘或在甲状腺内；后甲状旁腺通常位于颈后部，在气管腹侧左、右颈静脉之间，埋于颈深后淋巴结内，呈扁椭圆形，左、右两侧靠近或紧密相连。

猪的甲状旁腺仅有 1 对（无内甲状旁腺），呈球形，直径 2～4mm，通常位于甲状腺的前方，在枕骨髁旁突、肩胛舌骨肌和胸头肌的三角形区域内。有胸腺时，埋于胸腺内，颜色较胸腺深，质较坚硬。

犬的甲状旁腺大小似粟粒，内甲状旁腺在甲状腺叶的内侧面，偶见包埋于甲状腺实质内；外甲状旁腺位于甲状腺前端附近或甲状腺前半部内。

甲状旁腺分泌甲状旁腺素 parathyroid hormone，可调节体内钙磷代谢，维持正常血钙水平。

第五节　肾 上 腺

肾上腺 adrenal gland（图 13-5）是一对较小的扁平腺体，借助于肾脂囊与肾相连。左、右肾上腺分别位于左、右肾的前内侧缘附近，呈红褐色，通常左肾上腺比右肾上腺大，其形状因不同动物而异。

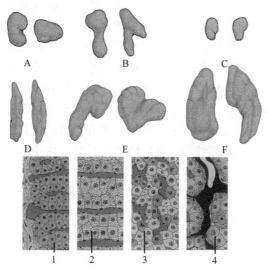

图 13-5　家畜肾上腺的形态及结构（引自 König and Liebich，2007）

A. 小反刍动物；B. 犬；C. 猫；D. 猪；E. 牛；F. 马。1. 皮质球状带（多形带）；

2. 束状带；3. 网状带；4. 髓质

牛的肾上腺左、右形状不一，重25～35g。右肾上腺呈钝三角形（心形），位于右肾前内侧，其内侧缘与右膈脚接触，外侧缘隆凸，位于肝的肾压迹处；左肾上腺呈蚕豆形（肾形），位于后腔静脉的内侧，左侧面与瘤胃上方接触，右侧面与后腔静脉相接，不与左肾接触。

马的肾上腺呈深红色，扁平，近似三角形或椭圆形，长4～9cm，宽2～4cm，重20～44g，通常右肾上腺较大，位于肾前内侧缘，靠近肾门处。

猪的肾上腺长而窄，位于肾内侧缘前半部下面，重约6.5g。右肾上腺呈长三棱形，前尖后钝，外侧稍凹陷，内侧稍隆凸；左肾上腺前半呈三棱形，后半宽而薄，后端常有尖突。

犬的肾上腺呈黄白色，右肾上腺略呈菱形，位于右肾前内侧与后腔静脉之间；左肾上腺稍大，为不正的梯形，前宽后窄，背腹侧扁平，位于左肾前内侧与腹主动脉之间。

肾上腺表面被覆一层含少量平滑肌纤维的致密结缔组织被膜。被膜结缔组织伸入腺实质，且分支吻合构成腺体支架。肾上腺实质分为皮质 cortex 和髓质 medulla，皮质位于外周，较厚且呈红褐色；髓质位于中央，呈黄色。肾上腺皮质占腺体大部分，分泌皮质激素，对机体极为重要，如摘除皮质，可引起动物死亡。从肾上腺皮质中可提取多种类固醇激素，按其作用可分为 3 类：多形带分泌的盐皮质激素，有调节体内水、盐代谢的作用；束状带分泌的糖皮质激素，有促进糖和蛋白质代谢的作用；网状带分泌的性激素，包括雄激素和少量雌激素。髓质可分泌肾上腺素和去甲肾上腺素。肾上腺素可提高心肌的兴奋性，使心跳加快、加强；去甲肾上腺素可促进肝糖原分解和升高血压，并能使呼吸道和消化道的平滑肌松弛。

第六节　松　果　体

松果体 pineal gland（图 12-10，图 12-11）又称脑上腺 epiphysis，位于间脑背侧中央，在大脑半球的深部，以柄连接于上丘脑。牛的松果体呈长卵圆形，长 1.2～2.0cm；马的松果体呈卵圆形。其颜色呈红褐色（反刍动物和马）或灰白色（猪和犬）。

松果体的表面包有一层结缔组织被膜，被膜的结缔组织伸入实质内部，将腺实质分隔成许多不明显的小叶。小叶的实质由松果体细胞和神经胶质细胞组成，还常有钙质沉积物，称脑砂。松果体能分泌褪黑激素 melatonin，夜间分泌量高，白天分泌量低，其功能与垂体中间部分泌的促黑素细胞激素相拮抗。此外，松果体具有生物钟的作用，另外还有抑制促性腺激素释放、抑制性腺活动、防止性早熟等作用。松果体的分泌活动受光照的影响，光照可抑制松果体合成和分泌褪黑激素，从而降低对促性腺激素释放的抑制程度，在调节马、绵羊等动物的季节性生殖周期方面起重要的作用，如马的长日照繁殖。蛋鸡延长光照后产蛋率上升也是这个道理。

第十四章　感　觉　器　官

学习目标

1. 了解感受器、感觉器官的概念以及感受器的分类。
2. 掌握眼、耳的结构和功能。

感觉器官 sensory organ 是感受器及其辅助装置的总称。感受器是感觉神经末梢终止于各组织器官形成的特殊结构。感受器通过接受内、外环境的各种刺激，并将刺激能量转换为神经冲动，经感觉神经传到中枢而产生各种感觉。感受器种类较多，有结构简单的游离神经末梢、环层小体等；有结构复杂，具有各种辅助装置的视觉器官和位听器官等。按感受器在体内的分布部位及其接受刺激的来源，分为外感受器 exteroceptor、内感受器 enteroceptor 和本体感受器 proprioceptor 三大类。外感受器能接受来自外界环境的刺激，如冷、热、痛、触、压、光、声、气味等，分布于皮肤、嗅黏膜、味蕾、视觉器官和听觉器官等处。内感受器能接受内环境的刺激，如内脏痛、痉挛、温度、饥、渴、压力、渗透压等，分布于内脏、腺体和心血管等处。本体感受器能接受运动器官所处状态和身体位置的刺激，分布于肌肉、肌腱、关节和内耳等处。

第一节　视觉器官——眼

视觉器官 visual organ 由眼球和辅助器官组成，能感受光的刺激，经视神经传至中枢而产生视觉。动物的眼在头部的位置与动物的环境、习性和摄食方式有关。一般来说，食肉动物（犬、猫）眼的位置靠前，而被猎动物（食草动物：马、反刍动物、兔）眼的位置靠外侧。前者眼的位置提供了大的双眼视野，允许集中在物体附近和景深感觉；而后者左、右视野几乎不重叠，尽管它们能时时知道其周围大的区域，但它们没有双眼视觉的能力。

一、眼　　球

眼球 eyeball 位于眼眶内，呈前、后略扁的球形，后端借视神经与间脑相连。眼球由眼球壁和内容物组成（图 14-1）。

（一）眼球壁

眼球壁由 3 层组成，从外向内依次为纤维膜、血管膜和视网膜。

1. 纤维膜 fibrous tunic　　为眼球壁的外层，由厚而坚韧的致密结缔组织构成，有维持眼球形状和保护眼球内部结构的作用，分角膜和巩膜。

（1）角膜 cornea　　纤维膜的前 1/5，无色透明，具有折光作用。角膜前面隆凸，后面凹陷，为眼前房的前壁。角膜上皮的再生能力很强，损伤后易修复。角膜内无血管，但含丰富的神经末梢，感觉灵敏。

（2）巩膜 sclera 　　纤维膜的后 4/5，乳白色不透明，由大量的胶原纤维和少量的弹性纤维构成。巩膜前接角膜，二者交界处深面有巩膜静脉窦，是房水流出的通道。巩膜后部有视神经纤维穿过形成的巩膜筛区。

2. 血管膜 vascular tunic 　　为眼球壁的中层，位于纤维膜和视网膜之间。该层含有大量的血管和色素细胞，能营养眼内组织、吸收散射光线和形成暗的环境，有利于视网膜对光色的感应。血管膜由前向后分为虹膜、睫状体和脉络膜 3 部分（图 14-2）。

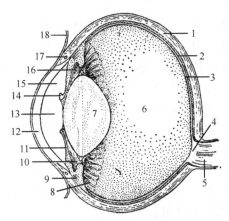

图 14-1　眼球纵切面

1. 巩膜；2. 脉络膜；3. 视网膜；4. 视神经盘；
5. 视神经；6. 玻璃体；7. 晶状体；8. 睫状突；
9. 睫状肌；10. 睫状小带；11. 虹膜；12. 角
膜；13. 瞳孔；14. 虹膜粒；15. 眼前房；16. 眼
后房；17. 巩膜静脉窦；18. 球结膜

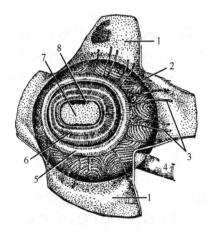

图 14-2　眼球的血管膜前部（切除角膜，翻开巩膜）

1. 巩膜；2. 脉络膜；3. 睫状静脉；4. 视神经；
5. 睫状肌；6. 虹膜；7. 瞳孔；8. 虹膜粒

（1）虹膜 iris 　　为血管膜前部的环状膜，位于晶状体前方，呈圆盘状，从眼球前面透过角膜可以看到。虹膜中央有一孔，称瞳孔 pupilla，卵圆形或圆形。马和牛瞳孔的虹膜缘有虹膜粒 iridic granule。虹膜富含血管、神经、平滑肌和色素细胞，其色彩因含色素细胞的多少和分布不同而有差异。牛、马呈暗褐色，绵羊呈黄褐色，山羊呈蓝色，犬呈黄色（蓝色），白兔呈红色。虹膜内有两种平滑肌，一种是分布在瞳孔周围呈环形排列的瞳孔括约肌，受副交感神经支配，在强光下缩小瞳孔；另一种是分布在虹膜周边呈放射状排列的瞳孔开大肌，受交感神经支配，在弱光下开大瞳孔。

（2）睫状体 ciliary body 　　位于巩膜和角膜移行部的内面，是血管膜中部环形增厚的部分，由睫状环、睫状冠和睫状肌 3 部分组成。睫状环为睫状体后部较平坦的部分，其内面为若干呈放射状排列的小嵴。睫状冠位于睫状环之前，其内面为呈放射状排列的皱褶，称为睫状突。睫状突借睫状小带（晶状体悬韧带）与晶状体相连。睫状肌位于睫状环和睫状冠的外面，是构成睫状体的主要部分。睫状肌为平滑肌，受副交感神经支配。看近物时，睫状肌收缩，睫状小带松弛，晶状体凸度变大；看远物时，睫状肌舒张，睫状小带拉紧，晶状体凸度变小，从而使远近物像聚焦在视网膜上。因此，睫状肌和晶状体一起构成了眼的调节装置。

（3）脉络膜 choroid　衬于巩膜内面，薄而柔软，呈棕色。其外面与巩膜疏松相连，内面与视网膜紧密相连。后部在视神经穿过的背侧，除猪外有呈青绿色带金属光泽的三角形区，称为照膜 tapetum lucidum，能将外来光线反射于视网膜以加强刺激作用，有助于动物在暗环境下对弱光的感应。

3. 视网膜 retina　为眼球壁的最内层，分视部和盲部，两部交界处呈锯齿状，称锯齿缘。

（1）视网膜视部 optic part of retina　衬于脉络膜内面，有感光作用，在活体略呈淡红色，死后浑浊呈灰白色，易于从脉络膜上剥离。视部构造复杂，包括外层的色素层和内层的神经层。视网膜后部有一圆形或卵圆形白斑，称视神经盘 optic disc 或视神经乳头，表面略凹，是视神经穿出视网膜的地方。视神经盘由视网膜节细胞的轴突聚集而成，无感光能力，称盲点。在其背外侧有黄斑 macula，是感光最敏锐的地方。

（2）视网膜盲部 non-visual part of retina　分视网膜睫状体部和虹膜部，分别贴衬于睫状体和虹膜内面，较薄，无感光作用。

（二）内容物

内容物是眼球内无色透明结构，无血管分布，包括液态的房水、固态的晶状体和胶状半流动的玻璃体，与角膜一起共同组成眼球的折光系统，使物体能在视网膜上形成清晰的物像。

1. 眼房和房水　眼房 eye chamber 位于角膜与晶状体之间，被虹膜分为眼前房和眼后房，两房经瞳孔相通。眼房内充满房水。房水 aqueous humor 为无色透明的液体，由睫状体上皮产生，从眼后房经瞳孔进入前房，然后渗入巩膜静脉窦而汇入眼静脉。房水除有折光作用外，还具有运输营养和代谢产物以及维持眼内压的作用。当房水循环发生障碍时，房水增多，眼内压升高，临床上称为青光眼。犬的眼内压为 17～21mmHg[①]。

2. 晶状体 lens　呈双凸透镜状，无血管和神经，透明而富有弹性，位于虹膜与玻璃体之间。晶状体外面包有一层透明而有弹性的被膜，称晶状体囊。晶状体借睫状小带连于睫状突上。睫状体、睫状小带和晶状体囊的活动可使晶状体的形状发生变化，从而改变焦距，使物体聚焦于视网膜上，形成清晰的物像。晶状体因外伤、中毒以及新陈代谢障碍发生浑浊时，临床上称为白内障。

3. 玻璃体 vitreous body　为无色透明的胶状物质，位于晶状体与视网膜之间，外包一层透明的玻璃体膜。玻璃体前面凹，容纳晶状体，称晶状体窝。玻璃体有折光和支持视网膜等作用。

二、眼球的辅助装置

眼球的辅助装置包括眼睑、泪器、眼球肌和眶骨膜等，起保护、运动和支持眼球的作用（图 14-3，图 14-4）。

---

① 　1mmHg＝0.133kPa

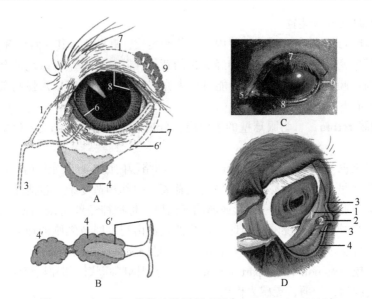

图 14-3　犬、猪、马眼睑及泪器（引自 Dyce et al.，2010）

A，B. 犬左眼和猪第 3 眼睑软骨及相关腺体：1. 上泪小管；2. 泪阜；3. 鼻泪管；4. 第 3 眼睑腺；4′. 第 3 眼睑深腺；5. 泪点；6. 第 3 眼睑；6′. 第 3 眼睑软骨；7. 结膜穹隆位置；8. 瞳孔；9. 泪腺。C，D. 马左眼和马右眼结膜囊：1. 第 3 眼睑；2. 泪阜；3. 泪点；4. 睑板腺；5. 内眼角；6. 外眼角；7. 上眼睑及睫毛；8. 下眼睑

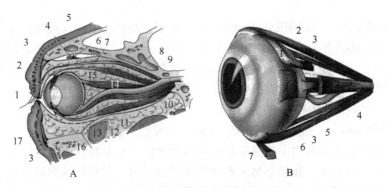

图 14-4　牛眼纵切面及眼外肌（引自 Dyce et al.，2010）

A. 纵切面：1. 睑板；2. 眶隔；3. 眶缘；4. 上斜肌；5. 面骨骨膜；6. 滑车；7. 上直肌；8. 上睑提肌；9. 视神经孔内的视神经；10. 下直肌；11. 眶骨膜；12. 眶骨膜外脂肪；13. 泪泡；14. 眼球退缩肌；15. 眶骨膜内脂肪；16. 颧弓；17. 眼轮匝肌。B. 眼外肌：1. 上斜肌；2. 上直肌；3. 眼球退缩肌；4. 内直肌；5. 视神经；6. 下直肌；7. 下斜肌

（一）眼睑

眼睑 eyelid 位于眼球前方的皮肤褶，俗称眼皮，有保护眼球免受伤害的作用。眼睑分为上眼睑和下眼睑（图 14-3）。上、下眼睑之间的裂隙称睑裂，其内、外侧端分别称眼内侧角和外侧角。眼睑外面为皮肤，内面为结膜，两面移行处为睑缘，生有睫毛。眼睑中层为眼轮匝肌。结膜为连接眼球和眼睑的薄膜，分睑结膜和球结膜。被覆于眼睑内面的部分为睑结膜，覆盖于眼球巩膜前部的部分为球结膜。睑结膜与球结膜之间的裂隙称

结膜囊，牛的眼虫常寄生于此囊内。正常的结膜呈淡红色，当患某些疾病（如贫血、黄疸、发绀）时常发生变化，可作为临床诊断的依据。

第 3 眼睑 third eyelid 又称瞬膜，为位于眼内侧角的半月状结膜褶，常见色素，内有一块 T 形软骨，软骨深部有第 3 眼睑腺围绕（图 14-3）。瞬膜内含有许多结膜淋巴小结，当眼球受到慢性感染时，结膜淋巴小结发生肿大。

（二）泪器

泪器 1acrimal apparatus 包括泪腺和泪道两部分（图 14-3，图 14-5）。

1. 泪腺 lacrimal gland 位于眼球背外侧，眼球与额骨颧突之间，呈扁平的卵圆形，有十多条排泄管开口于上眼睑结膜囊内。泪腺分泌泪液，借眨眼运动分布于眼球和结膜表面，有湿润和清洁眼球表面的作用。

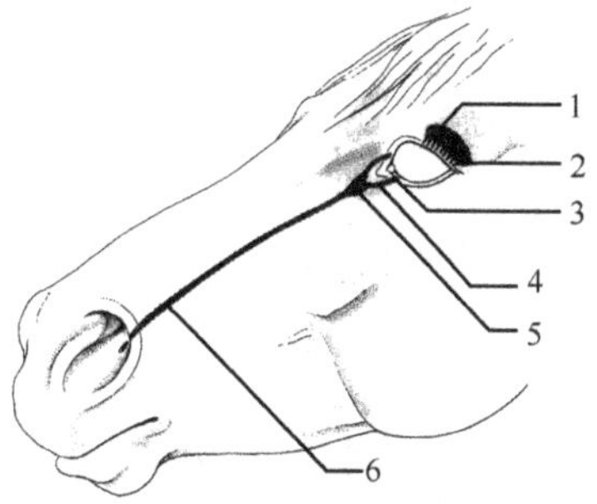

2. 泪道 lacrimal passage 为泪液排出的通道，由泪点、泪小管、泪囊和鼻泪管组成（图 14-3，图 14-5）。泪点是位于眼内侧角附近上、下睑缘的两个缝状小孔。泪小管 lacrimal ductile 是连接泪点与泪囊的小管，有两条，位于眼内侧角。泪囊 lacrimal sac 是鼻泪管起始端的膨大部，为一膜性囊，呈漏斗状，位于泪骨的泪囊窝内。鼻泪管 nasolacrimal duct 是将泪液从眼运送至鼻腔的膜性管，近侧部包埋在骨性管腔中，远侧部包埋于软骨或黏膜内，沿鼻腔侧壁向前向下延伸，开口于鼻前庭或下鼻道后部，泪液在此随呼吸的空气蒸发。犬开口于鼻前庭腹外侧底壁，约有 1/3 的犬开口于下鼻道。泪点受阻时，泪液不能正常排出，就会从睑缘溢出，长时间可刺激眼睛发生炎症。

图 14-5 马的泪器（引自 König and Liebich，2007）

1. 泪腺；2. 排泄管；3. 泪阜；4. 泪小管；5. 泪囊；6. 鼻泪管

（三）眼球肌

眼球肌 eyeball muscle 为眼球的运动装置，共 7 块，包括直肌 4 块、斜肌 2 块和眼球退缩肌 1 块（图 14-4）。另外，还有一块使眼睑运动的上睑提肌。眼球肌属横纹肌，能灵活运动而不容易疲劳。

1. 直肌 rectus muscle 包括上直肌、内直肌、下直肌和外直肌，均呈带状，分别位于眼球的背侧、内侧、腹侧和外侧，起始于视神经孔周围，止于巩膜，收缩时分别向上、内侧、下和外侧运动眼球。

2. 斜肌 oblique muscle 包括上斜肌和下斜肌。上斜肌细而长，起始于筛孔附近，在内直肌内侧前行，通过滑车而转向外侧，经上直肌腹侧而止于巩膜。收缩时向外上方转动眼球。下斜肌短而宽，起始于泪囊窝后方的眶内侧壁，经眼球腹侧向外伸延而止于巩膜。其作用是向外下方转动眼球。

3. 眼球退缩肌 retractor bulbi 起始于视神经孔周围，由上、下、内侧和外侧 4 条肌束组成，呈锥形包于眼球的后部和视神经周围，止于巩膜，收缩时后退眼球。

4. 上睑提肌 levator palpebrae superioris 属于面肌，位于上直肌的背侧，起始于筛孔附近，止于上眼睑，收缩时提举上眼睑。

（四）眼眶和眶骨膜

1. 眼眶 eye socket 由额骨、泪骨、颧骨和颞骨构成，具有保护眼的作用。

2. 眶骨膜 periorbita 为一致密坚韧的纤维膜，位于骨质眼眶内，呈锥形，包围眼球、眼球肌、血管、神经和泪腺。锥尖附着于视神经孔周围，锥基附着于眶缘。眶骨膜的内外有许多脂肪填充，与眶骨膜一起保护着眼。

第二节 位听器官——耳

耳为听觉和平衡觉器官，分外耳、中耳和内耳。外耳、中耳是收集和传导声波的装置，内耳是接受声波和平衡刺激的器官（图14-6）。

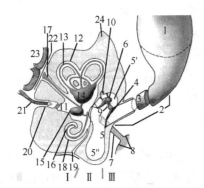

图14-6 耳结构模式图（引自 Dyce et al., 2010）
Ⅰ. 内耳；Ⅱ. 中耳；Ⅲ. 外耳；1. 耳廓；2. 外耳道；3. 环状软骨；4. 鼓膜；5. 鼓室；5′. 鼓室上隐窝；5″. 鼓泡；6. 听小骨；7. 咽鼓管；8. 鼻咽部；9. 鼓索；10. 面神经；11. 前庭；12. 骨半规管；13. 膜半规管；14. 椭圆囊；15. 球囊；16. 耳蜗管；17. 内淋巴管；18. 耳蜗；19. 淋巴周管；20. 内耳道；21. 内耳道内的前庭蜗神经；22. 脑膜；23. 脑；24. 岩颞骨

一、外　耳

外耳 external ear 由耳廓、外耳道和鼓膜3部分组成。

（一）耳廓

耳廓 auricle 又称耳壳，其大小、形状因家畜种类和品种不同而异，一般呈漏斗状。耳廓外面隆凸称耳背，里面凹陷称耳舟 scapha（舟状窝），窝内的皮肤形成纵走的皱褶。犬的对耳屏缘有缘皮囊。耳廓以耳廓软骨作为支架，内、外被覆皮肤。内面皮肤上部长有长毛，基部毛少而具有很多皮脂腺。耳廓基部周围有脂肪垫，并附着有较发达的耳廓外肌和内肌，能使耳廓灵活运动，便于收集声波。

（二）外耳道

外耳道 external acoustic meatus 是从耳廓基部到鼓膜的管道，由外侧部的软骨性外耳道和内侧部的骨性外耳道组成。软骨性外耳道以环状软骨作支架，外侧端与耳廓软骨相连，内侧端以致密结缔组织与骨性外耳道相连。骨性外耳道位于岩颞骨内，又称岩颞骨外耳道，断面呈椭圆形，外口大，内口小，内口有鼓膜环沟，鼓膜嵌入此沟内。外耳道内面被覆皮肤，软骨性外耳道的皮肤具有短毛、皮脂腺和特殊的耵聍腺。耵聍腺为变异的汗腺，分泌耳蜡，又称耵聍。

（三）鼓膜

鼓膜 tympanic membrane 位于外耳道底部，在外耳与中耳之间，为一卵圆形半透明的纤维膜，坚韧而富有弹性，周缘嵌入鼓膜环沟内。鼓膜略向内凹陷，其内侧面附着锤骨柄。

二、中　耳

中耳 middle ear 由鼓室、听小骨和咽鼓管组成。

（一）鼓室

鼓室 tympanic cavity 为岩颞骨内的一个含气小腔，内面被覆黏膜。外侧壁为鼓膜，与外耳道隔开，内侧壁为骨质壁或迷路壁，与内耳为界。内侧壁上有一隆起，称为岬 promontory，岬的前方有前庭窗 vestibular window，以镫骨及韧带封闭，岬的后方有蜗窗 oval window，以薄膜封闭。鼓室的前下方通咽鼓管。

（二）听小骨

听小骨 auditory ossicle 共有 3 块，由外向内依次为锤骨 malleus、砧骨 incus 和镫骨 stapes。彼此间借关节相连形成听小骨链，一端以镫骨柄附着于鼓膜，另一端以镫骨底的环状韧带附着于前庭窗，使鼓膜和前庭窗连接起来。当声波振动鼓膜时，3 块听小骨连串运动，使镫骨底在前庭窗上来回摆动，将声波的振动传入内耳。锤骨最大，呈锤状，分头、颈、柄和 3 个突。砧骨位于锤骨与镫骨之间，形似人的双尖牙，可分为砧骨体、长脚和短脚。镫骨最小，形似马镫，分头、颈、底、前脚和后脚。

（三）咽鼓管

咽鼓管 auditory（pharyngotympanic，eustachian）tube 是连通鼻咽部与鼓室的短管道。咽鼓管一端开口于鼓室前下壁，称咽鼓管鼓口，另一端开口于咽侧壁，称咽鼓管咽口。空气从鼻咽部经此管到鼓室，可以保持鼓膜内、外两侧大气压力的平衡，防止鼓膜被冲破。

三、内　耳

内耳 internal ear 位于颞骨岩部内，在鼓室与内耳道底之间，由构造复杂、形状不规则的管腔组成，故称迷路 labyrinth，是听觉和平衡觉感受器的所在部位。内耳分为骨迷路和膜迷路两部分。骨迷路由致密骨质构成，膜迷路为膜性结构。膜迷路套于骨迷路内，二者之间形成腔隙，腔内充满外淋巴；膜迷路内充满内淋巴。

（一）骨迷路

骨迷路 bony labyrinth 由致密骨质构成，分为前庭、骨半规管和耳蜗 3 部分，彼此互相连通（图 14-7）。

1. 前庭 vestibule　为骨迷路中部略膨大的卵圆形腔。位于骨半规管与耳蜗之间，前方以一个孔与耳蜗相通，后方借 5 个小孔与 3 个骨半规管相通。前庭的外侧壁即鼓室的内侧壁，壁上有前庭窗和蜗窗；内侧壁即内耳道底，其表面有一嵴，嵴的前方有一小窝，称球囊隐窝，嵴后方的窝较大，称椭圆囊隐窝。前庭内侧壁后下方有一小的前庭水

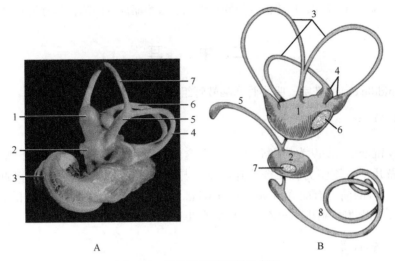

图 14-7　骨迷路和膜迷路示意图

A. 犬骨迷路：1. 骨壶腹；2. 前庭；3. 耳蜗；4. 后半规管；5. 总脚；6. 外侧半规管；7. 前半规管。B. 膜迷路示意图：1. 椭圆囊；2. 球囊；3. 膜半规管；4. 含有壶腹嵴的壶腹；5. 内淋巴管；6. 椭圆囊斑；7. 球囊斑；8. 耳蜗管

管内口。

2. 骨半规管 bony semicircular canals　位于前庭的后上方，为 3 个彼此互相垂直的半环形骨管，根据其位置分别称为前半规管、后半规管和外侧半规管。每个半规管均呈弧形，约占圆周的 2/3，一端细，称为脚，另一端粗，称为壶腹。前半规管和后半规管的脚合并为一总脚，前半规管和后半规管的壶腹端有一总口，故骨半规管仅以 5 个孔开口于前庭。

3. 耳蜗 cochlea　位于前庭的前下方，形似蜗牛壳，蜗顶朝向前外下方，蜗底朝向内耳道。耳蜗由一蜗轴和环绕蜗轴的蜗螺旋管组成。蜗轴 modiolus 由骨松质构成，呈圆锥状，轴底即内耳道底的耳蜗区，有许多小孔供蜗神经通过。蜗螺旋管 cochlear spiral canal 为环绕蜗轴 3 周半的螺旋形中空骨管，起始端与前庭相通，盲端位于蜗顶。在蜗螺旋管内，自蜗轴伸出一片不连接蜗螺旋管对侧壁的骨螺旋板。其缺损处由膜迷路填补，将蜗螺旋管不完全地分为上、下两部分，上部称前庭阶，下部称鼓阶。前庭阶起始于前庭窗，鼓阶起始于蜗窗，两者均充满外淋巴，并在蜗顶经蜗孔相通。耳蜗水管是连接鼓阶与蛛网膜下腔的小管，其内口靠近鼓阶起始部，外口开口于内耳道后方（图 14-8）。

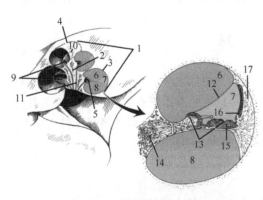

图 14-8　耳蜗横断面模式图（引自 Dyce et al., 2010）

1. 耳蜗；2. 蜗轴；3，4. 蜗螺旋管；5. 骨螺旋板；6. 前庭阶；7. 耳蜗管；8. 鼓阶；9，10. 蜗轴螺旋管；11. 纵管；12. 前庭壁；13. 螺旋器；14. 螺旋神经节；15. 基板；16. 蜗管外壁；17. 血管纹

（二）膜迷路

膜迷路 membranous labyrinth 为套入骨迷路内的膜性管道，管径较小，借纤维束固定于骨迷路。膜迷路由椭圆囊、球囊、膜半规管和耳蜗管 4 部分组成（图 14-7），4 部分管腔相通，腔内有内淋巴。

1. 椭圆囊 utriculus 位于前庭后上方的椭圆囊隐窝内，椭圆囊后壁有 5 个孔与膜半规管相通，向前以椭圆球囊管与球囊相通，椭圆球囊管再发出内淋巴管，穿经前庭至硬脑膜间的内淋巴囊，内淋巴由此渗出至周围血管丛。椭圆囊内有椭圆囊斑，是平衡觉感受器。

2. 球囊 sacculus 位于球囊隐窝内，其下部以连合管同耳蜗管相通。后部借椭圆球囊管与椭圆囊相通。球囊内侧壁上有增厚的球囊斑，为平衡觉感受器。

3. 膜半规管 membranous semicircular canal 套于骨半规管内，形状似骨半规管。膜半规管的膜壶腹几乎占据骨壶腹管腔，但其余部分仅占骨半规管管腔的 1/4。膜半规管开口于椭圆囊，膜壶腹内侧壁上有半月形隆起，称壶腹嵴，为平衡觉感受器，能感受旋转变速运动的刺激。

4. 耳蜗管 cochlear canal 位于耳蜗内，为一螺旋形管。两端均为盲端，前庭盲端借连合管与球囊相通，顶盲端位于蜗顶。耳蜗管横断面呈三角形，位于前庭阶与鼓阶之间，有 3 个壁，顶壁为前庭膜，将前庭阶与膜耳蜗管隔开；外侧壁较厚，与耳蜗的骨膜结合；底壁为骨螺旋板和基底膜，基底膜上有螺旋器（柯蒂器），为听觉感受器（图 14-8）。螺旋器呈带状，由毛细胞和支持细胞组成，上方覆盖有一片胶质盖膜。毛细胞基底部与蜗神经末梢形成突触。

耳廓收集声波，经外耳道传至鼓膜，引起鼓膜振动，并经听小骨链传至前庭窗，引起前庭阶外淋巴振动，进而振动前庭膜、基底膜和蜗管的内淋巴。前庭阶外淋巴的振动也经蜗孔传至鼓阶，使基底膜振动发生共振，基底膜的振动使盖膜与毛细胞的纤毛接触，引起毛细胞兴奋，冲动经蜗神经传入脑的听觉中枢而产生听觉及听觉反射。

第五篇　禽类比较解剖学

　　禽类属于鸟纲，是一类体表被覆羽毛、有翼、恒温和卵生的高等脊椎动物。尽管其起源于爬行动物，但因其适应于飞翔，在漫长的进化过程中，其机体结构在每个系统形成了一系列明显的特征，与哺乳动物有较大的差异。

　　禽类比较解剖学采用比较的方法，以鸡为主描述家禽每个系统各个器官形态结构的差异，比较不同家禽的差异，为科学饲养家禽、防治家禽疾病、保障家禽健康奠定基础。

第十五章　家禽解剖学

扫码看彩图

学习目标

1. 了解家禽机体结构的特点，比较其与哺乳动物的差异。
2. 掌握家禽内脏（消化、呼吸、泌尿和生殖系统）的结构特点，比较其与牛的差异。
3. 了解家禽心血管系统的结构特点，掌握采血常用的血管。
4. 掌握家禽淋巴系统的结构特点。
5. 掌握家禽内分泌系统的结构特点。

家禽是人类为了经济或其他目的而驯化和饲养的禽类。家禽解剖学是研究鸡、鸭、鹅等家禽机体各器官系统的形态结构、位置关系的科学。家禽与家畜在机体结构上虽有相似之处，保留着部分古代爬行动物的特点，但家禽在系统发生上属脊椎动物亚门鸟纲，其生活方式与家畜不同，导致机体及许多器官的形态结构演化为与飞翔生活相适应的固有特征。本章主要介绍家禽各器官系统的形态结构特点。

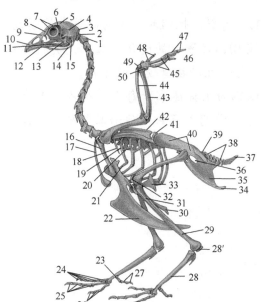

图 15-1　鸡的骨骼（引自 McCracken et al., 2006）

1. 枢椎；2. 寰椎；3. 枕骨；4. 颞骨；5. 额骨；6. 眼眶；7. 巩膜骨；8. 泪骨；9. 鼻骨；10. 切齿骨（颌前骨）；11. 颧骨；12. 下颌骨；13. 方骨；14. 舌器；15. 外耳道；16. 乌喙骨；17. 锁骨；18. 浮肋；19. 第2椎肋；20. 钩突；21. 第1胸肋；22. 胸骨嵴；23. 第1跖骨；24. 第4趾的5个趾节骨；25. 第3趾的4个趾节骨；26. 第2趾的3个趾节骨；27. 第1趾的2个趾节骨；28. 跗跖骨；28'. 跗下籽骨；29. 胫跗骨；30. 胸骨后外侧突；31. 腓骨；32. 髋骨；33. 胸骨的胸突；34. 耻骨；35. 坐骨；36. 髂坐孔；37. 尾综骨；38. 游离的尾椎；39. 综荐骨的后端；40. 髂骨；41. 第6胸椎；42. 背骨；43. 尺骨；44. 桡骨；45. 腕掌骨；46. 小指的1个指节骨；47. 大指的2个指节骨；48. 拇指的两个指节骨；49. 桡腕骨；50. 尺腕骨

第一节　骨　骼

家禽运动系统由骨、骨连结和骨骼肌3部分组成。禽类骨骼具有两种特性，即轻便性和坚固性。轻便性表现在许多骨的骨髓腔内充满着与肺及气囊相通的空气，代替了骨髓（幼龄禽类的所有骨都含有红骨髓），使这些骨呈现薄而轻的特点。坚固性表现在两方面：一方面是骨质致密，禽类骨的骨密度比相同体积的哺乳动物的大；另一方面是有的骨块愈合成一整体，如颅骨、腰荐骨、盆带骨和尾综骨等，且全身关节牢固。家禽的全身骨骼由躯干骨、头骨和四肢骨组成（图15-1）。

一、躯 干 骨

躯干骨包括脊柱、肋骨和胸骨。脊柱由颈椎（C）、胸椎（T）、腰椎（L）、荐椎（S）和尾椎（Cy）5部分组成。从比较解剖学观点看，禽类的椎骨是鞍状椎骨，椎骨椎体间的连接为形态特殊、附有软骨的鞍状关节，鞍状关节取代了椎间盘而形成可动连结，运动更加灵活。各种家禽的椎骨数目各不相同，脊柱式分别为：鸡 $C_{14}T_7L_3S_5Cy_{11\sim13}$ 或 $C_{14}T_7Ls_{14}Cy_{5\sim6}$，鸭 $C_{14\sim15}T_9L_4S_7Cy_{10}$，鹅 $C_{17\sim18}T_9L_{12\sim13}S_2Cy_8$，鸽 $C_{12\sim13}T_7L_6S_2Cy_8$。

（一）颈椎

禽类的颈椎数目多，鸡14个，鸭14～15个，鹅17～18个，各颈椎间伸屈和转动灵活。静止时，全段颈椎形成"乙"状弯曲。禽颈部是躯干最灵活的部位，比较长，便于伸展转动，利于啄食、警戒、用喙梳理羽毛及衔取尾脂腺分泌物油润羽毛。第1、2颈椎形状特殊。第1颈椎即寰椎，很小，呈狭环状。由于禽类只有单个球形的枕髁，因此寰椎与头骨之间转动灵活，而寰椎与枢椎之间的转动极为有限。第2颈椎即枢椎，腹侧嵴尤其发达，枢椎前方有大的齿突。第3颈椎至最后颈椎的形态基本相似，椎体较长，呈前后延伸的侧扁棒状体。从整个颈段看，枢椎的椎体最短，第3颈椎到第7、8颈椎的椎体逐渐加长，再向后，椎体又变得短而厚。所有颈椎的横突孔连接成横突管，是椎动脉、静脉和交感神经的通道。

（二）胸椎、肋骨和胸骨

1. 胸椎 鸡通常有7个胸椎，偶见有8个，鸭有9个胸椎，鸡第1、6胸椎游离，第2～5胸椎愈合成一整体，第7胸椎与腰荐椎和前6个尾椎愈合。胸椎的椎体较短，整个胸段只有颈段长度的1/3。棘突发达，成年鸡的棘突几乎愈合成一完整的垂直板。

2. 肋骨 鸡有7对，第1、2对肋是浮肋，不与胸骨相连，其余各对均与胸骨相连，各肋骨可分为椎肋和胸肋。第2～6对椎肋中部均发出一支斜向后上方的钩突 uncinate process，覆盖在后一相邻椎肋的外表面，并有韧带彼此相连，使胸廓更加坚固。最后胸肋不与胸骨相接，而与前一胸肋相连。

3. 胸骨 禽类的胸骨特别发达，飞翔能力强的鸟类更为明显，由胸骨体和几个突起组成。胸骨体为背侧凹的四边形骨，两侧有4～5个小关节面与胸肋构成关节。骨体前端有一正中突（喙突 rostrum），后端有一长的剑突。骨体和剑突的腹侧有发达的胸骨嵴 sternal crest，即龙骨 carina。自胸骨体前部两侧向前上方伸出前外侧突（肋突或胸骨乌喙突）；从骨体后部两侧向后伸出后外侧突，在鸡、鸽还从后外侧突向后上方伸出胸突（斜突），后外侧突与胸骨体之间形成卵圆形的胸骨切迹（卵圆切迹或卵圆孔），在活体由薄的纤维膜封闭。鸭的胸骨比鸡大，前缘有较大的气孔。

（三）腰荐椎

鸡的全部腰椎、荐椎和第1～6尾椎在发育早期愈合而成单块的腰荐骨。虽然腰荐椎的分节现象已经消失，但仍可以从其侧面的椎间孔和横突的位置区别各节椎骨的界限。

（四）尾椎

鸡的可活动尾椎有 6 个（鸭 7 个），有时 5 个，与前 6 个愈合尾椎一起共有 11～13个。最后一个尾椎称尾综骨。

二、头　骨

禽类头骨以大而明显的眶窝为界，分为颅骨和面骨。与爬行类相比，禽脑的相对体积增加，颅腔也较大。禽类面骨的大小主要取决于下颌器的发达程度，尤其是与禽类食物和采食习惯有关的喙的形态与大小。颅骨由不成对的枕骨、蝶骨和成对的顶骨、额骨和颞骨组成。禽类无顶间骨，由于眶窝大，筛骨前移而不属于颅骨。颅骨各骨愈合较早，无骨缝可见。颅骨为含气骨，其骨松质的间隙通中耳，再经咽鼓管而间接与咽相通。枕骨由基部（基枕骨）、侧部（外枕骨）和鳞部（上枕骨）组成，枕骨大孔大，枕髁小呈半球形，仅有 1 个。在枕骨大孔两侧，由内向外依次有舌下神经孔、迷走和舌咽神经孔、颈动脉管口和颈静脉孔。蝶骨形成颅底的较大部分，由体、颞翼、眶翼组成，参与构成外耳孔和眶间隔。顶骨嵌入额骨与枕骨鳞部之间。额骨很大，分为额部、眶部和鼻部，参与构建颅腔、眼眶和鼻腔。颞骨由耳骨和鳞部组成，耳骨 ossa otica 相当于哺乳动物的岩部和鼓部，外耳道很短而外耳门较大；鳞部在眶后方形成眶后突和颧突（鸡）。

禽类面骨比较复杂，与颅骨相比体积较小，而且各种家禽间变异也较大，鸡的面骨呈小圆锥形，鸭呈前方钝圆的长方形。面骨前部构成喙的骨质基础，由于上下颌牙齿缺如，因此较轻便。眶窝骨质底壁缺如，左、右眶窝被眶间隔分开，周围由额骨、颞骨、泪骨、颧骨等围成。面骨除筛骨外，都是成对骨，由筛骨、泪骨、鼻骨、切齿骨（颌前骨）、上颌骨、颧骨、腭骨、翼骨、犁骨、方骨、下颌骨、舌骨和鼻甲骨构成。禽类由于眼眶特大，面骨的形状和位置与哺乳动物有显著差异。例如，筛骨在哺乳动物属于颅骨，是构成颅腔前壁的重要部分，而在禽类，其位置几乎全在面部，成为面骨构成部分。筛骨由水平板和垂直板组成，水平板相当于哺乳动物的筛板，将鼻腔与眼眶隔开，有 1对嗅神经孔；垂直板后部参与形成眶间隔，前部连接鼻中隔。泪骨与额骨愈合，与鼻骨构成可动关节，在鸭、鹅有泪突。鼻骨构成鼻腔的顶壁和侧壁，具有额突、上颌突和颌前突。切齿骨形成上喙的绝大部分，具有上颌突、腭突和额突，上颌突形成部分喙缘和连接上颌骨；腭突构成骨质的硬腭，在后方与腭骨愈合；额突在内侧愈合并向后伸至额骨；切齿骨和鼻骨的突起围成鼻孔。上颌骨小，构成上喙的后缘和部分骨质的硬腭。颧骨呈细棒状，从上喙后端向后伸向方骨，并与其形成可动关节；颧骨包括轭骨 jugalbone 和方轭骨 quadratojugal bone。腭骨在鸡呈棒状，鸭、鹅的较宽，在前、后方分别与上颌骨和翼骨成关节，形成咽的骨质顶壁，有裂隙样的骨质鼻后孔。翼骨为短粗的扁骨，位于腭骨和蝶骨之间，与蝶骨和方骨成关节。方骨 ossa quadrata 是禽类特有的骨，从系统发生看，方骨相当于哺乳动物听小骨之一的砧骨。方骨因呈不正四边形而得名，它位于颞骨、翼骨与下颌骨之间。由于方骨与下颌骨、颧骨、翼骨等均以关节相连，以及方骨本身的灵活性，鼻骨与额骨间形成可动关节，所以当开口时，不仅下降下喙，而且同时抬起上喙，张口大而自如。下颌骨发达，形态与上喙对应，包括角骨、关节骨、角上骨、压骨和齿骨，关节骨具有关节面，构成下颌关节；角上骨内侧面具有下颌孔，为下颌管入口。

舌骨长，不与颅骨成关节，由舌骨体和舌骨支组成。舌骨体由前向后分舌内骨、基舌骨和尾舌骨3段，舌内骨呈箭头状，位于舌体内，构成舌的支架；舌骨支从基舌骨后端两侧向后上方伸出，绕过枕骨，不与任何骨骼相连。

三、前 肢 骨

禽类前肢由于适应飞翔而演变成翼，它和家畜前肢一样也分为肩带部和游离部（图15-2）。

（一）肩带部骨

家禽肩带部骨由肩胛骨、乌喙骨和锁骨组成。3块骨彼此间由韧带牢固地接合在一起，用以支持游离部。

1. 肩胛骨　　位于胸廓背侧壁，呈略弯曲的扁平带状，形如军刀。紧贴椎肋，几乎与脊柱平行，从第12、13颈椎伸至最后胸椎。肩胛骨近端较厚，外侧凹陷构成部分关节窝与肱骨成关节。近端内侧有一突起，称肩峰或锁骨突。肩胛骨的肱骨端、乌喙骨的钩突和锁骨的肱骨端共同形成三骨孔 foramen triosseum。乌喙上肌的止腱通过三骨孔。鸭的肩胛骨比鸡的长。

2. 乌喙骨 coracoid bone　　为肩带部中最强大的一块骨，呈柱状，位于胸腔入口两侧，从胸骨前缘斜向前外上方。骨干表面有一纵行嵴，胸骨端扁平略凸向前方，有气孔通锁骨间气囊，鞍状关节面与胸骨成关节。肱骨端窄而厚，背内侧有钩突，腹内侧有小关节面与肩胛骨成关节，后外侧凹陷构成肩臼的一部分，与肱骨头形成关节。鸭的乌喙骨比鸡强大，它与肩胛骨形成的夹角近乎直角。

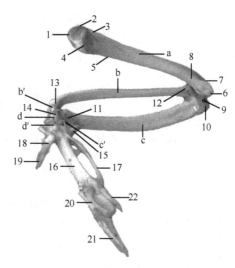

图15-2　鸡的左前肢骨（侧面观）

a. 肱骨；b. 桡骨；b′. 桡腕关节；c. 尺骨；c′. 腕尺关节；d. 腕骨；d′. 腕掌关节；1. 肱骨头；2. 外侧结节；3. 外侧结节嵴；4. 内侧结节；5. 内侧结节嵴；6. 肱骨滑车；7. 尺侧髁；8. 尺侧上髁；9. 尺骨关节窝；10. 肘突；11. 尺骨滑车关节；12. 桡骨小头；13. 桡骨滑车关节；14. 桡腕骨；15. 尺腕骨；16. 第3腕掌骨；17. 第4腕掌骨；18. 第2腕掌骨；19. 第2指骨；20. 第3指的第1指节骨；21. 第3指的第2指节骨；22. 第4指骨

3. 锁骨 clavicula　　位于乌喙骨前方，为稍弯曲的细棒状骨，近端接近乌喙骨钩突，通过韧带与肩臼连接。两侧锁骨的远端斜向内下方，并在中线处愈合，构成所谓的"叉骨"。鸡、鸽的锁骨呈"V"形，鸭的锁骨比鸡强大，两侧愈合成"U"形。

（二）游离部骨

由肱骨、前臂骨和前脚骨组成（图15-2）。前肢的游离部变为翼，静止时，翼的3段折叠成"Z"形，紧贴胸廓。前脚骨与哺乳动物的相比，变化较大。

肱骨（臂骨）为发达的含气柱状长骨，鹅的最长。翼折叠时，它几乎呈水平向紧靠胸壁，向后可达髂骨前缘。近端有大而呈卵圆形的肱骨头，与乌喙骨和肩胛骨构成的肩臼成关节；肱骨头的背外侧具有外侧结节，延续为向外侧弯曲的外侧结节嵴，腹内侧具有内侧结节。内侧结节远侧有大的气孔。肱骨远端的关节面为肱骨滑车，由桡侧髁和尺侧髁组成，与桡骨和尺骨成关节。

前臂骨包括桡骨和尺骨，两骨近乎等长，但尺骨粗大，桡骨较细，两骨间有宽大的骨间隙。尺骨近端有关节凹与肱骨成关节，鹰嘴不发达；骨体略弯曲，远端与2腕骨成关节；尺骨在两端均与桡骨成关节。桡骨近端（桡骨头）具有关节窝与肱骨成关节，远端有髁与桡腕骨成关节。

前脚骨包括腕骨、掌骨和指骨，退化较多。腕骨为桡腕骨和尺腕骨。掌骨为第2～4掌骨，已愈合在一起，并与远列腕骨愈合，也称腕掌骨。第3掌骨最发达，第4掌骨呈细的弓形，第2掌骨为第3掌骨近端的小突起。禽有3个指，即第2～4指，第3指最发达，有2个指节骨，但鹅有3个；第2指有2个指节骨，但鸽只有1个；第4指仅有1个指节骨。

四、后　肢　骨

禽类后肢有支持身体、行走和栖息等作用，因此较发达，由盆带骨和游离部骨组成。

（一）盆带骨

盆带骨（髋骨）包括髂骨、坐骨和耻骨。为适应产蛋，禽类为开放性骨盆。

1. 髂骨　最大，呈近似长方形的板状，内侧缘与综荐骨形成骨性结合和韧带连合。分髋臼前部 preacetabular part 和后部 postacetabular part，前部背外侧面凹陷，供肌肉附着，后部背侧面隆起而直接位于皮下；内侧面凹，容纳肾。通常髂骨、坐骨和耻骨共同构成髋臼，与股骨头成关节，但鸡和鸭的耻骨不参与构成髋臼。在髋臼的后背侧有被覆软骨的对转子突 antitrochanter，与股骨的大转子成关节。

2. 坐骨　位于髋骨后部腹侧，呈三角形的骨板，与髂骨之间形成髂坐孔，供血管、神经通过。骨盆的后缘由髂骨和坐骨形成。

3. 耻骨　位于坐骨腹侧，为细长的骨棒，从髋臼沿坐骨腹侧缘向后延伸，末端向内弯曲并突出于坐骨后方，与坐骨之间有耻坐切迹；两骨前部之间形成闭孔。耻骨在髋臼下方向前伸出耻骨突。鸽和鹅的耻骨参与构成髋臼。

（二）游离部骨

游离部骨由股部骨、小腿骨和后脚骨3段组成（图15-3）。

1. 股部骨　股部骨为管状长骨，比小腿骨短，鸭的更短，由后上方斜向前下方。近端内侧有股骨头，与髋臼成关节；其关节面还延伸至大转子基部，与髋臼后上方的对转子突构成关节，因此限制了髋关节的外展和转动，对稳定后肢起一定作用。股骨颈位于股骨头的外下方。大转子明显，位于近端外侧。小转子很小，位于股骨颈下方。股骨远端膨大，前方为股骨滑车，向后延续为股骨髁，外侧髁大，内髁较小。髌骨小，为卵圆形籽骨，与股骨滑车成关节。股骨、髌骨、胫骨和腓骨共同构成膝关节。

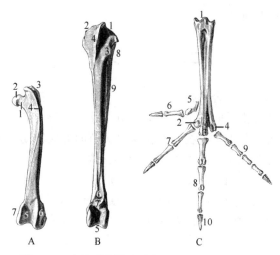

图 15-3　鸡的后肢骨（引自 Nickel et al.，1977）

A. 股骨（前面）：1. 股骨颈；2. 股骨头；3. 大转子；4. 骨嵴；5. 股骨滑车；6. 外侧髁；7. 内侧髁。
B. 胫跗骨（前面）：1. 外侧髁；2. 内侧髁；3. 外侧骨嵴；4. 内侧骨嵴；5. 滑车关节；6. 沟；7. 骨桥；8. 腓骨头；9. 腓骨体。C. 小腿骨（背面）：1. 跗跖骨近端关节面；2~4. 分别对第 2~4 趾的第 1 指节骨的滑车关节；5. 第 1 跖骨；6. 第 1 趾；7. 第 2 趾；8. 第 3 趾；9. 第 4 趾；10. 爪

2. 小腿骨　由胫骨和腓骨构成，从前上方斜向后下方。胫骨为管状长骨，发达，其远端与近列跗骨愈合，也称胫跗骨（图 15-1，图 15-3）。鸭、鹅的胫跗骨比股骨长 1 倍，鸡、鸽的长 1/3~1/2。胫骨近端具有内、外侧髁，与股骨成关节；前面有内、外侧骨嵴；远端为滑车，其前上方有一沟和骨嵴。腓骨退化，近端为突出的腓骨头，与胫骨成关节，并与股骨外侧髁接触。骨体向远侧逐渐变尖细。

3. 后脚骨　由跗骨、跖骨和趾骨构成。跗骨分别与胫骨远端和跖骨近端愈合。跖骨有 4，形成大、小跖骨。大跖骨由第 2~4 跖骨愈合而成，其近端与远列跗骨愈合，也称跗跖骨；远端有 3 个滑车，被深的切迹分开，与相应的趾骨成关节。鸭的大跖骨最短，鸡的最长。公鸡跖骨下部内侧有距突，是距 spur 的骨质基础。第 1 跖骨很小，借韧带连接于大跖骨下端内侧。禽类一般有 4 个趾，即第 1~4 趾，分别有 2、3、4、5 个趾节骨，末端趾节骨呈爪状（图 15-3C）。

第二节　关　节

一、头　部　关　节

禽类头部的骨连结与哺乳动物的相似，包括纤维连结（缝）、软骨连结（软骨结合）和滑膜连结（关节），除上颌关节和下颌关节外，其他均属于不动关节。北京鸭的上颌关节有方轭关节、方鳞耳关节、方翼关节、翼腭关节、翼旁腭骨关节、犁筛关节、轭颌前关节等。下颌关节主要为方下颌关节，由方骨腹侧的关节面与下颌骨的关节面构成，关节囊附着于骨的周缘，两骨的关节面之间有一软骨板，滑膜分为背、腹侧两部分，出现两个关节腔。韧带有方下颌韧带、轭下颌内侧和外侧韧带。此外有眶后韧带和枕下颌韧

带附着于下颌骨以固定下颌关节。

二、躯 干 关 节

脊柱的各椎骨之间，除愈合的椎骨为不动关节外，其他各部分椎骨间的连结为微动关节，包括椎体间关节和椎弓间关节。枕寰关节是球窝关节变形的杵臼关节，具背腹和两侧转动功能。寰枢关节除枢椎齿突和寰椎腹弓关节面形成转动关节外，枢椎还有一对前关节突和寰椎形成关节，两关节的运动范围都很有限。

连接肋骨与椎骨和胸骨的关节有3种：①肋头关节，为椎肋肋头与椎体间的连结，是微动关节；②肋横突关节，为肋结节与横突间的连结，是滑动关节；③肋胸关节，为胸肋与胸骨间的连结，为屈戌关节。此外，肋内关节为胸肋与椎肋间的连接，为屈戌关节。

三、前 肢 关 节

乌喙骨和胸骨间的连结为屈戌关节，关节面横向宽，当呼吸时，此关节似铰链般地使胸骨做背腹方向运动。肩关节由肩胛骨、乌喙骨和肱骨近端构成，肩胛骨和乌喙骨组成肩臼，与肱骨头成关节，关节囊较大。有背外侧横韧带等固定肩关节。肩关节在展翼和收翼时进行屈伸运动，在飞翔时可上下扑动。此外，锁骨借韧带与乌喙骨和肩胛骨相连。肘关节为复关节，由肱骨远端与尺骨和桡骨近端构成，分为肱桡关节和肱尺关节。肱尺关节为屈戌关节，可进行伸屈运动。肘关节有肱桡韧带和肱尺韧带，从肱骨上髁伸至桡骨和尺骨。尺骨与桡骨间形成2个桡尺关节，允许尺骨与桡骨做纵向滑行运动，从而使肘关节与腕关节联合行动，可同时屈或伸。腕关节为复关节，由尺骨和桡骨远端、桡腕骨和尺腕骨及掌骨近端组成，分为尺腕关节、桡腕关节和腕掌关节等。腕关节为屈戌关节，能做伸屈运动，也有一定的滑动作用。指关节包括掌指关节和指间关节，均为屈戌关节，因联系紧密，活动性较小。

四、后 肢 关 节

腰荐关节为不动关节，由于没有骨盆联合，因此关节面广阔而强大，随着年龄增长逐渐坚固直至完全愈合。髂骨内缘既与腰荐骨的横突愈合，也与前4个腰荐骨的棘突连接，在后部，4个分离的横突附着于髂骨的腹缘，承受了强大的机械作用。髋关节由髋臼和股骨头组成，为多轴关节，关节囊大，有耻股韧带、髂股韧带、坐股韧带和股骨头韧带。由于对转子突与大转子相接，髋关节主要进行屈伸运动，内收及外展运动有限。膝关节由股骨、髌骨、胫骨和腓骨组成，分为股髌关节和股胫关节，股髌关节为滑动关节，关节囊大，有髌韧带和内、外侧股髌韧带。股胫关节为屈戌关节，有两块半月板和前、后十字韧带。跗关节（胫跗关节）由胫跗骨远端和跗跖骨近端构成，实际上相当于跗间关节，有关节囊和半月板。趾关节包括跖趾关节和趾节间关节，跖趾关节由跖骨远端关节面和近趾节骨近端构成屈戌关节，关节囊小，有侧韧带附着于每个关节的两侧。各趾间关节均是屈戌关节，有小关节囊和韧带。

第三节　肌　　肉

禽类的肌肉很复杂，有三大特点：一是颈部运动的多样性造成靠近头部的颈部肌系发达；二是肌腱骨化早，尤其是四肢肌肉的长腱；三是翼部肌系尤为发达，大部分固着于躯体上，与胸骨的连接面较广阔。

一、皮　　肌

禽体的皮肌薄而发达。部分皮肌是平滑肌网，止于皮肤羽区的羽囊，控制羽毛活动；另一部分皮肌终止于翼的皮肤褶（翼膜），称翼膜肌 patagial muscle，以辅助翼的伸展，飞翔时有紧张翼膜的作用；还有一部分皮肌起着支持嗉囊的作用。

二、头　部　肌

禽类因缺唇、颊、耳廓，外耳也没有活动性，所以缺面部肌系，而开闭上、下颌的肌肉则较发达，还有一些作用于方骨的肌肉。颌肌包括下颌降肌、下颌收外肌（相当于哺乳动物的二腹肌，位于下颌后方浅层）、下颌收后肌（相当于哺乳动物的咬肌，位于眶窝腹侧的浅层和方骨下颌骨关节前部）、浅伪颞肌（相当于哺乳动物的颞肌）、深伪颞肌、翼肌、方翼前牵引肌（前翼方肌）。舌的固有肌虽不发达，但有一系列舌骨肌，使舌在采食、吞咽时可做快速灵敏的运动。舌骨肌包括下颌间肌、下颌基舌骨肌、外舌骨下颌肌、舌内骨角舌骨肌、角舌骨间肌、外侧基舌骨舌内肌、内侧基舌骨舌内肌。

三、脊　柱　肌

禽类颈部长而灵活，肌肉特别发达，多裂肌、棘突间肌、横突间肌等肌束也相应增多。禽类颈部缺臂头肌和胸头肌。胸、腰、荐椎已愈合，因此该段肌肉不发达而变小。尾部肌肉发达，与尾部功能有关（图 15-4）。

（一）颈背侧肌群

1. 颈二腹肌　　位于颈背侧中线两侧的一对长肌，直而狭，分前、后两个肌腹，前肌腹小，后肌腹发达，两肌腹之间以长腱相连。其主要作用是上提头颈。

2. 复肌　　位于头颈之间的背侧，较发达。起于前 4～5 颈椎的前关节突和横突背侧，止于枕骨项面、颈二腹肌止点外侧。其主要作用是两侧肌肉收缩时伸展头部（向背侧屈曲），一侧收缩时则使头部转向外侧。此肌在刚孵出的幼禽较明显，有人认为在幼禽孵出时，该肌收缩致使上喙的蛋齿啄破蛋壳，故有"孵肌"之称。

3. 棘肌　　为复合肌带，由胸棘肌和颈棘肌组成，从腰荐骨和髂骨向前延伸到第 3 颈椎。其主要作用是上提胸部和颈基部，伸直颈部。

4. 髂肋肌与背最长肌　　起于髂骨前缘和多数胸椎横突，向前止于椎肋、前部胸椎

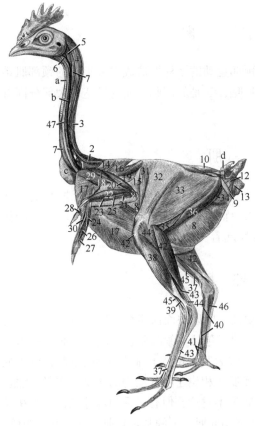

图 15-4　鸡体浅层肌（引自 Nickel et al., 1977）
1. 颈最长肌；2. 颈半棘肌；3. 颈二腹肌；4. 复肌；
5. 头腹侧直肌外侧部；6. 头腹侧直肌内侧部；7. 颈
长肌；8. 腹外斜肌；9. 泄殖腔提肌；10. 尾提肌；
11. 尾外侧肌；12. 尾肌；13. 泄殖腔括约肌；14. 斜
方肌；15. 后腹侧锯肌；16. 背阔肌；17. 胸浅肌；
18. 三角肌；19. 肩臂后肌；20. 臂三头肌；21. 外上髁
尺侧肌；22. 腕桡侧伸肌；23. 腕尺侧伸肌；24. 尺掌
背侧肌；25. 指总伸肌；26. 骨间背侧肌；27. 骨间掌
侧肌；28. 拇伸肌；29. 长翼膜张肌；30. 第2指（示
指）外展肌；31. 髂胫前肌和臀浅肌（前部）；32. 阔筋
膜张肌和臀浅肌（后部）；33. 股二头肌；34. 尾髂股肌；
35. 半腱肌；36. 半膜肌；37. 趾长伸肌；38. 腓骨长肌；
39. 腓骨短肌；40. 拇短伸肌；41. 趾短伸肌；42. 腓肠
肌；43. 趾深屈肌（穿屈肌）；44. 趾浅及趾深屈肌（穿
屈肌和穿爪屈肌）；45. 胫骨前肌；46. 拇短屈肌；47. 胸
骨甲状肌；a. 气管；b. 颈静脉；c. 嗉囊；d. 尾脂腺

横突和后部颈椎。其主要作用是协助上提胸部。

此外，颈背侧肌群还有前行肌、嵴间肌、棘间肌等。

（二）颈外侧肌

颈外侧肌伸展于颈的全长，位于前行肌和颈腹侧长肌之间。主要有横突间肌，起于颈椎的颈肋外缘和横突，止于颈椎腹侧。其主要作用是转动颈椎。

（三）颈腹侧肌

颈腹侧长肌是颈部腹侧唯一的肌肉，紧贴颈椎椎体腹侧，由一系列肌束联合而成。颈动脉位于此肌深层。该肌起于第 6 胸椎腹嵴、椎体和大部分胸椎横突腹侧面，向前延伸，止于寰椎腹侧弓及第 3 颈椎的颈肋。其主要作用是屈曲颈部。

（四）头后肌群

头后肌群起自前部颈椎，止于颅底或寰椎，运动头、颈部。有头夹肌、头背直肌、头外侧直肌、头腹侧直肌、颈短屈肌和颈深屈肌。其主要作用是伸展和屈曲头或单侧旋转头。

（五）尾部肌群

禽类尾部与飞翔、交配、孵蛋、排粪、平衡及其他活动关系密切，因此尾部结构与功能很复杂，肌肉也较复杂（图 15-4）。

1. 动尾肌　主要有尾提肌、尾外侧肌、尾降肌、耻尾外肌、耻尾内肌，有提尾、降尾、摆尾和竖立尾羽等作用。

2. 泄殖腔周围肌　有泄殖腔提肌、泄殖腔括约肌，主要作用是使泄殖腔提拉、外翻和回缩，协助完成交配、产蛋、排粪等动作。

四、胸 壁 肌

与哺乳动物的相似，主要有肋提肌、吸气肌（肋间外肌、斜角肌、肋胸大肌）、呼气肌（肋间内肌、肋肺肌、肋胸小肌），但无哺乳动物的膈。

五、腹　壁　肌

禽类腹壁肌与哺乳动物相似，也分4层，按其纤维走向而命名，即腹外斜肌、腹内斜肌、腹直肌和腹横肌（图15-5），但均很薄，为腱质的板状肌。腹壁4层肌形成一个整体，收缩时，减少腹部体腔体积、压迫内脏、协助呼气、排粪、产蛋等。胸腹膈几乎全是腱质，所以呼气动作主要靠腹肌完成。

六、肩带和前肢肌

方位根据翼完全展开即飞翔状态时命名，其凸面为背侧或外侧，凹面为腹侧或内侧（图15-4～图15-6）。

（一）肩带和臂部肌群

1. 背阔肌　　位于躯干背侧浅层的扁平肌，分前、后部。其主要作用是拉翼向后，屈曲和上提肱骨。

2. 浅菱形肌和深菱形肌　　浅菱形肌相当于哺乳动物的斜方肌，位于浅层，部分被

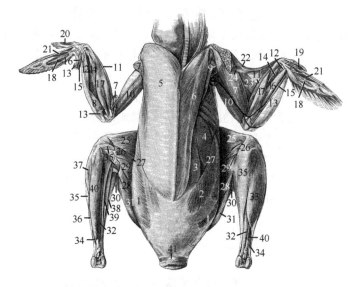

图 15-5　鸡腹侧面肌（引自 Nickel et al.，1977）

1. 腹外斜肌；2. 腹内斜肌；3. 腹直肌；4. 腹横肌；5. 胸浅肌；6. 胸深肌；7. 臂二头肌；8. 臂肌；9. 喙臂肌；10. 臂三头肌；11. 腕桡侧伸肌；12. 尺掌侧肌；13. 腕尺侧屈肌；14. 示指长伸肌；15. 指浅屈肌；16. 指深屈肌；17. 长和短旋前肌；18. 骨间掌侧肌；19. 拇收肌；20. 拇展肌；21. 示指展肌；22. 长翼膜张肌；23. 短翼膜肌；24. 副翼膜肌；25. 缝匠肌；26. 股四头肌（股内侧肌）；27. 耻骨肌；28. 股薄肌；29. 内收肌；30. 半腱肌；31. 半膜肌；32. 趾长伸肌；33. 腓骨长肌；34. 腓骨短肌；35. 腓肠肌；36. 穿屈肌；37. 穿屈肌和穿孔屈肌；38. 趾深屈肌；39. 胫骨后肌；40. 胫骨前肌；
41. 肛门括约肌

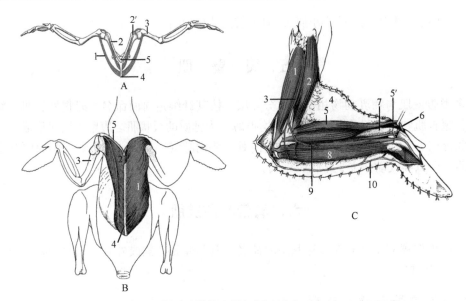

图 15-6　鸡的飞翔肌及翼的浅层解剖（引自 Dyce et al., 2010）

A、B. 飞翔肌（前面）及腹侧面：1. 胸肌；2. 乌喙上肌；2′. 乌喙上肌腱通过的三骨管；3. 肱骨；4. 胸骨；5. 锁骨。C. 向外侧伸展的左翼（浅层解剖）：1. 臂三头肌；2. 臂二头肌；3. 臂静脉；4. 翼褶（前翼膜）；5. 腕桡侧伸肌；5′. 腕桡侧伸肌腱；6. 腕关节；7. 桡骨皮下部；8. 腕尺侧屈肌；9. 尺皮下（翼）静脉；10. 翻转的皮肤

背阔肌覆盖，协助收肩关节。深菱形肌位于深层，可上提肩胛骨。

3. 深锯肌和浅锯肌　　深锯肌也称背侧锯肌，位于肩臂后肌深层，起于 2～5 肋骨钩突上方，向上止于肩胛骨内侧。浅锯肌相当于哺乳动物的腹侧锯肌，位于肩臂后肌深层，起于 1～3 肋骨钩突平面处，止于肩胛骨腹侧缘的前 1/2 处。

4. 肩臂前肌　　类似于哺乳动物的小圆肌，很小，易于忽略。

5. 肩臂后肌　　类似于哺乳动物的大圆肌，全部或部分被背阔肌所覆盖。

6. 肩胛下肌　　分内、外两部分。肩胛下肌外部起于肩胛骨腹外侧，肩胛下肌内部起于肩胛骨腹内侧，两部分愈合形成粗腱止于肱骨近端内侧小结节。

7. 乌喙下肌　　分背、腹两头。背侧头起于肩关节内侧；腹侧头起于乌喙骨背内侧和由胸骨、乌喙骨及锁骨共同形成的乌喙骨锁骨韧带和胸锁韧带，止于肱骨近端内侧小结节。

8. 喙臂前肌　　起于乌喙骨近端，止于肱骨近端背侧。其主要作用是上提翼，与胸肌相拮抗。

9. 喙臂后肌　　位于胸肌胸部的前背侧缘深层、胸肌腹部的背侧，呈扁平三角形，锁骨间气囊的外侧腋憩室位于此肌腹面。起于乌喙骨外侧和胸骨体，止于肱骨内侧小结节、肩胛下肌腱外侧。其主要作用是上提翼，与胸肌相拮抗。

10. 胸乌喙肌　　位于乌喙骨背侧、胸喙关节相对处。起于胸骨喙突内侧，止于乌喙骨近端背侧。其主要作用是固定乌喙骨。

11. 胸肌　　也称胸浅肌，是禽体最大的肌肉，也是飞翔的主要肌肉（图 15-6）。位于胸骨龙骨突两侧，左、右两侧胸肌在龙骨腹侧正中线处紧密连接。起于锁骨乌喙骨韧带前外侧面、龙骨游离缘、剑突、胸骨后外侧突、胸肋骨间膜和最后几根肋骨腱膜，止于肱骨的三角形大结节腹侧面。有下降翼的作用，同时将翼提向前上方，是扑翼的主要肌肉。鸡胸肌的颜色较淡，鸭的较深。鸡的胸肌约占体重的10%。善于飞翔的禽类胸肌更发达，约占体重的16%（大天鹅）。

12. 乌喙上肌　　也称胸深肌，为大而呈梭形的羽状肌，位于胸肌胸部的深层，胸骨体和剑突腹侧与龙骨嵴形成的夹角内（图15-6）。起于胸骨、锁骨近端、乌喙骨和胸锁乌喙骨韧带，以一强腱向前通过3骨孔，腱分为两支突然转向肩关节囊背侧，较细的一支止于肱骨外侧大结节三角嵴，较粗的一支止于大结节背面。有上提翼的作用，与胸肌相拮抗。

13. 三角肌　　包括小三角肌和大三角肌，作用是协同屈曲肩和上提肋骨、肱骨和翼。

14. 臂三头肌　　肩胛部起于肩胛颈背外侧，臂部起于肱骨近端气孔和臂二头肌背侧，两部分共同止于尺骨肘突。肩胛部屈肩和伸肘关节，臂部伸肘关节和翼。

15. 臂二头肌　　位于肱骨前外侧，呈纺锤形，有两个头，以宽的强腱起于乌喙骨远端和肱骨近端，止于桡骨和尺骨近端。其作用是屈前臂，协助伸肩关节。

16. 臂肌　　呈三角形的小肌，位于肘关节角的内侧。起于肱骨前缘的斜行压迹，止于尺骨骨干近端。其作用是屈曲肘关节。

（二）前臂肌群

1. 前臂背侧（外侧）肌群　　为伸肌和旋后肌，浅层由前向后的顺序是掌桡侧伸肌、指总伸肌和掌尺侧伸肌。在掌桡侧伸肌的深层，是第2指长伸肌、第3指长伸肌和旋后肌，在掌尺侧伸肌的深层，是发达的肘肌。前臂背侧面的掌桡侧伸肌（腕桡侧伸肌）和指总伸肌是重要的展翼肌，如果在腕部切断此两肌的腱，可限制禽的飞翔能力。

2. 前臂腹侧（内侧）肌群　　为屈肌和旋前肌。浅层有5块肌肉，从前向后的顺序是旋前浅肌、旋前深肌、指深屈肌、指浅屈肌和腕尺侧屈肌。深层有2块肌内，即肘内侧肌和尺掌腹侧肌。

（三）指部肌群

指部肌群共有10块肌，起屈指作用的有尺掌背侧肌、骨间腹侧肌、第3或第4指屈肌、尺侧屈肌；起伸指作用的有第3指外展肌、骨间背侧肌、第3指短伸肌、尺侧短伸肌；此外还有尺侧外展肌和尺侧内收肌。

七、后　肢　肌

由于后肢的髋骨与综荐骨形成牢固的结合，因此盆带肌不发达。因腿部肌要支持体重，完成着陆、跳跃、行走、攀缘、划水等动作而很发达，为禽体内第2群最发达的肌肉（图15-4，图15-5）。

（一）髋部和大腿肌群

1. 髋关节周围肌　　有髂转子肌、髂肌。髂转子肌相当于哺乳动物的臀肌。

2. 股前、股外后侧肌群 有髂胫前肌、髂胫外侧肌、髂腓肌、股外侧屈肌（泳禽缺此肌）、股内侧屈肌、栖肌。髂胫前肌、髂胫外侧肌、髂腓肌、股外侧屈肌和股内侧屈肌分别相当于哺乳动物的缝匠肌、阔筋膜张肌、股二头肌、半腱肌和半膜肌。栖肌ambiens muscle是两栖类和鸟类特有的肌肉，呈纺锤形，起于髂耻突起和髋臼前腹侧，以一薄腱斜跨膝关节前方，转向外侧，经腓骨头外侧至髌骨远端，与第2、3趾屈肌腱相连，止于趾端。栖息时肌肉收缩屈曲趾和内收大腿。

3. 股内侧肌群 有耻坐股肌和股胫肌，相当于哺乳动物的内收肌和股四头肌（但在鸟类只有3个头，即股胫外肌、股胫中肌和股胫内肌）。

（二）小腿肌群

小腿肌群包括腓骨长肌、腓骨短肌、胫骨前肌、趾长伸肌、腓肠肌和跖肌。其中腓肠肌是小腿最强大的肌肉，起于股骨外髁、内髁和胫骨头内侧，3部分形成一个总腱，止于大跖骨近端，作用为伸展大跖骨。跖肌起于大跖骨近端后内侧，止于胫软骨内侧，其作用是维持身体的正常姿势。

（三）趾屈肌群

趾屈肌群包括第2、3趾浅屈肌及深屈肌，第2～4趾浅屈肌，趾外侧屈肌，趾内侧屈肌和胭肌。

（四）跗跖部和趾的短肌

跗跖部和趾的短肌包括拇长伸肌、拇短屈肌、第2趾外展（伸）肌、第2趾内收肌、第3趾短伸肌、第4趾短伸肌和第4趾外展肌。

第四节 消 化 系 统

消化系统包括消化管和消化腺两部分。消化管从口咽部开始，依次为食管和嗉囊、腺胃、肌胃、小肠、大肠和泄殖腔。消化腺包括唾液腺、胃腺、肠腺、肝、胰等（图15-7）。

一、消 化 管

（一）口腔、咽、食管和嗉囊

1. 口腔 禽类没有唇、齿，颊不明显，上下颌形成喙。鸡和鸽的喙呈锥形，

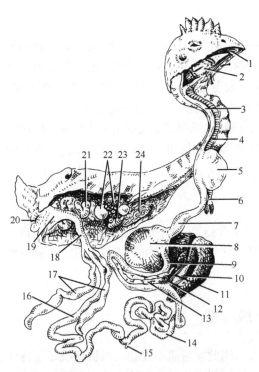

图15-7 鸡的消化器官

1. 口腔；2. 咽；3. 食管；4. 气管；5. 嗉囊；6. 鸣管；
7. 腺胃；8. 肌胃；9. 十二指肠；10. 胆囊；11. 肝管及胆管；12. 胰管；13. 胰；14. 空肠；15. 卵黄囊憩室；16. 回肠；17. 盲肠；18. 直肠；19. 泄殖腔；20. 肛门；21. 输卵管；22. 卵巢；23. 心；24. 肺

被覆有坚硬的角质；鸭、鹅的喙长而扁，边缘有横褶，以便在水中采食时将水滤出。舌的形状与喙相似，舌体与舌根间有一排乳头；舌肌不发达，黏膜上缺味觉乳头，仅分布有数量少、结构简单的味蕾，因而味觉不敏感，但对水温极为敏感。鸡的腭有几条呈锯齿状的腭褶，鹅有排成纵列的钝乳头；腭中后部正中有长的腭裂（鼻后孔）（图15-8）。

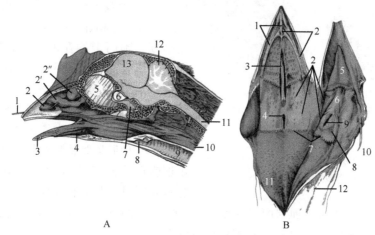

图 15-8　鸡头部解剖（引自 Dyce et al., 2010）

A. 头部正中切面：1. 穿过鼻孔的电线；2、2′、2″. 前、中、后鼻甲；3. 下颌骨；4. 舌；5. 眶间隔；6. 视交叉；7. 垂体；8. 喉；9. 气管；10. 食管；11. 脊髓；12. 小脑；13. 大脑。B. 鸡口咽：1. 正中和外侧腭嵴；2. 唾液腺开口；3. 腭裂、鼻后孔；4. 漏斗裂；5. 舌体；6. 舌根；7. "机械性"乳头；8. 喉隆起；9. 喉口；10. 舌骨支；11. 食管；12. 气管位置

2. 咽　　禽没有软腭，咽与口腔没有明显的界线，咽黏膜血管丰富，可使血液冷却，有散发体温的作用。咽顶的前部正中有鼻后孔，后部有咽鼓管漏斗，由 1 对漏斗襞围成，为两咽鼓管的总口。禽的唾液腺比较发达，位于口腔和咽部黏膜上皮深层，主要有上颌腺、腭腺、蝶腭腺、咽鼓管腺、下颌腺、舌腺、喉腺、口角腺等。

3. 食管和嗉囊　　食管较宽，易扩张，分为颈段和胸段，两段交界处有嗉囊；食管颈段与气管一起偏于颈的右侧，直接位于皮下；食管胸段短，末端略变细与腺胃相连。食管黏膜分布有食管腺，为黏液腺。在鸭食管的后段存在大量的淋巴组织，称食管扁桃体 esophageal tonsil。嗉囊 crop 为食管的膨大部，位于胸前口皮下，鸡的偏于右侧。嗉囊是食物的暂时贮存处。鸽嗉囊的上皮细胞在育雏期增殖而发生脂肪变性，脱落后与分泌的黏液形成嗉囊乳（鸽乳），用以哺乳幼鸽。猫头鹰、鸥、企鹅等鸟类无嗉囊，食物直接进入腺胃。食鱼的鸟类，常见鱼从腺胃伸至嘴外，也不引起窒息或不适。

（二）胃

禽类的胃分为腺胃和肌胃（图15-9）。

1. 腺胃 glandular stomach　　也称前胃 proventriculus，长 4cm，呈淡红色，纺锤形，位于腹腔左侧、在肝左右两叶之间，前端以贲门与食管相接，后端以缩细的胃峡 isthmus 与肌胃相连。腺胃壁厚，内腔小，黏膜色白，内含浅腺和深腺，深腺为复管泡状腺，分泌液中含盐酸和胃蛋白酶原；黏膜表面形成 30～40 个圆形的乳头，其中央是深腺的开口。腺胃的容积小，贮存食物有限，其主要功能是分泌胃液和推移食团与胃液进入

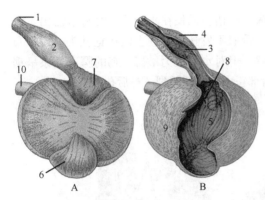

图 15-9　鸡胃（引自 Dyce et al.，2010）

A. 胃腹侧面；B. 腹侧面打开的胃。1. 食管；
2. 腺胃；3. 腺胃乳头；4. 腺胃深腺，在断
面可见；5. 肌胃腔；6. 后盲囊；7. 前盲囊；
8. 幽门口；9. 前腹侧肌；10. 十二指肠

肌胃。

2. 肌胃 muscular stomach　紧接腺胃之后，似双面凸透镜，呈圆形或椭圆形，前部位于肝左右两叶后部之间，与睾丸、卵巢、输卵管等相邻，后部与左侧腹壁、十二指肠、盲肠等相邻。肌胃与腺胃和十二指肠连接处（幽门）均在前方。肌胃由背、腹侧厚肌和前、后薄肌组成，4 肌连接处在外侧面形成发达的腱膜，称腱中心 tendinous center。胃黏膜表面被覆一层坚韧多皱褶的角质层，俗称肫皮，药名鸡内金，新鲜时厚约 1mm，由肌胃管状腺的分泌物与脱落的上皮细胞在低 pH 条件下硬化而成，有保护胃黏膜的作用；表面不断磨损，由其深面的腺体不断分泌形成以补充。肌胃内常有吞食的砂砾，又称砂囊。肌胃是蛋白质消化的部位。在消化期间，肌肉的活动使食物在腺胃和肌胃之间前、后运动，肌胃以发达的肌层和胃内砂砾，以及粗糙而坚韧的类角质膜对吞入的食物起机械性磨碎作用，因而在机械化养鸡场饲料中，需定期掺入一些砂粒。

（三）肠和泄殖腔（图 15-10，图 15-11）

1. 小肠　包括十二指肠、空肠和回肠。十二指肠位于腹腔右侧，沿肌胃右侧后行，形成"U"形肠袢，分为降部和升部，两部分平行，折转处达盆腔；升部远端有胰

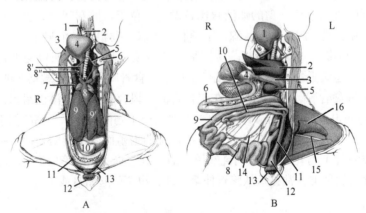

图 15-10　鸡胸腹腔内脏（引自 Dyce et al.，2010）

A. 腹侧面，腹侧体壁已除去：1. 食管；2. 气管；3. 胸肌；4. 嗉囊；5. 胸骨气管肌；6. 乌喙骨；7. 右前腔静脉；8. 心；8′. 颈总动脉；8″. 锁骨下动脉；9，9′. 肝的右叶、左叶；10. 肌胃；11. 十二指肠袢，内含胰；12. 肛门（泄殖孔）；13. 盲肠；R. 右侧；L. 左侧。B. 鸡胃肠，肝和胃和小肠翻向前右侧（腹侧观）：1. 嗉囊；2. 肝左叶；3. 腺胃及其背侧面的迷走神经干；4. 肌胃右侧前盲囊；5. 脾；6. 十二指肠袢，内含胰；7. 空肠；8. 卵黄囊憩室；9. 回肠；10. 盲肠；11. 结直肠；12. 泄殖腔；13. 肛门；14. 肠系膜前血管及肠系膜内的肠神经；15. 坐骨神经、坐骨动脉；16. 股薄肌和内收肌；R. 右侧；L. 左侧

管和胆管的开口，在幽门附近以十二指肠空肠曲移行为空肠。升部和降部之间夹有胰。空肠形成许多肠袢，在鸭、鹅形成数个"U"形的肠袢，在鸽则呈锥形，外为向心圈，内为离心圈；采食昆虫和果类的鸟类，其空肠短而宽。空肠上有一小突起，叫卵黄囊憩室 vitelline diverticulum 或梅克尔憩室 Meckel diverticulum，是胚胎期卵黄囊柄的遗迹。卵黄囊憩室位于空肠后半部起始部，有人认为它位于空肠和回肠交界处，并作为空肠与回肠的分界标志，或以与盲肠尖相对处作为回肠的起始部，回肠短而直，与盲肠之间有回盲襞相连。

　　2. 大肠　　包括一对盲肠和一短的直肠（也称结直肠）。盲肠分为基、体和尖，在回肠侧方后行，两者借回盲襞相连。盲肠基部肌层厚，有丰富的淋巴组织，称盲肠扁桃体 cecal tonsil，是禽病诊断的主要观察部位。盲肠体壁薄，因内容物色泽而呈绿色。盲肠尖伸至泄殖腔附近，壁较厚。鸡和火鸡的盲肠较长，食肉禽类盲肠很短，仅1～2cm。鹦鹉类和一些食肉鸟类无盲肠。

　　3. 泄殖腔 cloaca　　泄殖腔为肠管末端膨大形成

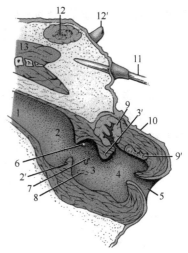

图 15-11　泄殖腔正中切面模式图
（引自 Dyce et al., 2010）

1. 结肠；2. 粪道；2′. 粪泄殖襞；3. 泄殖道；3′. 泄殖肛襞；4. 肛道；5. 泄殖孔；6. 输尿管口；7. 输精管乳头；8. 输卵管位置（仅在左侧）；9. 泄殖腔囊；9′. 肛道背侧腺；10. 皮肤；11. 尾羽；12. 尾脂腺；12′. 尾脂腺乳头；13. 尾椎周围的肌肉

的腔道，是消化、泌尿、生殖3个系统的共同通道（图 15-11）。泄殖腔内有两个由黏膜形成的不完整的环形襞，把泄殖腔分成粪道、泄殖道和肛道3部分。粪道 coprodeum 为直肠末端的膨大，以粪泄殖襞与泄殖道分开。泄殖道 urodeum 位于粪道与肛道之间，借泄殖肛襞与肛道分开，其背侧有一对输尿管开口，母鸡的左输卵管开口于左输尿管口的腹外侧。公鸡的输精管末端呈乳头状，开口于输尿管口腹外侧。肛道 proctodeum 为泄殖腔的后部，借泄殖孔与外界相通，其背侧有腔上囊的开口，背侧壁和侧壁内分别有肛道背侧腺和分散的肛道侧腺。泄殖腔背侧有腔上囊，性未成熟的腔上囊体积很大，性成熟后逐渐退化。泄殖孔 vent 是泄殖腔的外口，也称肛门，由背侧唇和腹侧唇围成，有发达的括约肌。

二、消　化　腺

（一）肝

　　肝的体积相对较大（图 15-10），质地较脆，红褐色，刚孵出的雏禽（前2周）因吸收卵黄色素而呈黄色。肝位于腹腔前部、胸骨背侧，因禽无膈，肝前部两叶之间夹有心和心包。肝分为左右两叶，以峡相连，右叶较大，呈心形，左叶较小，呈菱形。壁面凸而平滑，脏面凹，与脾、腺胃、肌胃、十二指肠、空肠和卵巢（或右睾丸）接触。两叶各有肝门，血管、淋巴管等由此出入。后腔静脉由右叶穿过。鸡的胆囊呈长椭圆形，位于肝右叶脏面，胆囊管只与右叶肝管相连，开口于十二指肠末端。肝左叶的肝管不经胆囊，直接与胆囊管共同开口于十二指肠末端。鸽和大多数鹦鹉无胆囊。成年鸡肝重

23.0～28g，为活重的 1.5%～2.0%。成年北京鸭左肝叶重 13g，右肝叶重 44g，为活重的 1.9%～2.2%。健康家禽肝有相当大的再生能力，当部分切除时，肝功能不发生明显变化。

（二）胰

胰呈淡黄色或淡红色，长条形，位于十二指肠降部与升部之间（图 15-10）。鸡的胰通常分 3 个叶，即背叶、腹叶和小的中间叶，有 2～3 条导管，与胆管一起开口于十二指肠末端。鸭胰只有背叶、腹叶，两条导管开口于十二指肠末端。

第五节　呼 吸 系 统

禽类的呼吸器官发达，由呼吸道及肺组成。呼吸道包括鼻腔、咽、喉、气管、鸣管、支气管和气囊。

一、鼻　腔

禽类的鼻腔较狭，1 对鼻孔位于上喙基部，鸡鼻孔上缘有角质的鼻孔盖 operculum，水禽和鹦鹉鼻孔周围为蜡膜 cere。鼻腔由鼻中隔分为左右两半，经鼻后孔与口咽相通；鼻腔侧壁有前鼻甲、中鼻甲和后鼻甲（图 15-8），在嗅觉、过滤和体温调节方面起重要作用。相对较宽的鼻泪管在中鼻甲腹侧开口于鼻腔。眶下窦 infraorbital sinus 为位于眼的前腹侧、鼻腔外侧的鼻旁窦，略呈三角形，窦壁薄，直接位于皮下，鸡的较小，鹦鹉的很发达，开口于鼻腔和后鼻甲。

鼻腺 nasal gland 为位于鼻腔侧壁和眼眶顶壁的腺体。鸡的不发达，鸭、鹅等水禽的鼻腺较发达，对调节机体渗透压起重要作用。当体内盐分过多时，会刺激鼻腺分泌约 5% 的氯化钠液，大量排出食入的盐分，这样就不必经尿液排泄而造成体内水分的大量流失。海洋生活的禽类鼻腺很重要，常称盐腺 salt gland。

二、咽、喉、气管和支气管

（一）咽、喉

咽见消化系统。喉位于咽的底壁。禽类喉软骨无会厌软骨和甲状软骨，仅有杓状软骨和环状软骨，环状软骨相当于哺乳动物的环状软骨与甲状软骨的合并体。喉腔内无声带。1 对杓状软骨形成喉口的支架，喉软骨上分布有扩张和闭合喉口的肌性瓣膜，此瓣膜平时开放，仰头时关闭，故鸡吞食、饮水时常仰头下咽（图 15-8）。

（二）气管

禽类颈部较长，因此气管也长。鸡的气管长 15～17cm，鸭约 18cm。气管（图 15-12）由一系列 "O" 形的软骨环构成，颈部与食管伴行，在右侧可触知；进入胸腔后在心底上方分为两个支气管，分叉处形成鸣管。气管黏膜下层富含血管，可借蒸发散热调节体温，

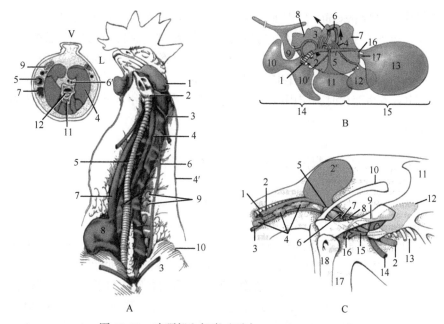

图 15-12　鸡颈部和气囊（引自 Dyce et al.，2010）

A. 颈部（腹侧面）：1. 肉髯；2. 喉；3. 胸骨甲状肌，断端；4. 颈部肌；4′. 颈神经；5. 气管；6. 颈静脉和迷走神经；6′. 颈内动脉；7. 食管；8. 嗉囊；9. 胸腺；10. 胸肌；11. 椎骨；12. 脊髓；L. 左侧；V. 腹侧。B. 气囊：1. 初级支气管；2. 肺门的肺血管；3. 内腹侧支气管；4. 内背侧支气管；5. 外腹侧支气管；6. 旁支气管袢；7. 肺；8. 肋压迹；9. 颈气囊；10，10′. 锁骨气囊的胸外和胸内部；11. 胸前气囊；12. 胸后气囊；13. 腹气囊；14. 气囊前群；15. 气囊后群；16. 直接（囊支气管）联系；17. 间接（返支气管）联系。C. 颈胸交界处（右侧面）：1. 气管；2. 食管；2′. 嗉囊；3. 右颈静脉；4. 胸腺；5. 甲状腺；6. 右颈总动脉；7. 甲状旁腺；8. 腮后体；9. 右臂头动脉；10. 锁骨；11. 胸骨；12. 心的位置；13. 胸肋；14. 降主动脉；15. 右前腔静脉；16. 锁骨下动、静脉；17. 翼；18. 肱骨

气管是重要的调节体温的部位。气管两侧附着有气管肌。

（三）鸣管

鸣管 syrinx 又称后喉（图 15-13），是禽类的发音器官，由数个气管环和支气管环及

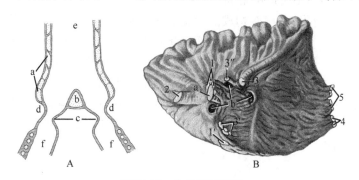

图 15-13　禽的鸣管和肺

A. 鸣管：a. 鼓室；b. 鸣骨；c. 内侧鸣膜；d. 外侧鸣膜；e. 气管；f. 主支气管。B. 右肺（腹内侧面）：a. 主支气管；b. 肺动脉和静脉；1. 锁骨气囊口；1′. 锁骨气囊囊支气管；2. 颈气囊口；3. 胸前气囊口；3′. 胸前气囊囊支气管；3″. 锁骨气囊和胸前气囊之间的连接管；4. 胸后气囊口和囊支气管；5. 腹气囊口和囊支气管

一块鸣骨组成。鸣骨 pessulus 呈楔形，位于气管分叉处顶部。在鸣管的内侧、外侧壁覆以两对鸣膜。当禽呼吸时，空气经过鸣膜之间的狭缝，振动鸣膜而发声。公鸭（和天鹅）鸣管形成膨大的骨质鸣管泡，故发声嘶哑。鸣禽的鸣管有一些小肌肉，能发出悦耳多变的声音。鹦鹉缺鸣骨。由于气管在鸣管处变狭，是食入的种子和其他异物阻塞的常见部位，在鸟类声音发生变化时，应用内窥镜检查鸣管。此外，甲状腺肿等也引起发音改变。

（四）支气管

经心底上方进入两肺的腹侧面，其支架为"C"形软骨环。

三、肺

禽类肺的结构与哺乳动物截然不同：第一，哺乳动物的两肺是分别悬吊于完全密闭而分开的左、右胸腔内，舒缩自如，而禽类的肺约有 1/3 深埋于肋间隙内，受外界支架的限制，因此扩张性不大。第二，哺乳动物的肺主质形成各级支气管树，末梢呈盲端的肺泡，而禽类的肺不形成支气管树，各级支气管间相互连通，形成迷路状管道结构。第三，哺乳动物肺内导管（除呼吸性细支气管以外）均分布有不同体积的透明软骨片，禽类肺内导管，除初级支气管起始部具有片段透明软骨外，肺内各级支气管的管壁内均无软骨支撑。第四，禽类肺的各部均与易于扩张的气囊直接连通。因此，禽类肺部一旦发生炎症，往往较哺乳动物严重。

禽类的肺不大，但禽肺的质量与体重之比略大于哺乳动物。肺呈扁平的四边形，鲜红色，不分叶，位于胸腔背侧，从第 1 或第 2 肋骨向后延伸到最后肋骨，背侧面凸，有椎肋骨嵌入，形成几条肋沟；腹侧面凹，毗邻水平隔，面向食管、心和肝，其前部有肺门，前、后部还有与气囊相通的开口（图 15-13）。

支气管入肺后纵贯全肺，称为初级支气管 primary bronchus，后端出肺而连接于腹气囊。从初级支气管分出 4 群次级支气管 secondary bronchi（内腹侧群、内背侧群、外腹侧群和外背侧群），鸡分出 40～50 个次级支气管，再从这些次级支气管分出 400～500 个三级支气管，又叫旁支气管 parabronchi，呈祥状，连于两群次级支气管之间。来自内腹侧群和内背侧群支气管的旁支气管构成的功能区称旧肺 paleopulmo，来自外腹侧群和外背侧群支气管的旁支气管构成的功能区称新肺 neopulmo。每条三级支气管壁被许多辐射状排列的肺房所穿通。肺房 atria 是不规则的球形腔，其底壁形成一些小漏斗，漏斗再分出许多直径 7～12μm 的肺毛细管 air capillaries，相当于家畜的肺泡。在禽类，一条三级支气管及其相联系的气体交换区（包括肺房、漏斗和肺毛细管），构成一个肺小叶，呈六面棱柱状，包以薄的结缔组织膜。空气通路为：支气管→初级支气管→次级支气管→三级支气管→肺房→漏斗。

四、气　囊

气囊 air sac 是禽类特有的器官，有 9 个，可分前后两群（图 15-12）。前群有 1 个锁骨气囊、成对的颈气囊和胸前气囊；后群包括成对的胸后气囊和腹气囊。前群气囊和胸后气囊分别与次级支气管直接相通；腹气囊直接与初级支气管相通。鸡的颈气囊仅有1个，故鸡只有8个气囊。颈气囊 cervical sac 的中央室位于肺腹侧，并由此分出长憩室伸入并沿胸椎和颈椎延伸，向前可达第2颈椎处。锁骨气囊 clavicular sac 较大，位于胸腔入口，其胸部位于心前方及其周围，并伸入胸骨；其胸外憩室穿过肩带肌和骨入肱骨。因此，肱骨的有创骨折可能引起气囊和肺感染。胸前气囊 cranial thoracic sac 在胸肋及心和肝之间位于肺腹侧。胸后气囊 caudal thoracic sac 位于肺腹侧后部。腹气囊 abdominal sac 最大，占据腹腔的后背侧部，与肠、肌胃、生殖器官和肾广泛接触，有憩室伸入综荐骨等。

气囊具有减少体重、平衡体位、加强发声、发散体热以调节体温、使睾丸能维持较低温度、保证精子的正常生成和协助母禽产卵等功能。但其最重要的功能是作为贮气装置而参与肺的呼吸作用。当吸气时，新鲜空气进入肺和气囊，呼气时，气囊内的空气流入肺内，进行两次气体交换以适应禽体新陈代谢的需要。这就是鸟纲动物的"双重呼吸"。

第六节　泌尿系统

禽的泌尿器官仅有肾和输尿管，缺膀胱和尿道，这样可使体重减轻，更适于飞翔。

一、肾

与哺乳动物相比，禽类的肾具有较低等脊椎动物肾的特征，如具有肾门静脉系统、不发达的髓质，以及肾单位有皮质型和髓质型之分等。禽肾与体重的比例比哺乳动物大，其质量占体重的1%～2.6%。肾位于综荐骨和髂骨内面的凹陷内，从肺及第6肋后方沿主动脉两侧向后延伸至综荐骨的后端。禽肾外表面缺哺乳动物所具有的肾脂囊，其背面与骨骼之间由腹气囊的前、中、后肾周憩室隔开，起保护作用。肾呈红褐色，形如长豆荚，长约7cm，最大横径约2cm，质软而脆，易于破碎。每侧肾按其位置可分为前、中、后3部分（图15-14），有时在中部另有一侧突。禽肾缺肾盏、肾盂，也无明显的肾门，血管、神经和输尿管也不在同一部位进出肾。肾前部略圆，肾中部较狭长，肾后部略为膨大。肾前部与肾中部是以其背面的髂外动脉的压迹沟为界；肾中部和肾后部是以位于其腹面的坐骨动脉的压迹沟为界。整个肾的腹面还有髂外静脉、肾后静脉、肾门后静脉的前2/3和输尿管等所形成的压迹沟。禽

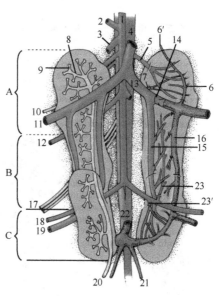

图 15-14　肾及其血管、神经示意图（引自 Dyce et al.，2010）

A. 肾前部；B. 肾中部；C. 肾后部。1. 主动脉；2. 腹腔动脉；3. 肠系膜前动脉；4. 后腔静脉；5. 肾前动脉；6. 肾门前静脉；6'. 与椎静脉窦的吻合支；7. 肾前静脉；8. 输尿管的初级分支；9. 输尿管的次级分支；10. 股神经；11. 髂外静脉；12. 髂外动脉；13. 髂总静脉；14. 门静脉瓣；15. 肾后静脉；16. 肾门后静脉；17. 坐骨神经；18. 坐骨动脉；19. 坐骨静脉；20. 输尿管；21. 髂内静脉；22. 肠系膜后静脉；23，23'. 肾中、后动脉

肾表面有许多深浅不一的裂和沟，较深的裂将肾分为数十个肾叶，每个肾叶又被其表面的浅沟分成数个肾小叶。肾小叶呈不规则形状，彼此间由小叶间静脉隔开。每个肾小叶也分为皮质和髓质，但髓质不发达。由于肾小叶的分布有深有浅，因此整个肾不能分出皮质和髓质。每个肾小叶基部都有圆锥形集合小管束。邻近的这种小管束互相聚集形成集合小管锥体丛，它相当于哺乳动物的肾锥体。

禽肾的血液供应与哺乳动物不同，除肾动脉和肾静脉外，还有肾门静脉，禽类肾由双重血液供应：通过肾动脉系统的动脉血和通过肾门静脉系统的静脉血，最后形成肾前静脉和肾后静脉，汇入后腔静脉。肾门静脉是髂外静脉的分支，在分叉处有肾门静脉瓣控制血液流动方向。肾门静脉收集从身体后部，如骨盆、后肢、后段肠和尾部的静脉血进入肾。

二、输 尿 管

禽类输尿管两侧对称，起自肾髓质集合管，沿肾内侧后行，伴输精管或输卵管伸达盆腔，开口于泄殖道背侧，接近输卵管或输精管开口的背侧。

第七节 生 殖 系 统

生殖系统的功能是产生生殖细胞，分泌性激素，繁殖新个体，维持种族的延续。

一、雄性生殖系统

雄性生殖系统由睾丸、睾丸旁导管系统（附睾）、输精管和交媾器组成。由于睾丸位于其发生地，缺精索、鞘膜和阴囊，也没有副性腺和尿道。

（一）睾丸

睾丸呈豆形（图15-15），左右对称，左侧的比右侧略大。在繁殖季节睾丸呈白色，长约5cm，重85~100g；在静止期（换羽期）萎缩至一半大小，呈黄色。在一些鸟类，尤其是雀形目，这种差异可达千倍。雏鸡的睾丸仅米粒大。睾丸由短的睾丸系膜 mesorchium 吊于腹腔背中线两侧，约在最后两个椎肋上部、肾的前端、肾上腺的后方，腹侧与腹气囊、腺胃、肝和肠相邻。为了加速育肥而摘除睾丸可在最后肋附近切开做手术。浆膜覆盖薄的白膜，白膜派生出少量基质，无睾丸纵隔；细精

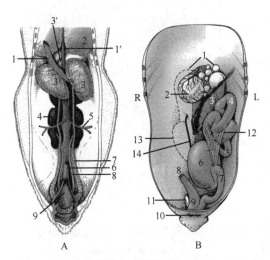

图 15-15 鸡生殖器官（引自 Dyce et al., 2010）
A. 公鸡（腹侧面）；1. 后腔静脉；1′. 主动脉；2. 肺；3. 睾丸；3′. 右肾上腺；4. 肾；5. 坐骨动脉；6. 结直肠；7. 输精管；8. 输尿管；9. 泄殖腔。B. 母鸡（腹侧面）；1. 卵巢；2. 成熟卵泡表面的卵泡斑；3. 漏斗部；4. 膨大部；5. 狭部；6. 子宫，内含卵；7. 阴道；8. 结直肠；9. 泄殖腔；10. 泄殖孔；11. 右输卵管遗迹；12. 输卵管腹侧韧带游离缘；13. 右肾轮廓；14. 右输尿管；R. 右侧；L. 左侧

管伸至背内侧面开口于睾丸网。

睾丸动脉极短，直接或与肾前动脉一同起始于腹主动脉。睾丸的静脉血汇入浅层静脉，再汇集于极短的睾丸静脉，最后汇入后腔静脉。

（二）睾丸旁导管系统

睾丸旁导管系统（附睾）位于睾丸背内侧缘，为与睾丸紧密连接的长纺锤形的膨大物，不分附睾头、体和尾，由睾丸网、输出小管、附睾小管和附睾管组成。

（三）输精管

输精管为高度卷曲的导管，起始于附睾的后端，沿肾腹侧面内侧后行，与同侧的输尿管走在同一结缔组织鞘内，后端略膨大，末端形成输精管乳头，突出于泄殖道侧壁，在输尿管口的外下方。末端处环肌层特别发达而形成括约肌，收缩时可射出精液。输精管是精子的主要贮存器官，在繁殖季节，输精管内因有大量的精子而呈白色。输精管分布着丰富的肾上腺能神经。

（四）交媾器

公鸡无阴茎，却有一套完整的交媾器 copulatory apparatus，包括阴茎体、淋巴襞和泄殖腔旁血管体。性静止期，它隐匿在泄殖腔内（图 15-15，图 15-16）。阴茎体 phallus 位于肛道腹中线、肛门腹侧唇的内侧，由正中阴茎体（白体）和一对外侧阴茎体（圆襞）组成。刚出壳的幼雏，在未来阴茎体的位置存在小的生殖突起，经验丰富的人员肉

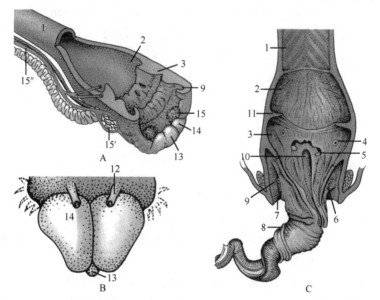

图 15-16　公禽交配器官（引自 Dyce et al.，2010）

A. 泄殖腔，底壁已除去；B. 伸出的鸡阴茎（后面观）；C. 公鸭泄殖腔及伸出的阴茎，其尖已被切掉（背侧观）。1. 结肠；2. 粪道；3. 泄殖道；4. 输尿管口；5. 输精管乳头；6. 肛道腺；7. 泄殖孔唇；8. 阴茎螺旋沟；9. 肛道；10. 螺旋沟起始部；11. 粪泄殖道襞；12. 右输精管乳头；13. 正中阴茎结节；14. 外侧阴茎体；15. 淋巴襞；15'. 泄殖腔旁血管体；15″. 阴部动脉

眼可区分微小的差异，公鸡的呈圆形，母鸡的呈锥形，依此鉴别性别。淋巴襞 lymphatic fold 位于外侧阴茎体与输精管乳头之间，为黏膜形成的红色卵圆形结构。泄殖腔旁血管体 paracloacal vascular body 一对，位于泄殖道和肛道腹外侧壁，呈扁平纺锤体形，色红，由上皮细胞和窦状毛细血管组成，为阴茎伸出提供淋巴。

公鸭和公鹅有较发达的阴茎，位于肛道腹侧偏左，长达 6～9cm，但和哺乳动物并非同源器官，它是由两个纤维淋巴体和一个产生黏液的腺部组成，两个纤维淋巴体之间在阴茎表面形成螺旋形的阴茎沟。勃起时，淋巴体充满淋巴，阴茎变硬并加长因而伸出，阴茎沟则闭合成管，将精液导入母鸭和鹅阴道内。鹦鹉、雀形目、鸽和猛禽无阴茎体，交媾时从外翻的泄殖腔将精液直接导入母禽的输卵管。

二、雌性生殖系统

母禽生殖器官由卵巢和输卵管构成。在成体，仅左侧的卵巢和输卵管发育正常，右侧卵巢在早期个体发生过程中，停止发育并逐渐退化（图 15-15）。

（一）卵巢

卵巢以短的卵巢系膜悬吊于腹腔背侧，前端与左肺紧接，左卵巢的体积和外形随年龄的增长和机能状态的发展而有很大的变化。幼禽的卵巢小，表面呈桑葚状。到性成熟时，卵巢形似大小不同的一串葡萄，广泛附着于左肾前部，进入产蛋期时其直径可达 5cm，重 55.6g，卵巢上含有几千个卵泡，远远超过高产母鸡将会产出的鸡蛋数（约 1500 个）；卵巢常见 4～6 个体积依次递增的大卵泡，最大的直径可达 4cm；较大的卵泡下垂，与胃、脾、肠等接触。每个卵泡由大而充满卵黄的卵母细胞及周围富含血管的卵泡壁组成。在即将排卵前，在卵泡蒂相对处出现无血管的白色斑（卵泡斑 stigma），提示排卵时卵泡在此处破裂而排出。排卵后不形成黄体，卵泡膜于两周内退化消失。产蛋期结束时，卵巢又恢复到静止期时的形状和大小。产蛋期再次到来时，卵巢的体积和质量又大为增加。鸭的卵巢悬吊于腰椎椎体腹侧、左肾内缘，卵泡数量远比鸡少，据估计，有 1000 多个卵细胞。

（二）输卵管

输卵管位于体腔的左背侧部，以背韧带和腹韧带悬吊于腹腔顶壁，与肾、肠和肌胃相邻；小母鸡输卵管较平直而短。经产母鸡输卵管长度可达 80～90cm，约为体长的 2 倍，休产期长度变短。背、腹韧带内的平滑肌在输卵管两侧与输卵管的外纵肌融合，因此背、腹韧带的平滑肌收缩有助于输卵管的排空。

输卵管根据其形态结构和功能特点，由前向后，可分为以下 5 部分。

1. 漏斗部 infundibulum　　长 7cm，呈漏斗状，其游离缘为薄而软的皱襞，称输卵管伞，向后逐渐过渡为狭窄的颈部。漏斗底有输卵管腹腔口，呈长裂隙状。漏斗部收集并吞入卵到输卵管，卵在漏斗部停留约 15min。漏斗部是卵和精子受精的场所。漏斗部的颈部有分泌功能，其分泌物参与形成卵黄系带。系带 chalaza 悬吊卵黄，使其旋转以便使胚盘保持在最上面。

2. 膨大部 magnum　　也称蛋白分泌部 albumen secretory portion，为输卵管最长的部分，高度弯曲，长 30cm，腔大壁厚，黏膜呈乳白色，形成大量皱褶，壁内存在大量腺体。卵在该部停留 3h。该部的作用是形成浓稠的白蛋白，且部分参与形成卵黄系带。

3. 峡部 isthmus　　长约 8cm，短而略细，与膨大部之间有一窄的透明带。管壁薄，黏膜呈淡黄褐色，皱褶较低，卵在峡部停留 75min。峡部的分泌物形成卵内、外壳膜。鹦鹉缺峡部。

4. 子宫 uterus　　也称壳腺部 shell gland，长约 8cm，管腔大，黏膜呈淡红色，皱襞长而呈螺旋状。当卵通过时，由于平滑肌的收缩，卵在其中反复转动，使分泌物均匀分布。卵在子宫内停留时间长达 18～20h。子宫的作用是：水分和盐类透过壳膜进入浓蛋白周围，形成稀蛋白；子宫黏膜上皮壳腺的分泌物形成蛋壳，蛋壳中 93%～98% 为碳酸钙；色素沉着于蛋壳。

5. 阴道 vagina　　壁厚，呈特有的"S"状弯曲，阴道肌层发达。卵经过阴道的时间极短，仅几秒至 1min。阴道黏膜呈灰白色，形成纵行皱襞，内有阴道腺。阴道腺是交配后一部分精子暂时贮存的器官。精子在阴道内可潜留 10～14 天。阴道腺分泌少量葡萄糖和果糖，可为精子提供能量。蛋在阴道内转方向，钝端先出，产出后遇冷空气，内、外壳膜在钝端形成气室。阴道分泌物形成石灰质蛋壳外的一层角质薄膜，隔绝空气，可防止细菌进入。

第八节　心血管系统

一、心

（一）心的外形、位置与结构

禽心（图 15-17）相对较大，鸡的心占体重的 4%～8%，平均质量为 6～9g。心收缩的频率很快，在一些小型鸟可达每分钟 1000 次。鸡的心位于胸腔前下方，心底朝向前方，与第 1 肋骨相对；心尖夹于肝的左、右叶之间，与第 5 肋骨相对。禽心与哺乳动物

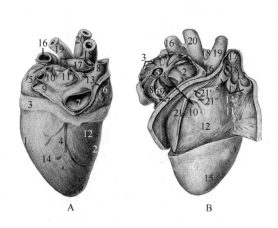

图 15-17　火鸡的心（引自 Nickel et al.，1977）
A. 背面观，心房面：1. 左面；2. 右面；3. 冠状沟；4. 窦下室间沟；5. 左心房；6. 右心房；7. 后腔静脉；8. 右前腔静脉；9. 左前腔静脉；10. 左肺静脉；11. 右肺静脉；12. 右心室；13. 心包膜折转处；14. 左心室；15. 肺干；16. 左肺动脉；17. 右肺动脉；18. 主动脉；19. 左臂头动脉；20. 右臂头动脉。
B. 腹面观，右心房及右心室已被切开：1. 圆锥旁室间沟；2. 右心房；3. 梳状肌；4. 肌束；5. 右前腔静脉口；6. 后腔静脉口；7. 左前腔静脉；8. 后腔静脉右侧瓣膜；9. 后腔静脉左侧瓣膜；10. 右房室口；11. 右心室；12. 室间隔；13. 肺干口；14. 肺干瓣；15. 左心室；16. 主动脉；17. 左肺动脉；18. 右肺动脉；19. 左臂头动脉；20. 右臂头动脉；21，21'，21″. 右房室瓣

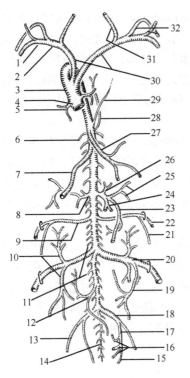

图 15-18　鸡主动脉分支模式图（腹面观）

（引自 Getty，1975）

1. 右胸动脉干；2. 锁骨下动脉；3. 升主动脉；4. 主动脉窦；5. 右冠状动脉；6. 第 3 肋间背侧动脉；7. 肠系膜前动脉；8. 肾前动脉；9. 髂外动脉；10. 肾中和肾后动脉；11. 综荐节间动脉；12. 肠系膜后动脉；13. 尾外侧动脉（阴部外动脉）；14. 尾中动脉；15. 泄殖腔支；16. 输卵管后动脉；17. 阴部（内）动脉；18. 髂内动脉；19. 输卵管中动脉；20. 坐骨动脉；21. 耻骨动脉；22. 股动脉；23. 输卵管前动脉；24. 卵巢动脉；25. 肾前动脉的肾内支；26. 肾上腺动脉；27. 腹腔动脉；28. 到颈腹侧肌的动脉；29. 主动脉韧带；30. 臂头动脉；31. 左颈总动脉；32. 腋动脉

不同的是右房室瓣是一片厚的肌肉瓣，呈新月形，相当于哺乳动物的三尖瓣，鸭特别发达。右心室壁内面较平滑，缺乳头肌和腱索结构。左房室口有 3 片瓣膜，借腱索与乳头肌相连。

（二）心传导系统

家禽的心传导系统同哺乳动物一样，也由窦房结、房室结和房室束构成。鸡的窦房结位于两前腔静脉口之间，在心房的心外膜下或右房室瓣基部的心肌内。房室结位于房中隔的后上方，在左前腔静脉口的稍前下方。房室结向后逐渐变窄移行为房室束，分为左、右两支。禽的房室束及其分支无结缔组织鞘包裹，和心肌纤维直接接触，兴奋易扩散到心肌。

二、血　　管

（一）动脉分布的特点

1. 肺干　由右心室出发，在接近臂头动脉的背侧分为左、右肺动脉，肺动脉通过肺膈，在肺的腹侧面稍前方进入肺门。

2. 主动脉及其分支　主动脉由左心室出发，可分为升主动脉、主动脉弓和降主动脉 3 段。升主动脉由胚胎期右主动脉弓形成。自起始部向前右侧斜升，然后弯向背侧，到达胸椎下缘移行为主动脉弓。主动脉弓近段在心包内弯向右肺动脉背侧，然后穿过心包和肺膈，位于右肺前端内侧，远段约在第 4 胸椎处移行为降主动脉。后者沿脊柱腹侧后行，经胸、腹部直至尾部，沿途分支分布到体壁和内脏器官（图 15-18）。主要分支如下。

（1）**冠状动脉**　成对，在半月瓣处发出，分布于心肌。

（2）**臂头动脉**　在升主动脉起始部分出，左、右臂头动脉是分布到头部和翼部的血管，向前外侧延伸，分出颈总动脉和锁骨下动脉。两颈总动脉向前到颈基部互相靠拢，然后沿颈部腹侧中线，在颈椎和颈长肌所形成的沟内向前延伸，沿途分布于食管、嗉囊、甲状腺等。两颈总动脉到颈前部（约在第 4、5 颈椎处）由肌肉深处穿出，彼此分开走向同侧的下颌角，在此处分为颈外动脉和颈内动脉。锁骨下动脉是翼的动脉主干，绕过第 1 肋骨出胸腔移行为腋动脉，以后延续为臂动脉，到前臂部分为桡动脉和尺动脉（图 15-19）。锁骨下动脉紧靠第 1 肋骨外侧还发出胸动脉，分布于胸肌。

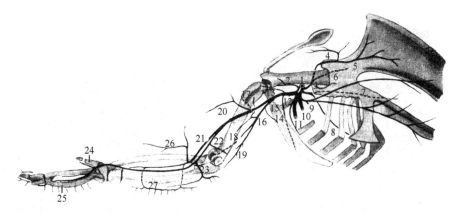

图 15-19　鸡锁骨下动脉分支（引自 Getty，1975）

1. 锁骨下动脉；2. 肩峰动脉；3. 胸锁动脉；4. 锁骨动脉；5. 胸动脉；6. 胸锁动脉的胸内支；7、8. 胸廓内动脉的腹侧和背侧支；9. 胸干外侧皮动脉；10、11. 胸肌前、后动脉；12. 腋动脉；13. 乌喙动脉；14. 肩胛下动脉；15. 臂动脉；16. 臂深动脉；17. 旋肱背侧动脉；18. 桡侧副动脉；19. 尺侧副动脉；20. 二头肌动脉（至臂二头肌和前翼膜皮肤网）；21. 桡动脉；22. 尺动脉；23. 尺返动脉；24. 至第 2 指的指动脉；25. 掌腹侧动脉；26. 桡浅动脉；27. 桡深动脉背侧骨间支（近侧）与一些动脉背侧穿支之间的吻合

（3）降主动脉　　沿体壁背侧中线后行，分出成对的肋间背侧动脉、腰动脉和荐动脉到体壁，还分一些脏支至内脏。腹腔动脉分布于食管、腺胃、肌胃、肝、脾、胰、小肠和盲肠，其中肝动脉有两支分布于肝的两叶。肠系膜前动脉分布于空回肠。肠系膜后动脉分布于盲肠和直肠。

（4）肾前动脉　　由主动脉分出至肾前部，还分出肾上腺动脉、睾丸或卵巢动脉。

（5）髂外动脉　　在主动脉后行到肾前部与中部之间分出，向外侧延伸，出腹腔后称为股动脉（图 15-20）。

（6）坐骨动脉　　在主动脉后行到肾中部与肾后部之间分出，并向外侧延伸，同时分出肾中和肾后动脉，然后穿过髂坐孔到后肢，成为后肢动脉主干。

（7）髂内动脉　　在主动脉末端分出，很细，主干延续为尾动脉至尾部。

（二）静脉分布的特点

肺静脉有左、右两支，注入左心房。大循环的静脉基本与动脉伴行（图 15-21）。

禽类的静脉系统有以下特点：有左、右两条前腔静脉（哺乳动物的前腔静脉只有一支）；禽类不仅有肝门静脉系统，还有肾门静脉系统；右肝门静脉发达，相对较小的左肝门静脉成为其附属支；右颈静脉明显比左侧的大；在颅底部，颈静脉间有明显的横吻合；近尾基部有髂静脉间吻合；通过肠系膜后静脉，使体壁静脉与内脏静脉之间发生广泛连通；椎内静脉窦延伸近乎椎管的全长内。

头部血液主要汇流到左、右颈静脉，两颈静脉在颈部皮下沿气管两侧延伸于颈的全长。在胸腔前口处，左、右颈静脉分别与同侧的锁骨下静脉汇合，形成左、右前腔静脉，开口于右心房静脉窦。但鸡的左前腔静脉则直接开口于右心房。

翼、胸肌、胸壁的静脉经臂静脉和胸肌静脉汇入锁骨下静脉，后者与颈静脉汇合。臂静脉位于臂部内侧，也称翼下静脉，是鸡静脉注射和采血的部位（图 15-6）。

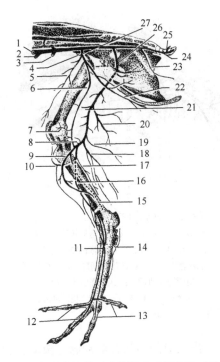

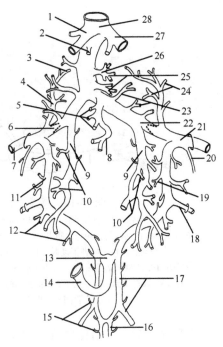

图 15-20　鸡后肢的主要动脉分支（骨盆及后肢
骨内侧面观）（引自 Getty，1975）

1. 主动脉；2. 肠系膜前动脉；3. 肾前动脉；4. 髋
前动脉；5. 股动脉（旋股动脉）；6. 股内侧动脉；
7. 膝动脉；8. 腘动脉；9. 胫内侧动脉；10. 腓动脉；
11. 跖背侧总动脉；12，13. 趾动脉；14. 跗跖侧动
脉；15. 胫外侧动脉；16. 胫前动脉；17. 胫后动脉；
18. 小腿动脉；19. 至股后缘的皮动脉；20. 股深动
脉；21. 股骨营养动脉；22. 耻骨动脉；23. 髂内
动脉；24. 尾正中动脉；25. 尾正中动脉的背侧支；
26. 坐骨动脉；27. 髂外动脉

图 15-21　鸡的后腔静脉和肾门静脉系统（引
自 Getty，1975）

1. 右肝静脉；2. 中肝静脉；3. 与椎内静脉窦的吻合
支；4. 肾门前静脉；5. 卵巢静脉；6. 肾门静脉瓣；
7. 股静脉；8. 输卵管前静脉；9. 肾后静脉；10. 出
肾静脉；11. 肾门后静脉；12. 入肾静脉；13. 髂静脉
间吻合；14. 肠系膜后静脉；15. 节间静脉；16. 尾
内侧静脉；17. 髂内静脉；18. 坐骨静脉；19. 入肾
静脉；20. 耻骨静脉；21. 髂外静脉；22. 髂总静脉；
23. 肾前静脉；24. 入肾静脉；25. 卵巢静脉；26. 肾
上腺静脉；27. 左肝静脉；28. 后腔静脉

　　骨盆壁的静脉汇集成左、右髂内静脉，向前延续且部分埋于肾内，成为肾门后静
脉。在肾中部和肾后部的交界处，肾门后静脉与同侧的髂外静脉汇合成髂总静脉。髂外
静脉为股静脉在盆腔的延续，两侧髂总静脉汇合成后腔静脉（图 15-21）。后腔静脉较粗，
向前行通过肝时接纳几支肝静脉，然后穿过胸腹膈而入胸腔，最后开口于右心房。两侧
肾门后静脉在肾后方中线吻合，加入肠系膜后静脉形成 3 路吻合。在髂外静脉分出前支
（肾门前静脉）处，有禽类特有的括约肌样圆筒状肾门瓣。在活体，通过肾门瓣启闭，可
调节血流量，路径有 3 条：经肾门瓣入后腔静脉；经肾门后静脉和肠系膜后静脉入肝；
经肾门前静脉入椎内静脉窦，而后入颈静脉。

　　后肢的静脉汇集形成股静脉和坐骨静脉。股静脉与股动脉同行，经腹股沟裂孔入腹
腔，称髂外静脉，坐骨静脉沿股骨后方上行，通过髂坐孔与肾门后静脉吻合。

　　禽肝门静脉有左、右两干，左干主要收集胃和脾的血液，较细，其属支有胃腹侧静
脉、胃左静脉和腺胃后静脉，进入肝左叶。右干主要收集肠的血液，较大，入肝右叶，

其属支有肠系膜总静脉、胃胰十二指肠静脉和腺胃脾静脉，并有肠系膜后静脉汇入，后者与髂内静脉相连，借此体壁静脉与内脏静脉相沟通。

第九节　淋巴系统

淋巴系统由淋巴器官、淋巴组织和淋巴管构成。淋巴器官有胸腺、腔上囊、脾和淋巴结。

一、淋 巴 器 官

（一）胸腺

家禽胸腺（图15-12）呈黄色或灰红色，分叶状，鸡每侧有7叶（鸭约有5叶，最后一叶最大），沿颈静脉从颈前部伸至胸前部，似一长链。在近胸腔入口处，后部胸腺常与甲状腺、甲状旁腺及腮后腺紧密相接，彼此无结缔组织隔开；幼龄时体积增大，接近性成熟时达到最大，随后由前向后逐渐退化，到成年鸡时仅留下残迹。胸腺的作用主要是产生与细胞免疫有关的T淋巴细胞。造血干细胞经血液进入胸腺后，经过繁殖，发育成近成熟的T淋巴细胞。这些细胞可以转移到脾、盲肠扁桃体和其他淋巴组织中，在特定的区域定居、繁殖，并参与细胞免疫活动。家禽胸腺可能影响钙的代谢。

（二）腔上囊

腔上囊cloacal bursa也称法氏囊bursa of Fabricius。鸡的腔上囊为椭圆形盲囊状，位于泄殖腔背侧，紧贴尾椎腹侧，以短柄开口于肛道（图15-11）。1个月鸡的腔上囊较大（1.2～1.5g），此后略变小，到性成熟前（4～5个月）达到最大。鸭的腔上囊在3～4个月时达到最大。性成熟后，禽的腔上囊开始退化，随着年龄增长，体积逐渐缩小，鸡到10月龄、鸭到12月龄时，近乎完全消失，但仍可在肛道顶壁观察到其极小的开口。腔上囊的构造与消化道构造相似，但黏膜层形成多条富含淋巴小结的纵行皱襞。

腔上囊的功能与体液免疫有关，是产生B淋巴细胞的初级淋巴器官。B淋巴细胞受到抗原刺激后，可迅速增生，转变为浆细胞，产生抗体起防御作用。

（三）脾

鸡的脾呈球形，鸭的脾呈三角形，背面平，腹面凹。脾呈棕红色，位于腺胃与肌胃交界处的右背侧（图15-10），直径约1.5cm，母鸡约重3g，公鸡约重4.5g。家禽脾的功能主要是造血、滤血和参与免疫反应等，无贮血和调节血量的作用。

（四）淋巴结

鸡、鸽缺淋巴结，鸭和水禽的淋巴结数量较少，仅颈胸淋巴结和腰淋巴结较大。颈胸淋巴结呈纺锤形，位于颈基部、颈静脉与椎静脉所形成的夹角内。腰淋巴结呈长条状，位于肾与腰荐骨之间的主动脉两侧、胸导管起始部附近。

二、淋巴组织

禽体淋巴组织广泛分布于体内。消化管黏膜固有层或黏膜下层内具有弥散性淋巴集结，较大的有如下几种：一些禽的食管后段存在大量的淋巴组织，称食管扁桃体。回肠淋巴集结存在于鸡的回肠后段，可见直径约 1cm 的弥散性淋巴团。盲肠扁桃体位于回肠、盲肠和直肠连接部的盲肠基部。鸡的发达，外表略膨大。

鸡的淋巴组织团还分散存在于眼旁器官（第 3 瞬膜腺或哈德腺）、鼻旁器官、骨髓、皮肤、心、肝、胰、喉、气管、肺、肾以及内泌腺和周围神经等处。它们通常都是不具被膜的弥散性淋巴组织，其界限有时很清楚，或浸润于周围细胞之间，局部还可见生发中心，可能有局部免疫作用。此外，还有淋巴管的壁内淋巴小结，为圆形、卵圆形或长形的褐色小体，无被膜，大多数为 0.3～0.5mm。

三、淋 巴 管

家禽淋巴管的复杂程度介于两栖类、爬行类与哺乳类之间。两栖类、爬行类无淋巴结和淋巴瓣，但有能收缩的淋巴心 lymph heart，它推动淋巴进入血液循环，哺乳动物的淋巴结和淋巴瓣发育良好，但缺淋巴心。禽类的淋巴管和淋巴瓣均较哺乳动物少，鸡在胚胎期内有一对长囊状淋巴心，但在孵出后不久即消失，故成体无淋巴心。鹅及一些海鸟有一对淋巴心，位于第 1 尾椎靠近尾静脉处。家禽淋巴管常沿着每一部位的血管干分布，在体腔内主要沿着动脉走行，其他部位则主要与静脉伴行。每条血管常有两条淋巴管伴行。

家禽体内较大的淋巴管有：头、颈部的淋巴管为颈静脉淋巴管，在颈静脉与锁骨下静脉汇合点近前方开口于颈静脉。翼部的淋巴管汇集成锁骨下淋巴管，开口于锁骨下静脉终末部。后肢的淋巴管伴随静脉汇集到坐骨淋巴管，再经主动脉淋巴管而至胸导管。躯干和内脏的淋巴管汇集到主动脉淋巴管和胸导管。胸导管通常一对（直径不超过 1mm），沿主动脉两侧延伸，两条胸导管间有许多横吻合支；左、右胸导管开口于左、右前腔静脉。

第十节 神 经 系 统

与哺乳动物一样，禽类的神经系统也由脊髓、脑以及与其相连的脊神经、脑神经、植物性神经和三者的神经节共同组成。其特点是：禽类脊髓细长，没有马尾；腰膨大发达，其背侧左、右分开，形成菱形窦。脑较小，脑桥不明显，中脑背侧的视叶发达；大脑皮质不发达，薄而光滑，没有沟和回；嗅球较小。

一、中枢神经系统

（一）脊髓

1. 脊髓的形态、位置　禽类的脊髓细长，从枕骨大孔与延髓连接处起向后延伸，直至尾综骨的椎管内，因此其后端不像哺乳动物那样形成马尾。鸡的脊髓长约35cm，重2～3g。禽脊髓呈上下略扁的圆柱形，有两个膨大，腰荐膨大比颈膨大发达，其背侧向左右分开，形成长1.2cm、宽0.4cm的菱形窝，窝内有向上凸出的胶质细胞团，称胶状体（图15-22）。鸡脊髓的节段为 $C_{15} T_7 L_3 S_5 Cy_{11}$ 或 $C_{15} T_7 Ls_{13} Cy_6$。

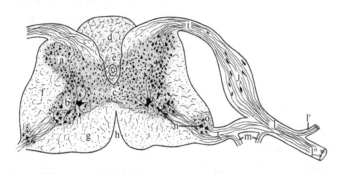

图15-22　鸡腰髓横断面（引自 Nickel et al.，1977）

a. 灰质背侧柱；b. 灰质腹侧柱；c. 灰质连合；d. 腰荐窦内的胶状体；e. 中央管；f. 外侧索；g. 腹侧索；h. 腹正中裂；i. 背侧根；j. 脊神经节；k. 腹侧根；l. 脊神经；l'. 脊神经背侧支；l". 脊神经腹侧支；m. 交通支；n. 运动根细胞；o. 边缘核

2. 脊髓的内部构造　　灰质呈"H"形，位于脊髓中央，其中心为细小的中央管。按 Rexed 发现的猫的脊髓灰质板层结构模式，可分为10层。白质位于灰质周围，由薄束和楔束、脊髓小脑束、脊髓丘脑束、前庭脊髓束等构成。在灰质腹外侧的白质内，有一些散在的神经细胞团，称边缘核。

3. 脊髓膜　　有3层，从外向内依次为硬脊膜、脊蛛网膜和软脊膜。硬脊膜为强韧的纤维性膜，较厚，背侧硬脊膜内含静脉窦。颈胸段硬脊膜与椎管的骨膜分开，形成硬膜外腔，内含胶状物质，胸后段至尾段二者合为一层。脊蛛网膜为疏松网状，向两侧形成小梁伸入硬膜下腔和蛛网膜下腔。软脊膜为薄层结缔组织膜，紧贴脊髓。

（二）脑

禽脑较小，位于颅腔内，由端脑、间脑、中脑、小脑和延髓组成。禽类无明显的脑桥（图15-23）。

端脑包括两个大脑半球，背侧观呈心形。每一大脑半球呈三棱锥形，分为3面：背外侧面凸，喙侧端尖细，与嗅球相连，向尾方变宽，尾端隆凸。近半球纵裂处有一纵行隆起，称矢状隆起，为视觉中枢所在。矢

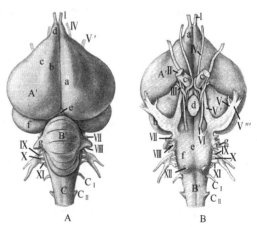

图15-23　鸡脑背侧面（A）和腹侧面（B）

A. 背侧面：A'. 大脑半球；B'. 小脑；C. 延髓；a. 大脑纵裂；b. 矢状隆起；c. 端脑谷；d. 嗅球；e. 大脑横裂；f. 视叶；g. 绒球。B. 腹侧面：A'. 端脑；B'. 延髓；a. 嗅球；b. 视叶；c. 视交叉及视神经；d. 垂体；e. 腹正中裂；f. 大脑脚；g. 绒球。I～XII. 第1～12对脑神经；V'，V"，V"'. 三叉神经的3个分支（眼神经、上颌神经和下颌神经）；C_I. 第1颈神经；C_{II}. 第2颈神经

状隆起外侧的纵行浅沟，称端脑谷 vallecula。外侧有不明显的横沟，称大脑外侧沟。背外侧面余部光滑。大脑半球内部的主要结构为纹状体簇，高度分化；本能性活动如行为、防御、觅食、求偶等多依赖于纹状体。大脑皮质不发达，只有一薄层，覆盖于大脑半球背面和外侧面。背内侧和内侧的皮质层属古皮质，为海马复合体，后者为二级嗅觉中枢。嗅脑位于大脑半球吻侧，包括嗅球、嗅前核、嗅结节。禽类嗅觉相关结构不发达。

间脑也称联脑，短小，分为丘脑、上丘脑、下丘脑和底丘脑 4 部分。背侧有松果体与上丘脑相连，腹侧有垂体与下丘脑相连。外侧膝状体从外表难以观察。间脑与纹状体是最高的感觉、运动整合中枢。

禽类中脑的特征是与视觉及平衡有关的结构如视顶盖特别发达，向两侧鼓出形成一对视叶；顶盖包括视顶盖及视顶盖下结构，视顶盖相当于爬行类和哺乳动物的前丘，视顶盖下结构的中脑外侧核背侧部相当于后丘。室周灰质腹侧有第 3、4 对脑神经核。禽类中脑无黑质。腹侧面有大脑脚。

禽类小脑呈长卵圆形，两侧压扁，相当于家畜小脑的蚓部，腹侧部向两侧凸出，形成小脑耳（由绒球与副绒球共同组成）。小脑表面有许多横沟和隆凸，被原裂和次裂分为前、中、后 3 叶。小脑为运动和维持平衡的中枢。

家禽无明显的脑桥，中脑以后的脑干称为延髓。延髓略呈棒状，喙侧部较宽，尾侧较细，在枕骨大孔处延续为脊髓。从侧面看，延髓向腹侧凸出，形成桥曲。延髓背侧形成第 4 脑室。第Ⅴ～Ⅻ对脑神经与延髓相连。延髓中有心跳、呼吸、消化、位听等中枢。

禽类有些脑神经核团发达，如听觉中继核团卵圆核与卵圆核壳区很发达，与发情求偶信息传递有关。舌咽神经的感觉核团不明显，与禽类味觉感受器不发达相一致。鸣禽类（金丝雀、斑雀等）的纹状体、古纹状体粗核、间脑旁嗅核为管理鸣叫的核团，正常雄禽的这些核团较雌禽大。雄性激素可促进这些神经核团的性分化。

二、外周神经系统

（一）脊神经

鸡的脊神经与椎骨数目相近，共 40 对，其中颈神经 15 对，胸神经 7 对，腰神经 3 对，荐神经 5 对，尾神经 10 对。第 1、2 对脊神经没有背侧根，腹侧根内有脊神经节细胞。

1. 臂神经丛　由脊髓颈膨大发出，由最后 3 个颈神经和第 1、2 胸神经的腹侧支组成，集合成背索和腹索（图 15-24）。

（1）背索　发出腋神经后，延续至臂部，称桡神经。背索的分支主要分布于翼的伸肌和皮肤。

（2）腹索　两大分支为正中尺神经和胸神经干。正中尺神经的分支主要支配翼腹侧部的肌肉和皮肤，即翼的屈肌和皮肤。正中尺神经在肘窝近端分为正中神经和尺神经。尺神经分布至掌部以下的关节和皮肤、骨间腹侧肌和第 3 或 4 指屈肌、飞羽的羽囊。正中神经支配臂二头肌和前臂大部分屈肌及腕、掌、指前缘的肌肉。胸神经干在胸腔内分为胸前神经和胸后神经，分布至胸肌、乌喙上肌。胸背神经也分布到背阔肌。

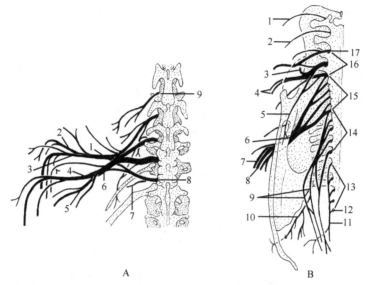

图 15-24　鸡的臂神经丛和腰荐神经丛

A. 臂神经丛：1. 丛背索干；2. 腋神经；3. 桡神经；4. 正中尺神经；5. 胸肌神经；6. 丛腹索干；7. 第 1 肋间神经；8. 第 16 脊神经；9. 第 12 脊神经。B. 腰荐神经丛：1. 最后肋间神经；2. 肋腹神经；3. 髋前神经；4. 股神经；5. 闭孔神经；6. 坐骨神经；7. 腓神经；8. 胫神经；9. 阴部神经；10、11. 尾外侧和尾内侧神经；12. 第 39 脊神经；13. 尾神经丛；14. 阴部神经丛；15. 荐神经丛；16. 腰神经丛；17. 第 23 脊神经

2. 腰荐神经丛（图 15-24）　　由脊髓腰荐膨大部的 $L_1 \sim S_5$ 脊神经腹侧支组成。腰神经丛来自 $L_1 \sim L_3$ 腰神经，荐神经丛来自 $L_3 \sim S_5$ 脊神经。

（1）腰神经丛　　形成两条神经干。前干分布至髂胫前肌和股外侧皮肤。后干形成股神经，支配髋臼前髂骨背侧肌群、髂胫前肌（缝匠肌）、髂胫外侧肌（阔筋膜张肌）、股胫肌、膝关节及股内侧皮肤。

（2）荐神经丛　　形成粗大的坐骨神经，分布到股外、后、内侧肌群及皮肤，在股下 1/3 处分为胫神经和腓总神经。胫神经分布至小腿、跖、趾屈侧的肌肉、关节和皮肤，如腓肠肌、趾内侧屈肌和腘肌。腓总神经分布至小腿、趾的伸侧肌肉、关节和皮肤。鸡患马立克病时坐骨神经水肿、变性、颜色灰黄。

（二）脑神经

禽类脑神经有 12 对，与哺乳动物基本相似（图 15-25），但 Ⅴ、Ⅶ、Ⅸ、Ⅹ、Ⅺ、Ⅻ对脑神经有以下特点。

1. 三叉神经　　是脑神经最大的一对，为混合神经。三叉神经起自延髓前外侧、视

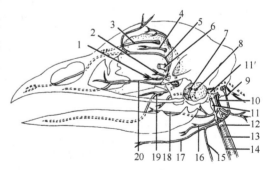

图 15-25　鸡脑神经分支模式图

1. 展神经；2. 动眼神经；3. 嗅神经；4. 滑车神经；5. 眼神经；6. 视神经；7. 面神经；8. 前庭蜗神经；9. 舌下神经（Ⅻ）；10. 副神经（Ⅺ）；11. 舌咽神经（Ⅸ）及其远神经节；11′. 近神经节（Ⅸ、Ⅹ和Ⅺ）；12. 迷走神经（Ⅹ）；13. 颈静脉；14. 食管降支；15. 气管支；16. 喉咽支（Ⅸ）；17. 舌支（Ⅻ）；18. 舌支（Ⅸ）；19. 下颌神经；20. 上颌神经

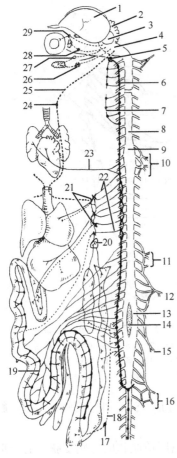

图 15-26 鸡植物性神经模式图（引自马仲华，2002）

1. 大脑半球；2. 小脑；3. 视叶；4. 延髓；5. 颈前神经节；6. 交感神经干；7. 颈动脉神经；8. 脊髓；9. 颈膨大；10. 臂神经丛；11. 腰神经丛；12. 荐神经丛；13. 腰荐膨大；14. 胶状体；15. 阴部神经丛；16. 尾神经丛；17. 泄殖腔神经节；18. 盆神经；19. 肠神经；20. 肾上腺及肾上腺丛；21. 腹腔丛及肠系膜前丛；22. 内脏神经；23. 心肺支；24. 结状神经节；25. 迷走神经；26. 神经丛及第9对脑神经副交感纤维；27. 下神经节及第7对脑神经副交感纤维；28. 蝶腭神经节及第7对脑神经副交感纤维；29. 睫状神经节及第3对脑神经副交感纤维

叶后方，其根在视叶与延髓之间越过浅沟，延伸至三叉神经节。三叉神经的感觉纤维分布至头面部皮肤、口腔、鼻腔和眼球，运动纤维支配上、下颌咀嚼肌。三叉神经分为内侧小的眼神经与外侧大的上颌神经和下颌神经。眼神经向前内侧延伸，分布至眼球、额区被皮（包括冠）、上眼睑、结膜、眶内腺、鼻腔前背侧和上喙前部。鸭、鹅的眼神经较发达。上颌神经的感觉纤维分布至冠、上眼睑、下眼睑、颞部、外耳前部和眼鼻间的皮肤，也分布至结膜、腭和鼻腔黏膜。下颌神经的感觉纤维分布至下喙、下颌间皮肤、肉髯、口腔前底壁黏膜和近口角处的黏膜。运动纤维支配上、下颌的肌肉及作用于方骨的肌肉和部分舌肌。

2. 面神经　　不发达。运动支支配下颌降肌和下颌舌骨肌，感觉支分布于外耳部。

3. 舌咽神经　　分为3支，即舌神经、喉咽神经和食管降神经，前2支分布于舌、咽、喉的黏膜及腺体、喉肌，后一支沿颈静脉下降，分布于食管和嗉囊。在嗉囊与迷走神经返支会合。

4. 迷走神经　　在植物性神经内叙述。

5. 副神经　　与迷走神经一起出颅腔，以后分开，支配颈皮肌，有的纤维则伴随迷走神经分布。

6. 舌下神经　　分布至舌，发出舌支和气管支。舌支细小，支配喉和舌的横纹肌，如舌骨肌；气管支细长，沿两侧气管延伸，支配气管肌和鸣管固有肌。

（三）植物性神经（图 15-26）

1. 交感神经　　交感神经干由一系列交感干神经节及节间支相互串连而成，左右各一，形如链状。起自颅底，沿着脊柱两侧排列，后方直达尾综骨。禽类交感干神经节的数目也与脊神经数目相近似，鸡有37个，即颈段14个、胸段7个、腰荐段8个、尾段8个。

（1）颈部交感干　　起始于颈前神经节。该节位于颅骨底部、舌咽神经与迷走神经之间、颈内动脉前方。颈段交感干有两支，一支较粗，与椎升动脉一起延伸于颈椎横突管内；另一支较细，沿颈总动脉延伸，又称颈动脉神经。头部的交感神经节后神经元位于颈前神经节内，发出的分支随枕动脉、颈内动脉、颈外动脉分布至头部皮肤、血管平滑肌和腺体，如口腔和鼻腔的黏膜、冠、髯、耳叶等处的血管网，与体温调节有关。

（2）胸腰部交感干　　具有成双的节间支，绕肋骨头或椎骨横突，背腹两支汇集于神经节。从神经节发出的节后纤维进入臂神经丛，分布到血管平滑肌和翼部羽肌。胸交感干还发出心支分布至肺和心。

1）内脏大神经：由第2～5胸髓发出的节前纤维组成，加入腹腔神经节，发出节后纤维，在椎体旁彼此交通，形成腹腔丛。腹腔丛与肠系膜前丛交通，位于腹腔动脉与肠系膜前动脉根部之间。腹腔丛接受从腺胃后部两侧迷走神经来的交通支。腹腔丛发出次级丛，如肝丛、胃丛、脾丛、胰十二指肠丛和腺胃丛，分布到相应的器官。

2）内脏小神经：由第5～7胸髓和第1～2腰髓发出的节前纤维组成，加入肠系膜前丛。肠系膜前丛位于肠系膜前动脉根部后方，分布到从十二指肠空肠曲至回肠之间的小肠和盲肠。

（3）荐部和尾前部交感干　　发出脏支，形成肠系膜后丛，发出卵巢支到卵巢和输卵管，发出睾丸支到睾丸；进入直肠系膜，沿肠系膜后动脉分支延伸，与肠神经链相接。

（4）尾后部交感干　　在尾椎基部腹侧左右合二为一，此干只有3～4个神经节。

2. 副交感神经　　颅部的副交感纤维通过第Ⅲ、Ⅶ、Ⅸ、Ⅹ对脑神经离开脑，其中第Ⅲ、Ⅶ、Ⅸ对脑神经的副交感纤维分布至头部的器官，第Ⅹ对脑神经即迷走神经，是副交感神经的主要部分，分布至颈、胸腔和腹腔的内脏。荐部副交感纤维包含在$Cy_1～Cy_4$对脊神经内，即阴部神经丛来的阴部神经内。

副交感神经的节后神经元位于小而分散的神经节。在头部，主要的副交感神经节有睫状神经节、蝶腭神经节和眶鼻神经节等，主要分布至口腔、咽、鼻腔的弥散腺体和眼眶、虹膜肌与睫状肌。

3. 肠神经（Remark神经）　　为禽类特有，呈一纵长神经节链，从直肠与泄殖腔连接处起，在肠系膜内与肠管并列延伸，直至十二指肠远段，沿途发出细支分布至肠管和泄殖腔。肠神经由后向前逐渐变细，可分直肠段、回肠段和空肠段。直肠段最粗，神经节也较明显，有12～15个较大的神经节，每一神经节发出约3条细支分布至直肠。回肠段有4～8个小神经节（或缺如），发出约10条细支分布至回肠。空肠段约有30个极小的排列紧密的神经节，发出许多细支分布至空肠。盲肠由肠系膜前丛的神经纤维支配。肠神经接受来自肠系膜前神经丛、主动脉神经丛、肠系膜后神经丛和盆神经丛来的交感神经纤维，也与从泄殖腔神经节和阴部神经来的荐部内脏副交感纤维相连接。在十二指肠前段，迷走神经纤维与肠神经有交通支。

第十一节　内分泌系统

内分泌系统由垂体、松果体、甲状腺、甲状旁腺、鳃后腺和肾上腺组成。胰岛、卵巢髓质间质细胞、卵泡外腺细胞、睾丸间质细胞也是内分泌组织，分散于胰、卵巢和睾丸内。

一、垂　　体

垂体是禽体内结构最复杂的内分泌腺，它分泌多种激素，对家禽的生长发育、生殖、代谢起着重要的生理作用，并对肾上腺、甲状腺、睾丸和卵巢的功能起着刺激和调节作用。家禽垂体呈扁长卵圆形，位于蝶骨颅面的蝶鞍内（图15-23），由腺垂体和神经垂体两部分组成。腺垂体的体积较大，由远侧部（前叶）和结节部组成。神经垂体较小，由漏斗柄、正中隆起和神经叶组成，结节部与漏斗柄共同形成垂体柄，与间脑连接。

垂体可分泌多种激素，包括ACTH、甲状腺激素（TH）、GH、PRL、LH、FSH、黑素细胞刺激素。LH和FSH可促进卵巢发育、雌二醇生成和卵泡生成，对生殖、代谢起重要作用。PRL则抑制卵泡生成，血中浓度升高时，禽类开始就巢；浓度下降时又开始产蛋。

二、松　果　体

松果体呈钝圆锥形，淡红色，位于大脑与小脑之间。成年鸡松果体重5mg。松果体分泌褪黑激素（MLT），光照时停止分泌，对生殖机能起抑制作用。从视觉来的光刺激可传至松果体，促进家禽的生长、性腺发育和产蛋功能。蛋鸡过早地增加光照，可促进性早熟，产蛋提前、蛋重小。松果体可能是家禽对一天之内的明暗进行生物学节律调节的生物钟。

三、甲　状　腺

甲状腺呈椭圆形，暗红色，成对，位于胸腔入口处的气管两侧、颈总动脉与锁骨下动脉汇集处的前方，紧靠颈总动脉和颈静脉（图15-12）。甲状腺可分泌甲状腺激素，功能主要是调节机体新陈代谢，故与家禽的生长发育、繁殖及换羽等生理功能密切相关。

四、甲　状　旁　腺

甲状旁腺有2对，左右各1对，常融合成一个腺团，外包结缔组织，直径约2mm，呈黄色至淡褐色，紧位于甲状腺后方（图15-12）。有的鸡甲状旁腺每侧有3个，但1个位于鳃后腺内。日粮中缺乏维生素、矿物质或紫外线照射不足，均可使甲状旁腺肥大、细胞增生。

五、腮　后　腺

腮后腺 ultimobranchial gland 有1对，淡红色，呈球形，鸡的长2～3mm，位于甲状旁腺后方，紧靠颈动脉与锁骨下动脉分叉处。腮后腺分泌降钙素，与禽髓质骨发育有关。

六、肾　上　腺

肾上腺呈卵圆形、锥形或不规则形，为黄色或橘黄色，成对，位于肾的前端，左、右髂总静脉和后腔静脉汇集处的前方。成年家禽的每个腺体重100～200mg。肾上腺分泌的肾上腺皮质激素可调节电解质平衡，促进蛋白质和糖的代谢，影响性腺、腔上囊和胸腺等的活动，并与羽毛脱落有关。

第十二节　感 觉 器 官

一、视 觉 器 官

禽类的视觉器官十分重要，从比例上看，眼球占头部的很大位置，成年鸡眼与脑的质量比例约为1：1。禽类视觉器官的组成与哺乳动物相似，由眼球和辅助装置两部分构成。

（一）眼球

禽类眼球比较大，视觉敏锐。眼球较扁，角膜较凸，巩膜坚硬，其后部含有软骨板；角膜与巩膜连接处有一圈小骨片形成巩膜骨环。虹膜呈黄色，中央为圆形的瞳孔，虹膜内的瞳孔开大肌和瞳孔括约肌均为横纹肌，收缩迅速有力。睫状肌除调节晶状体外，还能调节角膜的曲度。视网膜层较厚，在视神经入口处，视网膜呈板状伸向玻璃体内，并含有丰富的血管和神经，这一特殊结构称为眼梳或栉膜 pecten（图 15-27）。禽的视网膜没有血管分布。栉膜可能与视网膜的营养和代谢有关。晶状体较柔软，其外周在靠近睫状突部位有晶状体环枕，也称外环垫，与睫状体相连。

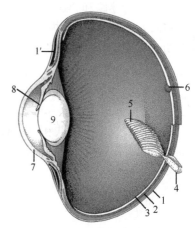

图 15-27　禽眼球纵切面模式图
（引自 Dyce et al.，2010）

1. 巩膜；1'. 巩膜骨环；2. 脉络膜；3. 视网膜；4. 视神经；5. 栉膜；6. 中央凹；7. 角膜；8. 虹膜；9. 晶状体

（二）眼的辅助装置

禽类的眼球肌有6块，眼球运动范围小，缺眼球退缩肌。禽类眼睑缺睑板腺。下眼睑大而薄，较灵活，第3眼睑（瞬膜）发达，为半透明薄膜，由两块小的横纹肌控制，即瞬膜方肌和瞬膜锥状肌，受动眼神经支配；瞬膜活动时，能将眼球前面完全盖住。泪腺较小，位于下眼睑后部的内侧。瞬膜腺也称哈德腺 Harder's gland，较发达，鸡的呈淡红色，位于眶内眼球的腹侧和后内侧，分泌黏液性分泌物，有清洁、湿润角膜的作用，腺体内含淋巴细胞参与免疫功能。

二、位 听 器 官

禽类的位听器官也分外耳、中耳和内耳。外耳和中耳是传导音波的装置，内耳是听觉和位置觉感受器所在之处，但内部结构却与哺乳动物的位听器官不尽相同。

（一）外耳

禽类无耳廓，外耳孔呈卵圆形，周围有褶，被小的耳羽遮盖。外耳道较短而宽，向腹后侧延伸，其壁上分布有耵聍腺，鼓膜向外隆凸，是凸向外耳道的半透明膜。

（二）中耳

中耳由鼓室、咽鼓管和听小骨组成，其外侧是鼓膜，内侧是内耳。除以咽鼓管与咽腔相通外，其还以一些小孔与颅骨内的一些气腔相通。听小骨只有一块，称耳柱骨columella，其一端以多条软骨性突起连于鼓膜，另一端膨大呈盘状嵌于内耳的前庭窗。

（三）内耳

内耳由骨迷路和膜迷路构成，骨迷路是骨性隧道，膜迷路位于其中，骨迷路与膜迷路间充满外淋巴。3个半规管很发达。耳蜗不形成螺旋状，是一个稍弯曲的短管。内耳的主要功能是产生听觉、位置觉，维持身体平衡。

第十三节　被皮系统

家禽体表覆盖着皮肤和由皮肤演化来的衍生物，如羽毛、冠、肉髯等，均作为身体的屏障，起着保护机体内部器官、调节体温、排除废物以及感受外界刺激等作用。

一、皮　肤

禽类皮肤很薄，但其厚度在羽区、裸区等不同部位均有所差别。禽类皮肤除尾部有一对尾脂腺外，缺少其他皮肤腺，如汗腺、皮脂腺。禽皮肤形成一些固定的皮肤褶，在翼部为翼膜patagium，在肩部与翼角（腕关节）之间为前翼膜propatagium，在翼角后方的为后翼膜postpatagium，均与飞羽相连，用于飞翔；在趾间为蹼，水禽的蹼很发达。裸区皮肤比羽区略厚。皮肤的颜色与所含的黑素颗粒和类胡萝卜素有关。

皮肤分为表皮、真皮和皮下组织。表皮层从浅层到深层可分为角质层和生发层。真皮分为浅层和深层。浅层除少数无羽毛的部位外不形成乳头，而形成网状的小嵴；深层具有羽囊和羽肌。皮下组织疏松，有利于羽毛活动。皮下脂肪仅见于羽区，在其他一定部位形成若干脂肪体fat body，营养良好的禽较发达，特别是在鸭、鹅。真皮和皮下组织里的血管形成血管网。母鸡和火鸡在孵卵期，胸部皮肤形成特殊的孵区incubatory area，又称孵斑brood spot。此处羽毛较少，血管增生，有利于体温的传播。孵区的血液供应来自胸外动脉的皮支和一条特殊的皮动脉，又称孵动脉incubatory artery，是锁骨下动脉的分支，伴随有同名静脉。

二、羽毛和其他衍生物

羽毛是皮肤特有的衍生物，可分为3类：正羽、绒羽和纤羽。正羽contour feather又叫廓羽，构造较典型。主干为一根羽轴shaft，下段为基翮calamus，着生在羽囊内；上段为羽茎quill，两侧具有羽片vane。羽片是由许多平行的羽枝pinnule构成的，每一羽枝又向两侧分出两排小羽枝，近侧（下排）小羽枝末端卷曲，远侧（上排）小羽枝具有小钩，相邻羽枝即借此互相勾连。羽根的下端有孔，称下脐，内有真皮乳头；在羽片腹侧（内侧）有上脐，有些禽类如鸡，在此还有小的下羽 hypopenna 或称副羽 afterfeather。正羽覆盖在禽体的一定部位，叫羽区 pteryla，其余部位为裸区 apterium，以利于肢体运动和散发体温。绒羽 down-feather 的羽茎细，羽枝长，小羽枝不形成小钩，主要起保温作用。初孵出的幼禽雏羽似绒羽，羽茎、羽根均较短；无下羽。纤羽 pin-feather 细小如毛发状，羽茎细长，只在羽茎的顶端有少而短的羽枝。在拔去正羽和绒羽后就可见到纤羽。

在头部有冠、肉髯及耳叶，均由皮肤衍生而成。冠 crest 内富含毛细血管和纤维黏液组织，能维持冠的直立。肉髯 palea 的构造与冠相似，中间层为疏松结缔组织。耳叶的真皮不形成纤维黏液层。

在尾部背侧有尾脂腺 uropygial gland，分 2 叶，鸡为圆形；水禽为卵圆形，较发达。腺的分泌部为单管状全浆分泌腺，分泌物含有脂质，可润泽羽毛，排入腺叶中央的腺腔，再经 1（或 2）支导管开口于尾脂腺乳头上。但极少数陆禽（如某些鸽类）无此腺。喙、距、爪和鳞片的角质都是表皮增厚并角蛋白钙化而成，故很坚硬。

主要参考文献

安铁洙，谭建华，韦旭斌. 2003. 犬解剖学. 长春：吉林科学技术出版社.

陈耀星，崔燕. 2019. 动物解剖学及组织胚胎学（全彩版）. 北京：中国农业出版社.

陈耀星. 2009. 动物解剖学及实验教程第一分册：畜禽解剖学. 3 版. 北京：中国农业大学出版社.

陈耀星，李福宝. 2010. 动物解剖学及实验教程第二分册：动物局部解剖学. 2 版. 北京：中国农业大学出版社.

董常生. 2015. 家畜解剖学. 5 版. 北京：中国农业出版社.

范光丽，崔燕，徐永平，等. 1995. 家禽解剖学. 西安：陕西科学技术出版社.

何明伍. 1982. 家畜解剖学. 长春：中国人民解放军兽医大学出版社.

雷治海. 2020. 动物解剖学实验教程. 3 版. 北京：中国农业大学出版社.

雷治海，刘英，朱明光. 2002. 骆驼解剖学. 香港：天马图书有限公司.

林大诚. 1994. 北京鸭解剖. 北京：中国农业大学出版社.

林辉. 1992. 猪解剖图谱. 北京：中国农业出版社.

刘执玉. 2007. 系统解剖学. 北京：科学出版社.

罗克. 1983. 家禽解剖学与组织学. 福州：福建科学技术出版社.

马仲华. 2002. 家畜解剖学及组织胚胎学. 3 版. 北京：中国农业出版社.

南京农学院，甘肃农业大学，北京农业大学，等. 1986. 拉·汉兽医解剖学名词. 长沙：湖南科学技术出版社.

内蒙古农牧学院，安徽农学院. 1991. 家畜解剖学. 2 版. 北京：农业出版社.

彭克美. 2016. 畜禽解剖学. 3 版. 北京：高等教育出版社.

邱汉辉. 1993. 实用兽医诊疗手册. 北京：中国农业科技出版社.

田九畴. 1999. 畜禽神经解剖学. 北京：中国农业出版社.

西北农学院，甘肃农业大学，山西农学院. 1973. 家畜解剖图谱. 西安：陕西人民出版社.

谢铮铭. 1987. 驴马实地解剖. 2 版. 北京：中国农业出版社.

杨维泰，张玉龙. 1993. 家畜解剖学. 北京：中国科学技术出版社.

中国人民解放军兽医大学. 1979. 马体解剖图谱. 长春：吉林人民出版社.

《中国水牛解剖》研究协助组. 1984. 中国水牛解剖. 长沙：湖南科学技术出版社.

中国兽医协会. 2014. 2014 年执业兽医资格考试应试指南（兽医全科类）. 北京：中国农业出版社.

张金龙，雷治海. 2020. 实验动物解剖学. 北京：中国农业出版社.

周浩良，雷治海，陈嘉绩. 1998. 家畜解剖学. 北京：中国农业科技出版社.

König HE, Liebich HG. 2009. 家畜兽医解剖学教程与彩色图谱. 3 版. 陈耀星，刘为民，主译. 北京：中国农业大学出版社.

Ashdown RR, Done SH, Barnett SW, et al. 2010. Color Atlas of Veterinary Anatomy. Volume 1 the Ruminants. 2nd. London: Mosby.

Ashdown RR, Done SH, Evans SA, et al. 2011. Color Atlas of Veterinary Anatomy. Volume 2 the Horse. 2nd. London: Mosby.

Budras KD, Habel ERE, Wunsche A, et al. 2003. Bovine Anatomy an Illustrated Text. Hannover: Schlutersche GmbH & Co. KG.

Committee on Veterinary Gross Anatomical Nomenclature. 2017. Nomina Anatomica Veterinaria. 6th ed. Hanover (Germany): Editorial Committee.

Constantinescu G, Schaller O. 2012. Illustrated Veterinary Anatomical Nomenclature. 3rd. Berlin: Enke Verlag Stuttgart.

Done SH, Goody PC, Evans SA, et al. 2009. Color Atlas of Veterinary Anatomy. Volume 3 the Dog and Cat. 2nd. London: Mosby.

Dyce KM, Sack WO, Wensing CJG. 2010. Textbook of Veterinary Anatomy. 4th. London: W. B. Saunders Company.

Evans HE. 1993. Miller's Anatomy of the Dog. 3rd. London: W. B. Saunders Company.

Evans HE, de Lahunta A. 2013. Miller's Anatomy of the Dog. 4th. New York: Elsevier Saunders.

Franklyn KB. 2010. The Anatomy of the Domestic Fowl. Berlin: Nabu Press.

Getty R. 1975. Sisson and Grossman's the Anatomy of The Domestic Animals. 5th. Philadelphia: W. B. Saunders Company.

König HE, Liebich HG. 2007. Veterinary Anatomy of Domestic Mammals Textbook and Colour Atlas. 3rd. Stuttgart: Schattauer.

McCracken TO, Kainer RA, Spurgeon TL. 2006. Spurgeon's Color Atlas of Large Animal Anatomy, the Essentials. London: Blackwell Publishing.

Nickel R, Schummer A, Seiferle E, et al. 1986. The Anatomy of the Domestic Animals, Vol. 1, The Locomotor System of the Domestic Mammals. Berlin: Verlag Paul Parey.

Nickel R, Schummer A, Seiferle E, et al. 1979. The anatomy of the domestic animals, Vol. 2, The Viscera of the Domestic Mammals. 2nd. Berlin: Verlag Paul Parey.

Nickel R, Schummer A, Seiferle E. 1977. Anatomy of the Domestic Birds. Berlin: Verlag Paul Parey.

Popesko P. 1985. Atlas of Topographical Anatomy of the Domestic Animals. London: WB Saunders Company Philadelphia.

Schummer A, Wilkens H, Vollmerhaus B, et al. 1981. The circulatory system, the skin, and the cutaneous organs of the domestic mammals. *In*: Nickel R, Schummer A, Seiferle E. The Anatomy of the Domestic Animals, Vol. 3. Berlin: Verlag Paul Parey.

Taber E. 1961. The cytoarchitecture of the brain stem of the cat. J Comp Neurol, 116: 27-69.

АЦРИаНОВ ОС, МерИНг ТА. 1959. АТЛас Мозга соьакИ. МоскВа: ГосуДарсТВеННое ИзДаТеЛьсТВо МеДИЦИНскоЙ ЛИТераТурЫ.